Wolfgang Welsch

Immer nur der Mensch?

Wolfgang Welsch

Immer nur der Mensch?

Entwürfe zu einer anderen Anthropologie

Akademie Verlag

Gedruckt mit Hilfe der Geschwister Boehringer Ingelheim Stiftung für Geisteswissenschaften in Ingelheim am Rhein.

Einbandgestaltung unter Verwendung einer Tuschzeichnung von Wolfgang Welsch aus dem Jahr 1972.

Bibliografische Information der Deutschen Nationalbibliothek
Die Deutsche Nationalbibliothek verzeichnet diese Publikation in der Deutschen Nationalbibliografie; detaillierte bibliografische Daten sind im Internet über http://dnb.d-nb.de abrufbar.

www.akademie-verlag.de

Lektorat: Mischka Dammaschke
Einbandgestaltung: hauser lacour
Satz: Frank Hermenau, Kassel
Druck und Bindung: Beltz Bad Langensalza

Dieses Papier ist alterungsbeständig nach DIN/ISO 9706.

ISBN 978-3-05-005269-4

Matri carissimae

Inhaltsverzeichnis

Vorwort 15

I. Öffnungen

I. Das Zeichen des Spiegels – Platons philosophische Kritik der Kunst und Leonardo da Vincis künstlerische Überbietung der Philosophie 21
1. Platons Kunstverdikt (*Politeia* X) 21
a. Ontologische Verkehrtheit 21
b. Psychologische Verkehrtheit 23
c. Kunst-Kritik als Sophistik-Kritik 23
d. Spiegeltrug 27
2. Leonardo da Vincis Nobilitierung der Malerei 28
a. Der Spiegel als künstlerisches Ideal 29
b. In der Malerei kommt die Natur zu sich 30
c. Ein neues humanes Ideal 31
d. Wahrheitsvorrang der Malerei vor der Philosophie 32
e. Eine neue, erscheinungsorientierte Grundphilosophie 33
3. Ein gewandeltes Bild der Kunst, des Spiegels, der Wahrheit, des Menschen 35

II. Zur Rolle von Skepsis und Relativität bei Sextus, Hegel und Dōgen 38
1. Die skeptische Position des Sextus Empiricus – und ihr Verhältnis zu Platon und Aristoteles sowie zu Hegel 38
a. Skepsis laut Sextus Empiricus 38
b. Hegels Verhältnis zum antiken Skeptizismus 42
2. Dōgen: Relativität umfassend gedacht – und ihre Übersteigung 48
a. Vorbemerkungen 48
b. Relativität 50
c. Übersteigung der Relativität 54
d. Ursprüngliche Natur und Konkretion 58

e. Die wahrhafte Sicht 63
3. Dōgen im Verhältnis zu Sextus und Hegel 66
4. Werk- und Literaturverzeichnis 67

III. Hegel und die analytische Philosophie – Über einige Kongruenzen in Grundfragen der Philosophie 70
1. Einleitung: Von der ursprünglichen Zurückweisung zur zeitgenössischen Wiederkehr Hegels in der analytischen Philosophie 70
a. Die Entstehung der analytischen Philosophie aus der Revolte gegen britische Neohegelianismen 70
b. Die analytische Philosophie ist von Anfang an – bis in ihren Leitterminus ‚analytisch' hinein – gegen Hegel gerichtet 71
c. Der Hegelianismus Russells und Moores vor ihrer analytischen Wende 72
d. Die Wiederkehr Hegels in der neueren analytischen Philosophie 73
e. Nebenbeobachtungen 77
f. Hegels Wiederkehr als Ergebnis der Selbstkritik der analytischen Philosophie 80
g. Sachliche Kongruenzen zwischen neueren Einsichten der analytischen Philosophie und zentralen Thesen Hegels 81
h. Jena: Heimstätte des Idealismus und Ausgangsort der analytischen Philosophie 82
i. Auswahl von Kongruenz-Punkten 82
2. Das Scheitern von Unmittelbarkeits- und Elementarismus-Hoffnungen . . 83
a. Hegels Kritik der Unmittelbarkeit am Beispiel der „sinnlichen Gewissheit" 83
b. Unmittelbarkeits-Hoffnungen in der frühen analytischen Philosophie (Cambridger Richtung) 85
c. Elementarismus-Hoffnungen des Logischen Empirismus (Wiener Kreis) 90
d. Resümee 95
3. Holismus 95
a. Von Russell zu Quine: „Die Einheit empirischer Signifikanz ist die Wissenschaft als gesamte" 95
b. Von Moore zu Wittgenstein: „*Ein Ganzes* von Urteilen wird uns plausibel gemacht" 99
c. Hegels Holismus: „Das Wahre ist das Ganze" 101
4. Erkennen und Wirklichkeit 107
a. *Linguistic turn*: sprachlicher Bezug auf Gegenstände 107
b. Die commonsensualistische Standard-Version: Sprache als Zugangs-Bedingung zu sprach-unabhängigen Gegenständen 107
c. Dagegen Hegel: Entsprechung von Begriff und Gegenstand 108
d. Das Verhältnis von Begriff und Gegenstand in der Sicht des linguistischen Idealismus 110
e. Das Verhältnis der linguistischen Position zu Hegels Konzeption . . . 114
f. Putnam: ein Versuch zur Einbringung von Objektivität 118

g. Resümee . . . 121
5. Gesamtrückblick und Ausblick . . . 122
6. Literaturverzeichnis: . . . 123

IV. Philosophische Evidenzerlebnisse . . . 128
1. Zeugnisse . . . 128
2. Erste Deutung: Inspiration . . . 130
3. Zweite Deutung: das Erlebnis ist denkgeneriert . . . 130
4. Wie kann man Konsequenz- und Widerfahrnis-Charakter zusammendenken? . . . 132
5. Ist Denken ein Phänomen reiner Spontaneität? . . . 132
6. Hinweise auf eine mögliche Rezeptivität des Denkens . . . 133
7. Phänomenologie der Evidenzerlebnisse . . . 136
8. Erklärung des Widerfahrnis-Charakters aus der Struktur der Evidenz . . . 137

V. Weisheit . . . 139
1. Einleitung . . . 139
2. Philosophie und Weisheit in der Antike . . . 141
a. ‚Weisheit' bei den vorplatonischen Denkern . . . 141
b. ‚Weisheit' im griechischen Alltag: die Sieben Weisen . . . 143
c. ‚Philosophie' statt ‚Weisheit' . . . 144
d. Die offene Flanke der Theorie: Lebenspraxis . . . 150
3. Mittelalter . . . 151
a. Spannungsverhältnis zwischen göttlicher Weisheit und menschlicher Wissenschaft . . . 151
b. Vereinigungskonzeptionen . . . 152
4. Neuzeit und Moderne . . . 154
a. Ernüchterung: Weisheit und Torheit . . . 154
b. Primat der Wissenschaft . . . 154
c. Weisheit und praktische Philosophie . . . 155
d. Die moderne Figur des Weisen . . . 156
e. Gegenmotive (Schelling, Schopenhauer) . . . 159
f. Moderner Protest gegen die traditionelle Weisheit (Nietzsche, Cioran, Wittgenstein) . . . 159
5. Zeitgenössische Konturen der Weisheit . . . 161
a. Weisheit alltäglich: von Altersweisheit zu permanenter Flexibilität? . . . 162
b. Die szientifisch geprägte Version von Weisheit in der zeitgenössischen Philosophie . . . 163
c. Könnte die Philosophie künftig wieder eine weisheits-affinere Form annehmen? . . . 166

II. Das anthropische Gehäuse der Moderne

VI. Epistemischer Anthropozentrismus
Zur Denkform der Moderne und deren Kritik . . . 171

1. Diderots Proklamation und Kants Begründung des anthropischen Prinzips der Moderne . . . 171
a. Diderot 1755: „Der Mensch ist der einzigartige Begriff, von dem man ausgehen und auf den man alles zurückführen muss“ . . . 171
b. Kant 1781: Epistemologische Rechtfertigung des anthropischen Prinzips . . . 172
2. Fortdauer des anthropischen Prinzips bis in die Gegenwart . . . 173
a. Feuerbach: „Das Bewusstsein des Gegenstands ist das Selbstbewusstsein des Menschen“ . . . 174
b. Historismus: unterschiedliche geschichtlich-kulturelle Aprioris und Welten – Diversifikation des transzendentalen Rahmens . . . 174
c. Nietzsche: unsere Wahrheit ist „durch und durch anthropomorphisch“ 175
d. Die axiomatische Rolle des anthropischen Prinzips in den zeitgenössischen Human- und Kulturwissenschaften . . . 176
e. Analytische Philosophie . . . 177
3. Vergebliche Kritiken der anthropischen Denkform . . . 178
a. Hegels Einspruch . . . 178
b. Logische Kritik der anthropischen Denkform (Frege, Husserl) . . . 178
c. Heidegger: Onto-Anthropozentrik . . . 179
d. Foucault: „Der Mensch wird verschwinden wie am Meeresufer ein Gesicht im Sand“ . . . 180
4. Gründe für eine Infragestellung der modernen Denkform . . . 182
a. Lähmung, Sattheit, Selbstzufriedenheit . . . 182
b. Die Inkonsistenz der anthropischen Denkform . . . 183
5. Der evolutionär geprägte Mensch – eine Perspektive zur Überschreitung der modernen Denkform . . . 184

VII. Inwiefern Heidegger – bei aller Kritik – der modernen Denkform verhaftet blieb . . . 186
1. Heideggers Diagnose und Kritik der anthropologischen Grundstellung . . 186
a. Das Ungenügen der herkömmlichen Bestimmung des Menschen . . . 187
b. Kritik des modernen Fundamentalanspruchs der Anthropologie . . . 189
2. Heideggers eigene Konzeption: der Wesensbezug zwischen Sein und Mensch . . . 190
a. Der Seinsbezug ist für das Wesen des Menschen konstitutiv . . . 190
b. Bestimmungselemente der Sein-Mensch-Beziehung . . . 191
3. Ein tieferer Humanismus und Anthropozentrismus . . . 195
a. Überschreitung des herkömmlichen Humanismus und der üblichen Anthropologie . . . 195
b. Neuer Humanismus . . . 195
c. Onto-Anthropozentrismus . . . 196
d. Der Mensch als der exklusive Partner des Seins . . . 198

VIII. Pazifische Reflexionen . . . 200
1. Phänomenologie des Pazifiks . . . 200
a. Unermessliche Weite – Erfahrung eines Unbegrenzten . . . 200

b. Überlegene Macht – kein Raum des Aufenthalts für den Menschen . . 201
c. Animalischer Charakter 202
d. Veränderung unserer Maßstäbe 203
2. An der Küste: Wandern zwischen zwei Welten 204
3. Verwandtschaft mit nicht-menschlichem Seienden 206
a. Erfahrung der Gemeinsamkeit 206
b. Zum Status reflexiver Gefühle 206
c. Gemeinsamkeit qua Evolution 207
d. Kontrast zur städtischen Perspektive 209
4. Jenseits des modernen Dualismus 210

IX. Die Kunst und das Nicht-Menschliche 212
1. Problemexposition: der im 20. Jahrhundert in der Kunst auftretende Ruf nach Nicht-Menschlichem 212
a. Beispiele von Künstlern und Ästhetikern des 20. Jahrhunderts 212
b. Der Anthropozentrismus früherer Kunst – das Beispiel der Renaissance 213
c. Anthropozentrismus über die Renaissance hinaus? 215
d. Die anthropische Denkform der Moderne 217
e. Gegenoptionen – auf den zweiten Blick doch anthropozentrisch bleibend: das Beispiel der Romantik 218
2. Plädoyer für das Nicht-Menschliche – in welchem Sinn und mit welchem Erfolg? 224
a. Darstellung von Dingen, die in keiner Weise mehr den Menschen meinen oder auf den Menschen bezogen werden können 224
b. Künstlerische Beispiele 224
c. Das Inhumane: bloß ein Gegen- und Komplementärbegriff zum Humanen 228
3. Ein anderer Ansatz 231
a. Vom homo humanus zum homo mundanus 231
b. Künstlerische Beispiele 232
c. Ostasiatische Parallelen – Ausblick 233

III. Ausblicke

X. Anthropologie im Umbruch – Das Paradigma der Emergenz 237
1. Die Grundfigur und das Grundproblem der konventionellen (dualistischen) Anthropologie 238
a. Die animalisch-vernünftige Doppelnatur des Menschen 238
b. Himmlischer, nicht irdischer Ursprung der Rationalität 239
c. Das Grundproblem: Wie soll grundsätzlich Heterogenes in uns verbunden sein können? – Die begriffliche Inkonsistenz dieses „Dualismus“ 240
2. Herders Lösungsversuch 243
a. Herder: Die Anthropologie muss „zoologisch und geographisch“ ansetzen 243

b. Historische Gründe für das neue Desiderat einer evolutionistischen Betrachtung . . . 244
c. Herders Lösungsversuch . . . 245
d. Kritische Betrachtung . . . 247
3. Lösung durch das Paradigma der Emergenz . . . 249

XI. Absoluter Idealismus und Evolutionsdenken . . . 251
1. Hegels absoluter Idealismus: Logische Evolution und Realentwicklung . . 252
a. Einige Hauptpunkte von Hegels Konzeption des absoluten Idealismus 252
b. Die logische Bewegung: Evolution oder Entwicklung? . . . 253
c. Logik und Realphilosophie . . . 256
d. Zwischenresümee . . . 261
e. Entwicklung nicht schon in der Natur, sondern erst beim Geist . . . 262
f. Resümee . . . 264
g. Nachbetrachtung . . . 264
h. Nietzsche: „ohne Hegel kein Darwin" . . . 267
2. Evolutionistisch: gemeinsamer Hervorgang von Seinsformen und logischen Formen . . . 269
a. Grundsätzlich: Zwillingscharakter ontischer und logischer Evolution . 269
b. Die logischen Formen gehen den ontischen nicht voraus . . . 270
c. Evolutiver Status der logischen Strukturen . . . 271
d. Noch einmal die These . . . 272
e. Verhältnis zu Hegels Konzeption . . . 273

XII. Das Rätsel der menschlichen Besonderheit . . . 277
1. Fragestellung und Vorhaben . . . 277
2. Die Entstehung der menschlichen Besonderheit in der protokulturellen Periode . . . 279
3. Körper- und Gehirnmodifikationen . . . 280
4. Werkzeugentwicklung und neue soziale Anforderungen als treibende Faktoren . . . 282
5. Die Dynamik der protokulturellen Entwicklung – bis hin zum Take-off der kulturellen Evolution . . . 284
6. Noch einmal zur großen Bedeutung der protokulturellen Entwicklung . . 285
a. Der grundlegende Unterschied zwischen natürlicher und kultureller Evolution . . . 286
b. Die „menschliche Natur" ist die protokulturell gebildete Natur – diese trägt auch noch die kulturelle Evolution . . . 287
7. Kränkung? . . . 289
8. Die Kurzsichtigkeit des Kulturalismus . . . 289
9. Antwort auf Standardeinwände . . . 291

XIII. Transkulturalität – neue und alte Gemeinsamkeiten . . . 294
1. Vorbemerkung . . . 294
2. Vom herkömmlichen Konzept der Einzelkulturen zum zeitgenössischen der Transkulturalität . . . 295
a. Entstehung und Sinn des modernen Kulturbegriffs . . . 295

b. Der problematische Zug: das Kugelmodell der Kultur 296
3. Grundzüge des Konzepts der Transkulturalität 298
a. Makroebene 298
b. Mikroebene 302
c. Entkoppelung von kultureller und nationaler Identität 305
4. Alte Gemeinsamkeiten: auf die protokulturelle Periode zurückgehende Gemeinsamkeiten („Universalien") 309
a. Die Faszination durch Kunstwerke fremder Kulturen 310
b. Universalien 312
c. Die Relevanz der Universalien 317
d. Alte und neue Gemeinsamkeiten – Transkulturalität im Gesamtgang der Menschheitsgeschichte 321

XIV. Physeotektur – Betrachtungen zum Verhältnis von Architektur und Natur . . 323
1. „Physeotektur" 323
2. Westliche Auffassung: Architektur als Gegenentwurf zur Natur 323
3. Das Beispiel Le Corbusiers 324
4. Ein anderer Le Corbusier: „glücklich in Fühlung mit der Natur" 326
5. „Physeotektur" 327
6. Mensch und Natur: ein evolutives Verhältnis 328
7. Physeotektur: Natur- und Weltverbundenheit des ganzen Menschen 329

Nachweise 333

Personenregister 335

Vorwort

Nein, ich bin nie verzweifelt an ihr. Aber ich habe mich auch nie ganz zu Hause gefühlt in ihr. Die Moderne hat ihre großen Errungenschaften und Verdienste. Aber auch ihre Blindheiten und ihre Enge.

Als ich 1987 *Unsere postmoderne Moderne* veröffentlichte, interpretierte ich die Postmoderne als die zeitgenössische Form der Moderne. Das halte ich noch heute für zutreffend. Aber ich begann damals schon zu überlegen, ob es nicht möglich wäre, über den Denkrahmen der Moderne insgesamt hinauszugehen. Das würde allerdings andere Mittel erfordern als diejenigen, die man bis heute als „postmodern" bezeichnet.

Während eines Forschungsaufenthaltes am Stanford Humanities Center in den Jahren 2000 und 2001 nahm meine neue Denkrichtung Konturen an. Ich bemerkte, dass das moderne Denken durch die Auffassung geprägt ist, alles sei vom Menschen aus zu verstehen und auf den Menschen zurückzubeziehen. Ich nenne dies das „anthropische Prinzip" der Moderne. Basal dafür ist die Überzeugung, dass wir Menschen von anderer Art sind als all das, was sich sonst in der Welt findet – dass wir eigentlich, und zwar aufgrund unserer geistigen Natur, Weltfremdlinge sind. Unter dieser Prämisse ist es dann konsequent anzunehmen, dass wir die Welt nur nach unserer Art ansehen, dass wir nur „unsere Welt" konstruieren können.

Aber die Annahme der Weltfremdheit ist fundamental falsch. Das lehrt die Perspektive der Evolution. Wenn wir unsere evolutionäre Genese nur einigermaßen ins Auge fassen, dann erkennen wir, dass wir durch und durch welthafte Wesen sind, die noch in ihren hochkulturellen Extravaganzen das ihnen von der Evolution her überkommene Potential ausagieren. Die evolutionäre Perspektive löst die Annahme der Weltfremdheit auf und hebt so das anthropische Prinzip aus den Angeln. Eine konsequent evolutionistische Sicht des Menschen führt über die anthropischen Spiegelspiele der Moderne hinaus und öffnet einen neuen Denkraum. Das ist der Versuch, der in diesem Band unternommen wird.

Die einzelnen Essays sind in den Jahren 2001–2009 entstanden und wurden für diese Ausgabe so überarbeitet, dass ein fortlaufender Argumentationsgang entstand. Nur den Auftakt des ersten, *Öffnungen* überschriebenen Teiles bildet ein älterer Aufsatz (mein

Habilitationsvortrag von 1982), der zeigt, wie Leonardo da Vinci ein neuartiges humanes Ideal entwirft, das den Menschen nicht als ein Sonderwesen, sondern als ein weltoffenes und weltverbundenes Wesen begreift. Darauf folgen Überlegungen, die über den europäischen Denkrahmen hinausführen, indem sie sich mit dem japanischen Philosophen Dōgen (in Kontrastierung mit Sextus Empiricus und Hegel) befassen. Um über den Zaun zu springen, muss man flexibel sein, und dazu kann Fremdheitstraining – zumal so hochkarätiges wie durch Dōgen – einem verhelfen. „Hegel und die analytische Philosophie" sucht ebenfalls von eingefahrenen Vorstellungen zu befreien, indem einige verblüffende Kongruenzen zwischen scheinbaren Antipoden in Grundfragen der theoretischen Philosophie aufgezeigt werden. „Philosophische Evidenzerlebnisse" erprobt im Ausgang von Beispielen der europäischen Philosophiegeschichte die Vermutung, dass unser Denken in seinen besten Momenten nicht einfachhin unser individuelles und menschliches Denken ist, sondern einen Grundzug der Wirklichkeit erfasst – dass ein solcher sich in ihm reflektiert, um nicht zu sagen: in ihm zu sich kommt. „Weisheit" reiht diesen Gedanken in die Tradition der Weisheitskonzepte ein und erwägt, welche Veränderungen des Denkens uns bevorstehen könnten.

„Epistemischer Anthropozentrismus – Zur Denkform der Moderne und ihrer Kritik" bildet den Auftakt des zweiten, *Das anthropische Gehäuse der Moderne* überschriebenen Teiles. Hier stelle ich die moderne Denkform als in all ihren Spielarten im anthropischen Prinzip befangen dar und zeige, wie auch die bisherigen Versuche, sich ihm zu entziehen, allesamt ins anthropische Fahrwasser zurückgeführt haben. In einer Art Fallstudie wird dies anschließend exemplarisch an Heidegger demonstriert, der beanspruchte (und von dem viele glauben), dass er den Denkrahmen der Moderne hinter sich gelassen habe. Der nachfolgende Aufsatz „Pazifische Reflexionen" ist der gewagteste. Er legt von meinem persönlichen eye-opener Zeugnis ab: der Aufenthalt am Pazifik hat mir den Kernpunkt der Kritik wie den Weg der Lösung gewiesen. „Die Kunst und das Nicht-Menschliche" analysiert schließlich anhand künstlerischer Versuche, was für eine effiziente Überschreitung des Denkrahmens der Moderne erforderlich wäre.

Die *Ausblicke* des dritten Teiles entfalten die evolutionäre Perspektive, die über das anthropische Dogma der Moderne hinauszugelangen erlaubt. „Anthropologie im Umbruch – Das Paradigma der Emergenz" benennt die Scheidelinie zwischen traditionellen und zeitgenössischen Konzepten der Anthropologie: die vermeintliche Sondernatur des Menschen ist nicht supranaturalen Ursprungs, sondern ist aus dem evolutionären Erbe hervorgegangen, das unsere Vorfahren mit ihren nicht-menschlichen Verwandten gemeinsam hatten, sie ist also als ein Fall von Emergenz zu verstehen. „Absoluter Idealismus und Evolutionsdenken" konfrontiert meine evolutionäre Perspektive mit der Hegels und zeigt, dass dieser mit seiner Konzeption einer strikten Evolution der logischen Formen eigentlich alle Mittel an der Hand hatte, um eine Real-Evolution zu denken, dass er diese Zukunftschance aber verspielte, indem er an einigen überkommenen Rahmenbedingungen festhalten zu sollen glaubte. „Das Rätsel der menschlichen Besonderheit" klärt auf, wie die menschliche Besonderheit – auf die alle bisherige Anthropologie abhob und deren Genese doch keine Konzeption auch nur einigermaßen befriedigend aufzuklären vermochte – de facto entstanden ist: in einem evolutionären Prozess, der in der Phase der Protokultur die menschliche Natur hervorgetrieben und anschließend noch den Startschuss für die kulturelle Evolution gegeben hat, in der wir uns noch immer befinden. Der

Essay zur „Transkulturalität" verbindet eine Analyse von deren aktuellen Formen mit Betrachtungen zu evolutionär alten Gemeinsamkeiten und überlegt, wo beide uns künftig hinführen könnten. „Physeotektur" widmet sich schließlich einer Architektur, die den Mensch-Welt-Gegensatz hinter sich gelassen hat.

Indem der Mensch im Kontext der Welt entstanden ist und nur im Zusammenhang mit der Welt verstanden werden kann, ist das Spielfeld der Moderne überschritten. Eine neue Denklandschaft zeichnet sich ab. Ich hoffe, dass die Leser Lust verspüren, anhand des einen oder anderen Essays die moderne Engführung hinter sich zu lassen und einen neuen Denkraum zu erproben.[1]

Mein Dank gilt den vielen Gesprächspartnern, die ein Jahrzehnt lang den Fortgang meiner Überlegungen kritisch wie fördernd begleitet haben, und besonders Felix Timmermann, der alles zuletzt noch einmal genauestens unter die Lupe genommen hat.

Berlin, 10. Juli 2011
Wolfgang Welsch

[1] Eine systematische Darstellung meiner Auseinandersetzung mit der Moderne und meiner alternativen Konzeption erscheint 2012 unter dem Titel *Homo mundanus*.

I. Öffnungen

I Das Zeichen des Spiegels – Platons philosophische Kritik der Kunst und Leonardo da Vincis künstlerische Überbietung der Philosophie

1. Platons Kunstverdikt (*Politeia* X)

Platon hat im X. Buch seines *Staates* eine gewichtige Kritik der Kunst vorgetragen. Ziel dieser Kritik ist es, die Ausweisung der Dichter aus dem Staat zu legitimieren. Wo immer Dichtkunst Strukturen von Nachahmung zeigt, soll sie verstoßen werden, und der Hauptbetroffene solcher Exilierung ist kein Geringerer als Homer, der traditionelle Lehrer Griechenlands.

a. Ontologische Verkehrtheit

Als Grundübel gilt Platon die Nachahmung, und zwar wegen ihrer Seinsschwäche und ihrer verderblichen Wirkung auf die Menschen. Beides deckt Platon exemplarisch anhand der Malerei auf. In ihr nämlich ist das Nachahmungsprinzip am augenfälligsten und werden so auch Lug und Trug dieses Prinzips am offenkundigsten. Die Malerei, die insgesamt nachahmend ist, wird von Platon stellvertretend für jede Form nachahmender Kunst geprüft und verurteilt.[1] Die Anklagen ergeben sich allesamt daraus, dass die malerische Nachahmung genau gegenläufig zur Seinsordnung operiert, dass sie allenthalben statt auf das Sein auf den Schein sich richtet und diesen propagiert.

Die Malerei ist ontologisch grundverkehrt gestellt. Sie ist das anfänglich schon, indem sie sich nicht das eigentlich Seiende, nicht die Idee zum Vorbild ihrer Darstellung nimmt, sondern deren mindere gegenständliche Präsenz, den sogenannt realen Gegenstand wiederzugeben sucht. Der Maler zeigt nicht, was Bett überhaupt ist, sondern er führt uns ein bestimmtes Bett vor Augen, das aber geradeso gut auch reichlich anders beschaffen sein könnte. Und dann zeigt uns der Maler diesen ohnehin schon mit Zu-

[1] In der darstellungsästhetischen Reflexion (595 c – 602 b) steht eindeutig die Malerei im Vordergrund, in der wirkungsästhetischen (602 c – 607 a) zwar die Dichtkunst, aber die Befunde sind offenbar als auch für die Malerei gültig gemeint, und Platon rekurriert auch hier mehrfach auf die Malerei (602 d, 603 a – b).

fälligkeit durchsetzten Gegenstand auch noch nur in einer zufälligen Erscheinungsweise seiner, nämlich je nur aus einem einzelnen und als solchen willkürlichen Blickwinkel und in momentaner Beleuchtung, mithin insgesamt nicht so, wie der Gegenstand an sich ist, sondern nur so, wie er momentan erscheint.

Der Maler führt also weit weg von der Wahrheit des Seienden. Er sucht uns drei Stufen unter der Wahrheit zu fesseln und heimisch zu machen. Denn erstens vergegenwärtigt er nicht das eigentlich Seiende, die Idee, sondern nur eine von deren Erscheinungsgestalten, zweitens vergegenwärtigt er diese nicht (wie der Handwerker) herstellend, sondern bloß darstellend (also nicht wirklich, sondern bloß zum Schein) und drittens ist seine scheinhafte Vergegenwärtigung noch einmal bloß auf eine zufällige und flüchtige Erscheinungsweise des ohnehin schon nur Scheinhaften gerichtet. Dreifach potenzierter Schein, das ist – in ontologischer Rechnung – das Wesen der malerischen Darstellung.

Die Malerei stellt somit ein genaues Gegenprogramm zur Seinssuche des Philosophen dar. Die Maler sind wie jene Gauklertruppe des Höhlengleichnisses, wie jene Artisten, die (um es einmal so zu sehen) die Menschen unterhalten, indem sie ihnen Schattenbilder vor Augen führen, wobei die Menschen den Schatten gebannt zusehen, von ihnen gefesselt sind und den Betrug nicht bemerken.[2] Die Malerei stellt genau diejenige Situation wieder her, die für den Philosophen die Grundsituation der Verkehrung ist, aus der er die Menschen zu befreien sucht. Die Malerei knüpft die Fesseln, die der Philosoph löst, wieder neu.

Diese ontologische Verkehrtheit, die für die Malerei konstitutiv ist, setzt ihr auch in weiteren Einzelzügen nach. So ist beispielsweise das Wissen, das die Malerei vorspiegelt, gerade das Gegenteil wahrhaften Wissens. Denn indem die Malerei alles Mögliche darstellt, tut sie zwar so, als verstünde sie sich auf alles, aber in Wahrheit ist es eben nicht aufgrund eines wirklichen Verständnisses der Dinge, sondern bloß im Sinn der Oberflächlichkeit und Äußerlichkeit, dass sie agiert, und ihre mögliche Universalität verdankt sich genau dieser eigentlichen Ignoranz, ist nur dadurch möglich, dass die Malerei gar nichts anderes aufführt als bloßes Blendwerk, Gaukelei.[3] Platon hält diese Gaukelei für gefährlich. Zwar: dem illusionistischen Trug, die bloß dargestellten Dinge für leibhaft präsent zu wähnen, werden nur Kinder und Toren erliegen. Aber die Malerei verfügt noch über andere Mittel. Sie betrügt nicht einfach durch Augenschein, sondern sie becirct durch Verführung. Und dieser Verführung erliegen – was die größte Anklage gegen die nachahmende Kunst begründet – selbst die Tugendhaften, noch die potentiell philosophischen Köpfe geraten durch sie in Gefahr.

---

[2] Diese Gleichsetzung von Malerei und Höhlensituation kehrt noch bei Cézanne wieder, der die Museen die Höhlen Platons nennt (*Conversations avec Cézanne*, hrsg. v. P. M. Doran, Paris: Macula 1978, 159 f.) – Allerdings zielt Cézanne mit dieser Charakterisierung ausschließlich auf die *schlechte* Malerei und versteht darunter gerade diejenige, die sich *nicht* an die Wahrheit der Sinne hält. Diese Gegenthese wird es nachher näher zu beleuchten gelten.

[3] Dass Platon überhaupt so sehr auf Wissen abhebt, ist für unser Kunstverständnis befremdlich, für das antike aber selbstverständlich, denn für *téchnē* ist ein Wissen geradezu konstitutiv. Aristoteles' geschichtlich hochwirksame Bestimmung der *téchnē* als *héxis metá lógou alēthoús poiētikē* (Eth. Nic. VI 4, 1140 a 10) ist durchaus platonischen Geistes.

b. Psychologische Verkehrtheit

Wie die Malerei ontologisch verkehrt ausgerichtet ist, indem sie sich darstellend auf das Erscheinende und Sinnenhafte bezieht, so ist sie auch psychologisch verkehrt und verderblich geeicht, indem sie sich in ihrer Wirkung gerade an den Sinnen- und Gefühls-Bereich wendet, an den sinnlichen also statt an den geistigen Menschen. Sie appelliert an das, was eigentlich zum Schweigen gebracht, sie stärkt das, was ausgetrocknet werden sollte: die Sinnlichkeit. So wirkt sie aufwieglerisch und destabilisierend, sie gefährdet jede einmal errungene innere Herrschaft und arbeitet auf eine Verkehrung hin. Wie sie ontologisch gewissermaßen Kopf steht, so wendet sie sich auch psychologisch an das Verkehrte und ist und intendiert insgesamt nichts anderes als Verkehrung. Platon: „So sage ich, dass die Malerei und die Nachbildnerei überhaupt, wie sie in großer Ferne von der Wahrheit ihr Werk zustande bringt, so auch mit dem von der Vernunft Fernen in uns ihren Verkehr hat und sich mit diesem zu nichts Gesundem und Wahrem zusammentut. [...] Selbst schlecht und mit Schlechtem sich verbindend erzeugt die Nachbildnerei auch Schlechtes" (603 a–b). In der artistischen Verkehrung kongruieren eine ontologische und eine psychologische bzw. anthropologische Verkehrung. Sie treten, wo man solch nachahmender Kunst Raum gibt, zu einer politischen Verkehrung zusammen, wobei „politisch" zunächst die innere Verfassung des einzelnen Menschen, dann freilich auch die des Staates meint. Um beider Politien willen – um sie beide vor solcher Verkehrung zu schützen – sind die nachahmenden Künste aus dem Staat auszuschließen.

c. Kunst-Kritik als Sophistik-Kritik

Nun muss dieser Angriff Platons auf die Kunst, zumal er sogleich und ganz unverwandt gegen Homer, die Identitätsfigur griechischer Kultur schlechthin, geführt wird, für griechische Ohren etwas ganz Unerhörtes, ja Ungeheuerliches gewesen sein. Wohlmeinende Interpreten haben ihm denn auch verschiedentlich die Schärfe zu nehmen versucht. Insbesondere sprach man davon, der Angriff könne – bei aller offenkundigen Stringenz – doch von Platon selbst nicht ganz ernst gemeint sein, dagegen spreche allein schon die sonst, beim frühen und mittleren Platon, zum Ausdruck kommende Hochschätzung der Kunst.[4] Aber dieser Hinweis verschärft in Wahrheit nur die Frage, warum dann der reife Platon so unnachsichtig gegen die Kunst zu Felde ziehen konnte. Goethe hat von den Dialogen Platons gesagt, sie seien „oft nicht allein *auf* etwas, sondern auch *gegen* etwas gerichtet".[5] Das schließt ein, dass man sie recht erst versteht, wenn man dieses Wogegen erfasst. Wer ist der eigentliche Gegner, wenn Platon hier die Kunst verurteilt?

[4] Vgl. zum Wandel von Platons Kunstverständnis und Kunstschätzung die Untersuchung von Bernhard Schweitzer, *Platon und die bildende Kunst der Griechen* (Tübingen: Niemeyer 1953).

[5] Johann Wolfgang von Goethe, „Plato als Mitgenosse einer christlichen Offenbarung", in: ders., *Werke. Hamburger Ausgabe in 14 Bänden*, Bd. 12, 244–249, hier 245.

Platon selbst bezieht seine Polemik gegen Ende auf den „alten Streit zwischen der Philosophie und der Dichtkunst“,[6] und dabei wird deutlich, dass die Dichtkunst hier als ein Konkurrenz-Unternehmen zur Philosophie aufgefasst ist, sofern nämlich auch sie für einen Sinn des Ganzen einsteht. Es ist in dieser noch von Hegel gerühmten eigentlichen Funktion der griechischen Kunst, einen Gesamtsinn zu artikulieren, ja zu entwerfen – Hegel sagte, die Kunst (und nicht etwa die Philosophie) sei die höchste Form gewesen, in welcher die Griechen ihre Götter sich vorstellten und ein Bewusstsein von der Wahrheit hatten[7] –, es ist in dieser Funktion eines Sinn-Konkurrenten, dass die Kunst hier für Platon zum Thema und zum Gegenstand einer unerbittlichen Kritik wird. Nur dass dieser Anspruch der Kunst, eine Orientierung im Ganzen zu geben, jetzt, zu Platons Zeit, inhaltlich anders aussieht als zu Homers Zeit. Kunst ist jetzt – wie Platons gerade auch auf die zeitgenössische Kunst zielende Analyse ergibt – Vertreterin einer Philosophie der Erscheinung und einer Erziehung der Menschen zum Schein. Platon macht als die geheime ratio der Kunst seiner Zeit eine Philosophie aus, die er auch, wo sie diskursiv auftritt, aufs schärfste bekämpft: die Sophistik. Denn dies ist die Pointe seiner Kunst-Kritik und der Grund ihrer Schärfe: dass sie in Wahrheit eigentlich eine Philosophie-Kritik ist, nämlich eine Kritik an den Sophisten. Platon erkennt in der nachahmenden Kunst die ästhetische Realisation und Propagierung des Programms der Sophistik. Und dieser Perspektive gemäß analysiert und präpariert er die nachahmende Kunst, diesem Blick entsprechend bekämpft und verurteilt er sie. Die Kunst ist des Teufels, weil sie sophistisch ist. Daher muss sie all die Prügel einstecken, die einschlägig den Sophisten zugedacht sind.

Dass Platon tatsächlich – wie hier vorgeschlagen – die Parallelität von Kunst und Sophistik im Auge hat,[8] erhellt nicht nur aus der strukturellen Gleichheit der jeweiligen Argumentation gegen die Kunst bzw. gegen die Sophistik, sondern geht auch aus der bald schon erfolgenden direkten Bezeichnung des Malers als eines Sophisten hervor (596 d) und bestätigt sich im Dialog *Sophistes* ein weiteres Mal, wenn Platon dort die Struktur des sophistischen Scheinwissens Zug um Zug aus dem Vergleich mit der malerischen Nachahmung entwickelt. Beim Maler wie beim Sophisten handelt es sich nur um die Vorspiegelung eines Wissens, nicht um wahrhaftes Wissen. Der nachahmende Künstler ist dem ganzen Wesen seines Tuns nach für Platon nichts anderes als ein bildender oder dichtender Sophist, ein Mann also, der allenthalben bloß Schein produziert und diesen für Sein ausgibt.[9] Im Sinn dieser Parallelisierung ist Platon insgesamt darauf

[6] Zwar möchte Platon seine Polemik aus diesem Kontext gerade lösen (vgl. Hans-Georg Gadamer, *Platos dialektische Ethik und andere Studien zur platonischen Philosophie*, Hamburg: Meiner 1968, 186), aber Absetzungen belegen Gebundenheit, nicht Getrenntheit.

[7] Vgl. Georg Wilhelm Friedrich Hegel, *Vorlesungen über die Ästhetik I*, Werke 13 (Frankfurt/Main: Suhrkamp 1986), 140 f.

[8] Hinweise dazu finden sich schon bei Paul Friedländer (*Platon,* Bd. 1, Berlin: de Gruyter 1928, 139). Als *Folie* der Kunst-Kritik aber wurde Platons Gegnerschaft zur Sophistik bisher noch nicht erkannt.

[9] Vielleicht vermag dieser Verständnisvorschlag, die Kunst-Kritik als Sophistik-Kritik und damit als Kritik der Gegen-Philosophie zu erkennen, das Befremdliche zu erklären und aufzulösen, das dieser Kritik immer anhaftete und solange anhaften musste, wie man sie schlicht als Kunst-Kritik verstehen zu sollen glaubte. Denn natürlich erklärt sich so nicht nur die befremdliche Härte der

aus, die Kunst als Potenzierung und Apotheose von Schein darzustellen, d. h. zu diskreditieren. Daher sein Insistieren darauf, dass die Kunst sich das Erscheinungshafteste zum Gegenstand nimmt – nämlich die Idee ohnehin nicht, sondern nur deren schlechte Gegenstandsform, und diese noch einmal nur gemäß einer zufälligen und partiellen Erscheinungsweise – und dass sie dieses so ganz bloß Erscheinungshafte dann selbst noch einmal nur zum Schein hinstellt. Sie geht, wie Platon formelhaft sagt (598 b), auf das Scheinhafte als Scheinhaftes und präsentiert dieses – qua Darstellung – noch einmal nur scheinbar. Sie ist ganz und gar Kult und Vollzug von Scheinhaftem.[10] Und wenn solch Scheinhaftes einmal dazu dient, optischen Verzerrungen entgegenzuwirken und so gerade die wahren Verhältnisse herzustellen (wenn also beispielsweise die griechischen Tempelbaumeister die Architravlinie geringfügig aufbiegen, damit sie gerade erscheine, oder wenn Phidias bei hoch aufzustellenden Figuren der standortbedingten Verzerrung von vornherein entgegenarbeitet), so sagt Platon nur: um so schlimmer, denn solche Korrekturen, die auf Wahrheit zu zielen scheinen, haben ja gerade die Anerkennung der Perspektivität und des Erscheinens zur Grundlage, haben also die Wahrheit fundamental schon an den Schein verraten (vgl. *Sophistes* 235 e – 236 c). Je mehr solche Kunst sich als Kunst vervollkommnet, um so rettungsloser versinkt sie im Schein, um so verkehrter und verderblicher wird und wirkt sie.

Man kann an der Einsicht nicht vorbei: In solcher Polemik rechnet eine Philosophie mit ihrem Gegner ab, mit ihrer Gegenphilosophie, die sie für das Unphilosophische schlechthin hält, die aber offensichtlich doch so reichlich Anhängerschaft findet, dass eine derartige Polemik oder Aufklärung nottut. Und in der Tat: Diese Gegenphilosophie, die Philosophie der Erscheinung, wie die Sophisten sie vertreten und die Kunst sie verkörpert, diese Gegenphilosophie ist zumindest als eine praktische, im Leben befolgte den Griechen vertraut und wert. Und die Kunst, diese Institution der Erscheinungs-Süchtigkeit und damit platonisch des Anti-Philosophischen schlechthin, fungiert realiter als Medium der Selbstverständigung und Sinnpräsenz. In ihr dokumentiert und erfüllt sich ein anderer Lebens- und Sinnentwurf, einer, der gerade auf die Erscheinung als das Wahre und Eigentliche, wohl gar als das Menschliche setzt.[11] Mithin steht hier in Wahr-

---

Kritik, sondern auch manche der auffallenden Verzeichnungen, denen die Kunst hier ausgesetzt ist und die vor allem damit zu tun haben, dass jegliche Eigenbedeutung künstlerischer Gestaltung außer Sicht bleibt, diese vielmehr an ganz fremden und untauglichen Maßstäben gemessen wird. Eben dies ist der Punkt, den dann Aristoteles in seiner Rehabilitierung der Kunst – die eine genaue Replik auf Platon darstellt – bereinigt.

[10] Die hegelsche Dialektik der Erscheinung ist Platon natürlich fremd und darf auch nicht korrektiv in diese Schein-Bilanz der Kunst hineingetragen werden. Platonisch meint das „Phänomenale" unwahrhafte Präsenz, den Schein nur von Präsenz und gerade nicht ein notwendiges Moment von etwas, was von sich her erscheinen will und muss. Heidegger hat in seiner Platon-Auslegung genau diesen neuzeitlichen Erscheinungs- in den antiken Scheinbegriff hineingetragen und das *on phainómenon* als „sich Zeigendes", das „Phänomenale" also als Vorschein statt als Anschein interpretiert (Martin Heidegger, *Nietzsche*, Pfullingen: Neske 1961, Bd. 1, 207).

[11] Was Platon – der Musterbildner konservativer Kunst-Kritik – demgegenüber als Ideal der Kunst proklamiert hat, ist bekannt. In den *Gesetzen* (656 d – 657 a) preist er das Vorbild der ägyptischen Kunst, die 10 000 Jahre hindurch – und Platon legt Wert auf die Feststellung, dass diese Zeitangabe nicht redensartlich, sondern wörtlich gemeint ist – unverändert dasselbe in derselben Weise gestaltet habe, ohne Rücksicht auf veränderte Sichtweisen, Erfahrungen, Erfordernisse (für

heit nicht Philosophie gegen Nicht-Philosophie, sondern eine Philosophie gegen eine andere, und auch die Philosophie der Erscheinung, wie die Kunst sie vertritt, könnte eine veritable Philosophie sein oder ergeben. *Sie* hatte immerhin – und als das eigentlich Griechische – Nietzsche im Auge, als er sagte, die Griechen seien oberflächlich gewesen – jedoch „aus Tiefe".[12] Am Ende wird sogar Platon selbst solcher Philosophie der Erscheinung sich ausgelieferter und zugetaner erweisen als der Vordergrund seiner Verurteilungen es ahnen lässt.

Wenn in Platons Parallelisierung der Kunst mit der Sophistik Schein das erste Moment ist, so ist Täuschung, die bloße Vorspiegelung von Wissen, das zweite. Platon wird nicht müde, dem Maler immer wieder vorzuhalten, dass dieser – genau wie der Sophist – kein wirkliches Wissen habe, dass er in Wahrheit gar nichts verstehe von den Dingen, die er darstelle, und dass er überhaupt nur, weil sein Tun auf Nichtwissen beruhe, sich den Anschein zu geben vermöge, ein Allverständiger zu sein. Insbesondere meint Platon, dass man darauf, eine Sache bloß darzustellen (statt sie herzustellen bzw. wirklich zu betreiben) nur deshalb verfalle, weil man eben nichts verstehe von ihr. Hätte der Maler oder der Dichter ein Wissen von den Sachen, die er darstellt, so würde er sich eben nicht mit solcher Scheinbildnerei begnügen, sondern würde in diesen Themenfeldern etwas realiter auszurichten sich bemühen, würde politisch oder sittlich wertvolle Taten vollbringen oder einfach im täglichen Leben etwas Anständiges und Nützliches leisten wollen. Aber nichts dergleichen wird etwa vom großen Homer berichtet. Er hat keinem Staat eine bessere Verfassung gegeben, keinem politischen Unternehmen auch nur durch seinen Rat einen glücklichen Ausgang verschafft, nicht einmal einer Gruppe von Menschen zu einer besseren Lebensweise verholfen. Ganz einfach deswegen, so Platon, weil Homer von alledem – worüber er eifrig dichtete – in Wahrheit nichts verstand. Die Praxislosig-

---

die Platon einen positiven Begriff nicht hat und nicht haben kann). – Wenn nachahmende Kunst überhaupt legitim sein soll, dann muss sie ewigkeitlich, variantenlos, rücksichtslos sein. Wenn sie das Wahre schon nicht vergegenwärtigen kann, so soll sie wenigstens in ihrer Konstanz ein Gleichnis von dessen Unveränderlichkeit abgeben und nicht durch Rücksichten, Hinsichten, Perspektiven und Akkommodationen den Blick auf das Bleibende verunklaren. Das ist – wie alles in Platons Kunst-Kritik – völlig konsequent (weshalb es denn auch nicht angeht, missliebige Momente einfach auszuklammern). Klar ist aber auch, dass Platon hiermit nicht nur gegen die Entwicklung, sondern gegen den ganzen Geist der griechischen Kunst steht. Man denke nur an die Weise, wie die Griechen den ägyptischen Typus der Götterstatue schon längst vor Platons Zeit verwandelt haben, wie sie gerade auf eine Verlebendigung des überkommenen hieratischen Typus hingearbeitet und Vielgliedrigkeit und zuletzt sogar Momentaneität ausgebildet haben. Wenn Lysipp den Gott Kairos in der ganzen Spontaneität und Anmut des Augenblicks zeigt, für den er steht, wenn so der göttliche und menschliche Wert solcher Momentaneität errungen wird, dann ist das selbst ein sehr charakteristischer und erfüllungsreicher Augenblick in der Geschichte der griechischen Kunst, die insgesamt nicht in Nachbildungen eines starren Typus, sondern in solcher Erbildung und Eroberung des Lebendigen und der möglichen Sinnfülle solcher Augenblicke ihren Sinn hat. Für Lysipps Zeitgenossen Platon aber ist dies nur schlechter Phänomenalismus und Relativismus, Verfehlen und Verkehrung der alten, nicht Gewinnung einer neuen Wahrheit.

[12] Friedrich Nietzsche, „Vorrede zur zweiten Ausgabe" [1887] von *Die fröhliche Wissenschaft*, in: ders., *Sämtliche Werke. Kritische Studienausgabe in 15 Bänden*, hrsg. v. Giorgio Colli u. Mazzino Montinari (München: Deutscher Taschenbuch Verlag 1980), Bd. 3, 352 [4].

keit belegt die faktische Ignoranz und erklärt die Flucht in den künstlerischen Schein. Kunst ist Handlungssurrogat unter Ignoranzstatus und mit Täuschungsintention.[13]

Schließlich leitet Platon aus der konstitutiven Unwissenheit des Künstlers dessen mögliche Universalität ab. Eben weil er von den Dingen nichts versteht und für sein Geschäft nichts verstehen muss, vermag der Künstler in deren Darstellung so leicht, so beneidenswert leicht universal zu sein. Er ist ein Tausendsassa, aber eben nicht kraft Wissens, sondern kraft Nicht-Wissens und dadurch, dass er den Weg des Scheins beschreitet. In seiner Universalität scheint er sich mit dem Philosophen, dem Universalität ja Pflicht ist, zu berühren, und doch zeigt sich gerade hier der fundamentale Unterschied. Der Philosoph vermag universal zu sein, weil er die grundlegendsten Strukturen des Seins erfasst, der Künstler ist es, weil er von nichts etwas versteht.

d. Spiegeltrug

Platons ganze Kritik an der nachahmenden Kunst findet sich in der Vorstellung einer Figur und eines Verfahrens versammelt, die als Wesens-Karikatur des Malers und der Malerei gemeint sind. Platon spricht (*Politeia* 596 c – e) von einem Mann, der einfach einen Spiegel in die Hand nimmt, mit diesem umhergeht und ihn verschieden wendend „bald die Sonne macht und was am Himmel ist, bald die Erde, bald sich selbst und die übrigen Lebewesen und Geräte und Gewächse und alles insgesamt“. Genau ein solcher Mann, sagt Platon, ist der Maler. Er ist ein wundersamer, scheinbar auf alles sich verstehender Sophist, und ist doch in Wahrheit die lächerlichste Figur, die man sich denken kann. Ein jeder, jedes Kind kann, was er kann. Man braucht nur einen Spiegel dazu. In dieser Figur eines Spiegelträgers konzentriert sich bildhaft und lapidar die Kunst- und Nachahmungs-Kritik Platons. Am Spiegler sieht man vollendet, wie leicht, wie läppisch, wie lächerlich diese sogenannte Kunst ist. Ein Wissen braucht es für sie fürwahr nicht, sie gibt aber dementsprechend auch nur den flüchtigsten Anschein der Dinge wieder. Und diesen selbst in einer Weise, die denkbar unwirklich ist, so unwirklich und seinsschwach eben, wie ein Spiegelbild – als bloß virtuelles Bild – es ist. Kunst ist Spieglertum. Das Zeichen des Spiegels formuliert Platons härtestes Urteil über sie.

Allerdings hat die Sache schon bei Platon, schon in diesem X. Buch des *Staates*, ein Nachspiel (607 b – 608 b). Nachdem Platon seine herbe Kritik der Kunst vorgetragen hat und nachdem er so die zwischendurch mehrfach geäußerte Besorgnis, man besitze vielleicht kein Gegenmittel gegen den Trug und die Verführung durch die Kunst, selbst gegenstandslos gemacht hat, indem er eben durch seine Aufklärungsarbeit allen Spuk beseitigt und alles Raffinement als scheinbar entlarvt hat, nachdem Platon diesen

[13] Von daher liegt eine Bemerkung zu Platons Begriff der *mímēsis* nahe. Dieser Begriff meint nicht so sehr, dass ein Abbild gegeben wird, das der Sache mehr oder weniger ähnlich ist, sondern meint den grundsätzlichen Betrug, dass überhaupt ein Abbild *statt* der Sache gegeben und dabei doch für eine Gegenwärtigung der Sache selbst ausgegeben wird. Gerade dieses Quidproquo, diese Gaukelei, diesen Schwindel, den Schein an die Stelle des Seins zu setzen und dafür gelten zu lassen, hat Platon im Auge, wenn er von künstlerischer *mímēsis* spricht. *Mímēsis* zielt nicht auf ein Abbild-Theorem, sondern brandmarkt das So-tun-als-ob aller sogenannten Nachahmung.

glänzenden Sieg errungen hat, gesteht er plötzlich – fast möchte man sagen in einem Satyrspiel, das auf den Ernst der Tragödie folgt –, dass er selbst sich gleichwohl noch immer von der Dichtkunst angezogen fühle, trotz der soeben vorgenommenen Durchleuchtung gerade auch der Sinnes- und Gefühlsappelle, durch die es ist, dass die Kunst noch die Wackersten, noch die philosophischen Köpfe in ihre Fänge zieht. Fast scheint es, als hätte Platon uns mehr zu überzeugen vermocht als sich selbst, als würde er dem Zauber, den er soeben gebannt hat, selber noch immer unterliegen. Zumindest ist da ein ungetilgter Rest, und vielleicht ist da mehr. Auch Platon scheint am Ende nur zu gut gewusst zu haben, dass das Spiegelspiel der Kunst so läppisch, wie er es philosophisch präpariert hat, nicht sein kann. Vielleicht hat, dass am Ende noch die Besten der Gefahr solch nachahmender Kunst sich nicht entziehen können, damit zu tun, dass die Philosophie der Erscheinung, als deren Anwalt und Praxisform Platon diese Kunst versteht, Positiveres birgt, als seine Analyse ihr zugestehen möchte. Und in der Tat: Platon selbst rückt am Ende seine eigene Analyse ins Zwielicht. Zunächst schon sagt er – und das klingt bedauernd und entschuldigend –, sie sei ihm eben von der Vernunft abgenötigt worden. Und dann nennt er sie gar einen Zauberspruch, mit dem er sich selbst bespreche, um nicht in die alte Liebe zur Kunst zurückzufallen.[14] Ein Gegenzauber also gegen den Zauber der Kunst, den er zuvor als Gaukelei gebrandmarkt hat. Aber dann stünde nicht nur Zauber gegen Zauber, sondern auch Gaukelei gegen Gaukelei. Dann hieße das am Ende wohl, dass eine Philosophie, die die Welt der Erscheinungen im Namen der Idee als puren Schein zurichtet, in der Gefahr steht, sich selbst philosophisch etwas vorzugaukeln?[15]

2. Leonardo da Vincis Nobilitierung der Malerei

Immerhin konnte der Spiegel – das Scharnier gleichsam der vorliegenden Überlegungen – seit Platons Verdikt als das Kainsmal der Kunst gelten. So treffen wir ihn oft genug an. Er hat allerdings, bei grundsätzlicher Übernahme des platonischen Bildes vom Maler als Spiegler, auch eine umfassende Wende seiner Bedeutung ins Positive erfahren.[16] So erstmals bei Alberti, dem Kunsttheoretiker der Frührenaissance, und so daraufhin ausführlich, entschieden und mit völlig neuer Sinngebung bei Leonardo da Vinci. Bei diesem wird eine Umstellung der geistigen Achsen deutlich. Der Wandel im Verständnis des Spiegels dokumentiert ein neues Verständnis von Kunst wie von Philosophie, er signalisiert eine grundsätzliche neue Erfahrungslage.

---

[14] Bekanntlich soll sich Platon, bevor er von Sokrates zur Philosophie bekehrt wurde, als Tragödiendichter betätigt haben. Mithin wird im X. Buch des *Staates* die Richtigkeit dieser Konversion beschworen – und dies natürlich vom Standpunkt der neuen Konfession aus, ersichtlich aber deshalb, weil die alte Konfession durch die neue keineswegs ‚aufgehoben' ist.

[15] Später – im *Sophistes* – hat Platon selber dargetan, dass die „Ideenfreunde" doch rechte Sophisten sind und dass zuletzt eine – gewissermaßen „sophistische" – Komplexion von Sein und Nicht-Sein der Wahrheit näher kommt als eine starre Ideenlehre.

[16] Vgl. zur Kunstgeschichte des Spiegels: Gustav Friedrich Hartlaub, *Zauber des Spiegels – Geschichte und Bedeutung des Spiegels in der Kunst* (München: Piper 1951).

a. Der Spiegel als künstlerisches Ideal

Leonardo exponiert den Spiegel als Vorbild für die geistige Verfassung des Malers. Das ist neu und unerhört. Was bei Platon Signum der Lächerlichkeit war und Beleg dafür, dass jedermann dies läppische Geschäft zu betreiben vermag, wird bei Leonardo zum Paradigma des künstlerischen Vermögens und zum Zeichen eines – in Leonardos Augen ebenso hochbedeutsamen wie schwer zu erreichenden – neuen menschlichen Ideals. Immer wieder trägt Leonardo in seinen Aufzeichnungen ein Theorem von ganz neuartigem Sinn vor: dass der Maler seiner geistigen Konstitution nach und in seinem künstlerischen Weltverhalten so sein solle wie ein Spiegel. Wie nämlich dieser alles, was ihm gegenübertritt, ohne dass er subjektive Vorlieben ins Spiel bringt, wiedergibt, und zwar so, dass er dabei der genuinen Erscheinungsweise der Dinge gerecht wird, so soll auch der Maler ganz offen sein für die Vielfältigkeit der Erscheinungen und eine jede dem ihr eigenen Erscheinungsbild gemäß zur Anschauung bringen. Er soll unendlich angleichungsfähig sein und selbstlos. Diese Vergleichbarkeit mit einem Spiegel ist die grundlegendste Forderung an den Maler, sie umreißt Leonardos Ideal malerischer Existenz.[17]

Entscheidend ist dabei schon in der Auffassung des Spiegels, dass dessen Wiedergabe nicht eigentlich als Wiedergabe verstanden wird, sondern als Anverwandlung. Leonardo spricht – in einer genuin ästhetischen Vorstellungsweise – immer wieder davon, dass der Spiegel sich in so viele Farben verwandelt, wie sie den Gegenständen eigen sind, die man ihm gegenüberstellt.[18] Nicht Wiedergabe, sondern Anverwandlung ist die Grundvorstellung. Und wenn Leonardo schon den Spiegel solcherart aktivisch interpretiert – nicht als unbeteiligte Reflexfläche, sondern als eminent sensibles Organ einer Angleichung an alle Elemente der Sichtbarkeit –, so gilt dies für den Maler um so mehr. Der Geist, der Verstand, der Sinn des Malers soll unendlich wandlungsfähig sein gemäß den

---

[17] Eine Zusammenstellung der einschlägigen Texte findet sich bei Solmi (*Leonardo da Vinci, Frammenti letterari e filosofici*, hrsg. v. Edmondo Solmi, Florenz: Barbèra 1979), 102 f. [LXXXVI–LXXXIX]). Die charakteristischsten Passagen lauten: „Lo ingegno del pittore vol essere a similitudine dello specchio, il quale sempre si trasmuta nel colore di quella cosa, che ha per obbietto, e di tante similitudini s'empie quante sono le cose, che li sono contrapposte." – „Il pittore deve essere solitario e considerare ciò ch'esso vede, [...] facendo a similitudine dello specchio, il quale si trasmuta in tanti colori, quanti sono quelli delle cose, che se li pongono dinanzi. E facendo così, lui parrà essere seconda Natura." – „La mente del pittore si deve al continuo trasmutare in tanti discorsi, quante sono le figure delli obbietti notabili, che dinanzi gli appariscono." – „Al pittore è necessario [...] cervello mutabile secondo la varietà delli obbietti, che dinanzi se li oppongono [...]. – E sopra tutto essere di mente eguale a la superfizie dello specchio, la quale si trasmuta in tanti varî colori, quanti sono li colori delli sua obbietti."

[18] Leonardo hat den im Grunde selben Verhaltenstyp auch in jenem anderen Element, das seine Imagination in besonderer Weise faszinierte, erkannt, er hat auch das *Wasser* als Element universeller Anverwandlung gesehen. Nur dass Wasser und Spiegel dieses Verhalten gewissermaßen umgekehrt symmetrisch realisieren: Während der Spiegel sich ruhend dem vor ihm Vorbeiziehenden anverwandelt, passt sich das Wasser selbst bewegt je den Orten an, durch die sein Lauf es führt (vgl. die Belege bei Edward Mac Curdy, *The Notebooks of Leonardo da Vinci*, 2 Bde., London: Cape 1938, I, 345 f., II, 14 u. 97). Wasser und Spiegel sind die (zueinander spiegelsymmetrischen) Protagonisten der Kunst der Anverwandlung.

Erscheinungen der sichtbaren Welt, er soll sich der Verschiedenheit der Gegenstände je vollkommen angleichen, ganz diesen sich anverwandeln.[19] Der Maler soll die Sichtbarkeit der Dinge ausformulieren, er soll gleichsam ihre Hand werden und ihren Lobpreis installieren, soll Anwalt und Restitutor der Dinge sein.[20]

b. In der Malerei kommt die Natur zu sich

Was für Leonardo den Grundzug der Natur ausmacht, dass nämlich eines ins andere übergeht, gilt noch für das Verhältnis der bildnerischen Reflexion zur Natur. Das Werk des Malers ist durch einen solchen Übergang, durch eine solche Anverwandlung bestimmt. Somit kann dieser Prozess aber auch in umgekehrter Richtung gelesen werden. Der Maler, welcher der Natur in dieser Weise begegnet, ist wie eine zweite Natur. Leonardo sucht ja generell die Malerei als Hervorbringung der Natur zu verstehen. Die Natur schafft zunächst die natürlichen Wesen, und im Ausgang von diesen bringt sie dann die Malerei hervor, die daher von Leonardo auch als Enkelin jener ursprünglichen Natur bezeichnet wird.[21] Im Auge des Malers reflektiert sich – wie Leonardo wörtlich sagt[22] – die natürliche Welt. Sie gewinnt in der Malerei eine höhere Existenzform ihrer selbst. Es

[19] Davon wird noch Cézanne sprechen: „Ich will mich in der Natur verlieren, mit ihr und wie sie wieder keimen, die eigensinnigen Töne der Felsen haben, die vernünftige Hartnäckigkeit des Gebirges, die Flüssigkeit der Luft, die Wärme der Sonne" (*Conversations avec Cézanne*, a.a.O., 124).

[20] Zwei weitere Forderungen hängen damit zusammen. Erstens soll der Maler nicht seine eigenen Vorlieben einbringen und nicht seine Sicht und Wahl den Dingen auferlegen. (Der Spiegel kann solch narzisstischen Projektionen gegenüber als Korrektur-Instrument benutzt werden, denn in der seitenverkehrten Wiedergabe des Gemäldes werden die subjektiv bedingten Einseitigkeiten auch für den Maler selbst wahrnehmbar.) Der Maler soll vielmehr reine Aufnahmefläche, ein ganz und gar plastisches Medium der Anverwandlung sein. (Und wie man der Gefahr innenbedingter Verzerrungen begegnen muss, so rät Leonardo auch zur Ausschaltung äußerer Störfaktoren, er rät – gerade im Zusammenhang des Spiegel-Theorems – immer wieder zur Einsamkeit.) Die zweite Forderung, die von hier aus zu begreifen ist, ist die ebenfalls oftmals vorgetragene nach Universalität. Wo der Maler nichts von sich aus hinzubringen, sondern ganz selbstlos den Erscheinungen gegenüber offen sein soll, ist solche Universalität offenbar keine hybride individuelle Forderung, sondern eine Konsequenz des Ansatzes. Ist der Maler wirklich offen für die Erscheinungen, dann eo ipso für alle. – In zweifachem Sinn geht es dabei um anderes und um mehr als bloße Abschilderung bzw. Wiedergabe. Zum ersten, sofern der Maler nicht einfach positivistisch reproduzieren, sondern das Wesen oder den ‚Geist' der jeweiligen sichtbaren Gestaltung erfassen, diesem sich anverwandeln und von daher gestalten soll. (Und dazu gehört, dass die Sinnestätigkeit nicht einfach registrierend, sondern ausforschend erfolgt und selbst höchst geistvoll ist, so dass sie durchaus – die in Anm. 17 zitierte Stelle Solmi, 102 [LXXXVIII] belegt es – auch mit diskursiven Vollzügen verbunden sein kann; anschauende und begreifende Tätigkeit sind bei Leonardo ohnehin nicht gegeneinander ausspielbar.) Zum zweiten ergibt sich daraus, dass die Dinge unter Umständen erst durch den Maler in die Vollform ihres Erscheinens gebracht werden, dass dieser sie wesensgemäßer und vollkommener zur Erscheinung bringt als es ihnen in der Natur selbst schon vergönnt war.

[21] Vgl. Leonardo da Vinci, *Trattato della pittura* [Nachdruck des Codex Vaticanus Urbinas 1270] (Neuchâtel: Le Bibliophile o. J.), 11 [8].

[22] Ebd., 20 [20].

ist also gerade nicht eine als autonom vermeinte Kunst, sondern die Natur, die im Werk ihre Einlösung findet.

Darin hat Leonardos Konzeption Anschluss an einen alten und immer wieder erneuerten Gedanken, wonach schon in unserer Wahrnehmung und gar in der künstlerischen Gestaltung die sinnenhafte Wirklichkeit der Welt erst ganz zu sich kommt, so dass die Kunst gleichsam das Instrument der Selbstvollendung des Natürlichen ist. Noch Cézanne wird davon sprechen, dass die Landschaft in ihm sich reflektiere, in ihm ihr Bewusstsein von sich erlange; und das wird auch bei Cézanne an diejenige Disposition gebunden sein, die Leonardo unter dem Bild des Spiegels formuliert hat und die Cézanne unter dem entsprechenden Bild des Echos fasst: „Man muss in sich alle Stimmen der Vorurteile zum Schweigen bringen, vergessen, vergessen, Stille eintreten lassen und ein vollkommenes Echo sein."[23] Und Rilke hat, Leonardos Bilder betrachtend, diesen Grundzug einer Natur-Reflexion in ihnen erkannt und nannte Leonardos Landschaften „blaue Spiegel", „in denen geheime Gesetze sich sinnend betrachten".[24]

c. Ein neues humanes Ideal

Unverkennbar ist, dass dieses neue künstlerische Ideal zugleich eine neue Leitvorstellung vom Menschen entwirft. Das Ideal ist anthropologisch gemeint und nur deshalb artistisch akzentuiert, weil der Künstler dieses neue Ideal der Menschlichkeit am augenfälligsten zu erfüllen vermag. Menschlich wäre der Mensch dieser leonardoschen Konzeption zufolge dort, wo er sensibel würde und sich ganz der erscheinenden Sinnfülle öffnete – anstatt einer dahinter, darüber, dagegen gewähnten Wahrheit nachzujagen. Der Mensch wird hier als die unendlich feinsinnige Figur konzipiert, die im Idealfall einem jeden Phänomen gerecht zu werden und Gerechtigkeit zu verschaffen vermag.

Natürlich ist diese neue anthropologische Konzeption mit dem bekannten Entwurf des Pico della Mirandola verwandt, den man als den Anfangstext der neuzeitlichen Anthropologie zu behandeln pflegt und der – unter dem Titel der „Würde des Menschen" – davon spricht, dass der Mensch jenes einzigartige Wesen ist, dem nicht von vornherein ein bestimmtes Gepräge gegeben ward, sondern das sich sein Wesen selber zu bestimmen hat, indem es von seiner unendlichen Plastizität und Anverwandlungs-Fähigkeit gegenüber den vorgegebenen Wesenheiten Gebrauch macht. Aber Pico dachte dabei noch an eine feste Hierarchie der Wahlmöglichkeiten, erst Leonardo denkt die Freiheit, auf die Pico wohl hinauswollte, genuin, indem er die *universelle* (nicht spezielle) Anverwandlung als das eigentümlich Menschliche fasst.

---

[23] *Conversations avec Cézanne*, 109. Vgl. auch: „Die Landschaft reflektiert, humanisiert, denkt sich in mir" (ebd., 110).

[24] Rainer Maria Rilke, „Von der Landschaft" [1902], in: ders., *Sämtliche Werke in zwölf Bänden* (Frankfurt/Main: Insel 1976), Bd. 10, 516–522, hier 519.

Der Unterschied zu Platon ist evident. Leonardo kehrt die Pointe des platonischen Spiegelverdikts über die Kunst gerade um. Was Zeichen ausgemachter Lächerlichkeit war, wird zum Signum einer neuen Nobilität. Diese Umstellung verweist auf eine Veränderung in den Grundachsen der Weltsicht. Was für Verfallensein an die Erscheinungen und ans Unwahre, als pure Sophistik galt, wird jetzt – infolge einer gewandelten Sicht der Erscheinung und einer gerade erscheinungszentrierten Wahrheitserfahrung – als Königsweg der Wahrheit und als künstlerisches und menschliches Ideal proklamiert. Natürlich ist das nicht als einfache Umkehrung des Platonismus zu begreifen. Hier werden nicht Wertungen vertauscht, sondern deren Grundlagen anders gefasst. Die neue positive Erfahrung, die jetzt alles trägt, ist die der autonomen Gestaltetheit der Natur in all ihren vielfältigen Erscheinungen. Dieser gilt es jetzt zu folgen, sie zu erforschen. Daraus erklärt sich Leonardos Plädoyer für Welthingabe und Erfahrung, für eine sensible Vernunft, für eine Wissenschaft der Sinne. Daher rühren ebenso seine Invektiven gegen die überkommenen Orientierungen, gegen die leeren Spekulationen der Metaphysiker und gegen theologische Dogmatismen. Für beides findet Leonardo herbe Worte und sarkastische Gleichnisse, beidem hält er das Zeugnis der Erfahrung entgegen – einer ganz und gar sinnenhaften und darin sinngewissen Erfahrung.

d. Wahrheitsvorrang der Malerei vor der Philosophie

Was Leonardo hier propagiert und praktiziert, hat die Bedeutung einer grundphilosophischen Veränderung. Leonardo selbst war sich dessen bewusst. Er hat den philosophischen Status der Malerei mehrfach reflektiert. Schon in einem der ersten Paragraphen seines Malereitraktats findet sich das Wort, dass die Malerei Philosophie sei.[25] Leonardo meint damit, dass die Malerei, sofern sie als Perspektivkunst von der Zu- und Abnahme der Körpergröße und von der Veränderung der Farben in Abhängigkeit von der Betrachterdistanz handelt, das klassische philosophische Bewegungs-Thema der Zu- und Abnahme zum Gegenstand hat und insofern das Geschäft der Philosophie betreibt. Zwar gehört diese Argumentation ersichtlich zur Nobilitierungs-Strategie der Malerei, die den Beginn jenes Traktats bestimmt – die Malerei, traditionell den mechanischen, nicht den freien Künsten zugeordnet, beansprucht jetzt den Rang einer Wissenschaft und bekommt von Leonardo gar den ausgezeichneten der Philosophie zugesprochen –, aber die Sache ist durchaus ernst gemeint und Leonardo wiederholt schon kurz darauf die These vom philosophischen Status qua Bewegungsanalytik und meint jetzt nicht mehr nur die Bewegungsform der Größen- und Intensitätsveränderung, sondern bezieht jetzt auch Handlungs- und Ausdrucksbewegungen mit ein, für deren Behandlung damals ja ebenfalls die Philosophie zuständig war.

Im anschließenden 6. Paragraphen des Malereitraktats geht Leonardo dann noch einen Schritt weiter; er setzt die Malerei jetzt der Philosophie gegenüber, und dies so, dass er sie gar über die Philosophie setzt. Die Malerei, sagt Leonardo, bezieht sich auf die Oberflächen, Farben und Formen einer jeglichen von der Natur hervorgebrachten Sache, während die Philosophie auf das Innere der Körper zielt und die diesen innewohnenden

---

[25] „Adunque la pittura è filosofia" (*Trattato della pittura*, 9 [5]).

eigentümlichen Kräfte erwägt. Aber damit bleibt der Philosophie verwehrt, jene Sättigung mit Wahrheit zu erreichen, die der Künstler erzielt, indem er die *primäre* Wahrheit dieser Körper erfasst. Denn das Auge (mit dem der Künstler arbeitet) täuscht sich weit weniger als das Verstandesurteil des Philosophen, das ein Tummelplatz des Irrtums ist.[26]

Während die erste, bewegungsbezogene Argumentation die Malerei in den Rang der Philosophie zu erheben gedachte, stellt diese zweite Argumentation sie über die Philosophie. Nicht, dass die Malerei bloß einen anderen Gegenstandsbereich zugesprochen bekäme, in dem sie sich so sicher bewegte wie die Philosophie in dem ihren, sondern sie bekommt sogar den Bereich der eigentlichen Wahrheit zugesprochen und die ungleich größere Wahrheitshaltigkeit zuerkannt. Sie hat mehr mit Wahrem zu tun und erfasst dieses unverstellter und sicherer als die Philosophie. Ihre Auszeichnung ist eine der Wahrheit und Gewissheit zumal. Sie erreicht das Niveau der Philosophie nicht nur, sondern überbietet die Philosophie. Nimmt man alle Textstellen zusammen, so lautet die Aussage: Die Malerei vermag nicht nur selbst philosophisch zu sein, sondern stellt die bessere Philosophie dar.

e. Eine neue, erscheinungsorientierte Grundphilosophie

Wie ist es zu verstehen, dass die Malerei die Philosophie zu überbieten vermag, dass die in der Malerei praktizierte Wahrheitsstiftung der überkommenen der Philosophie überlegen ist, dass die ehedem der Philosophie vorbehaltene Pilotfunktion jetzt an die Malerei übergeht – indem die Malerei nun Praxis und Proklamation einer neuen, sinnenhafteren Philosophie ist? Es erklärt sich schlicht von daher, dass die neue, jetzt die Grundphilosophie repräsentierende Erfahrung so geartet ist, dass sie ihre genuine Explikation nur in der Konkretheit der Malerei und nicht im Begriffs-Verfahren der Philosophie haben kann. Die neue Pilotfunktion der Malerei ist selbst Ausdruck und Konsequenz dieser neuen Grundphilosophie.[27] Hinsichtlich des Inhalts der neuen Elementarerfahrung von Wahrheit kann bei Leonardo kein Zweifel sein. Für das Wahre und Wirkliche gilt ihm die Natur, und zwar – ganz anders als bei Platon – gerade in der Fülle und Vielfalt ihrer Erscheinungen. Leonardo hat, was Platon als abgeschmackt, oberflächlich und scheinhaft empfand, als köstlich, tief und wahr erfahren. Für ihn ist das Offenkundigsein der Natur, ihre vielperspektivische Sichtsamkeit nicht oberflächlich und nicht Augentrug, sondern offenbare und beglückende Wahrheit. Bei ihm ist es mit der Diskreditierung der Erscheinung vorbei, ist dieser traditionelle Ballast überwunden und werden dessen letzte Fesseln abgestreift. Das Sichtbarsein, das Erscheinungssein der Dinge ist durchaus das wahre Sein, ist die prima verità, wie Leonardo im I. Buch des *Trattato della pittura* schreibt. Und dazu gehört gerade auch eine Anerkennung der Vielfältigkeit der Natur.

[26] „La pittura si estende nelle superficie, colori e figure di qualunque cosa creata dalla natura, e la filosofia penetra dentro ai medesimi corpi, considerando in quelli le lor proprie virtú, ma non rimane satisfatta con quella verità che fa il pittore, che abbraccia in sé la prima verità di tali corpori, perché l'occhio meno s'inganna" (ebd., 10 [6]).

[27] Vgl. zum Konzept der Grundphilosophie Heinrich Rombach, *Leben des Geistes – Ein Buch der Bilder zur Fundamentalgeschichte der Menschheit* (Freiburg: Herder 1977), 7 f. u. 303.

Für die Würdigung der varietà hat Leonardo immer wieder plädiert.[28] Natürlich setzt auch dies den neuen Boden voraus. Erst wo das Erscheinungssein der Dinge, wo das Oberflächen- und Sichtbarsein der Natur als das eigentlich wahre Sein gilt, kann auch dessen Vielfältigkeit positiv aufgenommen werden.[29] Umgekehrt hatte ja für Platon gerade die erscheinungsbedingte Varietäts-Ausrichtung der Kunst ein Hauptargument gegen diese abgegeben. Bei Leonardo hingegen besteht nun sogar ein dezidiertes Interesse an solcher Vielfältigkeit. Es ist nicht ein Manko, sondern das Wesen der Natur, dass sie jegliches variativ, vom anderen verschieden und das Maß immer nur umspielend bildet. Wollte man das tilgen, tilgte man Natur. Wollte man diese tilgen, wäre man in Leonardos Augen eine lächerliche Figur.

Es ist die neue Erfahrung des Wahrheitslichts der Erscheinungen, die hier alles durchpulst und konstelliert. Diese neue Wahrheit wird zum philosophischen Kern, demgegenüber alles andere verblasst und auf niedrigere Ränge verwiesen, wenn nicht überhaupt abgewiesen wird. Und es ist die Malerei, in der diese neue Wahrheit ihr genuinstes Medium der Explikation hat. Denn die Malerei betreibt eben die Restitution und Reflexion der erscheinenden Natur. Sie ist, zumal sie als Selbstfortzeugung der Natur verstanden wird, sozusagen der natürliche Ort, an dem die Wahrheit des Erscheinenden sich ganz einlöst. Die Anschauung ist das Organ und die Malerei das Fest dieser neuen, sinnenhaften Wahrheit.[30]

Hinzu kommt, dass die Malerei eine eigene Wende vollzogen hat, kraft derer sie zur Künderin dieser Wahrheit der Erscheinungen werden konnte, ja dass sie zu dieser Wende kam, weil in ihr diese neue Wahrheit sich Bahn brach. Gemeint ist die Wende zur perspektivischen, zur zentralperspektivischen Anschauung und Darstellung. Denn beides

---

[28] „Ed è tanto dilettevole natura e copiosa nel variare, che infra li alberi della medesima natura non si troverebbe una pianta, ch'appresso somigliassi all'altra, e non che le piante, ma li rami o foglie, o frutti di quelle, non si troverà uno, che precisamente somigli a un altro" (Solmi, 114 [XXVI]). „[…] adunque, tu, imitatore di tal natura, guarda e attendi alla varietà de' lineamenti" (Solmi, 115 [XXIX]).

[29] Das lässt an Goethe denken. Zum einen an dessen phänomenologischen Programm-Satz „Man suche nur nichts hinter den Phänomenen: sie selbst sind die Lehre" (Goethe, „Maximen und Reflexionen", in: ders., *Werke. Hamburger Ausgabe in 14 Bänden*, Bd. 12, 365–754, hier 432 [Nr. 488]). Und zum anderen an seine Maxime „Lasst uns doch vielseitig sein!" (ebd., 502 [Nr. 966]). – Überhaupt ist die geistige Verwandtschaft zwischen Leonardo und Goethe evident. Goethes Leonardo-Charakterisierung – „ein die Natur unmittelbar anschauend auffassender, an der Erscheinung selbst denkender, sie durchdringender Künstler" (Goethe, „Tag- und Jahreshefte", 1817, in: ders., *Werke*, Bd. 10, 429–529, hier 520) – kann ebenso als Selbstcharakterisierung Goethes gelten.

[30] Leonardo als Philosoph – diese These scheint vom Gewicht großer Namen getragen zu sein. Jedoch: Croce, dessen Vortragstitel „Leonardo filosofo" (1913) gerne zitiert wird, hat in jenem Vortrag gerade *bestritten*, dass Leonardo als Philosoph zu bezeichnen sei; als Naturwissenschaftler sei er nicht eo ipso Philosoph – und dass er es als Maler sein könnte, kommt Croce gar nicht in den Sinn, vielmehr gilt Leonardos Wende zum Sinnenhaften dem Spiritualisten Croce – ganz platonisch –als Signum unphilosophischer Ausrichtung. Und Valéry hat seine These, dass bei Leonardo die Malerei in die Stelle der Philosophie einrücke („Léonard et les philosophes", 1928), schon bald nach ihrer Veröffentlichung selbst wieder zurückgenommen. Jaspers schließlich zielte mit *Lionardo als Philosoph* (1953) von vornherein nicht so sehr auf den Künstler als auf den universellen Geist, in dem Forscher, Techniker und Künstler eins sein sollten.

– Wahrheit der Naturerscheinung auf der einen und Perspektiv-Kunst auf der anderen Seite – gehört genau zusammen. Das wird evident, sobald man sich den nicht gerade geläufigen Bildbegriff vergegenwärtigt, der zur Perspektiv-Kunst gehört und unter dessen Prämisse diese erst Sinn macht. Die Perspektiv-Malerei der Renaissance versteht das Bild nicht als einen eigenständigen Ort der Anschauung, sondern – ganz wörtlich – als ein Fenster, durch das hindurchblickend („prospektiv") man einer realen Szene ansichtig wird, wobei Bildraum und Betrachterraum eine Einheit bilden. Und deshalb, weil das Bild ganz und gar realistisch und nicht ‚ikonisch' verstanden ist, muss die Darstellung perspektivisch werden, denn die Perspektive leistet ja genau dies, dass Betrachter und Gegenstand demselben Raum zugehören, so dass Konstruktion und Darstellung sich völlig decken – was nun wiederum die Perspektive als die Lösung aller Darstellungsprobleme erscheinen und in den Rang einer eigenen und hohen Wissenschaft aufsteigen lässt. Hier ist nicht der Ort, dies im Einzelnen auszuführen,[31] aber das eine sei doch festgehalten: Wo die Malerei sich perspektivisch versteht, da weil sie sich als Durchgriff und Durchsicht auf die natürliche, vor unseren Augen ausgebreitete Erscheinung versteht und diese in der Wahrheit ihres sichtbaren Wesens zur Erscheinung bringen will.[32] Und weil es um diese Wahrheit des Sichtbaren geht, kann Leonardo den Spiegel, der eben unendlich fähig ist, dieser Wahrheit sich anzuverwandeln, als Vorbild der geistigen Verfassung des Malers proklamieren, kann er ihn aber eben auch schon, wie er es tut, als Ideal des Bildes ansprechen. Beides, dass ein Gemälde aussehen soll wie eine natürliche Sache, gesehen in einem Spiegel,[33] und dass der Geist des Malers (und des Menschen überhaupt) unendlich sensibel sein soll, gründet in der Erfahrung der Wahrheit des naturhaft Erscheinenden. Das Zeichen des Spiegels reflektiert diese neue Wahrheit.

3. Ein gewandeltes Bild der Kunst, des Spiegels, der Wahrheit, des Menschen

Wir haben das Bild des Spiegels bei Platon und Leonardo da Vinci betrachtet. Beide Male wird das Tun des Malers mit dem eines Spiegels verglichen. Aber der Unterschied könnte kaum größer sein.[34] In Platons bekannter Analyse ist der Maler als Spiegler ein Scheinfänger, und ist eben darum in der läppischen Figur eines Spiegelträgers zu fassen. In Leonardos bislang ganz unbeachtet gebliebener Konzeption wächst hingegen mit dem Spiegelgrad der Wahrheitsgrad und wird der als unendlich sensibel aufgefasste Spiegel zur sublimen Zielgestalt menschlicher Existenz.[35] Die Gegenführung reicht noch in al-

---

[31] Vgl. die Darstellung bei Gottfried Boehm, *Studien zur Perspektivität – Philosophie und Kunst in der Frühen Neuzeit* (Heidelberg: Winter 1969).

[32] Nicht Kunststücke, sondern Naturstücke sollen uns gezeigt werden.

[33] „... la tua pittura parrà ancora lei una cosa naturale, vista in uno grande specchio" (Solmi, 213 [XII]).

[34] Raffaels Verschmelzung von Platon und Leonardo in der *Schule von Athen* (Platon ist dort mit den Gesichtszügen Leonardos wiedergegeben) muss Leonardo wenig behagt haben. Er wusste sich weit eher dem – dort ihm entgegengesetzten – Aristoteles verbunden.

[35] Wie ungesehen diese Konzeption Leonardos ist, kann man daraus entnehmen, dass es nicht nur bislang keine Explikation dieses auf die geistige Verfassung zielenden Spiegel-Theorems gibt, son-

le Einzelzüge, etwa auch den zuletzt angesprochenen der Perspektivität hinein, die für Platon ja gerade ein Signum von Schein darstellte und Anlass zur Verurteilung der zeitgenössischen Bühnenmalerei wurde, während sie für Leonardo Garantie von Wahrheit ist und ein untrügliches Gütesiegel der Malerei seiner Zeit ausmacht.[36] Aber im Grunde dieses das Zeichen des Spiegels betreffenden Wandels haben wir eine Wende von der Wahrheit der Idee zur Wahrheit der Erscheinung entdeckt und als verantwortlich für diese Umstellung erkannt. Es ist in dieser grundphilosophischen Dimension, dass das Zeichen des Spiegels, diese Leitfigur der Kunst, sich dreht. Wo die Erscheinung nicht mehr der platonische Ort des bloßen Scheins ist, sondern zur Stätte originärer Wahrheit wird, da verändert sich auch der Spiegel vom bloßen Reflektor zur Instanz universeller Anverwandlung und von einem Instrument der Lächerlichkeit zu einer Figur anthropologischer Vorbildlichkeit.

---

dern dass man manchmal nur eine einzige der einschlägigen Stellen abgedruckt hat – und zwar gerade diejenige, die man am ehesten missverstehen konnte und tatsächlich missverstanden hat, indem man sie auf den genauen Gegensinn, nämlich ausgerechnet aufs platonische Muster, zurückbrachte. Die Stelle lautet: „Der Maler, der aufgrund von Erfahrung und Augurteil bildet und nicht den Verstand dazunimmt, ist wie der Spiegel, der in sich alle ihm gegenübergestellten Dinge nachahmt, ohne Kenntnis von ihnen zu besitzen" („Il pittore, che ritrae per pratica e giudizio d'occhio, sanza ragione, è come lo specchio, che in sé imita tutte le a sé contrapposte cose, sanza cognizione d'esse", Solmi, 77 [III]). Im Licht der anderen Textstellen besehen, kann nicht zweifelhaft sein, was Leonardo hier meint: Der Maler soll gerade wie ein Spiegel sein, er soll nach Erfahrung und mit dem Auge – und nicht aufgrund von Verstandeserwägungen – urteilen, er soll nicht von Vorwissen und vermeintlicher Kenntnis sich leiten lassen, sondern soll unvoreingenommen sein wie ein Spiegel. Der Platoniker hingegen glaubt hier seine eigene Position wiederholt zu finden: Der Maler, der bloß in den Erscheinungen sich bewegt und nicht ein Mann der ratio ist, treibt das lächerliche Geschäft eines Spieglers, der Dinge darstellt, von denen er nichts versteht. – Es schmerzt feststellen zu müssen, dass man die Stelle (offenbar blind gegen Leonardos neuen Gedanken) immer wieder solcherart „platonisch" umgewendet hat. Dass dies der Fall ist, geht bei Solmi, dem maßgeblichen italienischen Editor, aus dem Ort hervor, den er ihr zugeteilt hat, und wird bei Zamboni (Leonardo da Vinci, *Philosophische Tagebücher*, italienisch u. deutsch, hrsg. v. Giuseppe Zamboni, Hamburg: Rowohlt 1958, 86) und Lücke (Leonardo da Vinci, *Tagebücher und Aufzeichnungen*, hrsg. v. Theodor Lücke, Leipzig: List 1940, 703) aus der Übersetzung deutlich. Lücke, der die umfassendste deutsche Ausgabe vorgelegt hat, druckt überdies einzig diese Stelle ab, so wenig konnte er offenbar mit den anderen Stellen, bei denen eine solche Verkehrung ins platonische Gegenteil nicht zu bewerkstelligen war, anfangen. Leonardos Gedanke hatte es nicht nur zu seiner Zeit schwer.

[36] Ähnlich direkt zeigt sich die Umstellung im Punkt der Realsetzung des Dargestellten. Für Platon ist es der Gipfel der Verkehrung, dass man das Dargestellte manchmal für wirklich präsent hält; für die Renaissance ist es essentiell, dass man den Bildblick als Realblick vollzieht. Im letzteren Sinn hat Vasari zu Masaccios Trinitätsfresko – einer Inkunabel der Perspektiv-Kunst – bemerkt, Masaccio habe mit diesem Fresko die Kirchenwand aufgebrochen (Giorgio Vasari, *Le vite de' più eccellenti pittori, scultori ed architettori italiani*, ed. Gaetano Milanesi, Florenz: Sansoni 1878–85, Bd. 2, 291).

Es verändert sich also nicht nur die Bedeutung von Kunst, Spiegel und Wahrheit, sondern auch das Verständnis des Menschen. Dieser hängt nicht mehr Träumen von einer Überwelt nach, sondern wendet sich der wirklichen Welt zu. Der Mensch wird weltlich, er wird ein Weltwesen. Am Ende wird sich die Welt in ihm reflektieren.

II Zur Rolle von Skepsis und Relativität bei Sextus, Hegel und Dōgen

Man möge mir den Versuch erlauben, in die gewohnten Überlegungen zu Hegels Verhältnis zum antiken und modernen Skeptizismus eine nicht-europäische Perspektive einzubringen. Ich werde vor allem über einen Philosophen des japanischen Zen-Buddhismus sprechen, der von 1200 bis 1253 lebte: über Dōgen. Dieser scheint mir für den fernöstlichen Denkraum ähnlich bedeutsam zu sein wie Hegel für den abendländischen. Auch Dōgen hat sich mit dem skeptischen Relativismus auseinandergesetzt. Das gibt mir Gelegenheit, Dōgen sowohl zum antiken Skeptizismus wie zu Hegel ins Verhältnis zu setzen. – Ich werde zunächst Sextus' Position und Hegels Stellungnahme zu ihr umreißen (1.), dann Dōgens Sicht ausführlich darstellen (2.), um abschließend Dōgen zu Sextus und Hegel ins Verhältnis zu setzen (3.).[1]

1. Die skeptische Position des Sextus Empiricus – und ihr Verhältnis zu Platon und Aristoteles sowie zu Hegel

a. Skepsis laut Sextus Empiricus

Bezüglich der antiken Skepsis beziehe ich mich ausschließlich auf die Pyrrhonische Skepsis, wie wir sie durch Sextus Empiricus (ca. 200–250 n. Chr.) präsentiert finden. Erstens finde ich nur diese Form der antiken Skepsis sinnvoll und konsequent, und zweitens halte ich nichts von der Ausweitung der Skepsis oder des Ausdrucks ‚Skeptizismus' auf die Philosophie insgesamt: der Skepsis nimmt sie ihr Spezifikum, und der Philosophie verleiht sie nichts, was diese nicht ohnehin schon hätte.

[1] Für wertvolle Hinweise danke ich Ryōsuke Ōhashi, Klaus Vieweg, Ralf Beuthan und Ulrich Schlösser.

Ethisches Programm

Die Pyrrhonische Skepsis betrachte ich als ein im Grunde ethisches Projekt. Ziel ist die Seelenruhe, die *Ataraxie*.[2] Um diese zu erreichen, ist es nicht nur nötig, mit den Bedürfnissen und Leidenschaften fertig zu werden (von solch „aufgezwungenen Dingen" allenfalls maßvoll bedrängt zu werden), sondern insbesondere auch, der epistemischen Unruhe Herr zu werden.[3] Das gilt zumindest für diejenigen, die eine epistemische Unruhe verspüren – für die Philosophen oder, allgemeiner gesagt, die Intellektuellen. Sie bedürfen einer Stillstellung ihrer Beunruhigung durch Unsicherheiten im Wissen, durch den Streit der Schulen, durch ein unerfülltes Streben nach Wissen und Wahrheit.

Dem dient die skeptische Methode. Sie will dieser epistemischen Unruhe ein Ende setzen.[4] Die skeptische Methode besteht in einer Kunst der Argumentfindung, die zur *Isosthenie* und von da aus zur *Epochē* zu gelangen erlaubt, und die so, weil dies beides nicht nur hie und da erreicht wird, sondern weil die Methode garantiert, dass man in *allen* Fragen dorthin gelangen kann, schließlich zu einer durch *epistemische* Probleme nicht mehr gefährdbaren *Ataraxie* führt.

Relativität

Für diese Argumentationskunst ist laut Sextus (der hierin Aenesidemus folgt) der Gesichtspunkt der *Relativität* von besonderer Bedeutung. Er bildet den Generalschlüssel zur Erreichung der Gleichwertigkeit (*isosthenía*).[5] Daher bezeichnet Sextus den Tropus der Relativität als „die oberste Gattung", die alle anderen Tropen als „Arten" oder „Unterarten" umfasst.[6]

Im Einzelnen unterscheidet Sextus zwischen subjektiver und objektiver Relativität, d. h. zwischen der Bedingtheit der Erscheinungen durch die Art des Subjekts oder durch den Zusammenhang mit anderen Erscheinungen.[7] Subjektive und objektive Relativität zusammen ergeben, dass *alles* relativ ist (bzw. erscheint).[8]

Im Folgenden konzentriere ich mich auf die subjektive Relativität. Dieser hat sich auch Dōgen zugewandt, und ich will nachher zeigen, wie umfassend er das getan hat und

---

[2] „Das motivierende Prinzip der Skepsis nennen wir die Hoffnung auf Seelenruhe" (Sextus Empiricus, *Grundriss der Pyrrhonischen Skepsis*, 95 [I, 12]).

[3] „Wir sagen nun, bis jetzt sei das Ziel des Skeptikers die Seelenruhe in den auf dogmatischem Glauben beruhenden Dingen und das maßvolle Leiden in den aufgezwungenen" (ebd., 100 [I, 25]).

[4] „Die Skepsis ist die Kunst, auf alle mögliche Weise erscheinende und gedachte Dinge einander entgegenzusetzen, von der aus wir wegen der Gleichwertigkeit der entgegengesetzten Sachen und Argumente zuerst zur Zurückhaltung, danach zur Seelenruhe gelangen" (ebd., 94 [I, 8]).

[5] Wenn man den Gesichtspunkt der Relativität konsequent in Anschlag bringt, lässt sich durch Erweis der Relativität eines jeden Arguments und durch Konstruktion eines entgegenstehenden Arguments (das freilich gleichermaßen relativ ist) die angestrebte Gleichwertigkeit konträrer Behauptungen erreichen.

[6] Ebd., 103 [I, 39].

[7] Vgl. ebd., 125 [I, 136].

[8] „Alles erscheint relativ" (ebd., 124 [I, 135]).

zu welchen Konsequenzen er dabei gelangte, oder anders gesagt: warum die skeptische Betrachtungsweise in Dōgens Konzeption nur eine *Stufe* darstellt.

Sextus zufolge ergibt sich die subjektive Relativität daraus, dass jede Erscheinung *durch die Konstitution des Subjekts bedingt* ist. Diese ist ausschlaggebend dafür, welche Vorstellung die Gegenstände im Subjekt erwecken. Diesbezüglich weist Sextus (als Anhänger der empirischen Ärzteschule) vor allem auf den Körperbau und die Sinnesorgane hin. Wo diese unterschiedlich sind, werden es auch die Erscheinungen sein[9] – und Körperbau und Sinnesorgane sind bei verschiedenen Lebewesen nun einmal beträchtlich verschieden.

Dabei ist zu beachten, dass Sextus sich auf *Lebewesen generell* bezieht. Relativität ist nicht ein besonderes Gesetz der Menschenwelt, sondern gilt in gleicher Weise auch bei Schweinen oder Fledermäusen.[10] Das hat zur Folge, dass man nicht von einer Überlegenheit der menschlichen Perspektive sprechen kann.[11] Gewiss neigen wir gemeinhin dazu, unsere Perspektive als den Perspektiven anderer Lebewesen überlegen anzusehen, aber bei genauerer Betrachtung zeigt sich, dass wir das nur unter vorgängiger, jedoch fälschlicher Zugrundelegung der menschlichen Perspektive als des für alle verbindlichen Maßes tun können. Wir bleiben in der Kontroverse, ob unsere oder andere Vorstellungen adäquater sind, unweigerlich an den eigenen Standpunkt, an den Standpunkt der einen Partei in diesem Streit – unserer Partei – gebunden.[12] Wir sind im gleichen Maße wie

---

[9] „Die äußeren Gegenstände" werden „verschieden angeschaut [...], entsprechend der verschiedenen Beschaffenheit der Lebewesen, die die Vorstellungen erhalten" (ebd., 106 [I, 54]). Sextus wird nicht müde, Beispiele für diese Abhängigkeit der Erscheinungen von der Konstitution der Subjekte anzuführen. Eine Auswahl: „Da nun einige Tiere von Natur ein Leuchten in den Augen haben und ein feines und bewegliches Licht aus ihnen entsenden, so dass sie nachts sehen können, so nehmen wir wohl mit Recht an, dass uns und diesen Tieren die Außendinge nicht gleichartig erscheinen" (ebd., 104 [I, 45]). „Da nun auch die Augenhöhlen teils durch ihre konvexe Wölbung ganz herausspringen, teils hohler sind und teils in einer flachen Ebene liegen, so ist zu erwarten, dass sich auch dadurch die Vorstellungen ändern und dass Hunde, Fische, Löwen, Menschen und Heuschrecken dieselben Dinge weder größengleich noch gestaltgleich sehen, sondern entsprechend dem jeweiligen Abdruck des Dinges, den der Gesichtssinn, der das Erscheinende aufnimmt, herstellt" (ebd., 105 [I, 49]). Die Konstitutionsabhängigkeit betrifft sowohl die Sinnesgehalte als solche wie auch Aspekte der Zuträglichkeit oder Abträglichkeit. Was für die einen Lebewesen ausgesprochen angenehm ist, kann für andere sehr unangenehm und unter Umständen sogar tödlich sein: „So erscheint Salböl den Menschen sehr angenehm, Mistkäfern und Bienen dagegen unerträglich. Das Olivenöl nützt den Menschen; Wespen und Bienen tötet es, wenn man sie damit bespritzt. Das Meerwasser ist für die Menschen unangenehm und giftig, wenn sie es trinken, für die Fische dagegen ist es sehr angenehm und trinkbar" (ebd., 106 [I, 55]). „Allgemein: was den einen angenehm, ist den anderen unangenehm, meidenswert und tödlich" (ebd., 106 [I, 56]).

[10] Im Grunde ist Sextus' Relativitätstheorem zoologisch gedacht. Anthropomorphismus ist nur der menschliche Spezialfall eines allgemeinen Zoomorphismus.

[11] Unsere Perspektive ist so konstitutionsgebunden und relativ wie jede andere auch, also auch ebenso glaubwürdig oder unglaubwürdig (vgl. ebd., 111 [I, 76]). Daher können wir „unsere Vorstellungen nicht höher einschätzen [...] als die der vernunftlosen Tiere" (ebd., 111 [I, 78]).

[12] „Denn wir können selbst auch nicht zwischen unseren Vorstellungen und denen der anderen Lebewesen entscheiden, weil wir selbst ein Glied des Widerstreites sind und deshalb eher der entscheidenden Instanz bedürfen, als dass wir selbst urteilen können" (ebd. 107 [I, 59]).

die anderen Lebewesen in Relativität gebunden und können uns aus dieser allenfalls scheinbar herausmogeln, nicht aber wirklich befreien.

Stillstellung der Erkenntnisunruhe

Wenn man diese konstitutive Relativität einsieht und lebt – und wenn man sie gegenüber Anfällen epistemischer Übersteigungssucht argumentativ zur Geltung zu bringen weiß –, vermag man ein ruhiges Leben, ein Leben der Ataraxie zu führen.

Allerdings erscheint der Preis dafür, an älteren philosophischen Positionen gemessen, sehr hoch. Man hat die Seelenruhe erkauft, indem man alle Hoffnung auf objektive Erkenntnis fahren ließ.[13] Sextus macht jedoch eine andere Rechnung auf. Da, wie er glaubt, das Streben nach Wissen nicht erfüllbar ist, vermag allein der geschilderte Habitus der Relativierung uns epistemisch beunruhigte Wesen – uns, wie Platon gemeint hatte, konstitutionell nach Wissen strebende Wesen, uns *philó-sophoi* – trotz dieses unerfüllbaren Strebens, eben durch dessen Stillstellung, zur Seelenruhe gelangen zu lassen.

Kontrast zum Programm der antiken Meisterphilosophen

Nun deutet mein Hinweis auf Platon zwar gewiss einen großen Unterschied an, aber letztlich, so will ich behaupten, doch nicht einen des Zieles, sondern nur der Mittel.

Auch für die Meisterphilosophen der Antike – für einen Platon oder Aristoteles – war Seelenruhe das Ziel. Nur meinten sie, dass dieses Ziel allein durch eine *Erfüllung* unseres Wissensstrebens zu erreichen sei, durch die Gewinnung vollkommener Erkenntnis. Und die hielten sie für möglich. Immerhin hat selbst Platon bei aller sonstigen Zurückhaltung bezüglich der Möglichkeit eines vollendeten Wissens die Philosophie als *homoíōsis theō* („Angleichung an Gott", „Vergöttlichung") bestimmt,[14] und das heißt eben, da ihm zufolge den Göttern die vollkommene *sophía* zukommen soll, als Erreichung vollendeten Wissens. Ebenso lässt Aristoteles' Lobpreis des theoretischen Lebens im X. Buch der *Nikomachischen Ethik* keinen Zweifel daran, dass uns das höchste, das göttliche Erkennen – die *nóēsis noēseōs*[15] – möglich ist. Wenn wir in Akten theoretischer Philosophie „unser wahres Selbst" („das Göttliche in uns"[16]) realisieren,[17] erreichen wir vollkommene Einsicht und vollendete Befriedigung.

Seelenruhe durch epistemischen Verzicht oder Seelenruhe durch epistemische Erfüllung – das ist der Unterschied zwischen dem Skeptiker Sextus einerseits und Platon-Aristoteles andererseits.

---

[13] „Wenn wir nun in dieser Weise zeigen, dass alles relativ ist, so ist mithin klar, dass wir nicht sagen können, wie jeder der Gegenstände nach seiner eigenen Natur und an sich beschaffen ist, sondern nur, wie er in seiner Relativität erscheint. Daraus folgt, dass wir uns über die Natur der Dinge zurückhalten müssen" (ebd., 125 f. [140]).

[14] Platon, *Theätet*, 176 b 1 f.

[15] Vgl. Aristoteles, *Metaphysik*, XII 9, 1074 b 33–35.

[16] Aristoteles, *Nikomachische Ethik*, X 7, 1178 a 2 f.

[17] Vgl. ebd., 1177 b 31–34.

b. Hegels Verhältnis zum antiken Skeptizismus

Und nun zu Hegel. Mit dem Stichwort *nóēsis noēseōs* sind wir schon bei Hegel, denn mit den diesbezüglichen Ausführungen des Aristoteles (Met. XII 7, 1072 b 18–30) hat Hegel die Darstellung seines Systems, die *Enzyklopädie*, beschlossen.[18] Dass Hegel diese Passage des Aristoteles völlig erläuterungslos zum Abschluss seiner eigenen Überlegungen abdruckte, bedeutet die höchste Form der Zustimmung.[19]

Aber hier soll es nicht um Hegel und Aristoteles, sondern um Hegel und den Skeptizismus gehen. Ich beschränke mich dabei auf Hegels Stellungnahmen zu Sextus' Behandlung der Relativität sowie auf seine Kritik an Sextus' Angriff auf das spekulative Denken des Absoluten.

Der Tropus der Relativität erlaubt eine durchschlagende Kritik an jeder Philosophie der Endlichkeit – Lob des „denkenden Skeptizismus"

Hegel lobt an Sextus erstens, dass er über das unsystematische Aufraffen der Tropen hinausgegangen ist und sie unter den allgemeinen Gesichtspunkt der Relativität gestellt hat.[20] Hegel sieht klar, dass für Sextus der Tropus der Relativität alle anderen umfasst bzw. ihnen zugrunde liegt.[21]

Das zweite ist, dass Hegel den „*denkenden* Skeptizismus" des Sextus als die große Waffe gegen jede Philosophie der Endlichkeit anerkennt und preist.[22] Sextus' Verfahren sei „von der höchsten Wichtigkeit",[23] sofern es „von allem Bestimmten und Endlichen" aufzeigt, dass dieses als solches nicht standhält.[24] Von daher ist der Skeptizismus eine

---

[18] Vgl. Hegel, *Enzyklopädie der philosophischen Wissenschaften im Grundrisse III*, 395.

[19] Es handelt sich, so weit ich weiß, um das intensivste Bekenntnis eines Philosophen zu einem anderen in der Geschichte der abendländischen Philosophie. – Auch in den Vorlesungen über die Geschichte der Philosophie gibt Hegel zu erkennen, wie sehr er in Met. Lambda seinen eigenen Hauptgedanken, dass der Gegenstand Denken in der Form der Andersheit ist (der „Inhalt ist selbst ein Gedachtes, so selbst Produkt des Gedankens", vgl. Met. XII 7, 1072 a 30 f.) formuliert findet: „man traut kaum seinen Augen" (Hegel, *Vorlesungen über die Geschichte der Philosophie II*, 161).

[20] Die alte Fassung der zehn Tropen zeigt „ein ungeübtes Denken, das die Menge dieser Wendungen noch nicht unter ihre allgemeinen Gesichtspunkte stellt, wie Sextus tut, oder das Allgemeine, die Relativität, neben seine besonderen Weisen stellt" (ebd., 385).

[21] „[...] am ausgedehntesten, merkt Sextus an, ist der achte Punkt, der die Bedingtheit jedes Endlichen durch ein Anderes, oder dass jedes nur in Verhältnis zu einem Anderen ist, betrifft" (Hegel, „Verhältnis des Skeptizismus zur Philosophie", 239).

[22] Hegel, *Vorlesungen über die Geschichte der Philosophie II*, 359.

[23] Ebd., 395.

[24] Der „denkende Skeptizismus" zeigt „von allem Bestimmten und Endlichen" auf, „dass es ein Wankendes ist" (ebd., 359); „die Skepsis hatte den Zweck, dass alles Bestimmte, als Endliches, ihm nicht gälte" (ebd., 369; vgl. auch ebd., 386). „Dies ist nun der Skeptizismus überhaupt, das skeptische Bewusstsein: das Verfahren ist von der höchsten Wichtigkeit, in allem unmittelbar Angenommenen aufzuzeigen, dass es nichts Festes, nichts an und für sich ist" (ebd., 395). – Selbstverständlich gehen Hegels Überlegungen von vornherein über die für Sextus zentrale subjektive Relativität hinaus, zielen auf die bestimmungslogische Relativität.

taugliche Waffe gegen jeden Dogmatismus, der ein Bestimmtes als das Absolute behauptet.[25]

Diesbezüglich weist Hegel auf die durchschlagende Kraft gerade des Tropus der Relativität hin: „Da das Wesen des Dogmatismus darin besteht, dass er ein Endliches, mit einer Entgegensetzung Behaftetes [...] als das Absolute setzt, so zeigt die Vernunft von diesem Absoluten, dass es eine Beziehung auf das von ihm Ausgeschlossene hat und nur durch und in dieser Beziehung auf ein Anderes, also nicht absolut ist" – „nach dem *dritten Tropus* des Verhältnisses".[26] Somit hebt der Tropus der Relativität – der Kern der skeptischen Argumentationskunst – jede Philosophie der Endlichkeit aus den Angeln.[27] Er zeigt, dass das Endliche konstitutiv ein Relatives ist und somit nicht als absoluter Boden taugt. Mit diesem Aufweis leistet der Skeptizismus das, worauf es auch für die „spekulativ philosophische Methode" ankommt.[28]

Kritik des skeptischen Angriffs auf die spekulative Philosophie des Absoluten

Allerdings hat der Skeptizismus dann zusätzlich gemeint, dass die Methode der Kritik der Endlichkeit auch gegen das „eigentlich spekulative" Philosophieren und dessen Fassung des Absoluten verschlage. Darin hat er sich, so Hegel, übernommen und vertan. Wohl gibt es „keine taugliicheren Waffen gegen den Dogmatismus der Endlichkeiten" als die des Skeptizismus, aber „gegen die Philosophie" (die spekulative Philosophie) sind sie „völlig unbrauchbar".[29] Die „negative Dialektik" des Skeptizismus (sein „Aufzeigen des Widerspruchs beim Endlichen") ist voller Kraft „gegen das eigentlich dogmatische Verstandesbewusstsein", aber „*unkräftig* [...] *gegen das Spekulative*".[30]

Der ältere Skeptizismus habe denn auch den Fehler, sich über die Philosophie der Endlichkeit hinaus auch gegen die spekulative Philosophie zu wenden, nicht begangen. Seine zehn Tropen seien „von einer Tendenz gegen die Philosophie" weit entfernt gewesen, sie richteten sich „ganz allein gegen den Dogmatismus des gemeinen Menschenverstandes [...]; kein einziger betrifft die Vernunft und ihre Erkenntnis, sondern alle durchaus nur das Endliche und das Erkennen des Endlichen, den Verstand."[31]

---

[25] „Diese skeptischen Tropen betreffen in der Tat dasjenige, was eine dogmatische Philosophie [...] nicht in dem Sinne genannt wird, dass sie einen positiven Inhalt hat, sondern etwas Bestimmtes als das Absolute behauptet" (ebd., 393). Gegen alle dogmatischen Philosophien „haben die skeptischen Tropen die negative Kraft, [...] aufzuzeigen, dass das nicht an sich ist, was sie als Ansich behaupten" (ebd., 394).

[26] Hegel, „Verhältnis des Skeptizismus zur Philosophie", 245.

[27] Davon ist natürlich ebenso jeder „Dogmatismus des gemeinen Menschenverstandes" betroffen (ebd., 240).

[28] „[...] das Aufzeigen des Widerspruchs beim Endlichen ist ein wesentlicher Punkt der spekulativ philosophischen Methode. Auf solche Weise findet der Skeptizismus [...] gegen das Endliche seine Anwendung" (Hegel, *Vorlesungen über die Geschichte der Philosophie II*, 396 f.).

[29] Hegel, „Verhältnis des Skeptizismus zur Philosophie", 245.

[30] Hegel, *Vorlesungen über die Geschichte der Philosophie II*, 396 f.

[31] Hegel, „Verhältnis des Skeptizismus zur Philosophie", 240.

Der neuere Skeptizismus des Sextus hingegen habe „die Prätention" entwickelt, „sich an die Idee zu wagen und die spekulative Idee zu überwinden".[32] Er habe dies, so Hegel, gerade auch mittels seines Haupttropus, des Tropus der Relativität, unternommen.[33] Durch ihn sollte dargelegt werden, dass auch die Idee nicht absolut ist, sondern „in einer notwendigen Beziehung auf ein Anderes" steht und somit dem Einwand der Relativität verfällt.[34] Aber das ist laut Hegel falsch. Denn das spekulativ gedachte Absolute ist Hegel zufolge „selbst [...] nichts als das Verhältnis."[35]

Ambivalenzen

Es scheint mir lohnend, diesem hegelschen Einwand genauer nachzudenken. Hegel will zweierlei zeigen: dass der Tropus der Relativität zwar gegen den Dogmatismus (der ein Endliches als das Absolute setzt) durchschlagend ist; dass er aber gegen die „vernünftige" Fassung des Absoluten (welche das Absolute als Einheit von Absolutem und Endlichem versteht) nichts vermag.

Hegels generelles Bild ist dabei, dass die Tropen sich allenthalben auf „Reflexionsbegriffe" (beispielsweise Subjekt versus Objekt oder Begrenztes versus Unbegrenztes oder Relatives versus Absolutes) stützen und daher, dem Status der Reflexionsbegriffe entsprechend (die prinzipiell noch von Endlichem ausgehen, dabei jedoch gegenüber einzelnen endlichen Bestimmungen auf Vervollständigung durch den Gegensatz drängen), zwar gegen die Verfestigung eines bestimmten Endlichen „siegreich" sind,[36] aber insgesamt nicht über die Gegensatzlogik des Endlichen hinaus zur eigentlich vernünftigen Betrachtung gelangen.[37]

Wie aber lautete eigentlich Sextus' Zurückweisung des Dogmatismus eines endlich gedachten Absoluten (der Hegel Durchschlagskraft attestiert)? „Es lässt sich aber noch gesondert beweisen, dass alles relativ ist, und zwar folgendermaßen: Unterscheidet sich

[32] Hegel, *Vorlesungen über die Geschichte der Philosophie II*, 372. „An dies eigentlich Spekulative hat sich nun der Skeptizismus auch gewagt" (ebd., 397). Darin liegt für Hegel die Stoßrichtung der später hinzugefügten fünf skeptischen Tropen: sie machen „die eigentliche Rüstkammer ihrer Waffen gegen philosophische Erkenntnis" aus (Hegel, „Verhältnis des Skeptizismus zur Philosophie", 243), betreffen aber allein diese „spätere Wendung des Skeptizismus gegen die Philosophie" (ebd., 245). Hegel charakterisiert den neueren Skeptizismus denn auch als einen „reinen, von der Philosophie sich trennenden Skeptizismus" (ebd., 235). Abschätzig schreibt er: „Dieser Skeptizismus gehört dem Verfall der Philosophie und der Welt an" (Hegel, Vorlesungen über die Geschichte der Philosophie II, 398).

[33] Dieser Tropus, der achte in der Reihe der älteren zehn, taucht erneut als dritter unter den neueren fünf auf.

[34] Hegel, „Verhältnis des Skeptizismus zur Philosophie", 246.

[35] „Es kann vom Vernünftigen nach dem dritten Tropus nicht gezeigt werden, dass es nur im Verhältnis, in einer notwendigen Beziehung auf ein Anderes ist; denn es selbst ist nichts als das Verhältnis" (ebd.).

[36] Ebd., 245.

[37] „Gegen den Dogmatismus sind diese Tropen darum vernünftig, weil sie gegen das Endliche des Dogmatismus das Entgegengesetzte, wovon er abstrahierte, auftreten lassen, also die Antinomie herstellen; gegen die Vernunft hingegen gekehrt, behalten sie als ihr Eigentümliches die reine Differenz, von der sie affiziert sind" (ebd., 246).

das Absolute vom Relativen oder nicht? Wenn es sich nicht unterscheidet, ist es selbst auch relativ. Wenn es sich aber unterscheidet, so ist das Absolute ebenfalls relativ. Denn alles Unterschiedene ist relativ, weil es mit Bezug auf dasjenige so heißt, von dem es sich unterscheidet."[38]

Da mag man zwar denken, Sextus wolle schlicht das Absolute eines Endlichkeitsstatus überführen. Aber die Stelle lässt sich ebenso als Inspirationsquelle für die Weise lesen, in der Hegel 1801 in der *Differenzschrift* darlegte, wie das Absolute *nicht* gedacht werden kann – und wie es im Unterschied dazu *eigentlich* zu fassen wäre. Hegels Ausgangspunkt war dort die Feststellung, dass ein dem Endlichen *gegenüberseiend* gedachtes Absolutes selbst nur ein Endliches wäre. Insoweit handelt es sich um eine Reprise von Sextus' Argument, dass ein vom Relativen unterschiedenes Absolutes seinerseits nur relativ wäre. Wie aber lautete Hegels Lösung für die Aufgabe, das Absolute korrekt zu denken? Das Absolute muss Hegel zufolge selbstdifferentiell und von daher als Einheit von Unendlichem und Endlichem gedacht werden. Es muss als Binnenunterscheidung (Selbstdifferenzierung) des Absoluten gedacht werden. Auf diese Weise inkludiert das Absolute das Endliche als sein eigenerzeugtes Anderes. Dadurch hat sowohl das Endliche (als Moment des Absoluten) ein Bestehen, wie das Absolute gegenüber seinen endlichen Gestalten eine Überlegenheit behält.

Man kann sich nun fragen, ob diese von Hegel in der *Differenzschrift* entwickelte Lösung nicht eigentlich Sextus'schen Geistes ist, ob man nicht zumindest von Sextus' Argument der Relativität aus auf sie kommen konnte. Hegels Lösung besteht ja in der Auskunft, dass das Absolute „selbst [...] nichts als das Verhältnis" ist.[39] Diese Formulierung aber deckt sich mit Sextus' Hinweis, dass das Absolute nicht anders als relativ gedacht werden kann. So gesehen, wäre dann allerdings die von Hegel ein Jahr später im Skeptizismus-Aufsatz und darauf in den *Vorlesungen über die Geschichte der Philosophie* gegebene Darstellung, wonach der Skeptizismus des spekulativen Denkens unfähig – und sein Angriff auf es machtlos – sei, verquer. Man konnte gerade vom Skeptizismus aus zur spekulativen Position gelangen.

Denn noch einmal: Was war das Ergebnis von Sextus' Reflexion auf den Status des Absoluten? Dass dieses immer in irgendeinem Sinne relativ ist. Und was ist Hegels Ergebnis? Das gleiche. Das Absolute ist auf das Endliche bezogen, es bedeutet das Verhältnis von Absolutem und Endlichem. Also heben Sextus wie Hegel die Relationalität des Absoluten hervor. Man könnte allenfalls noch darüber streiten, ob aus Sextus' Äußerung als solcher schon hervorgeht, dass das Absolute ihm zufolge positiv als Relation (Selbstbeziehung) zu denken sei, oder ob eher die andere Lesart im Recht wäre, wonach der aufgewiesene Relativitätscharakter des Absoluten bedeuten soll, dass es kein Absolutes gebe.[40] Aber zumindest kann Sextus' Argument auch auf den Gedanken führen, dass das Absolute „selbst [...] nichts als das Verhältnis" ist.

---

38 Sextus Empiricus, *Grundriss der Pyrrhonischen Skepsis*, 125 [137].

39 Hegel, „Verhältnis des Skeptizismus zur Philosophie", 246.

40 Freilich: Was könnte das universalisierte Relative, auf das beide Seiten der Alternative in Sextus' Argumentation hinauslaufen, denn anderes sein als ein Absolutes mit relationaler Binnendifferenzierung?

Insofern scheint Hegels Sextus-Kritik einseitig und lieblos, ja überzogen zu sein. Denn erstens hat Sextus sich nirgendwo gegen eine Konzeption des Absoluten von der Art gewandt, wie Hegel sie als die einzig tragfähige erkennt. Seine Kritik gilt nur dem Dogmatismus endlicher Konzeptionen des Absoluten – und den verurteilt Hegel genauso scharf. Zweitens könnte man gerade aus Sextus Argumente der hegelschen Art gewinnen (und Hegel hat sie vielleicht so gewonnen).

Die verquer scheinende Stellungnahme zu Sextus erklärt sich daraus, dass das, was Hegel als Sextus-Schelte vorträgt, im Grunde dem *zeitgenössischen* Skeptizismus gilt. Er schlägt den Sack des spätantiken Skeptizismus und meint den Esel Schulze. Nicht nur soll dessen „neuester Skeptizismus" durch Kontrastierung mit dem antiken seiner Defizite überführt werden,[41] sondern die Darstellung der jüngeren Formen des antiken Skeptizismus (Sextus) ist so angelegt, dass die zu Hegels Zeit auftretende Fehlform schon dort diagnostizierbar werden soll.[42]

Hegels Auseinandersetzung mit der Verstandesphilosophie wie dem Commonsense-Dogmatismus seiner Zeit bildet eine durchgehende Folie seiner Darstellung des antiken Skeptizismus – sowohl seiner Hymnen auf den „Skeptizismus" des Platonischen *Parmenides*[43] wie seiner Kritik an Sextus.

Übersteigung der skeptischen Position

Fragen wir schließlich, inwiefern es Hegel letztlich um eine Übersteigung der skeptischen Betrachtungsweise geht.

Gewiss: der Skeptizismus ist für Hegel ein unverzichtbares Element der wahrhaften Philosophie.[44] Er ist „in jedem echten philosophischen Systeme *implicite* zu finden, denn er ist die freie Seite einer jeden Philosophie".[45] Ja Hegel sagt sogar, der Skeptizismus sei „mit jeder wahren Philosophie [...] aufs innigste eins".[46] Dennoch: Der Skeptizismus ist nur ein *Moment* der wahrhaften Philosophie. Nicht als Skeptizismus hat er schon das letzte Wort. Letztlich geht es vielmehr um eine Philosophie, „die weder Skeptizismus noch Dogmatismus" ist.[47]

---

41 „Aus dieser Betrachtung der verschiedenen Seiten des alten Skeptizismus ergibt sich also [...] der Unterschied und das Wesen des neuesten Skeptizismus" (Hegel, „Verhältnis des Skeptizismus zur Philosophie", 249).

42 Hegel sagt zwar: „Sextus weiß doch noch von der Vernunft und ihrer Selbsterkenntnis", aber dann nennt er, was Sextus „über die Möglichkeit derselben vorbringt", doch sogleich ein „flaches Räsonnement" (ebd., 235). Diese Charakterisierung setzt sich dann unmittelbar in einer Schulze-Kritik fort (ebd., 236; vgl. auch *Vorlesungen über die Geschichte der Philosophie II*, 400).

43 „Welches vollendetere und für sich stehende Dokument und System des echten Skeptizismus könnten wir finden als in der Platonischen Philosophie den Parmenides, welcher das ganze Gebiet jenes Wissens durch Verstandesbegriffe umfasst und zerstört?" (Hegel, „Verhältnis des Skeptizismus zur Philosophie, 228).

44 Er ist „ein Moment der Philosophie selbst" (Hegel, *Vorlesungen über die Geschichte der Philosophie II*, 372).

45 Hegel, „Verhältnis des Skeptizismus zur Philosophie", 229.

46 Ebd., 227.

47 Ebd.

Der Skeptizismus ist das allerprobateste Mittel, um mit der Verstandesphilosophie fertig zu werden. Sein Geschäft ist die zu jeder wahrhaften Philosophie gehörende Kritik der Endlichkeit. Diese leistet er, wie gesagt, indem er von jeder endlichen Bestimmung unnachgiebig zeigt, dass sie nur relativ und also für sich genommen nicht zu halten ist. Aber diese negative Leistung begründet noch nicht als solche die wahrhafte Form der Philosophie. Diese wird vielmehr erst mit der Einsicht erreicht, dass all diese Relativa Binnendifferenzierungen des Einen (der Vernunft, des Absoluten) sind. In einer solchen Konzeption erfährt dann auch das negative Verfahren des Skeptizismus eine entscheidende Modifikation. Was dieser als Kritik der Endlichkeit entwickelt hatte, wird in ein *genetisches* Verfahren überführt: in die logische Erzeugung der Begriffe im Prozess der Idee. Die letztere Konzeption aber findet sich in keinem Skeptizismus: nicht nur nicht im neuesten zeitgenössischen Skeptizismus, sondern auch nicht im spätantiken des Sextus und nicht einmal im besten und ursprünglichen ‚Skeptizismus' Platons.

Kurzum: Der Skeptizismus stellt durch seine negative Dialektik zwar das wichtigste *Mittel* des spekulativen Verfahrens bereit. Aber er stößt nicht selbst schon zur eigentlichen Form der Spekulation vor. Der bisherige Skeptizismus hat die spekulative Position nicht erreicht. Wo diese aber eingenommen wird, ist das skeptische Verfahren entweder nur von begrenzter oder allenfalls modifiziert von universaler Reichweite: als Methode der Wahl gegen die Verstandesphilosophie bzw. (jedoch nur, wenn durch die Einsicht in die Idee modifiziert[48]) als Konstruktionsmethode des logischen Prozesses überhaupt („Selbstbewegung des Begriffs").

Hegel nimmt das *epistemische* Potential des antiken Skeptizismus auf. Aber er geht über ihn auch hinaus – freilich wiederum zugunsten einer *epistemischen* Konzeption. Hegels Übersteigung des Skeptizismus führt zu der „freien, in ihrer eigentümlichen Gestalt sich bewegenden Wissenschaft".[49] Der spekulative Gedanke fasst das Seiende zuhöchst als Sichselbstdenken des Denkens (*nóēsis noēseōs*). Die Konzeption ist im äußersten *noetisch* und darin *epistemisch*. – Ich hebe dies hervor, um diese Auffassung mit Dōgens Sicht zu konfrontieren, der ich mich nun zuwenden will. Wird auch die von Dōgen angestrebte Übersteigung des Skeptizismus auf eine solch *epistemische* Konzeption hinauslaufen? Wird es auch bei ihm letztlich um ein Wissen („absolutes Wissen") gehen?

Eines haben der Skeptizismus, Hegel und Dōgen gewiss gemeinsam: dass es um dergleichen wie letzte Erfüllung geht. Aber der Weg, auf dem diese erreicht werden soll, ist sehr unterschiedlich. Zunächst schon, so haben wir uns klargemacht, zwischen dem Skeptizismus des Sextus und der spekulativen Philosophie Hegels. Sextus sah die Erfüllung in der Seelenruhe und meinte, dass diese nur durch die Stillstellung epistemischer Anstrengungen zu erreichen sei. Hegel hingegen zielte auf die volle Erfüllung in einem absoluten Wissen. Wie wird es bei Dōgen stehen?

---

[48] Vgl. Hegels Rede von dem „ewigen Missverstand mit dem Skeptizismus für diejenigen, die die Natur der Idee nicht kennen" (Hegel, *Vorlesungen über die Geschichte der Philosophie II*, 372).

[49] Hegel, *Phänomenologie des Geistes*, 72 [Einleitung].

2. Dōgen: Relativität umfassend gedacht – und ihre Übersteigung

a. Vorbemerkungen

Zunächst ein paar Worte zu Vita, Bedeutung und philosophischen Besonderheiten Dōgens – der ja, über einen Kreis von Spezialisten hinaus, im Westen kaum bekannt ist.

Dōgen lebte von 1200 bis 1253 und war der erste japanische Patriarch des Buddhismus. Mit ihm ging das Patriarchat (das zuvor, mit Bodhidharma, dem halblegendären Begründer des Zen-Buddhismus, von Indien nach China gewechselt hatte) nach Japan über. Schon früh zeigte sich Dōgen von der Frage bewegt, wozu wir denn, wenn wir die Erleuchtung ursprünglich bereits besitzen, sie noch durch Übung suchen sollen. Der Buddhismus lehrte beides, aber wie ist beides vereinbar? Sind Mönchtum und Meditation, wenn wir ursprünglich schon erleuchtet sind, nicht unnütz? Dōgen hoffte, die Antwort auf die ihn bedrängende Frage während einer China-Reise zu finden (1223–27), bei der er die berühmtesten Meister aufsuchte. Ju-ching (jap. Nyojō, 1163–1228), der damalige chinesische Patriarch, erkannte Dōgen 1225 als einen Erleuchteten an und bestimmte ihn zu seinem Nachfolger. Nach Japan zurückgekehrt, hatte Dōgen in Kyoto großen Zulauf, was ihm freilich Feindseligkeiten wohletablierter und mächtiger Schulen eintrug (der Osten ist nicht in allem anders als der Westen). Daraufhin zog Dōgen sich in die von ihm geliebte Bergeinsamkeit zurück und gründete in der Provinz Echizen das Kloster „Eiheji“ („Tempel des ewigen Friedens“), wo er 1253 starb.[50] – Seit 1231 hatte Dōgen Reden für ein Werk mit dem Titel *Shōbōgenzō* (*Die Schatzkammer der Erkenntnis des wahren Dharma*) niedergeschrieben. Dieses (unvollendete) Hauptwerk Dōgens wurde nach seinem Tod von seinem Schüler Ejō herausgegeben. Auf einige Kapitel daraus werde ich mich im Folgenden beziehen.

Dōgen gilt als der bedeutendste Philosoph des Zen-Buddhismus. Auf zen-buddhistische Texte – und zumal auf Dōgens Texte – treffen die gängigen westlichen Vorurteile hinsichtlich der ostasiatischen Philosophie nicht zu. Es stimmt nicht, dass diese Texte nicht argumentativ, sondern intuitiv ausgerichtet seien; dass sie einen Kult des „Unbegreifbaren“ betrieben; dass sie eine religiöse Dogmatik verkündeten und auf Autorität setzten; dass sie lieber paradoxal als rational verführen.

Dōgen geht auffallend rational und argumentierend vor. Er diskutiert Auffassungen, zeigt ihre Schwächen, führt zu höherstufigen Auffassungen. Und er fordert immer wieder dazu auf, einmal erreichte Einsichten selbständig weiter zu durchdenken.[51] Dem Kult des „Unverständlichen“ (dem andere buddhistische Richtungen huldigen) setzte Dōgen sich scharf entgegen. Dōgen zufolge ist die letzte Wahrheit keineswegs „unbegreifbar“. Wer so daherrede, habe die Kleinheit seines eigenen Verstehens zum Maß von allem gemacht: „Was sie als unbegreifbar erachten, ist nur ihren üblen Geistern zuzuschreiben.“[52] In

[50] Vgl. zu Einzelheiten der Biographie: Dumoulin, *Geschichte des Zen-Buddhismus*, Bd. 2: Japan, 41–51. Für eine erste philosophische Orientierung sei empfohlen: Kunihiko Nagasawa, *Das Ich im Deutschen Idealismus und das Selbst im Zen-Buddhismus. Fichte und Dōgen*, 59–79.

[51] Immer wieder finden sich sein Vertrauen zur Reflexion bekundende Aussagen wie „lasst uns dies [...] weiter erforschen“ (Dōgen, „Sansuikyo“ – „Die Sutren der Berge und Flüsse“, 170); „wir müssen dies sorgfältig erwägen“ (ebd.); „denke still über dieses Prinzip nach“ (ebd., 172).

[52] Ebd., 170.

diesem Punkt ist Dōgen so unnachgiebig wie Aristoteles oder Hegel – kein Kult des *thaumázein*.[53] So haben denn auch paradoxe Formulierungen bei Dōgen (wie in aller guten Philosophie) den Sinn, uns zum Denken zu bewegen – und nicht etwa andächtig und anhimmelnd vor ihnen stehen zu bleiben. Sie sind Herausforderungen, die uns zum Denken bringen sollen. Wir sollen im Ausgang von ihnen eine Sichtweise entwickeln, in der sie ihren Stachel verloren haben.

Noch vom Humbug der Großen Erleuchtung hält Dōgen nichts: „Sei völlig frei von der Vorstellung der Großen Erleuchtung und suche oder begehre sie niemals."[54] „Mach dir nichts aus Erleuchtung!"[55] „Gib die Erleuchtung auf [...]."[56,57] Auch findet sich bei Dōgen nichts an dogmatischer Verkündigung einer religiösen Wahrheit (Religionen ohne Gott sind ohnehin anders als solche mit Gott, gar als solche mit nur einem Gott). Und gegen vorgebliche Autoritäten richtete Dōgen scharfe Worte.[58]

Schließlich trifft der Hauptgesichtspunkt, unter dem die westliche Philosophie die östliche zu konstruieren pflegt, nicht zu. Von der westlichen Philosophie lässt sich gut sagen, dass sie (seit Parmenides) ein Denken des Seins entwickelt hat, dass sie (in welchen Varianten auch immer) eine Seinsphilosophie darstellt. Umgekehrt hat die östliche

---

[53] Aristoteles: „Staunen veranlasste die Menschen zuerst wie noch jetzt zum Philosophieren, indem sie anfangs über die unmittelbar sich darbietenden unerklärlichen Erscheinungen sich verwunderten, dann allmählich fortschritten und sich auch über Größeres in Zweifel einließen, z. B. über die Erscheinungen an dem Mond und der Sonne und den Gestirnen und über die Entstehung des Alls. Wer aber in Zweifel und Verwunderung über eine Sache ist, der glaubt sie nicht zu kennen. [...] Wenn sie daher philosophierten, um der Unwissenheit zu entgehen, so suchten sie die Wissenschaft offenbar des Erkennens wegen" (Aristoteles, *Met.* I 2, 982 b 12–21). „Der Besitz der Wissenschaft [...] muss für uns gewissermaßen in das Gegenteil der anfänglichen Forschung umschlagen. Denn es beginnen, wie gesagt, alle mit dem Staunen darüber, ob sich etwas wirklich so verhält, wie etwa über [...] die Inkommensurabilität der Diagonale; denn verwunderlich erscheint es allen, sofern sie die Ursache noch nicht eingesehen haben, wenn etwas durch das kleinste Maß nicht meßbar sein soll. Es muss sich aber dann am Ende zum Gegenteil [...] umkehren [...], wenn man die Ursache erkannt hat; denn über nichts würde sich ein der Geometrie Kundiger mehr verwundern, als wenn die Diagonale kommensurabel sein sollte" (Aristoteles, *Met.* I 2, 983 a 11–21). – Hegel: „Daran mitzuarbeiten, dass die Philosophie der Form der Wissenschaft näherkomme – dem Ziele, ihren Namen der *Liebe* zum *Wissen* ablegen zu können und *wirkliches Wissen* zu sein –, ist es, was ich mir vorgesetzt" (Hegel, *Phänomenologie des Geistes*, 14 [Vorrede]). – Wo die Arbeit der Philosophie gelingt, ist Schluss mit den Konvulsionen des Staunens und dem Kult des *thaumázein*.

[54] Dōgen, „Daigo" („Die Große Erleuchtung"), 56.

[55] Ebd.

[56] Ebd.

[57] Auch ist zu bedenken, dass „Erleuchtung" ein problematisches Übersetzungswort ist; es steht zu sehr der abendländischen Lichtmetaphorik nahe und hat zudem die Konnotation, dass die „Erleuchtung" einem von außen zukomme. Der treffendere Ausdruck ist „Erwachen" (im Sanskrit „Bodhi"). Dieses bedeutet ein Erfassen der Grundverfassung der Welt.

[58] Beispielsweise: „Sogenannte Nachfolger der Buddhas und Patriarchen sind nicht so weise wie die Nicht-Gläubigen, die diesen Text [*Monshi*] geschrieben haben" (Dōgen, „Sansuikyo" – „Die Sutren der Berge und Flüsse", 171). „Es gibt viele selbsternannte Nachfolger der Buddhas und Patriarchen [...], aber wenige hatten eine wirkliches Studium, und noch weniger haben die Wahrheit erkannt" (Dōgen, „Jishōzammai" – „Selbst-erleuchtendes Samādhi", 115).

Philosophie ein Denken der Bewegung und Veränderung entwickelt. Diese Position wird von der westlichen Philosophie gemeinhin als ein „Denken des Nichts“ charakterisiert (und dafür manchmal gelobt, meistens aber gescholten). Nun ist dies jedoch nur die Art, wie jenes andere Denken von einem Denken des Seins aus erscheint und ihm gemäß als gegensätzlich charakterisiert wird. Der Sache nach ist, dass das östliche Denken ein „Denken des Nichts“ sei, nur eine westliche Mär.[59] Bei Dōgen findet sich nichts von einer Beschwörung des ‚Nichts‘. Wie gegen die Seinsphilosophie (und ihre Verrechnung ihres Kontraparts als Denken des Nichts) gewandt, erklärt er, dass die Buddha-Natur selbst im Wesen „Unbeständigkeit“ ist – während „Beständigkeit“ (Sein) dasjenige ist, worauf „der unterscheidende Geist“ (die Rationalität, der unerleuchtete Geist) zielt.[60] Wenn es einen passenden Terminus zur Kennzeichnung des Buddhismus gibt, dann nicht „Nichts“, sondern „Leere“. Und Dōgen erklärt mit Nachdruck: „Legt ‚leer‘ nicht als ‚nichts‘ aus.“[61]

b. Relativität

Ich wende mich nun Dōgens Behandlung der Relativität zu. Relativität war laut Sextus der Schlüsselgesichtspunkt der Skepsis. Es ist insbesondere die subjektive Relativität (die Relativität alles Erscheinenden auf die Art des Subjekts), die auch von Dōgen in extenso thematisiert wird. Lapidar sagt er: „Die Ansicht hängt vom Auge des Betrachters ab.“[62] Oder: „Verschiedene Standpunkte, verschiedene Interpretationen.“[63]

Der hauptsächliche Text, in dem Dōgen diese Relativität darlegt, trägt den Titel „Sansuikyo“ – „Die Sutren der Berge und Flüsse“. Er stammt von 1240. Im folgenden will ich erstens zeigen, wie extrem weit Dōgen die Relativität gefasst hat, und zweitens, wie Dōgen zufolge das konsequente Durchdenken der Relativität über diese hinausführt. – In diesem Sinn spreche ich von der skeptischen Einstellung und Reflexion als nur einer *Stufe* im Zen-Buddhismus.

---

[59] Vgl. paradigmatisch Hegel, der das „Prinzip“ des Buddhismus so charakterisiert: „*das Nichts* und das Nichtsein ist das Letzte und Höchste“ (Hegel, *Vorlesungen über die Philosophie der Religion II*, 377). Hegel hat freilich nur andere Formen des Buddhismus gekannt, insbesondere den tibetischen Lamaismus, nicht jedoch den Zen-Buddhismus.

[60] „Unbeständigkeit ist selbst Buddha-Natur; Beständigkeit ist der unterscheidende Geist“ (Dōgen, „Busshō“ – „Buddha-Natur“, 133).

[61] Ebd., 131.

[62] Dōgen, „Sansuikyo“ („Die Sutren der Berge und Flüsse“), 170. Ich folge im allgemeinen der Übersetzung von Joseph Renner (Zürich: Theseus 1983).

[63] Ebd., 170. Ebenso andernorts: „verschiedene Perspektiven – verschiedene Ansichten“ (Dōgen, „Shinjingakudo“ – „Lernen durch Körper und Geist“, 34).

Provokative Formulierungen – Ziel und Methode der Betrachtung

Die Anfangspassage von „Sansuikyo“ enthält eine provozierende Aussage: „die Berge bewegen sich immer.“[64] Etwas später heißt es dafür auch: „die Berge fließen“.[65] – Merkwürdig. Für gewöhnlich assoziieren wir ‚fließen‘ doch mit Wasser, nicht mit Bergen.

Anschließend kommt Dōgen in der Tat auf Wasser zu sprechen. Von ihm sagt er aber nicht nur „das Wasser fließt“, sondern, gleichermaßen provokant, auch: „das Wasser fließt nicht“.[66] Auch von den Bergen wird beides gesagt: dass sie sich bewegen, dass sie fließen, und dass sie sich nicht bewegen, nicht fließen.[67] Man wird zu verstehen haben, in welch unterschiedlichem Sinn diese einander widerstreitenden Aussagen – „das Wasser fließt“ und „das Wasser fließt nicht“; „die Berge fließen“ und „die Berge fließen nicht“ – beide zutreffen.

Schon bald im Text weist Dōgen auf das Ziel seiner Überlegungen hin. Es liegt in der Einsicht, dass „das ursprüngliche Selbst“ (das ursprüngliche Selbst der Berge wie des Wassers) „von seinen Manifestationen vollkommen losgelöst“ ist.[68] Ich führe das nur als Voranzeige an. Wir haben noch keine Vorstellung, wie das gemeint sein könnte.

Dōgen gibt einen methodischen Hinweis: Die angezielte Einsicht werde sich dann einstellen, wenn es gelinge, das Wasser „durch Wasser“ zu sehen,[69] und ebenso, „den Berg für sich selber zu sehen“.[70] Auch das ist nur eine Voranzeige. Der Zusammenhang zwischen Ziel und Methode scheint der zu sein: Wenn es gelingt, Wasser wie Berg aus ihrer Eigenperspektive (aus der ihres „ursprünglichen Selbst“) zu sehen, dann wird sich zeigen, dass dieses ursprüngliche Selbst von seinen Manifestationen „vollkommen losgelöst“ ist. Dann werden die eingangs genannten Widersprüche aufgehoben sein.

Lange diskutiert Dōgen die Ebene, wo die Widersprüche Bestand haben. Es ist die Ebene der subjektiven Relativität. In einer Perspektive stimmt es, dass das Wasser fließt, in einer anderen ist es richtig, zu sagen, dass es nicht fließt. Das gleiche gilt bezüglich der Berge. Wie viele solcher Perspektiven gibt es? Unzählige. Es gibt nicht nur die menschliche Perspektive, sondern auch die Perspektiven aller sonstigen Lebewesen. Hinsichtlich dieser ubiquitären Perspektivität ist Dōgen, wie wir sehen werden, ein radikaler Relativist: „verschiedene Standpunkte, verschiedene Interpretationen.“

---

[64] Dōgen, „Sansuikyo“ („Die Sutren der Berge und Flüsse“), 167.

[65] Ebd., 173.

[66] Ebd., 174.

[67] Unter Bezugnahme auf den Vers „Berge fließen“ heißt es: „Eine Auffassung lautet ‚es fließt‘, eine andere lautet ‚es fließt nicht‘ “ (ebd., 173).

[68] „Das ursprüngliche Selbst ist losgelöst von den Manifestationen“ (ebd., 167). „Wasser ist nur Wasser, vollkommen losgelöst.“ (ebd., 171).

[69] Es geht um ein „Studium des Wassers, das durch Wasser gesehen wird“ (ebd., 170).

[70] Ebd., 167.

Übung in unterschiedlichen Perspektiven

Dōgen rät, möglichst viele solcher Perspektiven durchzugehen. „Um die verschiedenen Arten der Standpunkte zu verstehen, müssen wir die zahllosen Ansichten und Eigenschaften der Berge und Ozeane untersuchen [...].“[71] „Studiere alle Aspekte des Wassers.“[72] „Beschränke deine Sicht nicht auf einen engen Bereich.“[73] – Wir sollen uns nicht auf die menschliche Sichtweise beschränken, sondern gerade auch andere, nicht-menschliche Perspektiven ins Auge fassen.

Nehmen wir das Beispiel des Wassers. Wie stellt es sich in nicht-menschlichen Perspektiven dar? Dōgen vergleicht drei Perspektiven: die der Menschen, die der Götter und die der Fische. Wir Menschen erfahren das Wasser vornehmlich als fließend. Die Götter hingegen sehen, wo wir ‚Wasser‘ wahrnehmen, Schmuck: von oben auf den Ozean blickend, nehmen sie vor allem das Glitzern des Wassers wahr, daher erscheint dieses ihnen wie der Schmuck ihres Werkes. Die Fische erfahren Wasser noch einmal anders: für sie ist das Wasser ihr großer Palast, ihre weitläufige und herrliche Wohnstätte.[74] Man könnte auch zahllose andere Perspektiven erwägen: Was ist Wasser aus der Perspektive der Vögel oder der Steine oder der Berge – oder eines Bootes, eines Flusses? Sicher jedes Mal etwas anderes. Das Fazit lautet: „Wasser kann auf viele verschiedene Arten gesehen werden.“[75]

Effekte des Perspektiventrainings

Was ergibt sich, wenn man viele unterschiedliche Perspektiven durchgeht? Zunächst noch nichts wirklich Aufregendes.

Zunächst wird die relative Berechtigung einer jeden dieser Perspektiven deutlich. Für uns Landbewohner macht es Sinn, Wasser als ‚Wasser‘ in unserem Sinn anzusehen. Aber ebenso macht es für die Fische Sinn, Wasser auf ihre Art aufzufassen.

Zweitens wird die Partialität einer jeden dieser Perspektiven deutlich. Jede der Auffassungen stellt, wie der Durchgang durch die verschiedenen Perspektiven zeigt, allenfalls eine kleine Sonderwahrheit dar. Jeder von ihnen „fehlt etwas“.[76] Wasser ist noch weit mehr und anderes, als in einer einzelnen dieser Sonderperspektiven aufscheint. Jede Beobachtung (Beobachtungsweise, Perspektive) ist „nur ein kleiner Teil vollständiger Beobachtung“ (aller Beobachtungsweisen, Perspektiven).[77]

Der Effekt ist damit – drittens – ein Borniertheits-Abbau. Es wäre offenbar ungerechtfertigt, eine dieser Perspektiven über die anderen zu erheben, sie zu *der* Perspektive er-

---

[71] Dōgen, „Genjōkōan“ („Die Verwirklichung der Erleuchtung“), 25.

[72] Dōgen, „Sansuikyo“ („Die Sutren der Berge und Flüsse“), 172.

[73] Ebd., 171.

[74] Vgl. ebd., 170. Natürlich soll das nicht heißen, dass ‚Schmuck‘ oder ‚Palast‘ letztlich zureichende oder erschöpfende Beschreibungen seien. Sie sollen nur eine Anzeige geben in Richtung der anderen Wahrnehmung und Bedeutung des Wassers in diesen Perspektiven.

[75] Ebd., 170.

[76] „Jede Beobachtung hängt vom entsprechenden Blickwinkel des Beobachters ab, und ihr fehlt immer etwas“ (ebd., 168).

[77] Ebd.

klären zu wollen. Es wäre grotesk, den Fischen eine Wasserperzeption nach Menschenart anzusinnen – und umgekehrt. Lebensweltlich ist jede dieser verschiedenen Perspektive sinnvoll und insoweit im Recht. Aber keine ist schlechthin überlegen. Für gewöhnlich jedoch schreiben wir der menschlichen Sichtweise eine über die menschliche Lebenswelt hinausreichende Gültigkeit zu. Der gemeine (in jederlei Sinn gemeine) Menschenverstand meint, dass seine, dass die Human-Perspektive die eigentlich richtige sei.[78] Über diese artgebundene, über diese speziesistische Betrachtungsweise führt Dōgen uns durch sein Perspektiventraining hinaus.[79]

Aber die Übersteigung der menschlichen Sonderperspektive ist nur *ein* Effekt. Wichtiger ist ein anderer: der Impuls, über *all* diese Perspektiven – über Perspektivität als solche – hinauszudenken. Der *Anlass* dazu liegt zunächst in der Einsicht in die Subjektgebundenheit bzw. Lebensweltlichkeit einer jeden Perspektive, plus der Vermutung, dass keine von ihnen und ebenso wenig die Addition aller zusammen das, was Wasser eigentlich ist, zu erschöpfen vermag. Jede dieser Perspektiven ist ja nicht bloß partial, sondern ist ob ihres konstitutiven Prinzips, ob ihrer artspezifischen Verfasstheit und Dienlichkeit, gar nicht darauf angelegt, Wasser als solches zu erfassen. Ihre *lebensweltliche* Gebundenheit (und Korrektheit *daraufhin*) macht sie in *epistemischer* Hinsicht unzulänglich. Dōgens Perspektiven-Training hat so einen Abbau des Glaubens an den epistemischen Wert der Perspektivität – an die Objektivität von deren Gehalten – zur Folge. Die perspektivische Erfahrung mag nützlich sein, aber eigentlich wahr ist sie nicht.[80] Sie ist vielmehr unfähig, das über die perspektivischen Erscheinungen hinausliegende Selbstsein der Dinge zu erfassen.[81]

Das Perspektiven-Exerzitium zielt also gerade nicht auf Perspektiven-Vielwisserei. Sondern es geht um die Einsicht in die Unzulänglichkeit einer jeden einzelnen Perspektive und der Perspektivität überhaupt. Dōgen zielt auf eine Kritik und Übersteigung der Perspektivität. Er scheint eine aperspektivische Sicht der Dinge oder der Welt für möglich zu halten. Wie ist diese charakterisiert, und wie gelangt man zu ihr?

---

78 Entweder hält man sie von vornherein für die einzige, oder man meint, wo man auch ein Recht anderer Perspektiven einräumt, dass diese komplettierend in die Humanperspektive einzutragen seien.

79 „Wenn Menschen auf Wasser schauen, sehen sie nur eine Art des Fließens, aber Menschen sehen nur eine Art" (ebd., 171). Deshalb sollen wir unser Studium „nicht auf die Beobachtung der Menschen beschränken" (ebd., 172).

80 Man könnte sich an Descartes' Legitimation der Sinneserfahrung in lebensweltlicher und ihre Destruktion in epistemischer Hinsicht erinnert fühlen (VI. Meditation).

81 Die Frage nach der „inneren Bedeutung" einer Sache muss völlig „unabhängig von den eigenen Ideen und denen anderer" beantwortet werden. Sie verlangt, „weit über das oberflächliche Verständnis", ja über jede perspektivische Auffassung insgesamt hinauszugehen (Dōgen, „Sansuikyo" – „Die Sutren der Berge und Flüsse", 171).

c. Übersteigung der Relativität

Wasser an ihm selbst – „Wasser ist nur Wasser, vollkommen losgelöst"

Bevor Dōgen zu seiner eigentlichen Sicht überleiten kann, muss er eine verbreitete Auffassung abwehren. Für gewöhnlich meint man, Wasser komme in der Pluralität der Perspektiven immer vollständiger zur Erscheinung. Dōgen teilt diese Auffassung offenbar nicht. Warum nicht?

Dōgen zufolge kommt das Wasser in der Vielzahl der Perspektiven nicht immer vollständiger, sondern allenfalls immer kleinteiliger zur Erscheinung – aber gerade nicht in seiner eigentlichen Verfassung, nicht als das, was Wasser, wie Dōgen sich ausdrückt, in seinem „ursprünglichen Selbst" ist. Wasser in diesem eigentlichen Sinn gehört „weder zur Welt der Götter noch zur Welt der Menschen" (noch zu irgendeiner anderen Sonderwelt, etwa der der Fische).[82] Der perspektivische Weg vermag prinzipiell nicht zum eigentlichen Sein des Wassers zu führen. In der Vielfalt der Perspektiven erfasst man nicht immer mehr, immer besser, immer vollständiger, was Wasser ist – sondern auf diesem Weg begreift man gar nicht, was Wasser eigentlich, was es an ihm selbst ist.

Die alternative Betrachtungsweise, die Dōgen im Unterschied zur perspektivischen (und sei es poly-perspektivischen) Annäherung empfiehlt, bezeichnet er als „Studium des Wassers, das durch Wasser gesehen wird".[83] Wir sollen „das Wasser des Wassers suchen"[84] – gewissermaßen das Grundwasser der Erscheinungswässer, das von allen perspektivischen Erscheinungsformen „vollkommen losgelöst" ist und über sie hinaus liegt.[85]

Aber noch einmal: *Warum* folgt Dōgen nicht dem üblichen Glauben, durch Perspektiven-Kumulation komme man der Sache selbst näher? Hat er dafür einen guten Grund?

Wechselseitige Negation der perspektiv-typischen Bestimmungen

Am besten wäre es für die verwegen erscheinende Auffassung Dōgens – wonach Wasser als solches von allen perspektivischen Bestimmungen des Wassers „vollkommen losgelöst" ist und just der Perspektiven-Durchgang, zu Ende gedacht, diese Sicht eröffnet –, wenn es für diese Auffassung einen logischen Grund gäbe. Einen solchen gibt es in der Tat: Im Durchgang sämtlicher Perspektiven kommt es zu einer vollständigen wechselseitigen Negation aller perspektiv-gebundenen Bestimmungen. – Inwiefern?

Dōgen führt zunächst aus, dass Prädikate, die einer Sache (Wasser, Berg, etc.) *in einer Perspektive* zukommen, derselben Sache *aus einer anderen Perspektive* keineswegs zukommen müssen und oftmals de facto nicht zukommen. Oder stärker: dass *wesentliche* (nicht bloß akzidentelle) Prädikate, die aus *einer* Perspektive gelten, von einer *anderen* gerade negiert werden.

---

[82] Ebd., 173.
[83] Ebd., 170.
[84] Ebd.
[85] Ebd., 171.

Ausführlich erläutert Dōgen dies durch Vergleich des Wassers in der Perspektive der Menschen und der Fische. Für die Menschen ist es Wasser, und für die Menschen ist dessen wesentliches Charakteristikum, dass es fließt. Für die Fische hingegen ist das Wasser in erster Linie „Palast". Von einem Palast aber kann man nicht sagen, dass er fließt, auf ihn trifft das Prädikat ‚fließen' nicht zu. Unser Wasser also fließt, das Wasser der Fische fließt nicht. Die Fische wären höchst überrascht, wenn ein menschlicher Betrachter ihnen erklären wollte, dass das, was sie für einen Palast ansehen, in Wahrheit etwas Fließendes sei. (Gerade so, wie wir überrascht sind, wenn uns jemand sagt, dass die Berge fließen.[86])

Der Befund lautet also: Unser Hauptprädikat für Wasser – ‚fließend' – trifft auf das Wasser in der Fisch-Perspektive gerade nicht zu. Umgekehrt trifft deren Palast-Auffassung von Wasser auf unser Wasser nicht zu. Dōgen führt die Kontrastierung noch im Blick auf Details durch: Der Wasser-Palast der Fische besitzt „Geländer, Treppen und Pfeiler".[87] Diese sind in der Perspektive der Fische (als Teile ihres Palastes) ebenso stabil (und nicht etwa fließend) wie die Geländer, Treppen und Pfeiler der Bauten, die wir in der menschlichen Welt als Paläste bezeichnen. Indem wir uns nun klarmachen, dass das, was für uns fließendes Wasser ist, für die Fische Palast ist, tritt der Konflikt der Bestimmungen in diese unsere erweiterte Sichtweise selber ein: Wir bemerken, dass es absurd wäre, die Geländer, Treppen und Pfeiler des Fische-Palastes als fließend zu bezeichnen, dass wir aber eben dies unweigerlich tun, wenn wir das Wasser, das für die Fische Palast ist, als fließendes Wasser auffassen.[88]

Dōgen rät, über solche Gegenwendigkeiten „still nachzudenken" – und sie weitergehend zu bedenken.[89] Wohin gelangt man, wenn man dies tut? Wozu führt ein tendenziell vollständiger Durchgang der Perspektiven und die Beachtung dessen, was dabei den für sie typischen Attributionen widerfährt?

Eben dazu, dass *kein* Prädikat standhält. Man wird immer auf eine oder mehrere Perspektiven treffen, in denen, was der einen Perspektive zufolge ein essentielles Prädikat einer Sache ist, gerade ausgeschlossen, negiert wird. Alle scheinbar essentiellen Prädikate einer Sache erweisen sich als *bloß perspektivisch geltend* und damit als gerade nicht essentielle Prädikate.[90]

Die Perspektiven heben ihre Ansprüche und Behauptungen gegenseitig auf. In dieser vollständigen wechselseitigen Negation aller scheinbar sach-essentiellen, in Wahrheit

[86] „Wenn jemand außerhalb des Palastes dem Drachen oder Fisch erzählen würde, dass er fließt, würden sie wie Menschen erstaunt sein, die den Ausdruck ‚Berge fließen' hören" (ebd., 172).

[87] Ebd., 172.

[88] Ebd., 172. Die Stelle lautet insgesamt: „[...] wenn Drachen und Fische Wasser als einen Palast sehen, ist es dasselbe, wie wenn Menschen einen Palast sehen. Niemand sieht einen Palast als fließend an. Wenn jemand außerhalb des Palastes dem Drachen oder Fisch erzählen würde, dass er fließt, würden sie wie Menschen erstaunt sein, die den Ausdruck ‚Berge fließen' hören. Außerdem sind die Geländer, Treppen und Pfeiler des Palastes auch fließendes Wasser. Denke still über dieses Prinzip nach" (ebd.).

[89] Ebd.

[90] Man beachte auch noch einmal: Es gibt keine ausgezeichneten Perspektiven, keine ‚Expertenperspektiven'. Auch Fische sind nicht die verbindlichen Experten des Wassers. Unsere Perspektive auf das Wasser ist nicht weniger richtig (wertvoll) als die ihre – oder die von Möwen oder Steinen.

aber nur perspektiv-typischen Prädikate liegt für Dōgen der eigentliche Effekt des Perspektiven-Exerzitiums.[91] Perspektivität hebt sich im Durchgang der Perspektiven selber auf.

Hinsichtlich dieser für Dōgen charakteristischen Strategie einer wechselseitigen Negation der Prädikate legt sich ein Vergleich mit Sextus und Hegel nahe. Das Ergebnis von Dōgens Strategie ist dem von Hegels „negativer Dialektik" bzw. seines Verfahrens der „bestimmten Negation" ähnlich: eine Bestimmung hebt sich, indem sie über sich hinausgetrieben wird, auf. Dennoch ist der Unterschied nicht zu übersehen: Die Aufhebung erfolgt bei Dōgen weder durch Aufdeckung der verborgenen Relativität auf eine andere Bestimmung noch durch eine Selbstdynamisierung der jeweiligen Bestimmung, sondern durch Kontrastierung mit Bestimmungen *anderer* Perspektiven. Darin liegt eine Nähe zu Sextus. Auch dieser hatte mit dem Kontrast unterschiedlicher Perspektiven operiert, und auch für ihn hatten dabei die unterschiedlichen Perspektiven art-differenter Lebewesen im Vordergrund gestanden. Noch das Ergebnis von Dōgens Verfahren steht dem Skeptizismus näher als Hegel. Pyrrho soll die Auffassung vertreten haben, dass „die Dinge kein bestimmbares Wesen haben".[92] Dōgens Strategie zeigt, dass der Versuch, das Wesen der Dinge zu bestimmen, auf das Gegenteil des Angestrebten hinausläuft: auf die Aufhebung aller Wesensbestimmungen. Auch Dōgen (vgl. seine These, dass „Beständigkeit" nur dasjenige ist, worauf „der unterscheidende Geist" zielt[93]) sieht einen solchen Versuch nicht nur als faktisch scheiternd, sondern als grundsätzlich verfehlt an.[94]

Transzendierung der Gegensätze – Loslösung

Dōgens Überlegungen zur Perspektivität münden in die Aufforderung: „Transzendiere die Unterscheidung von Gegensätzen"![95] Es geht für ihn darum, über die „Welt der Relativität" hinauszugelangen.[96] „Der ungeteilte Geist transzendiert alle Gegensätze."[97] „Ungeteilter Geist" meint (im Unterschied zum „unterscheidenden Geist") diejenige

---

[91] Dōgen drückt das Nicht-Gelten der Gegensätze mal in der Form des „sowohl-als-auch", mal in der des „weder-noch" aus. Früh im Text sagt er, die Berge seien „weder belebt noch unbelebt", und wir seien es auch nicht (Dōgen, „Sansuikyo" – „Die Sutren der Berge und Flüsse", 167). Gegen Ende wird die Rede vom Fließen, die in Bezug auf das Fließen der Berge eingeführt worden war (ebd., 167), durch die Rede vom Fließen und Nicht-Fließen abgelöst (ebd., 173): „Wenn wir dieses Prinzip des Fließens des Wassers und Nicht-Fließens klären, dann können wir alle Phänomene klären" (ebd., 174).

[92] Long, Art. „Skepsis; Skeptizismus", Sp. 943.

[93] Dōgen, „Busshō" („Buddha-Natur"), 133.

[94] Pyrrho soll Diogenes Laertius zufolge in Indien gewesen und dort mit den „Gymnosophisten" und „Magiern" in Verbindung gekommen sein (Diogenes Laertius, *Leben und Meinungen berühmter Philosophen*, Bd. 2, 192 [IX 61]). Von daher lässt sich eine Inspiration der Pyrrhonischen Skepsis durch buddhistisches Denken (freilich des älteren, noch nicht des zen-buddhistischen Typus) annehmen (vgl. dazu Bett, *Pyrrho, his Antecedents, and his Legacy*, 169–178).

[95] Dōgen, „Shinjingakudo" („Lernen durch Körper und Geist"), 39.

[96] Ebd., 34.

[97] Ebd.

Geistform, die sich von der Haftung an die Welt der Relativität löst, die Welt transperspektivisch sieht und so „die ganze Realität“ erfasst.[98]

Die Loslösung von der Welt der Perspektivität und ihrer Gegensätzlichkeit ist also das Entscheidende: „Transzendiere die Unterscheidung von Gegensätzen, entdecke die ganze Realität und erreiche die Loslösung.“[99] Das Stichwort „Loslösung“ war zuvor schon gefallen. In Bezug auf die ursprüngliche Natur des Wassers hatte es geheißen: „Wasser ist nur Wasser, vollkommen losgelöst.“[100] Loslösung ist zuerst ein ontologischer Zug. Entsprechend ist sie dann auch für ein adäquates Erfassen der Welt gefordert. Wie das ursprüngliche Wasser von seinen Erscheinungsformen losgelöst ist, so sollen auch wir uns von der Ebene der Perspektivität und der Erscheinungen lösen. Erst der solcherart losgelöste („ungeteilte“) Geist wird imstande sein, das Losgelöstsein der ursprünglichen Natur des Wassers – und damit dessen eigentliches Sein – zu erkennen.[101]

Und nicht nur des Wassers. Das Wasser ist nur ein Beispiel: „Wenn wir das Prinzip des Fließens und Nicht-Fließens des Wassers klären, dann können wir alle Phänomene klären.“[102] Am Wasser haben wir verfolgt, wie sich die Perspektiven-Hauptprädikate und damit die unterschiedlichen Perspektiven selbst wechselseitig aufheben. Gleiches würde sich beim Durchgang anderer Beispiele ergeben. Auf solchen Wegen sollen wir zu der Einsicht gelangen, dass die ursprüngliche Natur aller Dinge von ihren jeweiligen Erscheinungen losgelöst ist.

Aber ist dieser Schritt schon plausibel? Gewiss, die wechselseitige Negation der Perspektiv-Prädikate ist deutlich geworden. Aber warum soll sie – und wie kann sie – zur Einsicht in die ursprüngliche Natur der Dinge und der „ganzen Realität“ führen? Warum nicht einfach zum Verzicht auf das Bestreben nach Einsicht, zu einer Preisgabe aller Hoffnung auf Erkennbarkeit, zu skeptischem Defätismus?

Alles wird darauf ankommen, zu verstehen, wie Dōgen sich die wahrhafte Sicht der Realität vorstellt. Erst wenn wir dies in Umrissen erfasst haben, wird beurteilbar werden, inwiefern die Überwindung der Perspektiv-Sicht zur wahrhaften Sicht zu führen vermag. Zu diesem Zweck haben wir noch einige Schritte zu gehen bzw. einige naheliegende Missverständnisse abzubauen.

---

[98] Ebd., 39.

[99] Ebd.

[100] Dōgen, „Sansuikyo“ („Die Sutren der Berge und Flüsse“), 171. Allgemein: „Das ursprüngliche Selbst“ ist „losgelöst von den Manifestationen“ (ebd., 167).

[101] Es geht darum, „unterscheidendes Denken zu überschreiten und ernsthaft Verständnis der wahren Natur aller Dinge zu suchen“ (Dōgen, „Hachi Dai-nin-gaku“ – „Die acht Wege zur Erleuchtung“, 43).

[102] Ebd., 174.

d. Ursprüngliche Natur und Konkretion

Widerlegung des Erscheinungsdenkens

Zunächst steht einem wirklichen Verlassen der perspektivischen Auffassung der Umstand entgegen, dass der perspektivischen Sichtweise selbst der Gedanke an eine gewisse (aus Dōgens Sicht freilich fehlgerichtete) Übersteigung ihrer Befunde eingebaut ist. Die Perspektiv-Auffassung meint, dass die diversen Aspekte, die sich ihr erschließen, auf die Sache selbst hinweisen. Nicht, dass die Sache in den erscheinenden Aspekten schlechthin aufginge – davon mag man sich durch die vorangegangene Widerlegung der Hoffnung, durch eine Kumulation der verschiedenen Perspektiven zu einer immer vollständigeren Erfassung des eigentlichen Seins der Sache gelangen zu können, verabschiedet haben. Aber muss man nicht wenigstens daran festhalten, dass die perspektivischen Erscheinungen irgendwie (wie minim und verzerrt auch immer) die Sache selbst zu erkennen geben oder wenigstens auf sie hinweisen? Dergleichen gehört doch zum Begriff der Erscheinung? Daher wird das gängige Bewusstsein immer meinen, dass das eigentliche Wasser sich in den perspektiven-gebundenen Erscheinungsweisen irgendwie zeigt, dass diese legitime und nicht einfach fallenzulassende Erscheinungs-Aspekte des ursprünglichen Wassers sind. Es mag sein, dass keiner dieser Aspekte das Wasser voll zu erkennen gibt, aber jeder von ihnen tut es doch auf seine Weise ein Stück weit?[103]

Dōgen widerspricht der Denkform ‚Erscheinung'. Er widerlegt das Erscheinungsdenken. Ihm zufolge hebt es sich selbst auf. Dōgens diesbezügliches Argument lautet: Wenn es tatsächlich verschiedene Erscheinungsweisen (Arten) des Wassers gäbe (Wasser für die Menschen, Wasser für die Götter, Wasser für die Fische), so würde das erstens darauf hinauslaufen, dass es kein ursprüngliches Wasser gibt, und zweitens dann auch bedeuten müssen, dass die Erscheinungsformen gar nicht als solche von Wasser angesehen werden können.[104] – Warum?

Dōgens Argument scheint mir durchschlagend. Wenn Wasser das wäre, was und wie es sich in den je verschiedenen Perspektiven darstellt, wenn ‚Wasser' also immer nur der Gehalt einer Perspektive (der immens vielen Perspektiven) wäre, dann ließe sich von einem „wahren" oder „ursprünglichen" Wasser gar nicht sprechen – dann könnte auch

[103] Dōgen fragt eingangs: „Führt die Betrachtung eines Objekts zu verschiedenen Ansichten oder geschieht dies aufgrund des irrigen Denkens, ein Objekt würde verschiedene Formen besitzen?" (ebd., 170). Für gewöhnlich meinen wir, dass uns der Gehalt nicht nur etwas über den Wahrnehmenden, sondern auch über die Sache sagt. Auch wenn wir nicht glauben, dass die Erfahrung uns die Dinge ganz unverstellt zu erkennen gibt, so meinen wir doch, dass sie uns wahrhafte Aspekte derselben zu erkennen gibt – dass die Erscheinungen (die Dinge für uns) zwar nicht Eins-zu-Eins-Darstellungen, aber doch so etwas wie perspektiven-relative Korrekt-Manifestationen der Dinge selbst sind. Dōgen aber deutet schon früh an, dass diese Annahme auf einem „irrigen Denken" beruhen könnte.

[104] „[...] werden wir herausfinden, dass es selbst dann, wenn es verschiedene Arten des Wassers gäbe, so ist, als ob es kein wahres oder ursprüngliches Wasser gäbe und auch keine verschiedenen Arten des Wassers" (ebd., 170 f.).

dieses nur der Gehalt irgendeiner der vielen Perspektiven sein.[105] Aber wenn es somit nur die Perspektiven-Wässer und nicht auch ein „ursprüngliches" Wasser gäbe, dann wäre auch die Rede davon, dass es sich bei diesen Perspektiven-Wässern um Erscheinungen ‚des Wassers' handle, haltlos. – Konsequenter Perspektivismus hebt zugleich mit seiner Substanz-Allusion auch sich selbst auf.

Kurzum: Wenn es nur die Versionen gibt, dann gibt es kein ursprüngliches Wasser; aber dann können die Versionen auch nicht Versionen von Wasser sein. Der Rede von verschiedenen Erscheinungsweisen (Arten oder Versionen) des Wassers liegt also tatsächlich ein „irriges Denken" zugrunde[106] – die vertraute Denkform der Erscheinung hebt sich selbst auf.

Das „ursprüngliche Wasser": nicht ein „Wesen" des Wassers, sondern die ursprüngliche Natur von allem

Die nächste Frage ist gewissermaßen die Gretchenfrage: Was ist mit dem „ursprünglichen Wasser" gemeint? Was ist Wasser im eigentlichen Sinn? Was ist Wasser an ihm selbst? Was ist es, von ihm selbst her gesehen? Meint „ursprüngliches Wasser" dergleichen wie ein „Wesen" des Wassers? – Die Beantwortung dieser Frage wird uns dem Zentrum von Dōgens Sicht nahebringen.

Erinnern wir uns an Dōgens Forderung, das Wasser nicht aus unserer Perspektive oder von irgendeiner anderen Perspektive aus (etwa der Fische oder der Götter) zu betrachten, sondern „das Wasser durch Wasser zu sehen",[107] das „Wasser des Wassers" zu erfassen.[108] Was zeigt sich dann? Was ist die Bestimmtheit des „ursprünglichen Wassers"? Etwas Bestimmtes scheint sich da ja wohl zeigen zu müssen. Man scheint nach der Eigenart – dem „Wesen" – des ursprünglichen Wassers zu suchen. Wodurch – das scheint die Frage zu sein – ist das ursprüngliche Wasser gegenüber anderen ursprünglichen Naturen, etwa denen von Berg oder Wind oder Mensch, abgegrenzt und bestimmt? Sollte es anders stehen, sollte die ursprüngliche Natur des Wassers nicht eine Besonderung und Abgrenzung des Wassers verfügen, sollte sie etwa dieselbe sein wie die ursprüngliche Natur anderer Entitäten (Berg, Wind, Mensch, etc.), so würde man ja in einem Einerlei landen, in schlechter Indifferenz, in der „Nacht [...], worin [...] alle Kühe schwarz sind".[109] Das ursprüngliche Wasser scheint also eine so wohlabgegrenzte Idee sein zu müssen wie die Ideen beim frühen Platon (und auf Dauer im Vulgärplatonismus).[110] Derlei Abgegrenztheit, derlei Wesens-Charakter ist unsere natürliche Erwartung.

---

105 Perspektivismus schließt vielleicht auch in unserem Denken, konsequent genommen, den Rekurs auf eine Substanz, auf ein *hypokeímenon* aus. Perspektivismus und Substanzdenken sind unverträglich.

106 Dōgen, „Sansuikyo" („Die Sutren der Berge und Flüsse"), 170.

107 Ebd.

108 Ebd.

109 Hegel, *Phänomenologie des Geistes*, 22 [Vorrede].

110 Der mittlere und späte Platon hat diese Auffassung bekanntlich revidiert. Er ging, insbesondere im *Sophistes* und im *Parmenides*, von solchem Ideen-Atomismus zu einem Verflechtungs-Charakter der Ideen über.

Dōgen erfüllt diese Erwartung nicht. Seine Auffassung ist ganz anders. Gewiss: Wasser ist auch für Dōgen verschieden von Berg, und ebenso ist Mensch verschieden von Blume oder Hirsch. Die Erscheinungen sind tatsächlich so unterschiedlich, wie das klassische Wesensdenken das ausdrückt. Aber wenn Dōgen von der *ursprünglichen* Natur der Dinge spricht, dann hat er nicht derlei Wesen, sondern etwas anderes im Auge. Ihm zufolge ist die ursprüngliche Natur in allen Dingen ein und dieselbe.

Man kann sich dieser Auffassung über Dōgens Aussage annähern, dass Wasser in allen möglichen Dingen verwirklicht ist: „Wasser besteht nicht aus Erde, Wasser, Feuer, Wind, Raum, Bewusstsein, usw.; es ist nicht blau, gelb, rot, weiß, schwarz, usw.; und es besitzt nicht Form, Klang, Geruch, Geschmack, Empfindung, Wahrnehmung, usw. Trotz alledem ist es in all diesen Dingen verwirklicht.“[111] Der verblüffendste Teil der Aussage ist natürlich der, dass Wasser nicht aus Wasser besteht.[112] Eben deshalb kann es dann aber auch in anderen Formen als solchen von Wasser vorliegen: „Die meisten Menschen glauben, dass Wasser nur in Flüssen und Ozeanen zu finden ist. Dies ist nicht korrekt.“[113] Sondern Wasser (die ursprüngliche Natur von Wasser) ist ebenso in allen möglichen anderen Entitäten verwirklicht: in Erde, Feuer, Wind, Raum, Farben, Formen, Klängen, Gerüchen, und ebenso in Empfindung und Wahrnehmung und in Rationalität und Weisheit.[114] Wasser (die ursprüngliche Natur von Wasser) findet sich *überall*.

Dōgens Auffassung ist also die, dass sich das *ursprüngliche Wasser* in *allem* findet – weil es *dasselbe* ist wie *die ursprüngliche Erde* oder *der ursprüngliche Berg* oder *das ursprüngliche Selbst* usw. Die ursprüngliche Natur des Wassers ist nicht eine ursprüngliche Natur von *Wasser* im Unterschied zu anderen Elementen, etwa zu Feuer, Wind, Stein etc., sondern ist die eine ursprüngliche Natur aller Dinge. Der allgemeine Name für dieses Ursprüngliche lautet: „Buddha-Natur“.[115]

Die Betrachtung der ursprünglichen Natur führt nicht zu Essentialismus, sondern zu Universalismus. Die „ursprüngliche Natur“[116] liegt *epékeina tēs ousías*. Die ursprüngliche Natur des Wassers ist nicht wasser-artig, ist nicht ein Wesens-Wasser im Unterschied zu den Erscheinungs-Gewässern, sondern die eine ursprüngliche Natur von allem. Damit ist das Wesensdenken überstiegen. Die ursprüngliche Natur ist überwesensartig oder unwesenhaft oder wesenslos. Genau in diesem Sinne ist sie „leer“ – und eben dadurch imstande, die Natur von allem zu sein.

Alles ist eine Erscheinung dieser ursprünglichen Natur. Dōgen drückt das (noch einmal vom Wasser aus) durch die Formulierung „Flüsse und Ozeane sind im Wasser“

---

111 Dōgen, „Sansuikyo“ („Die Sutren der Berge und Flüsse“), 171.

112 Vgl. auch: „Wasser ist nicht stark oder schwach, nass oder trocken, in Bewegung oder ruhig, kalt oder heiß, existent oder nicht-existent, Illusion oder Erleuchtung“ (ebd., 170).

113 Ebd., 171.

114 „Wasser fließt überall“ (ebd., 172). „[...] wenn jemand sagt, es gäbe einen Ort, wohin Wasser nicht gelangen könnte, so ist dies nur die Lehre der Hinaanisten oder die falsche Lehre der Nicht-Gläubigen“ (ebd., 171). „Ebenso wie Wasser Flammen durchdringt, durchdringt es den Geist der Erkenntnis und Unterscheidung und die erleuchtete Weisheit der Buddha-Natur“ (ebd., 171).

115 Wofür die Buddhisten auch den Ausdruck „Dharma“ gebrauchen.

116 Ein anderer Ausdruck dafür lautet: „das ursprüngliche Selbst“ (Dōgen, „Sansuikyo“ – „Die Sutren der Berge und Flüsse“, 167).

aus.[117] Damit ist gemeint: Flüsse und Ozeane stehen in der ursprünglichen Natur des Wassers inne – in jener ursprünglichen Natur, die nicht spezifisch eine des Wassers, sondern die Natur von allem ist. Die Wasser-Erscheinungen stehen in dieser ursprünglichen Natur ebenso inne wie alle anderen Erscheinungen auch.

Unzählige Verwirklichungsweisen der ursprünglichen Natur

Wir haben zuvor gesehen, warum Dōgen ein Erscheinungs-Denken ablehnt. Jetzt ist klar geworden, warum er – entsprechend – auch kein Wesens-Denkens vertritt. Dennoch könnte man fragen: Kehrt das solcherart Abgelehnte bei Dōgen nicht gleichwohl, nur eine Stufe höher, wieder? Trifft, was für Wesenheiten der üblichen Art abgelehnt wurde, nicht für die „ursprüngliche Natur" erneut zu? Auch von ihr soll doch gelten, dass sie sich manifestiert, dass sie erscheint? Aber damit scheint sie doch etwas zu sein, dem zwar der Status eines Überwesens zugesprochen wird, das aber dabei doch noch einmal im Stil einer Wesenheit gedacht ist?

Zweifelsohne ist es Dōgen zufolge so, dass die ursprüngliche Natur nicht wie der Geist Gottes über der Welt schwebt, sondern in den Dingen der Welt präsent ist, dass die letzteren Manifestationen und Verwirklichungen der ursprünglichen Natur sind. Dōgens Denken ist sogar extrem konkretistisch. Aber wird nicht eben damit das Erscheinungsdenken restituiert – nur jetzt in Bezug auf das eine Wesen von allem, die „ursprüngliche Natur"?

Der Grund, warum es sich gleichwohl nicht um ein Erscheinungs- und Wesens-Denken handelt, ist einfach zu erkennen. Die ursprüngliche Natur ist nicht etwas, was für sich selbst existiert. Sie ist in keinerlei Sinn Substanz. Daher kann sie sich auch nicht ‚verwirklichen' oder ‚erscheinen'. Gerade indem ihr Grundcharakter (non-substantialistisch) „Unbeständigkeit" ist,[118] ist sie ganz das, was sie in den Phänomenen – den unzählig vielen Phänomenen – ist. Wenn die Übersetzungen von Dōgens Texten Ausdrücke wie ‚Verwirklichung', ‚Manifestation' und ‚Erscheinung' gebrauchen, so ist zu beachten, dass damit nicht etwas gemeint sein kann, was zu einer stabilen Substanz hinzuträte. Vielmehr wollen diese Ausdrücke gerade auf die eigentliche Seinsweise der ursprünglichen Natur hinweisen. Der Fluss der Erscheinungen ist der Fluss der ursprünglichen Natur. Sie ist ganz und gar das, was die vielen Dinge sind. Sie ist in keiner Weise etwas Jenseitiges, nichts *epékeina tōn óntōn*. Ursprüngliche Natur und Vielfalt der Erscheinungen sind eins.

Dies ist die eigentümliche Sichtweise Dōgens. Bezeichnenderweise hat er ein Buddha-Wort aus dem Nirvāna-Sutra, als er es übersetzte, leicht – und doch gravierend – verändert. Aus „Alle Lebewesen [...] *haben* die Buddha-Natur" machte er: „Alle Lebewesen *sind* Buddha-Natur."[119] Die kleine Veränderung signalisiert den Bruch mit dem indischen Buddhismus. Für diesen stellte die Buddha-Natur (sozusagen platonisch) den substantiellen Wesenskern der Dinge dar. Dōgen hingegen erklärt, dass eine derartige

[117] Ebd., 171.

[118] Dōgen, „Busshō" („Buddha-Natur"), 133.

[119] Ebd., 126. Vgl. Dumoulin, *Geschichte des Zen-Buddhismus*, Bd. 2, 60.

Lehre „ganz und gar kein Buddhismus“ ist.[120] Buddhismus bedeutet für ihn vielmehr, dass jedes Seiende als solches ganz und ungeteilt Buddha-Natur *ist*[121] – und dass diese ganz das ist, was sie in den Dingen ist.

Daher gibt es in Dōgens Ontologie auch kein Verfalls- oder Verschattungstheorem. Die ursprüngliche Natur ist in allem, obgleich in sehr verschiedenen Formen, stets ungebrochen verwirklicht. So heißt es vom Wasser, dass es immer „seine eigene wahre Form“ besitzt,[122] in seiner „absoluten Wahrheit verwirklicht“ ist,[123] sich stets „so manifestiert, wie es ist“.[124] Die ursprüngliche Natur liegt in allem ungeschmälert vor.

Unbeständigkeit und Leere

Zwei Bestimmungen sollte man sich immer vor Augen halten oder, besser, in sein Denken aufnehmen: Unbeständigkeit und Leere. Sie können einen vor Missverständnissen bewahren sowie vor Fehldeutungen, zu denen unsere philosophisch anders befrachtete westliche Übersetzungs- und Deutungs-Sprache uns leicht verleitet.

Indem Unbeständigkeit den Grundcharakter der ursprünglichen Natur darstellt, vermag diese in allen möglichen Formen Gestalt anzunehmen. Besäße sie zunächst einmal ein definites An-sich-Sein, so könnte sie nicht gleichermaßen jede Form annehmen; ferner bestünde zwischen den Formen, die sie annehmen könnte, ein Gefälle der Adäquatheit; und noch bei der adäquatesten Form gäbe es eine Differenz zwischen ihr als Erscheinung und dem Wesen, das in ihr erscheint. Die Unbeständigkeit stellt die erste Ermöglichung für den Konkretismus der ursprünglichen Natur dar.

Die zweite ist die Leere. Die ursprüngliche Natur ist offen für alle Formen. Das verleiht ihr, von den bestimmten Formen (den Erscheinungen) aus gesehen, den Charakter

---

120 Ebd. „Wenn wir dies aber für den Buddha-Dharma halten, so sind wir törichter als jemand, der einen Dachziegel oder einen Kieselstein aufhebt und glaubt, es sei ein goldener Schatz; eine solche Täuschung wäre so lächerlich, dass sie keinem Vergleich standhielte“ (Dōgen, „Bendōwa“ – „Ein Gespräch über die Praxis des Zazen“, 37).

121 Vgl. dazu die von Dōgen oft zitierte Äußerung von Daishō Kokushi, der auf die Frage „Was ist der ursprüngliche Buddha-Geist?“ antwortete: „Mauer, Hecke, Ziegel, Steine“ (Dōgen, „Shinjingakudō“ – „Lernen durch Körper und Geist“, 36; Dōgen, „Kobusshin“ – „Der ursprüngliche, unwandelbare Buddha-Geist“, 54; Dōgen, „Busshō“ – „Buddha-Natur“, 145; Dōgen, „Hotsumujōshin“ – „Den höchsten Geist entwickeln“, 126). „Deshalb solltest du Bäume und Steine bitten, den Dharma zu verkünden, suche Reisfelder und Dörfer, um ihre Erklärungen zu hören, frage runde Pfeiler und studiere Mauern und Ziegel“ (Dōgen, „Raihaitokuzui“ – „Eine Niederwerfung vollziehen und das Mark erlangen“, 163). „Manche sind durch Gräser, Blumen, Berge und Flüsse in den Strom der Buddha-Weisheit eingetreten, andere wiederum empfingen und bewahrten das Buddha-Siegel, indem sie Erde, Steine, Sand und Kieselsteine intuitiv erfassten“ (Dōgen, „Bendōwa“ – „Ein Gespräch über die Praxis des Zazen“, 32 f.). – Am Beginn seiner China-Reise war Dōgen einem Mönchskoch begegnet, der ihm erklärte, dass für ihn die Arbeit in der Küche die Zen-Übung sei. Dōgen war verwundert, später aber verstand er, und vierzehn Jahre später schrieb er ein Buch über das Kochen: *Tenzo Kyōkun* (*Hinweise für den Zenkoch*). – Es gibt für Dōgen letztlich keine Hierarchie- und Würdigkeits-Unterschiede.

122 Dōgen, „Sansuikyo“ („Die Sutren der Berge und Flüsse“), 174.

123 Ebd., 172.

124 Ebd., 171.

der ‚Leere'. Diese Leere ist freilich nicht mit ‚Nichts' gleichzusetzen. Dōgen wendet sich immer wieder gegen dieses (offenbar nicht nur westliche) Missverständnis: „Legt ‚leer' nicht als ‚nichts' aus."[125] Hätte die ursprüngliche Natur den Charakter des ‚Nichts', so würde dies geradezu ausschließen, dass sie in den Erscheinungen als sie selbst vorliegen könnte. Umgekehrt macht ‚Leere' dies gerade möglich.[126] Dōgen ist kein Nirwana-Freak, kein indischer Nihilist. Er ist ein Vertreter des zen-buddhistischen Konkretismus.

e. Die wahrhafte Sicht

Gewöhnliche und erleuchtete Sicht

Insgesamt gibt es, pauschal gesprochen, zwei unterschiedliche Sichtweisen der Welt: die gewöhnliche und die erleuchtete.

Die gewöhnliche haben wir zunächst betrachtet. Sie ist perspektiv- und erscheinungsgebunden. Die Erscheinungen sind ihr zufolge nach unterschiedlichen Wesenheiten sortiert: Berge sind etwas anderes als Flüsse, Fließen steht im Gegensatz zu Nicht-Fließen, usw. Die Welt ist durch Gegensätze charakterisiert; es gibt Hierarchien; unterscheidendes Denken („analysierender Geist"[127]) ist angezeigt.

Die erleuchtete Sicht hingegen sieht in allen Erscheinungen die eine ursprüngliche Natur verwirklicht. Wesenheiten, Gegensätze, Hierarchien gelten ihr für bloß vordergründig. Eigentlich ist alles eins. Alles ist Buddha-Natur.[128] Das gilt noch für diese Sichtweise selbst, in der dieser Charakter der Buddha-Natur transparent wird.

Aber gilt diese Einheitlichkeit dann bezüglich der gewöhnlichen Sicht etwa nicht? Aus deren eigener Sicht in der Tat nicht. Aus der erleuchteten Sicht aber sehr wohl. Auch die gewöhnliche Sicht, auch deren Auffassungen und Gehalte (ihr Arsenal von Wesenheiten, ihr Insistieren auf Gegensatz und Unterscheidung) sind Formen der Buddha-Natur[129] – wie alle Erscheinungen es sind.

Die erleuchtete Sicht wertet die Erscheinungen nicht ab. Eher wertet sie sie auf. Die gewöhnliche Sicht drückt die Erscheinungen, an den Wesenheiten Maß nehmend, gleichsam herunter. Die erleuchtete Sicht hingegen erfasst die Erscheinungen als Gestalten der einen ursprünglichen Natur. In ihr erhalten sie den höchstmöglichen Wert.

---

[125] Dōgen, „Busshō" („Buddha-Natur"), 131.

[126] Alles hat „seinen Ursprung in der Leerheit" (Dōgen, „Shinjingakudo" – „Lernen durch Körper und Geist", 33).

[127] Ebd.

[128] „Versucht nicht, Buddha-Natur zu definieren, das verwirrt nur. Denkt lieber daran wie an eine Mauer, einen Ziegel, einen Stein" (Dōgen, „Busshō" – „Buddha-Natur", 145). „Erleuchtete Sicht [hier gleichbedeutend mit „ursprüngliche Natur"] ist in den Bergen, Gräsern, Bäumen, Erde, Steinen, Zäunen und Mauern verwirklicht" (Dōgen, „Sansuikyo" – „Die Sutren der Berge und Flüsse", 168).

[129] „Das Unerleuchtete war schon immer eine Form der Erleuchtung" (Dōgen, „Daigo" – „Die Große Erleuchtung", 60).

Man könnte sagen: Beide Sichtweisen gehen über die Erscheinungen hinaus. Aber sie tun es auf unterschiedliche Weise, mit unterschiedlichem Ausgriff und mit unterschiedlichem Ergebnis. Die gewöhnliche Sichtweise übersteigt die Erscheinungen auf Wesenheiten hin. Dadurch ergibt sich eine Depotenzierung der Erscheinungen. Die erleuchtete Sicht hingegen ‚überspringt' gewissermaßen das Zwischenraster der Wesenheiten, sie dringt gleich schon bis zur einen ursprünglichen Natur vor. Von daher erkennt sie die Erscheinungen als Manifestationen dieser Natur, als Weisen ihrer Präsenz. So erfasst sie die Erscheinungen in ihrem ganzen Wert.

„Loslösung" und Konkretismus

Das macht den Konkretismus von Dōgens Sicht verständlich. Die Vielfalt und der Fluss der Erscheinungen sind die Seinsweise der ursprünglichen Natur. Diese existiert auf keine andere Weise. Sie ist eins mit den Erscheinungen.[130]

Aber steht dem nicht die Aufforderung zur „Loslösung" entgegen? Bedeutet diese nicht, dass man sich von den Erscheinungen lösen solle? Nein. Man soll sich zwar von der *gewöhnlichen Auffassung* der Erscheinungen lösen – aber nur, um zur *vollen Wahrnehmung* der Erscheinungen zu gelangen.

Von „Loslösung" ist auf zwei Ebenen die Rede: ontologisch und noetisch. Vom Wasser heißt es: „Wasser ist nur Wasser, vollkommen losgelöst".[131] Das bedeutet: Was Wasser eigentlich ist, ist durch keine seiner Erscheinungsformen determiniert, Wasser ist in ihnen allen stets, was es ursprünglich (als „wahres oder ursprüngliches Wasser"[132]) ist: Manifestation der ursprünglichen Natur. Was umgekehrt bedeutet: Die Erscheinungen überschreiten ihre vordergründige Auslegung selbst auf ihre ursprüngliche Natur (ihr „ursprüngliches Selbst") hin.[133] Sie sind nicht „sie selbst",[134] sondern Formen der ursprünglichen Natur.

Eben dies in Bezug auf alle Erscheinungen zu erfassen, charakterisiert die Loslösung unseres Geistes. Von der gewöhnlichen Sichtweise sich lösend, entfernt er sich von der Standardinterpretation der Erscheinungen und erkennt diese nunmehr als Manifestationen der ursprünglichen Natur. So wird er zum „ungeteilten Geist",[135] der „jenseits der Welt der Relativität"[136] „die ganze Realität entdeckt".[137]

Erst diese Loslösung von der gewöhnlichen Sicht führt zur vollen Konkretion der Erscheinungen. Der ungeteilte Geist vermag alles, indem er es als Gestalt der ursprüngli-

---

[130] Daher ‚verschwinden' die Erscheinungen in der erleuchteten Sicht nicht etwa oder werden zur Illusion erklärt. Sondern die ganz konkrete und gewöhnliche Erscheinung bleibt im Blick, wird aber als Anwesen der ursprünglichen Natur gesehen.

[131] Dōgen, „Sansuikyo" („Die Sutren der Berge und Flüsse"), 171.

[132] Ebd.

[133] „Die verschiedenen Arten des Wassers überschreiten dies alles" (ebd.).

[134] Ebd.

[135] Dōgen, „Shinjingakudo" („Lernen durch Körper und Geist"), 34.

[136] Ebd.

[137] Ebd., 39.

chen Natur erfasst, gleichermaßen und ganz zu schätzen.[138] Er kümmert sich nicht mehr „um groß oder klein, Sein oder Nicht-Sein, Gewinn oder Verlust, Anerkennung oder Ablehnung, Erleuchtung oder Nicht-Erleuchtung".[139] Ihm ist alles – auch das für gewöhnlich als unwürdig Geltende – gleich würdig. Als Exempel führt Dōgen das Beispiel des Zen-Meisters Sōzan an, der, „als er vollständig erleuchtet war, durch Schlamm waten und mit schmutzigem Wasser bespritzt werden konnte, ohne aus der Fassung zu geraten. Er akzeptierte einfach Schlamm als Schlamm und schmutziges Wasser als schmutziges Wasser".[140]

Die erleuchtete Sicht ist wesentlich praktisch konnotiert. Es gilt, sie „zu einer lebendigen Vorstellung im täglichen Leben" werden zu lassen,[141] sie „im täglichen Leben zu verwirklichen".[142] Als intuitiver Akt mag sie vergehen und verkümmern,[143] im Tun nimmt sie volle Gestalt an.[144] Dabei entspricht dem „ungeteilten Geist" ein „ungeteiltes Handeln"[145] – eines, das alles ehrt und jedem gerecht wird.[146]

Vorwärts- und Rückwärts-Bewegung

Dōgen bringt seine Gesamtsicht in „Sansuikyo" auch durch die Rede von einer doppelten Bewegung zum Ausdruck: „Vorwärtsbewegung und Rückwärtsbewegung".[147] Die Vor-

---

[138] „Durch die Erscheinungswelt Übung und Erleuchtung zu haben, ist Erleuchtung" (Dōgen, „Genjōkōan" – „Die Verwirklichung der Erleuchtung", 24).

[139] Dōgen, „Shinjingakudo" („Lernen durch Körper und Geist"), 34.

[140] Ebd., 35.

[141] Ebd., 34.

[142] Dōgen, „Daigo" („Die Große Erleuchtung"), 56.

[143] „Nachdem wir Buddha gesehen und die Buddha-Weisheit gebildet haben, müssen wir auch dies hinter uns zurücklassen; dann wird das ganze All zu unserem eigenen Wahren Licht" (Dōgen, „Jippō" – „Das ganze All", 127). „Erleuchtung heißt Erleuchtung übersteigen" (Dōgen, „Immo" – „So-Sein", 82). Vgl. auch: „Die Große Erleuchtung ist das tägliche Tun der Buddhas und Patriarchen, aber sie denken niemals darüber nach" (Dōgen, „Daigo" – „Die Große Erleuchtung", 56); sie sind „von der Vorstellung der Großen Erleuchtung frei" (ebd.).

[144] „Unser tägliches Tun, wenn wir Reis essen und eine Kesa tragen, ist die Aktivität unseres Wahren Lichtes" (Dōgen, „Jippō" – „Das ganze All", 127). „Erwartet keine große Erleuchtung; große Erleuchtung ist tägliches Handeln, Tee trinken und Reis essen" (Dōgen, „Gyoji" – „Unaufhörliche Übung", 11).

[145] Dōgen, „Shinjingakudo" („Lernen durch Körper und Geist"), 34.

[146] Diese konkretistische Pointe des Zen-Buddhismus wird schon in der altchinesischen Geschichte *Der Ochs und sein Hirte* (um 1150) deutlich. Nach seiner Erleuchtung (VIII) kommt der Hirte feist, lachend und von Lebendigkeit sprühend auf den Markt zurück (X), ist allen hilfreich und weicht dabei „von den befahrenen Geleisen der altehrwürdigen Weisen" ab (49). Nicht die Erleuchtung als solche (VIII) ist, wie das vulgäre Verständnis meint, schon das Eigentliche. Sie ist nur der Schlüssel. Letztlich kommt es auf das erleuchtete Tun, auf die Konkretion an. Vgl. dazu auch Dōgens Spott über diejenigen, die „gemalte Reiskuchen" (vermeintliche Bilder der reinen Erleuchtung: eine runde Mondgestalt in Form eines innen hellen Kreises, so eben Bild VIII) „anglotzen", anstatt einzusehen, dass Erleuchtung volle Konkretion („gerunzelte Stirnen und blitzende Augen [...], Haut, Fleisch, Knochen und Mark") verlangt (Dōgen, „Busshō" – „Buddha-Natur", 137). „Verschwendet nicht eure Zeit, indem ihr gemalte Reiskuchen anglotzt" (ebd.).

[147] Dōgen, „Sansuikyo" („Die Sutren der Berge und Flüsse"), 167 f.

wärtsbewegung ist die von der ursprünglichen Natur zu den Manifestationen (infolge dieser Bewegung ist die ursprüngliche Natur in allem anwesend). Die Rückwärtsbewegung ist die von den Manifestationen zur ursprünglichen Natur (in der sie bleibend innestehen). Die beiden Bewegungen bestehen immer und „wirken einander nicht entgegen".[148] Unsere Aufgabe ist es, diese beiden Bewegungen zu verfolgen.[149] Wir sollen die ursprüngliche Natur in allem sehen – und alles als in der ursprünglichen Natur innestehend erkennen.

So weit mein Versuch einer Rekonstruktion von Dōgens Auffassung. Ich will nicht verhehlen, dass ich Dōgens Sicht für sehr tragfähig halte. Dōgen exponiert die gemeinsame Natur von allem. Und er tut das ohne Rückgriff auf eine erste Substanz. Die „ursprüngliche Natur", die er ins Auge fasst, liegt den Erscheinungen nicht voraus und zugrunde, sondern ist ganz *in* den Erscheinungen – den gegenwärtigen wie den vergangenen und zukünftigen. Die ursprüngliche Natur ist der Prozess der Erscheinungen – aber diese sind nicht als „Produkte" eines Ursprünglichen zu verstehen. Es ist nicht so, dass sich im Prozess etwas Ursprüngliches ‚verwirklichen' würde. Es bildet sich jedoch vielerlei.

3. Dōgen im Verhältnis zu Sextus und Hegel

Abschließend sei Dōgens Philosophie zu der von Sextus und insbesondere von Hegel ins Verhältnis gesetzt.

Nähen zu Sextus bestehen in der umfassenden Thematisierung der Relativität und in dem Bestreben, zur Seelenruhe zu gelangen. Aber im Unterschied zu Sextus glaubt Dōgen, dass solche Seelenruhe erst in einer Haltung zu erreichen sei, die sich durch eine Übersteigung der skeptischen, an die Perspektivität gebundenen Sichtweise einstellt. Die skeptische Dimension ist nur eine Stufe. Von ihr aus gilt es allererst zur eigentlichen Sicht der Welt zu gelangen.

Mit dieser Ausrichtung auf eine höchste Einsicht trennt sich Dōgen von Sextus und trifft sich mit den abendländischen „Meisterphilosophen" (das Wort im anerkennenden Sinne gemeint), die dafürhalten, dass wirkliche Befriedigung nur durch vollendete Erkenntnis zu erreichen sei. Aber bei aller Gemeinsamkeit, die Dōgen darin (und in anderem) mit Hegel aufweist (es geht auch bei diesem um ein Erfassen der wahren Struktur der Welt, und dieses kann nur in einer integralen Gesamtsicht erreicht werden), ist doch auch ein gravierender Unterschied nicht zu übersehen. Bei Hegel führt die Übersteigung des Skeptizismus zur „freien, in ihrer eigentümlichen Gestalt sich bewegenden Wissenschaft".[150] Als Kernphänomen der Welt gilt Hegel das Sichselbstdenken des Denkens (*nóēsis noēseos*). Dazu gibt es bei Dōgen kein Pendant. Im Gegenteil: für Dōgen ist weder die Welt im Grunde Denken noch Denken der eigentliche Vollzug, der zur Einsicht in die Struktur der Welt führt.

---

[148] Ebd., 168.

[149] „Was wir studieren müssen, ist ‚hinauf und hinunter', d. h. das Studium des Hinauf und Hinunter des buddhistischen Weges" (ebd., 172). Diese Doppelbetrachtung ist das „Drehen des wahren Gesetzes des Tathāgata" (ebd., 173).

[150] Hegel, *Phänomenologie des Geistes*, 72 [Einleitung].

Dōgen zufolge ist die „erleuchtete Sicht" nicht eigentlich epistemischer Natur. Es handelt sich nicht um ein Wissen – weder propositionaler noch spekulativer Art. Sondern um eine bestimmte Weise, die Welt im Ganzen zu sehen – und entsprechend zu handeln. Die erleuchtete Sicht hat nicht den Charakter eines „Denkens des Denkens". Wenn Dōgen von Denken spricht, dann von einem beträchtlich anderen Typ des Denkens als der abendländische Mainstream.[151] Dōgen kennzeichnet es als ein „Denken, ohne zu denken".[152] Diese Art des Denkens, sagt er, „muss das Auge werden, durch welches du die Erscheinungen siehst".[153] Nur so vermag man „die ganze Realität" zu entdecken.[154]

Schließlich: Mit dergleichen wie einem „Prozess der Idee" – mit einer Bewegung von Entäußerung und höherer Rückkehr derselben zu sich – hat Dōgen nichts im Sinn. Er kann es gar nicht, weil die „ursprüngliche Natur", wie er sie versteht, alles andere als selbsthaft ist. So aber kann des Weiteren auch der menschlichen Sicht der Welt (noch der höchsten Form der Erleuchtung) nicht à la Hegel eine emphatische Bedeutung für den Prozess der Selbstwerdung der Idee zukommen. Unsere Erleuchtung ist so ephemer wie alle anderen Phänomene auch. Für einen Moment mag sie auf die Welt ausstrahlen, die Dinge durchsichtiger machen.[155] Aber dieser Moment ist bald vorbei. Erleuchtung und Täuschung sind „wie die zwei Hände eines Körpers".[156] Unsere Einsicht und unser einsichtsvolles Tun haben keine vollendende Bedeutung für die Welt. – Das, so scheint mir, ist ein Punkt, in dem westliches und östliches Denken definitiv auseinandergehen.

Max Weber hat einmal versichert, „dass es auf dem Gebiet des Denkens über den ‚Sinn' der Welt und des Lebens durchaus nichts gibt, was nicht, in irgend*einer* Form, in Asien schon gedacht worden wäre."[157] – Vielleicht gibt es dort sogar solches, was im Westen nicht gedacht worden ist.

4. Werk- und Literaturverzeichnis

Aristoteles, *Metaphysik*.

Aristoteles, *Nikomachische Ethik*.

Richard Bett, *Pyrrho, his Antecedents, and his Legacy* (Oxford: Oxford University Press 2000).

Diogenes Laertius, *Leben und Meinungen berühmter Philosophen* (Hamburg: Meiner ²1967).

Der Ochs und sein Hirte. Eine altchinesische Zen-Geschichte, erläutert von Meister Daizohkutsu Rekidoh Ohtsu, mit japanischen Bildern aus dem 15. Jahrhundert, übersetzt v. Kôichi Tsujimura u. Hartmut Buchner (Pfullingen: Neske ²1973).

151 Parallelen bestehen nur zur Mystik.

152 Dōgen, „Shinjingakudo" („Lernen durch Körper und Geist"), 32.

153 Ebd., 33. „Denken, ohne zu denken" bedeutet ein Denken, welches sich nicht mehr aufs Unterscheiden verlegt (nicht mehr dem Gesetz des unterscheidenden Geistes folgt). Es ist vielmehr ganzheitlich ausgerichtet. Sein Blick gilt der gemeinsamen Natur alles Vielen.

154 Ebd., 39.

155 „Wenn ein Mensch auch nur für einen Augenblick aufrecht im Samādhi sitzt und in Körper, Rede und Geist die Buddha-Haltung offenbart, nimmt die ganze Dharma-Welt diese Haltung ein, und der unendliche Raum kommt zum Erwachen" (Dōgen, „Bendōwa" – „Ein Gespräch über die Praxis des Zazen", 29).

156 Dōgen, „Daigo" („Die Große Erleuchtung"), 58.

157 Weber, „Die asiatische Sekten- und Heilandsreligiosität" [1917], 365.

Dōgen, „Bendōwa" („Ein Gespräch über die Praxis des Zazen") [1231], in: ders., *Shōbōgenzō – Die Schatzkammer des wahren Dharma*, Bd. 1, übers. v. Ritsunen Gabriele Linnebach u. Gudō Wafu Nishijima (Heidelberg-Leimen: Kristkeitz 2001), 27–49.

Dōgen, „Genjōkōan" („Die Verwirklichung der Erleuchtung") [1233], in: ders., *Shōbōgenzō – Die Schatzkammer der Erkenntnis des wahren Dharma*, Bd. 1, übers. v. Manfred Eckstein (Zürich: Theseus 1977), 24–27.

Dōgen, *Tenzo Kyōkun* (*Instructions for the Zen Cook*) [1237], in: Dōgen and Uchiyama, *From the Zen Kitchen to Enlightenment. Refining Your Life*, trans. Thomas Wright (New York: Weatherhill 1983), 1–19.

Dōgen, „Raihaitokuzui" („Eine Niederwerfung vollziehen und das Mark erlangen") [1240], in: ders., *Shōbōgenzō – Die Schatzkammer der Erkenntnis des wahren Dharma*, Bd. 2, übers. v. Joseph Renner (Zürich: Theseus 1983), 162–166.

Dōgen, „Sansuikyo" („Die Sutren der Berge und Flüsse") [1240], in: ders., *Shōbōgenzō – Die Schatzkammer der Erkenntnis des wahren Dharma*, Bd. 2, übers. v. Joseph Renner (Zürich: Theseus 1983), 167–174.

Dōgen, „Busshō" („Buddha-Natur") [1241], in: ders., *Shōbōgenzō – Die Schatzkammer des wahren Dharma*, Bd. 4, übers. v. Guido Keller (Frankfurt/Main: Angkor 2002), 126–145.

Dōgen, „Immo" („So-Sein") [1242], in: ders., *Shōbōgenzō – Die Schatzkammer der Erkenntnis des wahren Dharma*, Bd. 1, übers. v. Manfred Eckstein (Zürich: Theseus 1977), 81–86.

Dōgen, „Gyoji" („Unaufhörliche Übung") [1242], in: ders., *Shōbōgenzō – Die Schatzkammer des wahren Dharma*, Bd. 4, übers. v. Guido Keller (Frankfurt/Main: Angkor 2002), 1–41.

Dōgen, „Daigo" („Die Große Erleuchtung") [1243], in: ders., *Shōbōgenzō – Die Schatzkammer der Erkenntnis des wahren Dharma*, Bd. 1, übers. v. Manfred Eckstein (Zürich: Theseus 1977), 56–60.

Dōgen, „Kobusshin" („Der ursprüngliche, unwandelbare Buddha-Geist") [1243], in: ders., *Shōbōgenzō – Die Schatzkammer der Erkenntnis des wahren Dharma*, Bd. 1, übers. v. Manfred Eckstein (Zürich: Theseus 1977), 53–55.

Dōgen, „Shinjingakudo" („Lernen durch Körper und Geist") [1243], in: ders., *Shōbōgenzō – Die Schatzkammer der Erkenntnis des wahren Dharma*, Bd. 1, übers. v. Manfred Eckstein (Zürich: Theseus 1977), 32–39.

Dōgen, „Jippō" („Das ganze All") [1243], in: ders., *Shōbōgenzō – Die Schatzkammer der Erkenntnis des wahren Dharma*, Bd. 1, übers. v. Manfred Eckstein (Zürich: Theseus 1977), 125–128.

Dōgen, „Hotsumujōshin" („Den höchsten Geist entwickeln") [1244], in: ders., *Shōbōgenzō – Die Schatzkammer der Erkenntnis des wahren Dharma*, Bd. 2, übers. v. Joseph Renner (Zürich: Theseus 1983), 126–131.

Dōgen, „Jishōzammai" („Selbst-erleuchtendes Samādhi") [1244], in: ders., *Shōbōgenzō – Die Schatzkammer der Erkenntnis des wahren Dharma*, Bd. 2, übers. v. Joseph Renner (Zürich: Theseus 1983), 109–166.

Dōgen, „Hachi Dai-nin-gaku" („Die acht Wege zur Erleuchtung") [1253], in: ders., *Shōbōgenzō – Die Schatzkammer des wahren Dharma*, Bd. 4, übers. v. Guido Keller (Frankfurt/Main: Angkor 2002), 42–45.

Heinrich Dumoulin, *Geschichte des Zen-Buddhismus*, Bd. 2: *Japan* (Bern: Francke 1986).

Georg Wilhelm Friedrich Hegel, „Verhältnis des Skeptizismus zur Philosophie. Darstellung seiner verschiedenen Modifikationen und Vergleichung des neuesten mit dem alten" [Kritisches Journal der Philosophie, Bd. 1, Stück 2, 1802], Werke 2 (Frankfurt/Main: Suhrkamp 1986), 213–272.

Georg Wilhelm Friedrich Hegel, *Phänomenologie des Geistes* [1807], Werke 3 (Frankfurt/Main: Suhrkamp 1986).

Georg Wilhelm Friedrich Hegel, *Enzyklopädie der philosophischen Wissenschaften im Grundrisse III* [1830], Werke 10 (Frankfurt/Main: Suhrkamp 1986).

Georg Wilhelm Friedrich Hegel, *Vorlesungen über die Philosophie der Religion II* [1832], Werke 17 (Frankfurt/Main: Suhrkamp 1986).

Georg Wilhelm Friedrich Hegel, *Vorlesungen über die Geschichte der Philosophie II* [1833–1836],

Werke 19 (Frankfurt/Main: Suhrkamp 1986).
Diogenes Laertius, *Leben und Meinungen berühmter Philosophen* (Hamburg: Meiner ^{2}1967).
Anthony A. Long, Artikel „Skepsis; Skeptizismus" (Teil I: Antike), in: *Historisches Wörterbuch der Philosophie*, Bd. 9 (Basel: Schwabe 1995), Sp. 938–950.
Kunihiko Nagasawa, *Das Ich im Deutschen Idealismus und das Selbst im Zen-Buddhismus. Fichte und Dōgen* (Freiburg: Alber 1987).
Platon, *Theätet*.
Max Weber, „Die asiatische Sekten- und Heilandsreligiosität" [1917], in: ders., *Gesammelte Aufsätze zur Religionssoziologie II* (Tübingen: Mohr ^{7}1988), 215–378.

III Hegel und die analytische Philosophie – Über einige Kongruenzen in Grundfragen der Philosophie

In der Philosophie gibt es seit längerem zwei Lager: das der analytischen und das der kontinentalen Philosophie. Seit Beginn des zwanzigsten Jahrhunderts hatte sich die Trennung vorbereitet, seit Mitte des Jahrhunderts war sie etabliert. Die analytische Philosophie, die in den anglo-amerikanischen Ländern dominiert, ist nach vorne gewandt, sie will – auf dem Weg logischer oder sprachlicher Analyse – Probleme *lösen*. Die kontinentale Philosophie, die auf dem europäischen Festland vorherrscht, setzt eher die philosophische Arbeit traditionellen Stils fort; eher als Klarheit und Lösung gelten hier Tiefe und Originalität als Nobelprädikate. – Diese Gegenüberstellung ist gewiss holzschnittartig, aber sie war im 20. Jahrhundert weithin wirksam.

Von diesem Gegensatz – und vom Verdikt der analytischen Philosophie über die kontinentale – war kein Denker stärker betroffen als Hegel. „Hegel und die analytische Philosophie", das ist wie Feuer und Wasser. Hegel galt den analytischen Philosophen lange Zeit als Inbegriff kontinental-spekulativer Geistesverwirrung.

1. Einleitung: Von der ursprünglichen Zurückweisung zur zeitgenössischen Wiederkehr Hegels in der analytischen Philosophie

a. Die Entstehung der analytischen Philosophie aus der Revolte gegen britische Neohegelianismen

Das Verdikt über Hegel gehört zum Gründungsakt der analytischen Philosophie. Diese entstand Ende 1898, als die beiden Cambridge-Studenten George Edward Moore und Bertrand Russell zum Angriff auf den in der britischen Philosophie dominierenden Neo-Hegelianismus bliesen.[1]

[1] Der Neo-Hegelianismus war 1865 von James Hutchinson Stirling begründet, von Thomas Hill Green und Edward Caird fortgeführt und schließlich durch Francis Herbert Bradley in Oxford

Moore – der Anführer des Aufstands – meinte, Hegels Beitrag zur Philosophie habe vor allem darin bestanden, der bei jedermann und somit auch bei Philosophen beliebten Auffassung, man könne sowohl eine Sache wie deren Gegenteil vertreten, einen wohlklingenden Namen zu verleihen: „Dialektik“; Hegel habe diese irrige Anschauung zum philosophischen Prinzip erhoben. „Kein Wunder, dass Hegel Anhänger und Bewunderer hat“, kommentierte Moore lakonisch.[2]

b. Die analytische Philosophie ist von Anfang an – bis in ihren Leitterminus ‚analytisch‘ hinein – gegen Hegel gerichtet

Man hat sich oft gefragt, warum die analytische Philosophie, die seitdem zur weltweit führenden und standardbildenden Philosophie geworden ist, sich eigentlich ‚analytisch‘ nennt. Man weiß es nicht genau.[3] Ich denke jedoch eine eindeutige Antwort geben zu können: *‚analytisch‘* bedeutet ursprünglich genau *‚anti-hegelisch‘*.

Moore und Russell haben sich für ihre neue Art des Philosophierens seit 1903 – in ihren grundlegenden Werken *Principia Ethica* (Moore) und *The Principles of Mathematics* (Russell) – des Ausdrucks ‚Analyse‘ bedient.[4] Profilbildend war dabei der Gegensatz zu dem ‚holistischen‘ Vorgehen und der ‚monistischen‘ Anschauung, wie Bradley sie unter Rückgriff auf Hegel vertreten hatte.[5]

Schon in seiner Dissertation von 1898 hatte Moore sich gegen Bradleys Monismus gewandt, demzufolge unsere Erfahrung als einheitliches Ganzes zu begreifen sei.[6] 1903, in den *Principia Ethica*, setzte er dieser Denkart, die er ‚organisch‘ nannte, das Seziermesser der Analyse entgegen. Er wollte dadurch dem Einfluss Hegels, den er als Quelle dieser Ganzheitsphantasien ansah,[7] ein Ende machen. Die hegelianische Lehre, „that a part can have ‚no meaning or significance apart from its whole‘ must be utterly rejected“.[8]

---

und John M. E. McTaggart in Cambridge zur dominierenden philosophischen Richtung gemacht worden. Moores und Russells Revolte richtete sich vor allem gegen die beiden letzteren Versionen.

2 Moore, „The Refutation of Idealism“, 34.

3 Als Schulname ist der Terminus erst in den dreißiger Jahren nachweisbar, beispielsweise 1936 bei Ernest Nagel („Impressions and Appraisals of Analytic Philosophy in Europe“). Eine differenzierte historische Analyse bietet G. H. von Wright, „ ‚Analytische Philosophie‘ – eine historisch-kritische Betrachtung“ (1995).

4 Moore sprach von „correct analysis“ (Moore, *Principia Ethica*, 66 f. [§ 13]). Russell bezeichnete seine Vorgehensweise als „analysis“ („our method will therefore be one of analysis“, *The Principles of Mathematics*, 3 [§ 2]) und näherhin als „philosophical analysis“ (ebd., 42 [§ 46], ähnlich schon 3 [§ 2]).

5 Zielscheibe war insbesondere Bradleys Hauptwerk *Appearance and Reality* von 1893.

6 Die Kerngedanken der Dissertation wurden 1899 unter dem Titel „The Nature of Judgement“ in der Zeitschrift *Mind* veröffentlicht. Russell hat diesen Aufsatz als das erste Dokument der neuen Philosophie bezeichnet: „I think that the first published account of the new philosophy was Moore’s article in *Mind* on ‚The Nature of Judgement‘ “ (Russell, *My Philosophical Development*, 42).

7 Vgl. Moore, *Principia Ethica*, 82 [§ 20].

8 Ebd., 85. „In short, it is obvious that no part contains analytically the whole to which it belongs, or any other parts of that whole. [...] And yet this very selfcontradictory doctrine is the chief

Russells Angriffspunkt war der gleiche. Er wandte sich von Anfang an gegen Hegels These vom internen Charakter der Relationen – eine Sache ist nicht aus sich, sondern durch ihre Beziehungen bestimmt –, und setzte dem die These vom externen Charakter der Relationen entgegen.[9] Sind Relationen den Gegenständen innerlich, so führt das letztlich zu einem Monismus und Holismus à la Bradley. Sind sie den Gegenständen hingegen äußerlich, so können die Relationen für die Gegenstandsbestimmung hintangestellt werden; dann gilt es zuerst einmal, „alles, was auf irgendeine Weise komplex ist", durch *Analyse* auf die „einfachen Dinge" zurückzuführen, aus denen es besteht.[10] Das ist das analytische Programm. Analytisches Vorgehen ist genau insofern geboten, als hegelianisch-ganzheitliches Vorgehen falsch ist. – In diesem Sinn ist die analytische Philosophie von Anfang an – und bis in die Stoßrichtung ihres Leitterminus ‚analytisch' hinein – gegen Hegel gerichtet.[11]

c. Der Hegelianismus Russells und Moores vor ihrer analytischen Wende

Aber nun gilt es, einen überraschenden Punkt zu erwähnen: *Vor* ihrer analytischen Rebellion waren Russell und Moore begeisterte Hegelianer gewesen.[12]

---

mark which shews the influence of Hegel upon modern philosophy – an influence which pervades almost the whole of orthodox philosophy" (ebd.).

[9] Schon in den *Principles of Mathematics* erklärte Russell gegen die Verführungen des organisch ganzheitlichen Denkens: „We are sometimes told that things are organic unities, composed of many parts expressing the whole and expressed in the whole. [...] In every case of analysis, there is a whole consisting of parts with relations; it is only the nature of the parts and the relations which distinguishes different cases. Thus the notion of an organic whole in the above sense must be attributed to defective analysis and cannot be used to explain things" (Russell, *The Principles of Mathematics*, 466 [§ 439]). Auch in einem 1907 vor der Aristotelian Society gehaltenen Vortrag, in dem er sich mit dem Buch *The Nature of Truth* des britischen Idealisten Harold Joachim auseinandersetzte, attackierte Russell Bradleys Lehre von den internen Relationen, die er in die paradoxe Auffassung münden sah, „dass es überhaupt keine Verschiedenheit gibt, sondern nur ein einziges, in sich homogenes Etwas" und daher am Ende „überhaupt keine Relationen"; dem setzte Russell als adäquate Methode zum Begreifen des Komplexen die Analyse entgegen (vgl. Russell, *Philosophie: Die Entwicklung meines Denkens*, 57–63). – Eine differenzierte Analyse der Diskussion um interne und externe Relationen mit Klärung der hegelschen, bradleyschen und russellschen Positionen bietet Horstmann, *Ontologie und Relationen*.

[10] Russell, *Philosophie: Die Entwicklung meines Denkens*, 63.

[11] Russell erklärte noch 1946, der Gegensatz von Atomismus und Holismus sei schlechthin entscheidend: er trenne die Freunde der Analyse von deren Feinden" (Russell, *A History of Western Philosophy*, 744). In der Selbstdarstellung seiner philosophischen Entwicklung von 1959 betont Russell ein weiteres Mal: „I still hold to the doctrine of external relations" (Russell, *My Philosophical Development*, 65). „Ever since I abandoned the philosophy of Kant and Hegel, I have sought solutions of philosophical problems by means of analysis; and I remain firmly persuaded, in spite of some modern tendencies to the contrary, that only by analysing is progress possible" (ebd., 11).

[12] „Under the influence of McTaggart and others at Cambridge, Russell and Moore became idealists in their student days, more indebted to Hegel, as they interpreted him, than to any other dominant figure" (Hylton, „Hegel and analytic philosophy", 448).

Russell bekannte später: „Ich war damals ein ausgewachsener Hegelianer. [...] Wo immer Kant und Hegel in Konflikt waren, ergriff ich die Partei Hegels."[13] Anscheinend gedachte Russell sogar der Hegel des 20. Jahrhunderts zu werden: Während eines Spaziergangs im Berliner Tiergarten im Frühjahr 1895 fasste er den Plan, mehrere Bücher zur Philosophie der Wissenschaften zu schreiben; und damit keineswegs genug: gleich trat ihm auch eine ganze Serie von Büchern zu sozialen und politischen Fragen vor das geistige Auge; und zu guter Letzt konzipierte er sogar eine hegelsche Synthese in einem enzyklopädischen Werk, das Theorie und Praxis umfassen sollte.[14] – Hegels Geist schien in der Tat noch immer in Berlin zu wehen. Auch Moore durchlief eine idealistische Phase – allerdings dauerte sie kürzer als die Russells.[15] Moore wandte sich schon Ende 1896 von McTaggart & Co. ab. Eigentlich war es also eine Jugendliebe, von der die beiden Gründerfiguren sich durch den Schritt zur Analyse befreiten – und bekanntlich ist man in späteren Jahren gegen nichts intoleranter als gegen Jugendlieben, die man inzwischen als Jugendsünden betrachtet.[16]

d. Die Wiederkehr Hegels in der neueren analytischen Philosophie

Aber nun kommt erst die eigentliche Überraschung, die mich motiviert hat, „Hegel und die analytische Philosophie" zum Thema dieser Antrittsvorlesung zu wählen. Seit einigen Jahren ist eine Wiederkehr des Verdrängten zu beobachten. Hegel steht plötzlich wieder auf der Agenda der analytischen, dieser ursprünglich exemplarisch antihegelschen Philosophie – und nicht etwa als Buhmann, sondern als neuer Inspirator.

Das begann unterschwellig schon bei Quine, der in der zweiten Hälfte des 20. Jahrhunderts zur führenden Figur der analytischen Philosophie aufgestiegen war – vor allem durch seinen bahnbrechenden Aufsatz „Two Dogmas of Empiricism" von 1951, wo er, gegen den Logischen Atomismus Russells und den Logischen Empirismus Carnaps gewandt, die Unumgänglichkeit einer holistischen Wissenschaftsbetrachtung darlegte.[17] Damit hatte Quine der Wiederkehr Hegels den Boden bereitet. Zwar hat er in jenem Aufsatz (der ohnehin schon äußerst provokant war) die namentliche Erwähnung Hegels noch vermieden, aber in den anschließenden Diskussionen tauchte bald Hegels Name auf, und später hat Quine selber auf idealistische Entsprechungen zu seinem

---

[13] Russell, *My Philosophical Development*, 32.

[14] Vgl. Russell, „My Mental Development", 11.

[15] „He also had had a Hegelian period, but it was briefer than mine" (Russell, „My Mental Development", 12). „Moore, like me, was influenced by McTaggart, and was for a short time a Hegelian. But he emerged more quickly than I did, and it was largely his conversation that led me to abandon both Kant and Hegel" (Russell, *Autobiography*, 61).

[16] Intoleranz gab es freilich bald auch in der umgekehrten Richtung. Russell berichtet, dass McTaggart, nachdem Russell sich von dessen Anschauungen abgewandt hatte, sich jeden persönlichen Kontakt verbat und führenden Anteil an der Kündigung von Russells Dozentur hatte (vgl. Russell, *Autobiography*, 60). – Die Hostilität zwischen analytischer und nicht-analytischer Philosophie ‚kontinentalen' Stils reicht weit zurück.

[17] Der Schlüsselsatz lautet: „The unit of empirical significance is the whole of science" (Quine, „Two Dogmas of Empiricism", 42).

Ansatz hingewiesen[18] und seiner Zuversicht Ausdruck gegeben, Hegels Botschaft erfasst und gewürdigt zu haben.[19]

1956 hat sich dann Sellars in einem weiteren Schlüsselwerk der analytischen Philosophie, in *Empiricism and the Philosophy of Mind*, Hegels Kritik an Unmittelbarkeit zu eigen gemacht und seine Überlegungen ausdrücklich als *„Méditations Hegeliènnes“* bezeichnet.[20]

Hegel scheint in dem Maße vorzudringen, wie die genuin amerikanische Richtung des Pragmatismus – mit der sich der Logische Empirismus nach dem Zweiten Weltkrieg dominanzbringend verbunden hatte[21] – in den Vordergrund rückt. Russell hatte schon

---

[18] Vgl. Quine, *Wort und Gegenstand*, 128, Anm. 7.

[19] Vgl. Quine, *Quiddities*, 28. – Schuldenfrei beschließt seinen Aufsatz „Quine in Perspective“ mit der Aussage „rather than by the metaphor of a twodimensional circle, Quine's argument seems best described by analogy with Hegel's absolute becoming conscious of itself“ (16). Schuldenfrei weist darauf hin, dass diese Auffassung auf Burton Dreben – den langjährigen Kollegen und Mentor Quines in Harvard – zurückgeht (ebd.). Auch Brandom sieht eine Konvergenz zwischen Hegel und Quine: „it was the young Hegel who first appreciated the line of reasoning, made familiar to us by Quine in ‚Two Dogmas‘ “ (Brandom, *Making It Explicit*, 92).

[20] Schon im ersten Satz des Buches sagt Sellars, was er als „Gegebenheit“ infragestelle, sei das, was Hegel „Unmittelbarkeit“ genannt habe; kurz darauf bezeichnet er Hegel als „den großen Widersacher der ‚Unmittelbarkeit‘ “; schließlich charakterisiert er seine eigenen Überlegungen als „incipient *Méditations Hegeliènnes*“ (Sellars, *Empiricism and the Philosophy of Mind*, 13, 14, 45).

[21] Schon in den dreißiger Jahren gab es eine Art Gipfeldiplomatie zwischen Clarence I. Lewis und Moritz Schlick, den führenden Repräsentanten von Pragmatismus und Positivismus. Dadurch wurden die Weichen für die weitere Zusammenarbeit und künftige Integration gestellt. Beim Weltphilosophenkongreß 1934 in Prag (der damaligen Wirkungsstätte Carnaps) erklärte der Pragmatist Morris programmatisch, dass die Zeit für einen direkteren Kontakt und eine Zusammenarbeit der beiden Richtungen gekommen sei, und Carnap begann seine Erwiderung auf Morris' Ausführungen mit der Zusicherung, dass er den Hauptzügen nach mit dessen Auffassung übereinstimme (vgl. Dahms, „Positivismus und Pragmatismus“, 251 f.). Später hat Carnap aufschlussreich beschrieben, wie sehr die Situation in den USA aufgrund ihrer pragmatistischen Prägung den Emigranten des Logischen Positivismus entgegenkam und einen geradezu idealen Nährboden für deren Wirksamwerden abgab: „Als ich 1936 in dieses Land kam, hatten die traditionellen Philosophenschulen nicht annähernd den Einfluss wie auf dem europäischen Kontinent. Die Bewegung des deutschen Idealismus, besonders der Hegelianismus, der früher höchst einflussreich in den Vereinigten Staaten gewesen war, war fast ganz verschwunden. [...] Am einflussreichsten waren solche philosophischen Strömungen, die, in weitem Sinn, eine empiristische Tendenz hatten. Pragmatisches Denken, meist nach Art John Deweys, war sowohl bei den Philosophen wie in der fortschrittlichen Erziehungsbewegung weit verbreitet und hatte großen Einfluss auf die praktisch angewandten Lehrmethoden in öffentlichen Schulen gewonnen. [...] So fand ich also in diesem Land eine philosophische Atmosphäre vor, die mir sehr entsprach“ (Carnap, *Mein Weg in die Philosophie*, 63 f.). Carnap bezeichnet Amerika als das „Land mit der am weitesten gediehenen philosophischen Entwicklung“ (ebd., 64). So konnte die in den USA dominierende analytische Philosophie aus der Vereinigung von Pragmatismus und Logischem Positivismus hervorgehen. – In abschätziger Formulierung (und aus britischer Perspektive) liest sich das bei Hacker so: „Die heutige Philosophie Nordamerikas ist weitgehend das Ergebnis der Aufpfropfung von späteren Gedanken einiger Kreismitglieder auf den in Amerika heimischen Pragmatismus“ (Hacker, *Wittgenstein im Kontext der analytischen Philosophie*, 13).

1907 eine Affinität von Idealismus und Pragmatismus konstatiert – allerdings negativ.[22] Seit Quine jedoch, der sein Holismus-Plädoyer von 1951 mit einem pragmatistischen Bekenntnis beschloss,[23] wird diese Affinität positiv zur Geltung gebracht. Rorty, der im späten 20. Jahrhundert führende Vertreter einer Verbindung von analytischer Philosophie und Pragmatismus, spricht von Hegels „Protopragmatismus",[24] weist auf die starke Beeinflussung des pragmatistischen Stammvaters John Dewey durch Hegel hin[25] und rückt einige seiner eigenen Thesen in die Nähe von Hegels *Phänomenologie des Geistes*.[26]

In der zeitgenössischen Szene wurde Hegel vor allem für zwei der führenden Köpfe der analytischen Philosophie bedeutsam, für Robert Brandom und John McDowell, deren 1994 erschienene Bücher *Making It Explicit* und *Mind and World* weltweit große Resonanz gefunden haben. Brandom bekennt, dass er die entscheidenden Ansatzpunkte sowohl seiner Pragmatik wie seiner Semantik (den Anerkennungs- wie den Inferenzgedanken) der Lektüre Hegels verdankt.[27] Ähnlich sagt McDowell, seine Hauptthese von der Unbegrenztheit des Begrifflichen sei Hegel geschuldet.[28] Er beklagt auch, dass die analytische Tradition von Hegel zu wenig Notiz genommen habe,[29] und möchte *Mind*

---

[22] Vgl. Russell, *Philosophie: Die Entwicklung meines Denkens*, 58.

[23] „Carnap, Lewis und andere nehmen hinsichtlich der Auswahl zwischen Sprachformen, wissenschaftlichen Rahmenansätzen, einen pragmatischen Standpunkt ein; doch bei der imaginären Grenze zwischen dem Analytischen und dem Synthetischen hört ihr Pragmatismus auf. Wenn ich eine solche Grenze ablehne, verpflichte ich mich einem strikteren Pragmatismus" (Quine, „Zwei Dogmen des Empirismus", 50).

[24] Rorty, „The End of Leninism, Havel, and Social Hope", 233.

[25] Vgl. Rorty, „Some American Uses of Hegel". – Dewey selbst hatte bekannt, dass Hegel für ihn „an immense release, a liberation" bedeutete und „a 'permanent deposit' in his thinking" hinterließ. „[...] in the content of his ideas there is often an extraordinary depth; in many of his analyses, taken out of their mechanical dialectical setting, an extraordinary acuteness. Were it possible for me to be a devotee of any system, I still should believe that there is greater richness and greater variety of insight in Hegel than in any other single systematic philosopher" (Dewey, „From Absolutism to Experimentalism", 153 bzw. 154). – Übrigens hatte schon Peirce, wenngleich er Hegel insgesamt skeptischer gegenüberstand, erklärt: „My philosophy resuscitates Hegel, though in a strange costume" (Peirce, *Collected Papers* [1.42]).

[26] So bezeichnet Rorty die *Phänomenologie des Geistes* als „Paradigma" seines eigenen Vorschlags, „die Möglichkeiten massiver Neubeschreibungen zu erkunden" (Rorty, *Kontingenz, Ironie und Solidarität*, 135). – In *Achieving Our Country* (20) führt Rorty emphatische Äußerungen Walt Whitmans zu Hegel an: „Only Hegel is fit for America – is large enough and free enough." „[...] without depreciating poets, patriots, saints, statesmen, inventors and the like I rate [Hegel] as Humanity's chiefest teacher and the choicest loved physician of my mind and soul" (Whitman, *Notes and Index*, 2011 bzw. 2012).

[27] Vgl. Brandom, „Some Pragmatist Themes in Hegel's Idealism", 185, Anm. 25, sowie *Articulating Reasons*, 33–35.

[28] Vgl. McDowell, *Mind and World*, 44 u. 83.

[29] Ebd., 111.

and World umgekehrt als „Prolegomenon" zu einer Lektüre von Hegels *Phänomenologie des Geistes* verstanden wissen.[30,31]

Die Situation ist also die folgende: Ursprünglich galt der analytischen Philosophie kein Philosoph als so unsinnig und erledigt wie Hegel. Heute aber kehrt Hegel bei avancierten Denkern der Richtung zurück. Manche von ihnen fühlen sich durch Hegel überhaupt erst auf den rechten Weg gebracht.[32] Galt bislang allenfalls Kant als halbwegs seriöser Philosoph, an dem man sich orientieren konnte, so wird nun der einst verfemte Hegel zum neuen Leitstern.[33]

---

[30] Ebd., IX.

[31] Bezeichnend für den Traditionszusammenhang der Wiederkehr Hegels innerhalb der analytischen Philosophie ist dabei, dass Brandom wie McDowell sich extensiv auf Sellars beziehen (wobei McDowell Hegel sogar gegen manche Kritik verteidigt, die Sellars an diesem geübt hatte).

[32] Dies setzte freilich die Überwindung älterer Dogmen voraus, beispielsweise des Carnap'schen Pauschalverdikts über die „alte", als „metaphysisch" gescholtene Philosophie. 1931 hatte Carnap erklärt: „Alle Philosophie im alten Sinne, knüpfe sie nun an *Plato, Thomas, Kant, Schelling* oder *Hegel* an, oder baue sie eine neue ‚Metaphysik des Seins' oder eine ‚geisteswissenschaftliche Philosophie' auf, erweist sich vor dem unerbittlichen Urteil der neuen Logik nicht etwa nur als inhaltlich falsch, sondern als logisch unhaltbar, daher sinnlos" (Carnap, „Die alte und die neue Logik", 13). Speziell gegen Hegel gerichtet, schrieb Carnap: „Da alle Sätze der Logik tautologisch und gehaltleer sind, kann aus ihr nichts darüber erschlossen werden, wie die Wirklichkeit sein muss oder wie sie nicht sein kann. Jeder logisierenden Metaphysik, wie sie im größten Maßstabe von *Hegel* aufgestellt worden ist, ist damit die Berechtigung genommen" (ebd., 23). – Es war dann insbesondere Strawsons Buch *Individuals* von 1959, dessen Untertitel *An Essay in Descriptive Metaphysics* lautete, das den analytischen Bann über ‚Metaphysik' brach.

[33] Das Verhältnis der analytischen Philosophie zu Kant lässt sich im Umriss folgendermaßen charakterisieren. In einer ersten Phase, bei Moore, Russell und Carnap, galten Kant und Hegel gleichermaßen als diskreditiert. Zwar stand die Abkehr von Hegel im Vordergrund, aber Kant war davon ebenso betroffen. Moores „Widerlegung des Idealismus" war nach Russells Einschätzung gegen Kant gerichtet: „Soweit ich sehe, kam es Moore in erster Linie darauf an, die Unabhängigkeit der Tatsachen von ihrem Erkanntwerden zu demonstrieren und den ganzen kantschen Apparat der apriorischen Anschauungen und Kategorien, die die Form unserer Erfahrungen, nicht aber die Form der Außenwelt selber bestimmen, endgültig aus dem Weg zu räumen" (Russell, *Philosophie: Die Entwicklung meines Denkens*, 10). Auch Carnap unterschied nicht zwischen einem möglicherweise anschlussfähigen Kant und einem bleibend üblen Hegel: „Alle Philosophie im alten Sinne, knüpfe sie nun an *Plato, Thomas, Kant, Schelling* oder *Hegel* an, oder baue sie eine neue ‚Metaphysik des Seins' oder eine ‚geisteswissenschaftlichen Philosophie' auf, erweist sich vor dem unerbittlichen Urteil der neuen Logik nicht etwa nur als inhaltlich falsch, sondern als logisch unhaltbar, daher sinnlos" (Carnap, „Die alte und die neue Logik", 13). – Erst in einer späteren Phase, für die Reichenbach prägend wurde und die bis zu Popper reicht, änderte sich die Situation: die analytische Philosophie ist nun zwar weiterhin anti-hegelisch, aber pro-kantisch. Reichenbach schreibt: „Hegel ist der Nachfolger Kants genannt worden; aber das ist ein tiefgehendes Missverständnis Kants und eine unberechtigte Verherrlichung Hegels. Obgleich spätere Entwicklungen Kants System als unhaltbar erwiesen haben, bedeutet es doch den Versuch eines großen Geistes, den Rationalismus auf eine wissenschaftliche Grundlage zu stellen. [...] Während Kants System den Höhepunkt in der historischen Kette des Rationalismus bedeutet, gehört Hegels System in die Verfallsperiode der spekulativen Philosophie, welche das 19. Jahrhundert kennzeichnet. [...] eine Bemerkung möchte ich jetzt schon machen: Hegels System hat mehr als jede andere Philosophie dazu beigetragen, die Wissenschaftler von den Philosophen zu trennen, und hat die Philosophie

Was dieser neuen Situation zu entnehmen sein könnte, möchte ich im Folgenden diskutieren. Zuvor will ich jedoch den historischen Abriss durch zwei Beobachtungen ergänzen.

e. Nebenbeobachtungen

Hegel in den USA

Erstens: Die Wiederkehr Hegels vollzog sich in der amerikanischen, nicht in der britischen Entwicklungslinie der analytischen Philosophie.[34] Auf der britischen Insel war sowohl die Dominanz des Idealismus und Hegelianismus im späten 19. Jahrhundert wie die analytische Gegenreaktion weitaus stärker als in den USA, so dass Hegel in Großbri-

---

zu einem Gegenstand der Verachtung gemacht, mit dem der Wissenschaftler nichts zu tun haben will" (Reichenbach, *Der Aufstieg der wissenschaftlichen Philosophie*, 87 f.) „Aber die Philosophie der Systeme endet mit Kant; und es ist ein Missverständnis der Geschichte der Philosophie, diese späteren Systeme zu behandeln, als ob sie auf dem gleichen Niveau wie Kants oder Platos System ständen. Die älteren Systeme drückten den Stand der Wissenschaft ihrer Zeit aus und gaben Pseudo-Antworten, als noch keine besseren Antworten möglich waren. Aber die Systeme des 19. Jahrhunderts sind zu einer Zeit aufgestellt worden, als schon eine bessere Philosophie im Werden war; und sie sind das Werk von Männern, die die philosophischen Ergebnisse der Wissenschaft ihrer Zeit völlig außer acht ließen und unter dem Namen Philosophie naive Systeme von billigen Verallgemeinerungen und Analogien entwickelten. Manchmal war es die Beredsamkeit ihrer Darstellung, ein andermal die pseudo-wissenschaftliche Trockenheit ihres Stils, welche den Leser beeindruckte und zu ihrem Ruhm beitrug. Historisch betrachtet sollte man aber diese System besser mit dem Ende eines Flusses vergleichen, welcher nach streckenweisem Lauf durch fruchtbares Land schließlich in der Wüste versickert" (ebd., 142). Seit Reichenbach also galt Kant als möglicher Gesprächspartner der „wissenschaftlichen Philosophie", Hegel hingegen weiterhin als deren Gegner. Popper bestätigte diese Einschätzung noch 1963, wenn er im Vorwort zur zweiten deutschen Auflage der *Logik der Forschung* schrieb: „Was die nachkantische deutsche Philosophie betrifft, so erscheint mir alles abwegig zu sein, was auf Fichte, Schelling und Hegel zurückgeht" (Popper, *Logik der Forschung*, XXIV). – In einer dritten, bis in unsere Zeit reichenden Phase hingegen weicht die vormalige Kant-Nähe immer mehr einer neuen Vorbildlichkeit Hegels. Auf Quines und Sellars' Affinitäten zu Hegel wurde schon hingewiesen. Und von Brandoms Arbeit hat Rorty gesagt, sie könne „usefully be seen as an attempt to usher analytic philosophy from its Kantian to its Hegelian stage" (Rorty, „Introduction", 8 f.). – Auf die ältere Konstellation von Kant-Sympathie und Hegel-Antipathie bezogen, schrieb Harris noch 1983: „We are still a long way from the day when an article on Hegel will be received and evaluated for publication in any journal as readily and as competently as an article on Kant. But we can begin to think of that day as an achievable goal" (Harris, „The Hegel Renaissance in the Anglo-Saxon World Since 1945", 93). Inzwischen ist dieser Tag gekommen.

[34] Eine Ausnahme bildet der Wittgenstein-Schüler John N. Findlay, der 1955 in einer Festrede vor der Aristotelian Society zur Überraschung seiner Kollegen über die Verdienste des Hegelianismus sprach und drei Jahre später ein enthusiastisches Hegelbuch vorlegte: *Hegel: a Re-examination* (London: Allen & Unwin 1958). Nach seiner Emeritierung vom Londoner King's College ging Findlay in die USA und wurde für die dortige Beschäftigung mit Hegel wichtig. Er lehrte von 1967–72 in Yale und anschließend in Boston.

tannien bis auf den heutigen Tag weithin eine *persona non grata* blieb. In den Vereinigten Staaten hingegen war Hegel niemals in vergleichbarer Weise vorherrschend gewesen, blieb aber stets moderat präsent.[35] Das brachte unter anderem den Vorteil mit sich, dass man, sobald man sich für Hegel interessierte, dort auf Darstellungen zurückgreifen konnte, die kenntnisreich, fair und an analytischen Standards orientiert waren.[36]

Positive Töne bei Russell und Moore

Die zweite Nebenbeobachtung ist die folgende: Trotz des offiziellen und äußerst wirksamen Hegel-Verdikts fanden sich innerhalb der analytischen Philosophie – und sogar bei Russell und Moore selbst – auch erstaunlich andere Töne als diejenigen, die wir bisher kennengelernt haben.

Russell (und Whitehead)

So schrieb Russell 1912, dass Hegels Philosophie, auch wenn sie völlig falsch sei, dennoch studiert zu werden verdiene, denn sie zeichne sich durch einen ungewöhnlichen Schwung und Ausgriff aus, so dass die Beschäftigung mit Hegel zumindest die imaginativen Möglichkeiten des Denkens zu bereichern vermöge.[37] (Heute, im Blick auf jüngste Entwicklungen in der analytischen Philosophie, erscheint diese Einschätzung geradezu als prophetisch.)

1945, in seiner *History of Western Philosophy*, erklärte Russell: „Hegel's philosophy is very difficult – he is, I should say, the hardest to understand of all the great philo-

---

[35] „In North America 'Hegelian' philosophy never quite achieved the sort of dominance that it enjoyed for a season in the narrower confines of English academic life at the end of the last century. Neither has it ever suffered such an absolute ban" (Harris, „The Hegel Renaissance in the Anglo-Saxon World Since 1945", 80). Bezeichnend für das amerikanische Interesse an Hegel war schon die 1898 von Peirce in einer ‚Training in Reasoning' betitelten Vorlesung ausgesprochene Empfehlung, zum Training der Aufmerksamkeit auf „systems, forms, and ideas" sich zwar in erster Linie mit reiner Mathematik zu befassen, zusätzlich aber auch die *Phänomenologie des Geistes* zu lesen: „I would not advise any man to go without reading Hegel's *Phänomenologie des Geistes*" (Peirce, *Reasoning and the Logic of Things*, 187). Auf Deweys Aufnahme von Hegel wurde zuvor schon hingewiesen. Vgl. zu Details: Rorty, „Some American Uses of Hegel".

[36] Aus der älteren Literatur ist dafür vor allem zu nennen: Charles Taylor, *Hegel* (Cambridge 1975) sowie ders., *Hegel and Modern Society* (Cambridge 1979). Wichtige Arbeiten aus neuerer Zeit sind: Robert C. Solomon, *In the Spirit of Hegel: A Study of G. W. F. Hegel's Phenomenology of the Spirit* (New York 1983); Robert Pippin, *Hegel's Idealism: The Satisfactions of Self-Consciousness* (New York 1989); Tom Rockmore, *Hegel's Circular Epistemology* (Bloomington 1986); ders., *Cognition: An Introduction to Hegel's Phenomenology of the Spirit* (Berkeley 1997); Michael Hardimon, *Hegel's Social Philosophy: The Project of Reconciliation* (New York 1994); Terry Pinkard, *Hegel's Phenomenology: The Sociality of Reason* (New York 1994); ders., *Hegel: A Biography* (Cambridge 2001); Michael Forster, *Hegel's Idea of a Phenomenology of Spirit* (Chicago 1998), Terry Pinkard, *German Philosophy 1760 – 1860: The Legacy of Idealism* (Cambridge 2002).

[37] Vgl. Russell, „Hegel and Common Sense", 365. Russell nennt es dort sogar „a disgrace to English philosophy that the task of translating the Greater Logic should still remain to be done" (364).

sophers."[38] Das sind anerkennende Töne, die fast schon nach dem Eingeständnis klingen, Russell selbst habe es vielleicht nicht ganz vermocht, diesem so schwierigen und großen Philosophen gerecht zu werden.[39]

In ähnlichem Sinn hat auch Russells Koautor der *Principia Mathematica*, Alfred North Whitehead, eingeräumt, dass es töricht von ihm gewesen sei, Hegel aufgrund höchst selektiver Lektüre für Unsinn zu halten.[40] Whitehead bekannte sogar, von Hegel beeinflusst zu sein (und was wäre im Blick auf *Process and Reality* anderes zu erwarten?[41]) – allerdings nicht durch direkte Lektüre, sondern infolge beinahe täglicher Diskussionen mit Hegelianern, insbesondere mit McTaggart.[42]

Moores Bewunderung für McTaggarts analytischen Hegelianismus

Bei dem letzteren hatte Moore seit 1894 studiert. In seiner Autobiographie äußerte Moore sich über McTaggart überraschend positiv. Er attestierte McTaggart besondere analytische Präzision – gar der für Moore selbst fortan vorbildhaften Art: „what influenced me most was his constant insistence on clearness – on trying to give a precise meaning to philosophical expression, on asking the question ‚What does this mean?‘ ".[43] Laut Moore unterschied McTaggart zwischen Philosophen, die „dunkel" oder „schwer verständlich" waren („obscure") und solchen, die „verworren" waren („woolly"); die Auffassungen der ersteren wollte McTaggart analytisch klar rekonstruieren – während dies bei den letzteren vergebene Liebesmüh gewesen wäre. Hegel war laut McTaggart vom ersteren – vom zwar schwer verständlichen, aber keineswegs verworrenen – Typ.[44] McTaggart „was trying to find a precise meaning for Hegel's obscure utterances; and he did succeed in finding many things precise enough to be discussed: his own lectures were eminently clear".[45]

---

[38] Russell, *A History of Western Philosophy*, 730.

[39] Russell weist auch auf ein bleibendes systematisches Interesse an Hegel hin: „he still retains an importance which is not merely historical, as the best representative of a certain kind of philosophy which, in others, is less coherent and less comprehensive" (Russell, *A History of Western Philosophy*, 730). Noch heute ist der Ton, in dem man zu Hegel-Lektüre anhält, oft ähnlich. So heißt es im *Cambridge Companion to Hegel* von 1993: „Few thinkers are more controversial in the history of philosophy than Hegel. He has been dismissed as a charlatan and obscurantist, but also praised as one of the greatest thinkers in modern philosophy. No one interested in philosophy can afford to ignore him" (*The Cambridge Companion to Hegel*, Umschlagrücken).

[40] Vgl. Whitehead, „Autobiographical Notes", 7. Fairerweise sagt Whitehead auch: „I must leave Hegel to those who have studied him at first hand" (Whitehead, „Analysis of Meaning", 131).

[41] Collingwood schrieb mit Blick auf Whiteheads *Process and Reality*: „In Whitehead the resemblance is more with Hegel; and the author, though he does not seem to be acquainted with Hegel, is not wholly unaware of this, for he describes the book as an attempt to do over again the work of ‚idealism‘, ‚but from a realist point of view‘ " (Collingwood, *An Autobiography*, 45).

[42] Vgl. Whitehead, „Process and Reality", 115 f.

[43] Moore, „An Autobiography", 18.

[44] Ebd., 19.

[45] Ebd. – Allerdings fügt Moore (wohl, um seine eigene bleibende Abneigung gegen Hegel zu rechtfertigen) hinzu : „But I think most Hegelian scholars would agree that many of the comparatively clear doctrines which he attributed to Hegel were very unlike anything which Hegel could possibly

Hegel konnte also analytisch gelesen werden, und dann machte seine Philosophie besten Sinn. McTaggart scheint der erste gewesen zu sein, der es verstand, Hegelinterpretation und analytische Klarheit zu verbinden. Moore hat seine analytische Begeisterung in Hegelkursen entwickelt. Es ist geradezu eine geschichtliche Ironie, dass diese von McTaggart exemplarisch demonstrierte Möglichkeit erst hundert Jahre später – nach Dezennien von Hegelverdikt und Hegelignoranz – in der analytischen Philosophie unserer Tage wieder zum Tragen kommt.[46]

f. Hegels Wiederkehr als Ergebnis der Selbstkritik der analytischen Philosophie

Eines muss allerdings klar sein: Die gegenwärtig zu konstatierende Wiederannäherung der analytischen Philosophie an Hegel ist nicht etwa ein Ergebnis plötzlich einsetzender Hegel-Lektüre, sondern die analytische Philosophie ist *von sich aus*, durch sukzessive selbstkritische Reflexion und Revision ihrer Grundlagen zu Einsichten gelangt, die manchem verblüffend gleichen, was zweihundert Jahre zuvor Hegel (in freilich ganz anderer Sprache und Reflexionsform) entwickelt hatte.

Von Anfang an hatte sich die analytische Philosophie durch eine im akademischen Bereich ungewöhnliche Bereitschaft und Fähigkeit zur Selbstkritik ausgezeichnet. Darin – nicht in einzelnen Thesen, die sich bald als Dogmen erweisen mochten – ist sie bewundernswert und vorbildlich geblieben.

Die fortgesetzte selbstkritische Prüfung und Weiterentwicklung führte dazu, dass die analytische Philosophie in der zweiten Hälfte des 20. Jahrhunderts nicht mehr ist, was sie in der ersten gewesen war. Tragende Grundvorstellungen erwiesen sich spätestens seit Quines „Two Dogmas“ von 1951 als unhaltbar – beispielsweise die starre Trennung zwischen logischen und empirischen Wahrheiten, die Ausnahmestellung der Logik, das empiristische Sinnkriterium oder die Vorstellung einer alle Wissenschaften umfassenden Einheitswissenschaft auf physikalistischer Basis. Manchmal sagt man daher, seit den

have meant – certainly Hegel never meant anything so precise“ (ebd.). Etwas differenzierter ist die folgende Bemerkung: „it may certainly be doubted whether Hegel's own work possesses any of the merits which I have attributed to Mr. McTaggart, except that his premises do not seem to be arbitrary, so far as their vagueness allows to judge“ (Moore, „Mr McTaggart's ‚Studies in Hegelian Cosmology‘ “, 148).

[46] Zudem stand McTaggarts Version von Hegelianismus dem Atomismus, wie Moore und Russell ihn gegen Bradleys Monismus entwickelten, überraschend nahe. Anders als Bradley war McTaggart kein Monist, sondern ein Pluralist. Er vertrat die Auffassung, dass die Realität aus den Bewusstseinsinhalten von Individuen bestehe. Moores und Russells Zuwendung zu Einzelheit und Pluralismus scheint also gegen den einen, den Bradley'schen Hegelianismus, Motive des anderen, des McTaggart'schen Hegelianismus, zur Geltung gebracht zu haben. Tatsächlich hat Moore in seiner Dissertation einen atomistischen und pluralistischen Realismus vertreten, und ähnlich hat Russell seine „antiidealistische Revolte“ als Übergang zum „Pluralismus“ charakterisiert (vgl. Russell, *Philosophie: Die Entwicklung meines Denkens*, Kap. 5, 55–66). – So führt nicht nur methodisch, sondern auch inhaltlich eine untergründige und bislang nicht beachtete Linie von McTaggarts Hegelianismus zur analytischen Philosophie Moores und Russells.

fünfziger Jahren des 20. Jahrhunderts sei die analytische Philosophie zu Ende.[47] Treffender sagt man wohl, sie sei seitdem von ihrer traditionell-analytischen in eine postanalytische Phase übergegangen. Und in dieser Phase kehrt Hegel, der Antipode von einst, als neue Leitfigur zurück.

g. Sachliche Kongruenzen zwischen neueren Einsichten der analytischen Philosophie und zentralen Thesen Hegels

Man könnte versucht sein, in dieser Entwicklung eine Ironie der Philosophiegeschichte – oder, mit Hegel, eine „List der Vernunft"[48] – zu sehen.[49]

Ich möchte hier jedoch eine andere Perspektive verfolgen. Mein Interesse an der Wiederkehr Hegels innerhalb der analytischen Philosophie ist nicht historischer, sondern systematischer Natur. Meine Überlegungen zielen ausschließlich auf die *sachliche* Kongruenz zwischen einigen Einsichten der neueren analytischen Philosophie einerseits und Hegels andererseits.

Vor Jahren, als ich mich in die analytische Philosophie einzuarbeiten begann, war ich verblüfft, wie stark bahnbrechende Neuerungen dieser Richtung an Hegel erinnerten. Fast mehr noch aber überrraschte mich, dass kaum jemand diese Kongruenz wahrzunehmen schien. De facto waren die Analytiker erstaunlich hegelianisch geworden, nur wussten sie nichts davon – oder wollten davon nichts wissen;[50] und die kontinentalen Kollegen, die sich mit den ‚großen Themen' der Tradition befassten, blickten auf die Analytiker verächtlich herab.

Aber wenn zwei so konträre Richtungen des Philosophierens auf ganz unterschiedlichen Wegen – und im Fall der analytischen Philosophie gar auf dem schmerzlichen Weg einer Selbstkorrektur, andererseits aber auch mit Mitteln, welche heute zu den besten philosophischen Klärungsinstrumenten zählen – in Grundfragen zu konvergierenden Einsichten gelangen, dann könnte dies gerade in sachlich-systematischer Hinsicht aufschlussreich sein. Die Unabhängigkeit der Erkenntniswege könnte ein Zutreffend-

---

[47] In jedem Fall sind die fünfziger Jahre ausschlaggebend. Damals erschienen auch Wittgensteins *Philosophische Untersuchungen* (1953) und Sellars' *Empiricism and the Philosophy of Mind* (1956). Manche sehen das Ende des Logischen Positivismus im engeren Sinn schon mit Hempels Aufsatz „Problems and Changes in the Empiricist Criterion of Meaning" von 1950 gekommen.

[48] Vgl. Hegel, *Vorlesungen über die Philosophie der Geschichte*, 49, sowie *Enzyklopädie der philosophischen Wissenschaften im Grundrisse I*, 365 [§ 209, Zusatz]

[49] Übrigens hat Hegel selbst einmal erklärt, dass Amerika „das Land der Zukunft" sei (Hegel, *Vorlesungen über die Philosophie der Geschichte*, 114). Vgl. auch die folgende Bemerkung: „[...] will man jetzt über Europa hinausschicken, so kann es nur nach Amerika sein" (Hegel, *Vorlesungen über die Ästhetik III*, 335).

[50] Noch vor wenigen Jahren zeigte sich ein deutscher analytischer Kollege entsetzt, als ich bei einer Lehrprogrammbesprechung seiner selbstverständlichen Erwartung, ich würde doch nicht etwa Hegel für behandelnswert erachten, widersprach und stattdessen Hegel geradezu als den wichtigsten traditionellen Gesprächspartner unseres heutigen Philosophierens bezeichnete.

heitsindiz für die gemeinsamen Einsichten darstellen. Dieser Vermutung will ich im folgenden nachgehen.[51]

h. Jena: Heimstätte des Idealismus und Ausgangsort der analytischen Philosophie

Die beiden philosophischen Richtungen, deren Konvergenz ich betrachten will, sind mit Jena in besonderer Weise verbunden. Hier war es, dass an der Wende vom 18. zum 19. Jahrhundert der Idealismus mit Fichte, Schelling und Hegel erblühte, und hier hat Hegel seine epochemachende *Phänomenologie des Geistes* verfasst. Ebenso wurde Jena an der Wende vom 19. zum 20. Jahrhundert durch Gottlob Frege zu einem der Ausgangspunkte der analytischen Philosophie;[52] und Rudolf Carnap, der das weitere Schicksal dieser Philosophie und ihren Aufstieg zur dominierenden Richtung in der zweiten Hälfte des zwanzigsten Jahrhunderts bestimmte, hat hier in Jena bei Frege studiert. Deshalb hat das Nachdenken über Kongruenzen zwischen Hegels Idealismus und der analytischen Philosophie in Jena gewissermaßen seinen natürlichen Ort.

i. Auswahl von Kongruenz-Punkten

Im folgenden will ich drei Kongruenzpunkte diskutieren.[53] Sie sind der theoretischen Philosophie entnommen.

Der erste Punkt betrifft die von Hegel paradigmatisch entwickelte Kritik an Unmittelbarkeit und das analoge analytische Abrücken von Unmittelbarkeitsoptionen (das zu einer grundlegenden Revision der analytischen Philosophie führte). Der zweite Punkt betrifft den Übergang zu holistischen Konzeptionen. Drittens soll es um Wirklichkeit gehen. Wie ist das Verhältnis unseres Denkens und Sprechens zur Wirklichkeit zu

---

[51] Wegen dieser dezidiert sachlichen Ausrichtung interessiert mich weniger, was analytische Philosophen heute explizit zu Hegel sagen, wie sie also – scheu, zunehmend oder direkt – zu ihm zurückkehren. Mein Interesse richtet sich auf die Kongruenzen als solche – egal, ob sie von den Autoren ausdrücklich erkannt und thematisiert werden oder nicht. Gerade das Vorliegen von Kongruenzen dort, wo Hegel gar nicht im Blick steht oder erwähnt wird, kann besonders aufschlussreich sein.

[52] Manche neuere Autoren neigen sogar dazu, Frege als den eigentlichen Begründer der analytischen Philosophie anzusehen. So schreibt von Wright: „Im Lichte einer Entwicklung, die erst in der zweiten Hälfte dieses Jahrhunderts eingesetzt hat, könnte man sogar *Frege* als den tatsächlichen ‚Urvater' der analytischen Philosophie betrachten – und eher Russell als Nachfolger von Frege denn Frege als Vorläufer von Russell bezeichnen" (Wright, „ ‚Analytische Philosophie' ", 40). Dummett sieht in Frege gar den „fountain-head of analytical philosophy" und schreibt: „A succinct definition would be: analytical philosophy is post-Fregean philosophy" (Dummett, *Truth and Other Enigmas*, 440 bzw. 441). Schon Russell hatte die Pionierrolle Freges anerkannt: „Those philosophers who have adopted the methods derived from logical analysis can argue with each other, not in the old aimless way, but cooperatively, so that both sides can concur as to the outcome. All this is new during my lifetime; the pioneer was Frege, but he remained solitary until his old age" (Russell, „My Mental Development", 20).

[53] Dabei werden freilich auch einige Unterschiede wichtig werden.

bestimmen? Inwiefern hat die hegelsche These einer prinzipiellen Kongruenz von Wissens- und Gegenstandsform im *linguistic turn* der analytischen Philosophie ein Äquivalent gefunden? – Diese drei Punkte betreffen Grundfragen der Philosophie. In ihnen Klärungsfortschritte zu erzielen, dürfte in jedem Falle lohnend sein.

2. Das Scheitern von Unmittelbarkeits- und Elementarismus-Hoffnungen

a. Hegels Kritik der Unmittelbarkeit am Beispiel der „sinnlichen Gewissheit"

Die Vermitteltheit des scheinbar unmittelbaren Wissens

Eine von Hegels zentralen Thesen besagt, dass Unmittelbarkeit nur ein Anschein ist, dass in Wahrheit jedes ‚Unmittelbare' auf Vermittlungen beruht. Paradigmatisch hat Hegel dies im 1. Kapitel der *Phänomenologie des Geistes* im Blick auf die sinnliche Gewissheit dargelegt.[54] Die sinnliche Gewissheit hält sich für das „wahrhafteste" und „reichste" Wissen. Dass es jetzt warm und hell ist, dass wir hier in einem Hörsaal sind und draußen der Park lockt, dergleichen scheint durch sinnliche Erfahrung jeweils unmittelbar gewiss; zudem gibt sich das Reich der sinnlichen Gewissheit als sehr weit gespannt und vielfältig – zahlreiche unserer Freuden und die meisten unserer Gewissheiten gehören ihm zu. Nun will Hegel uns diese sinnlichen Gewissheiten nicht einfach nehmen, aber er hält uns dazu an, sie anders zu verstehen, als wir das gemeinhin tun. Hegel zeigt, dass sie keineswegs unmittelbar sind, sondern auf mannigfachen Vermittlungen beruhen.

Zur sinnlichen Gewissheit gehören mindestens *vier Determinanten*: die zeitliche des Jetzt, die räumliche des Hier, die inhaltliche von Sach- bzw. Gegenstandsbestimmungen („warm", „hell", „Hörsaal", „Park" etc.)[55] und die personale eines Ich, dem diese sinnlichen Sachverhalte jeweils erschlossen sind. Zudem ist schon jede einzelne dieser Determinanten nicht von einfacher, sondern von komplexer Natur; ferner ist sie von generellem Gebrauch, und ihre Anwendung auf einen Einzelfall erfolgt nicht auf singuläre Weise, sondern nach allgemeinen Regeln; schließlich ist dabei nicht ein einzelner indexikalischer Ausdruck, sondern der Verbund der vier genannten Determinanten entscheidend.

---

[54] Ich beziehe mich auf dieses berühmte Kapitel im Folgenden mehr problemorientiert als buchstabengetreu. Das hat auch damit zu tun, dass Hegels Argumentation nicht in allem die beste Form hat. Solomon – der eine sehr bemerkenswerte Interpretation des Kapitels mit Blick auf zeitgenössische Perspektiven bietet – sagt zu Recht: „Hegel does not state his argument well" (Solomon, *In the Spirit of Hegel*, 331).

[55] Hegel scheint zwar die sinnliche Gewissheit auf rein deiktische Bezugnahmen beschränken zu wollen, sieht sich dann aber doch genötigt, auch von Sach- und Gegenstandsbestimmungen wie „Tag", „Nacht", „Baum" und „Haus" Gebrauch zu machen.

Um dies zu erläutern: Von *komplexer Natur* sind die genannten Determinanten, sofern einer jeden solchen Bestimmung der Bezug auf andere Bestimmungen eingeschrieben ist. ‚Hier‘ heißt (u. a.) zugleich ‚nicht dort‘; ‚jetzt‘ bedeutet ‚nicht vorhin‘ oder ‚nicht gestern oder morgen‘; ‚dieses‘ impliziert ‚nicht jenes‘; ‚hell‘ bedeutet: ‚der Skala der Helligkeitsprädikate (im Unterschied etwa zu Geschmacks- oder Geruchsprädikaten) zugehörend‘ und dabei im Kontrast zu ‚dunkel‘, ‚zwielichtig‘ etc. stehend; und ‚für mich‘ bedeutet ‚nicht für einen anderen‘, aber doch möglicherweise ‚für jedermann an meiner Stelle‘. Derartige Determinanten sind von *generellem Gebrauch*: sie können in unterschiedlichen Situationen auf eine Reihe unterschiedlicher Gegenstände – keineswegs nur auf den einen hier und jetzt gerade präsenten – angewandt werden; und ihre Anwendung erfolgt nach *allgemeinen Regeln* – und nicht auf je einzigartige Weise.[56] Schließlich sind bei jeder Bezugnahme auf Einzelnes alle vier Determinanten im Spiel. Daher ist es nötig, ihre *Verbundregeln* zu berücksichtigen und zu beherrschen; beispielsweise muss die Hier-Zuschreibung verlässlich mit einer bestimmten Zeit-Zuschreibung verbunden sein, sonst könnten etwa ‚hier-jetzt‘ und ‚hier-vorhin‘ (im Sinn von ‚hier-vorhin-und-jetzt-dort‘) zusammenfallen.[57]

Die Bezugnahme auf Einzelnes – die typische Leistung der sinnlichen Gewissheit – ist also wesentlich anders verfasst, als man gemeinhin glaubt. Die Bezugnahme gelingt nicht einfachhin durch die gleichsam atomistische Verwendung deiktischer Ausdrücke wie ‚hier‘, ‚jetzt‘ oder ‚dieses‘, sondern diese Ausdrücke vermögen ihre Funktion, ein Einzelnes zu identifizieren, nur dadurch zu erfüllen, dass sie innerhalb eines *Netzes* begrifflicher Determinanten fungieren, das dabei insgesamt zur Anwendung kommt. Es ist dieser komplexe Apparat begrifflicher Strukturen, der allein den Bezug auf ein Einzelnes ermöglicht. Der Bezug auf Einzelnes erfolgt keineswegs einfachhin ‚nackt‘ oder ‚direkt‘ oder ‚unmittelbar‘, sondern mittels einer hochgradig komplexen begrifflichen Maschinerie und ist durch deren Mechanismus vermittelt.

Insofern ist die Selbstauffassung der sinnlichen Gewissheit, die auf eine ‚Unmittelbarkeit‘ ihres Gegenstandsbezugs pocht, im Irrtum. Sie übersieht die komplexe begriffliche Vermitteltheit eines jeden Zugriffs auf Einzelnes. Unmittelbarkeit ist in Wahrheit ein Vordergrundseffekt, der sich einer komplexen begrifflichen Vermittlungsstruktur verdankt.

Zusammengefasst heißt das: Jede Berufung auf unmittelbares Wissen ist epistemologisch naiv. Umso schlimmer, wenn dergleichen (wie wir bald sehen werden) zum Fundament einer sich avanciert dünkenden Epistemologie gemacht werden soll.

---

[56] Die Notwendigkeit, uns *allgemeiner* Bestimmungen und Regeln zu bedienen, verrät sich schon darin, dass (worauf Hegel immer wieder ironisch hinweist) die deiktischen Ausdrücke als solche offenbar von allgemeiner Natur sind: die Ausdrücke ‚hier‘, ‚dieses‘ und ‚jetzt‘ werden für dieses-jetzt-hier und jenes-jetzt-dort, wenn dieses nachher zum jetzt-hier wird, auf *gleiche*, mithin auf allgemeine Weise verwendet.

[57] Unser Verständnis von Transfers – dass dieser Gegenstand nunmehr nicht mehr hier, sondern dort ist oder dass er aus anderer Perspektive so und so aussieht – erklärt sich denn auch daraus, dass wir den *Verbund* bzw. das *System* dieser Determinanten beherrschen.

Sprechen versus Meinen: Die Widerlegung vermeintlicher Unmittelbarkeit durch die Sprache

Hegels Kritik der Unmittelbarkeit hat eine besondere und sehr moderne Pointe darin, dass er als Zeugen für seine Auffassung die Sprache ins Feld führt. Er sagt: „wir sprechen schlechthin nicht, wie wir es in dieser sinnlichen Gewissheit *meinen*."[58] Sondern in der Sprache (die Hegel „das Wahrhaftere" nennt) „widerlegen wir selbst unmittelbar unsere *Meinung*".[59] Denn wir sprechen vom Einzelnen auf *allgemeine* Weise: die indexikalische Funktion von Ausdrücken wie ‚dieses', ‚jetzt' oder ‚hier', durch die wir uns auf Einzelnes beziehen, beruht eben auf einem komplexen Netz begrifflicher Bestimmungen und ist daher nicht nur auf diesen zufälligen Gegenstand hier und jetzt, sondern auf *beliebige* Gegenstände dieser Art anwendbar. – Insofern hat der Blick auf die Sprache aufklärende Funktion: Die Sprache verrät uns, dass wir für die Bezugnahme auf Einzelnes des Allgemeinen bedürfen, dass das scheinbar Unmittelbare begrifflich vermittelt ist.[60]

Vor diesem Hintergrund will ich nun verfolgen, wie sich die analytische Philosophie in ihren diversen Rekursen auf Unmittelbarkeit sukzessiv gezwungen sah, Argumenten der von Hegel vorgebrachten Art Rechnung zu tragen und die eigene Position entsprechend zu modifizieren und schließlich ganz aufzugeben. Das betrifft sowohl die Cambridger Richtung der analytischen Philosophie, also Russell und Moore, wie die Wiener Richtung, wo ich insbesondere auf Carnap und Neurath eingehen werde.

b. Unmittelbarkeits-Hoffnungen in der frühen analytischen Philosophie (Cambridger Richtung)

Russell: vom naiven Realismus zur Theorie der Sinnesdaten

Russell suchte – ob seiner Rebellion gegen Hegel nicht verwunderlich – auf die vermeintliche Unmittelbarkeitsstruktur sinnlicher Gewissheit zurückzugreifen. Er tat das in drei aufeinanderfolgenden Versionen. Die früheste – die des „naiven Realisten", der „sich an dem Gedanken erfreut, „dass das Gras in Wirklichkeit eben doch grün ist"[61] – will ich übergehen; Russell hat sie später selber bespöttelt.[62] Aber auch nach der Abkehr von

---

[58] Hegel, *Phänomenologie des Geistes*, 85. Und umgekehrt: „so ist es gar nicht möglich, dass wir ein sinnliches Sein, das wir *meinen*, je sagen können" (ebd.).

[59] Ebd. Das Sprechen hat so für Hegel „die göttliche Natur", „die Meinung unmittelbar zu verkehren" – und zwar zur Wahrheit (ebd., 92).

[60] Rudimentär zeigt sich dies schon im „Aufschreiben" (ebd., 84). Darauf stützte sich übrigens bereits Aristoteles in einem ähnlichen Argument (*Sophistische Widerlegungen*, 30, 178 b 23–27).

[61] Russell, *Philosophie: Die Entwicklung meines Denkens*, 63.

[62] Rückblickend schrieb Russell selbstironisch, dass das Universum, das sich ihm gemäß dem Grundsatz aufgetan hatte, „dass schlechthin alles existieren musste, für das die Hegelianer einen fehlerhaften Unmöglichkeitsbeweis gefunden hatten", „etwas überfüllt" war (ebd., 64). In der Tat sollte es nicht nur Gräser und Sterne, sondern beispielsweise auch einen Platonischen Himmel

diesem naiven Realismus hielt Russell an Denkformen fest, deren grundsätzliche und durchschlagende Kritik Hegel am Beispiel der sinnlichen Gewissheit geleistet hatte.

So galten Russell in einer zweiten Phase (ab 1912) nicht mehr Gegenstände wie das grüne Gras, sondern „Sinnesdaten" als das unmittelbar Gegebene.[63] Sein Paradigma dafür lautete ‚roter Flecken (patch) hier jetzt'. Von solchen Sinnesdaten, meinte Russell, haben wir direktes „Wissen durch Bekanntschaft" („knowledge by acquaintance"), „ohne Vermittlung durch irgendeinen Vorgang des Schließens oder irgendein Wissen von Wahrheiten".[64] Sinnesdaten sind „Dinge, [...] die mir genau so, wie sie sind, unmittelbar bekannt sind". „Ich kenne die Farbe vollständig und vollkommen, wenn ich sie sehe, und kein weiteres Wissen von ihr ist auch nur theoretisch möglich."[65]

Damit rekurrierte Russell offenbar auf die Reinform der von Hegel kritisierten sinnlichen Gewissheit. So war seine Position aber auch den von Hegel vorgebrachten Einwänden ausgesetzt. Wenn Russell sagt, die Erfassung von Sinnesdaten erfolge gänzlich direkt und voraussetzungslos („unmittelbar", „ohne Vermittlung durch irgendeinen Vorgang des Schließens oder irgendein Wissen von Wahrheiten") und verleihe ein vollkommenes Wissen dieser Sinnesdaten („kein weiteres Wissen ist auch nur theoretisch möglich"), so hat er dabei erstens die für derlei Gegebenheit erforderlichen Identifizierungsleistungen ausgeblendet und zweitens vorschnell Bekanntschaft mit Wissen gleichgesetzt. Kurzum: Er hat die begrifflichen Vermittlungen der Bezugnahme auf Einzelnes ignoriert.

Russell *will* die Dinge eben auch andersherum sehen als Hegel. Er möchte das Wissen allgemeiner Strukturen auf Elementargewissheiten aufbauen[66] – während laut Hegel die vorgeblichen Elementargewissheiten bereits den Gebrauch allgemeiner Wissensstrukturen voraussetzen.[67,68]

---

umfassen, wo die Zahlen geordnet auf der Stange saßen, sowie eine kosmische Dimension, in der die Raum- und Zeitpunkte wirklich existierende Entitäten sein sollten. Später, schreibt Russell, „wurden Fauna und Flora meines Universums [...] wieder etwas weniger üppig" – er hatte gelernt, „ ‚Ockhams Rasiermesser' zu gebrauchen", also dem Grundsatz *entia non sunt multiplicanda praeter necessitatem* zu folgen; danach sah seine Welt „wieder einigermaßen kahlgeschoren aus" (ebd.).

63 Vgl. Russell, *The Problems of Philosophy*, insb. Kap 5: „Knowledge by Acquaintance and Knowledge by Description".

64 Ebd., 25.

65 Ebd.

66 Russell geht so weit, sogar unwahrnehmbare Objekte der Physik auf unmittelbare Wahrnehmungsgegebenheiten zurückführen zu wollen (vgl. Russell, „The Relation of Sense-Data to Physics").

67 In der Tat trifft Hegels Kritik den Kern von Russells Auffassung so genau, dass man gefragt hat, ob Hegel das Kapitel über die sinnliche Gewissheit (wie historisch unmöglich das auch sein mag) nicht vorgreifend gegen Russell geschrieben haben könnte: „Whether or not Russell ever read his Hegel, it is almost as if *per impossibile*, Hegel knew his Russell" (Solomon, *In the Spirit of Hegel*, 326).

68 Ab 1921 hat Russell seine Theorie modifiziert. Er sprach den Sinnesdaten nun den vorher zuerkannten Wissensstatus ab („in itself the pure sensation is not cognitive", Russell, *Analysis of Mind*, 142), jedoch sollte es zur Erhebung in den kognitiven Status noch immer nicht mehr als ein „Bemerken" („noticing") brauchen (Russell, *Philosophie: Die Entwicklung meines Denkens*, 255). Auch hielt Russell weiterhin an der Unmittelbarkeit der Singularisierungs- und Identifizierungsleistungen fest.

Moores Theorie der Sinnesdaten

Parallel zu Russell hat auch Moore ab 1910 eine Theorie der Sinnesdaten vertreten.[69] Bei Moore hatte sie den Sinn, der in seiner „Widerlegung des Idealismus“ von 1903 erhobenen Forderung Rechnung zu tragen, dass man zwischen der Wahrnehmung und den von dieser unabhängig existierenden Gegenständen (allgemein: zwischen der Erkenntnis und ihren Gegenständen) unterscheiden müsse.[70] Da haben Sinnesdaten nun eben den Vorteil, zwar unzweifelhaft Wahrnehmungsgehalte darzustellen, aber als solche von Gegenstandsthesen noch frei zu sein.

Wie Russell schreibt auch Moore den Sinnesdaten eine privilegierte epistemische Rolle zu. Ihm zufolge soll unser gesamtes Wissen von materiellen Gegenständen auf Sinnesdaten basieren,[71] und wir sollen diese direkt und unmittelbar erfassen.[72]

Eine erste analytische Kritik (Austin)

Moores Theorie ist den gleichen Schwierigkeiten ausgesetzt wie die Russells. Nicht nur der Wissenscharakter der Sinnesdatenkenntnis ist fraglich, sondern zuvor und vor allem schon deren behauptete Direktheit bzw. Unmittelbarkeit. Die spätere analytische Philosophie hat die Sinnesdatentheorie denn auch hart kritisiert. Vorerst sei dafür nur auf John Austin hingewiesen. Er trug seit den vierziger Jahren eine Reihe gravierender Einwände vor,[73] die sich insbesondere gegen Ayers Weiterführung der Überlegungen von Russell und Moore richteten.[74]

Russells logischer Atomismus

Ab 1918 hat Russell dann eine dritte Position vertreten. In ihr verband er die Theorie der Sinnesdaten mit einem anderen berühmten Konzept, dem des „logischen Atomismus“.[75] Die Grundidee war erneut gegen den Idealismus gerichtet, und zwar speziell gegen des-

---

[69] Vgl. seinen Aufsatz „Sense-Data“, der 1910 geschrieben, aber erst 1953 publiziert wurde; aufschlussreich sind die Fußnoten, die Moore 1952 für die Veröffentlichung hinzufügte.

[70] „[...] in every sensation or idea we must distinguish two elements, (1) the ‚object‘, or that in which one differs from another; and (2) ‚consciousness‘, or that which all have in common – that which makes them sensations or mental facts“ (Moore, „The Refutation of Idealism“, 37).

[71] „All these other ways of knowing material objects [...] do seem, in a sense, to be *based* upon sense-perception, so that *it* is, in a sense, the most primitive way of knowing material objects. [...] The evidence of the senses is [...] the evidence upon which all our other ways of knowing material objects seems to be based“ (Moore, „Sense-Data“, 46).

[72] „I shall speak of the *direct apprehension* of sense-data“ (ebd., 49).

[73] Austin tat dies in Vorlesungen, die 1962 postum unter dem Titel *Sense and Sensibilia* veröffentlicht wurden.

[74] Vgl. Ayer, *The Foundations of Empirical Knowledge*.

[75] Nach eigenen Angaben hat Russell den Ausdruck ‚logischer Atomismus‘ für seinen philosophischen Standpunkt erstmals in einer Londoner Vorlesungsreihe von 1918 verwendet (Russell, *Philosophie: Die Entwicklung meines Denkens*, 115). Tatsächlich gebrauchte er den Ausdruck jedoch schon 1911: „You will note that this is the philosophy of logical atomism“ (Russell, „Analytic Realism“, 135, ähnlich 133). Auch 1914 verwendete er den Ausdruck zur Kennzeichnung der

sen Lehre von der Abhängigkeit der Teile vom Ganzen. Dem stellte Russell die absolute Selbständigkeit und Beziehungsunabhängigkeit der Elemente entgegen.[76]

In Fortführung des logizistischen Programms Freges ging es Russell jetzt darum, eine „logisch perfekte Sprache" zu entwickeln, in der jeder einfache Gegenstand durch ein einziges Wort ausgedrückt wird. Die denkbar einfachsten Tatsachen haben Russell zufolge die Form „dieses ist weiß"[77] – wiederum also sollen Sinnesdaten als elementare Tatsachen fungieren. Russell bezeichnet sie als „atomare Tatsachen" bzw. „Einzeldinge" („particulars").[78] Sie sollen ihm zufolge „gänzlich alleine stehen und sich völlig genügen",[79] ohne auf irgendeine Weise von anderen Einzeldingen logisch abhängig zu sein.[80] Aus solch isolierten Elementartatsachen soll dann die ganze Welt aufgebaut werden – daher die Bezeichnung „logischer Atomismus".[81]

Wie stellt man es nun an, sich sprachlich auf eine solche Elementargegebenheit, auf ein Einzelding im logischen Sinn zu beziehen? Wie löst man diese für das Programm des Atomismus entscheidende Aufgabe? Eine Bezugnahme auf ein Einzelding ist Russell zufolge nur durch Ausdrücke möglich, die tatsächlich exklusiv auf das jeweilige Einzelding referieren, also wie Eigennamen fungieren – freilich als Eigennamen nicht, wie gewöhnlich, für Personen, sondern für Elementargegebenheiten. Welche Ausdrücke vermögen dies? Russell zufolge nur ein einziger: „dieses".[82] Russell erklärt: Wenn man „dieses ist weiß" sagt, so gebraucht man ‚dieses' dabei als logischen Eigennamen; er „steht für ein Einzelding, von dem man im Moment Kenntnis hat".[83]

---

ihm zufolge einzig vertretbaren Art des Philosophierens (allerdings ohne damals den Ausdruck als völlig zutreffend anzusehen, vgl. Russell, *Our Knowledge of the External World*, 4).

[76] Schon in „Analytic Realism" hatte Russell erklärt: „The philosophy which seems to me closest to the truth can be called 'analytic realism'. [...] It is analytic, because it claims that the existence of the complex depends on the existence of the simple, and not vice versa, and that the constituent of a complex, taken as a constituent, is absolutely identical with itself as it is when we do not consider its relation" (Russell, „Analytic Realism", 133).

[77] Russell, „The Philosophy of Logical Atomism", 176.

[78] Sie sollen jeweils durch eine korrespondierende „atomare Proposition" ausgedrückt werden (ebd., 177). Die Gesamtsprache ist dann aus solch atomaren Propositionen und deren Kombinationen aufzubauen – was den Vorteil hat, dass die logische Struktur dessen, wovon jeweils die Rede ist, auf einen Blick ersichtlich sein wird, während sie in der Alltagssprache weithin verborgen ist (vgl. ebd., 176).

[79] „Particulars have this peculiarity, [...] that each of them stands entirely alone and is completely self-subsistent" (ebd., 179).

[80] „That is to say, each particular that there is in the world does not in any way logically depend upon any other particular. Each one might happen to be the whole universe; it is a merely empirical fact that this is not the case" (ebd.).

[81] „Logischer Atomismus" bedeutet „the view that you can get down in theory [...] to ultimate simples, out of which the world is built" (ebd., 234). – In diesem Zusammenhang setzt Russell dann das Programm der „Analyse" mit dem des „logischen Atomismus" gleich: „One purpose that has run through all that I have said, has been the justification of analysis, i.e. the justification of logical atomism" (ebd.).

[82] Ebd., 179.

[83] „One can use ‚this' as a name to stand for a particular with which one is acquainted at the moment" (ebd.).

Russell macht also von dem Ausdruck ‚dieses' (dessen naives Verständnis Hegel in der *Phänomenologie des Geistes* kritisiert hatte) emphatischen Gebrauch; für Russell gibt es ja nichts Wichtigeres als logische Eigennamen. Sollte Hegel Probleme gesehen haben, wo gar keine sind? Vermag Russell den Paradoxien zu entgehen, auf die Hegel hingewiesen hatte?

Russell sieht sich genötigt einzuräumen, dass der Ausdruck ‚dieses' eine Eigenart besitzt, die für seine Eigennamensfunktion rundum misslich ist: der Ausdruck „bezeichnet selten zwei Momente später noch dasselbe, und für den Sprecher und den Hörer bezeichnet er gar nicht dasselbe".[84] Russell sucht sich mit der Erklärung zu behelfen, dass ‚dieses' „ein mehrdeutiger Eigenname" sei („an ambiguous proper name").[85] Aber ist das für einen logischen Eigennamen nicht geradezu ruinös – wo er doch ganz allein aus eigener Kraft eine atomare Tatsache bezeichnen soll? Russell bleibt jedoch standhaft und erklärt, ‚dieses' sei trotz seiner Mehrdeutigkeit ein Eigenname – es sei geradezu der einzige Ausdruck, den er sich als korrekten logischen Eigennamen denken könne.[86]

Russell blendet offenbar erneut den Umstand aus, dass die identifizierende Funktion des ‚dieses' von der jeweiligen Verwendungssituation abhängt.[87] Eben weil die Situation sich ändern kann, bezeichnet ‚dieses' oftmals „zwei Momente später" schon etwas anderes; und aus dem gleichen Grund ist (wie Russell bemerkt hatte) nicht leicht sicherzustellen, dass es in der gleichen Verwendungssituation für den Sprecher und den Hörer dasselbe bezeichnet. Wenn ich „dieser dort" sage und in Richtung eines Schuhes zeige, ist dadurch allein noch lange nicht klar, ob ich mich auf den Schuh, den Schnürsenkel oder den Käfer auf der Schuhspitze beziehe.[88] Zudem gibt es keine Bezugnahme auf Einzelnes ohne ein Verfügen über Allgemeinbegriffe, keine Verwendung von Eigennamen außerhalb des Kontexts von Universalien.

Dass Russell all diese Bedingungen ausblendet – und er tut das gezielt, um ein Atomist sein zu können und nicht ein Kontextualist werden zu müssen –, verurteilt seinen Ansatz zum Scheitern. Wie die zuvor diskutierten Versionen der Sinnesdaten-Theorie, so erweist sich auch der logische Atomismus gerade dort als unhaltbar, wo er sich der von Hegel aufgewiesenen konstitutiven Vermitteltheit des scheinbar Unmittelbaren zu entziehen sucht. – Hegels Argumente scheinen stark und auf Dauer unausweichlich zu sein.

---

[84] Ebd. – Dass ‚dieses' „selten zwei Momente später noch dasselbe bezeichnet", hatte Hegel so ausgedrückt: „Es wird das *Jetzt* gezeigt, *dieses Jetzt*. *Jetzt*; es hat schon aufgehört zu sein, indem es gezeigt wird; das *Jetzt*, das ist, ist ein anderes als das gezeigte, und wir sehen, dass das Jetzt eben dieses ist, indem es ist, schon nicht mehr zu sein. Das Jetzt, wie es uns gezeigt wird, ist es ein *gewesenes*, und dies ist seine Wahrheit; es hat nicht die Wahrheit des Seins" (Hegel, *Phänomenologie des Geistes*, 88).

[85] Russell, „The Philosophy of Logical Atomism", 179.

[86] Vgl. ebd.

[87] Darauf hat Strawson gegen Russell hingewiesen (Strawson, „On Referring", insbes. 327 f. u. 334). Strawson spricht von der „troublesome mythology of the logically proper name" (328).

[88] Ich übernehme hier, leicht modifiziert, ein Beispiel von Solomon (*In the Spirit of Hegel*, 332).

Sellars' Kritik am „Mythos des Gegebenen“

Die schärfste Kritik der Sinnesdatentheorie und des logischen Atomismus im Bereich der analytischen Philosophie wurde 1956 von Sellars in *Empiricism and the Philosophy of Mind* vorgetragen. Seine Attacke auf den „Mythos des Gegebenen“ ist berühmt geworden; in ihr hat er einige Argumente Hegels – den er dort als „den großen Widersacher der ‚Unmittelbarkeit‘ “ bezeichnet[89] – analytisch reformuliert.

Nicht einmal Sinnesdaten, so zeigt Sellars, lassen sich ohne die Verwendung begrifflicher Raster identifizieren. Er schreibt: „man könnte kein Beobachtungswissen von *irgendeiner* Tatsache haben, ohne gleichzeitig viele *andere* Dinge zu wissen“.[90] Das benennt die crux aller Sensualismen, die begriffsfrei durchzukommen suchen. Zugleich markiert es die Misere eines auf ‚einfache‘ Sinnesdaten setzenden logischen Atomismus.

Sellars versteht seine Widerlegung des „Mythos des Gegebenen“ als knock-down-Argument gegenüber empiristischen Begründungsversuchen jeglicher Couleur. Diese beruhen allesamt auf der Vorstellung, dass wir *zuerst* Wissen von einer Reihe von Einzeltatsachen erlangen könnten, um *von da aus* erst zu allgemeinem Wissen zu gelangen. In Wahrheit aber gibt es (wie eben schon Hegel gezeigt hatte) keinerlei Einzelwissen ohne Allgemeinwissen.[91] Damit bricht die empiristische Begründungsidee und jeder Versuch der Berufung auf vorgebliche Unmittelbarkeit zusammen. – Ähnliches wird sich im Folgenden auch im Blick auf andere Versionen eines solchen Versuchs innerhalb der analytischen Philosophie zeigen.

c. Elementarismus-Hoffnungen des Logischen Empirismus (Wiener Kreis)

Ich gehe zum zweiten, dem nicht in Cambridge, sondern in Wien erblühten Zweig der analytischen Philosophie über, also zum Wiener Kreis und dem Programm des Logischen Empirismus. Diesem zufolge sind die Sätze der Wissenschaften entweder, sofern sie den Formalwissenschaften (Logik und Mathematik) angehören, rein logischer Natur und daher logisch zu prüfen; oder sie sind, soweit sie den Realwissenschaften (Physik,

---

[89] Sellars, *Empiricism and the Philosophy of Mind*, 14.

[90] „[...] one couldn't have observational knowledge of *any* fact unless one knew many *other* things as well. [...] the point is specifically that observational knowledge of any particular fact, e.g. that this is green, presupposes that one knows general facts of the form *X is a reliable symptom of Y*“ (ebd., 75).

[91] Im Anschluss an das vorige Zitat schreibt Sellars: „And to admit this requires an abandonment of the traditional empiricist idea that observational knowledge ‚stands on its own feet.‘ Indeed, the suggestion would be anathema to traditional empiricists for the obvious reason that by making observational knowledge *presuppose* knowledge of general facts of the form *X is a reliable symptom of Y*, it runs counter to the idea that we come to know general facts of this form only *after* we have come to know by observation a number of particular facts which support the hypothesis that X is a symptom of Y“ (ebd., 75 f.). – Dies ist die meines Wissens genaueste analytische Reformulierung des von Hegel gegen die sinnliche Gewissheit vorgebrachten Arguments von der Vermitteltheit des scheinbar Unmittelbaren.

Psychologie etc.) zugehören, empirischer Natur und dann durch Rückführung auf das wirklich Gegebene als wahr oder falsch zu entscheiden.[92]

Carnap: Aufbau im Ausgang von „Gegebenem"

Betrachten wir in diesem Zusammenhang das wohl wichtigste Werk dieser Richtung, Carnaps *Logischen Aufbau der Welt* von 1928. Carnap entwickelt dort ein Konstitutionssystem, das die Rückführung aller wissenschaftlichen Begriffe auf „unmittelbar Gegebenes" erlauben soll.[93] Was aber ist unmittelbar gegeben? Carnap zufolge „die Bewusstseinsvorgänge oder Erlebnisse des Ich".[94] Diese bezeichnet er als „*Elementarerlebnisse*".[95] Sie sollen „*ihrem Wesen nach unzerlegbare Einheiten*" darstellen,[96] die „einfach so hinzunehmen" sind, „wie sie sich geben".[97] Sie sollen die „Grundelemente" des Konstitutionssystems bilden.[98]

Die Parallelität zu Russell liegt auf der Hand. Wieder geht es um den Rekurs auf Elementares – bei Russell sollten dies „atomare Tatsachen" sein, bei Carnap sind es „Elementarerlebnisse". Diese werden als ebenso „einfach" (als „unzerlegbare Einheiten") und „unmittelbar gegeben" angesehen wie die „atomaren Tatsachen" bei Russell. Das Programm des Logischen Empirismus hängt ebenso wie jenes des Logischen Atomismus an der Existenz und Sicherbarkeit solcher Elementargegebenheiten. Und wieder wird dafür letztlich auf Sinneserfahrung gesetzt.[99] Aber hier liegt auch das Problem beider Programme, und hier erleben beide ihr Fiasko. Das unmittelbar Gegebene – ob als Sinnesdatum oder als Erlebnis verstanden – erweist sich als Phantom.

---

[92] „Jeder Satz der Wissenschaft muss sich bei logischer Analyse als sinnvoll bewähren. Dabei wird entweder gefunden, dass es sich um eine Tautologie oder um eine Kontradiktion (Negation einer Tautologie) handelt; dann gehört der Satz zum Gebiet der Logik einschließlich der Mathematik. Oder der Satz ist eine gehaltvolle Aussage, d. h. weder tautologisch noch kontradiktorisch; dann ist er ein empirischer Satz. Er ist zurückführbar auf das Gegebene und daher grundsätzlich als wahr oder falsch entscheidbar. Solcher Art sind die (wahren bzw. falschen) Sätze der Realwissenschaft" (Carnap, „Die alte und die neue Logik", 25 f.).

[93] Carnap erklärte rückblickend: „In meinem Buch handelte es sich um die [...] These, dass es grundsätzlich möglich sei, alle Begriffe auf das unmittelbar Gegebene zurückzuführen" (Carnap, *Der logische Aufbau der Welt*, XVIII [Vorwort zur zweiten Auflage, 1961].

[94] Ebd., 91 [§ 67].

[95] Ebd., 92 [§ 67].

[96] Ebd., 94 [§ 68], 97 [§ 71].

[97] Ebd., 86 [§ 64].

[98] „Die Elementarerlebnisse sollen die Grundelemente unseres Konstitutionssystems sein. Auf dieser Basis sollen alle anderen Gegenstände der vorwissenschaftlichen und der wissenschaftlichen Erkenntnis konstituiert werden" (ebd., 93 [§ 68]).

[99] Carnaps „Erlebnisse des Ich" waren zwar ursprünglich nur zum Teil als Sinneserlebnisse verstanden, aber später gedachte Carnap seine Theorie ganz in diese Richtung zu modifizieren. Er meinte, seine ursprüngliche Wahl einer eigenpsychischen Basis (der Ausgang von „Erlebnissen des Ich") sei misslich gewissen, besser würde man „konkrete Sinnesdaten, wie z. B. ‚rot einer gewissen Art an einer gewissen Sehfeldstelle zu einer gewissen Zeit' " zum Ausgangspunkt nehmen (ebd., XIX [Vorwort zur zweiten Auflage]).

Protokollsätze?

Auch der Übergang zur Stützung auf Protokollsätze bietet keinen Ausweg. Man will das Wissenssystem jetzt nicht auf unzweifelhaften Elementargegebenheiten aufbauen, sondern – entsprechend der im Zug des linguistic turn erwachsenen sententialistischen Revision[100] – auf elementaren Sätzen, auf „Protokollsätzen".[101] Damit sind schriftliche Protokolle (beispielsweise von physikalischen Versuchsanordnungen oder von Wahrnehmungen) gemeint, die nichts anderes als „unmittelbar beobachtbare Sachverhalte" enthalten.[102] Carnap betrachtete solche Protokollsätze als „Sätze, die selbst nicht einer Bewährung bedürfen, sondern als Grundlage für alle übrigen Sätze der Wissenschaft dienen".[103]

Die vormals den „Elementarerlebnissen" zugedachte Aufgabe – sich direkt auf Gegebenes zu beziehen und dadurch einen sicheren Ausgangspunkt der empirischen Wissenschaft zu liefern – wird jetzt also den Protokollsätzen zugeschrieben. Sie haben die Funktion von Basissätzen. Die Idee ist also noch immer die einer Stützung auf Elementares, nur nicht mehr auf „das unmittelbar Gegebene" (im Sinn von Sinnesdaten), sondern auf „unmittelbar beobachtbare Sachverhalte". Der Vorteil der Protokollsätze gegenüber dem vormaligen Ausgang von subjektiven Elementarerlebnissen wird darin gesehen, dass die Protokollsätze objektiv und intersubjektiv sind; entweder sind sie gleich schon in physikalischer Sprache formuliert oder sie sind (wo sie, etwa als Sätze über Erlebnisinhalte, zunächst psychologische Bestimmungen enthalten) in die physikalische Sprache übersetzbar.[104] Die letztere gilt als „Universalsprache", als „*die* Sprache der Wissenschaft".[105]

Otto Neurath aber wies bald auf schwerwiegende Probleme hin. Erstens, sagte er, kann es keine ganz sauberen Protokollsätze geben, weil wir uns „selbst auf dem Boden strengster Wissenschaftlichkeit" nicht einer Sprache bedienen können, die von den unpräzisen Termini der Alltagssprache völlig gereinigt wäre;[106] die Vorstellung „einer aus *sauberen Atomsätzen* aufgebauten *idealen Sprache*" ist eine metaphysische Fiktion.[107] Die Einsicht in diese uneliminierbare Unsauberkeit aber destruiert die vermeintliche

[100] Modellbildend war Freges These, dass die Wörter nur im Zusammenhang eines Satzes eine Bedeutung haben („Kontextprinzip"). Quine hat dieses Prinzip (das er im übrigen schon bei Bentham formuliert fand) als für die Philosophie ebenso revolutionär angesehen wie die kopernikanische Revolution für die Astronomie (vgl. Quine, „Five Milestones of Empiricism", 69).

[101] „Die Wissenschaft ist ein System von Sätzen, das an Hand der Erfahrung aufgestellt wird. Die empirische Nachprüfung bezieht sich aber nicht auf den einzelnen Satz, sondern auf das System der Sätze oder auf ein Teilsystem. Die Nachprüfung geschieht anhand der ‚Protokollsätze' " (Rudolf Carnap, „Die physikalische Sprache als Universalsprache der Wissenschaft", 437).

[102] Ebd.

[103] Ebd., 438.

[104] Vgl. ebd., 458. Jeder Satz der Protokollsprache eines Subjekts ist laut Carnap „übersetzbar in einen physikalischen Satz, und zwar in einen solchen, der den Körperzustand des Subjekts beschreibt" (ebd.).

[105] Ebd., 443, 448, 461.

[106] Neurath, „Protokollsätze", 205.

[107] Ebd., 204.

Elementarität wie Verlässlichkeit der Protokollsätze: „*Man kann nicht von endgültig gesicherten, sauberen Protokollsätzen ausgehen.*“[108]

Zweitens können Sätze laut Neurath überhaupt nicht mit Tatsachen, sondern nur mit Sätzen verglichen werden, so dass die Idee einer Übereinstimmung mit Tatsachen (und der Gründung auf eine solche Übereinstimmung) sinnlos ist: „*Aussagen werden mit Aussagen* verglichen, nicht mit ‚Erlebnissen‘, nicht mit einer ‚Welt‘ noch mit sonst was“.[109] Also können die Protokollsätze keine an der Wirklichkeit verankerten Basissätze darstellen. Was von ihnen sinnvollerweise zu fordern und zu erwarten steht, ist nicht irgendeine Wirklichkeitsgarantie, sondern dass sie, wie alle anderen Sätze der Wissenschaft auch, Forderungen der Kohärenz erfüllen.[110]

Dies nötigt drittens, die Ausrichtung der Wissenschaft insgesamt von Korrespondenz-Hoffnungen auf Kohärenz-Gewährleistung umzustellen. Nicht eine vermeintliche Eichung an der Wirklichkeit, sondern die logisch und empirisch reibungslose Schlüssigkeit des Gesamtsystems der Sätze bildet das Wahrheitskriterium der Wissenschaft.[111]

Dabei ist dann aber – viertens – im Prinzip jeder Satz, auch jeder Basissatz, revidierbar. Das ist in dem berühmten (eben auf die Protokollsatz-Problematik bezogenen) Diktum Neuraths ausgedrückt: „Wie Schiffer sind wir, die ihr Schiff auf offener See umbauen müssen, ohne es jemals in einem Dock zerlegen und aus besten Bestandteilen neu errichten zu können.“[112,113]

---

108 Ebd., 213.

109 Neurath, „Soziologie im Physikalismus“, 403.

110 „Jede neue Aussage wird mit der Gesamtheit der vorhandenen, bereits miteinander in Einklang gebrachten, Aussagen konfrontiert. *Richtig heißt eine Aussage dann, wenn man sie eingliedern kann.* Was man nicht eingliedern kann, wird als unrichtig abgelehnt. Statt die neue Aussage abzulehnen, kann man auch, wozu man sich im allgemeinen schwer entschließt, das ganze Aussagensystem abändern, bis sich die neue Aussage eingliedern lässt“ (ebd.).

111 „Die Wissenschaft als ein System von Aussagen steht jeweils zur Diskussion“ (ebd.). Alles, was geschieht, ist: „Es werden Aussagensysteme umgeformt“ (ebd.).

112 Neurath, „Protokollsätze“, 206. Übrigens hat sich Neurath dieses aus der Publikation von 1932/33 sehr bekannten Bildes schon 1921 bedient: „Dass man es immer mit einem ganzen Begriffsnetz, nicht mit isolierbaren Begriffen zu tun hat, versetzt jeden Denkenden in die schwierige Lage, unaufhörlich die ganze Begriffsmasse, die er auf einmal ja doch nicht übersieht, zu berücksichtigen, das Neue aus dem Alten herauswachsen zu lassen. Duhem hat besonders nachdrücklich gezeigt, dass jede Aussage über irgendein Vorkommnis durchtränkt ist mit Hypothesen aller Art, die letzten Endes Ableitungen aus unserer ganzen Weltanschauung sind. Wie Schiffer sind wir, die auf offenem Meer ihr Schiff umbauen müssen, ohne je von unten auf frisch anfangen zu können. Wo ein Balken weggenommen wird, muss gleich ein neuer an die Stelle kommen, und dabei wird das übrige Schiff als Stütze verwendet. So kann das Schiff mit Hilfe der alten Balken und angetriebener Holzstücke vollständig neu gestaltet werden – aber nur durch allmählichen Umbau“ (Neurath, *Anti-Spengler*, 184).

113 Carnap scheint die Bedeutung von Neuraths Satz unterschätzt zu haben – anders als beispielsweise Einstein. Carnap berichtet, Einstein habe bei einem Treffen in Princeton in den fünfziger Jahren die Ansicht der Positivisten kritisiert, wonach „Sinnesdaten die einzige Realität seien, oder, allgemeiner, jede Ansicht, die eine absolut gewisse Grundlage der Erkenntnis beanspruche“ (Carnap, *Mein Weg in die Philosophie*, 60). Daraufhin habe Carnap versichert, dass die logischen Positivisten diese frühere Auffassung längst aufgegeben hätten „und nicht mehr an eine ‚felsenfeste Grundlage der Erkenntnis‘ “ glaubten – wie man eben Neuraths Diktum entnehmen könne. Ein-

Ferner brachte Popper drei schlagende Argumente vor.[114] Erstens kann, da man die möglichen Prüfungen von Basissätzen nicht zu erschöpfen vermag, kein Basissatz je als schlechthin gesichert gelten – „*die Basis schwankt*";[115] zweitens ist kein Basissatz wirklich elementar, denn ein jeder enthält Bezüge auf zumindest einige andere Sätze und Sachverhalte; und drittens gibt es gar keine reinen Beobachtungen oder Beschreibungen, sondern eine jede ist „von Theorien durchsetzt".[116] Das führte bei Popper zu einem ähnlichen Bild von der Wissenschaft wie bei Neurath: „die empirische Basis der objektiven Wissenschaft ‹ist› nichts ‚Absolutes'; die Wissenschaft [...] ist [...] ein Sumpfland, über dem sich die kühne Konstruktion ihrer Theorien erhebt".[117]

Somit scheitert auch der Rekurs auf vorgebliche Basissätze („Protokollsätze") an einer Serie von Einwänden. Und damit scheitert, nach dem Rückgriff auf „Elementarerlebnisse", auch die zweite im Logischen Empirismus verfolgte Strategie eines Rekurses auf Elementares.[118] Hegels Kritik elementaristischer Unmittelbarkeitsvorstellungen – sein Hinweis auf deren unumgängliche begriffliche Vermitteltheit – mochte lange brauchen, bis er sich durchsetzte, aber Hegels Argumente scheinen einen langen Atem zu haben.

---

stein war begeistert. Dann gab er jedoch zu bedenken, dass es somit ja „gar keinen Unterschied mehr zwischen unserer Vorstellung und anderen philosophischen Ansichten gebe" (ebd.). Diese Einschätzung wies Carnap entrüstet zurück. Aber nicht er, sondern Einstein war auf dem Stand der Zeit. Quine hatte kurz zuvor, 1951, jeden prinzipiellen Unterschied zwischen wissenschaftlichen und anderen Theoriebildungen eingezogen: „Ontologische Fragen bewegen sich [...] auf der gleichen Ebene wie Fragen der Naturwissenschaft" (Quine, „Zwei Dogmen des Empirismus", 49).

114 Vgl. insbes. das fünfte, „Basisprobleme" überschriebene Kapitel von Popper, *Logik der Forschung*, 60–76.

115 Ebd., 76 [Zusatz 1968].

116 „Unsere Sprache ist von Theorien durchsetzt: *es gibt keine reinen* Beobachtungssätze. [...] Sogar in einer sogenannten ‚phänomenalen' Sprache, die etwa ‚hier jetzt rot' zulässt, würde das Wort ‚jetzt' eine (rudimentäre) Theorie der Zeit implizieren; das Wort ‚hier' eine Theorie des Raumes; und das Wort ‚rot' eine Theorie der Farben" (ebd.). – Das war genau eines von Hegels Argumenten gewesen.

117 Ebd., 75 f. Ähnlich erklärte Popper noch später: „wir entdecken [...], dass dort, wo wir auf festem und sicherem Boden zu stehen glaubten, in Wahrheit alles unsicher und im Schwanken begriffen ist" (Popper, „Die Logik der Sozialwissenschaften", 103).

118 Carnap hat beides – das alte Ideal und dessen Scheitern – folgendermaßen ausgedrückt: „In allen bisherigen Erkenntnistheorien steckt ein bestimmter *Absolutismus*: in den realistischen ein Absolutismus der Objekte, in den idealistischen (einschließlich der Phänomenologie) ein Absolutismus des ‚Gegebenen', der ‚Erlebnisse', der ‚unmittelbaren Phänomene'. Auch im Positivismus findet sich ein Rest dieses idealistischen Absolutismus; in dem logistischen Positivismus unseres Kreises – in den bisher veröffentlichten wissenschaftslogischen (erkenntnistheoretischen) Schriften von Wittgenstein, Schlick, Carnap – nimmt er die verfeinerte Form eines Absolutismus der Ursätze (‚Elementarsätze', ‚Atomsätze') an. Gegen diesen Absolutismus hat *Neurath* als erster sich mit Entschiedenheit gewendet, indem er die Unwiderruflichkeit der Protokollsätze ablehnt. Popper gelangt von anderen Ausgangspunkten noch einen Schritt weiter: bei seinem Nachprüfungsverfahren gibt es keine letzten Sätze; sein System stellt daher die radikalste Überwindung jenes Absolutismus dar" (Carnap, „Über Protokollsätze", 228).

d. Resümee

Zusammengefasst: Die Betrachtung der frühen Cambridger Unmittelbarkeitshoffnungen zeigte, dass die Sinnesdatentheorie und der logische Atomismus an der begrifflichen Voraussetzungshaftigkeit von Singularisierungen kranken. Ähnlich erwies die Betrachtung des Logischen Empirismus, dass dessen Elementaritätshoffnungen an dem in Wahrheit komplexen Charakter des vorgeblich ‚Elementaren' scheitern. Atomistische Singularisierungsversuche und empiristische Elementarisierungsversuche erleiden gleichermaßen Schiffbruch am Vermittlungscharakter dessen, was sie als unmittelbar oder elementar wähnen.

Zugleich aber hat dabei ein neues Motiv Konturen angenommen. Insbesondere Neurath hat die Achse der Wahrheit von der externen Korrespondenz mit Wirklichkeit zur internen Kohärenz der Theorie hin verschoben. So mündet die Kritik an Logischem Atomismus und Empirismus in die Idee einer holistischen Wissenskonzeption. Damit scheint die analytische Philosophie – nachdem sie auf dem Wege einer Jahrzehnte währenden Selbstkritik Hegels Einspruch gegen Unmittelbarkeit und Elementarismus wiederholt hat – nun ein positives Pendant zu Hegel zu schaffen.

3. Holismus

a. Von Russell zu Quine: „Die Einheit empirischer Signifikanz ist die Wissenschaft als gesamte"

Erinnern wir uns: Ursprünglich waren Idee und Pathos der ‚analytischen' Methode strikt anti-holistisch. Russell hatte geradezu definitorisch erklärte, seine Philosophie sei ‚analytisch', „because it claims that the existence of the complex depends on the existence of the simple, and not vice versa, and that the constituent of a complex, taken as a constituent, is absolutely identical with itself as it is when we do not consider its relation".[119] Zusammen mit Moore argumentierte Russell standhaft dafür, dass Relationen ihren Gliedern in jeder Hinsicht äußerlich seien, weshalb analytisches Verfahren richtig,

[119] Russell, „Analytic Realism", 133. Noch spät, 1959, hat Russell diese Auffassung verteidigt – auch wenn er inzwischen zugab, sich seiner Sache nicht mehr ganz sicher zu sein. Als er in seiner philosophischen Autobiographie die Grundüberzeugungen auflistet, an denen er durch alle Wandlungen seiner philosophischen Position hindurch festgehalten habe, und dabei auf die Überzeugung zu sprechen kommt, „dass alles, was über einen Komplex ausgesagt werden kann, sich durch Aussagen über die Bestandteile des Komplexes und ihre wechselseitigen Beziehungen so zum Ausdruck bringen lässt, dass der Komplex als Ganzes überhaupt nicht mehr erwähnt zu werden braucht", räumt er ein, dass dies ein Grundsatz sei, „bei dem ich meiner Sache nicht so völlig sicher bin, von dem ich aber nur aus wirklich schwerwiegenden Gründen abweichen würde" (Russell, *Philosophie: Die Entwicklung meines Denkens*, 161).

holistisches hingegen verfehlt sei.[120] Die Stoßrichtung der Behauptung war klar antihegelianisch.[121]

Quines Aufsatz „*Two Dogmas of Empiricism*“ von 1951 aber setzte diesem anti-holistischen Pathos und der atomistisch-elementaristischen Ausrichtung der analytischen Philosophie ein Ende. Quine zeigte, dass empirische Bedeutung sich nur auf der Ebene der Wissenschaft *als ganzer* bestimmen lässt.[122] – Wie gelangte er zu dieser holistischen These?

Keine Eins-zu-eins-Zuordnung zwischen Sätzen der Theorie und empirischen Befunden

Zunächst konstatiert Quine, dass die alte „Annahme, dass jede Aussage unabhängig und isoliert von anderen Aussagen bestätigt bzw. geschwächt“ werden könne, deshalb verfehlt ist, weil „unsere Aussagen über die Außenwelt nicht als einzelne Individuen, sondern als ein Kollektiv vor das Tribunal der sinnlichen Erfahrung treten“.[123] Es gibt keine Eins-zu-eins-Zuordnung zwischen empirischen Befunden und Sätzen der Theorie. Empirische Tests können uns daher nur sagen, *ob* überhaupt etwas in der Theorie zu ändern ist, nicht aber, *was* genau zu ändern ist. Wir haben stets „eine breite Auswahl [...], welche Aussagen wir angesichts einer beliebigen individuellen dem System zuwiderlaufenden Erfahrung neu bewerten wollen.“[124] „Jede beliebige Aussage kann als wahr aufrechterhalten werden [...] Umgekehrt ist ebenso keine Aussage unrevidierbar.“[125] Das betrifft sogar noch die logischen Gesetze.[126]

Damit brach die wohl zentralste Prämisse der älteren analytischen Philosophie zusammen: die Idee einer Eins-zu-eins-Bezugnahme auf Gegenstände bzw. einer Eins-zu-eins-Korrespondenz zwischen Sätzen und Tatsachen. Sie war für den gesamten Hoffnungskomplex logischer Analyse – von Russells Rekurs auf „atomare Tatsachen“ und seine

---

120 Hingegen glaubte Wittgenstein den Streit um den internen oder externen Charakter von Relationen schon im *Tractatus logico-philosophicus* geschlichtet zu haben, so dass er ihn fortan für müßig ansah. Er unterschied zwischen den internen Beziehungen und Eigenschaften eines Dinges, die zum logischen Gerüst der Welt gehören und daher unausdrückbar sind, und den eigentlichen Beziehungen oder Eigenschaften, die extern sind. „Ich führe diese Ausdrücke ein, um den Grund der bei den Philosophen sehr verbreiteten Verwechslung zwischen den internen Relationen und den eigentlichen (externen) Relationen zu zeigen“ (Wittgenstein, *Tractatus logico-philosophicus*, 4.122). „Hier erledigt sich nun die Streitfrage, ‚ob alle Relationen intern oder extern seien‘ “ (4.125).

121 „For the comprehension of analysis, it is necessary to investigate the notion of whole and part, a notion which has been wrapped in obscurity [...] by the writers who may be roughly called Hegelian“ (Russell, *The Principles of Mathematics*, 137 [§ 133]).

122 „Die Einheit empirischer Signifikanz ist die Wissenschaft als gesamte“ (Quine, „Zwei Dogmen des Empirismus“, 46).

123 Ebd., 45.

124 Ebd., 47.

125 Ebd. – Bei Sellars wird dies später lauten: „empirical knowledge, like its sophisticated extension, science, is [...] a self-correcting enterprise which can put *any* claim in jeopardy, though not *all* at once“ (Sellars, *Empiricism and the Philosophy of Mind*, 79).

126 Quines Beispiel: „Die Revision selbst des logischen Gesetzes des ausgeschlossenen Dritten wurde vorgeschlagen, um damit eine Vereinfachung der Quantenmechanik zu erreichen“ (Quine, „Zwei Dogmen des Empirismus“, 47).

Theorie der Eigennamen über Carnaps Aufbaugedanken bis hin zum Verifikationsprinzip – tragend gewesen. Wenn aber eine solche Eins-zu-eins-Beziehung nicht gewährleistet werden kann, dann sind alle Versuche des Atomismus und Elementarismus – und damit das Ideal der ,Analyse' – vergebens. Daran kann man die Radikalität von Quines Revision ermessen und verstehen, warum man sagen konnte, Quine habe der analytischen Philosophie älterer Prägung den Todesstoß versetzt.

Von der Korrespondenz mit Wirklichkeit zur Kohärenz der Gesamttheorie

Quine folgert aus dem Scheitern der Vorstellung punktueller Eins-zu-eins-Beziehungen, dass der Übergang zu Holismus geboten ist. Das Verhältnis der Theorie zur Empirie muss so verstanden werden, dass jeweils das ganze „Kollektiv" der wissenschaftlichen Aussagen auf dem Prüfstand steht.[127] Die alte Vorstellung einer Wirklichkeitskorrespondenz einzelner Sätze wird durch die neue Sicht abgelöst, dass die Theorie *als ganze* mit der Erfahrung in Einklang stehen muss. Und da unsere Theorien prinzipiell empirisch unterbestimmt sind,[128] können sie nicht durch empirische Verankerung, sondern nur durch Gewährleistung ihrer inneren Kohärenz stark und stabil gemacht werden. Die Sätze der Wissenschaft, die nicht je für sich mit einem Erfahrungsbestand in Deckung zu bringen sind, müssen *untereinander* kohärenten Zusammenhang aufweisen. So führt die Undurchführbarkeit des Eins-zu-eins-Verifikationismus dazu, die Kohärenz der Gesamttheorie zum Wahrheitskriterium zu erheben – also zu wissenschaftlichem Holismus überzugehen, und zwar nicht bloß auf der Ebene einzelner Theorien, sondern insgesamt.

Quine vollzieht also endgültig und mit allen Konsequenzen den schon von Neurath ins Auge gefassten Schritt.[129] Bezeichnenderweise hat er denn auch Neuraths Äußerung „Wie Schiffer sind wir, die ihr Schiff auf offener See umbauen müssen, ohne es jemals

---

[127] Vgl. ebd., 45.

[128] Ebd. „Die Gesamtwissenschaft, Mathematik, Natur- und Humanwissenschaften, ist [...] von der Erfahrung her unterdeterminiert" (ebd., 49). „[...] unsere Theorien und Überzeugungen" sind „im allgemeinen durch die Gesamtheit der möglichen sinnlichen Belege auf immer und ewig unterbestimmt" (Quine, *Wort und Gegenstand*, 146).

[129] Neurath hatte schon 1914 für Holismus plädiert: „Das Zurückgehen auf die gesamte Weltanschauung wird zur Pflicht" (Neurath, „Zur Klassifikation von Hypothesensystemen", 101). Entsprechend fordert Quine, die „Mathematik, Natur- und Humanwissenschaften" umfassende „Gesamtwissenschaft" ins Auge zu fassen (Quine, „Zwei Dogmen des Empirismus", 49). Des Weiteren hatte Neurath, ebenfalls schon 1914, die Konsequenz des wissenschaftlichen Pluralismus gezogen: „unendlich viele Systeme" seien in der Lage, sämtlichen empirisch bekannten Fakten gerecht zu werden, sie könnten dies aber auf ganz unterschiedliche und sich gegenseitig ausschließende Weise tun (Neurath, „Zur Klassifikation von Hypothesensystemen", 96). Das hat in Quines These vom Pluralismus alternativer Theorien sein Pendant gefunden: „Was uns die empirische Unterbestimmtheit der globalen Wissenschaft lehrt, ist, dass es stets *mehr* als nur *eine* angemessene Möglichkeit gibt, sich die Welt zu denken" (Quine, *Unterwegs zur Wahrheit*, 142). „Wir haben [...] keinen Grund zu der Annahme, dass die Oberflächenreizungen des Menschen – selbst wenn man sie bis in die Ewigkeit hinein berücksichtigt – eine bestimmte Systematisierung zulassen, die, wissenschaftlich gesehen, besser oder einfacher ist als alle möglichen Alternativen. Es erscheint vielmehr wahrscheinlicher, dass zahllose alternative Theorien Anspruch auf den ersten Platz haben würden" (Quine, *Wort und Gegenstand*, 55). – Gerade die neuere Forschung hat gezeigt, wie sehr Quine

in einem Dock zerlegen und aus besten Bestandteilen neu errichten zu können"[130] zum Motto von *Word and Object* gewählt.[131,132]

Bevor ich das Verhältnis des quineschen Holismus zu Hegel erörtere, will ich zunächst auf eine andere Version von Holismus im Bereich der analytischen Philosophie eingehen, auf die des späten Wittgenstein.[133]

Motive Neuraths beerbt und innerhalb der amerikanischen analytischen Philosophie zur Geltung gebracht hat (vgl. Koppelberg, *Die Aufhebung der analytischen Philosophie*).

130 Neurath, „Protokollsätze", 206.

131 Vgl. Quine, *Word and Object*, VII; diskutiert wird das Motto 3 ff. u. 124; dt. *Wort und Gegenstand*, 5 bzw. 20 ff. u. 221.

132 Übrigens ist auch die Parallelität mit einer ganz anderen Richtung des Philosophierens kaum zu übersehen. Quines Auffassung ähnelt – nicht der Erklärung, aber der Sache nach – stark derjenigen Nietzsches. Wenn Quine erklärt, dass „die Gesamtheit unseres [...] Wissens oder Glaubens [...] ein von Menschen geflochtenes Netz" ist, „das nur an seinen Rändern mit der Erfahrung in Berührung steht" (Quine, „Zwei Dogmen des Empirismus", 47) – so dass die Wissenschaft als ganze gleichsam über ihrer Erfahrungsgrundlage schwebt und infolgedessen „unaufhörlich in Entwicklung begriffen" sein wird (Quine, *Wort und Gegenstand*, 58), so ähnelt auffallend einem Bild Nietzsches: „Man darf hier den Menschen wohl bewundern als ein gewaltiges Baugenie, dem auf beweglichen Fundamenten und gleichsam auf fliessendem Wasser das Aufthürmen eines unendlich complicirten Begriffsdomes gelingt; freilich, um auf solchen Fundamenten Halt zu finden, muss es ein Bau, wie aus Spinnefäden sein, so zart, um von der Welle mit fortgetragen, so fest, um nicht von dem Winde auseinander geblasen zu werden" (Nietzsche, „Ueber Wahrheit und Lüge im aussermoralischen Sinne", 882).

133 Weitere Holismus-Versionen im analytischen Bereich sind Davidsons Holismus der Bedeutung und des system of belief, ferner Putnams pragmatischer Holismus des Sprachverstehens und Brandoms inferentialistischer Holismus. Davidson: „Sofern Sätze hinsichtlich ihrer Bedeutung von ihrer Struktur abhängen und wir die Bedeutung jedes Elements in der Struktur nur als Abstraktion von der Gesamtheit der Sätze, in denen es vorkommt, begreifen, können wir die Bedeutung eines Satzes (oder Wortes) nur angeben, indem wir die Bedeutung jedes Satzes (und Wortes) der betreffenden Sprache angeben" (Davidson, „Wahrheit und Bedeutung", 47); „most of a person's beliefs must be true, and so there is a legitimate presumption that any one of them, if it coheres with most of the rest, is true" (Davidson, „A Coherence Theory of Truth and Knowledge", 127 f.); „there is a presumption in favour of the overall truthfulness of anyone's beliefs, including our own" (ebd., 128). Putnam: „[...] knowing what the words in a language mean (and without knowing what they mean, one cannot say what they *refer to*) is a matter of grasping the way they are *used*. But use is holistic; for knowing how words are used involves knowing how to fix beliefs containing those words and belief fixation is holistic" (Putnam, *Representation and Reality*, 119). Brandom: „[...] inferentialist semantics is resolutely *holist*. On an inferentialist account of conceptual content, one cannot have *any* concepts unless one has *many* concepts. For the content of each concept is articulated by its inferential relations to *other* concepts. Concepts, then, must come in packages (though it does not yet follow that they must come in just one great big one). Conceptual holism is not a commitment that one might be motivated to undertake independently of the considerations that lead one to an inferential conception of the conceptual. It is rather a straightforward consequence of that approach" (Brandom, *Articulating Reasons*, 15 f.). „Inferentialism of any sort is committed to a certain kind of semantic *holism*, as opposed to the *atomism* that often goes hand in hand with commitment to a representationalist order of semantic explanation" (ebd., 29).

b. Von Moore zu Wittgenstein: „*Ein Ganzes* von Urteilen wird uns plausibel gemacht"

Während Quines Holismus sich gegen Carnap und die Russell-Tradition wandte, richtete sich Wittgensteins Holismus in erster Linie gegen Moore.

Gewissheiten qua Wissen (Moore) oder qua Weltbild (Wittgenstein)?

Moore hatte alltägliche Gewissheiten des common sense verteidigt.[134] Sätze wie „Hier ist eine Hand" oder „Die Erde bestand lange Zeit vor meiner Geburt" hielt er für unerschütterlich gewiss.[135] Dergleichen *wisse* man einfach mit Sicherheit.

Wittgenstein jedoch widerspricht[136] – zwar nicht diesen Gewissheiten, aber Moores Auffassung derselben.[137] Solche Gewissheiten sind laut Wittgenstein nicht kognitive Errungenschaften und stellen kein Wissen dar, sondern sie gehören zur Struktur unseres Weltbildes. Wohl sind sie also tragende Gewissheiten, aber sie haben einen grundsätzlich anderen Status als Wissens-Sätze: sie zählen zu den *Bedingungen* jeglichen Wissenserwerbs. Auch ist es nicht so, dass wir unser Weltbild, das diese Gewissheiten enthält, durch einzelne Wissensschritte aufgebaut hätten (so dass die betreffenden Gewissheiten verdeckterweise doch kognitive Errungenschaften sein könnten): „[...] mein Weltbild habe ich nicht, weil ich mich von seiner Richtigkeit überzeugt habe; auch nicht, weil ich von seiner Richtigkeit überzeugt bin. Sondern es ist der überkommene Hintergrund, auf welchem ich zwischen wahr und falsch unterscheide."[138] Das Weltbild (Wittgenstein spricht dafür auch von „System") bildet den fraglosen Hintergrund, der alle einzelnen Wissensschritte und Argumentationen ermöglicht und bedingt: „Alle Prüfung, alles Bekräften und Entkräften einer Annahme geschieht schon innerhalb eines Systems." Diese Tätigkeiten sind durch das System bedingt: „dies System gehört zum Wesen dessen, was wir ein Argument nennen. Das System ist [...] das Lebenselement der Argumente".[139]

Von da aus ist Wittgensteins Antwort auf Moore klar. Wenn dieser von „unerschütterlichen Überzeugungen" spricht, so bedeutet das nicht, dass man „bewusst durch bestimmte Gedankengänge" zu diesen Überzeugungen gelangt wäre, sondern dass die betreffenden Überzeugungen so sehr in all unseren *„Fragen und Antworten* verankert"

---

[134] So schon seit „The Refutation of Idealism" von 1903 und beispielsweise wieder in „A Defence of Common Sense" (1925) und „Proof of an External World" (1939).

[135] Moore, „Proof of an External World", 166, bzw. „A Defence of Common Sense", 107 u. 118. Moores Standardformulierung für den letzteren Satz lautet „The earth has existed for many years past" (ebd., 110, 120, 126, 127).

[136] Wittgenstein setzt sich insbesondere mit Moores „A Defence of Common Sense" auseinander.

[137] „Auch wenn der Glaubwürdigste mir versichert, er *wisse*, es sei so und so, so kann dies allein mich nicht davon überzeugen, dass er es weiß. Nur, dass er es zu wissen glaubt. Darum kann Moores Versicherung, er wisse ..., uns nicht interessieren. Die Sätze aber, welche Moore als Beispiele solcher gewissen Wahrheiten aufzählt, sind allerdings interessant. Nicht weil jemand ihre Wahrheit weiß, oder sie zu wissen glaubt, sondern weil sie alle im System unsrer empirischen Urteile eine *ähnliche* Rolle spielen" (Wittgenstein, *Über Gewissheit*, 148 [137]).

[138] Ebd., 139 [94].

[139] Ebd., 141 [105].

sind, dass man gar „nicht an sie rühren kann".[140] Kurzum: Moores unerschütterliche Gewissheiten sind nicht Wissenssätze, sondern Glaubensbestände des Systems. Und daran ist nichts Falsches – nur muss man sich eben darüber im klaren sein, dass derlei Überzeugungen nicht *Wissens*-Charakter besitzen.

Wittgensteins Holismus: „Unser Wissen bildet ein großes System"

Wittgensteins Holismus bezieht sich also in erster Linie auf unser Weltbild und von daher dann auf die Struktur unseres Wissen. Hinsichtlich des ersteren bemerkt er, dass wir unser Weltbild nicht Element für Element aufbauen, sondern als ein Ganzes erlernen: „Wenn wir anfangen, etwas zu *glauben*, so nicht einen einzelnen Satz, sondern ein ganzes System von Sätzen. (Das Licht geht nach und nach über das Ganze auf.)"[141] Bezüglich der holistischen Struktur unseres Wissens erklärt Wittgenstein: „Unser Wissen bildet ein großes System."[142] Einzelne Urteile oder Sätze haben „nur in diesem System [...] den Wert, den wir ihnen beilegen".[143] Evidenz ist ein Systemeffekt: „Nicht einzelne Axiome leuchten mir ein, sondern ein System, worin sich Folgen und Prämissen *gegenseitig* stützen."[144]

Auch Wittgensteins Spätphilosophie also – neben Quines Schriften das zweite große Inspirationspotential der neueren analytischen Philosophie – ist unverkennbar holistisch geprägt.[145] Der für die analytische Philosophie ursprünglich konstitutive Anti-Holismus wurde gleichzeitig[146] auf zwei Wegen überwunden: von Quine im Blick auf wissen-

---

140 Ebd., 141 [103].

141 Ebd., 149 [141].

142 Ebd., 200 [410].

143 Ebd.

144 Ebd., 149 [142].

145 Vgl. Wright: „Die Spätphilosophie Wittgensteins hat eine auffallend holistische Prägung" (Wright, „‚Analytische Philosophie' ", 60). – Manches an dieser holistischen Prägung ist mit Hegel in Verbindung gebracht worden. So hat Charles Taylor auf Affinitäten zwischen Hegel und dem späten Wittgenstein in Sachen Sprachverständnis und sinnlicher Gewissheit hingewiesen (Taylor, „The Opening Arguments of the *Phenomenology*", 163 u. 187). Bereits Findlay hatte festgestellt: „Hegel may in fact be said not merely to have anticipated many of the views that we now associate with the name Wittgenstein, but even to have gone beyond these" (Findlay, *Hegel: A Re-Examination*, 80). Auf der anderen Seite ist Wittgensteins Antipathie gegen Hegel bekannt. Er sagte zum Beispiel: „Nein, mit Hegel könnte ich vermutlich nichts anfangen. Mir scheint, Hegel will immer sagen, dass Dinge, die verschieden aussehen, in Wirklichkeit gleich sind, während es mir um den Nachweis geht, dass Dinge, die gleich aussehen, in Wirklichkeit verschieden sind" (Drury, „Gespräche mit Wittgenstein", 217). Wenn sich gleichwohl in wichtigen Punkten Kongruenzen zeigen, so ist das umso aufschlussreicher und ein Beispiel dessen, woran ich hier insgesamt interessiert bin: an sachlichen Konvergenzen, die sich ungeachtet vordergründiger Aversionen einstellen.

146 Quines Überlegungen wurden zwar erst 1951 publiziert, er hatte sie aber schon mehr als zehn Jahre lang entwickelt und mit Kollegen diskutiert, die in Schriften darauf Bezug nahmen, so dass er 1950 von der American Philosophical Association aufgefordert wurde, seine Auffassungen öffentlich darzustellen; aus diesem Anlass verfasste er „Two Dogmas". Wittgenstein hat seine hier erwähnten Überlegungen ebenfalls in den vierziger Jahren entwickelt; die Notizen zu *Über Gewissheit* schrieb er 1949–1951 nieder; sie wurden 1969 postum von G. E. M. Anscombe und G. H. von Wright unter dem Titel *Über Gewissheit. On Certainty* herausgegeben.

schaftliche Theorien und von Wittgenstein im Blick auf den Weltbildhintergrund unseres Wissens.

Ein Unterschied der beiden Holismen aber sei wenigstens angemerkt. Quine, der sich auf die Wissenschaft konzentriert, sieht diese als hochgradig variabel an – bis hin zur Möglichkeit alternativer, miteinander unverträglicher Theorien, zwischen denen man keine rationale Entscheidung mehr treffen kann.[147] Wittgenstein hingegen, der vor allem das Weltbild als überkommenen Hintergrund unseres Wissens ins Auge fasst, betrachtet diesen Hintergrund eher als eine permanente Bedingung denn eine veränderliche Manövriermasse unserer Verständigungsprozesse.[148]

Aber nun ist es an der Zeit, die spezifisch *hegelsche* Version von Holismus näher zu betrachten, um dann ihre Gemeinsamkeiten sowie Unterschiede gegenüber Quine und Wittgenstein anzugeben.

c. Hegels Holismus: „Das Wahre ist das Ganze"

Was ist Hegels Sicht? Warum meint *er*, man müsse, um ein Einzelnes oder einen Teil zu erfassen, das Ganze erfassen?

Gegen die Fiktion von Einfachheit – wider das Übersehen der Vermitteltheit

Hegels erstes Argument hatte ich schon genannt. Das ‚Einzelne' oder ‚Einfache' beruht auf komplexeren Bedingungen, als wir gemeinhin annehmen. Indem wir etwas als ‚Einzelnes' oder ‚Einfaches' bezeichnen, suggerieren wir (auch uns selbst), dass es für sich stehe und allein aus sich begriffen werden könne. Wir unterschlagen die Vermittlungsleistungen, die für seine Konturierung in Wahrheit unerlässlich und in seine Bestimmung

---

147 „I was showing that scientific discourse radically unlike our own, structurally and ontologically, could claim equal evidence and that we are free to switch" (Quine, „Relativism and Absolutism", 295). „[...] mehr als den Standpunkt der einen oder anderen Theorie [...] einzunehmen, können wir niemals erreichen" (*Wort und Gegenstand*, 54).

148 Allerdings sucht auch Wittgenstein Veränderungsmöglichkeiten Rechnung zu tragen. Zwar lautet seine bekannte Standardauffassung: „Habe ich die Begründungen erschöpft, so bin ich nun auf dem harten Felsen angelangt, und mein Spaten biegt sich zurück. Ich bin dann geneigt zu sagen: ‚So handle ich eben' " (Wittgenstein, *Philosophische Untersuchungen*, 350 [217]). Aber später, in *Über Gewissheit*, denkt Wittgenstein doch auf eine gewisse Flexibilität dessen hinaus, was ihm zuvor als starrer Felsen erschienen war. Er bedient sich jetzt des Bildes von Fluss und Flussbett: „Man könnte sich vorstellen, dass gewisse Sätze von der Form der Erfahrungssätze erstarrt wären und als Leitung für die nicht erstarrten, flüssigen Erfahrungssätze funktionierten; und dass sich dies Verhältnis mit der Zeit änderte, indem flüssige Sätze erstarrten und feste flüssig würden" (Wittgenstein, *Über Gewissheit*, 140 [96]). „Die Mythologie kann wieder in Fluss geraten, das Flussbett der Gedanken sich verschieben. Aber ich unterscheide zwischen der Bewegung des Wassers im Flussbett und der Verschiebung dieses; obwohl es eine scharfe Trennung der beiden nicht gibt" (ebd., 140 [97]). Die Kompromissformel zwischen der älteren These vom schlechthin „harten Felsen" (*Philosophische Untersuchungen*) und der Veränderlichkeitsidee (*Über Gewissheit*) lautet dann: „Ja, das Ufer jenes Flusses besteht zum Teil aus hartem Gestein, das keiner oder einer unmerkbaren Änderung unterliegt, und teils aus Sand, der bald hier bald dort weg- und angeschwemmt wird" (ebd., 140 [99]).

als ‚Einzelnes' oder ‚Einfaches' bereits eingegangen sind. Nähme man diese Vermittlungen weg, so bliebe kein ‚Einzelnes' oder ‚Einfaches' übrig. Es gibt, so Hegel, weder in der Wirklichkeit noch im Denken ein Einfaches.[149]

Vermittlungen welcher Art sind beteiligt? Erstens ist ‚Einfachheit' ebenso wie ‚Einzelheit' eine Kontrastbestimmung; mit ihr sind zugleich andere Bestimmungen wie ‚Komplexität', ‚Abgegrenztheit', ‚Anzahl' und dergleichen im Spiel. Nur im Verbund solcher Bestimmtheiten – also gerade nicht einfach, nicht einzeln – kann etwas überhaupt als ‚Einfaches' oder ‚Einzelnes' bestimmt werden.

Zweitens sind Einfachheit und Einzelheit *allgemeine* Bestimmungen – sie treffen offenbar auf vielerlei zu. Mithin kann *ein* Einfaches oder Einzelnes diese Bestimmungen allenfalls erfüllen, nicht aber erzeugen oder erschöpfen. Somit bedarf es, um von *diesem* Einfachen oder Einzelnen sprechen zu können, weiterer Begriffsraster, um *dieses* Einfache oder Einzelne von *anderem* Einfachem oder Einzelnem abheben zu können – und wir haben im 2. Abschnitt gesehen, welch umfänglicher begrifflicher Apparat für derlei Operationen erforderlich ist.

Ich überspringe einige weitere Punkte, die das gleiche Ergebnis haben. Etwas als ‚einfach' oder ‚einzeln' zu bestimmen, ist ein reichlich komplexer Akt. Das anscheinend Einfache kann nur kontrastiv in einem komplexen Zusammenhang ein solches sein und nur mittels eines entsprechend vielmaschigen Bestimmungsnetzes als solches bestimmt werden.[150] – Die Frage ist nur: Wie weit muss dieses Netz reichen? Etwa unendlich weit?

Form des Aussagesatzes versus Komplexität des Bestimmens

Auf ähnliche Weise wie die Bestimmtheit des Einzelnen problematisiert Hegel auch die Form des Aussagesatzes. Ein Subjekt soll durch ein Prädikat bestimmt werden – aber es wird dabei immer nur in einer gewissen Hinsicht, also einseitig, nicht umfassend bestimmt. In dieser *einen* Bestimmung geht das Subjekt nicht auf, es weist über sie hinaus. Also, so meint man, muss man zu seiner vollständigen Bestimmung noch weitere Sätze herbeiziehen. Aber lässt sich ein Gegenstand überhaupt durch eine – sei's auch noch so große – Anzahl von Sätzen vollständig bestimmen?

Schwerlich. Denn was vom Gegenstand gilt, wiederholt sich auf der Ebene der Prädikate erneut. Die Bestimmungsleistung eines Prädikats hängt von dessen Stellung zu anderen Prädikaten ab und erfolgt im Verbund mit diesen. *Ein* Prädikat zu verwenden, heißt zugleich einen ganzen Schwarm *anderer* Prädikate (nicht bloß hintergrundar-

---

[149] „Es *gibt* deswegen auch, es sei in der *Wirklichkeit* oder im *Gedanken*, kein so Einfaches und so Abstraktes, wie man es sich gewöhnlich vorstellt. Solches Einfache ist eine bloße *Meinung*, die allein in der Bewusstlosigkeit dessen, was in der Tat vorhanden ist, ihren Grund hat" (Hegel, *Wissenschaft der Logik II*, 6, 555).

[150] Ein einzelner Teil, sagt Hegel, hat sein Sein „durch die andern", hat „Sinn und Bedeutung [...] nur durch seinen Zusammenhang mit dem Ganzen. Es kann deswegen nicht von einzelnen Begriffen für sich, einzelnen Erkenntnissen als einem Wissen die Rede sein" (Hegel, *Differenz des Fichteschen und Schellingschen Systems der Philosophie*, 2, 30 [Abschn. „Reflexion als Instrument des Philosophierens"]). „Ein Inhalt hat allein als Moment des Ganzen seine Rechtfertigung" (Hegel, *Enzyklopädie der philosophischen Wissenschaften im Grundrisse I*, 59 f. [§ 14]).

tig, sondern konturgebend) ins Spiel zu bringen. – Wieder ist zu fragen: Wo hat diese Komplexifizierungsdynamik ein Ende? Lässt sich überhaupt eine Grenze angeben?

Totalität als theoretischer Anspruch, der nicht pragmatisch gekappt werden kann

Pragmatiker versuchen das. Sie raten, die Kette der Klärungen abzubrechen, sobald in der Verständigung keine Probleme mehr auftreten. Hegel aber steht solch pragmatischer Bequemlichkeit fern. Er will das Begreifen so weit treiben, wie nur irgend möglich. Unter dem Maß der ganzen Wahrheit mag er sich nicht zufrieden geben.[151] (Und vielleicht ist es nötig, heutige Philosophen an diese Möglichkeit zu erinnern).[152] Wenn nun aber jede Bestimmung konstitutiv mit einer Serie weiterer Bestimmungen verknüpft ist, dann ist die volle Wahrheit nur durch eine Klärung des Ganzen zu erreichen. Das ist der nüchterne Sinn von Hegels Diktum „Das Wahre ist das Ganze".[153] – So viel fürs erste zu Hegels ‚Holismus': *eine* Bestimmung wirklich präzis zu geben, scheint letztlich nur im Durchlauf *aller* Bestimmungen möglich.

Hegels „Dreh": Totalität ist nicht einfachhin gegenständlich zu nehmen, sondern erfordert die Inblicknahme der Kongruenz von Bewusstseins- und Gegenstandsform

Aber ist das überhaupt möglich? Lässt sich eine vollständige Bestimmung des Ganzen überhaupt erreichen? Das scheint schon deshalb unmöglich, weil die Mannigfaltigkeit der Gegenstände andauernd in Entwicklung und Bewegung begriffen ist. Wie sollte sich da ein komplettes System ihrer Beziehungen aufstellen lassen? – Aber so ist Hegels Holismus gar nicht gemeint. Hegel hat nicht eine umfassende Ausbuchstabierung des Beziehungsgeflechts der Gegenstände im Sinn. Und damit komme ich zum entscheidenden Punkt in Hegels Verständnis der Totalität – oder zu Hegels „Dreh".

Überlegen wir: Was war es denn, was zum Hinausgang ins Ganze nötigte? Es war nicht die Mannigfaltigkeit der welthaften Gegenstände als solche, sondern die komplexe Architektur ihrer Bestimmtheit. Einen Gegenstand zu bestimmen, verlangte nicht nur, auch andere Gegenstände zu berücksichtigen, sondern vor allem, auf die begrifflichen Strukturen solchen Bestimmens zu achten und auf deren Komplexität sich einzulassen. Allein die vollständige Reihe der Gegenstände ins Auge zu fassen, wäre also doppelt ungenügend: es erlaubte, indem man sich nur auf die Gegenstände kaprizieren und nicht zugleich die Logik ihrer Bestimmung bedenken wollte, schon gar nicht ein wirkliches Begreifen dieser Gegenstände; und darüberhinaus hätte man so allenfalls die halbe, die objektiv-gegenständliche Totalität ins Auge gefasst, hingegen die andere Seite, die

---

[151] „Das *Ziel* aber ist dem Wissen ebenso notwendig als die Reihe des Fortgangs gesteckt; es ist da, wo es nicht mehr über sich selbst hinauszugehen nötig hat, wo es sich selbst findet und der Begriff dem Gegenstande, der Gegenstand dem Begriffe entspricht. Der Fortgang zu diesem Ziele ist daher auch unaufhaltsam, und auf keiner früheren Station ist Befriedigung zu finden. Das Bewusstsein leidet [...] diese Gewalt, sich die beschränkte Befriedigung zu verderben, von ihm selbst" (Hegel, *Phänomenologie des Geistes*, 74 [Einleitung]).

[152] Hegel ist, wenn ich so sagen darf, ganz und gar ein Philosoph: in seinem Lebenslauf bekennt er, die Philosophie zur Bestimmung seines Lebens gemacht zu haben (Hegel, „Lebenslauf", 583).

[153] Ebd., 24 [Vorrede].

Sphäre des Bewusstseins, des Verstehens und Begreifens, die ebenfalls konstitutiv zur Totalität gehört, übersehen. So hätte man den Anspruch auf Totalität doppelt verfehlt. Wirkliche Totalität muss *beides*, muss Objektives *und* Subjektives umfassen. Nur dann hat sie nichts mehr außer sich, kann sie wirkliche Totalität sein.[154]

Nun haben die vorigen Überlegungen zur Logik des Bestimmens aber schon erkennen lassen, dass eine Trennung von Gegenstands- und Bewusstseinsthematisierung ohnehin nicht möglich ist. Bewusstseinsleistungen sind den Gegenständen bereits eingeschrieben. Es ist diese Einsicht, welche es Hegel ermöglicht, das zu tun, was man tun muss, um wirkliche Totalität zu erreichen: die Gesamtheit der *Korrelationen* von Gegenstandsweisen und Bewusstseinsformen in den Blick zu nehmen und die Rekonstruktion des Systems der Gegenstände *ineins* mit der Rekonstruktion der entsprechenden Bewusstseinsformen vorzunehmen. Hegel dreht also die Achse der Betrachtung weg von der Vollständigkeit nur der Gegenstandsmannigfaltigkeit hin zur umfassenden Thematisierung der Korrelation von Bewusstsein und Gegenstand. Genau dadurch wird ein Begreifen des Ganzen möglich.

Im einzelnen sind zur Durchführung des Vorhabens drei Elemente erfordert. Erstens muss gezeigt werden, dass tatsächlich jeweils eine strikte Korrelation von Bewusstseinstypik und Gegenstandstypik besteht. Gegenstände einer bestimmten Art gibt es nur für ein Bewusstsein der korrespondierenden Art.[155] In der *Phänomenologie des Geistes* geht Hegel die Reihe der Bewusstseinsformen durch, um zu zeigen, wie Bewusstsein und Gegenstand jeweils ein Paar bilden; die Bewusstseinsform ist ein inneres Moment der entsprechenden Gegenstandstypik (und umgekehrt).

Zweitens stehen die Bewusstseinsformen sowohl in einer generativ-sukzessiven Beziehung wie in einem bewahrenden Verhältnis zueinander. Die Bewusstseinsform der höheren Stufe stellt jeweils die Lösung eines auf der vorangegangenen Stufe unlösbar gebliebenen Widerspruchs dar. Hier hat Hegels berühmte Rede von „Aufhebung" ihren Ort: frühere Stufen sind in den nachfolgenden „aufgehoben".

Drittens muss eine Vollendungsform der Erkenntnis-Gegenstands-Korrelation denkbar und realisierbar sein. Hegel zufolge ist dies der Fall. Die höchste Form wird dort erreicht, wo die zuvor nur latente Kongruenz von Bewusstseins- und Gegenstandsform vollkommen transparent wird.[156] Dies geschieht, indem das Bewusstsein erkennt, dass es in all seiner Befassung mit Fremdartigem in Wahrheit mit sich selbst befasst ist. Somit begreift es sich schließlich in allem Gegenstandsbezug als Selbstbewusstsein. Damit, sagt Hegel, ist das eigentlich „*begreifende Wissen*" erreicht, das *alles* umfasst und darum

---

[154] Hegel hat die Schrumpfform, die sich durch die crux der gewöhnlichen Totalitätsvorstellung ergibt, die sozusagen nur die halbe, die objektiv-gegenständliche Totalität ins Auge fasst, als schlechte Unendlichkeit des Verstandes charakterisiert und in vielen Wendungen ob ihrer Einseitigkeit und Unvollständigkeit kritisiert.

[155] Wo Gläubige ein Wunder sehen, sieht der Alltagsmensch vielleicht nur Banales und ein Physiker gar nichts.

[156] Noch einmal: „Das *Ziel* aber ist dem Wissen ebenso notwendig als die Reihe des Fortgangs gesteckt; es ist da, wo es nicht mehr über sich selbst hinauszugehen nötig hat, wo es sich selbst findet und der Begriff dem Gegenstande, der Gegenstand dem Begriffe entspricht" (Hegel, *Phänomenologie des Geistes*, 74).

weiß.[157] Über dieses Wissen hinaus ist kein höheres mehr denkbar, denn in diesem Wissen ist die Kongruenz von Gegenstand und Begriff vollständig realisiert und die Reihe aller vorherigen Stufen aufbewahrt.[158] Dieses Wissen repräsentiert daher die vollendete Totalität.

Ich habe hier eine komprimierte Form des hegelschen Gedankens vorgetragen. Einiges will ich später noch verdeutlichen. Wenn man sich wundert, dass dabei gar nicht vom „Absoluten", vom „Weltgeist" und ähnlichem die Rede war, so bin ich zuversichtlich, dass Hegel selbst bei einer heutigen Rekonstruktion seines Denkens ohne derlei Metaphern würde auskommen wollen.

Hegels Holismus im Verhältnis zu dem Quines und Wittgensteins

Damit sind wir in der Lage anzugeben, wie Hegels Holismus sich zu dem von Quine und Wittgenstein verhält. Quine hatte herausgestellt, dass Bedeutung nur im Zusammenhang der Sätze der Gesamttheorie festzumachen ist.[159] Dem würde Hegel zustimmen. Wissenschaft hängt auch für ihn an der Interdependenz und integralen Schlüssigkeit der Sätze und damit an der Systemform.[160] Wittgenstein hatte ebenfalls betont, dass sich im System „Folgen und Prämissen *gegenseitig* stützen".[161] Er meinte, dass „das Einzelne den Wert, den wir ihm beilegen", „nur in diesem System hat".[162] Ganz analog hatte Hegel erklärt, dass jeder Teil „Sinn und Bedeutung [...] nur durch seinen Zusammenhang mit dem Ganzen" besitzt.[163]

Gleichwohl geht Hegels Totalitätsgedanke über diese analytischen Versionen hinaus. Hegels Pointe war, dass Totalität nur erreichbar ist, indem die (bei Hegel selbstbewusstseinshafte) Kongruenz von Erkenntnisform und Gegenstandsform transparent wird.

Von daher ist erstens die Betonung nur der Interdependenz von Sätzen und eines gesamtheitlichen Charakters der Theorie bei Weitem zu wenig.[164] Die Einsicht in die

---

[157] „Diese letzte Gestalt des Geistes, der Geist, der seinem vollständigen und wahren Inhalte zugleich die Form des Selbsts gibt und dadurch seinen Begriff ebenso realisiert, als er in dieser Realisierung in seinem Begriffe bleibt, ist das absolute Wissen; es ist der sich in Geistsgestalt wissende Geist oder das *begreifende Wissen*" (ebd., 582 [Kap. „Das absolute Wissen"]).

[158] „*Das Ziel*, das absolute Wissen, oder der sich als Geist wissende Geist hat zu seinem Wege die Erinnerung der Geister, wie sie an ihnen selbst sind und die Organisation ihres Reichs vollbringen" (ebd., 591).

[159] „Die Einheit empirischer Signifikanz ist die Wissenschaft als gesamte" (Quine, „Zwei Dogmen des Empirismus", 46).

[160] „Ein Philosophieren *ohne System* kann nichts Wissenschaftliches sein [...] Ein Inhalt hat allein als Moment des Ganzen seine Rechtfertigung" (Hegel, *Enzyklopädie der philosophischen Wissenschaften im Grundrisse I*, 59 f. [§ 14]). „Die wahre Gestalt, in welcher die Wahrheit existiert, kann allein das wissenschaftliche System derselben sein" (Hegel, *Phänomenologie des Geistes*, 14 [Vorrede]).

[161] Wittgenstein, *Über Gewissheit*, 149 [142].

[162] Ebd., 200 [410].

[163] Hegel, *Differenz des Fichteschen und Schellingschen Systems der Philosophie*, 30 [Abschn. „Reflexion als Instrument des Philosophierens"].

[164] Dergleichen entspricht nur dem, was Hegel als „objektive Totalität" des Verstandes bezeichnet hat (ebd., 26).

tiefere Kongruenz von Wissens- und Gegenstandsstruktur fehlt bei Quine wie bei Wittgenstein.

Zweitens würde Hegel Quines Dualismus kritisieren. Quine hatte gemeint, die Theorie sei eines, das „Sperrfeuer sinnlicher Reize“[165] ein anderes; ein Holismus der Theorie sei gerade deshalb geboten, weil die Kluft zwischen Theorie und Sinnesreizen nicht geschlossen werden könne.[166] Aber wenn er dies meint, dann ist Quine im Grunde ein Dualist, nicht ein Holist. Er ist ein Dualist hinsichtlich der grundlegenden Kluft zwischen der Theorie einerseits und dem, wovon die Sinnesreize herrühren andererseits, und ein Holist dann nur bezüglich der einen der beiden Seiten, der Seite der Theorie.[167]

Drittens würde Hegel auch Wittgensteins Rede von einem „System“ – selbst wenn sie weniger theoriefixiert ist als die Quines, sondern auf Gewissheiten und Praktiken als das „Lebenselement“ der Theorie abhebt – als noch immer zu einseitig kritisieren. Denn Wittgenstein beschränkt sich auf die Reflexion sprachlicher Verwendungspraktiken, ohne je die umgekehrte Frage zu stellen, was den Gegenständen schon zu eigen sein muss, damit wir uns überhaupt auf sie beziehen können. Schließlich würde Hegel auch die fixe Voraussetzungshaftigkeit der von Wittgenstein angeführten Gewissheiten infrage stellen und gegen deren bloße Hinnahme auf die Beweglichkeit des jeweiligen „Weltbild“-Hintergrundes hinweisen.

Gewiss ist erst noch zu fragen, ob Hegel mit seiner Totalitätsvorstellung recht hat. Ist sein Konzept nicht doch überzogen? Oder sollte zumindest sein Grundgedanke, sollte der Ansatzpunkt seiner Totalitätsvorstellung – die These einer prinzipiellen Kongruenz von Bewusstseins- und Gegenstandsform – unausweichlich sein? Und hat sich die analytische Philosophie in ihrem weiteren Verlauf dieser Auffassung Hegels angenähert?

---

165 Quine, „Zwei Dogmen des Empirismus“, 50.

166 Man nehme etwa die folgende Aussage: „Die Gesamtheit unseres [...] Wissens oder Glaubens [...] ist ein von Menschen geflochtenes Netz, das *nur an seinen Rändern* mit der Erfahrung in Berührung steht“ (Quine, „Zwei Dogmen des Empirismus“, 47 [Hervorhebung W.W.]). Das drückt klar eine Gegenübersetzung aus – wobei dann glücklicherweise doch wenigstens eine Berührung möglich sein soll. Überdies operiert Quine mit einem Dualismus von Sprache einerseits und außersprachlichen Tatsachen andererseits, und es geht ihm nicht etwa darum, diesen Dualismus in Frage zu stellen, sondern darauf hinzuweisen, dass wir die Anteile der beiden Seiten in unseren Aussagen nicht auseinanderdividieren können: „Wir hatten soeben darüber reflektiert, dass im allgemeinen die Wahrheit von Aussagen offensichtlich sowohl von der Sprache als auch von außersprachlichen Tatsachen abhängt [...] Mein gegenwärtiger Standpunkt ist der, dass es Unsinn ist und zu viel Unsinn führt, von einer sprachlichen und einer faktischen Komponente der Wahrheit irgendeiner individuellen Aussage zu reden. Wissenschaft, ist kollektiv betrachtet, sowohl von Sprache wie von Erfahrung abhängig; doch dieser Doppelcharakter kann nicht sinnvollerweise bis in die einzelnen Aussagen der Wissenschaft, jede für sich genommen, verfolgt werden“ (ebd., 46).

167 So haben es auch analytische Nachfolger Quines – insbesondere Davidson und McDowell – gesehen und von daher an Quines Dualismus Kritik geübt (McDowell übrigens mit hegelschen Argumenten).

4. Erkennen und Wirklichkeit

Ich komme zum dritten Punkt, zur Frage nach dem Verhältnis von Erkennen und Wirklichkeit.

a. *Linguistic turn*: sprachlicher Bezug auf Gegenstände

Die heutige analytische Philosophie diskutiert diese Frage nicht mehr als die von *Denken* und Wirklichkeit, sondern als die von *Sprache* und Wirklichkeit. Seit dem *linguistic turn* sagt man: Welcher Art auch immer die Gegenstände sein mögen, auf die wir uns beziehen, man darf nicht außer Acht lassen, dass wir uns wesentlich mittels der Sprache auf sie beziehen und dass daher alle Gegenstandsaussagen zuallererst einmal den sprachlichen Sinnbedingungen genügen müssen. – Es wird meine These sein, dass der *linguistic turn* eine sprachphilosophische Reformulierung von Hegels Idee einer prinzipiellen Kongruenz von Erkenntnis- und Gegenstandsform erlaubt. Die Begründung dieser These erfordert etliche Einzelschritte und Differenzierungen. Dabei wird es insbesondere zwei Versionen des *linguistic turn* zu unterscheiden gelten: eine commonsensualistische und eine idealistische. Nur die letztere steht Hegel nahe.

b. Die commonsensualistische Standard-Version: Sprache als Zugangs-Bedingung zu sprach-unabhängigen Gegenständen

Die Standardversion linguistischen Philosophierens versteht die Sprachanalyse als die Methode der Wahl zur Analyse unserer Gegenstandsbezüge. Hingegen erhebt sie keine ontologischen Ansprüche. Sie behauptet nicht, dass die Sprachlichkeit unseres Gegenstandsbezugs im Wesen der Gegenstände begründet sei. Vielmehr gelten ihr die Gegenstände gerade unabhängig davon, was wir über sie sagen, als seiend und als eben so seiend, wie sie sind. Der Vorrang der Sprachanalyse resultiert allein daraus, dass unsere *Bezugnahme* auf Gegenstände primär sprachlicher Art ist. Aber das tangiert nicht das Sein der Gegenstände als solcher. Die notwendige Sprachlichkeit unserer Bezugnahme macht nicht die Gegenstände selbst zu sprachlichen Gebilden – so wenig wie der Umstand, dass man eines Flohs nur mittels einer Pinzette habhaft werden kann, den Floh zu einem pinzettenartigen Gebilde macht. Die Sprache ist nur eine für uns unumgängliche oder privilegierte *Zugangsbedingung* zu Gegenständen bzw. eine *Vollzugsbedingung* unserer Bezugnahme auf Gegenstände. Aber es wäre offenbar absurd anzunehmen, dass dies die Gegenstände selbst zu Entitäten von irgendwie sprachlicher Natur machen sollte.

Kurzum: das linguistische Argument in seiner Standardform zielt nicht darauf, den Gegenständen eine irgendwie sprachliche Natur zu unterstellen oder zu implementieren, sondern lässt die Verfasstheit der Gegenstände als solcher untangiert und betont nur die unumgängliche und unüberschreitbare Rolle der Sprachlichkeit als *Zugangsbedingung* zu Gegenständen. Die Behauptung ist eigentlich nur: Wie immer die Gegenstände verfasst sein mögen, sie sind uns jedenfalls nur sprachlich erschlossen und zugänglich – daher ist die Analyse unseres Sprechens der notwendige Engpass und Königsweg aller Gegenstandstheorie.

Insofern liegt dieser Standardversion eine Sichtweise zugrunde, die dem common sense entspricht: das Sein der Gegenstände ist unabhängig davon, was wir über es sagen. Das Neuartige am linguistischen Ansatz liegt zunächst nur darin, dass die Analyse unseres Gegenstandsbezugs dezidiert nicht mehr auf dem Weg einer Analyse des Denkens, sondern der Sprache erfolgt. Die commonsensualistische Dualität von Gegenständen einerseits und Sprache andererseits wird also aufrechterhalten. Das zeigt sich auch darin, dass unser Sprechen weiterhin als ein Sprechen *über* Gegenstände verstanden wird: zunächst sind da die Gegenstände, und dann tritt unser Sprechen über sie hinzu.

Diese Standardversion ist gewiss nicht spektakulär, aber könnte sie nicht einfach vernünftig sein? Schließlich ist es doch nicht so, dass wir die Gegenstände durch unser Sprechen *erzeugen*, sondern wir *beziehen* uns sprechend auf existierende Gegenstände. Wie wichtig die Sprache auch immer *für uns* sein mag, für die Gegenstände selber ist sie es doch wohl nicht.

c. Dagegen Hegel: Entsprechung von Begriff und Gegenstand

Hegel allerdings hätte dieser Standard-Version des *linguistic turn* widersprochen. Er hätte darauf hingewiesen, dass die Möglichkeit sprachlicher Bezugnahme auf Gegenstände unverständlich (ja geradezu mysteriös) bliebe, wenn sie nicht schon an den Gegenständen selbst einen Anhalt hätte. Es mag ja sein, dass die Gegenstände sind, wie sie sind. Aber ihre Verfassung muss doch, wenn wir uns sprachlich auf sie beziehen können, zumindest so sein, dass sie solch sprachliche Bezugnahme verstatten. Darob müssen die Gegenstände noch lange nicht von unserer Sprachtätigkeit abhängig sein – es könnte sich ebenso umgekehrt verhalten, so nämlich, dass unsere Sprachtätigkeit durch die Verfasstheit der Gegenstände ermöglicht ist. Konstitutive Sprachlichkeit des Gegenstandsbezugs und konstitutive Sprach-Neutralität der Gegenstände gehen jedenfalls nicht zusammen. Gegen eine derart fixierte Dualität hat Hegel auf eine letztlich *vollständige* Entsprechung von Begriff und Gegenstand hinausgedacht. Wenn er mit diesem für seine Philosophie zentralen Gedanken recht hat, dann kann es eine strikte Sprachunabhängigkeit der Gegenstände nicht geben.[168]

[168] Es ist bezeichnend, dass analytische Philosophen, wo sie bei Hegel auf die Rede von „Entsprechung“ stoßen, diese nicht wörtlich nehmen zu dürfen glauben. So schreibt Solomon: „In the Introduction, Hegel tells us that ‚the *goal* [...] is the point where knowledge no longer needs to go beyond itself, where knowledge finds itself, where Concept corresponds to object and object to Concept.‘ But the correspondence language [...] should not blind us to the fact that what Hegel is actually defending here is a *coherence* view of truth“ (Solomon, *In the Spirit of Hegel*, 307). Ähnlich setzt Rockmore Hegels Vorstellung von begrifflichen Rahmen, die jeweils für einen Bewusstseinstyp charakteristisch sind, sogleich mit der Unmöglichkeit gleich, dass wir die Dinge als solche erkennen würden (Rockmore, *Cognition*, 32, Fußnote 14 [220]). Rockmore folgt dabei per Umkehrschluss Davidsons Kontrastthese, wonach die Ablehnung der Rede von einem conceptual scheme die Möglichkeit direkter Erkenntnis eröffne – also müsse Hegel, da er auf begrifflichen Rahmen insistiert, wohl die Unmöglichkeit solcher Erkenntnis vertreten haben. Offenbar ist man allzu sehr auf Standardannahmen der analytischen Philosophie fixiert: Redet Hegel von „Entsprechung“, so muss er eigentlich „Kohärenz“ meinen; und wo er dennoch auf „Entsprechung“ beharrt, muss er meinen, dass eine Erkenntnis der Dinge an sich ausgeschlossen sei. – Gewiss hatte Hegel

Gewiss kennt auch Hegel Verhältnisse, wo eine Entsprechung von Begriff und Gegenstand noch nicht vorliegt. Das natürliche Bewusstsein gilt ihm als Paradebeispiel dafür. Aber Hegel glaubt, dass derlei Verhältnisse eben wegen dieser Nichtentsprechung über sich hinausgetrieben werden, bis eine Bewusstseinsform erreicht wird, die durch die volle Adäquanz von Begriff und Gegenstand gekennzeichnet ist: „Das *Ziel* [...] ist da, wo [...] der Begriff dem Gegenstande, der Gegenstand dem Begriffe entspricht."[169] – Die Frage ist nur, *von welcher Art* ein Begriff sein muss, damit eine solche Entsprechung tatsächlich besteht, Begriff und Gegenstand einander entsprechen.

Unsere gewöhnlichen Begriffe sind nicht von dieser Art. Sprechen wir von einem Baum, so meinen wir diesen gerade als unabhängig von unseren Vorstellungen und Begriffen existierend. Selbst wenn wir Menschen gar nicht von Bäumen sprechen würden, gäbe es die Bäume doch – so denkt das natürliche Bewusstsein. Daran ist zwar nichts Falsches – aber doch auch etwas Wahres, woran dieses Bewusstsein nicht denkt. Offenbar gehört die Annahme, dass natürliche Gegenstände unabhängig von unseren Vorstellungen und Begriffen existieren, zu unserem Verständnis natürlicher Gegenstände. Also, so Hegels konzise Schlussfolgerung, steht die Unabhängigkeit der Gegenstände gar nicht in Kontrast zum Begriff, sondern gehört unserem Begriff natürlicher Gegenstände zu, ist diesem inhärent. Die Unterscheidung zwischen Begriff und Gegenstand fällt *in den Begriff selbst*. Somit kann diese Unterscheidung nicht gegen den Begriff ausgespielt werden – noch jeder Versuch dazu würde unweigerlich (nur undurchschaut) davon zehren, dass diese Unterscheidung zum Begriff gehört, andernfalls vermöchte man sie gar nicht geltend zu machen. Kurzum: Die den natürlichen Gegenständen zugeschriebene Unabhängigkeit kann nicht als Argument *gegen* eine Kongruenz von Begriff und Gegenstand ins Feld geführt werden. Der *volle* Begriff des natürlichen Gegenstandes schließt diese Unabhängigkeit ein. – Hegels Kongruenzthese erweist sich also selbst an dem Fall als zutreffend, der ihr zunächst am hartnäckigsten zu widerstreiten schien.

Das natürliche Bewusstsein freilich ist sich dieser Kongruenz nicht bewusst; es neigt dazu, den Kontrast von Begriff und Gegenstand auszuspielen. Es muss über die ihm latent innewohnende Entsprechung von Begriff und Gegenstand erst aufgeklärt werden bzw. (das ist Hegels Version) es wird über kurz oder lang in den Widerspruch zwischen seinem beschränkten Begriffsverständnis und seinem vollen Begriff geraten und dadurch über sich hinausgetrieben werden.[170]

Lässt sich Hegels These mit sprachphilosophischen Mitteln reformulieren? Kehrt sie im Kontext des *linguistic turn* wieder?

---

nicht die Standard-Korrespondenztheorie im Sinn (es gibt ihm zufolge keine begriffsunabhängigen Gegenstände), aber deswegen geht es ihm noch lange nicht um eine Standard-Kohärenztheorie (wonach es nur auf die Schlüssigkeit der Sätze untereinander ankommen soll, wie immer es mit den Gegenständen stehen mag), sondern um eine umfassende Kongruenz („Entsprechung"), die nicht als Kohärenz bloß der Sätze verstanden werden kann, sondern gerade am Inbegriffensein der Gegenstände ihr Kriterium hat.

[169] Hegel, *Phänomenologie des Geistes* [1807], 74 [Einleitung].

[170] Widersprüche dieser Art sind für Hegel generell das treibende Moment im Fortgang der Reihe der Bewusstseinsgestalten.

d. Das Verhältnis von Begriff und Gegenstand in der Sicht des linguistischen Idealismus

Ich komme zur zweiten Version eines dem linguistic turn folgenden Philosophierens – zu derjenigen, die einen „linguistischen Idealismus" entwickelt.

Missverständlichkeit und Missliebigkeit des Terminus

Für gewöhnlich wird dieser Terminus abwehrend gebraucht. Das war schon 1975 so, als Ian Hacking die Bezeichnung kreierte, und es ist weithin dabei geblieben. Hacking erklärte, es handle sich um eine Position „which makes all reality linguistic":[171] „linguistic idealism is the doctrine that only what is talked about exists; nothing has reality until it is spoken of, or written about."[172] Gegenstände sollen also allein unter der Bedingung ihrer *Erwähnung* Existenz haben – eine offenkundig absurde Auffassung.

Aber Hacking hat damit eben auch eher eine Karikatur als die wirkliche Form der Position vorgestellt. In Wahrheit ist nicht, dass erst Akte der Erwähnung etwas als real konstituieren, deren Behauptung, sondern dass die Sprache die Bedingungen aller sinnvollen Akte des Denkens und Sprechens vorgibt und dass es daher unsinnig ist, zu meinen, man könne von irgendetwas sprechen, dessen Begriff nicht sprachlich konturiert sei.

Gleichwohl scheuen auch die Philosophen, welche diese reflektiertere Position vertreten, davor zurück, für ihre Auffassung das Etikett „linguistischer Idealismus" zu verwenden oder anzuerkennen. Sie setzen sich just gegen die mit diesem Etikett verbundene idealistische Assoziation zu Wehr, wonach ihre Position die Welt zu unserem sprachlichen Produkt mache.[173]

Sinn und Recht der linguistischen Position

Was ist der gute Sinn eines ‚linguistischen Idealismus'? Um nicht durch die eben angedeutete Missverständlichkeit des Ausdrucks irregeführt zu sein, spreche ich dafür im folgenden schlicht von der „linguistischen Position". Wie gesagt: Ich unterscheide innerhalb des linguistic turn zwischen der commonsensualistischen Standardversion und einer reflektierteren Version; die letztere (die eine Nähe zum Idealismus hat) hebt die commonsensualistische Version auf, so dass ich es für angebracht halte, sie als „die linguistische Position" zu bezeichnen; sie ist jedenfalls in meinen Augen die allein haltbare und richtige Version. (Wenn ich auch sie nachher einer Kritik unterziehen werde, so nicht einer *linguistischen* Kritik.)

---

[171] Hacking, *Why Does Language Matter to Philosophy?*, 182.

[172] Hacking, *The Social Construction of What?*, 24.

[173] Vgl. diesbezüglich die Kennzeichnung des linguistischen Idealismus im *Oxford Dictionary of Philosophy*, wonach diese Position behaupte, „that we ‚create' the world we inhabit by employing mind-dependent linguistic and social categories" (Blackburn, „Idealism", 184).

Die begriffliche Konturiertheit und Bestimmtheit der Gegenstände

Für diese Position gibt es ein unzureichendes und ein zureichendes Argument. Das unzureichende besteht in der Feststellung, dass wir über alles, worüber wir sprechen, nur mittels der Sprache sprechen können. So richtig das ist, ist es doch nur eine Trivialität, die keine weitergehenden Schlüsse verstattet, beispielsweise nicht den, dass die Gegenstände, über die wir sprechen, selbst wesentlich sprachlich bestimmt seien. Dieses erste Argument bewegt sich noch ganz auf der Ebene der commonsensualistischen Sprachauffassung, wonach wir über Gegenstände sprechen, die an sich unabhängig von dem, was wir über sie sagen, so sind, wie sie sind. Seine linguistische Akzentuierung, die es von anderen Formen des common sense unterscheidet, besteht nur darin, darauf hinzuweisen, dass unsere Aussagen über diese Gegenstände sprachlichen Sinnbedingungen unterliegen und also an diesen zu prüfen sind und nur dann, wenn sie diesen genügen, korrekt sein können.

Das andere, das zureichende Argument hingegen erklärt, dass Gegenstände jeglicher Art sprachlich konturiert sein müssen. Wir können uns auf Gegenstände nur sprachlich beziehen. Und das tun wir mittels Begriffen. Daher unterliegt der Zuschnitt von Gegenständen (welcher Art auch immer) begrifflichen Konturierungsbedingungen. Dies ergibt sich, genauer gefasst, unter zwei Aspekten: dem unserer Gegenstandsbegriffe und dem unserer Auffassung einzelner Gegenstände. Zum ersten: Welche Arten von Gegenständen wir auch immer konzipieren mögen (natürliche, fiktive, lebensweltliche, unbekannte usw. Gegenstandsarten), die Begriffe davon sind jeweils durch das begriffliche Netz konturiert, mittels dessen wir diese Arten konzipieren. Zweitens hat der Umstand, dass wir einzelne Gegenstände jeweils im Licht unserer allgemeinen Begriffe von Gegenständen bestimmen, zur Folge, dass diese Gegenstände eben die begrifflichen Bestimmungen besitzen müssen, die durch den jeweiligen Gegenstandsbegriff bezeichnet sind. Anders als im Licht solcher Begriffe können Gegenstände gar nicht auftauchen oder zum Thema werden. Infolgedessen sind die Gegenstände, auf die wir uns beziehen, notwendig sprachlich bzw. begrifflich konturiert. Diese Konturiertheit (von Gegenständen welchen Typs auch immer) ist völlig unumgänglich – wollte man von Gegenständen irgendeines anderen Typs sprechen, könnte man dies erneut nur im Duktus einer bestimmten sprachlich-begrifflichen Konturierung tun.

Ich habe zuletzt von sprachlicher bzw. begrifflicher Konturierung gesprochen. Es ist bemerkenswert, dass die Rede von ‚begrifflicher' Konturierung plausibler ist als die von ‚sprachlicher' Konturierung. Während wir uns gegenüber der These, Gegenstände seien sprachlicher Natur, unbehaglich fühlen – die Gegenstände sprechen doch nicht! –, leuchtet die These, dass die Gegenstände begrifflicher Natur sind, ungleich mehr ein. Denn wir verstehen Gegenstände unweigerlich als irgendwie bestimmte. Bestimmtheit aber ist nur ein anderer Name für begriffliche Struktur. Wir müssen zwar nicht meinen, dass wir in jedem Fall schon die den Gegenständen adäquaten Begriffe besäßen, aber wir meinen unweigerlich, dass die Gegenstände nicht einfach ‚irgendwie', sondern von bestimmter Art sind, dass sie von sich her eine Bestimmtheit dieser oder jener Art aufweisen. Und diese Bestimmtheit betrachten wir als äquivalent mit Begrifflichkeit: wir meinen, dass es prinzipiell Begriffe gibt (die wir vielleicht dereinst besitzen werden), welche genau dieser Bestimmtheit der Gegenstände entsprechen.

Daher ist es ratsam, die linguistische Position eher durch die These einer *begrifflichen* als einer *sprachlichen* Konturierung der Gegenstände zu charakterisieren. ‚Sprache' ist für uns zu sehr an eine Tätigkeit (die des Sprechens) gekoppelt, während ‚Begrifflichkeit' nichts anderes als Bestimmtheit bezeichnet. Solche Bestimmtheit ist den Gegenständen unweigerlich zuzuschreiben, Sprechcharakter aber natürlich nicht. Die linguistische Position zielt nicht darauf, den Gegenständen Sprachlichkeit zu oktroyieren, sondern Begriffscharakter zuzuerkennen.

Jenseits des Dualismus von Sprache und Wirklichkeit

Durch diese linguistische Sichtweise fällt der übliche Dualismus von Sprache und Wirklichkeit dahin, wie er für das neuzeitliche Denken weithin charakteristisch gewesen war. Die Grundvorstellung war die gewesen, dass da einerseits die Wirklichkeit sei und dass andererseits wir uns dann mittels der Sprache (früher: des Erkennens oder des Denkens) auf diese Wirklichkeit bezögen. Eine solche Gegenüberstellung erweist sich nunmehr als unhaltbar: was wir ‚Wirklichkeit' nennen, ist schon sprachlich und begrifflich konturiert, steht dem Raum der Sprache und der Begriffe nicht gegenüber, sondern gehört ihm zu. Die linguistische Position hat den alten Dualismus aufgehoben – und darin vielleicht ihren größten Fortschritt erzielt. Davidson, Rorty und McDowell haben diese Veränderung am deutlichsten artikuliert.[174]

Die Widersprüchlichkeit der Idee eines strikt sprach-externen Ansich

Die linguistische Einsicht hebt also die dualistische Sichtweise auf, indem sie zeigt, dass das vermeintliche Gegenüber als solches durch sprachliche Konturierung bestimmt ist und insofern der sprachlich-begrifflichen Sphäre nicht äußerlich ist, sondern zugehört.

Man kann sich die Durchschlagskraft des linguistischen Arguments vielleicht am deutlichsten anhand seiner Widerlegung aller Vorstellungen eines sprach-transzendenten ‚Ansich' klarmachen. Derlei Vorstellungen, so zeigt das Argument, sind unmittelbar

---

[174] Davidson hatte schon 1974 in „On the Very Idea of a Conceptual Scheme" den Dualismus von Begriffsschema und Inhalt einer einschneidenden Kritik unterzogen und auf eine Konzeption gewiesen, welche diesen Dualismus fallenlässt; 1988 hat er dann in „Der Mythos des Subjektiven" die Überwindung des Dualismus als den entscheidenden „Umbruch im zeitgenössischen philosophischen Denken" bezeichnet, der zu „einer radikal umgemodelten Auffassung der Beziehung zwischen Geist und Welt" zu führen vermöge (Davidson, „Der Mythos des Subjektiven", 84 bzw. 91). McDowell plädiert ebenfalls für eine Befreiung von der dualistischen Sichtweise: „we should indeed want philosophical problems about how thought can be in touch with the world to stand revealed as illusory" (McDowell, *Mind and World*, 151). Er zielt auf „a frame of mind in which we would no longer seem to be faced with problems that call on philosophy to bring subject and object back together" (ebd., 86). Und Rorty versteht den Pragmatismus generell als eine Philosophie, die über alte Dualismen und die durch sie erzeugten Probleme hinausführt; der Pragmatismus ist ihm zufolge „a movement which has specialized in debunking dualisms and in dissolving traditional problems created by those dualisms" (Rorty, „Pragmatism, Davidson and truth", 126); „Pragmatists hope to break with the picture which, in Wittgenstein's words, ‚holds us captive' – the Cartesian-Lockean picture of a mind seeking to get in touch with a reality outside itself" (Rorty, „Relativism: Finding and Making", XXII).

selbstwidersprüchlich – man kann allenfalls meinen, solche Vorstellungen zu haben, vermag es aber gar nicht. Weshalb?

Weil die Idee eines solchen Ansich grundsätzlich nur als sprachlich und begrifflich konturierte möglich ist – was die vermeintliche Sprachtranszendenz dieses Ansich aufhebt, sie destruiert. Wer auf ein solches Ansich setzt, möchte damit auf etwas Sprach-Transzendentes weisen, aber er kann dies nur tun, indem er dieses Ansich in sprachlich-begrifflicher Konturierung anvisiert (sonst könnte er gar nicht auf *irgendetwas* weisen). Der vermeintlich sprach-transzendente Charakter löst sich angesichts dieser notwendig sprachlich-begrifflichen Bestimmtheit des Anvisierten auf.

Das betrifft *jeden* Versuch, sich auf ein strikt Sprachtranszendentes zu beziehen, also beispielsweise auch jegliches Kokettieren mit einem Ansichsein der Dinge im Unterschied zu unserem Erfassen derselben. Wie immer wir dergleichen Ansichsein fingieren mögen, wir verleihen diesem Ansichsein mittels der Sprache die Konturen, die es haben soll. Das vermeintlich sprachtranszendente Ansich ist eine sprachgeprägte Vorstellung.

Das heißt nicht, dass die Rede von Sprach-Transzendentem *in jedem Fall* sinnlos sein müsste, aber sie ist es immer dann, wenn sie die *sprachliche Bestimmtheit* dieses Sprach-Transzendentem außer Acht lassen zu können glaubt. Das Ansich ist anders zu verstehen, als gewöhnlich vermeint: als dem Feld der Begriffe nicht gegenüberstehend, sondern ihm zugehörig.

Korrektur der Auffassung des common sense – ‚Unabhängigkeit' ist eine begriffsabhängige Bestimmung

Hieraus ergibt sich eine Korrektur und Überbietung der Gegenstandsauffassung des common sense durch die entwickelte linguistische Position. Der common sense meint, dass die Gegenstände primär als sprach-unabhängig zu verstehen seien. Aber das ist nicht konsequent genug gedacht. Denn erstens können wir uns, auch wenn wir die Gegenstände als ‚unabhängig' bezeichnen, nur auf sprachlich konturierte Gegenstände beziehen; und zweitens ist ‚Unabhängigkeit' selbst eine sprachlich-begrifflich konturierte Bestimmung. Wenn wir glauben, uns auf unabhhängige Gegenstände zu beziehen, so beziehen wir uns dabei in Wahrheit auf *sprachlich* im Sinn von Unabhängigkeit *gedeutete* Gegenstände.

Mit anderen Worten: Unabhängigkeit ist eine Binnenbestimmung im sprachlich-begrifflichen Rahmen. So genommen, ist sie korrekt. Hingegen wird sie, wenn man diese Dependenz leugnet, falsch. Noch die Unabhängigkeit der vermeintlich unabhängigsten Gegenstände ist konzeptualisierungs-abhängig. Zöge man die Rahmendeterminanten gänzlich ab, bliebe buchstäblich nichts übrig – weder ein Gegenstand noch die Möglichkeit des Verweises auf irgendeinen Gegenstand.

Die unbegrenzte Reichweite des Sprachlich-Begrifflichen

Damit ist der entscheidende Punkt der linguistischen Position benannt: Sprachlichkeit betrifft – bestimmungslogisch – ebenso wie unsere Aussagen auch alle möglichen Gegenstände dieser Aussagen (selbst noch die gleichsam entlegensten Gegenstände oder die abstrusesten Gegenstandsvorstellungen), weil Gegenstände grundsätzlich sprachlich konturiert sind und anders gar nicht Gegenstände sein können. Jede Vorstellung irgendwelcher Gegenstände ist an sprachlich-begriffliche Konturierungen gebunden.

Anders gesagt: Die Reichweite der Sprache ist unbegrenzt. Sprachlichkeit stellt den Rahmen aller Vorstellungen, aller Gegenstände, aller Bezugnahmen, aller Aussagen dar. Es geschieht strikt *innerhalb* der Sprache, dass wir über die Sprache hinausgreifen. Oder: alles Außerhalb ist ein Innerhalb der Sprache.

Das erzwingt eine radikale Revision dessen, was man gemeinhin für ausgemacht hält. Wir beziehen uns in unserem Sprechen grundsätzlich nicht auf der Sprache von außen vorgegebene Gegenstände, sondern auf Elemente im sprachlichen Horizont – auf Gegenstände, die begrifflich konturiert und bestimmt sind. Die *Sprach-Immanenz* von allem – der Sprechens- *wie* der Gegenstandsseite – bildet den Kernpunkt der linguistischen Position.

Die bestimmungslogische Verbindung von Sprache und Gegenständen – dieseits räumlicher Metaphorik

Für diese neue Auffassung sind räumliche Metaphern (wie sie oftmals gebraucht werden und auch im Vorigen verwendet wurden), genau genommen, unzutreffend. Wo man sich ihrer bedient, artikuliert man die neue Auffassung im Kontrast zur abgelehnten alten. Da die letztere gemeint hatte, dass die Wirklichkeit jenseits der Sprache liege, beschreibt man die neue Auffassung dahingehend, dass der Raum bzw. die Sphäre bzw. der Horizont der Sprache sowie des Begrifflichen unbegrenzt sei, oder dass Sprachlichkeit und Begrifflichkeit umfassend und inklusiv seien, dass sie alles einschlössen oder dass das ‚Draußen' in Wahrheit ein ‚Drinnen' sei. Das mag in kritischer Absicht nützlich sein, ist aber in sachlicher Hinsicht allemal ungenügend. Die korrekte Redeweise ist nicht eine räumliche, sondern eine logische, eine bestimmungs-logische: Sprache und Gegenstände, Aussagen und Wirklichkeit sind durch die Logik der Begrifflichkeit verbunden. Wo wir Begriffe haben, haben wir Gegenstände. Und wo wir Gegenstände haben, haben wir begriffliche Bestimmtheit. Diese Struktur verbürgt das Zusammensein und die Gemeinsamkeit von Sprache und Gegenständen. Und diese Struktur hat auch dort, wo wir auf Gegenstände hinausdenken mögen, die wir noch nicht kennen, keine Grenze. Da besteht zwar eine Grenze unserer Kenntnis, nicht aber dieser Struktur, denn auch in der Rede von unbekannten Gegenständen sind diese begrifflich (durch mannigfache Absetzungen gegenüber den bekannten) konturiert.

e. Das Verhältnis der linguistischen Position zu Hegels Konzeption

Wie steht nun die linguistische Position, wie sie zuletzt erläutert wurde, zu Hegels Sicht des Verhältnisses von Begriff und Gegenstand?

Parallelen: Aufhebung des Ansich und vor allem: Kongruenz von Begrifflichkeit und Gegenständlichkeit

Erstens besteht eine offensichtliche Parallele hinsichtlich der Destruktion der Vorstellung eines von Erkenntnis und Begreifen exempten Ansich. So wie Hegel darauf hingewiesen hatte, dass der Unterschied von Ansich und Füruns grundsätzlich *in* das Bewusstsein selbst fällt, woraus sich seine Kritik an einem Ansich des kantischen Typs ergab, so erklärt die linguistische Position, dass jede Vorstellung eines Ansich konstitutiv begrifflich konturiert ist und somit dem Bereich des Begrifflichen verbunden ist, wodurch jede Vorstellung eines strikt sprach-externen Ansich als unmöglich dahinfällt.

Zweitens und vor allem stellt die linguistische Position eine Reformulierung von Hegels These einer letztlichen Entsprechung von Begriff und Gegenstand dar. Bei Hegel war diese Entsprechung aus der Logik des Begriffs begründet worden, linguistisch wird sie aus dem Blick auf die Sprache begründet. Der methodische Unterschied ist sogar geringer, als er auf den ersten Blick erscheint: auch die sprachphilosophische Argumentation vollzieht sich wesentlich über die begriffliche Konturiertheit, und umgekehrt hatte Hegel immer wieder aus dem Blick auf die Sprache argumentiert (er war sprachbewusst wie kaum ein anderer Philosoph seiner Zeit).

Das Resultat ist in beiden Fällen erstaunlich parallel: Gegenstands- und Sprachform sind (letztlich aufgrund der begrifflichen Konturiertheit alles Gegenständlichen) in Deckung (linguistische Position); Gegenstands- und Bewusstseinsform sind (letztlich aufgrund der Entwicklung der „Idee") identisch (Hegel).

Unterschied: stillschweigender Ausgang von der Subjektivität versus Berücksichtigung auch der Objektivität

Dennoch besteht auch ein gewichtiger Unterschied. Die parallel erscheinenden Thesen beruhen auf einem unterschiedlichen Begründungsdesign, und das hat auch Folgen für ihren Gehalt. Die Betrachtung dieses Unterschiedes wird uns zu einer kritischen Einschätzung der linguistischen Position führen.

Das unterschwellige Axiom der linguistischen Position: Ausgang vom Menschen

Wie geschieht es eigentlich, dass die linguistische Position zur Auffassung von der Zusammengehörigkeit von Begrifflichkeit und Gegenstand gelangt? Im Grunde durch den einfachen Gedanken, dass jeder unserer Gegenstandsbezüge im Horizont unserer Sprache und Begrifflichkeit erfolgt. Das aber ergibt eine andere Auffassung als die, dass Gegenstände *überhaupt* begrifflicher Art wären. Es ergibt nur die Auffassung, dass *unsere* Gegenstände von begrifflicher Natur sind – eben weil sie, um für uns überhaupt Gegenstände sein zu können, im Horizont *unserer* Begrifflichkeit auftreten müssen.

Es ist an der Zeit, die Hintergrundsannahme und Voraussetzung ans Licht bringen, welche die linguistische Position zutiefst bestimmt und zu ihrer (von Hegel unterschiedenen) Auffassung führt. Die linguistischen Philosophen gehen ganz selbstverständlich davon aus, dass Gegenstandsbezug und Gegenstandshabe *unsere* Leistung sind, dass sie von *unserer* Seite und aufgrund *unserer* Aktivität zu begreifen sind, dass sie sich *unserer* sprachlich-begrifflichen Aktivität verdanken. *Wir* sind es, die das Netz unserer Begriffe auswerfen, dem dann die Strukturen unserer Welt und ihrer Gegenstände entsprechen. Dass die Gegenstände – und zwar Gegenstände jedweder Art – konstitutiv im Horizont unserer Begrifflichkeit stehen, diese Grundbotschaft der linguistischen Position ist eine Folge ihres Ausgangs von *unserer* Sprachtätigkeit. Die umfassende Stellung (oder, wenn man so will, die transzendentale Funktion) der Sprache ergibt sich aus dem Primat der menschlichen Sprachtätigkeit.

So aber liegt der linguistischen Position – von ihr selber nicht mehr thematisiert, sondern als selbstverständlich vorausgesetzt – eine Denkweise zugrunde, die noch immer (grosso modo) als subjektivistisch oder anthropisch zu kennzeichnen ist. Dass *wir* unsere Begriffsnetze auswerfen, ist dieser Auffassung zufolge das Erste; dass die Strukturen der Gegenstände diesen entsprechen, ist die Folge davon.

Hegels Insistieren auf einer vollen Identität von Subjektivem und Objektivem („objektiver Idealismus") – die linguistische Position, im Vergleich, als nur „subjektiver Idealismus"

Hegels Position ist grundlegend anders. Hegel denkt auf eine strikte Identität des Subjektiven und Objektiven hinaus, die nicht allein von einer Seite – der subjektiven – aus verstanden werden kann.[175] Wenn Hegel (ebenso wie die linguistische Position) die Vorstellung eines strikt erkenntnis-exempten Ansich ablehnt, so tut er dies, indem er (ganz anders als die linguistische Position) zugleich daran festhält, dass das Erkennen ein Erkennen des Ansich sein muss und andernfalls den Namen eines Erkennens nicht verdient.[176]

Von daher nimmt sich die linguistische Position, von Hegel aus gesehen, als eine neue Version bloß eines „subjektiven Idealismus" aus, wie Hegel ihn zu seiner Zeit paradigmatisch durch Kant entwickelt sah.[177] Für den „subjektiven Idealismus" ist charakteristisch, dass er eine Kongruenz von Begriff und Gegenstand nur von der Seite unserer Begrifflichkeit aus zu gewinnen gedenkt und für möglich ansieht, weshalb er sich folgerichtig auf Objektivität *für uns* beschränkt,[178] während er die Idee einer Entsprechung mit Gegenständlichkeit überhaupt – mit einer nicht schon menschlich konstituierten und restringierten Gegenständlichkeit – für hyperbolisch ansieht. Genau diese Sichtweise kehrt in der linguistischen Position wieder: eine Entsprechung besteht ihr zu-

---

175 „Dagegen ist die wahre Objektivität des Denkens diese, dass die Gedanken nicht bloß unsere Gedanken, sondern zugleich das *Ansich* der Dinge und des Gegenständlichen überhaupt sind" (Hegel, *Enzyklopädie der philosophischen Wissenschaften im Grundrisse I*, 116 [§ 41, Zusatz]).

176 „[...] ungereimt ist eine wahre Erkenntnis, die den Gegenstand nicht erkennte, wie er an sich ist" (Hegel, *Wissenschaft der Logik I*, 39).

177 „Ob nun schon die Kategorien (wie z. B. Einheit, Ursache und Wirkung usw.) dem Denken als solchem zukommen, so folgt daraus doch keineswegs, dass dieselben deshalb bloß ein Unsriges und nicht auch Bestimmungen der Gegenstände selbst wären. Dies soll nun aber nach Kants Auffassung der Fall sein, und seine Philosophie ist *subjektiver Idealismus*" (Hegel, *Enzyklopädie der philosophischen Wissenschaften im Grundrisse I*, 119 [§ 42, Zusatz]).

178 Die „empirische Realität" unserer Verstandesbegriffe bezieht sich Kant zufolge nur auf die „Erscheinungen".

folge nur zwischen unserer Begrifflichkeit und *unserer* Gegenständlichkeit, nicht etwa mit Gegenständlichkeit überhaupt. Wir haben, so Putnam, nur „*Objektivität für uns*", „Objektivität [...] nach Menschenmaß";[179] ähnlich sagt Davidson: „natürlich bleibt die Wahrheit der Sätze sprachrelativ, aber objektiver geht es nun einmal nicht."[180] – Insofern kommt die linguistische Position einem „subjektiven Idealismus" der von Hegel kritisierten Art gleich.

Nachbetrachtung: „linguistischer Idealismus"

Das gibt Gelegenheit, noch einmal zur Kennzeichnung der linguistischen Position als „linguistischer Idealismus" Stellung zu nehmen. Die Bezeichnung ist unter der Bedingung zutreffend, dass man unter „Idealismus" (wie weithin üblich) eine Position versteht, die aus Hegels Sicht bloß einen „subjektiven Idealismus" darstellt.[181] Das markiert zugleich den wunden Punkt der Konzeption.

Zwar handelt es sich bei der linguistischen Position gewiss nicht in jeder Hinsicht um einen Idealismus der alten Art. Davor ist sie durch ihren Ausgang von der Sprache bewahrt, der in bewusster Opposition zum idealistisch üblichen Ausgang vom Denken gewählt wurde. Dennoch sind die Folgen des neuen Ansatzes denen des alten auffallend gleich. Wie der traditionelle Idealismus alles Sein an Denkbedingungen gekoppelt und für ein Phänomen im Horizont des Denkens erklärt hatte, so bindet der linguistische Idealismus alles an Sprachbedingungen und erklärt es für ein sprachlichen Bedingungen unterliegendes Phänomen. Wie ehedem das Denken den transzendentalen Rahmen gebildet hatte, so nun die Sprache. Die Gegenstände geraten jetzt mit gleicher Konsequenz unter das Diktat von Sprachbedingungen, wie sie zuvor unter dem von Denkbedingungen gestanden hatten.[182] Aber nicht nur diese Konsequenz, sondern auch das dafür verantwortliche Verfahren ist dem traditionellen subjektiven Idealismus analog: das Wirkliche wird nach Maßgabe von Bedingungen verstanden, die in *unserer* Verfassung ihren Anhalt und *von uns* ihren Ausgang haben, nur dass dies im älteren Fall noetische Bedingungen sein sollten und nunmehr sprachliche Bedingungen sind. Diese beiden Aspekte rechtfertigen die Bezeichnung der linguistischen Position als „linguistischer Idealismus".[183]

---

[179] Putnam, *Vernunft, Wahrheit und Geschichte*, 82.

[180] Davidson, „On the Very Idea of a Conceptual Scheme", 198.

[181] In der Tat versteht man in der analytischen Philosophie unter „Idealismus" paradigmatisch die Position Berkeleys (das galt schon für Moores „The Refutation of Idealism" und gilt noch immer für Hackings *Why Does Language Matter to Philosophy?* und *The Social Construction of What?*), aber dies ist in Hegels Augen nur subjektiver Idealismus (vgl. Hegel, *Vorlesungen über die Geschichte der Philosophie III*, 270).

[182] In diesem Sinn kann Hacking (bezeichnenderweise unter Rückbezug auf Berkeley) sagen: „certain formal moves are preserved" (Hacking, *Why Does Language Matter to Philosophy?*, 182).

[183] Aus der geschilderten möglichen Angleichung der analytischen Philosophie an den ursprünglichen Hauptgegner erklärt sich übrigens auch der „Casus Goodman" – die harsche analytische Kritik an Goodman. Denn Goodman ist derjenige linguistische Idealist, bei dem die Nähe zum traditionellen Idealismus – insbesondere mit seiner These, dass wir Welten *erzeugen* – am offenkundigsten zutage trat. Goodman wendet die eigentlich *kriterielle* Inspiration der linguistischen Position ins

f. Putnam: ein Versuch zur Einbringung von Objektivität

Tatsächlich ist, dass die linguistische Position, wie von Hegel aus zu monieren ist, an Subjektlastigkeit krankt, auch innerhalb des analytischen Lagers bemerkt worden. Insbesondere Putnam hat eine Gegensteuerung versucht.

Er hat verschiedentlich idealistische Tendenzen in der älteren wie neueren analytischen Philosophie kritisiert[184] und im Gegenzug darzulegen versucht, dass die Wirklichkeit selbst einen konstitutiven Anteil an unserer Verständigung über sie hat. Er hat, kurz

---

Konstitutionalistische bzw. *Produktionistische*. Die kriterielle Version sagt nicht, dass wir die Bestimmtheit der Gegenstände *machen*, sondern nur, dass von der Bestimmtheit der Gegenstände als solcher nur dasjenige in unsere Verständigung eingehen kann, was zur Struktur unserer Begriffe passt, also mit unseren Begriffsnetzen einfangbar oder durch sie abbildbar ist. (Und Veränderungen der Begriffsnetze werden das Einfangen bislang unbekannter Aspekte erlauben.) Die produktionistische Version hingegen erklärt, dass sich die Bestimmtheit der Gegenstände ausschließlich unseren Begriffen *verdankt*, dass sie durch sie *gemacht* werde. Darin liegt das idealistische Skandalon, das man am linguistischen Idealismus immer wieder wittert und auf die Formel bringt „that we ‚create' the world" (Blackburn, „Idealism", 184). Aber noch einmal: Die linguistische Position *muss* sich nicht zur hyperbolischen These des Machens aufschwingen, auch wenn das ihre ständige Gefahr ist. Diese Gefahr zu erkennen, bot Goodman Anlass. Deshalb hat man auf seine Konzeption so allergisch reagiert. Putnam beispielsweise rief entsetzt aus: „springing full-blown within contemporary analytic philosophy, a form of idealism as extreme as Hegel's or Fichte's!" (Putnam, „Irrealism and Deconstruction", 111). Die Herausforderung lag darin, dass dergleichen idealistisch-produktionistische Thesen nun auf einmal *inmitten der zeitgenössischen analytischen Philosophie* entsprangen. Dagegen galt es Maßnahmen zu ergreifen. Und so hat die Kritik an Goodman zwei Seiten: einerseits wollte man sich noch einmal die Gewissheit verschaffen, selber auf einer anderen Linie zu sein und nicht einem Idealismus in die Hände zu spielen; andererseits aber reagierte man so energisch, weil man untergründig spürte, dass Goodman den eigenen Nagel auf den Kopf getroffen hatte.

[184] So hat Putnam schon der älteren positivistischen Wissenschaftstheorie Carnaps vorgehalten, dass sie „auf einer idealistischen oder tendenziell idealistischen Weltsicht" beruhe (Putnam, *Von einem realistischen Standpunkt*, 41), wobei „das idealistische Element" insbesondere durch eine idealistische Theorie der Bedeutung zustandekomme, derzufolge Bedeutung ausschließlich theorie-intern und theorie-abhängig festgelegt sei (ebd., 29); ferner sieht er eine idealistische Tendenz noch immer in diversen Formen des Verifikationismus und Konventionalismus am Werk, wogegen er einwendet: „ ‚Konvention' heißt [...] nicht *absolute Konvention* – Wahrheit durch Festsetzung, frei von jedem ‚faktischen' Element" (ebd., 249); schließlich hat er Rorty und Goodman eines offenen Idealismus bezichtigt: Rortys Position bezeichnet er als „an extreme linguistic idealism" (Putnam, „The Question of Realism", 306), gegen Goodman vgl. die vorige Anmerkung.

gesagt, das von Hegel her offensichtliche Manko des linguistischen Ansatzes realistisch zu therapieren versucht.[185,186]

Der Anteil der Wirklichkeit an unseren Begriffen

Putnams Grundgedanke besagt, dass die Wirklichkeit in unsere Verständigung über die Wirklichkeit mit eingeht. Wenn das zutrifft, dann ist dadurch der blinde Fleck des linguistischen Idealismus behebbar. Dann sind die Gegenstände nicht einfach deshalb von begrifflicher Natur, weil sie ausschließlich im Rahmen unserer begrifflichen Vorgaben vorkommen können, sondern dann sind umgekehrt unsere Begriffe schon unter Mitwirkung der Gegenstände zustandegekommen. Dann ist unsere Erkenntnis nicht ein Spiel bei geschlossenen Türen, sondern ein welthaltiges Zur-Darstellung-Kommen der Welt und ihres Verhältnisses zu unserem Erkennen – „the mind and the world jointly make up the mind and the world".[187]

Putnam hat diesen Grundgedanken in immer wieder neuen (und sich zueinander kritisch verhaltenden) Versionen durchgeführt.[188] So hat er 1975 in „The Meaning of ‚Meaning' " dargelegt, dass die Bedeutung unserer Gegenstandsbegriffe mindestens zum Teil *„durch die Welt festgelegt"* wird.[189] „Reference (and ‚meaning') depend upon the non-

---

[185] Dabei hat Putnam einmal die von ihm angestrebte Konzeption als derjenigen Hegels verwandt charakterisiert: seine Auffassung gehe dahin, dass „the mind and the world jointly make up the mind and the world"; und dies könne man, noch deutlicher hegelisch, auch so formulieren: „the Universe makes up the Universe – with minds – collectively – playing a special role in the making up" (Putnam, *Reason, Truth and History*, XI). Übrigens hat sich auch Quine einmal (just hinsichtlich seines Versuchs, über einen bloßen Theorie-Kohärentismus hinaus zu einer Position zu gelangen, welche der Objektivität gerecht wird) der Analogie mit Hegel bedient: Hegel habe recht, wenn er erkläre, „truth is in league with reality against consciousness", und Quine sagt (ich hatte es schon erwähnt), er sei „confident that I grasp and appreciate this message of Hegel" (Quine, *Quiddities*, 28).

[186] Putnam steht mit seiner Idealismus-Kritik und seinem Versuch einer realistischen Gegenführung nicht allein. Auch Thomas Nagel diagnostiziert einen idealistischen Zug in der zeitgenössischen analytischen Philosophie: „There is a significant strain of idealism in contemporary philosophy, according to which what there is and how things are cannot go beyond what we could in principle think about. This view inherits the crude appeal of logical positivism even though that particular version of idealism is out of date" (Nagel, *The View from Nowhere*, 9). „The common element is a broadly epistemological test of reality – which has never lost its popularity despite the supposed death of logical positivism" (ebd., 91). Nagel sieht in alledem idealistische Versuche, „to cut the universe down to size" (ebd., 109) und will dagegen einen Realismus entwickeln, der nicht mehr an die Auffassung gebunden ist, „that what there is must be possibly conceivable by us, or possibly something for which we could have evidence" (ebd., 93).

[187] Putnam, *Reason, Truth and History*, XI.

[188] Umrisshaft kann die Entwicklung folgendermaßen angegeben werden; auf die frühe, bis in die siebziger Jahre des 20. Jahrhunderts reichende Phase eines von Putnam selbst später als ‚metaphysisch' eingestuften Realismus folgte Mitte der siebziger Jahre der semantisch-kausale Realismus, dann in den achtziger Jahren der interne Realismus und schließlich in den neunziger Jahren der natürliche Realismus.

[189] Putnam, *Von einem realistischen Standpunkt*, 135. „Konkrete Dinge, was immer ihre Beschreibung sein mag, die eine gewisse kausale Rolle in unserem Erwerb und Gebrauch von Ausdrücken

human *environment* [...].“[190] Im internen Realismus hat Putnam dann zwar vor allem die Abhängigkeit der Gegenstände von begrifflichen Schemata betont (wodurch er der Position des linguistischen Idealismus gefährlich nahekam), aber doch weiterhin auf dem Anteil der Wirklichkeit an unserer Erkenntnis insistiert (der nur nicht separat identifizierbar sei).[191] Schließlich hat er im natürlichen Realismus die Idee starkgemacht, dass wir uns nicht auf Vorstellungen von Gegenständen, sondern auf die Gegenstände selber direkt beziehen.[192]

Verhältnis zum linguistischen Idealismus einerseits und zu Hegel andererseits

Putnams Realismus-Versionen sind Versuche, die Einseitigkeit des linguistischen Idealismus zu korrigieren. Im hiesigen Zusammenhang können sie zugleich als Versuche angesehen werden, der von Hegel ins Feld geführten Objektivität im Kontext der analytischen Philosophie neu Geltung zu schaffen.

Mit Hegel und dem linguistischen Idealismus teilt Putnam die Überzeugung, dass die Vorstellung eines sprach-exempten Ansich fehlgeht. Das Objektive ist begrifflich konturiert. Aber gegen den linguistischen Idealismus ist Putnam mit Hegel der Auffassung, dass unsere Begriffe nicht einfachhin als *unsere* Begriffe angesehen werden dürfen, sondern so verstanden werden müssen, dass ihnen Strukturen der Wirklichkeit eingeschrieben sind und dass sie im Idealfall zugleich adäquate Begriffe des Wirklichen darstellen. Die Ablehnung eines begriffs-exempten Ansich führt Putnam und Hegel, im Unterschied zu den linguistischen Idealisten, nicht zu der Auffassung, dass die Gegenstände einfachhin im Netz unserer Begriffe gefangen wären (und die Entsprechung zwischen Begriffen und Gegenständen daraus zureichend zu erklären wäre), sondern zu einer Sichtweise, derzufolge unsere Begriffe sich zumindest auch aus der begrifflichen Struktur des Objektiven speisen (und hierin der Grund der möglichen Entsprechung zu sehen ist). Das unterscheidet eine Konzeption, die Elemente eines objektiven Idealismus in sich begreift, von der Denklinie eines bloß subjektiven Idealismus. Während der letztere auf eine Dichotomie von Begriff und Ansich setzt, operiert die erstere mit ei-

gespielt haben, bestimmen, worauf sich die Ausdrücke beziehen“ (ebd., 138). „Ebenso wie die objektive Natur der Umwelt zur Festlegung der Referenz gewisser Termini beiträgt, so trägt sie auch zur Festlegung der objektiven Wahrheitsbedingungen von Sätzen bei“ (ebd., 153).

190 Putnam, „Why Functionalism Didn’t Work“, 444.

191 „Internalism does not deny that there are experiential *inputs* to knowledge; knowledge is not a story with no constraints except *internal* coherence; but it does deny that there are any inputs *which are not themselves to some extent shaped by our concepts*, by the vocabulary we use to report and describe them“ (Putnam, *Reason, Truth and History*, 54). „Was ich [...] sagen möchte, ist, dass die Elemente dessen, was wir ‚Sprache‘ oder ‚Geist‘ nennen, *so tief in das eindringen, was wir ‚Wirklichkeit‘ nennen, dass die Unternehmung, uns als die ‚Abbildenden‘ von etwas ‚Sprachunabhängigem‘ darzustellen, selbst von vornherein verhängnisvoll kompromittiert ist*“ (Putnam, „Realismus mit menschlichem Antlitz“, 249).

192 Paradigmatisch gilt das Putnam zufolge bei der Wahrnehmung. „The natural realist [...] holds that successful perception is just a seeing, or hearing, or feeling, etc., of things ‚out there,‘ and not a mere affection of a person’s subjectivity by those things“ (Putnam, „Sense, Nonsense, and the Senses“, 454).

ner Verbindung beider. Begriffs*betont* sind beide Konzeptionen, aber ihr *Verständnis* der Begriffe ist unterschiedlich: autonom im einen, wirklichkeitsverbunden im anderen Fall.

g. Resümee

Was den Vergleich der hegelschen und der analytischen Auffassung des Verhältnisses von Erkenntnis und Wirklichkeit angeht, so haben wir gesehen, wie die linguistische Konzeption ein Analogon zu Hegels These einer grundsätzlichen Entsprechung von Begrifflichkeit und Gegenständlichkeit entwickelt hat, dass sie sich jedoch insofern von Hegels Konzeption unterscheidet, als sie ob ihres einseitigen Ausgangs nur von unserer Sprachtätigkeit und Begrifflichkeit lediglich die Sichtweise eines subjektiven Idealismus zu reformulieren vermag. Schließlich haben wir gesehen, wie Putnam dieses Mankos gewahr wird und im Gegenzug eine Position entwickelt, welche die subjektivistische Schlagseite zu kurieren sucht, indem sie die Objektivitätshaltigkeit und -gebundenheit unserer Begriffe dartut.

In alledem scheint die analytische Philosophie Vorgaben zu folgen, die Hegel expliziert hatte: dass es um eine Kongruenz von Begrifflichkeit und Gegenständlichkeit geht; dass diese nicht einfachhin subjektivistisch verstanden werden kann; dass es auf eine uneingeschränkte Objektivitätshaltigkeit unserer Begriffe ankommt. Nicht nur die Ausbildung der linguistischen Position, sondern auch ihre realistische Korrektur gegen ein Abgleiten in linguistischen Idealismus folgt Aufgabenstellungen, die seit Hegel auf der Tagesordnung stehen.

Aber ist das Pensum eingelöst? Im linguistischen Idealismus sicherlich nicht. Die entwickelte Form des linguistischen Arguments schien zwar ein Äquivalent zu Hegels These von einer grundsätzlichen Entsprechung zwischen Erkenntnis- und Gegenstandsform darzustellen, aber die nähere Betrachtung hat gezeigt, dass sie auf die Position eines subjektiven Idealismus zurückfällt, ja ihren Gedanken der Entsprechung von Begriff und Gegenstand von vornherein nur aus diesem Blickwinkel entwickelt hat. Und Putnam, der dieses Manko zu therapieren sucht? Auch er bietet die Lösung nicht. Er changiert in seinen diversen Positionen zwischen einer (in seinem internen Realismus) übergroßen Nähe zum linguistischen Idealismus und einer (in seinem natürlichen Realismus) allzu ungebrochenen Beschwörung der Unabhängigkeit des Wirklichen. Putnam will beides haben; aber er vermag die beiden Seiten, die unserer Begrifflichkeit und die der Bestimmtheit des Wirklichen, nicht wirklich *zusammenzubringen*.

Somit lautet das Ergebnis dieses 4. Abschnittes: die Idee einer grundsätzlichen Kongruenz von Begrifflichkeit und Gegenständlichkeit (wie sie zur Vorstellung gelingenden Erkennens gehört) ist eher noch immer ein Pensum denn ein eingelöstes Desiderat. Hegel hat diese Idee eindrucksvoll exponiert.[193] Und die linguistische Philosophie hat ihr eine

[193] Freilich ist die Weise, wie Hegel diese Kongruenz begründet denkt, nicht nur offensichtlich von der Art verschieden, wie Putnam sie zu erreichen sucht, sondern auch in sich fragwürdig. Vgl. zu einer kritischen Diskussion Verf., „Zwei Probleme in Hegels Idealismus“, in: *Das Interesse des Denkens – Hegel aus heutiger Sicht*, hrsg. v. Wolfgang Welsch u. Klaus Vieweg (München: Fink 2003), 247–282.

überraschende Reformulierung verliehen. Aber diese ist brüchig,[194] und die Versuche zu ihrer Therapie haben bislang noch nicht zu einer überzeugenden Gestalt geführt.

5. Gesamtrückblick und Ausblick

Ich habe insgesamt drei Kongruenzen zwischen dem hegelschen und dem analytischen Denken verfolgt: die Kritik an Unmittelbarkeit und Elementarismus, die Zuwendung zu Holismus und die grundlegende Korrelation von Erkenntnis und Wirklichkeit. In jedem dieser Punkte zeigten sich erstaunliche Übereinstimmungen. Bedenkt man, dass Hegel der analytischen Philosophie anfänglich und auf lange Zeit als der irregeleitete Philosoph par excellence galt, so könnten derlei Übereinstimmungen gerade in *sachlicher* Perspektive signifikant sein.

Zwei mögliche Missverständnisse meines Unterfangens aber will ich abwehren. Ich wollte nicht sagen: Hegel ist ein respektabler Philosoph, denn schon er besaß Einsichten, welche die heutige analytische Philosophie vertritt. Wozu bräuchte man Hegel dann noch? Nein, gerade auch die Unterschiede Hegels gegenüber der zeitgenössischen Position, die insbesondere im 3. und 4. Abschnitt deutlich wurden, können Anlässe weiterer Reflexion sein. Umgekehrt hätte ich aber auch Horror vor der Schlussfolgerung „also hat Hegel schon alles gesagt, und wir können auf die neuere analytische Philosophie verzichten". Nein, ohne die Mittel analytischer Reformulierung wüssten wir zu wenig genau, was Hegel an Tragfähigem gesagt hat.[195]

Wenn das Tableau, das ich skizziert habe und das von der rigiden Zurückweisung Hegels durch die analytische Philosophie ausging und dann zu dem neuen Bild führte, dass der ursprüngliche Buhmann der analytischen Philosophie heute zu einem ihrer Inspiratoren und Kronzeugen geworden ist, dann dürfte es vielversprechend sein, Hegel noch einmal *neu* zu lesen – und dabei weiterhin vom Klärungspotential der analytischen

---

[194] Eine im Obigen nicht thematisierte weitere Grenze des linguistischen Versuchs sei hier nur angedeutet: Ist Sprache das Letzte ihrer selbst? Heben unser Weltbezug und unsere Gegenstandshabe mit der Sprache an? Offenbar nicht. Auch Kleinkinder, die der Sprache noch nicht mächtig sind, sind im Umgang mit Gegenständen bereits kompetent. Vom Fundus eines vorsprachlichen Erschlossenseins, das weithin wahrnehmungshafter Art ist, zehrt noch unser elaborierter sprachlicher Gegenstandsbezug. Das sprachliche Weltverhältnis (wie es für die Erwachsenenwelt typisch ist) ist eher sekundär als originär. Eine vorsprachliche Vertrautheit mit den Dingen liegt ihm voraus. *Durch die Sprache allein kämen wir nie zu Gegenständen.* Eine vollständige Aufklärung unseres Welt- und Gegenstandsverhältnisses bedarf daher des Rückgangs auf ursprünglichere Dimensionen, insbesondere auf die Wahrnehmung. – Damit ist eine zweite, gegenwärtige Linie der Selbstkritik der linguistischen Philosophie bezeichnet. Autoren wie Evans, McDowell und Putnam haben sich in jüngerer Zeit extensiv der Wahrnehmung zugewandt und dabei nicht nur eine Ergänzung, sondern eine Revision der Sicht unseres Weltverhältnisses anvisiert.

[195] Noch einmal: Das soll nicht heißen, dass die Thesen der analytischen Philosophie zum Maßstab des Richtigen zu machen wären, an dem alles traditionelle Philosophieren zu messen sei. Das war der schlechte ältere Modus analytischen Umgangs mit der Tradition. Vielmehr meine ich, dass Thesen welcher Herkunft auch immer einer Reformulierung und Prüfung zu unterziehen sind, die an den Standards analytischer Präzision nichts nachlässt. Wo man dies tut, mögen sich dann allerdings manche dieser Thesen als der analytischen communis opinio überlegen erweisen.

Philosophie zu profitieren. Das ist das eine, was ich in den nächsten Jahren versuchen will.

Schließlich ein letzter Punkt: Die Konvergenzen, auf die ich hinwies, bezeichnen Kardinalpunkte heutigen Denkens und finden sich auffallenderweise nicht nur bei analytischen (oder post-analytischen) Philosophen, sondern ebenso in anderen Richtungen, etwa im post-strukturalistischen Denken.[196] Die Tendenzen der Philosophie am Übergang ins 21. Jahrhundert sind, wenn man nicht auf Etiketten, sondern auf Einsichten blickt, weitaus ökumenischer, als gemeinhin angenommen wird. Wenn es gelänge, diese Ansätze zusammenzuführen, könnte die Philosophie vielleicht ein anderes Gesicht annehmen als gewohnt. Jena – der Ursprungsort der idealistischen wie der analytischen Philosophie – könnte ein guter Ort für ein solches Vorhaben sein.

6. Literaturverzeichnis:

Aristoteles, *Sophistische Widerlegungen.*

John Austin, *Sense and Sensibilia* (Oxford: Clarendon 1962).

Alfred A. Ayer, *The Foundations of Empirical Knowledge* (London: Macmillan 1940).

Stuart Barnett (Hrsg.), *Hegel After Derrida* (London: Routledge 1998).

Frederick C. Beiser (Hrsg.), *The Cambridge Companion to Hegel* (New York: Cambridge University Press 1993).

Simon Blackburn, Art. „Idealism“, in: ders., *The Oxford Dictionary of Philosophy* (Oxford: Oxford University Press 1996), 184.

Francis Herbert Bradley, *Appearance and Reality* (London: Swan Sonnenschein 1893).

Robert B. Brandom, *Making It Explicit* [1994] (Cambridge, Mass.: Harvard University Press ²1998).

Robert B. Brandom, „Some Pragmatist Themes in Hegel's Idealism: Negotiation and Administration in Hegel's Account of the Structure and Content of Conceptual Norms“, *European Journal of Philosophy* 7/2 (1999), 164–189.

Robert B. Brandom, *Articulating Reasons: An Introduction to Inferentialism* (Cambridge, Mass.: Harvard University Press 2000).

Rudolf Carnap, *Der logische Aufbau der Welt* [1928] (Hamburg: Meiner 1998).

Rudolf Carnap, „Die alte und die neue Logik“, *Erkenntnis* 1 (1931), 12–26.

Rudolf Carnap, „Die physikalische Sprache als Universalsprache der Wissenschaft“, *Erkenntnis* 2 (1931/32), 432–465.

Rudolf Carnap, „Über Protokollsätze“, *Erkenntnis* 3 (1932/1933), 215–228.

Rudolf Carnap, *Mein Weg in die Philosophie* (Stuttgart: Reclam, 1993).

Robin George Collingwood, *An Autobiography* (Oxford: Clarendon Press 1939).

Hans-Joachim Dahms, „Positivismus und Pragmatismus“, in: *Wissenschaft und Subjektivität: Der Wiener Kreis und die Philosophie des 20. Jahrhunderts – Science and Subjectivity: The Vienna Circle and Twentieth Century Philosophy*, hrsg. v. David Bell u. Wilhelm Vossenkuhl (Berlin: Akademie 1992), 239–257.

Donald Davidson, „Wahrheit und Bedeutung“ [1967], in: ders., *Wahrheit und Interpretation* (Frankfurt/Main: Suhrkamp 1986), 40–67.

Donald Davidson, „On the Very Idea of a Conceptual Scheme“ [1974], in: ders., *Inquiries into Truth and Interpretation* (Oxford: Oxford University Press 1984), 183–198.

[196] Vgl. dazu beispielsweise Staten, *Wittgenstein and Derrida* (1985); Barnett (ed.), *Hegel After Derrida* (1998); Wheeler III, *Deconstruction as Analytic Philosophy* (2000).

Donald Davidson, „A Coherence Theory of Truth and Knowledge“ [1983], in: *Reading Rorty: Critical Responses to Philosophy and the Mirror of Nature (and Beyond)*, hrsg. v. Alan R. Malachowski (Oxford: Blackwell 1990), 120–138.

Donald Davidson, „Der Mythos des Subjektiven“ [1988], in: ders., *Der Mythos des Subjektiven* (Stuttgart: Reclam 1993), 84–107.

John Dewey, „From Absolutism to Experimentalism“ [1930], in: ders., *The Later Works, 1925–1953*, Vol. 5: 1929–1930 (Carbondale and Edwardsville: Southern Illinois University Press 1984), 147–160.

Denis Diderot, Artikel „Enzyklopädie“ [1755], in: ders., *Enzyklopädie. Philosophische und politische Texte aus der ‚Encyclopédie‘ sowie Prospekt und Ankündigung der letzten Bände* (München: Deutscher Taschenbuch Verlag 1969), 79–175.

M. O'C. Drury, „Gespräche mit Wittgenstein“, in: *Ludwig Wittgenstein: Porträts und Gespräche*, hrsg. von Rush Rhees (Frankfurt/Main: Suhrkamp 1992).

Michael Dummett, *Truth and Other Enigmas* (Cambridge, Mass.: Harvard University Press 1978).

Michael Dummett, *Origins of Analytical Philosophy* (London: Duckworth 1993).

John N. Findlay, *Hegel: A Re-Examination* (London: Allen & Unwin 1958).

Michael Forster, *Hegel's Idea of a Phenomenology of Spirit* (Chicago: University of Chicago Press 1998).

Peter M.S. Hacker, *Wittgenstein im Kontext der analytischen Philosophie* [1996] (Frankfurt/Main: Suhrkamp 1997).

Ian Hacking, Why *Does Language Matter to Philosophy?* (Cambridge: Cambridge University Press 1975).

Ian Hacking, *The Social Construction of What?* (Cambridge, Mass.: Harvard University Press 1999).

Michael Hardimon, *Hegel's Social Philosophy: The Project of Reconciliation* (New York: Cambridge University Press 1994).

H. S. Harris, „The Hegel Renaissance in the Anglo-Saxon World Since 1945“, *The Owl of Minerva* 15 (1983), 77–106.

Georg Wilhelm Friedrich Hegel, *Differenz des Fichteschen und Schellingschen Systems der Philosophie* [1801], Werke 2 (Frankfurt/Main: Suhrkamp 1986).

Georg Wilhelm Friedrich Hegel, „Lebenslauf“ [1804], Werke 2 (Frankfurt/Main: Suhrkamp 1986), 582 f.

Georg Wilhelm Friedrich Hegel, *Phänomenologie des Geistes* [1807], Werke 3 (Frankfurt/Main: Suhrkamp 1986).

Georg Wilhelm Friedrich Hegel, *Wissenschaft der Logik I* [1812], Werke 5 (Frankfurt/Main: Suhrkamp 1986).

Georg Wilhelm Friedrich Hegel, *Wissenschaft der Logik II* [1813/16], *Werke* 6 (Frankfurt/Main: Suhrkamp 1986).

Georg Wilhelm Friedrich Hegel, *Enzyklopädie der philosophischen Wissenschaften im Grundrisse I* [1830], Werke 8 (Frankfurt/Main: Suhrkamp 1986).

Georg Wilhelm Friedrich Hegel, *Vorlesungen über die Philosophie der Geschichte*, Werke 12 (Frankfurt/Main: Suhrkamp 1986).

Georg Wilhelm Friedrich Hegel, *Vorlesungen über die Ästhetik III*, Werke 15 (Frankfurt/Main: Suhrkamp 1986).

Georg Wilhelm Friedrich Hegel, *Vorlesungen über die Geschichte der Philosophie III*, Werke 20 (Frankfurt/Main: Suhrkamp 1986).

Carl G. Hempel, „Problems and Changes in the Empiricist Criterion of Meaning“, *Revue Internationale de Philosophie* 11 (1950), 41–63.

Rolf-Peter Horstmann, *Ontologie und Relationen: Hegel, Bradley, Russell und die Kontroverse über interne und externe Beziehungen* (Königstein/Ts: Athenäum 1984).

Peter Hylton, „Hegel and analytic philosophy“, in: *The Cambridge Companion to Hegel*, hrsg. v. Frederick C. Beiser (New York: Cambridge University Press 1993), 445–485.

Dirk Koppelberg, *Die Aufhebung der analytischen Philosophie: Quine als Synthese von Carnap und Neurath* (Frankfurt/Main: Suhrkamp 1987).
John McDowell, *Mind and World* [1994] (Cambridge, Mass.: Harvard University Press ^{3}1996).
George Edward Moore, „The Nature of Judgement“, *Mind* 8 (1899), 176–193.
George Edward Moore, „Mr McTaggart's ‚Studies in Hegelian Cosmology‘ “ [1902], in: ders., *The Early Essays*, ed. Tom Regan (Philadelphia: Temple University Press 1986), 147–184.
George Edward Moore, *Principia Ethica* [1903] (Cambridge: Cambridge University Press ^{2}1993).
George Edward Moore, „The Refutation of Idealism“ [1903], in: *G. E. Moore: Selected Writings*, hrsg. v. Thomas Baldwin (London: Routledge 1993), 23–44.
George Edward Moore, „Sense-Data“ [1910], in: *G. E. Moore: Selected Writings* (London: Routledge 1993), 45–58.
George Edward Moore, „A Defence of Common Sense“ [1925], in: *G. E. Moore: Selected Writings* (London: Routledge 1993), 106–133.
George Edward Moore, „Proof of an External World“ [1939], in: *G. E. Moore: Selected Writings* (London: Routledge 1993), 147–170.
George Edward Moore, „An Autobiography“, in: *The Philosophy of G. E. Moore*, hrsg. v. Paul Arthur Schilpp (La Salle, Ill.: Open Court, 1942), 1–39.
Ernest Nagel, „Impressions and Appraisals of Analytic Philosophy in Europe“, *The Journal of Philosophy* 33 (1936), 5–24.
Thomas Nagel, *The View from Nowhere* (New York: Oxford University Press 1986).
Otto Neurath, „Zur Klassifikation von Hypothesensystemen“, *Jahrbuch der Philosophischen Gesellschaft an der Universität zu Wien 1914–1915*, 39–63 (Nachdr. in: ders., *Gesammelte philosophische und methodologische Schriften*, Bd. 1, hrsg. von Rudolf Haller und Heiner Rutte, Wien: Hölder-Pichler-Tempsky 1981, 85–101).
Otto Neurath, Anti-Spengler [1921], in: ders., *Gesammelte philosophische und methodologische Schriften* (Wien: Hölder-Pichler-Tempsky 1981), Bd. 1, 139–196.
Otto Neurath, „Soziologie im Physikalismus“, *Erkenntnis* 2 (1931), 393–431.
Otto Neurath, „Protokollsätze“, *Erkenntnis* 3 (1932/1933), 204–214.
Friedrich Nietzsche, „Ueber Wahrheit und Lüge im aussermoralischen Sinne“ [entst. 1873, publ. 1896], in: ders., *Sämtliche Werke. Kritische Studienausgabe in 15 Bänden*, hrsg. v. Giorgio Colli u. Mazzino Montinari (München: Deutscher Taschenbuch Verlag 1980), Bd. 1, 873–890.
Charles Sanders Peirce, *Reasoning and the Logic of Things* [1898] (Cambridge, Mass.: Harvard University Press 1992), 181–196.
Charles Sanders Peirce, *Collected Papers of Charles Sanders Peirce*, Bd. 1 (Principles of Philosophy), hrsg. v. Charles Hartshorne u. Paul Weiss (Cambridge: Harvard University Press 1931).
Terry Pinkard, *Hegel's Phenomenology: The Sociality of Reason* (New York: Cambridge University Press 1994).
Terry Pinkard, *Hegel: A Biography* (Cambridge: Cambridge University Press 2001).
Terry Pinkard, *German Philosophy 1760 – 1860: The Legacy of Idealism* (Cambridge: Cambridge University Press 2002).
Robert Pippin, *Hegel's Idealism: The Satisfactions of Self-Consciousness* (New York: Cambridge University Press 1989).
Karl R. Popper, *Logik der Forschung* [1935, eigtl. 1934] (Tübingen: Mohr ^{3}1969).
Karl R. Popper, „Die Logik der Sozialwissenschaften“, in: *Der Positivismusstreit in der deutschen Soziologie*, hrsg. v. Theodor W. Adorno u. a. (Neuwied: Luchterhand 1969), 103–123.
Hilary Putnam, Reason, *Truth and History* (Cambridge: Cambridge University Press 1981); dt. *Vernunft, Wahrheit und Geschichte* (Frankfurt/Main: Suhrkamp 1982).
Hilary Putnam, *Representation and Reality* (Cambridge, Mass.: The MIT Press 1988).
Hilary Putnam, „Realismus mit menschlichem Antlitz“ [1988/90], in: ders., *Von einem realistischen Standpunkt. Schriften zu Sprache und Wirklichkeit* (Reinbek: Rowohlt 1993), 221–252.

Hilary Putnam, „Why Functionalism Didn't Work“ [1992], in: ders., *Words and Life* (Cambridge u. London: Harvard University Press 1995), 441–459.

Hilary Putnam, „Irrealism and Deconstruction“, in: ders., *Renewing Philosophy* (Cambridge, Mass.: Harvard, 1992), 108–133.

Hilary Putnam, *Von einem realistischen Standpunkt. Schriften zu Sprache und Wirklichkeit* (Reinbek: Rowohlt 1993).

Hilary Putnam, „Sense, Nonsense, and the Senses: An Inquiry into the Powers of the Human Mind“ (The Dewey Lectures, Columbia University, March 1994), *The Journal of Philosophy*, vol. XCI, 9/1994, 445–517.

Hilary Putnam, „The Question of Realism“, in: ders., *Words and Life* (Cambridge, Mass.: Harvard University Press 1995), 295–312.

Willard Van Orman Quine, „Two Dogmas of Empiricism“ [1951], in: ders., *From a Logical Point of View*, 2nd ed., revised (Cambridge, Mass.: Harvard University Press 1990), 20–46; dt. „Zwei Dogmen des Empirismus“, in: ders., *Von einem logischen Standpunkt. Neun logisch-philosophische Essays* (Frankfurt/Main: Ullstein 1979), 27–50.

Willard Van Orman Quine, *Word and Object* (Cambridge, Mass.: MIT 1960); dt. *Wort und Gegenstand* (Stuttgart: Reclam 1980).

Willard Van Orman Quine, „Five Milestones of Empiricism“, in: ders., *Theories and Things* (Cambridge, Mass.: Harvard University Press 1981), 67–72.

Willard Van Orman Quine, „Relativism and Absolutism“, in: *The Monist* 67 (1984), 293–295.

Willard Van Orman Quine, *Quiddities* (Cambridge, Mass.: Harvard University Press 1987).

Willard Van Orman Quine, *Unterwegs zur Wahrheit* [1992] (Paderborn: Schöningh 1995).

Hans Reichenbach, *Der Aufstieg der wissenschaftlichen Philosophie* [1951], in: ders., *Gesammelte Werke*, Bd. 1 (Braunschweig: Vieweg 1977).

Tom Rockmore, *Hegel's Circular Epistemology* (Bloomington: Indiana University Press 1986).

Tom Rockmore, *Cognition: An Introduction to Hegel's Phenomenology of the Spirit* (Berkeley: University of California Press 1997).

Richard Rorty, „Pragmatism, Davidson and truth“ [1986], in: ders., *Objectivity, relativism, and truth: Philosophical Papers*, Vol. 1 (Cambridge: Cambridge University Press 1991), 126–150.

Richard Rorty, *Kontingenz, Ironie und Solidarität* [1989] (Frankfurt/Main: Suhrkamp 1989).

Richard Rorty, „Relativism: Finding and Making“ [1996], in: ders., *Philosophy and Social Hope* (New York/London: Penguin 1999), XVI–XXXII.

Richard Rorty, „Introduction“, in: Wilfrid Sellars, *Empiricism and the Philosophy of Mind* [1956] (Cambridge, Mass.: Harvard University Press 1997), 1–12.

Richard Rorty, „The End of Leninism, Havel, and Social Hope“, in: ders., *Truth and Progress: Philosophical Papers*, Vol. 3 (Cambridge: Cambridge University Press 1998), 228–243.

Richard Rorty, *Achieving Our Country* (Cambridge, Mass.: Harvard University Press 1998).

Richard Rorty, „Some American Uses of Hegel“, in: *Das Interesse des Denkens – Hegel aus heutiger Sicht*, hrsg. v. Wolfgang Welsch u. Klaus Vieweg (München: Fink 2003), 33–46.

Bertrand Russell, *The Principles of Mathematics* (Cambridge: Cambridge University Press 1903).

Bertrand Russell, „Analytic Realism“ [1911], in: ders., *Logical and Philosophical Papers 1909–13, The Collected Papers*, Bd. 6 (London and New York: Routledge 1992), 132–146; Erstdruck: „Le Réalisme analytique“, *Bulletin de la Société française de philosophie* 11, März 1911, 53–82.

Bertrand Russell, „Hegel and Common Sense“ [1912], in: ders., *Logical and Philosophical Papers 1909–13* (*The Collected Papers*, Bd. 6, London and New York: Routledge 1992), 364 f.

Bertrand Russell, *The Problems of Philosophy* [1912] (Oxford: Oxford University Press 1998).

Bertrand Russell, „The Relation of Sense-Data to Physics“, *Scientia* 16 (1914), 1–27.

Bertrand Russell, *Our Knowledge of the External World as a Field for Scientific Method in Philosophy* [1914] (London: Allen & Unwin 1922).

Bertrand Russell, „The Philosophy of Logical Atomism“ [1918], in: ders., *The Philosophy of Logical Atomism and Other Essays (1914–19)* (*Collected Papers*, Vol. 8) (London: George Allen &

Unwin 1986), 157–244.
Bertrand Russell, *Analysis of Mind* (London: George Allen & Unwin 1921).
Bertrand Russell, *A History of Western Philosophy And Its Connection with Political and Social Circumstances from the Earliest Times to the Present Day* (New York: Simon and Schuster 1945).
Bertrand Russell, *Philosophie: Die Entwicklung meines Denkens* [1959] (Frankfurt/Main: Fischer 1988).
Bertrand Russell, *My Philosophical Development* [1959] (London: Routledge, 1993).
Bertrand Russell, *Autobiography* [1967–69] (London: Routledge 1991).
Bertrand Russell, „My Mental Development", in: *The Philosophy of Bertrand Russell*, hrsg. v. Paul Arthur Schilpp (La Salle, Ill.: Open Court, 1989), 3–20.
Richard Schuldenfrei, „Quine in Perspective", *The Journal of Philosophy* 69 (1972), 5–16.
Wilfrid Sellars, *Empiricism and the Philosophy of Mind* [1956], with an Introduction by Richard Rorty and a Study Guide by Robert Brandom (Cambridge, Mass.: Harvard University Press 1997).
Robert C. Solomon, *In the Spirit of Hegel: A Study of G. W. F. Hegel's Phenomenology of the Spirit* (New York: Oxford University Press 1983).
Henry Staten, *Wittgenstein and Derrida* (Lincoln: University of Nebraska Press 1985).
Peter F. Strawson, „On Referring", *Mind* 59 (1950), 320–344.
Charles Taylor, „The Opening Arguments of the Phenomenology", in: *Hegel*, hrsg. v. Alasdair MacIntyre (New York: Doubleday 1972), 151–187.
Charles Taylor, *Hegel* (Cambridge: Cambridge University Press 1975).
Charles Taylor, *Hegel and Modern Society* (Cambridge: Cambridge University Press 1979).
Wolfgang Welsch, „Zwei Probleme in Hegels Idealismus", in: *Das Interesse des Denkens – Hegel aus heutiger Sicht*, hrsg. v. Wolfgang Welsch u. Klaus Vieweg (München: Fink 2003), 247–282.
Samuel C. Wheeler III, *Deconstruction as Analytic Philosophy* (Stanford: Stanford University Press 2000).
Alfred North Whitehead, „Autobiographical Notes", in: ders., *Essays in Science and Philosophy* (New York: Greenwood 1968), 3–14.
Alfred North Whitehead, „Process and Reality", in: ders., *Essays in Science and Philosophy* (New York: Greenwood 1968), 114–119.
Alfred North Whitehead, „Analysis of Meaning", in: ders., *Essays in Science and Philosophy* (New York: Greenwood 1968), 122–131.
Walt Whitman, *Notebooks and Unpublished Prose Manuscripts*, Bd. 6: *Notes and Index*, hrsg. v. Edward F. Grier (New York: New York University Press 1984).
Ludwig Wittgenstein, *Tractatus logico-philosophicus* [1921], in: ders., *Werkausgabe* (Frankfurt/Main: Suhrkamp 1984), Bd. 1.
Ludwig Wittgenstein, *Philosophische Untersuchungen* [1953], in: ders., *Werkausgabe* (Frankfurt/Main: Suhrkamp 1984), Bd. 1, 225–580.
Ludwig Wittgenstein, *Über Gewissheit* [1969], in: ders., *Werkausgabe* (Frankfurt/Main: Suhrkamp 1984), Bd. 8, 113–257.
Georg Henrik von Wright, „ ‚Analytische Philosophie' – eine historisch-kritische Betrachtung", in: ders., *Erkenntnis als Lebensform* (Wien: Böhlau 1995), 37–65.

IV Philosophische Evidenzerlebnisse

1. Zeugnisse

Es gibt Zeugnisse von Philosophen, in denen sie von Ereignissen in ihrem Leben berichten, die für ihr künftiges Denken Schlüsselerlebnisse bedeuteten. Ich rufe drei bekannte Beispiele in Erinnerung.

René Descartes weilte im November 1619 in der Zurückgezogenheit eines Winterquartiers, um sich in aller Muße seinen Gedanken hinzugeben (im *Discours* und zu Beginn der *Meditationen* berichtet er von dieser Situation).[1] Am 10. November wird ihm eine Erleuchtung zuteil: „plenus forem Enthousiasmo, & mirabilis scientiae fundamenta reperirem &c." („ich war voll Enthusiasmus und fand die Grundlagen einer wunderbaren Wissenschaft").[2] In der folgenden Nacht hat er drei Träume, die er als Bestätigung seiner Entdeckung versteht. Fortan wird er die Mathesis universalis, deren Idee ihm damals aufgegangen war, ausarbeiten. – *Ludwig Wittgenstein* hat 1910 ein „Erlebnis der *absolu-*

---

[1] „Ich befand mich damals in Deutschland, wohin mich der Krieg, der dort noch nicht beendet ist, gerufen hatte. Als ich von der Kaiserkrönung zur Armee zurückkehrte, brach der Winter an und hielt mich in einem Quartier fest, wo ich ohne zerstreuende Unterhaltung und überdies – zum Glück – ohne von Sorgen oder Leidenschaften geplagt zu sein, den ganzen Tag allein in einer warmen Stube eingeschlossen blieb und hier alle Muße fand, mich mit meinen Gedanken zu unterhalten" (René Descartes, *Discours de la Méthode – Von der Methode des richtigen Vernunftgebrauchs und der wissenschaftlichen Forschung* [1637], Hamburg: Meiner 1960, 19 [II,1]). Auch am Anfang der *Meditationes* spricht Descartes davon, dass er „seine Gedanken aller Sorgen entledigt" und sich „ungestörte Muße in einsamer Zurückgezogenheit verschafft" habe (René Descartes, *Meditationes de prima philosophia – Meditationen über die Grundlagen der Philosophie* [1641], Hamburg: Meiner 1959, 31 [I, 1]).

[2] So berichtet es sein Biograph A. Baillet, *Vie de Monsieur Des-Cartes*. Vgl. die Auszüge in Descartes, *Œuvres*, hrsg. v. Charles Adam u. Paul Tannery (Paris: Cerf 1897–1913; Neuausgabe Paris: Vrin 1964–67), Bd. X, 179; dt. in: Stefano Poggi u. Wolfgang Röd, *Die Philosophie der Neuzeit* (München: Beck ^{2}1999), 51.

ten Sicherheit".[3] Später kommt er mehrfach darauf zurück: „Ich bin in Sicherheit, nichts kann mir weh tun, egal, was passiert."[4] – *Rudolf Carnap* berichtet, dass ihm, nachdem er jahrelang über die Theorie der Syntax nachgedacht hatte, die Lösung während einer schlaflosen und fiebrigen Nacht im Januar 1931 „wie eine Vision" kam. Am folgenden Tag schrieb er sie unter dem Titel ‚Versuch einer Metalogik' nieder – der erste Entwurf zu seinem 1934 erschienenen Buch *Logische Syntax der Sprache*.[5]

Das Phänomen ist keineswegs auf die Philosophie beschränkt. Es gibt analoge Zeugnisse von Dichtern und bildenden Künstlern. So beschreibt *Rainer Maria Rilke* 1913 in einem Text mit dem Titel „Erlebnis", wie er mit „einem niegekannten Gefühl" „auf die andere Seite der Natur" geriet: „das Unendliche" ging „von allen Seiten so vertraulich in ihn über, dass er glauben durfte, das leichte Aufruhn der [...] Sterne in seiner Brust zu fühlen" – auf einmal war „der Geschmack der Schöpfung in seinem Wesen".[6] – *Paul Klee* berichtet, wie er während einer Tunesienreise 1914 in Kairouan fühlte, dass die

---

[3] Das Erlebnis war durch Wittgensteins Besuch einer Aufführung von Ludwig Anzengrubers Stück *Die Kreuzelschreiber* in Wien veranlasst. Die Figur des Steinklopferhanns beschreibt dort (III. Akt, 1. Szene) eine „extraige Offenbarung" oder „Eingebung". Bisher hat er in schrecklichem Elend gelebt. Eines Tages, als die Sonne scheint, wirft er sich ins Gras und denkt, er werde sterben. Als er abends aufwacht, wird ihm „inwendig so wohl, als wär's hell Sonnenlicht von vorhin in mein' Körper verblieb'n ... und da kommt's über mich, wie wann eins zu eim'm andern red't: Es kann dir nix g'schehn! Selbst die größt Marter zählt nimmer, wann's vorbei ist! Ob d'jetzt gleich sechs Schuh tief da unterm Rasen liegest, oder ob d'das vor dir noch viel tausendmal siehst – es kann dir nix g'schehn! – Du g'hörst zu dem all'n, und dös alles g'hört zu dir! Es kann dir nix g'schehn!" (zit. nach: Brian McGuinness, *Wittgensteins frühe Jahre*, Frankfurt/Main 1988, 159 f.). – Wittgensteins Schlüsselerlebnis war also dem Steinklopferhanns nachempfunden bzw. von diesem abgeschaut. Böhmer kommentiert: „Wittgenstein machte diese Gewissheit zu seiner eigenen" (Otto A. Böhmer, *Sternstunden der Philosophie*, München: Beck ^{2}2004, 137).

[4] Ludwig Wittgenstein, „Vortrag über Ethik" [Vortrag 1929 oder 1930, engl. Erstveröffentlichung 1965], in: ders., *Vortrag über Ethik und andere kleine Schriften* (Frankfurt/Main: Suhrkamp 1989), 9–19, hier 14 f.

[5] „Ich habe schon erwähnt, dass die Mitglieder des Kreises, im Gegensatz zu Wittgenstein, zu dem Schluss kamen, es sei möglich, über die Sprache zu sprechen, insbesondere über die Strukturen sprachlicher Ausdrücke. Dieser Vorstellung entsprechend entwickelte ich die Theorie der logischen Syntax einer Sprache als rein analytische Theorie der Struktur ihrer Ausdrücke. Meine Überlegungen wurden hauptsächlich durch die Untersuchungen zur Metamathematik von Hilbert und Tarski bestimmt [...]. Nachdem ich über diese Probleme viele Jahre nachgedacht hatte, kam mir während einer schlaflosen Nacht im Januar 1931, als ich krank war, die genannte Theorie der Sprachstruktur und ihrer (möglichen) Anwendungen in der Philosophie wie eine Vision. Am folgenden Tag, noch mit Fieber im Bett liegend, schrieb ich meine Einfälle auf vierundzwanzig Seiten nieder, unter dem Titel ‚Versuch einer Metalogik'. Diese stenographischen Aufzeichnungen waren die erste Fassung meines Buches *Logische Syntax der Sprache* (1934)" (Rudolf Carnap, *Mein Weg in die Philosophie*, Stuttgart: Reclam 1993, 82 f.).

[6] Rainer Maria Rilke, „Erlebnis", in: ders., *Sämtliche Werke in 12 Bänden*, Bd. 11 (Frankfurt/Main: Insel 1976), 1036–1042, hier 1038 [I] bzw. 1040 u. 1041 [II]. – Rilke hat die beiden Teile von „Erlebnis" Anfang 1913 in Spanien niedergeschrieben; Teil I wurde erstmals 1919 im *Insel-Almanach* publiziert, Teil II erstmals 1938 in *Ausgewählte Werke*.

Welt der Farben „so tief" in ihn eindrang, dass er gewiss war, die Farbe habe ihn „für immer": „Das ist der glücklichen Stunde Sinn: ich und die Farbe sind eins. Ich bin Maler."[7]

Man könnte die Liste fast beliebig verlängern. Das Phänomen findet sich auch in nicht-westlichen Kulturen.[8] Im Folgenden beschränke ich mich auf Beispiele aus der Philosophie. Wie ist das Auftreten solcher Evidenzerlebnisse zu deuten? Soweit ich sehe, existiert keine Theorie dazu. Das Phänomen ist der Philosophie bekannt, aber sie wendet sich ihm nicht zu. So unternehme ich hier einen ersten und ganz rudimentären Versuch.[9]

2. Erste Deutung: Inspiration

Die einfachste Deutung würde besagen: In derlei Fällen wird den Philosophen ein Erlebnis zuteil, das ihnen den künftighin entscheidenden Gedanken eingibt. Das Erlebnis sagt ihnen nicht nur, wie sie ihr Leben verändern müssen, sondern speziell, wie sie *ihr Denken* verändern, woran sie dieses fortan unverbrüchlich ausrichten müssen. Dieser Deutung zufolge wäre die neue Richtung des Denkens also einem Erlebnis verdankt, das von außen kommt – wie aus göttlicher oder dämonischer oder anonymer Inspiration.

3. Zweite Deutung: das Erlebnis ist denkgeneriert

Aber so ist es offenbar nicht. Die Erlebnisse fallen nicht vom Himmel. Sondern sie kommen zustande, nachdem man schon lange einen bestimmten Denkweg verfolgt hat. Dann wird einem in Ausnahmesituationen – etwa bei besonderer Konzentration (vgl. Descartes) oder in innerer Aufgewühltheit (vgl. Carnap) – auf einmal eine Einsicht zuteil, die einem endgültig die Augen aufschlägt. Ohne den vorher gegangenen Weg wäre sie einem jedoch nicht zuteilgeworden. Das Evidenzerlebnis hat nicht die Form einer Inspiration out of the blue, sondern die eines Durchbruchs auf einem lange verfolgten Denkweg. Es handelt sich um denkgenerierte Erlebnisse.[10]

---

[7] „Ich lasse jetzt die Arbeit. Es dringt so tief und mild in mich hinein, ich fühle das und werde so sicher, ohne Fleiß. Die Farbe hat mich. Ich brauche nicht nach ihr zu haschen. Sie hat mich für immer, ich weiß das. Das ist der glücklichen Stunde Sinn: ich und die Farbe sind eins. Ich bin Maler" (Paul Klee, *Tagebücher 1898–1918*, Köln: DuMont 1957, 307 f. [1914]).

[8] Am bekanntesten ist wohl das Beispiel der Zen-Buddhisten, die nach oft jahrzehntelangen Übungen plötzlich zur „Erleuchtung" gelangen.

[9] Für Ermutigung dazu bin ich Dieter Henrich dankbar.

[10] Carnap hat ausdrücklich auf die Bedingungsfunktion solchen Vorlaufs hingewiesen. Die Lösung der Theorie der Sprachstruktur kam ihm zwar plötzlich, in einer schlaflosen Nacht – aber doch nur, weil er schon jahrelang um sie gerungen hatte. – Ähnlich steht es mit Nietzsches Zarathustra-Erlebnis, das im August 1881 eintrat, sich aber schon monatelang vorbereitet hatte: „Ich erzähle nunmehr die Geschichte des Zarathustra. Die Grundconception des Werks, der *Ewige-Wiederkunfts-Gedanke*, diese höchste Formel der Bejahung, die überhaupt erreicht werden kann –, gehört in den August des Jahres 1881: er ist auf ein Blatt hingeworfen, mit der Unterschrift: ‚6000 Jahre Fuss jenseits von Mensch und Zeit'. Ich gieng an jenem Tage am See von Silvaplana durch die Wälder; bei einem mächtigen pyramidal aufgethürmten Block unweit Surlei machte ich Halt. Da

Während also die vergleichsweise naive Inspirations-Auffassung gemeint hatte, das entscheidende Erlebnis komme von außen, weist diese reflektiertere Auffassung darauf hin, dass das Schlüsselerlebnis sich einem langen Denkprozess verdankt und aus diesem hervorgeht.

Aber auch diese zweite Auffassung ist unzureichend. Das Evidenzerlebnis ist ja offenbar nicht *einfachhin* eine Folge der vorangegangenen Denkanstrengungen. Vielmehr wird es gerade als etwas erfahren, das man nicht selber produziert hat, sondern was einem *widerfährt*. Es ergibt sich nicht wie der nächste, konsequente Schritt im Denken, sondern es bedeutet einen Einschnitt, eine Erschütterung, einen Bruch. Alles Vorherige nimmt einen neuen Sinn an (den man zuvor allenfalls geahnt, aber noch nicht erfasst hatte). Und nach all den vorherigen Mühen und Irrungen wird dieses Erlebnis als Befreiung erfahren: man ist ins Licht der Wahrheit eingetreten. Aber noch einmal: Obgleich

---

kam mir dieser Gedanke. – „Rechne ich von diesem Tag ein paar Monate zurück, so finde ich, als Vorzeichen, eine plötzliche und im Tiefsten entscheidende Veränderung meines Geschmacks, vor Allem in der Musik. Man darf vielleicht den ganzen Zarathustra unter die Musik rechnen; – sicherlich war, eine Wiedergeburt in der Kunst zu *hören*, eine Vorausbedingung dazu. In einem kleinen Gebirgsbade unweit Vicenza, Recoaro, wo ich den Frühling des Jahre 1881 verbrachte, entdeckte ich, zusammen mit meinem maestro und Freunde Peter Gast, einem gleichfalls ‚Wiedergeborenen', dass der Phönix Musik mit leichterem und leuchtenderem Gefieder, als er je gezeigt, an uns vorüberflog" (Friedrich Nietzsche, *Ecce homo* [entst. 1888, postum publ. 1908], in: ders., *Sämtliche Werke. Kritische Studienausgabe in 15 Bänden*, hrsg. von Giorgio Colli und Mazzino Montinari, München: Deutscher Taschenbuch Verlag 1980, Bd. 6, 335). – Bei Husserl steht es ähnlich. Die für ihn entscheidende Entdeckung, die des „universalen Korrelationsapriori von Erfahrungsgegenstand und Gegebenheitsweisen", von der er sagte, sie habe ihn „so tief erschüttert, dass seitdem seine gesamte Lebensarbeit von dieser Aufgabe einer systematischen Ausarbeitung dieses Korrelationsapriori beherrscht war", diese für ihn grundstürzende Entdeckung kam ihm während der „Ausarbeitung seiner *Logischen Untersuchungen*" – aber sie war seiner eigenen Aussage zufolge die Frucht einer fortgesetzten Denkanstrengung, einer beharrlichen Arbeit am Schreibtisch (vgl. Edmund Husserl, *Die Krisis der europäischen Wissenschaften und die transzendentale Phänomenologie. Eine Einleitung in die phänomenologische Philosophie* [Mskr. 1936, unvollendet], hrsg. v. Walter Biemel, Husserliana Bd. VI (Haag: Nijhoff [2]1976), 169, Anm. [§ 48]). – Und Rilke hat beschrieben, wie das Erlebnis von 1913 in ihm ähnliche frühere und vorbereitende Erlebnisse erneut wachrief: „Späterhin meinte er, sich gewisser Momente zu erinnern, in denen die Kraft dieses einen schon, wie im Samen, enthalten war. Er gedachte der Stunde in jenem anderen südlichen Garten (Capri), da ein Vogelruf draußen und in seinem Innern übereinstimmend da war, indem er sich gewissermaßen an der Grenze des Körpers nicht brach, beides zu einem ununterbrochenen Raum zusammennahm, in welchem, geheimnisvoll geschützt, nur eine einzige Stelle reinsten, tiefsten Bewusstseins blieb. Damals schloss er die Augen, um in einer so großmütigen Erfahrung durch den Kontur seines Leibes nicht beirrt zu sein, und es ging das Unendliche von allen Seiten so vertraulich in ihn über, dass er glauben durfte, das leichte Aufruhn der inzwischen eingetretenen Sterne in seiner Brust zu fühlen. Auch fiel ihm wieder ein, wie viel er darauf gab, in ähnlicher Haltung an einen Zaun gelehnt, des gestirnten Himmels durch das milde Gezweig eines Ölbaums hindurch gewahr zu werden, wie gesichthaft in dieser Maske der Weltraum ihm gegenüber war, oder wie, wenn er Solches lange genug ertrug, Alles in der klaren Lösung seines Herzens so vollkommen aufging, dass der Geschmack der Schöpfung in seinem Wesen war. Er hielt es für möglich, dass, bis in seine dumpfe Kindheit zurück, solche Hingegebenheiten sich würden bedenken lassen" (Rainer Maria Rilke, „Erlebnis" [1913], in: ders., *Sämtliche Werke in 12 Bänden*, Bd. 11 (Frankfurt/Main: Insel 1976), 1036–1042, hier 1040 f. [II]).

dies ohne den vorherigen Denkweg nicht möglich gewesen wäre, ist es doch nicht *allein* durch diesen zustande gekommen.

4. Wie kann man Konsequenz- und Widerfahrnis-Charakter zusammendenken?

Es braucht also eine dritte Konzeption, die weder nur den Widerfahrnis-Charakter herausstellt (wie das Inspirationsmodell) noch nur die Ermöglichung durch vorangegangene Denkprozesse betont (wie das denkgenerative Modell), sondern die *beidem*, dem Konsequenz- *wie* dem Widerfahrnis-Moment gerecht zu werden vermag. Wie aber lassen sich diese beiden Momente *zusammendenken*?

Ein ausschließlicher Widerfahrnis-Charakter ist für andere Erlebnisse typisch, die unserem Leben ebenfalls eine neue und fortan maßgebende Richtung geben können. So steht es etwa bei existentiellen Erschütterungen, beispielsweise durch eine schwere Krankheit oder durch den frühen Tod eines Elternteils, wo, als Reaktion auf dieses tragische Ereignis, nur noch *ein* Weg des Überlebens offenzustehen scheint. Auch solche Erlebnisse können philosophie-einschlägig sein. Manch einer ist gerade so auf den Weg des Denkens geworfen worden. (Das Philosophieren ist im Allgemeinen nicht gerade aus Glückserfahrungen geboren.)

Aber es gibt einen großen Unterschied zwischen traumatischen Initialerlebnissen und den hier zur Debatte stehenden Evidenzerlebnissen. Die traumatischen Erlebnisse ließen zwar nur noch ein Leben denkender Selbstverständigung möglich erscheinen, aber sie verliehen diesem keineswegs schon den alles erhellenden Gedanken. Sie bedeuteten nur eine von außen aufgedrungene Nötigung, sich überhaupt auf den Weg denkender Suche zu begeben. Aber vorerst eben nur auf die Suche. Die Evidenzerlebnisse hingegen stellen sich ein, nachdem man schon lange auf dem Weg des Denkens vorangeschritten ist. Die Initialerlebnisse kamen von außen, lagen vor dem Denkprozess, die Evidenzerlebnisse kommen von innen, sind durch den Denkweg ermöglicht. Die ersteren hatten reinen Kontingenz- und Widerfahrnis-Charakter; die letzteren haben zugleich Konsequenz-Charakter.[11]

5. Ist Denken ein Phänomen reiner Spontaneität?

Aber damit ist das Problem noch nicht gelöst. Es bleibt die Frage, warum die Evidenzerlebnisse, trotz ihres Konsequenz-Charakters, zugleich *Widerfahrnis-Charakter* besitzen.

[11] Die philosophische Anstrengung dürfte, wie gesagt, im allgemeinen eine Folge nicht von Glück, sondern einer Erschütterung sein. Aber dann gibt es – in seltenen Fällen – eben auch das Phänomen, dass einem nach langen Bemühungen eine unüberbietbare Evidenz zuteil wird, und dies wird dann als großes Glück erfahren. Vgl. dazu Aristoteles' generelle These, dass das Denken das höchste Glück gewährt: die betrachtende Tätigkeit des Geistes ist „die vollendete Glückseligkeit" (*Nikomachische Ethik*, X 7, 1177 a 14 f.); „die Philosophie gewährt großartige Lust" (ebd., X 7, 1177 a 25); „der Weise ist in höchstem Maße glücklich" (ebd., X 9, 1179 a 31 f.).

Wir haben habituelle Schwierigkeiten, dergleichen – ein *Widerfahrnis im Denken* – zu konzipieren. Das hängt mit der Art zusammen, wie wir uns angewöhnt haben, das Denken zu verstehen. Wir nehmen es modern als Vollzug eines Subjekts, also als autonome Tätigkeit. Im Zug dieser Auffassung aber lässt sich gar nicht begreifen, dass einem im Denken etwas widerfahren soll, was nicht ein Produkt des eigenen Denkens ist, sondern was dem Denken geschieht, ohne von ihm gemacht zu sein.

Andererseits ist der Widerfahrnis-Charakter offenkundig. Das Evidenzerlebnis wird als überraschend und als nicht vom Denken gemacht, sondern dem Denken zuteilwerdend erfahren – als Geschenk. Zudem hat es völligen Ausnahmecharakter. Ein solches Erlebnis hat man nur einmal. Es ist nicht wie tausend andere Ergebnisse konsequenten Denkens, die einfach folgerichtig zustande gekommen sind.

So führt uns das Thema der Evidenzerlebnisse auf ein Defizit in unserer gewohnten Auffassung des Denkens. Wir sind hier aufgefordert, etwas zu denken, was gemäß der modernen Auffassung des Denkens nicht gedacht werden kann: einen nicht bloß spontanen, sondern rezeptiven Charakter des Denkens.

Die moderne Sichtweise hat Rezeptivität allein der Sinnlichkeit zugeteilt und das Denken ganz auf Spontaneität festgelegt. Die Evidenzerlebnisse jedoch konfrontieren uns mit dem Phänomen, dass im Denken ein Licht aufgeht, das nicht *vom* Denken erzeugt, sondern *im* Denken gleichsam von einer anderen Kraft entzündet zu werden scheint. Dies verlangt, auf eine Rezeptivität des Denkens hinauszudenken. Nur: Wie kann man das tun? Wie kann ein Widerfahrnis *im Denken* gedacht werden – wo das Denken doch als Phänomen völliger Spontaneität dergleichen konstitutiv auszuschließen scheint?

Vielleicht liegt dabei, wie so oft in der Philosophie, eine falsche Grundbegrifflichkeit und Alternative zugrunde. Vermutlich ist es verfehlt, Denken gänzlich auf Spontaneität festzulegen.

6. Hinweise auf eine mögliche Rezeptivität des Denkens

Es gibt deutliche Hinweise darauf, dass das Denken nicht ein Phänomen reiner Spontaneität ist. Im Denken erfahren wir uns verschiedentlich als gebunden, als nicht schlechthin frei. Beispielsweise dort, wo wir unsinnige, in sich widersprüchliche Ideen zu entwickeln versuchen, etwa die Idee eines runden Quadrats. Da stoßen wir an eine objektive Grenze. Ebenso dort, wo wir logische Fehler bemerken. Da mag uns bewusst werden, dass dem Denken Strukturen vorgegeben sind, an denen man sich nur bei Strafe des Absturzes in Pseudo-Denken vergehen kann. Nur unter Beachtung dieser Strukturen kann unser Denken seine Spontaneität entfalten.

In stärkerer Form ist eine solche Gebundenheit von älteren Konzeptionen vertreten worden, die sagen, dass unser Denken, um wahrhaftes Denken zu sein, in die Übereinstimmung mit einem objektiven Denken – dem *Logos* der Welt – gelangen muss.

Noch in der Moderne hat diese Sicht vereinzelt zu Umkehrungen der Spontaneitätsthese geführt. So meinte Heidegger, dass nicht *wir* zu Gedanken kommen, sondern dass

Gedanken zu uns kommen.[12] Ähnlich hatte schon Nietzsche geschrieben, „dass ein Gedanke kommt, wenn ‚er' will, und nicht wenn ‚ich' will".[13] Und Lichtenberg wies darauf hin, „dass man nicht sagen sollte: ich denke, sondern *es denkt*".[14]

Die Auffassung, dass unser subjektives Denken eine objektive Ordnung zum Maß habe, war von Heraklit begründet worden. Ihm zufolge bildet der *Logos* die Grundstruktur der Welt.[15] Unsere Aufgabe ist es nicht (wie gemeinhin geschieht) den Eitelkeiten des Selbstdenkens zu frönen,[16] sondern auf den objektiven *Logos* zu hören[17] und in die Übereinstimmung mit ihm zu gelangen.[18] Ermöglicht ist eine solche Kongruenz dadurch, dass unser Geist im Grunde Geist von jenem Geist, dem *Logos* der Welt ist. Daran anknüpfend, hat Aristoteles das klassische Rezeptivitätsmodell des Denkens ent-

---

[12] „Wir kommen nie zu Gedanken. Sie kommen zu uns" (Martin Heidegger, *Aus der Erfahrung des Denkens*, Pfullingen: Neske 1954, 11).

[13] „Was den Aberglauben der Logiker betrifft: so will ich nicht müde werden, eine kleine kurze Thatsache immer wieder zu unterstreichen, welche von diesen Abergläubischen ungern zugestanden wird, – nämlich dass ein Gedanke kommt, wenn ‚er' will, und nicht wenn ‚ich' will; so dass es eine *Fälschung* des Thatbestandes ist, zu sagen: das Subjekt ‚ich' ist die Bedingung des Prädikats ‚denke'. Es denkt: aber dass dies ‚es' gerade jenes alte berühmte ‚Ich' sei, ist, milde geredet, nur eine Annahme, eine Behauptung, vor Allem keine ‚unmittelbare Gewissheit'. Zuletzt ist schon mit diesem ‚es denkt' zu viel gethan: schon dies ‚es' enthält eine *Auslegung* des Vorgangs und gehört nicht zum Vorgange selbst. Man schliesst hier nach der grammatischen Gewohnheit ‚Denken ist eine Thätigkeit, zu jeder Thätigkeit gehört Einer, der thätig ist, folglich –' " (Friedrich Nietzsche, *Jenseits von Gut und Böse* [1886], in: ders., *Sämtliche Werke. Kritische Studienausgabe in 15 Bänden*, hrsg. v. Giorgio Colli u. Mazzino Montinari, München: Deutscher Taschenbuch Verlag 1980, Bd. 5, 30 f. [17]). Vgl. auch die folgende Kritik am „Egoismus" und den Aufruf zu kosmischem Empfinden: „In Wahrheit gibt es keine *individuellen Wahrheiten*, sondern lauter individuelle *Irrthümer* – das *Individuum* selber ist ein *Irrthum*. Alles was in uns vorgeht, ist an sich *etwas Anderes*, was wir nicht wissen: [...] Wir sind Knospen an Einem Baume – was wissen wir von dem, was im Interesse des Baumes aus uns werden kann! Aber wir haben ein Bewusstsein, als ob wir *Alles* sein wollten und sollten, eine Phantasterei von ‚Ich' und *allem* ‚Nicht-Ich'. *Aufhören, sich als solches phantastisches ego zu fühlen!* Schrittweise lernen, das *vermeintliche Individuum abzuwerfen!* Die Irrthümer des ego entdecken! Den *Egoismus als Irrthum* einsehen! Als Gegensatz ja nicht Altruismus zu verstehen! Das wäre die Liebe zu den *anderen vermeintlichen* Individuen! Nein! Über *‚mich'* und *‚dic'* **hinaus! kosmisch empfinden!**" (Friedrich Nietzsche, *Nachgelassene Fragmente. Anfang 1880 bis Sommer 1882*, KSA 9, 442 f. [Frühjahr – Herbst 1881]). Vgl. dazu auch: „Jene Denker, in denen alle Sterne sich in kyklischen Bahnen bewegen, sind nicht die tiefsten; wer in sich wie in einen ungeheuren Weltraum hineinsieht und Milchstrassen in sich trägt, der weiss auch, wie unregelmässig alle Milchstrassen sind; sie führen bis in's Chaos und Labyrinth des Daseins hinein" (Friedrich Nietzsche, *Die fröhliche Wissenschaft* [1882], KSA 3, 552 [322]).

[14] Georg Christoph Lichtenberg, *Sudelbücher II* (entst. 1765–1799), in: ders., *Schriften und Briefe*, Bd. 2, hrsg. v. Wolfgang Promies (München: Hanser ^{3}1991), 501 [Heft L (1796–1799), 806]. Eine frühere Stelle: „*Es denkt*, sollte man sagen, so wie man sagt: *es blitzt*" (ebd., 412 [Heft K (1793–1796), 76]).

[15] Vgl. *Die Fragmente der Vorsokratiker*, hrsg. v. Hermann Diels u. Walter Kranz, 3 Bde., Bd. 1 (Zürich: Weidmann ^{6}1951), 160 [B 41] u. 167 [B 72].

[16] Vgl. ebd., 151 [B 2] u. 167 [B 72].

[17] Vgl. ebd., 161 [B 50].

[18] Vgl. ebd., 160 [B 41].

wickelt, dem zufolge unser Geist (als *nous pathētikós*) von jenem größeren Geist (dem *nous poiētikós*) entzündet wird.[19]

Uns Modernen klingen solche Vorstellungen fremd (auch wenn sie vereinzelt, wie die Hinweise auf Lichtenberg, Nietzsche und Heidegger zeigten, wiederkehren). Aber die zuvor angeführten Phänomene, wo wir uns im Denken als gebunden erfahren, bieten zumindest Indizien dafür, dass es im Denken nicht einfach um die Generierung einer von uns entworfenen Ordnung, sondern um die Übereinstimmung mit einer über uns hinausgehenden objektiven Ordnung gehen könnte.

Ferner hat gerade der nachkantische Idealismus darauf hingewiesen, dass das Denken nicht einfach als Phänomen reiner Spontaneität verstanden werden kann. Radikales Denken erkennt sich als ursprünglich durch ein Anderes ermöglicht. So sehr wir diesen oder jenen Denkakt spontan hervorbringen mögen, so wenig bringen wir doch das Denken als solches hervor. Dessen Typik ist uns vielmehr vorgegeben und seine Möglichkeit vor allen einzelnen Akten schon eröffnet. Fichte verwies diesbezüglich (einen aristotelischen Terminus aufgreifend) auf ein „erstes Bewegendes“ außerhalb unserer selbst.[20] Und Hegel entwickelte eine Konzeption, wonach unser Denken letztlich als Realisationsform eines über-individuellen Prozesses, des Werdens der Idee zu verstehen ist.[21]

Schließlich tut sich in evolutionistischer Sicht eine weitere Perspektive auf. Unser Denken hat eine neurologische Basis. Diese hat sich, längst vor dem Menschen beginnend, über Jahrmillionen bis zu uns hin entwickelt. Das erfolgte in ständigem Austausch und Abgleich mit der Welt. Von daher könnte es sein, dass unser Denken seiner Grundform nach ein internalisierter Vollzug von Welt ist. Damit würde es zwar nicht, wie die älteren philosophischen Konzeptionen meinten, einem objektiven *Logos* entsprechen, wäre aber mit objektiven Strukturen verbunden, die es nicht hervorgebracht hat, sondern von denen es sich herschreibt. Unsere Reflexion hätte den Charakter einer Artikulation der Welt.

Schließlich könnte man überlegen, ob uns Gedanken vielleicht deshalb kommen, weil wir in einem Strom der Tradition stehen. Niemand fängt einfach von sich aus zu denken an. Sondern wir lernen im kulturellen Heranwachsen Begriffe, Konzepte, Weltbilder, Denkweisen kennen und werden dabei mit unterschiedlichen Möglichkeiten bekannt. Schon unsere Nachbarn mögen anders denken als unsere Eltern. Und wenn wir zu Lesern werden – von Zeitschriften, von Literatur, von Philosophie –, werden wir mit tausend Gedanken und Sichtweisen bekannt. Und wir sind reflektierende Wesen: wir setzen Gedanken zu anderen ins Verhältnis, betrachten die eine Perspektive aus einer anderen. So kann in uns das Potential und die Vielfalt der Tradition zur Wirkung kommen (wie sehr

---

[19] Vgl. Aristoteles, *De anima* III 5, 430 a 14–25.

[20] Unser Bewusstsein hat seinen Anstoß von „irgendeinem Etwas außer demselben“, durch ein „erstes Bewegendes außer ihm“ erfahren (Johann Gottlieb Fichte, *Grundlage der gesamten Wissenschaftslehre* [1794], Hamburg: Meiner 1970, 196).

[21] In der Idee vereinigt sich, „dass die Natur der Sache, der Begriff, es ist, die sich fortbewegt und entwickelt, und diese Bewegung ebenso sehr die Tätigkeit des Erkennens ist“ (Georg Wilhelm Friedrich Hegel, *Enzyklopädie der philosophischen Wissenschaften im Grundrisse III* [1830], Werke 10, Frankfurt/Main: Suhrkamp 1986, 394 [§ 575] [Der absolute Geist]).

auch immer beim Einzelnen nur in beschränkter Form).[22] Wir bewegen uns in einem Strom überkommener Denkmöglichkeiten, deren Potential noch nicht ausgeschöpft ist. Dass Gedanken zu uns kommen (wie Nietzsche meinte), dürfte mit der historischen und wirkungsgeschichtlichen Drift zu tun haben, aus der unser Denken erwächst und in der es agiert. Die Rezeptivität des Denkens könnte sich auch aus diesem Innestehen in einem Strom des Denkens erklären.[23]

Ich kann das alles hier nicht im Einzelnen weiterverfolgen. Ich wollte nur auf Denkformen hinweisen, welche die moderne Standardvorstellung einer reinen Spontaneität des Denkens nicht teilen, sondern ihr mit Gründen entgegentreten, die es verständlicher machen könnten, dass zum Denken dergleichen wie Widerfahrnis gehört.

7. Phänomenologie der Evidenzerlebnisse

Vielleicht gelingt auf einem anderen Weg ein weiterer Klärungsschritt: durch eine Phänomenologie der Evidenzerlebnisse. Sechs Momente scheinen mir für solche Erlebnisse typisch zu sein.

1. *Rekonsideration*: Man betrachtet nicht etwas völlig Neues zum ersten Mal, sondern wendet sich zum wiederholten Mal Gegenständen und Problemen zu, die man schon oft bedacht hat: dem Verhältnis von mathematischer und begrifflicher Analyse (Descartes), dem von Bewusstsein und Welt (Husserl), dem von Syntax und Semantik (Carnap) oder generell dem von Mensch und Welt.

2. *Dynamik*: Aber diesmal entsteht im Durchdenken des Problems eine neue und eigentümliche Dynamik. Zunächst stellt sich einem ein bestimmter Aspekt etwas verändert dar, und im Gefolge davon ebenso der nächste und der übernächste. Eine Bewegung kommt in Gang, bei der sich sukzessiv *alles* in verändertem Licht zeigt.

3. *Konvergenz*: In der neuen Perspektive fügen sich die diversen Aspekte auf einmal schlüssig zusammen. Es kommt zu einer Kristallisation: Gesichtspunkte, die man zuvor schon vereinzelt geahnt oder bedacht hatte, werden kohärent, treten in völliger Klarheit zusammen.

4. *Tiefensicht*: Die neue Sicht erscheint tiefer als die vorangegangene. In ihr erfasst man die Dinge auf einmal von ihrem eigentlichen Grund her. Deshalb werden nicht nur die direkt konsiderierten Gegenstände transparent, und die Probleme, mit denen man vorher immer gekämpft hatte, fallen dahin, sondern *alle* Gegenstände werden transparent. Auf einmal sieht man *alles* schlüssig – weil *von seinem eigentlichen Grund her*.

5. *Wahrheit (Evidenz)*: Die neue Sicht stellt sich als die einer endlich erreichten und unüberbietbaren Wahrheit dar. Alles ist durchsichtig und zusammenstimmend geworden.

---

[22] Nietzsche beispielsweise war ein Philosoph, der schier alle Möglichkeiten des Abendlands experimentell durchgespielt hat – sie neu kombinierend, auf die Spitze treibend, oder umkehrend; und er wusste auch nicht-abendländische Denkformen zu nützen (vgl. Verf., „Mein Interesse an Nietzsche", in: *Was mir Nietzsche bedeutet – Prominente aus Kunst, Politik und Philosophie antworten*, hrsg. v. Günter Seubold u. Patrick Baum, Bonn: DenkMal 2001, 137–143).

[23] Wobei dieser Strom übrigens keineswegs, wie die Hermeneutik gadamerscher Prägung meint, auf die eigene Wirkungsgeschichte beschränkt sein muss.

Alles zeigt sich im wahren Licht. Daher der Charakter der Evidenz. Es ist einem die eigentliche Sicht der Welt zuteilgeworden.

6. *Glück, Dankbarkeit, Berufung*: Diese Erfahrung trägt Konnotationen des Glücks. Endlich ist einem die lange gesuchte Tiefeneinsicht zuteil geworden. Der entsprechende Enthusiasmus ist ebenso wie mit Glück auch mit Dank verbunden – und damit, dass man fortan dieser Evidenz treu bleiben wird.[24] Alle nachfolgende Arbeit wird eine Ausfaltung dieser Evidenz sein, die einem in einer denkwürdigen Stunde zuteil wurde.

So weit eine knappe Phänomenologie philosophischer Evidenzerlebnisse. Die aufgelisteten Momente können zum Teil auch anderweitig (in der „normalen" Arbeit der Philosophie) auftreten (insbesondere die ersten drei Momente), aber *in ihrer Gesamtheit* (und so typischerweise die Momente vier bis sechs) sind sie für *Evidenzerlebnisse* kennzeichnend.

8. Erklärung des Widerfahrnis-Charakters aus der Struktur der Evidenz

Wenden wir uns von da aus noch einmal der „Gretchenfrage" unserer Überlegungen, dem Phänomen eines *Widerfahrnisses im Denken* zu. Inwiefern wird dem Evidenzerlebnis, obwohl es offensichtlich aus einer Bewegung des Denkens hervorgeht, gleichwohl zu Recht ein Widerfahrnis-Charakter zugeschrieben?

Die Antwort ergibt sich im Ausgang vom fünften Moment. Die neue Sicht, sagte ich, stellt sich einem als die endlich erreichte Einsicht in die Grundstruktur der Wirklichkeit dar. Dies ist ein überwältigendes Erlebnis. Das Größte ist einem zuteilgeworden. Und man hat es nicht gemacht, sondern es ist einem geschenkt worden.

Dies ist allerdings nur die psychologische Seite des Erlebnisses. Gibt es auch einen philosophischen Grund, hier von ‚Widerfahrnis' zu sprechen? Ist die Einsicht selber so, dass sie von einer produktionistischen zu einer rezeptiv getönten Auffassung des Denkens überzugehen gebietet?

Wenn es sich um eine Einsicht in die Grundstruktur der gesamten Wirklichkeit handeln soll, dann kann sie nicht nur die objektive, sondern muss auch die subjektive Wirklichkeit betreffen – also auch noch den Vollzug, in dem diese Einsicht aufgeht. In der Tat ist es für philosophische Evidenzerlebnisse charakteristisch, dass sie, indem sie ein neues Gesamtbild der Wirklichkeit eröffnen, auch über ihre eigene Möglichkeit – über die Möglichkeit dieser Einsicht in den Grund der Wirklichkeit – Aufschluss geben. Wenn man die Wirklichkeit aus ihrem Grunde versteht, dann notwendig auch, wie das eigene Verstehen im Kontext dieser Wirklichkeit möglich ist und steht.

Das aber hat eine Richtungsumkehr zur Folge. Das eigene Verstehen verbleibt dann nicht, wie gewöhnlich, als Leistung eines fürsichseienden Subjekts seinem Gegenstand, der Wirklichkeit gegenüber, sondern wird als ein Vollzug erkannt, der durch die Struktur der Wirklichkeit selbst ermöglicht und in sie einbegriffen ist. Daher versteht man ‚seine' Einsicht konsequenterweise nicht mehr als die eigene Tat, sondern als ein Ereignis, das einem kraft dessen zuteil wurde, was in dieser Einsicht sich entdeckt – verbucht

[24] Ein „Mémorial" ist eigentlich nicht vonnöten.

sie also nicht als Selbstleistung, sondern registriert sie als Widerfahrnis. Die Struktur der Wirklichkeit hat sich im eigenen Denken zur Geltung gebracht. Man ist von einem Selbstdenker zu einem Agenten der Wirklichkeit geworden.

Der Horizont subjektiver Leistung ist also überschritten – ohne dass freilich das personale Moment getilgt wäre. Die Evidenzerlebnisse haben alle höchst personalen Charakter. Aber das Personale wird als auf ein Überpersonales hin überstiegen, in dieses aufgenommen und als eine Weise von dessen Vollzug begriffen – als ichlicher Vollzug eines Überichlichen.[25]

Eines sollte deutlich geworden sein: Wenn an den philosophischen Evidenzerlebnissen etwas dran ist, dann müssen wir dem Gedanken nahetreten, dass in unserem Denken etwas zur Geltung kommen kann, was über unsere subjektiven Setzungen hinausliegt. Dann müssen wir die moderne, subjektivistische Auffassung des Denkens in Frage stellen.

[25] Darauf beziehen sich diejenigen Auslegungen der Evidenzerlebnisse, die von der Erleuchtung durch eine höhere Instanz (Inspiration, Diktat etc.) sprechen. So hat beispielsweise Kepler gemeint, seine Erleuchtung sei ihm „vom Himmel her" durch „ein Orakel diktiert worden" (Johannes Kepler, *Mysterium Cosmographicum. Das Weltgeheimnis* [1596], Augsburg: Filser 1923, 14 [Widmung der zweiten Auflage]).

V Weisheit

1. Einleitung

Weisheit ist kein zentrales Thema der heutigen Philosophie. Die meisten zeitgenössischen Philosophen wollen nicht Weise, sondern Wissenschaftler sein. Sie verhalten sich so, wie es Nietzsche vor mehr als hundert Jahren diagnostiziert hat: „Wenn Philosophen unter sich zusammenkommen, so fangen sie damit an, vielen schönen Plunder von sich zu werfen; vor allem, sie [...] hängen ‚die Liebe zur Weisheit' wie eine steife Amtstracht und Maskerade an den Nagel."[1] Aber die Beziehung zur Weisheit ist der Philosophie vom Namen her eingeschrieben, und mehr als zweitausend Jahre lang bildete Weisheit ein Pensum der Philosophie. Philosophie ohne Weisheitsbezug war undenkbar. Kann da der neueren Weisheitsabstinenz das letzte Wort gehören?

Stets hat sich die Philosophie, indem sie Weisheit zum Thema machte, über ihren eigenen Begriff verständigt. ‚Weisheit' war ein Korrespondenzbegriff der Philosophie. Am jeweiligen Verhältnis zur Weisheit war abzulesen, was die Philosophie von sich selbst hielt. ‚Weisheit' war allerdings auch immer ein Reibungsbegriff für die Philosophie. Zunächst schon deshalb, weil die Weisheit älter ist als die Philosophie. Schon bevor die Philosophie entstand, gab es die Weisheit. Daher befand sich die Philosophie von Anfang an in einem Spannungsverhältnis zur Weisheit. Dieses konnte verschiedene Formen annehmen. Die Philosophie konnte die Weisheit als ihren Sehnsuchtspol auffassen, der mit philosophischen Mitteln nur anzustreben, aber nicht wirklich zu erreichen war – die Weisheit galt als der Philosophie überlegen. Oder die Philosophie konnte umgekehrt sich selbst als die überlegene Instanz verstehen, der im Medium des Begriffs die Einlösung dessen gelingt, was die Weisheit zwar geahnt, aber mit ihren eigenen, an Erfahrung, Bild und Intuition gebundenen Mitteln nicht wirklich zu realisieren vermocht hatte – die Philosophie konnte sich als die Erfüllung der Weisheit begreifen. Oder die Philoso-

[1] Friedrich Nietzsche, *Nachgelassene Fragmente. Frühjahr 1884 bis Herbst 1885*, in: ders., *Sämtliche Werke. Kritische Studienausgabe in 15 Bänden*, hrsg. v. Giorgio Colli u. Mazzino Montinari (München: Deutscher Taschenbuch Verlag 1980), Bd. 11, 511 [Mai – Juli 1885, 35/7].

phie konnte (und das wäre vielleicht das Richtigste gewesen, wurde aber am seltensten vertreten) die Weisheit als einen Weg anerkennen, der zwar Überschneidungen mit dem Unterfangen der Philosophie aufweist, aber letztlich weder das gleiche Ziel hat wie die Philosophie noch durch Philosophie substituiert werden kann – so dass selbst bei einer Vollendung der Philosophie das eigentliche Anliegen der Weisheit noch offenstünde.

Von daher sind unterschiedliche Lesarten der neueren Weisheitsabstinenz möglich. Eine negative würde besagen, dass eine Philosophie, die ihren (wie immer problemreichen) Weisheitsbezug aufgibt, sich selbst reduziert. Eine positive würde hingegen vermuten, dass die Philosophie jetzt die Weisheit endlich freigibt – weil sie ein Bewusstsein davon gewonnen hat, dass Weisheit und Philosophie nicht kongruent sind.

Nun korrespondiert im Haushalt der zeitgenössischen Kultur der genannten innerphilosophischen Weisheitsabstinenz zugleich ein eminentes außerphilosophisches Erblühen von Weisheitsliteratur und Weisheitspraktiken. Das Stichwort dafür lautet „Esoterik". Das klingt anstößig, und Philosophen rümpfen darüber die Nase. Aber die Unterscheidung einer – regelmäßig für wichtiger angesehenen – „esoterischen" von einer bloß „exoterischen" Dimension entstammt der Tradition der Philosophie selbst. Aristoteles hat sie, eine im Platonkreis geläufige Distinktion aufnehmend, terminologisch eingeführt. Und der Sache nach geht die Hochschätzung des Esoterischen auf die Pythagoreer zurück, deren Praktiken mit älteren Weisheitslehren und Mysterienkulten verbunden waren. Ohne das Wertgefälle zwischen jener antiken und der zeitgenössischen Esoterik zu übersehen,[2] ist also festzuhalten, dass für die Philosophie doppelter Anlass besteht, esoterischen Motiven nicht einfach mit Hohn zu begegnen: die ältere Weisheit, an welche die Philosophie anschloss, war mit Esoterik verbunden, und innerhalb der Philosophie selbst hat sich die Auszeichnung einer esoterischen Dimension wiederholt. Esoterik scheint konstitutiv zur Weisheit wie zur Philosophie zu gehören – oder hat jedenfalls lange Zeit dazugehört.

Modernen Ohren jedoch klingt eine Verbindung von Philosophie und Esoterik unglaublich. Zumindest ist man froh, die esoterische Dimension wie einen überholten Ballast abgeworfen zu haben. So wird nun aber auch der Konnex zwischen der gegenwärtigen philosophischen Weisheitsabstinenz und der außerphilosophischen Esoterik-Konjunktur erkennbar: Weil die mittlerweile ganz und gar wissenschaftlich gewordene Philosophie das Themenfeld der Esoterik nicht mehr kennt und bearbeitet, müssen die esoterischen Motive sich andere Kanäle suchen und finden nur die einer in vielem dubiosen Esoterik-Literatur oder die einer psychologisierenden Ratgeber-Literatur. Dann wäre die Philosophie mit schuld am Blühen dessen, worüber sie sich mokiert. Und hätte wohl Anlass, darüber nachzudenken, ob ihr nicht künftig Wege offenstünden, das traditionell unter dem Stichwort ‚Weisheit' und gegenwärtig unter dem Label ‚Esoterik' bzw. ‚Lebenshilfe' behandelte Feld von sich aus auf neue Weise anzugehen. Im Themenfeld ‚Weisheit' liegen jedenfalls Desiderate der zeitgenössischen Kultur und vielleicht Potentiale einer künftigen Gestalt der Philosophie. – Im Folgenden soll zunächst das Schicksal der Weisheit im philosophischen Diskurs der Jahrtausende verfolgt werden, um am Ende auf die skizzierte Frage zurückzukommen.

---

[2] Zudem hat die heute populäre Esoterik just das definitorische Moment von Esoterik preisgegeben: sie hat nichts Arkanes mehr, sondern ist (z. B. per Versandhandel) jedermann zugänglich.

2. Philosophie und Weisheit in der Antike

a. ‚Weisheit' bei den vorplatonischen Denkern

Der Bezug zur Weisheit (*sophía*) ist der Philosophie von ihrem griechischen Namen her eingeschrieben. ‚Philosophie' (*philo-sophía*) bedeutet ‚Liebe zur Weisheit' oder ‚Streben nach Weisheit'. Die Philosophie ist implizit durch ihren Bezug zur Weisheit definiert.

Allerdings rechnen wir heute auch solche Denker zur Philosophie, die selber diesen Terminus noch nicht kannten. Allen vorplatonischen Denkern war er unbekannt.[3] Sie haben ihre Lehren und Schriften nicht als „Philosophie", sondern als „Historien" bezeichnet – als „Forschungen". Der Ausdruck ‚Philosophie' ist wesentlich jüngeren Datums, er ist erst nach 400 v. Chr. entstanden.[4] Und das uns geläufige Konzept der Philosophie ist eine platonische Erfindung.

Ebenso wenig haben sich die vorplatonischen Denker selber als ‚Weise' bezeichnet. Der Sache nach gelten sie uns jedoch ebenso wie als Philosophen auch als Weise – ja wir schätzen sie in höherem Maße als etliche spätere Philosophen als Weise ein, während wir ein gewisses Unbehagen verspüren mögen, sie als ‚Philosophen' zu rubrizieren. Worauf gründet sich diese Spannung in unserem Verständnis eines Weisen und eines Philosophen? Was den älteren Denkern noch zu fehlen scheint, ist die streng begriffliche Explikation. Wenn diese für Philosophie konstitutiv sein soll, dann sind jene frühen Denker nur in einem analogen Sinn als ‚Philosophen' zu bezeichnen. Andererseits faszinieren sie uns dadurch, dass sie jeweils eine umfassende Weltsicht artikuliert und diese denkerisch gewonnen haben. Diese Aspekte machen sie zu Philosophen großen Stils. Die Tatsache hingegen, dass ihre Lehren eher verkündend daherkommen als (in allem) argumentativ entfaltet werden, mögen wir als Mangel empfinden – und als für ‚bloße' Weisheit charakteristisch ansehen.[5]

---

[3] Bei Heraklit scheint das Adjektiv ‚philosophisch' zwar einmal vorzukommen (in der Rede von *philósophoi ándres*; *Die Fragmente der Vorsokratiker*, hrsg. v. Hermann Diels u. Walter Kranz, 3 Bde., Zürich: Weidmann [6]1952, Bd. 1, 152 [B 35]), es dürfte sich dabei jedoch um eine spätere doxographische Hinzufügung handeln.

[4] Das Substantiv ‚Philosophie' lässt sich erstmals in den achtziger Jahren des vierten Jahrhunderts bei den Schülern des Sokrates nachweisen (vgl. Art. „Philosophie", in: *Historisches Wörterbuch der Philosophie*, hrsg. v. Joachim Ritter u. a., Basel: Schwabe & Co., Bd. 7, 1989, Sp. 572–879, hier Sp. 573).

[5] Allerdings gilt es hier zu präzisieren: Mit der italischen Philosophie beginnt der argumentative Stil des Philosophierens. Parmenides entwickelt ein grundlegendes Argument: Wenn wir uns fragen, was als eigentlich seiend gelten soll, und wenn jemand als Antwort darauf offensichtlich Seiendes wie Personen, Flüsse oder Sterne anführt, dann lehrt uns unsere Intuition in Sachen ‚sein' doch unweigerlich, dass als eigentlicher seiend als derart Veränderliches oder Vergängliches etwas Unveränderliches und Unvergängliches zu gelten hat. Das ist das Kernargument, das Parmenides zu seiner extremen Schlussfolgerung führt, dass allein schlechthin Unveränderliches ‚seiend' genannt zu werden verdient. Dieses Ausgangsargument des Parmenides bildet dann den gemeinsamen Bezugspunkt aller nachfolgenden Pro- und Contra-Argumente. Durch Parmenides wurde der argumentative Stil des Philosophierens begründet. Bei Zenon findet er sich gleich schon zu voller Höhe entwickelt – Zenons Formulierung spitzfindiger Paradoxien kann geradezu als stilbildend für die Argumentationen der Sophisten angesehen werden. Und auch Empedokles, Anaxagoras

Was aber begründete in der Antike die Einschätzung der vorplatonischen Denker als Weise? Beginnen wir mit Pythagoras. Er wurde als Weiser angesehen (ja er galt sogar als der Weiseste unter allen Menschen), weil er ein überlegenes Wissen und überlegene Fähigkeiten verkörperte, und weil er beides praktisch fruchtbar zu machen wusste: für die Lebensführung seiner Anhänger und für die Stadt Kroton in Süditalien, deren Bürger, Frauen und Kinder er unterwies und denen er zu einer rechten (einer nicht mehr luxurierenden, sondern maßvollen) Lebensführung verhalf. Nicht also sein in späteren Lehrbüchern gerühmtes mathematisches und musikalisches Wissen war für seine Anerkennung als Weiser ausschlaggebend, sondern die Tatsache, dass er über höhere Einsichten in die Verhältnisse der Welt und der Menschen zu verfügen schien und diese praktisch fruchtbar zu machen verstand. Zudem speiste sich die Weisheit des Pythagoras aus der Vertrautheit mit Mysterienkulten.[6] Er schien eine weitere Welt zu kennen, als sie den Menschen gemeinhin geläufig ist.[7] Die vorplatonische Weisheit von Denkern, die später als „Philosophen" bezeichnet wurden, hatte generell Bezüge zu Mysterienkulten.

So besaß auch Heraklit Verbindungen zum Artemistempel in Ephesos und hat dort seine Schriften hinterlegt.[8] Von Heraklit sind nun aber auch erstmals Äußerungen überliefert, die explizit den Terminus „weise" (*sophós*) verwenden. Im Vordergrund steht dabei nicht eine praktische, sondern eine epistemische Bedeutung: Weise ist, wer die rechte Einsicht in den Logos, das Gesetz der Welt besitzt.[9] Noch grundlegender als die epistemische ist jedoch die ontologische Bedeutung: eigentlich (im Grunde „allein")

---

und Demokrit (die auch der Vielheit und Vergänglichkeit gegen Parmenides wieder ein gewisses Recht einräumen) sind nun gehalten, Argumente gegen den parmenideischen Seinsmonismus zu entwickeln. Seit der italischen (eleatischen) Philosophie hat das philosophische Geschäft klar argumentative Züge.

6 Pythagoras hat Ion von Chios zufolge einige seiner Gedichte (Lehren) auf Orpheus zurückgeführt (*Die Fragmente der Vorsokratiker*, a.a.O., Bd. 1, 379 [B 2]). Auch Bezüge zum Delphischen Apollokult sind wahrscheinlich (Aristoxenos zufolge soll Pythagoras die meisten seiner ethischen Lehren von der dortigen Priesterin Themistokleia erhalten haben). Zudem ließ sich Pythagoras bei Reisen nach Ägypten und Syrien sowie in den Libanon und nach Babylon in die dortigen Mysterienkulte einweihen (vgl. Iamblichos, *Vita Pythagorica*, 14 u. 19). Und die von ihm inaugurierte, über kultische Praktiken hinausgehende denkerische Verständigung hat Pythagoras selber einer religiösen Übung verglichen.

7 Walter Burkert hat nachdrücklich darauf hingewiesen, dass die alten Zeugnisse dem Pythagoras ausschließlich ein überlegenes Wissen vom Typ des ‚Schamanen' attestierten und dass man erst später, als dafür kein Verständnis mehr bestand und stattdessen die ‚Philosophie' florierte, aus jenem inspirativen Wissen das Wissen eines ‚Wissenschaftlers' gemacht hat (vgl. Walter Burkert, *Weisheit und Wissenschaft. Studien zu Pythagoras, Philolaos und Platon*, Nürnberg: Carl 1962, 149 f. bzw. 455 f.).

8 Vgl. Diogenes Laertius, *Leben und Meinungen berühmter Philosophen*, Bd. 2 (Hamburg: Meiner ^{2}1967), 161 [IX 5].

9 Vgl. paradigmatisch: „Eins nur ist das Weise (*eínai gar hen to sophón*), sich auf den Gedanken (*gnōmē*) zu verstehen, als welcher alles auf alle Weise zu steuern weiß" (*Die Fragmente der Vorsokratiker*, a.a.O., Bd. 1, 160 [B 41]); ferner: „Haben sie nicht mich, sondern den Sinn (*lógos*) vernommen, so ist es weise, dem Sinne gemäß zu sagen, alles sei eins" (*allá tou lógou akoúsantas homologeín sophón estin hen pánta eínai*) (ebd., 161 [B 50]).

weise ist das Prinzip selbst (der *lógos*).[10] Diese ontologische Bedeutung ist tragend für die epistemische, erst nachfolgend ergibt sich daraus dann eine praktische Bedeutung: wer dem Gesetz des Logos folgt, lebt richtig.[11]

Die Weisheit der Philosophen, die vor der Geburtsstunde der ‚Philosophie' lebten, stand also noch mit Mysterienkulten in Verbindung, und die Zuerkennung des Weisheitsprädikats bezog sich zum einen auf eine entsprechende Lebensführung und zum anderen auf ein Denken, das seine Würde und Richtigkeit aus der Einsicht in das tiefste Prinzip der Welt bezog.

b. ‚Weisheit' im griechischen Alltag: die Sieben Weisen

Und welche Konnotationen waren für das Nobelprädikat eines ‚Weisen' außerhalb philosophischer (oder vorphilosophischer) Zusammenhänge ausschlaggebend? Berühmt ist die kanonische Rede von den „Sieben Weisen Griechenlands". Es fällt auf, dass sie ganz ohne Philosophiebezug auskam.

Als Weise galten Gesetzgeber und Staatsmänner, die für das jeweilige Staatswesen vorteilhafte Reformen eingeführt oder Entscheidungen getroffen hatten. So hat, um nur drei Exponenten zu nennen, Chilon von Sparta die Militarisierung Spartas begründet, Solon von Athen eine erfolgreiche Maß-, Gewichts- und Münzreform durchgeführt und Periandros von Korinth Landflucht und Sklavenwirtschaft eingedämmt sowie das Bauerntum gegen ein Anwachsen der Stadtbevölkerung erhalten. Ob solcher Leistungen wurden diese Männer als ‚weise' angesehen. Mit Philosophie hatte all das offenbar nichts zu tun.

Zwar figurierte auch ein Philosoph im Katalog der Sieben Weisen: Thales von Milet. Aber er fand dort nicht als Philosoph (nicht wegen seiner philosophischen Tätigkeit) Aufnahme, sondern als Astronom und Ingenieur. Thales sagte für den 28. Mai 585 v. Chr. eine Sonnenfinsternis voraus, was den Truppen seiner Heimatstadt den Gewinn einer Schlacht ermöglichte, weil sie hinsichtlich des Himmelsereignisses vorgewarnt waren, während das gegnerische Heer ob des vermeintlichen Göttergerichts die Flucht ergriff. Ein andermal hat Thales dem Heer des Kroisos, indem er den Fluss Halys umleitete, die Durchschreitung des Flussbettes ermöglicht. Wegen solcher für seine Heimatstadt nützlichen Fertigkeiten galt Thales als Weiser.

Gemeinhin also war der Begriff des *sophós* wesentlich praktisch und politisch geprägt. Das Nobelprädikat eines ‚Weisen' wurde für außerordentliche Leistungen zum Nutzen des Staatswesens vergeben.[12] Und im Alltag konnte sogar jeder, der sich auf irgendetwas in besonderer Weise verstand (als Techniker, Künstler, Handwerker, Arzt, Truppenführer,

---

[10] „Eins, das allein Weise (*hen to sophón moúnon*), will nicht und will doch mit dem Namen des Zeus benannt werden" (ebd., 159 [B 32]).

[11] Vgl. ebd., 151 [B 2].

[12] Der Katalog der Sieben Weisen Griechenlands umfasst im allgemeinen: Kleobulos von Lindos, Solon von Athen, Chilon von Sparta, Thales von Milet, Pittakos von Mitylene, Bias von Priene und Periandros von Korinth. Dies ist der Standardkatalog, wie er seit ca. 300 v. Chr. feststeht. Zuvor finden sich aber auch andere Zusammenstellungen. Insgesamt standen bis zu siebzehn Kandidaten für den Siebenerkatalog zur Auswahl.

Lehrer, Theologe usw.) als weise bezeichnet werden. Ein Weiser, das war ganz einfach ein Sachverständiger, ein *Experte*. Philosophisches irgendwelcher Art war dafür nicht erforderlich.

c. ‚Philosophie' statt ‚Weisheit'

‚Philosophie' als platonische Erfindung

Während der Begriff des ‚Weisen' längst etabliert war, wurde die Bezeichnung ‚Philosoph' erst relativ spät geprägt. Es handelt sich um eine Wortbildung aus dem Kreis um Platon. Allerdings wurde der Terminus, um ihm das Ansehen der Anciennität zu verleihen, dem hundertfünfzig Jahre älteren Pythagoras in den Mund gelegt.[13]

Einer durch Herakleides Pontikos, einen Schüler Platons, überlieferten Anekdote zufolge soll Pythagoras einst Leon, den Fürsten von Phleius, aufgesucht und mit diesem eine lange und gelehrte Unterredung geführt haben, an deren Ende Leon, voll Bewunderung für Geist und Rednergabe des Pythagoras, diesen fragte, was denn der Name der Kunst sei, auf die er sich so gut verstehe. Pythagoras habe geantwortet, er verstehe sich nicht auf eine Kunst (eine *téchnē*), sondern er sei ein *Philosoph (philósophos)*. Leon habe, über die Neuheit des Namens verwundert, wissen wollen, wer denn die Philosophen seien und was sie von den anderen Menschen unterscheide. Pythagoras antwortete durch einen Vergleich mit den Teilnehmern an den Olympischen Spielen. Es gebe dort drei verschiedene Gruppen. Die einen kämpften als Athleten um Ruhm und Ehre. Andere zielten durch Kauf und Verkauf auf Gewinn und Profit. Eine dritte Gruppe aber, die vornehmste, strebe weder nach Beifall noch nach Gewinn, sondern sei einzig um des Schauens willen gekommen. Sie betrachte aus ruhiger Distanz, was geschieht und wie es geschieht. So wie diese drei Gruppen von fernher nach Olympia gereist seien, so seien auch wir Menschen aus einem andern Leben und einer andern Natur in dieses Leben gekommen. Die einen dienten nun dem Ruhme, andere dem Geld. Es gebe aber auch einige seltene, die dergleichen verachteten und stattdessen lieber die Natur der Dinge aufmerksam betrachteten. Diese nennten sich ‚Liebhaber der Weisheit' – eben ‚Philosophen'. Und wie es bei den Spielen das Vornehmste sei, zuzuschauen ohne für sich etwas zu erstreben, so rage auch im Leben die Betrachtung und Erkenntnis der Dinge weit über alle anderen Beschäftigungen hinaus. Freilich: Weise im eigentlichen Wortsinne seien die Philosophen doch nicht; ein Philosoph sei nicht ein *sophós*, sondern nur

---

[13] Vgl. Walter Burkert, „Platon oder Pythagoras? Zum Ursprung des Wortes ‚Philosophie'", *Hermes* 88 (1960), 159–177.

ein *philó-sophos*: jemand, der nach der Weisheit *strebt*. Die volle Weisheit sei allein den Göttern vorbehalten.[14,15]

Dreifache Umdefinition gegenüber dem traditionellen Verständnis der Weisheit

Dieser Gründungsanekdote des Namens der Philosophie sind drei Verschiebungen im Begriff der Weisheit zu entnehmen.

Erstens findet ein Akzentwechsel von Praxis zu Theorie statt. Die Philosophie wird, anders als die den Sieben Weisen zugeschriebene *sophía*, wesentlich als *theoretische* Tätigkeit verstanden, als Tätigkeit der Betrachtung (*theōría*). Philosophen studieren die Natur der Dinge nicht, um daraus praktischen Nutzen zu ziehen, sondern um der Erkenntnis als solcher willen. Während der geläufige Begriff der *sophía* auf praktisch-politischen Nutzen abhob, setzt sich der neue Begriff der *philosophía* davon gerade ab.[16,17]

---

14 Der auf Herakleides Pontikos zurückgehende Bericht ist durch Iamblichos und am ausführlichsten durch Cicero überliefert. Vgl. Iamblichos, *Pythagoras. Legende, Lehre, Lebensgestaltung* (Zürich: Artemis 1963), 62 f. [XII 58]; Cicero, *Gespräche in Tusculum* (Stuttgart: Reclam 1973, 168 [V 9]); ferner Diogenes Laertius, *Leben und Meinungen berühmter Philosophen*, a.a.O., Bd. 2, 114 [VIII 8].

15 Möglicherweise hat bei der Erfindung dieser Pythagoras zugeschriebenen Geschichte auch eine Äußerung des Xenophanes Pate gestanden, der gegen die gesellschaftlich gängige Hochschätzung von Athleten für die weitaus angemessenere Hochschätzung des Wissenden plädiert hatte: „Aber, wenn einer mit der Schnelligkeit der Füße den Sieg gewönne oder im Fünfkampf, dort wo des Zeus heilige Flur ist am Pisaquell in Olympia, oder im Ringen oder auch weil er die Kunst des schmerzensreichen Faustkampfs besitzt oder eine gewisse schreckliche Kampfart, die sie Allkampf benennen, so wäre er zwar für die Bürger glorreicher anzuschauen als zuvor, er erwürbe den weithin sichtbaren Ehrensitz bei den Kampfspielen und die Speisung auf öffentliche Kosten von der Stadt und eine Gabe, die ihm ein Kleinod wäre; und auch wenn er mit seinen Rossen den Sieg gewönne, so erhielte er alle diese Ehren; und doch wäre er nicht so würdig wie ich. Denn besser als Männer- und Rossekraft ist doch unser Wissen (*sophía*). Vielmehr ist das eine gar grundlose Sitte, und es ist nicht gerecht, die Stärke dem tüchtigen Wissen (*sophía*) vorzuziehen" (*Die Fragmente der Vorsokratiker*, a.a.O., Bd. 1, 128 f. [B 2]).

16 Die Art, wie Platon (und dann auch Aristoteles) die Figur des Thales interpretiert, ist symptomatisch für die Umstellung zur Theorie. Thales hatte, wie gesagt, als politisch verdienstvoller Astronom und Ingenieur, nicht etwa als Philosoph, Aufnahme unter die Sieben Weisen Griechenlands gefunden. Platon, der das neue, theoretizistische Konzept von Weisheit und Philosophie etabliert, deutet Thales nun von einem Mann nützlichen Wissens zu einem Himmelsbeschauer um, dem es bei seiner Betrachtung widerfährt, dass er in einen Brunnen fällt, weswegen ihn eine thrakische Magd verspottet (*Theätet* 174 a–b). Damit soll gesagt sein: Thales ist ein wirklicher Philosoph, ein Betrachter des Ewigen; dass ihm darob ein irdisches Missgeschick zustoßen kann, belegt nur seine philosophische Ausrichtung. (Übrigens täuschten sich die Magd und die Überlieferung: Thales war nicht in einen Brunnen gefallen, sondern in einen solchen hinabgestiegen, um diesen gleichsam als vor Restlicht geschütztes Observatorium für seine astronomischen Beobachtungen zu nützen.) Ähnlich demonstriert Aristoteles anhand der Erzählung von Thales' Ölpressenkauf, dass die Philosophen, wenn sie nur wollten, aufgrund ihres Wissens durchaus ihr Glück in der Welt machen könnten – dass es ihnen aber nicht darum geht, sondern dass sie nach anderem streben: nach der reinen Theorie um ihrer selbst willen (Aristoteles, *Politik*, I 11, 1259 a 6–19).

17 In diesen Zusammenhang gehört auch der Topos vom blinden Seher. Ein höheres Sehen (nicht mit den natürlichen Augen, sondern dem Auge des Geistes) ist Bedingung der philosophischen Theorie.

Zweitens wird ein Moment der Bescheidung eingeführt. Der *philósophos* ist nicht ein wirklicher *sophós*, ein Weiser, sondern nur jemand, der sich strebend *bemüht*, weise zu *werden*: die Philosophie ist *Liebe* zur Weisheit bzw. *Streben* nach Weisheit.

Drittens *bleibt* es bei solchem Streben. Wirkliche Weisheit ist für uns Menschen nicht erreichbar, auch nicht durch fortgesetztes Philosophieren – sie ist vielmehr den Göttern vorbehalten.[18] Das findet in der Sokratischen Nichtwissensformel seinen bekannten Ausdruck:[19] die „menschliche Weisheit" soll gerade in der Einsicht bestehen, dass den Sterblichen wirkliche Weisheit versagt, dass diese vielmehr allein den Göttern möglich ist.[20] Strebecharakter der Philosophie und Göttervorbehalt der Weisheit gehören zusammen.

Zum spezifischen Sinn von Platons Einführung des Konzepts der Philosophie

Der besondere Sinn von Platons Konzept der Philosophie erschließt sich noch näher, wenn man zum Vergleich die Alltagsterminologie seiner Zeit betrachtet.

Der alltägliche Gebrauch des Ausdrucks ‚philosophieren' zu Platons Zeit

Von ‚philosophieren' (*philosopheín*) redete man in Platons Athen allenthalben. Schon seit homerischer Zeit hatten die Griechen etliche Zusammensetzungen mit dem Wort *philo-* gebildet, und diese bezogen sich keineswegs nur auf hochwürdige Gegenstände. So sprach man etwa von *philoposía*, dem Gefallen am Trinken (Trunksucht), oder von *philotrophía*, dem Gefallen am Essen (Freßsucht), oder *philomathía*, dem Gefallen am Lernen, oder von *philoplousía*, dem Gefallen am Reichtum, oder auch von *philogýneia*, der Liebe zu den Frauen. Fast jeder Gegenstand menschlichen Strebens konnte mit *philo* verbunden werden. Im 5. Jahrhundert wurden solche Zusammensetzungen Legion, und ‚philosophieren' (*philosopheín*) reihte sich ganz unauffällig in sie ein. Wir wissen zwar nicht genau, wann der Terminus ‚philosophieren' alltagssprachlich erstmals auftrat, aber

---

Dafür können die natürlichen Augen geradezu hinderlich sein. So gesehen, mag es gut sein, blind zu sein – oder konsequent, sich selbst zu blenden. Das erstere ist in der Figur des Teiresias ausgedrückt (schon der Topos vom blinden Homer wies in diese Richtung), das letztere im Bericht über Demokrits Selbstblendung festgehalten. Der Zusammenhang reicht bis zu Nietzsches (nachher zu behandelnder) Auffassung, dass wirkliche Weisheit ein Blitz sein müsse, der uns die Augen aussticht.

[18] Vgl. dazu einige Hauptbelege in Platons Schriften: Im *Lysis* erklärt Platon, wer weise sei, also das Wissen habe, der philosophiere nicht mehr (218 a). Im *Symposion* sagt er, der Philosoph stehe in der Mitte zwischen den Unverständigen, die gar kein Wissen wollen, und den im vollen Sinne Weisen, den Göttern, die weder philosophieren noch weise zu werden begehren, weil sie es ja schon sind (204 a); der Philosoph könne, da man nur begehrt, was man nicht hat, die *sophía* offenbar noch nicht besitzen, und so „philosophiert er sein Leben lang" (203 d f.). Im *Phaidros* schließlich heißt es: „Jemanden einen Weisen zu nennen, dünkt mich etwas Großes zu sein und Gott allein zu gebühren; aber einen Freund der Weisheit oder dergleichen jemanden zu nennen, das möchte angemessener sein" (278 d).

[19] Weise ist, wer, was er nicht weiß, auch nicht zu wissen glaubt (Platon, *Apologie*, 21 d 6) – wer also in diesem Sinne weiß, dass er nichts weiß.

[20] Ebd., 20 d 8 bzw. 23 a 5 – b 4.

zu Platons Zeit war er jedenfalls gang und gäbe. Dabei bedeutete ‚philosophieren‘ gar nichts Besonderes. Wenn man von jemandem sagte, er „philosophiere“, so meinte man einfach: er studiert, er bildet sich, er liebt geistige Beschäftigungen. Auch das Substantiv ‚Philosophie‘ hatte zunächst keineswegs einen hohen Klang.[21]

Im Vergleich damit kann man erkennen, wie ungewöhnlich Platons terminologische Neuerung war. Weisheit den Menschen schlechterdings abzusprechen und allein den Göttern vorzubehalten, widersprach gängigen Vorstellungen und diskreditierte die damalige Wissenspraxis, ja sogar die Sieben Weisen Griechenlands. Ähnlich extravagant muss Platons Umdefinition der Philosophie erschienen sein. Denn üblicherweise bedeutete Philosophie eben einfachhin ‚Studium‘ oder ‚Bildung‘ und bezog sich auf Fächer wie Geometrie, Astronomie oder Musik. Platon zufolge sollten diese aber allenfalls Voraussetzungen der Philosophie bilden – der es nunmehr eigentlich um die Betrachtung der Prinzipien der Welt gehen sollte.

Wendung gegen die Sophisten

Platons Neudefinition hatte eine spezielle Stoßrichtung. Sie war gegen die Sophisten gekehrt, die sich im 5. Jahrhundert als eigener Berufsstand herausgebildet hatten und, von Stadt zu Stadt ziehend, gegen Entlohnung Unterricht in Redekunst, Tugend, Dichtung, Mathematik, Musik oder Astronomie anboten. In Anlehnung an den Terminus *sophós* (Weiser) wurden sie als ‚Sophisten‘ (*sophistaí*) bezeichnet – sie galten als die zeitgenössischen Repräsentanten der *sophía*.

Gegen sie wandte sich Platon mit aller Schärfe. Er bezeichnete sie als „Händler von Wissen“, als „Taschenspieler“ und „Trugbildner“.[22] Sie galten ihm als moralisch und intellektuell dubiose Zerrbilder und Widersacher des wirklichen Philosophen. Platons Umdefinition der *sophía* – die traditionell ein eher praktisches und in jedem Fall ein menschenmögliches Wissen bezeichnet hatte, wie es zu Platons Zeit eben die Sophisten lehrten – in ein rein theoretisches Wissen, das nur aus überlegener Schau möglich sein soll, die letztlich als solche den Göttern vorbehalten war, während den Menschen bloß das Streben nach ihr beschieden war, hatte die Entwertung und Entlarvung des Wissens der Sophisten als bloßen Scheinwissens zur Konsequenz. Wenn Weisheit den Menschen gar nicht möglich ist, dann können die Sophisten, die als Weisheitslehrer auftreten, offenbar nur Betrüger sein.

Die platonische Neudefinition von Philosophie und Weisheit – die sich für die Folgezeit als eminent erfolgreich erwies – hatte u. a. diesen strategischen Sinn. Sie lehrte die Übersteigung des konventionell-alltäglichen wie des professionell-sophistischen Verständnisses von Weisheit und Philosophie, um an deren Stelle eine neuartige Konzeption

---

[21] „Im 4. Jahrhundert scheint es fast ein Modewort gewesen zu sein zur Bezeichnung einer gewissen Bildungsfreundlichkeit und schöngeistigen Betätigung“, so dass Perikles die Haltung Athens folgendermaßen charakterisieren konnte: „Wir lieben das Schöne und bleiben schlicht, wir philosophieren und werden nicht schlaff“ (Günther Bien, „Einige Bemerkungen zum Verhältnis von Philosophie, Wissenschaft und Weisheit“, in: *Philosophie und Weisheit*, hrsg. v. Willi Oelmüller, Paderborn: Schöningh 1989, 39–53, hier 41).

[22] Platon, *Sophistes*, 244 d–e, 232 a–236 e, 267 a ff.

zu setzen, welche Philosophie zu einer theoretisch-reflexiven Tätigkeit und Weisheit zu einem möglichen Besitz nur von Göttern, nicht von Menschen erklärte.

Aufnahme älterer Weisheitselemente

Während Platon so mit seinem neuen Konzept der Philosophie dem alltäglich gängigen Verständnis des Philosophierens und der Weisheit entgegentrat, nahm er zugleich Elemente des älteren Verständnisses von Weisheit wieder auf, wie es bei den vorplatonischen Denkern bestanden hatte.

Dass Weisheit eigentlich Götter- und nicht Menschensache sei, findet sich schon bei diesen. So erklärte Heraklit: „Der weiseste Mensch (*anthrōpōn ho sophōtatos*) wird gegen Gott gehalten wie ein Affe erscheinen in Weisheit, Schönheit und allem anderen.“[23] Entsprechend sollten die Menschen der Weisheit nur durch göttlichen Beistand teilhaftig werden können (vgl. die kultischen Beziehungen allgemein oder Parmenides’ Bericht von seiner Auffahrt und der Belehrung durch Dike im speziellen). Solches klingt offenbar in Platons Beschreibung des philosophischen Weges (Auffahrt der Seelen, das Göttliche als Nahrung des Seelengefieders) nach. Ferner waren sich die vorplatonischen Denker darin einig, dass Weisheit nicht in irgendwelchen Einzelkenntnissen, sondern letztlich in einer Einsicht in die Grundstruktur der Welt besteht. Auch diesen Aspekt bringt Platon (etwa im *Timaios*) erneut zur Geltung. Schließlich hatte sich auch die Abkehr von einer praktisch-politischen Leitbedeutung der Weisheit hin zum Primat der Theorie bereits bei den vorplatonischen Denkern zumindest angebahnt.[24]

Zusammenfassend lässt sich die Stellung des platonischen Philosophiekonzepts zu den anderen Formen des Weisheitsverständnisses so umreißen: Philosophie im emphatischen platonischen Sinn setzt sich vom hergebrachten Verständnis der Weisheit als eines politisch-praktischen Leitwissens ebenso wie von der alltäglich-laxen Bezeichnung schier jeden beliebigen Wissens als ‚weise‘ ab, sie tritt dem sophistischen Anspruch auf sicheres und lehrbares Wissen entgegen, und sie nimmt Elemente der von den vorplatonischen Denkern repräsentierten Weisheit wieder auf. Neu ist allerdings die sokratisch-platonische Betonung des *lógon didónai*.[25]

---

[23] *Die Fragmente der Vorsokratiker*, a.a.O., Bd. 1, 169 [B 83].

[24] Das Beispiel dafür ist Heraklit, der das Ansinnen der Ephesier, als Gesetzgeber tätig zu werden, abgewiesen haben soll (vgl. Diogenes Laertius, *Leben und Meinungen berühmter Philosophen*, a.a.O., Bd. 2, 159 f. [IX 2]). Während gesetzgeberische Tätigkeit allgemein in hohem Ansinnen stand und für die praktisch-politische Ausrichtung der durch die Sieben Weisen repräsentierten Weisheit typisch war, zog Heraklit die Einsamkeit der Theorie vor. Am Ende soll er gar des Zusammenseins mit Menschen ganz überdrüssig geworden sein und sich ins Gebirge zurückgezogen haben (ebd., 160 [IX 3]).

[25] Vgl. Platon, *Politeia* VII 534 b 4 f. u. 531 e 5 f.

Die philosophische Priorisierung der Theorie

Theorie als höchste Praxis

Im platonischen Philosophiekonzept wird die Weisheit entschieden theoretisch akzentuiert. Der Weg zu ihr soll in einer überlegenen Schau (*theōría*) bestehen, die von einem weltenthobenen Standpunkt aus alles zu betrachten vermag und alles weiß. Dadurch soll das kurrente Weisheitsverständnis (das, wie die Vorstellung von den Sieben Weisen belegt, praktisch akzentuiert war) überboten werden. Im traditionellen Konzept politischer Nützlichkeit war die Weisheit zu niedrig, ja eigentlich missverstanden worden.[26] Bald werden die Philosophen denn auch explizit erklären, dass die Sieben Weisen Griechenlands, die ja allesamt Männer der Praxis, Experten für nützliches und politisch verwertbares Wissen waren, in Wahrheit gar nicht Weise, sondern bloß „kluge und zur Gesetzgebung befähigte Männer" gewesen seien.[27] Die Philosophie entwirft das neue Bild der Weisheit als eines überlegenen theoretischen Wissens.

Nicht, dass dieses nicht praktische Konsequenzen hätte: gerade durch die philosophische Theorie soll das menschliche Leben seine beste Form erlangen.[28] Aber die alte Rangordnung wird umgekehrt: nicht die Nützlichkeit begründet, dass ein Wissen weise ist, sondern der Charakter vollendeter Einsicht gebietet, dass die Praxis seiner Vorgabe zu folgen hat. Zudem scheidet sich ‚Praxis' nun scharf von ‚Pragmatik'. Im kurrenten Weisheitsbegriff waren letztlich pragmatische Aspekte leitend gewesen. Der philosophische Weisheitsbegriff hingegen hat nur noch Praxis im emphatischen Sinn zum Inhalt: das Gelingen eines Lebens, das über irdische Bedürfnisbefriedigung weit hinausgeht. Für uns Menschen ist unsere übersinnliche Natur ausschlaggebend, und nur was deren Pflege dient, besitzt wirklichen Wert. Ihre höchste Pflege aber erfährt unsere Natur in der philosophischen Theorie. Daher wird die *Theorie* als solche nun zur *eigentlichen Praxis*.

Das ist die neue Position bei Platon wie bei Aristoteles. Schon für Platon garantiert die Philosophie individuell wie sozial die beste Lebensführung.[29] Vollends erklärt Aristoteles die philosophische Theorie zum besten Lebensvollzug schlechthin.[30] Sie gewährt

---

[26] Aristoteles thematisiert den üblichen Weisheitsbegriff, wonach der Weise schlicht der Meister eines Metiers ist, wenn er darauf hinweist, dass man Phidias oder Polyklet deshalb als weise Bildhauer bezeichne, weil sie ihre Kunst in Perfektion beherrschen (Aristoteles, *Nikomachische Ethik* VI 7, 1141 a 9–12). Davon setzt Aristoteles dann aber den genuin philosophischen Begriff der Weisheit ab, der auf das vollendete theoretische Wissen zielt (ebd., 1141 a 12–20).

[27] So Dikaiarch, ein Schüler des Aristoteles und Theophrast, gegen Ende des vierten Jahrhunderts (Diogenes Laertius, *Leben und Meinungen berühmter Philosophen*, a.a.O., Bd. 1, 22 [I 40]).

[28] Vgl. generell zum Zusammenhang von Philosophie und Lebensform in der Antike: Pierre Hadot, *Philosophie als Lebensform. Geistige Übungen in der Antike* [1981] (Berlin: Gatza 1991).

[29] Vgl. Platon, *Gorgias* 526 d – 527 e sowie *Politeia* 519 b – 521 b.

[30] Vgl. Aristoteles, *Nikomachische Ethik*, X 7–9. Bezeichnenderweise stellt Aristoteles dabei die Selbstzwecklichkeit der Theorie der Nutzenperspektive der herkömmlichen Praxis gegenüber. Die Theorie ist die einzige Tätigkeit, „die um ihrer selbst willen geliebt wird, denn außer dem Vollzug der geistigen Schau erwartet man von ihr nichts weiter, während wir vom praktischen Wirken mehr oder minder großen Gewinn noch neben dem bloßen Handeln haben" (ebd., X 7, 1177 b 1–4; vgl. auch *Metaphysik* I 2, 982 b 20 f. u. 982 b 28).

ihm zufolge das vollendete Menschenglück, ja geradezu ein übermenschliches, gottartiges Glück.[31] – So absorbiert das neue Konzept der Philosophie die alten Praxisansprüche der Weisheit, indem es eine neuartige und höhere Idee von Praxis aufrichtet, die just so ist, dass sie allein durch die philosophische Theorie erfüllt werden kann.

Philosophische Theorie als eigentliche Weisheit

Im Zug der Entwicklung zur reinen Theorie hebt Aristoteles dann auch die platonische Reserve auf, die eigentliche Weisheit sei den Göttern vorbehalten und für uns Menschen gar nicht erreichbar. Aristoteles zufolge sind Philosophie und Weisheit in ihrer höchsten Form eins. Sein Lobpreis der Theorie ist nicht einer bloß der *philo-sophía*, sondern der *sophía.* Schon Platon hatte (in Kontrast zum andererseits verfolgten sokratischen Bescheidungsmotiv) die Grenze zwischen göttlicher Weisheit und menschlicher Philosophie durchlässig gemacht: das Philosophieren sollte letztlich doch zu einer *homoíōsis theō*, einer „Angleichung an Gott" führen (*Theätet*, 176 b 1 f). Aristoteles erklärt vollends, dass wir im theoretischen Leben „das Göttliche in uns" und damit unser „wahres Selbst" realisieren.[32] Schon seine Bestimmung der *sophía* in der *Metaphysik* lief darauf zu, dass dieses höchste Wissen voll erlangbar ist.[33] Bei Aristoteles ist *philosophía* kein Bescheidungstitel mehr, der unter der *sophía* steht. Hegels Wort, dass es das Ziel der Philosophie sei, „ihren Namen der *Liebe* zum *Wissen* ablegen zu können und *wirkliches Wissen* zu sein",[34] ist ganz in Aristoteles' Geist gesprochen.

Das neue Konzept der Philosophie erhebt höchste Ansprüche. Es will sämtliche Dimensionen der Weisheit einlösen. Die dafür nötigen Umdeutungen einzelner Weisheitsmomente werden aus dem neuen Begriff der Philosophie gerechtfertigt. Die Philosophie versteht sich als Überbietung der traditionellen und als Einlösung der wahrhaften Weisheit.

d. Die offene Flanke der Theorie: Lebenspraxis

Dennoch gelingt eine vollständige Absorption der alten, und gerade der praxisbezogenen Konnotationen von Weisheit nicht. Die emphatisch-philosophische Verbindung von Theorie und gelingender Lebenspraxis hat eine offene Flanke. Aristoteles hat sie selbst markiert. Ihm zufolge besitzt der Weise zwar das vollendete theoretische Wissen – aber damit doch nicht *alles* Wissen: praktische Einsicht, sittliches Wissen, Lebensklugheit fehlen ihm. Auch wenn die philosophische Theorie die *höchste* Form von Praxis darstellt, steht sie doch nicht für *alle* Formen der Praxis. Dann aber ist es geboten, auch die Formen des spezifisch praktischen Wissens, die außerhalb der philosophisch konzipierten *sophía* liegen, zu würdigen und zu entwickeln. Die philosophisch-theoretisch verstandene *sophía* ist bei all ihrer Superiorität und möglichen Vollkommenheit doch nur partial –

[31] Vgl. *Nikomachische Ethik* X 7, 1177 b 24 f. bzw. 30 f.

[32] Ebd., 1177 b 27 f., 1178 a 2.

[33] Vgl. Aristoteles, *Metaphysik* I, 1–2.

[34] Georg Wilhelm Friedrich Hegel, *Phänomenologie des Geistes* [1807], Werke 3 (Frankfurt/Main: Suhrkamp 1986), 14 [Vorrede].

die spezifisch praktisch-pragmatischen Kompetenzen gehen ihr ab. Zudem liegt das genuin praktische Wissen nicht nur außerhalb des theoretischen Wissens, sondern ist von grundsätzlich anderer Struktur als dieses – umso weniger kann es theoretisch substituiert werden.[35] So bleibt das großartige neue Konzept philosophischer Theorie zumindest ergänzungsbedürftig. Das genuin praktische Wissen, das für unser Leben ebenfalls wichtig ist, bildet seine offene Flanke.

Hellenistische und römische Zeit: der Weise als praktisches Ideal

Daher kam es nach der klassischen Periode der griechischen Philosophie, in der hellenistischen und römischen Philosophie der Epikureer und Stoiker, zu einer Wende im Begriff des Weisen. Der Weise wurde jetzt entschieden als Figur *praktischer* Kompetenz – als Experte einer Lebenskunst – begriffen. Bei Epikur war diese Weisheit hedonistisch getönt: sie sollte von Furcht und Begierden sowie von der Unbedachtheit aller falschen Meinungen befreien und dadurch die „zuverlässigste Wegweiserin zur Lust“ sein.[36] Bei den Stoikern standen Aspekte der Selbstdisziplinierung im Vordergrund; es ging darum, „zusammenstimmend zu leben“, und zwar nicht nur mit sich, sondern mit der kosmischen Natur bzw. dem Logos.[37] Darin kehrten Motive der vorplatonischen Philosophie wieder. Die Stoiker formulierten auch die Idee vom Weisen als Weltbürger[38] und das politische Ideal eines Weltstaates (Zenon).[39]

3. Mittelalter

a. Spannungsverhältnis zwischen göttlicher Weisheit und menschlicher Wissenschaft

Die christliche Philosophie des Mittelalters steht unter anderen, sie steht unter Glaubensbedingungen. Von daher hatte sie mit der neutestamentlichen Erklärung der Weisheit dieser Welt zu Torheit in den Augen Gottes (Paulus, 1 Kor. 3,19; ähnlich 1 Kor. 1,20 u. Röm 1,22) schwer zu ringen – das Diktum verschaffte ihr ja nicht nur einerseits einen willkommenen Vorteil gegenüber den antiken Autoritäten, sondern stellte andererseits auch die Möglichkeit vernünftiger Reflexion als solcher, mithin die Möglichkeit einer christlichen Philosophie in Frage oder begrenzte diese zumindest stark. Die Leh-

---

[35] Und es war bekanntlich eine der historischen Leistungen des Aristoteles, erstmals die Eigenständigkeit praktischen Wissens herausgearbeitet zu haben.

[36] Cicero, *De fin.*, I 43.

[37] So Chrysipps Vereinigungsformel für die älteren Maximen „gemäß der Natur leben“ (Kleanthes) und „gemäß dem Logos leben“ (Zenon).

[38] Übrigens hatte bereits Demokrit erklärt: „Einem weisen Mann steht jedes Land offen. Denn einer trefflichen Seele Vaterland ist das Weltall“ (*Die Fragmente der Vorsokratiker*, a.a.O., Bd. 2, 194 [B 247]).

[39] Vgl. zum stoischen Weisheitskonzept insgesamt Diogenes Laertius' ausführliche Charakterisierung des stoischen Weisen: *Leben und Meinungen berühmter Philosophen*, a.a.O., Bd. 2, 61–65 [VII 117–125].

re von der „doppelten Wahrheit“ schien einen Ausweg zu bieten, aber dadurch waren Vorbehalte gegenüber einem autonomen Menschenwissen – also gegenüber Vernunft, Wissenschaft, Weisheit insgesamt – nicht aus der Welt geschafft. Bald sollte Luther von der Vernunft als „des Teufels Hure“ sprechen.[40]

Die Bibel bot jedoch mit dem *Buch der Weisheit* auch einen anderen Anknüpfungspunkt, dem zufolge wir zu untrüglicher Erkenntnis zu gelangen vermögen. Ausgangspunkt ist, dass Gott die eigentliche Weisheit ist, die das All geschaffen hat und durchwaltet;[41] diese göttliche Weisheit ist nun aber „ein menschenfreundlicher Geist“;[42] daher wird sie „leicht von denen erkannt, die sie lieben, und von denen gefunden, die sie suchen“;[43] allerdings muss der Weisheitsweg den Menschen von Gott (dem „Führer der Weisheit und Lenker der Weisen“) aufgetan werden;[44] dies geschieht, wenn die Menschen sich ganz Gott zuwenden.[45] So wird es ihnen möglich, zur „untrüglichen Erkenntnis“ aller Dinge zu gelangen.[46]

Der skizzierte Weisheitsweg ist also daran gebunden, dass Gott uns Menschen die Weisheit als „Gnadengeschenk“ gibt, wenn wir uns ihm zuwenden.[47] In diesem Sinn insistiert Augustinus auf der Unterscheidung zwischen einer autonomen menschlichen „Wissenschaft“, die nur Zeitliches zu erkennen vermag, und der von Gott inspirierten „Weisheit“, welche die ewigen Wahrheiten erfasst.[48] Die arabische Philosophie (Avicenna, Averroes) hingegen betont die Verbindbarkeit von Wissenschaft und Weisheit (*hikma*) und greift dafür weithin auf die aristotelische Konzeption des höchsten Wissens zurück. Ähnlich sieht Thomas von Aquin den Menschen mit einem „habitus sapientiae“ begabt;[49] dadurch steht der Wissenschaft der Weg zur Weisheit zumindest im Ansatz offen.

b. Vereinigungskonzeptionen

Dem wissenschaftlichen Weg steht eine mystische Weisheitskonzeption gegenüber. Die Eigenart des weisheitlichen Wissens gegenüber dem rational-diskursiven Wissen wird dahingehend angegeben, dass es sich um ein „schmeckendes Wissen“ („sapida scientia“) handelt,[50] also um ein Wissen durch direkten Kontakt mit seinem Gegenstand (Gott).

---

[40] Martin Luther, „Wider die himmlischen Propheten, von den Bildern und Sakramenten“ [1525], in: ders., *Werke. Kritische Gesamtausgabe (Weimarer Ausgabe)*, Abt. I, Bd. 18 (Weimar: Böhlau 1908, Nachdr. 1964), 37–214, hier 164; ebenso Martin Luther, „Wider der Vernunft Hindernis“ [Tischrede], in: ders., *Werke*, Abt. II, Bd. 6 (Weimar: Böhlau 1921, Nachdr. 1967), 82.

[41] Vgl. *Sap.* VIII, 1.

[42] *Sap.* I, 6.

[43] *Sap.* VI, 12.

[44] *Sap.* VII, 15.

[45] Vgl. *Sap.* IX.

[46] *Sap.* VII, 17.

[47] *Sap.* VIII, 21.

[48] Augustinus, *De trinitate* [entst. 399–419], XII, 14.23 u. XIV, 1.3.

[49] Thomas von Aquin, *Summa contra gentiles* [entst. 1258–1264], IV 12.

[50] Die biblische Bezugsstelle dafür ist *Sir* 6,22. Isidor von Sevilla führt ‚sapiens‘ explizit auf ‚sapor‘ zurück (Isidor von Sevilla, *Etymologiae* [entst. 622–633], X, 240).

Die mystische Linie knüpft insbesondere an jene Stelle im *Buch der Weisheit* an, wo die Weisheit als „Glanz des ewigen Lichtes“ und als „unbefleckter Spiegel der göttlichen Kraft“ bezeichnet wird.[51] Indem man diese Aussage mit einer Stelle aus Platons *Großem Alkibiades* verband, die von einer Spiegelung der Seele in Gott spricht,[52] wurde in einer vom Neuplatonismus bis in die Neuzeit reichenden Linie der Gedanke entwickelt, dass die Selbsterkenntnis des Menschen und die Selbsterkenntnis Gottes zusammenfallen.[53] Gott ist ein spiegelndes Auge, und unser Erkennen ist in dessen Reflexionsverfassung eingebunden; wenn wir zu wirklicher Erkenntnis gelangen, ist dies also gleichbedeutend damit, dass das göttliche Auge sich voll erfasst – unsere Erkenntnis ist ein Selbsterkenntnisakt Gottes. Damit war die Möglichkeit gegeben, ob ihrer konstitutiven Verknüpfung mit der göttlichen Weisheit auch von menschlicher Weisheit im Vollsinn zu sprechen.

Eine Spannung zwischen dem wissenschaftlichen Weg ‚von unten‘ und dem gnadenhaften ‚von oben‘ blieb jedoch bestehen. Unter christlichen Prämissen war die Behauptung einer radikal-autonomen menschlichen Einsichtsgewinnung nicht möglich. Das menschliche Wissen war als (natürlich oder gnadenhaft) durch Gott ermöglicht anzusehen. Und die These, dass uns Menschen vollkommene Einsicht möglich sei, blieb tendenziell häretisch.

Daher hat noch Nikolaus von Cues einerseits (sozusagen zur Sicherheit) erklärt, dass uns „die ewige Weisheit“ nicht vollkommen adäquat erkennbar sei,[54] während andererseits sein ganzes Interesse (in etlichen seiner Schriften und zusammengefasst in *De venatione sapientiae*) dem Aufweis diente, dass unsere Vernunft sich zur Ähnlichkeit mit der ewigen Weisheit erheben, ja „die göttliche Weisheit durch behutsames Jagen finden“ könne.[55,56] Die Befähigung dazu sei unserem Geist von Gott „anerschaffen“.[57] Von der absoluten Weisheit entzündet, vermöchten wir der allerhöchsten Weisheit nahezukommen. Darin gelinge die – den meisten früheren Philosophen versagt gebliebene – Einlösung des Weisheitsstrebens der Philosophie.[58] Dabei besteht für den Cusaner (ähn-

---

[51] *Sap.* VII, 26.

[52] Platon, *Alkibiades I*, 133 c 8 – 16. Allerdings handelt es sich bei dieser Stelle aller Wahrscheinlichkeit nach um eine neuplatonische Hinzufügung.

[53] Vgl. Hans Leisegang, „Die Erkenntnis Gottes im Spiegel der Seele und der Natur“, in: *Zeitschrift für philosophische Forschung* 4 (1949), 161–183. Die Lehre vom überhimmlischen Spiegel als Auge Gottes findet sich erstmals in einem nur in syrischer Übersetzung erhaltenen Buch des ägyptischen Alchemisten Zosimos. An diese Vorstellung wurde vielfach angeknüpft. Noch Jakob Böhme wird von Gott als „der Ewigkeit Auge“ sprechen, „das macht und ist ein Spigel [...], Gottes Wunderauge“ (Jakob Böhme, *Psychologia vera, oder Viertzig Fragen Von der Seelen* [1620], in: ders., *Sämtliche Schriften*, Bd. 3, Stuttgart-Bad Cannstatt: Frommann-Holzboog 1989, 11 [Fr. 1, 17 bzw. 18]).

[54] Nikolaus von Cues, *De docta ignorantia* [entst. 1440], II, cap. 13, n. 176, 7.

[55] Ders., *De venatione sapientiae* [entst. 1463], cap. 28, n. 83, 3 f.

[56] Dabei nimmt auch der Cusaner sowohl die Spiegelmetapher wie die Terminologie des Schmeckens auf (ders., *De venatione sapientiae*, cap. 17. n. 50 u.ö. bzw. *Idiota de sapientia* [entst. 1450], n. 10 u.ö.).

[57] Ders., *Idiota de mente* [entst. 1450], cap. 13, n. 149, 16.

[58] Ders., *De venatione sapientiae*, cap. 25, n. 73, 24–27.

lich wie in der Antike für Aristoteles) zwischen der von ihm skizzierten „köstlichen Wissenschaft“ und der vollen Weisheit keine Differenz mehr.[59]

4. Neuzeit und Moderne

a. Ernüchterung: Weisheit und Torheit

In der frühen Neuzeit wird das Weisheitsthema von seinen vormaligen Höhen heruntergeholt. Erasmus von Rotterdam erklärt nüchtern, dass wir Menschen nur durch Torheit zu leben vermöchten, dass die Torheit also die wahre menschliche Weisheit sei, während die eingebildete szientifische Weisheit schlicht Torheit sei.[60] Montaigne nimmt nebenbei auch dieses Motiv auf,[61] macht jedoch vor allem die Natur als Weisheitsinstanz geltend: „Wie die Natur uns mit Füßen zum Gehen versehen hat, so auch mit Weisheit zu unsrer Lebensführung – mit einer Weisheit, die zwar nicht derart ausgeklügelt, selbstherrlich und auf Schau bedacht ist wie jene der Philosophen, dafür aber gelöster, ruhiger und gedeihlicher, und was die andre nur im Munde führt, verrichtet diese handgreiflich bei jedem, dem das Glück beschieden ist, sich unbefangen und in wohlgeordneten Bahnen mit sich selbst befassen zu können – eben ganz der Natur gemäß. Je kindlicher wir uns ihr anvertraun, desto weiser handeln wir.“[62] ‚Weisheit‘ ist in der frühen Neuzeit anti-akademisch und anti-scholastisch getönt und nimmt, ähnlich wie gegen Ende der Antike, wieder eine betont praktische Zielrichtung an.[63]

b. Primat der Wissenschaft

Das große philosophische Thema der Neuzeit ist die *Wissenschaft*. Die Philosophie steht nunmehr in Allianz mit der Wissenschaft, nicht mit der Weisheit. Und wie schon in der griechischen Antike die *epistēmē* bestimmend geworden war und zunehmend den Anspruch auf vollkommenes Wissen erhob, so erhebt auch die neuzeitliche Wissenschaft den Anspruch auf perfekte Erkenntnis. ‚Weisheit‘ ist weithin nur noch ein Name, ihre Konturen werden ganz aus dem Horizont der neuen Wissenschaft bestimmt.

So ist für Descartes „Weisheit“ schlicht gleichbedeutend mit „Wissenschaft“.[64] In diesem Sinn kann er erklären, dass man mittels der Prinzipien der von ihm begründeten Wissenschaft „zur vollkommenen Kenntnis der ganzen Philosophie und mit der Zeit zu der höchsten Stufe der Weisheit“ gelangen könne.[65] Nimmt Weisheit dann später terminologisch doch einmal die höchste Stelle ein – wie bei Kant, dem „der Lehrer der

[59] Ders., *Dialogus de ludo globi* [entst. 1463], n. 70, 10 f.
[60] Erasmus von Rotterdam, *Lob der Torheit* [1511].
[61] „Man könnte mich für weise halten – im Sinne einer Weisheit freilich, die ich *Torheit* nenne“ (Michel de Montaigne, *Essais*, übers. Hans Stilett, Frankfurt/Main: Eichborn 1998, 424 [III, 5]).
[62] Ebd., 541 f. [III 13].
[63] „Recht zu leben – das sollte unser großes und leuchtendes Meisterwerk sein!“ (ebd., 560 [III 13]).
[64] Vgl. René Descartes, *Regulae ad directionem ingenii* [entst. um 1628, Erstdruck 1684], I.1.
[65] Ders., *Die Prinzipien der Philosophie* [1644] (Hamburg: Meiner 1955), XLV [Schreiben an Picot].

Weisheit durch Lehre und Beispiel“ als „der eigentliche Philosoph“ gilt[66] –, so ist die Weisheit dabei doch prinzipiell wissenschaftsförmig konzipiert und soll nur auf dem Weg der Wissenschaft erreichbar sein: „Wissenschaft (kritisch gesucht und methodisch eingeleitet) ist die enge Pforte, die zur *Weisheitslehre* führt“.[67] Die Rede von Weisheit nimmt neuzeitlich stärker als je zuvor szientifische Konturen an. Was vor-philosophisch und außer-europäisch mit Weisheit, über Wissenschaftlichkeit hinausgehend, verbunden sein mochte, verfällt einer Verschattung.

Das wird sich bis ins 20. Jahrhundert fortsetzen. Die Wissenschaft soll das erste und letzte Wort haben. Weisheitsaspirationen sollen einzig auf dem Weg einer sich immer weiter vervollkommnenden Wissenschaft einlösbar sein. Hegel hat dafür die berühmte Parole ausgegeben, dass die Philosophie „ihren Namen der *Liebe* zum *Wissen* ablegen“ und „*wirkliches Wissen*“ – „Wissenschaft“ – werden solle.[68] Husserl wird zu Beginn des zwanzigsten Jahrhunderts erklären: „Die Wissenschaft hat gesprochen, die Weisheit hat von nun ab zu lernen.“[69]

c. Weisheit und praktische Philosophie

Während Weisheit so in der theoretischen Philosophie keine Rolle mehr spielt, bleibt sie für die praktische Philosophie zumindest nominell bedeutsam. So erkennt Descartes der Ethik „die letzte und höchste Stufe der Weisheit“ zu,[70] zielt mit dem Terminus ‚Weisheit‘ jedoch nicht auf eine eigenständige Erkenntnisweise. Leibniz hingegen, der die Weisheit ebenfalls praktisch bestimmt, und zwar als „Wissenschaft der Glückseligkeit“,[71] spricht der Weisheit eine besondere Vollzugsform zu, nämlich die der Liebe.[72] Kant bestimmt die Weisheit als „die Idee vom gesetzmäßigvollkommenen praktischen Gebrauch der Vernunft“,[73] und so kommt ihr in seinem System (entsprechend dem Primat der prakti-

---

[66] Immanuel Kant, zit. nach: Gottlob Benjamin Jäsche, *Immanuel Kants Logik. Ein Handbuch zu Vorlesungen* [1800], A 23 f.

[67] Immanuel Kant, *Kritik der praktischen Vernunft* [1788], A 292.

[68] Georg Wilhelm Friedrich Hegel, *Phänomenologie des Geistes* [1807], a.a.O., 14 [Vorrede]. Bezeichnenderweise gibt Hegel schon den traditionellen Namen der Philosophie nicht mit „Liebe zur Weisheit“, sondern mit „Liebe zum Wissen“ wieder. – Auch für Fichte gibt es nur die Wissenschaft: alle bislang so genannte Philosophie sei eigentlich „*die Wissenschaft von einer Wissenschaft überhaupt*“ (Johann Gottlieb Fichte, *Über den Begriff der Wissenschaftslehre oder der sogenannten Philosophie* [1794], in: *Fichtes Werke*, Berlin: de Gruyter 1971, Bd. 1, 27–81, hier 45).

[69] Edmund Husserl, *Philosophie als strenge Wissenschaft* [1910/11] (Frankfurt/Main: Klostermann 1965), 63.

[70] René Descartes, *Die Prinzipien der Philosophie*, a.a.O., XLII.

[71] „[...] la *Sagesse* est la science de la felicité“ (Leibniz, Brief an Malebranche, 13. od. 23. März 1699, in: *Die philosophischen Schriften von Gottfried Wilhelm Leibniz*, Bd. 1, Berlin 1875, Nachdr. Hildesheim: Olms 1965, 356–358, hier 357); vgl. auch: *Die philosophischen Schriften von Gottfried Wilhelm Leibniz*, Bd. 7 (Berlin 1890, Nachdr. Hildesheim: Olms 1965), 75.

[72] „[...] idem esse vere amare, seu sapientem esse, et Deum super omnia amare, id est omnia amare“ (Leibniz, Brief an Antoine Arnauld, Anf. Nov. 1671, ebd., Bd. 1, 68–82, hier 73 f.).

[73] Immanuel Kant, *Anthropologie in pragmatischer Hinsicht* [1798], A 122 [§ 40]. Vgl. dazu auch Kants Lob des Sokrates: „Die wichtigste Epoche der griechischen Philosophie hebt endlich mit dem *Sokrates* an. Denn er war es, welcher dem philosophischen Geiste und allen spekulativen

schen gegenüber der theoretischen Vernunft[74]) die oberste Stellung zu. Dennoch bleibt es dabei, dass die praktische Weisheit *wissenschaftlich* konturiert sein muss. Zwar soll die Wissenschaft Kant zufolge nur als „*Organ der Weisheit*" „einen innern wahren Wert" haben, aber umgekehrt ist für wirkliche Weisheit der Wissenschaftscharakter „unentbehrlich": eine „Weisheit ohne Wissenschaft" vermag bloß zu einem „Schattenriss" der Vollkommenheit zu führen, ohne diese wirklich erlangen zu können.[75]

Weisheit wird eher bei Autoren, die der Idee einer philosophischen Systematisierung skeptisch oder ablehnend gegenüberstehen, zu einem eigenständigen und gehaltvollen Begriff. Ethisch-moralische Orientierung bildet ihren Fokus. So fragt Rousseau: „O Tugend, erhabene Wissenschaft der schlichten Seelen – bedarf es so großer Mühen und Vorbereitungen, um dich zu erkennen? Sind deine Prinzipien nicht in alle Herzen eingegraben? Genügt es nicht, um deine Gesetze zu erkennen, wenn man in sich geht und die Stimme des Gewissens hört, wenn die Leidenschaften schweigen? Das ist die wahre Philosophie!"[76] Die von Rousseau proklamierte Einfachheit kann dann sogar von Aufklärern geschätzt werden. So erklärt Voltaire, dass die Philosophen (für die er am alten Namensverständnis als „Liebhaber der Weisheit" festhält) allesamt Exempel der Tugend gegeben und moralische Wahrheiten gelehrt hätten, um dann den Unterschied zwischen der Mühsal theoretischen Wissens und der Einfachheit moralischer Erkenntnis hervorzuheben: „Il a fallu des siècles pour connaître une partie des lois de la nature. Un jour suffit à un sage pour connaître les devoirs de l'homme."[77] Schließlich erklärt Voltaire Konfuzius – den exemplarisch „einfachen Weisen" – zum leuchtenden Vorbild.[78]

d. Die moderne Figur des Weisen

Andererseits kann die Vorstellung vom Weisen nun auch neue Züge annehmen, die sich, der Dominanz der wissenschaftlichen Ausrichtung entsprechend, aus den spezifisch modernen Konturen des Wissens ergeben. Dabei kann dieses neue Bild des Weisen implizit (ohne dass ausdrücklich vom ‚Weisen' die Rede sein müsste) entwickelt werden, indem

Köpfen eine ganz neue *praktische* Richtung gab. Auch ist er fast unter allen Menschen der einzige gewesen, dessen Verhalten der *Idee eines Weisen* am nächsten kommt" (*Immanuel Kants Logik*, a.a.O., A 34).

[74] Vgl. Immanuel Kant, *Kritik der praktischen Vernunft* [1788], A 218 f.

[75] *Immanuel Kants Logik*, a.a.O., A 27 f.

[76] Jean-Jacques Rousseau, *Über Kunst und Wissenschaft* [1750], in: ders., *Schriften zur Kulturkritik* (Hamburg: Meiner ²1971), 1–59, hier 57.

[77] Voltaire, Art. „Philosophie", in: ders., *Dictionnaire philosophique* [1764] (Paris: Garnier 1967), 342.

[78] „Par quelle fatalité, honteuse peut-être pour les peuples occidentaux, faut-il aller au bout de l'Orient pour trouver un sage simple, sans faste, sans imposture, qui enseignait aux hommes à vivre heureux six cents ans avant notre ère vulgaire, dans un temps où tout le Septentrion ignorait l'usage des lettres, et où les Grecs commencaient à peine à se distinguer par la sagesse? Ce sage est Confucius, qui seul des anciens législateurs, ne voulut jamais tromper les hommes" (ebd., 343). Voltaire steht damit keineswegs allein. Konfuzius galt vielen Aufklärern ob der Klarheit und Einfachheit seiner ethischen Maximen als moralische Autorität von höchstem Rang, noch vor Sokrates und den Stoikern.

schlicht vom ‚Philosophen' die Rede ist. Das Musterbeispiel dafür sind die 1765 publizierten Artikel „Philosoph" und „Philosophie" der *Enzyklopädie*.[79] In ihnen nimmt die moderne Figur des Weisen prototypisch Gestalt an.

Der Philosoph wird dabei zunächst – ganz konventionell – als eine Figur sowohl theoretischer als auch praktischer Vorbildlichkeit bestimmt: er ist der Leitung durch Vernunft und der Kontrolle der Leidenschaften fähig. Dann aber werden andere Fähigkeiten in den Vordergrund gerückt, die für ihn ausschlaggebend sein sollen: Unterscheidungsvermögen, Achtung des Anderen, Grenzbewusstsein, anti-systematischer Geist, Menschlichkeit.

In puncto Unterscheidungsvermögen heißt es: Der Philosoph „hält für wahr, was wahr ist, für unwahr, was unwahr ist, für zweifelhaft, was zweifelhaft ist, und für wahrscheinlich, was eben nur wahrscheinlich ist".[80] Seine Unterscheidungskraft reicht sogar bis zu einem grundsätzlichen Bewusstsein von Diversität und Widerstreit: „Der Philosoph hängt nicht so sehr an einem System, dass er nicht die volle Stärke der Einwände empfindet. Die meisten Menschen spinnen sich derart in ihre eigenen Anschauungen ein, dass sie sich nicht einmal die Mühe nehmen, die Anschauungen der anderen zu erforschen. Der Philosoph aber versteht die Meinung, die er verwirft, ebenso tief und klar wie die Meinung, der er sich anschließt."[81] Der Philosoph weiß also nicht nur zu distinguieren, sondern er hat Sinn für Grunddifferenzen. Das führt ihn nicht nur zur Achtung des Anderen, sondern noch zur Akzeptierung von Unentscheidbarkeit: „Er bringt es, wenn er keinen eigentlichen Beweggrund zum Urteilen hat, sogar fertig, die Dinge unentschieden zu lassen."[82] Dieser Philosoph ist zudem ein Finitist: Er beachtet „die Grenzen des Gewissen, des Wahrscheinlichen und des Zweifelhaften genau" und „gesteht lieber seine Unkenntnis, wann immer der Vernunftschluss und die Erfahrung ihn nicht zum wahren Grund der Dinge führen können".[83]

Die besondere Kompetenz dieses Philosophen liegt in der „Urteilskraft", und diese ist mit Gewandtheit und Klarheit gepaart. Klarheit ist die Voraussetzung. Wo sie Grundunterschiede zutage fördert, zwischen denen nicht mehr nach einem übergeordneten Prinzip entschieden werden kann, wird Urteilskraft zur ausschlaggebenden Fähigkeit. Und diese erfordert den gekonnten Übergang von einer Sinnkonfiguration und Grundsicht zur anderen, also Gewandtheit. Allergisch ist dieser Philosoph voller Unterscheidungs- und Urteilskraft nur gegen das Verfahren des Systematikers. Nicht, dass gegen systematisches Denken prinzipiell etwas einzuwenden wäre, aber dessen pathologisches Ausufern ist zu kritisieren: „Unter systematischem Geist verstehe ich nicht den Geist, der die Wahrheiten miteinander verbindet, um Beweise zu führen; denn dies bedeutet nichts anderes als wahrhaft philosophischer Geist. Nein, ich bezeichne damit jenen Geist, der Pläne

---

[79] Nur der Artikel „Philosophie" stammt von Diderot selbst, der Artikel „Philosoph" hingegen entgegen früheren Annahmen von C. C. Du Marsais. Die Artikel zeichnen jedoch ein kohärentes Bild.

[80] Zit. nach: Art. „Philosoph" [1765], in: Diderot, *Philosophische Schriften* (Berlin: Aufbau-Verlag 1961), Bd. 1, 385–389, hier 386.

[81] Ebd., 387.

[82] Ebd., 386.

[83] Denis Diderot, Art. „Philosophie", in: ders., *Philosophische Schriften*, a.a.O., Bd. 1, 390–402, hier 398.

aufstellt und Weltsysteme bildet, denen er dann die Erscheinungen wohl oder übel anzupassen versucht." Ein derartiger Geist „wirkt dem Fortschritt der Wahrheit [...] entgegen, weil diejenigen, die ein System von gewisser Wahrscheinlichkeit erfunden haben, nicht mehr eines Besseren belehrt werden können. Sie halten geflissentlich alle Dinge fest, die irgendwie zur Bestätigung ihres Systems dienen können, und beachten kaum alle jene Einwände, die gegen dieses erhoben werden, oder schieben sie durch irgendeine oberflächliche Unterscheidung beiseite." Sie halten ihre Ansichten „unbeweglich vor ihren Augen fest, betrachten aber nie aus einem gewissen Abstand die Kehrseite ihrer Ansichten, die ihnen zeigen würde, wie verkehrt diese sind".[84] – Die Monosysteme machen blind.

Schließlich: Dieser Philosoph ist „voller Menschlichkeit".[85] Pluralität gilt für ihn nicht nur kognitiv, sondern umfassend, was beispielsweise heißt, dass man auch den Leidenschaften gerecht werden muss. Man soll diese nicht zum Schweigen bringen, sondern darf sich von ihnen nur nicht tyrannisieren lassen, man soll sie jedoch nützen und vernünftig einsetzen. Der Philosoph gilt zudem als eine Figur in der Gesellschaft (als Mensch unter Menschen), und das gesellschaftliche Leben stellt eben andere Anforderungen als das individuelle.

Der Philosoph übernimmt also klassische Züge des Weisen und artikuliert sie modern. Bezeichnend dafür sind das Bescheidungsmoment und die besondere Fähigkeit, noch dort sich trefflich zu verhalten, wo das Urteil schwerfällt. Zugleich ist deutlich, dass die Charakterisierung des Philosophen auf die moderne Konstellation einer wissenschaftsakzentuierten Philosophie reagiert und weisheitliche Momente genau dadurch einbringt, dass sie die *Grenzen der Rationalität* herausstreicht und mit diesen korrekt umzugehen gebietet – bis hin zur Unentscheidbarkeit und zur Kehrseiten-Wahrnehmung. Dies ist ja ein eminenter Satz: dass jede Betrachtung der eigenen Ansicht aus einem gewissen Abstand deren Kehrseite zeige, und dass dies bedeute: ihre Verkehrtheit.

Diese moderne Artikulation eines Philosophiekonzepts mit Weisheitszügen impliziert zugleich eine Kritik am klassischen, insbesondere am stoischen Ideal des Weisen. Der unempfindliche stoische Weise, heißt es, ist „von der Vollkommenheit unseres Philosophen" weit entfernt, denn „unser Philosoph ist ein Mensch", „der stoische Weise" hingegen „war nur ein Phantom".[86] Er hatte sich, wie Nietzsche sagen wird, mit einem Panzer umgeben – wie ein „Hornochs".[87]

Man kann diese Absetzung vom klassischen Weisen und die Bestimmung der modernen Figur des Weisen so zusammenfassen: Der Weise im klassischen Sinn erreichte seine Position durch eine dreifache (und dreifach trügerische) Erhebung: Erhebung über die Leidenschaften, Erhebung über die Gesellschaft, Erhebung über die Vielfalt der Auffassungen. Der moderne Weise hingegen, „unser Philosoph", bleibt dreifach involviert: in die menschliche Natur, in die Gesellschaft, in den Konflikt der Anschauungen. Er erhebt sich nicht darüber, sondern bemüht sich um Klärungen *inmitten* dieser Verfassung.

---

[84] Ebd., 402.

[85] Art. „Philosoph", a.a.O., 387.

[86] Ebd., 389.

[87] Friedrich Nietzsche, *Nachgelassene Fragmente. Herbst 1885 bis Anfang Januar 1889*, KSA 13, 125 [November 1887 März 1888].

Er flieht nicht, sondern hält stand; er schaut nicht weg, sondern sieht hin. Seine Leistung ist die der Austarierung von Ansprüchen, der förderlichen Instrumentierung des Differenten, des Übergangs zwischen verschiedenen Registern. Darin bildet er eine moderne Kontrastfigur zum antiken Weisen.

e. Gegenmotive (Schelling, Schopenhauer)

Im Unterschied zu dieser modernen Tendenz einer wissenschaftlich geprägten Weisheitsauffassung bringen Schelling und Schopenhauer noch einmal ältere Motive zur Geltung.

Schelling kontrastiert Weisheit und gewöhnliches Wissen. Unter Hinweis auf das Alte Testament bestimmt er Weisheit als „jenes Wissen, das zugleich ein objektives Hervorbringen und Erzeugen ist".[88] Von dieser Weisheit aus sei die Philosophie zu verstehen. In der Philosophie gehe es nicht um ein gewöhnliches und menschengemachtes Wissen, sondern in ihr bringe sich als das eigentlich Wissenerzeugende „der Geist, der durch alles geht, [...] die Weisheit" zur Geltung.[89]

Schopenhauer hebt den *intuitiven* Charakter der Weisheit hervor: „die eigentliche Weisheit ist etwas Intuitives, nicht etwas Abstraktes".[90] Das hängt mit Schopenhauers These vom epistemologischen Primat der Anschauung zusammen. Die Anschauung soll „nicht nur die *Quelle* aller Erkenntnis", sondern „selbst die Erkenntnis *kat' exochen*" sein.[91] Folglich liege „alle Wahrheit und alle Weisheit zuletzt in der *Anschauung*".[92] Allerdings zielt Schopenhauers Begriff intuitiver Erkenntnis auf die Erfassung von Einzelnem, nicht von übergeordneten Zusammenhängen. Das unterscheidet auch seine Wiederaufnahme des Themas des Weltmannes (dessen Vorzug ihm zufolge „in der vollkommenen intuitiven Erkenntnis besteht"[93]) von der Sicht der Stoa.

f. Moderner Protest gegen die traditionelle Weisheit (Nietzsche, Cioran, Wittgenstein)

Im 20. Jahrhundert verfallen die herkömmlichen Weisheitsauffassungen zunehmend harscher Kritik. So protestiert Émile Cioran gegen das Einverstandensein, das ihm zufolge den konventionellen Weisen kennzeichnet. Gegen Weisheit als Sedativ erklärt er: „Aufgebrachtsein ist weniger eine moralische als eine literarische Regung, es ist sogar die Triebfeder der Inspiration. Und die Weisheit? Sie ist gerade das Gegenteil davon. Der

[88] Friedrich Wilhelm Joseph Schelling, „Über die Natur der Philosophie als Wissenschaft" [Erlanger Vorträge 1821–25], in: *Schellings Werke*, Hauptbd. 5 (München: Beck ³1979), 1–40, hier 17.

[89] „In der Philosophie ist nicht der Mensch der Wissende, sondern er ist das dem eigentlich Wissenerzeugenden widerstrebende, durch beständigen Widerspruch es anhaltende – reflektierende –, aber eben darum für sich gewinnende freie Denken" (ebd., 37).

[90] Arthur Schopenhauer, *Die Welt als Wille und Vorstellung II* [Leipzig 1844], in: ders., *Sämtliche Werke*, Bd. 2 (Stuttgart u. Frankfurt/Main: Cotta-Insel 1960), 100 [Kap. 7: Vom Verhältnis der anschauenden zur abstrakten Erkenntnis].

[91] Ebd., 103.

[92] Ebd., 99.

[93] Ebd., 102.

Weise in uns richtet unseren ganzen Elan zugrunde, er ist der Saboteur, der uns beeinträchtigt und lähmt, der dem Narren in uns auflauert, um ihn zu beruhigen und zu kompromittieren, um ihn, kurz, zu entehren. Die Inspiration ist ein Salto mortale, eine namenlose Wollust, sich selber zu behaupten oder zu zerstören. Ich habe keine einzige Linie bei normalem Pulsschlag geschrieben."[94] Universelles Einverstandensein bringt Cioran dagegen auf die Formel „Philosophie und Prostitution": ein solcher Weiser sei nur das spirituelle Pendant der Dirne – von der er freilich auch noch etliches lernen könne.[95]

Die einschneidendste moderne Weisheitskritik findet sich bei Nietzsche. Die eingangs genannte Abwehrhaltung der modernen Philosophen gegen die Weisheit („sie nennen sich nicht mehr ‚Philosophen' und hängen ‚die Liebe zur Weisheit' wie eine steife Amtstracht und Maskerade an den Nagel"[96]) könnte Nietzsche zufolge durchaus gute Gründe haben. Denn Nietzsche sieht das klassische Weisheitsideal als prinzipiell verfehlt, als Symptom einer Schwäche an. Er mutmaßt, dass der „Philosophen-Anspruch auf *Weisheit*" – „der tollste und unbescheidenste aller Ansprüche" – immer schon, „in Indien, wie in Griechenland, *vor Allem ein Versteck*" war: „ein Versteck des Philosophen, hinter welches er sich aus Ermüdung, Alter, Erkaltung, Verhärtung rettet, als Gefühl vom nahen Ende, als Klugheit jenes Instinkts, den die Thiere vor dem Tode haben, – sie gehen bei Seite, werden still, wählen die Einsamkeit, verkriechen sich in Höhlen, werden *weise*".[97] Paradigmatisch liest Nietzsche das am Weisen par excellence, am Stoiker ab. Dessen ganze Haltung bestehe in einer Panzerung gegen die lebensvolle Wirklichkeit; in rabiater Formulierung: „Der *stoische* Typus. Oder: der vollkommene Hornochs."[98]

Der „rechte Philosoph" hingegen muss Nietzsche zufolge einen anderen Weg einschlagen: er „lebt ‚unphilosophisch' und ‚unweise', vor Allem *unklug*, und fühlt die Last und Pflicht zu hundert Versuchen und Versuchungen des Lebens: – er risquirt *sich* beständig,

---

[94] Émile M. Cioran, „Die radikale Einsamkeit. Über die Verführung der Schrift", in: *Neue Zürcher Zeitung*, Nr. 146, 25./26. Juni 1983, 69.

[95] „Der aller Systeme und allen Irrglaubens überdrüssige Philosoph, der dennoch auf den Straßen der Welt weiterwandelt, sollte sich ein Beispiel nehmen an jenem Gassen-Pyrrhonismus, den das dogmenfreieste aller Geschöpfe – die Straßendirne – an den Tag legt. Von allem gelöst und allem aufgeschlossen; Launen und Einfälle des Kunden teilend; Tonfall und Miene wechselnd von Fall zu Fall; jederzeit bereit, traurig oder heiter zu sein, da sie unbeteiligt ist; aus Geschäftsgründen freigebig mit Seufzern; dem ernsthaften Treiben ihres Bettgenossen aus wissend-falschen Augen zusehend –: so führt sie dem Geist ein Verhalten vor, das es mit dem der Weisen aufzunehmen vermag. Den Mitmenschen und sich selbst gegenüber keinerlei Überzeugungen haben: das ist die hohe Lehre der Prostitution, dieser Wanderakademie der Klarsichtigkeit, die sich wie die Philosophie am Rande der Gesellschaft fortbewegt. ‚Alles, was ich weiß, habe ich in der Schule der Straßenmädchen gelernt', müsste der alles bejahende und alles verneinende Denker ausrufen, wenn er, ihrem Beispiel folgend, ein Spezialist in müdem Lächeln geworden ist" (Émile M. Cioran, *Lehre vom Zerfall*, übertragen v. Paul Celan, Stuttgart: Klett-Cotta 1978, 100).

[96] Friedrich Nietzsche, *Nachgelassene Fragmente. Frühjahr 1884 bis Herbst 1885*, KSA 11, 511 [Mai–Juli 1885].

[97] Ders., *Die fröhliche Wissenschaft* [^{2}1887], KSA 3, 606 f. [359].

[98] . Ders., *Nachgelassene Fragmente. Herbst 1885 bis Anfang Januar 1889*, KSA 13, 125 [November 1887 März 1888].

er spielt *das* schlimme Spiel....".[99] „Der weiseste Mensch wäre *der reichste an Widersprüchen*, der gleichsam Tastorgane für alle Arten Mensch hat: und zwischeninnen seine großen Augenblicke *grandiosen Zusammenklangs* – der hohe *Zufall* auch in uns! – eine Art planetarischer Bewegung."[100]

Schließlich formuliert Nietzsche – gegen die klassische Weisheitsvorstellung wie ihre moderne Verflüssigung – ein radikales Alternativkonzept von Weisheit: „Meine Weisheit sammlet sich lange schon gleich einer Wolke, sie wird stiller und dunkler. So thut jede Weisheit, welche *einst* Blitze gebärden soll. – Diesen Menschen von Heute will ich nicht *Licht* sein, nicht Licht heissen. *Die* – will ich blenden: Blitz meiner Weisheit! Stich ihnen die Augen aus!"[101]

Weisheit der Trägheit oder Weisheit des Blitzes, Weisheit als Sedativ oder als Dynamit – das ist die Alternative, die Cioran und Nietzsche aufmachen.

Auch Wittgenstein kritisiert die Weisheit, aber seine Stellungnahme ist simpler. Er entwickelt keinen positiven, sondern hat nur einen szientifischen Begriff von Weisheit. Gegen eine derartige Weisheit wendet er ein, dass sie lebensirrelevant sei: „Die Weisheit *verhehlt* Dir nur das Leben. (Die Weisheit ist wie kalte, graue Asche, die die Glut verdeckt.)"[102] Sie fällt, als szientifische, für Wittgenstein eben auf die Seite der Fragen, durch die, wie er im *Tractatus* gesagt hatte, „unsere Lebensprobleme noch gar nicht berührt sind".[103] Daher nennt er die Weisheit „etwas Kaltes, und insofern Dummes".[104] In Wittgensteins Augen fehlt ihr die Leidenschaft: „Weisheit ist leidenschaftslos".[105] Oder in der Terminologie des *Tractatus* ausgedrückt: ihr fehlt „das Mystische".[106] – Wo Weisheit gänzlich rational verstanden wird, bestehen diese Defizite gewiss. Aber muss es bei einem szientifischen Bild der Weisheit bleiben?

5. Zeitgenössische Konturen der Weisheit

Wie steht es mit der Weisheit heute? Eingangs wurde schon darauf hingewiesen, dass sie nicht mehr im Zentrum des philosophischen Interesses steht, dass sie jedoch außerakademisch noch immer als wichtig angesehen wird – dass parallel zur Weisheitsabstinenz der Philosophie eine Blüte esoterischer Weisheitsliteratur zu verzeichnen ist. Im Folgenden sollen, was heutige Perspektiven angeht, drei Aspekte behandelt werden: die alltägliche Schätzung von Altersweisheit und Lebensklugheit, die philosophisch gängige Umdefini-

---

[99] Ders., *Jenseits von Gut und Böse* [1886], KSA 5, 133 [205].

[100] Ders., *Nachgelassene Fragmente. Juli 1882 bis Herbst 1885*, KSA 11, 182 [Sommer–Herbst 1884].

[101] Ders., *Also sprach Zarathustra. Ein Buch für Alle und Keinen* [1883–85], KSA 4, 360.

[102] Ludwig Wittgenstein, *Vermischte Bemerkungen* [1977], in: ders., *Werkausgabe* (Frankfurt/Main: Suhrkamp 1984), Bd. 8, 530 [1947].

[103] Ders., *Tractatus logico-philosophicus* [1921], a.a.O., Bd. 1, 7–85, hier 85 [6.52].

[104] Ders., *Vermischte Bemerkungen* [1977], a.a.O., Bd. 8, 530 [1947]. „Dass alle Weisheit kalt ist; und dass man mit ihr das Leben so wenig in Ordnung bringen kann, wie man Eisen *kalt* schmieden kann" (ebd., 525 [1946]).

[105] Ebd.

[106] Ders., *Tractatus logico-philosophicus*, a.a.O., 85 [6.522].

tion der Weisheit in Grenzbewusstsein und Bescheidenheit, und eine mögliche künftige Wiederzukehr der Philosophie zu vergessenen Dimensionen der Weisheit.

a. Weisheit alltäglich: von Altersweisheit zu permanenter Flexibilität?

Weisheit wurde in allen Kulturen mit dem Alter in Verbindung gebracht. Erst im Alter sollen wir Menschen recht eigentlich weise werden. Weisheit gilt als Altersweisheit. Im abendländischen Kulturkreis war das seit der Antike ein Dauerthema. Um das sechzigste Lebensjahr sollte ein Mensch ins Weisheitsalter eintreten. Dem entsprach das kulturelle Gebot der Hochschätzung der Alten – nicht nur aus Dankbarkeit, sondern eben wegen ihrer überlegenen Weisheit. Die moderne Praxis mag dem immer weniger folgen. Kant, der den Topos vom sechzigsten Lebensjahr erneuerte, hat zugleich Gründe benannt, warum eine Abkehr von ihm berechtigt sein könnte. Die Altersweisheit sei gemeinhin „negativ", sie bestehe im Wesentlichen darin, die Torheiten der vorangegangenen Lebensalter einzusehen. Und sie nähere sich, wo sie mit dem Gedanken verbunden werde, dass man nun endlich gelernt habe, richtig zu leben, ihrerseits der Torheit, sofern „die Anhänglichkeit am Leben desto stärker wird, je weniger es, sowohl im Tun als Genießen, Wert hat".[107]

Offensichtlich hat die Altersweisheit nicht den philosophischen Sinn der *sophía* (einer vollkommenen Erkenntnis der Wahrheit), sondern den pragmatischen Sinn der Lebensklugheit: Wer alt ist, weiß, was es mit dem menschlichen Leben auf sich hat, und er kann ob seiner langen Erfahrung die besten Ratschläge geben. Solche Lebensklugheit hat man noch heute im Sinn, wenn man dem Alter Weisheit zuschreibt. Die Altersweisheit ist Lebensklugheit.

Aber, wie gesagt, diese Einschätzung des Alters schwindet. Ein Motto jüngeren Datums lautet: „Sechzig Jahre – und kein bisschen weise".[108] Die Umkehrung des traditionellen Topos ist aufschlussreich: Man will gar nicht mehr alt und damit weise werden, sondern jung bleiben: erfahrungs- und genussorientiert und -fähig. Dafür gibt man das ehemalige Nobelprädikat der Weisheit gerne hin. Unter den gegenwärtigen Bedingungen gestiegener Lebenserwartung nimmt man im Alter (nach dem Berufsleben) einen zweiten Anlauf, lebt eine zweite Jugend voll neuer Erfahrungen und Erlebnisse. Kein Wunder, dass sich auf diesem Weg nicht Weisheit einstellt (und dass die wirklich Jungen diese Pseudo-Jugendlichkeit belächeln).

Für die traditionelle Hochschätzung des Alters gibt es eine moderne Erklärung. Das Stichwort lautet „Neotenie". Die menschliche Spezies ist, im Vergleich mit ihren nächstverwandten Primaten, konstitutiv juvenil. Ein menschlicher Erwachsener gleicht einem Schimpansenkind, nicht einem erwachsenen Schimpansen; das Jugendstadium der Schimpansen ist beim Menschen zum Adultstadium geworden.[109] Dazu passt dann auch, dass wir Menschen vergleichsweise zu früh auf die Welt kommen und in den

---

[107] Immanuel Kant, *Anthropologie in pragmatischer Hinsicht*, A 122 [§ 40].

[108] Curd Jürgens, „60 Jahre – und kein bisschen weise" (1975).

[109] Vgl. Lodewijk Bolk, „On the Problem of Anthropogenesis" (Vortrag vor der Royal Academy Amsterdam am 19. Dezember 1925), *Proceedings Royal Academy Amsterdam*, Vol. 29 (1926), 465–475.

ersten Jahren stärker als jede andere Spezies auf Fürsorge angewiesen sind[110] – was uns freilich den Weg in die Kultur eröffnet: als zu früh geborene Wesen sind wir geradezu zum Hineinwachsen in die Kultur programmiert. Die Neotenie – unsere konstitutive Juvenilität – kann freilich auf zweierlei Art gelesen werden. Erstens: alles kommt für uns auf das Erwachsenwerden an, das wir jedoch erst sehr spät erreichen; daher die konventionelle Schätzung des Alters als des Stadiums, wo die Menschen eigentlich erst volle Menschen geworden sind, indem mit der Altersweisheit die Humanität erst ganz ausgebildet ist. Die zweite und andere Lesart lautet: Sofern wir Menschen konstitutiv juvenil sind, kommt es für uns darauf an, diese Juvenilität möglichst zu bewahren, also nie wirklich alt und weise zu werden, sondern jung und offen zu bleiben – so die zeitgenössische Lesart, welche die gegenwärtige Juvenilisierung des Alters als Flexibilisierungsfortschritt preist.[111]

Folgt man der letzteren Lesart, so ist absehbar, dass ‚Weisheit' im Sinn von Altersweisheit immer mehr zu einem Negativprädikat werden wird. Tatsächliche Lebensklugheit könnte dann ja allenfalls in einer Maximierung der Flexibilität und Anpassungsfähigkeit bestehen. Erfahrungen mögen dafür hilfreich sein, aber doch nur, wenn aus ihnen nicht ein Satz starrer Maximen, sondern die gegenläufige Einschätzung abgeleitet wird, dass beim nächsten Mal alles anders sein könnte. Also: „alles fließt". Die Einsicht des Heraklit war jedoch eine andere. Und es ist unwahrscheinlich (ja, wenn man nicht nur an kulturelle, sondern an biologische Muster und deren für uns essentielle Perseveranz denkt, geradezu ausgeschlossen), dass wir Menschen schlechthin „flüssig" leben können. Etliche ältere Bestimmungen der Weisheit mögen angestaubt erscheinen, aber vielleicht kehrt die Weisheit in modifizierter Form wieder.

b. Die szientifisch geprägte Version von Weisheit in der zeitgenössischen Philosophie

Anti-absolutistische Umdefinition der Weisheit

Die Philosophie der Gegenwart spricht, wie gesagt, kaum von Weisheit. Aber es gibt ein stillschweigendes Einverständnis darüber, was als weise zu gelten hat. Insbesondere in der theoretischen Philosophie – klassisch der angestammten Sphäre eines Wissens, das *sophía* beansprucht – besteht diesbezüglich Konsens. Er betrifft so verschiedenartige Strömungen wie die analytische Philosophie, die Hermeneutik oder den Poststrukturalismus. Als ausgemacht gilt, dass die Philosophie nicht eine einzige und letztgültige

---

[110] Portmann hat dafür vom „extra-uterinen Frühjahr" und vom Menschen als „sekundärem Nesthocker" gesprochen (Adolf Portmann, *Biologische Fragmente zu einer Lehre vom Menschen*, Basel: Schwabe 1944, hier 58 bzw. ders., „Die Ontogenese und das Problem der morphologischen Wertigkeit", *Revue Suisse de Zoologie* 49/6–17, 1942, 169–185, hier 183).

[111] Vgl. Robert P. Harrison, „Wie alt sind wir?", *Merkur*, Heft 9/10, 55. Jg., Sept./Okt. 2001, 785–793. Allerdings sah sich Harrison einige Jahre später genötigt, eine Korrektur anzubringen: Komplementär zur zunehmenden Juvenilisierung werde nun wieder Weisheit nötig (ders., „Das Kind ist der Vater des Mannes", *Frankfurter Allgemeine Zeitung*, 27. August 2005, Nr. 199, 45).

Erklärung der Welt aufstellen kann, sondern sich der Grenzen jeder Theoriebildung bewusst sein und eine Vielzahl von Theorien zulassen und erproben muss. Eine jede davon mag ihre Vor- und Nachteile haben, keine ist unrevidierbar. Letzte Einsicht ins Ganze ist uns verwehrt. Das zu vertreten, gilt als weise.

Eine überlegene Schau also, wie sie für das antike Konzept der *theōría* ausschlaggebend war, wird als unmöglich angesehen. Wittgenstein hat diese zeitgenössische opinio communis früh formuliert, als er seinen „leitenden Gedanken" dahingehend bestimmte, dass es keine „Metaphilosophie" gebe.[112] Bei Lyotard kehrt das als Kritik an den „Meta-Erzählungen" wieder;[113] die gadamersche Hermeneutik vertritt einen ähnlichen Limitationismus, wenn sie erklärt, dass die eigenkulturelle „Wirkungsgeschichte" den unüberschreitbaren Horizont darstellt, der „im voraus bestimmt, was sich uns als fragwürdig und als Gegenstand der Erforschung zeigt";[114] und die zeitgenössische analytische Philosophie versichert, dass eine God's eye view für uns unmöglich und im übrigen sinnlos ist.[115]

Freilich: All das gehörte bereits seit Kant zum Gepräge der theoretischen Philosophie. Er schon hatte erklärt, dass Philosophie darin bestehe, „seine Grenzen zu kennen", und dass „die ganze Philosophie der reinen Vernunft bloß mit diesem negativen Nutzen zu tun" habe.[116] Dieser Lehre Kants ist die moderne Philosophie aufs gründlichste gefolgt. Zudem zeigten uns die Enzyklopädie-Artikel „Philosoph" und „Philosophie", wie um die Mitte des 18. Jahrhunderts anstelle des Auslangens auf eine absolute Perspektive die Achtsamkeit auf Grenzen, ein Bewusstsein der Pluralität und die Beachtung der menschlichen Konturen allen Wissens empfohlen wurde und ein neues Verständnis dessen, was als weise gelten sollte, heraufkam.[117] Die aufklärerischen Maximen des Limitationismus und Pluralismus prägen noch immer das Gesicht der zeitgenössischen Philosophie (das darob manchen als recht blass erscheinen mag). Sie sind es, die den genannten Konsens der gegenwärtigen Philosophie definieren.

Eine solche Ausrichtung bedeutet freilich gegenüber dem früheren Philosophieverständnis eine drastische Umpolung. Traditionell (exemplarisch bei Hauptvertretern der

---

[112] Ludwig Wittgenstein, *Philosophische Grammatik* [1969], in: ders., *Werkausgabe* (Frankfurt/Main: Suhrkamp 1984), Bd. 4, 5–485, hier 116 [Teil I, 72].

[113] „En simplifiant à l'extrême, on tient pour ‚postmoderne' l'incrédulité à l'égard des métarécits" (Jean-François Lyotard, *La Condition Postmoderne. Rapport sur le savoir*, Paris: Minuit 1979, 7).

[114] Hans-Georg Gadamer, *Wahrheit und Methode: Grundzüge einer philosophischen Hermeneutik* (Tübingen: Mohr ^{2}1965), 284.

[115] „There is no God's Eye point of view that we can know or usefully imagine" (Hilary Putnam, „How to be an Internal Realist and a Transcendental Idealist (at the Same Time)", in: *Sprache, Logik und Philosophie*, hrsg. v. Rudolf Haller u. Wolfgang Grassl, Wien: Hölder-Pichler-Tempsky 1980, 100–108, hier 100). „What we have is the demise of a theory that lasted for over two thousand years. That it persisted so long and in so many forms in spite of the internal contradictions and obscurities which were present from the beginning testifies to the naturalness and the strength of desire for a God's Eye View. [...] we are left without the God's Eye View" (Hilary Putnam, *Reason, Truth and History*, Cambridge: Cambridge University Press 1982, 74).

[116] Immanuel Kant, *Kritik der reinen Vernunft* [1781], A 727 bzw. 711.

[117] Das Abrücken vom „Gottesgesichtspunkt" bildete, wie Diderots Ausführungen zu entnehmen ist, den Ausgangspunkt des Enzyklopädie-Konzepts (vgl. Denis Diderot, Artikel „Enzyklopädie" [1755], in: Diderot, *Philosophische Schriften*, a.a.O., Bd. 1, 149–234, hier 185 f.).

antiken Philosophie und noch einmal im Deutschen Idealismus) war es der Philosophie um ein absolutes Begreifen gegangen. Inzwischen aber hat man sich von nichts gründlicher verabschiedet als von Absolutheitsansprüchen. Statt Totalität soll Finitismus, statt Absolutismus Endlichkeit gelten. Und ‚Weisheit' soll sich (wenn man den Terminus überhaupt noch verwendet) just auf diese Umpolung, also auf die Preisgabe von Weisheit alten Sinnes beziehen. – Kann das auf Dauer gut gehen?

Praktische Konturen des theoretischen Wissens

Zusätzlich lässt sich die genannte Umpolung so erläutern: In der Moderne hat das theoretische Wissen Konturen angenommen, die traditionell als für das praktische Wissen typisch gegolten hatten. Der Unterschied der Wissenstypen ist von Aristoteles her gut bekannt: Theoretische Vernunft hat es mit Unveränderlichem zu tun, sie will Immerwährendes erkennen; praktische Vernunft hingegen hat es mit Veränderlichem zu tun, will innerhalb desselben Orientierung bieten. Entsprechend muss die Typik beider Vernunftarten unterschiedlich sein. Nur eine Vernunft, die sich auf ewigkeitliche Bestimmungen zu richten und immergültige Aussagen zu treffen vermag, kann die Aufgaben theoretischer Vernunft erfüllen; nur eine Vernunft, die sich auf Veränderliches einzulassen und inmitten desselben das Richtige zu treffen vermag, kann die Aufgaben praktischer Vernunft erfüllen. Im einen Fall kommt es auf überlegene Distanz und bedingungsunabhängige Präzision, im anderen auf Involviertsein und Kontextbedingungen an.

Nun ist es modern offenbar zu einer Extension der Charakteristika praktischer Vernunft auf die Struktur theoretischer Vernunft gekommen. Zuvor – in der Spätantike und in der Neuzeit – hatte es zwar Akzentverschiebungen im Konzept der Weisheit von theoretischer zu praktischer Zielsetzung gegeben, aber doch (von den Skeptikern einmal abgesehen) niemals eine Konturierung theoretischer Vernunft nach dem Modell praktischer, also kontext- bzw. situationsbezogener Vernunft. In der Moderne jedoch ist just das geschehen. Die Epistemologie wurde einer grundsätzlichen Kontextualisierung unterzogen – von ihrer kantischen Bindung an die spezifisch menschliche Erkenntnisverfassung über ihre historistische und hermeneutische Koppelung an ein historisches Apriori bis hin zu ihrer analytischen und poststrukturalistischen Verwurzelung in Sprach-, Theorie- und Textkonstellationen. Dieser Vorgang erklärt, warum die heutige Standardauffassung theoretischer Vernunft so offensichtlich Momente in den Vordergrund rückt, die ehedem als Merkmale praktischer Vernünftigkeit gegolten hatten[118] – was auch der Grund dafür ist, dass diese Version theoretischer Vernunft klassischen Maximen der Lebensklugheit so nahe kommt und schier direkt in Anweisungen zum

---

[118] In diesem Sinn sieht beispielsweise Toulmin den heutigen Stand der Philosophie gekennzeichnet durch „die Rückwendung von einer theoriezentrierten Auffassung, die von einem Streben nach *Stabilität* und *Strenge* gekennzeichnet war, zu einer neuen Anerkennung der Praxis, die von uns die *Anpassung* des Handelns an die Erfordernisse bestimmter Situationen verlangt" (Stephen Toulmin, *Kosmopolis. Die unerkannten Aufgaben der Moderne*, Frankfurt/Main 1991, 307). „[...] der Traum von der *Letztbegründung* – d. h. die Suche nach einem dauernden und eindeutigen System maßgeblicher Grundsätze für die menschliche Erkenntnis – hat sich als nichts als ein Traum erwiesen" (ebd., 279).

Gelingen menschlichen Lebens übersetzt werden kann (woraus sich unter anderem das zeitgenössische Erblühen der diversen Konzepte einer „Lebenskunst" erklärt). Dieser Vorgang macht aber auch noch einmal verständlich, warum die moderne Version von Vernunft von den alten Ansprüchen eines Wissens, das den Namen der ‚Weisheit' verdienen sollte, durch einen Graben getrennt ist. Von einem absoluten Wissen ist ein Wissen, das sich grundsätzlich als „relativ" versteht,[119] prinzipiell getrennt.

c. Könnte die Philosophie künftig wieder eine weisheits-affinere Form annehmen?

Dass die zeitgenössische Blüte der Esoterik auch durch die szientifische Restriktion der Philosophie verschuldet ist, reicht zur Erklärung der gegenwärtigen Esoterik-Konjunktur allerdings nicht aus. Die Philosophie hat schon seit ihrer platonisch-aristotelischen Begründung, seit ihrer Ausrichtung auf Begriff und Argumentation ältere Aspekte der Weisheit, wie sie in den Mysterienkulten präsent und bei etlichen der vorplatonischen Denker wirksam waren, nicht mehr abgedeckt. Bei Platon klang noch einiges davon nach, bei Aristoteles fand sich schier nichts mehr davon.

Könnte es sein, dass dieser über zweitausendjährige Weg der Philosophie sich erfüllt – oder erschöpft – hat? Und dass die Philosophie künftig eine Gestalt annehmen wird, die Elemente jener älteren Weisheit auf analoge Weise restituiert – wobei diese Elemente zwar vom heutigen Einsichtsstand aus zu artikulieren wären, aber auch eine Einstellung auszubilden wäre, die über das mehr als zweitausendjährige Gepräge der Philosophie hinausführt?[120] Vermutlich dürften dann Begriff und Argumentation für die Philosophie nicht mehr alles sein. Sie haben ja auch eine offensichtliche Grenze. Begriff und Argumentation sind gewiss reflexiv und analytisch unverzichtbar, aber sie sind nicht generativ. Sie klären Gedanken, aber sie geben keine. Gedanken müssen schon da sein, oder sie müssen aus den Verständigungsprozessen plötzlich auftauchen, ohne doch aus diesen Prozessen allein erklärbar zu sein.

Heraklit liefert ein Modell. Bei ihm gibt es das Geschwätz und den Logos, das gängige Denken der Menschen und die große Einsicht. Die letztere, auf die (jenseits aller sozialpragmatischen, argumentativen etc. Sinnbildung) alles ankommt, wird einem nun aber nicht von Göttern oder sonstigen Instanzen vermittelt. Sondern der Weg ihrer Gewinnung hat eine andere Form: die des Erwachens. Dieses Erwachen ist gleichbedeutend mit der Einsicht in die *eine* Struktur des Ganzen, die alle Verschiedenheit hervorbringt und durchwaltet. Und Heraklit macht deutlich, dass diese Einsicht durch analytisches Vorgehen weder zu gewinnen noch zu verstehen, sondern nur zu verfehlen ist.[121]

---

[119] Dazu noch einmal Kant, der Stammvater dieser modernen Position der Philosophie: „alles unser Begreifen ist nur *relativ*, [...] *schlechthin* begreifen wir gar nichts" (*Immanuel Kants Logik*, a.a.O., A 97).

[120] Heidegger hatte derartiges im Sinn. Aber man kann begründete Zweifel hegen, ob er die Richtung zutreffend bestimmt hat.

[121] „Für der Lehre Sinn (*lógos*) aber, wie er hier vorliegt, gewinnen die Menschen nie ein Verständnis, weder ehe sie ihn vernommen noch sobald sie ihn vernommen. Denn geschieht auch alles nach diesem Sinn (*lógos*), so gleichen sie doch Unerprobten, so oft sie sich erproben an solchen Worten

Das Erwachen ist auch für die Weisheitskulturen Ostasiens der entscheidende Vorgang. Auch dort handelt es sich nicht um eine „Erleuchtung" im abendländisch später geläufig gewordenen und modern abgelehnten Sinn, nämlich um dergleichen wie eine von außen kommende „höhere Eingießung". Allenfalls umgekehrt wäre die Erleuchtungs-Metapher zu verwenden: von *innen her* wird alles hell, klar, licht. Man erwacht zum Licht der Welt, das alles (auch einen selbst) umfasst. Im abendländischen Kulturkreis lautet der Hauptterminus für dieses Umfassende ‚Logos' (‚Geist'), im fernöstlichen Kulturkreis ‚Buddha-Natur' (‚Leere'). Der östliche Weg aber ist einer der Meditation. Diese unterscheidet sich vom westlichen Modell am stärksten dadurch, dass sie eine Übung nicht nur des Intellekts, sondern zugleich des Leibes ist. Mit Reflexion allein ist nicht genug auszurichten. Entsprechend ist das Ziel nicht eine bestimmte intellektuelle Erkenntnis, sondern eine „Erfahrung". Dieses östliche Modell von Weisheit betrifft gewiss auch das Denken. Aber es zielt nicht auf eine Erfüllung im oder durch das Denken allein, gar durch ein Sichselbstdenken des Denkens (*nóēsis noēseōs*). Sondern es geht um eine Verwandlung des *ganzen*, gerade auch des leiblichen Menschen.[122]

Dieses Weisheitsmodell weist offensichtliche Parallelen zu der Verkörperung von Weisheit auf, die sich bei den vorplatonischen Philosophen findet.[123] Es geht um Übung, es geht um das Erwachen zu einer Einsicht ins Ganze, es geht um eine entsprechende Lebenspraxis. Einzelne Aspekte davon tauchten, wie wir sahen, auch im späteren Verlauf der westlichen Philosophie immer wieder auf. Das integrale Konzept einer Denken und Leben umspannenden und dabei der Dimension der Welt nicht vergessenden Weisheit aber ging zunehmend in den Finessen der Reflexion und Argumentation unter. Ob uns seine Neugewinnung bevorstehen könnte?

---

und Werken, wie ich sie erörtere, nach seiner Natur ein Jegliches zerlegend und erklärend, wie es sich verhält" (*Die Fragmente der Vorsokratiker*, a.a.O., Bd. 1, 150 [B 1]).

[122] Das wird auch im Weisheitsverständnis anderer Kulturen betont. Eine wirklich breit angelegte interkulturelle Erforschung der Weisheitskonzepte der Welt stellt ein Desiderat dar.

[123] Inwieweit das letztere ‚östlich' inspiriert ist, ist umstritten bzw. im einzelnen schwer zu belegen. Beachtenswert ist immerhin, dass das vorplatonische Denken ursprünglich in Kleinasien entstand; dass Pythagoras die Ausgangsländer aufsuchte, ja dass man sogar Verbindungen des Pythagoreismus zum chinesischen Denken vermutet hat; Pyrrho soll nach Indien gereist sein.

II. Das anthropische Gehäuse der Moderne

VI Epistemischer Anthropozentrismus

Zur Denkform der Moderne und deren Kritik

Meines Erachtens gibt es eine die gesamte Moderne durchziehende und noch die Gegenwart bestimmende Denkform. Diese Denkform will ich – in kritischer Absicht – im Folgenden vor Augen bringen.

1. Diderots Proklamation und Kants Begründung des anthropischen Prinzips der Moderne

a. Diderot 1755: „Der Mensch ist der einzigartige Begriff, von dem man ausgehen und auf den man alles zurückführen muss"

Erstmals findet sich diese Denkform – ich nenne sie die anthropische – klar bei Diderot formuliert, der 1755 erklärte: „Der Mensch ist der einzigartige Begriff, von dem man ausgehen und auf den man alles zurückführen muss."[1] Diderot schrieb dies in dem Artikel, in dem er über die *Enzyklopädie* Rechenschaft ablegte.[2] Die Grundfrage lautet dabei, welches Prinzip der Einteilung der *Enzyklopädie* zugrunde zu legen sei. Soll man von einem objektiven Prinzip ausgehen, etwa von der Struktur der Welt? Oder soll man ein subjektives Prinzip zugrunde legen, etwa die menschliche Perspektive auf die Welt?

Diderot meint, dass eine von der Struktur der Welt ausgehende Betrachtung uns infolge der Begrenztheit unseres Einsichtsvermögens schwerlich möglich sei. Und irgendwie wäre sie auch falsch, denn sie würde nicht der Tatsache gerecht, dass die Welt erst vom Menschen aus Sinn erhält: „Wenn man den Menschen [...] ausschließt, dann ist das erhabene und ergreifende Schauspiel der Natur nur noch eine traurige und stumme Szene.

---

[1] Denis Diderot, Artikel „Enzyklopädie", in: ders., *Philosophische Schriften* (Berlin: Aufbau-Verlag 1961), Bd. 1, 149–234, hier 187. – „L'homme est le terme unique d'où il faut partir, & auquel il faut tout ramener" (Denis Diderot, „Encyclopédie", in: ders., *Œuvres complètes*, Vol. VII: Encyclopédie III, Paris: Hermann 1976, 174-262, hier 213).

[2] Er tut es in dem „Enzyklopädie" überschriebenen Artikel im 5. Band der ersten Auflage des Werkes, dessen 35 Bände zwischen 1751 und 1780 erschienen sind.

Das Weltall verstummt, Schweigen und Dunkelheit überwältigen es; alles verwandelt sich in eine ungeheure Einöde, in der sich die Erscheinungen [...] dunkel und dumpf abspielen. Das Dasein des Menschen macht die Existenz der Dinge doch erst interessant.“[3] Deshalb hält Diderot es für geboten, den Menschen zum „Mittelpunkt“ von allem zu machen.[4] Darauf bezieht sich der genannte Leitsatz, dass „der Mensch der einzigartige Begriff ist, von dem man ausgehen und auf den man alles zurückführen muss“. – Diese Formel, so behaupte ich, stellt das innerste Axiom der damals, in der zweiten Hälfte des 18. Jahrhunderts, sich bildenden und bis in unsere Tage reichenden Moderne dar. Ich nenne es das „anthropische Prinzip“.[5]

Fragen wir zunächst, ob Diderot dieses Prinzip schlüssig zu begründen vermag. Das ist vor allem insofern nicht der Fall, als Diderot noch an einer Differenz festhält zwischen der *Verfassung* der Welt als solcher (wie sie sich allein in einer God's eye view erschließen würde) und der *Bedeutung* der Welt aus unserer, der menschlichen Perspektive. Der Mensch ist nur derjenige, der die Welt mit Sinn begabt, aber ihrer Existenz und physischen Verfassung nach ist die Welt vom Menschen unabhängig. Unsere Konstitutionstätigkeit betrifft gewissermaßen nur die Software, nicht die Hardware, nur die Semantik, nicht die Grammatik, nur den Sinn, nicht die Seinsweise der Welt. – Eine ganz und gar umfassende Begründung des anthropischen Prinzips wäre also erst dann erreicht, wenn sich zeigen ließe, dass die Wirklichkeit *von Grund auf* ein Produkt menschlicher Konstitution ist.

b. Kant 1781: Epistemologische Rechtfertigung des anthropischen Prinzips

Eine solch durchschlagende Begründung des 1755 von Diderot erstmals formulierten anthropischen Prinzips lieferte Kant 1781 mit seiner *Kritik der reinen Vernunft*. Kants bahnbrechende Neuerung bestand bekanntlich in der Behauptung, dass unsere Erkenntnis sich nicht, wie man früher angenommen hatte, nach den Gegenständen zu richten hat, sondern dass umgekehrt und grundlegend „die Gegenstände“ sich „nach unserem Erkenntnis richten“ müssen.[6] Dies ist deshalb der Fall, weil alle Gegenstände, auf die wir uns beziehen, durch die apriorischen Formen unseres Erkenntnisvermögens (An-

---

[3] Ebd., dt. 186 bzw. frz. 212.

[4] Ebd., 186.

[5] Ich gebrauche den Ausdruck in einem anderen Sinn als bei der kosmologischen Rede vom „anthropic principle“ üblich. Der Terminus dient mir ausschließlich zur Kennzeichnung der modernen Denkform, die eben darauf setzt, dass man in allem vom Menschen auszugehen und alles auf den Menschen zu beziehen hat.

[6] „Bisher nahm man an, alle unsere Erkenntnis müsse sich nach den Gegenständen richten; aber alle Versuche, über sie a priori etwas durch Begriffe auszumachen, wodurch unsere Erkenntnis erweitert würde, gingen unter dieser Voraussetzung zu nichte. Man versuche es daher einmal, ob wir nicht in den Aufgaben der Metaphysik damit besser fortkommen, dass wir annehmen, die Gegenstände müssen sich nach unserem Erkenntnis richten, welches so schon besser mit der verlangten Möglichkeit einer Erkenntnis derselben a priori zusammenstimmt, die über Gegenstände, ehe sie uns gegeben werden, etwas festsetzen soll“ (Immanuel Kant, *Kritik der reinen Vernunft* [1787], B XVI [Vorrede]).

schauungsformen und Kategorien) bestimmt sind. Diese haben *konstitutive* Bedeutung für die Gegenstände.

Somit sind alle Erfahrungsgegenstände menschlich geprägt, nämlich durch die von unserer Seite vorgegebenen „formalen Bedingungen einer Erfahrung überhaupt".[7] Und noch alle erfahrungs-transzendenten Gegenstände (Ding an sich, Gott usw.) können wir uns nur imaginieren, indem unsere Erkenntnisformen dabei gegenstandsbildend wirksam sind – mit anderen Worten: wir können insgesamt „nicht anders verfahren als [...] zu anthropomorphosieren".[8]

Diese kantische Lehre bedeutet, dass der Mensch in der Tat das Maß der Welt bildet. Alle Gegenstände sind ein Reflex des menschlichen Zugriffs auf die Welt. Diderot war mit seinem anthropischen Prinzip im Recht – und sogar tiefer, als er selbst wusste: der Mensch ist nicht erst das sinngebende, sondern bereits das gegenstandskonstituierende Prinzip der Welt. Kant hat dem von Diderot proklamierten anthropischen Prinzip seine perfekte epistemische Legitimation verliehen. Er hat es verbindlich gemacht.

Damit war es, zweihundertfünfzig Jahre nach der *kosmischen Dezentrierung* durch Kopernikus, zu einer *epistemischen Rezentrierung* des Menschen gekommen. Selbstverständlich blieb die Stellung des Menschen im Kosmos dezentral. Aber dem begegnete nun eine *epistemische Rezentrierung*. Hinsichtlich der Erkenntnis und schon hinsichtlich aller Erfahrung bildet der Mensch das Zentrum der Welt, denn alle Gegenstände der Welt sind menschlich konfiguriert, sind ein Reflex unserer Erkenntnisverfassung. – Kant hat also eigentlich eine anti-kopernikanische Wende vollzogen. Bertrand Russell war einer der wenigen, die das erkannt haben. Er sagte, man solle aufhören, die kantische „Umänderung der Denkart" mit der Revolution des Kopernikus zu parallelisieren (wie Kant selbst das getan hatte). In Wahrheit habe Kant eine „ptolemäische Gegenrevolution" inauguriert, „since he put Man back at the centre from which Copernicus had dethroned him".[9]

2. Fortdauer des anthropischen Prinzips bis in die Gegenwart

Ich will nun überblickshaft darlegen, wie das anthropische Prinzip im weiteren Verlauf *das* Axiom der Moderne geblieben ist. Die Moderne kennt gewiss eine stattliche Anzahl unterschiedlicher philosophischer Positionen. An der Oberfläche sind sie einander z. T. radikal entgegengesetzt. Im Grunde aber folgen alle unisono dem anthropischen Prinzip. – Stichprobenartig will ich dies an Feuerbach, am Historismus, an Nietzsche, und ferner an den zeitgenössischen Human- und Kulturwissenschaften sowie der analytischen Philosophie aufzeigen.

---

[7] Ebd., A 220.

[8] Immanuel Kant, *Anthropologie in pragmatischer Absicht* [1798], BA 76, Anm. [§ 27, recte § 30].

[9] Bertrand Russell, *Human Knowledge* (New York: Simon and Schuster 1948), XI.

a. Feuerbach: „Das Bewusstsein des Gegenstands ist das Selbstbewusstsein des Menschen"

Bei allem Unterschied des Tons setzt Feuerbach in der Sache die kantische Einsicht fort, dass alle Gegenstände ein Reflex des Menschen sind: „Das Bewusstsein des Gegenstands ist das *Selbstbewusstsein* des Menschen. Aus dem Gegenstande erkennst du den Menschen; an ihm *erscheint dir* sein Wesen: Der Gegenstand ist sein *offenbares* Wesen, sein *wahres, objektives* Ich."[10] Von da aus ergibt sich Feuerbachs Religionskritik: religiös projizieren wir das Wesen des Menschen fälschlicherweise nach außen („Gott"), statt umgekehrt die göttlichen Prädikate als Prädikate *unseres* Wesens zu erkennen.[11] Daher Feuerbachs Forderung nach einer „Verwandlung und Auflösung der Theologie in die Anthropologie".[12]

Dass jetzt die Anthropologie zur Fundamentalphilosophie wird, ist in der Tat ebenfalls ein Erbe der kantischen Philosophie. Kant selbst hatte an einer etwas entlegenen Stelle (in der *Logik*) gesagt, dass alle Grundfragen der Philosophie in die Frage „Was ist der Mensch?" münden.[13] Feuerbach erklärt in den *Grundsätzen der Philosophie der Zukunft* ganz offen die „Anthropologie" zur neuen Grundphilosophie.[14]

b. Historismus: unterschiedliche geschichtlich-kulturelle Aprioris und Welten – Diversifikation des transzendentalen Rahmens

Betrachten wir nun eine wesentlich andere philosophische Richtung, den Historismus.[15]Auf den ersten Blick ist der Unterschied zu Kant denkbar groß. Nein, sagen die Historisten, die menschliche Erkenntnisverfassung ist nicht überall und zu allen Zeiten dieselbe, sondern sie variiert kulturell und geschichtlich beträchtlich. Die Menschen machen ihre Erfahrungen nicht im Duktus eines invarianten und universalen Apriori, sondern im Duktus historisch und kulturell unterschiedlicher Aprioris.

Aber diese Diversifizierung des Apriori hebt nicht den Grundgedanken der Moderne auf, dass wir Menschen stets nur im Duktus unserer menschlichen Muster Erfahrung

---

[10] Ludwig Feuerbach, *Das Wesen des Christentums* [1841], in: *Werke in sechs Bänden*, Bd. 5 (Frankfurt/Main: Suhrkamp 1976), 21.

[11] „Gott ist das *offenbare* Innere, das ausgesprochne Selbst des Menschen" (ebd., 31). „Gott ist das *ab-* und *ausgesonderte* subjektivste Wesen des Menschen" (ebd., 45). „Der Mensch verlegt sein Wesen zuerst *außer sich*, ehe er es in sich findet" (ebd., 31). „Die Religion, wenigstens die christliche, ist das *Verhalten des Menschen zu sich selbst* oder richtiger: *zu seinem* (und zwar subjektiven) *Wesen*, aber das Verhalten zu seinem Wesen *als zu einem andern Wesen*" (ebd., 32). „Die Religion ist die [...] *indirekte Selbsterkenntnis* des Menschen" (ebd., 31).

[12] Ludwig Feuerbach, *Grundsätze der Philosophie der Zukunft* [1843], in: ders., *Kleine Schriften* (Frankfurt/Main: Suhrkamp 1966), 145 [§ 1].

[13] *Immanuel Kants Logik* (1800), A 26.

[14] „Die neue Philosophie ist die *vollständige*, die *absolute*, die *widerspruchslose Auflösung der Theologie in die Anthropologie*" (Feuerbach, *Grundsätze der Philosophie der Zukunft*, a.a.O., 214 [§ 52]). „[...] die neue Philosophie" ist „die Philosophie des Menschen" (ebd., 218 [§ 65]).

[15] „Historismus" ist ein Deutungsbegriff, der erst spät auftaucht und im 19. Jh. noch weithin negativ, erst im 20. Jh. verschiedentlich positiv verwendet wird.

und Erkenntnis haben und dass unsere Gegenstände grundlegend durch diese Muster bestimmt sind. Insofern setzt auch der Historismus das anthropische Prinzip fort und versieht es geradezu mit neuem, differenzierendem Elan. Weiterhin ist alles vom Menschen aus zu begreifen und auf diesen zurückzuführen, nur ist der Mensch jetzt eben nicht mehr ein unhistorisch-abstrakter, sondern ein jeweils historisch-kulturell situierter und geprägter Mensch. Das anthropische Prinzip muss im Modus historisch-kultureller Spezifikation durchgeführt werden.

c. Nietzsche: unsere Wahrheit ist „durch und durch anthropomorphisch"

Kommen wir zu Nietzsche. Manche meinen, dass Nietzsche über die anthropische Denkfigur hinausgeführt habe. Er wollte ja offensichtlich über den Menschen hinaus – zum Übermenschen. In Wahrheit aber ist gerade Nietzsche ein extremer Anthropiker. Schon früh hatte er im Fahrwasser Kants erklärt, es sei „zu *beweisen*, dass alle Weltconstruktionen Anthropomorphismen sind".[16] Und der reife Nietzsche blieb dabei: „Wir sehen alle Dinge durch den Menschenkopf an und können diesen Kopf nicht abschneiden."[17] Nietzsche zufolge ist unsere Wahrheit „durch und durch anthropomorphisch und enthält keinen einzigen Punct, der ‚wahr an sich', wirklich und allgemeingültig, abgesehen von dem Menschen, wäre".[18]

Noch Nietzsches „Übermensch" ist nicht etwa jemand, der die *conditio humana* überschreitet und das anthropische Prinzip hinter sich lässt, sondern er ist im Gegenteil diejenige Zukunftsfigur, die das menschliche Vermögen freier Sinn- und Weltproduktion kraftvoll und entschieden ausagiert – ohne sich durch den alt-metaphysischen Gedanken einer Hinter- oder Überwelt noch irgendwie behindern zu lassen. Deshalb kann er, vom Druck jedweder Überinstanz befreit, endlich das volle Potential des Menschen schöpferisch ausleben. Seine Welt wird von daher eine rein menschliche, eine vollendet anthropische Welt sein.[19] Nietzsche ist – gerade noch in seinem Zukunftsprospekt – ein anthropischer Denker par excellence.[20]

---

[16] Friedrich Nietzsche, *Nachgelassene Fragmente. Herbst 1869 bis Ende 1874*, in: ders., *Sämtliche Werke. Kritische Studienausgabe in 15 Bänden*, hrsg. v. Giorgio Colli u. Mazzino Montinari, Bd. 7 (München: Deutscher Taschenbuch Verlag 1980), 459 [September 1870 – Januar 1871].

[17] Friedrich Nietzsche, *Menschliches, Allzumenschliches. Ein Buch für freie Geister. Erster Band* [1878], in: ders., *Sämtliche Werke*, a.a.O., Bd. 2, 29 [9].

[18] Friedrich Nietzsche, „Ueber Wahrheit und Lüge im aussermoralischen Sinne" [1873 diktiert], in: ders., *Sämtliche Werke*, a.a.O., Bd. 1, 873–890, hier 883.

[19] „[...] was ihr Welt nanntet, das soll erst von euch geschaffen werden: eure Vernunft, euer Bild, euer Wille, eure Liebe soll es selber werden!" (Friedrich Nietzsche, *Also sprach Zarathustra. Ein Buch für Alle und Keinen*, in: ders., *Sämtliche Werke*, a.a.O., Bd. 4, 110 [Auf den glückseligen Inseln]).

[20] Nietzsche unterscheidet sich von Kant eigentlich nur durch seine Radikalisierung des Produktionismus. Nietzsche meint, dass wir die Strukturen unserer Erfahrung und Erkenntnis letztlich frei erzeugen und neu erfinden können, während Kant diese für invariant gehalten hatte. Nietzsche hat eine *artistische* Version des Anthropomorphismus entwickelt. Seine Konzeption des Menschen als *animal fingens* treibt die grundsätzlich welt-produktionistische Sichtweise der Moderne auf die Spitze.

d. Die axiomatische Rolle des anthropischen Prinzips in den zeitgenössischen Human- und Kulturwissenschaften

Ich hatte zuvor den Historismus und dessen diversifikatorische Weiterführung des anthropischen Prinzips angesprochen. Die historistische Sichtweise wurde im 20. Jahrhundert durch die Anthropologie und Ethnologie weitergeführt. Von Benedict und Herskovits über Sapir und Whorf lautete die Botschaft, dass die Menschen unterschiedlicher Kulturen in unterschiedlichen Welten leben, weil ihre Aprioris unterschiedlich sind und sie in deren Duktus eben unterschiedliche Welten generieren.[21]

Dieser „kulturelle Relativismus“ wurde in der Zwischenzeit sehr einflussreich, er hat zunehmend auch in das Alltagsbewusstsein Eingang gefunden. Wissenschaftlich setzt all dies sich im Kontextualismus, Relativismus und Kulturalismus unserer Tage, also im Mainstream der zeitgenössischen Human- und Kulturwissenschaften fort. Denn wie lautet deren Credo? „Das moderne Konzept von Kulturwissenschaft beruht auf der Einsicht, dass es nur ein Apriori gibt, das historische Apriori der Kultur.“[22] Da ist das Historismus-Erbe geradezu mit Händen zu greifen.

Der Unterschied ist nur, dass man die Differenzierung des Apriori oder der ‚Codes‘ nun unendlich weit treiben will. War der alte (kantische) Transzendentalismus im Historismus schon konkret geworden, so wird er im Kulturalismus vollends mikrologisch. Innerhalb einer Kultur, sagt man, ist keineswegs alles (wie man noch im 19. Jahrhundert geglaubt hatte) aus einem Guss, sondern es bestehen Mikrodifferenzen, die minutiöser Erforschung wert sind. Geboten ist daher „eine nahezu unendliche Binnendifferenzierung und Partikularisierung des Kollektivsingulars ‚Kultur‘“.[23] Die kulturalistische Perspektive will aber nicht nur binnendifferenziert, sondern auch umfassend sein. Sie kennt keine Grenze, sie ist all-inclusive. Noch die Natur soll ihr integriert, soll in sie hineingepresst werden: Natur wird „nicht mehr als vorgegebene Wirklichkeit verstanden, sondern als kulturell konstruiert erkannt“.[24]

So bewegen sich die zeitgenössischen Human- und Kulturwissenschaften, indem sie Wirklichkeit als ein durch und durch menschliches Konstrukt betrachten, ganz im Duktus des anthropischen Prinzips der Moderne. Der konstruktivistische Gestus war von Anfang an ein Begleiter der anthropischen Denkform gewesen. Kant hatte zwar zunächst noch von ‚Konstitution‘, dann aber immer mehr von ‚Produktion‘ gesprochen – bis er schließlich im *Opus postumum* lapidar erklärte: „wir machen alles selbst“.

---

[21] Vgl. Sapir: „The worlds in which different societies live are distinct worlds, not merely the same world with different labels attached“ (Edward Sapir, „The Status of Linguistics as a Science“ [1929], in: ders., *Culture, Language and Personality*, Berkeley: University of California Press 1958, 65–77, hier 69).

[22] Hartmut Böhme, Peter Matussek, Lothar Müller: *Orientierung Kulturwissenschaft* (Reinbek: Rowohlt 2000), 106.

[23] Ebd., 13.

[24] Ebd.

e. Analytische Philosophie

Schließlich betrachte ich eine wiederum ganz andere Richtung: die analytische Philosophie. Otto Neurath hatte 1931 unverblümt erklärt, dass die „wissenschaftliche Weltauffassung“ (das Lieblingskind des Wiener Kreises) „das stolze [...] Selbstbewusstsein“ vermittle, „dass der *Mensch das Maß aller Dinge sei*“.[25] Da hat man das anthropische Prinzip in der direktesten Form vor sich.

Inzwischen ist der analytische Anthropozentrismus freilich subtiler geworden. Er stützt sich nun (im Gefolge des *linguistic turn*) auf die Rolle der Sprache. Die Sprache soll das grundlegende Medium unseres Welt- und Gegenstandsbezug sein – Sprachphilosophie statt Bewusstseinsphilosophie. Dabei ist jedoch klar: Die Sprache ist ein menschlich Ding. Nur wir sprechen, die Welt ist stumm.[26] Folglich ändert der Wechsel des Konstitutionsmediums – von Denken zu Sprache – nichts daran, dass die Welt, zu der man auf diese Weise gelangt, erneut eine prinzipiell menschlich bestimmte Welt ist – eine „Welt nach Menschenmaß“, wie Putnam das genannt (und darin allseits Zustimmung gefunden) hat.[27] Insofern bleibt das anthropische Prinzip auch im Rahmen des linguistic turn in Kraft. All die neuartige Terminologie und Gestik (Wendung zur Sprache, Pathos eines Neuanfangs) betrifft nur die Oberfläche, nicht die Tiefenstruktur.

Im Grunde herrscht von Kant bis zur gegenwärtig avanciertesten philosophischen Position, dem linguistischen Idealismus, die gleiche anthropische Denkfigur: wir machen unsere Welt – und eine andere Welt gibt es nicht. Kritisch könnte man diese Permanenz der anthropischen Denkweise mit einer Äußerung Wittgensteins kommentieren: „Ein *Bild* hielt uns gefangen. Und heraus konnten wir nicht, denn es lag in unsrer Spra-

25 Otto Neurath, „Wege der wissenschaftlichen Weltauffassung“ [1930/31], in: *Erkenntnis* 1 (1930/31), 106–125, hier 125.

26 Richard Rorty, *Contingency, irony, and solidarity* (Cambridge, Mass.: Cambridge University Press 1989), 6.

27 Hilary Putnam, *Vernunft, Wahrheit und Geschichte* (Frankfurt/Main: Suhrkamp 1982), 82. Vgl. auch Putnams Charakterisierung seines Realismus als „a *human* kind of realism“ (Putnam, *Realism and Reason*, New York: Cambridge University Press, 1983, XVIII) bzw. als „realism with a human face“. Auch für Quine stand fest: „The very terms ‚thing‘ and ‚exist‘ and ‚real‘, after all, make no sense apart from human conceptualization“ (Willard Van Orman Quine, „In Praise of Observation Sentences“, in: *The Journal of Philosophy*, XC/3 (1993), 107–116, hier 113). Auch Davidson sagt, dass unsere Wahrheit natürlich „sprachrelativ“, und damit mensch-relativ ist, dass mehr aber eben nicht zu erreichen sei: „objektiver geht es nun einmal nicht“ (Davidson, „Was ist eigentlich ein Begriffsschema?“ [1974], in: ders., *Wahrheit und Interpretation*, Frankfurt/Main: Suhrkamp 1986, 261–282, hier 269 u. 282). Man hat das so zu verstehen: Gewiss wäre eine Wahrheit, die nicht bloß sprachrelativ, sondern durch Deckung mit dem, worauf sie sich bezieht, ausgezeichnet wäre, objektiver als eine bloß sprachrelative – vielleicht wäre gar sie erst Wahrheit im vollen Sinn. Aber eine derartige Wahrheit steht uns nicht zur Verfügung, ihrer sind wir nicht fähig; also sollten wir uns mit unserer ‚zweitbesten‘ – mit der menschlichen und sprachgebundenen – Form von Wahrheit zufriedengeben. Über den menschlichen Sichtkreis ist nicht hinauszukommen. Die *conditio humana* ist das Maß unserer Wahrheit. Putnam erklärt analog, dass uns eigentliche Objektivität (die „Objektivität des Gottesgesichtspunkts“) verwehrt sei, dass die uns mögliche Objektivität bloß „Objektivität nach Menschenmaß“ sei, dass derlei anthropisch bestimmte Objektivität aber doch immerhin „besser als nichts“ sei (Putnam, *Vernunft, Wahrheit und Geschichte*, a.a.O., 82).

che, und sie schien es uns nur unerbittlich zu wiederholen.“[28] – Es ist wohl wahr: ein Bild hält uns Moderne gefangen.

3. Vergebliche Kritiken der anthropischen Denkform

Aber ist es nicht längst an der Zeit, dass ich die Einseitigkeit meiner Ausführungen korrigiere? In der Moderne hat es doch nicht nur Apologeten, sondern auch energische Kritiker des anthropischen Prinzips gegeben? – Das ist wohl wahr. Nur ist leider ebenso wahr, dass ihre Einsprüche allesamt im Sande verliefen.

a. Hegels Einspruch

Schon Hegel hatte beklagt, dass seine Zeitgenossen sich im Gefolge Kants im anthropischen Gehäuse der Moderne einzurichten und wohl zu fühlen begannen: „Die allmächtige Zeit und ihre Kultur“ haben einen „festen Standpunkt“ fixiert: „den Menschen“. „Dieser Mensch und die Menschheit sind ihr absoluter Standpunkt.“[29]

Hegel hingegen wollte diesen anthropischen Standpunkt – den die Zeitgenossen als Befreiung empfanden, den er selbst aber als Beengung ansah – überwinden.[30] Aber seinen Bemühungen war bekanntlich kein Erfolg beschieden. Wer (außer ein paar vernünftigen Leuten) mag schon Hegel folgen?

b. Logische Kritik der anthropischen Denkform (Frege, Husserl)

Frege hat gegen Ende des 19. Jahrhunderts eine einschneidende Kritik der anthropischen Denkform entwickelt. Er wollte zeigen, dass die Geltung mathematischer und logischer Wahrheiten von anthropischen Bedingungen gänzlich unabhängig ist. Er wandte sich gegen die Tendenz, mathematische und logische Wahrheiten aus der psychologischen Verfasstheit des Menschen erklären zu wollen – also gegen die, wie er sich ausdrückte, „psychologische Verseuchung“ der Logik.[31]

In Wahrheit stehe es doch genau umgekehrt: Die logischen Gesetze schreiben vor, wie zu denken ist – und zwar ganz unabhängig davon, wie die Konstitution des Denkenden jeweils beschaffen ist. Das anthropische Dogma aber stellt diese Rangordnung auf den Kopf. Diese Verkehrung gilt es rückgängig zu machen. – Dem Einspruch Freges

---

[28] Ludwig Wittgenstein, *Philosophische Untersuchungen*, in: ders., *Werkausgabe* (Frankfurt/Main: Suhrkamp 1984), Bd. 1, 225–580, hier 300 [115].

[29] Georg Wilhelm Friedrich Hegel, *Glauben und Wissen* [1802], in: ders., *Werke*, Bd. 2 (Frankfurt/Main: Suhrkamp 1986) 287–433, hier 299.

[30] Vgl. auch. „Die Kantische Philosophie dient [...] als ein Polster für die Trägheit des Denkens, die sich damit beruhigt, dass bereits alles bewiesen und abgetan sei“ (Georg Wilhelm Friedrich Hegel, *Wissenschaft der Logik I*, in: ders., *Werke*, Bd. 5, Frankfurt/Main: Suhrkamp 1986, 59 [Einleitung, Fußnote]).

[31] Gottlob Frege, *Grundgesetze der Arithmetik*, Bd. 1 [1893] (Hildesheim: Olms 1998), XIV [Vorwort].

war jedoch kaum Erfolg beschieden (wohl auch, weil er seine absolute Auffassung des Objektiven nie ganz überzeugend zu konzeptualisieren vermochte).

Husserl hat dann im Fahrwasser Freges ebenfalls eine energische Kritik des Psychologismus vorgetragen. Er betrachtete diesen als eine Spielart des „Anthropologismus": der Auffassung, dass alle menschliche Erkenntnis relativ auf die „menschliche Spezies" und die menschliche Konstitution sei.[32] Von diesem Anthropologismus sah Husserl „die neuere und neueste Philosophie" aufs nachhaltigste durchzogen.[33] Nur „ausnahmsweise", schrieb er, begegnet man einem Denker, „der sich von den Irrtümern dieser Lehre ganz rein zu erhalten wusste".[34] Auch Husserls Einwände waren um den Begriff der Wahrheit zentriert: Wahrheit habe den Status idealer, nicht bloß realer Geltung und könne daher nicht auf eine reale Gegebenheit wie die menschliche Verfassung relativ sein. Wenn etwas wahr ist, dann muss es für beliebige Wesen – für „Menschen oder Unmenschen, Engel oder Götter"[35] – in gleicher Weise wahr sein.[36]

Aber so eindrucksvoll Husserls Kritik auch ausfiel – er hat sie selber nicht auf Dauer durchgehalten, sondern ging später selber zu einem transzendental-anthropologischen Relativismus über. „*Alles Seiende*", erklärte er nun auf einmal, „ist [...] *relativ auf die transzendentale Subjektivität.*"[37]

Die Sache scheint voller Ironie. Husserl, der angetreten war, dem Anthropologismus des modernen Denkens den Garaus zu machen, ging am Ende selbst zu einer Auffassung über, für welche das menschliche Bewusstsein der letzte Horizont ist. Der prominenteste Kritiker der anthropischen Denkform in der ersten Hälfte des 20. Jahrhunderts reihte sich am Ende wieder in die Bahn dieses Denkens ein.[38]

c. Heidegger: Onto-Anthropozentrik

Husserls Schüler Heidegger wollte erneut die anthropische Position der Moderne überwinden. Er kritisierte den Fundamentalitätsanspruch der Anthropologie, dem zufolge „etwas nur erkannt und verstanden" ist, „wenn es eine anthropologische Erklärung gefunden hat".[39] Dagegen wies Heidegger darauf hin, dass der Mensch, um den sich der Anthropologie zufolge alles drehen soll, in der Anthropologie selber wesentlich unterbestimmt bleibe, denn man könne den Menschen nicht allein von ihm selbst aus

---

[32] Edmund Husserl, *Logische Untersuchungen, 1. Band: Prolegomena zur reinen Logik* [1900] (Tübingen: Niemeyer ^{5}1968), 115 [§ 34].

[33] Ebd., 116 [§ 36].

[34] Ebd.

[35] Ebd., 117 f. [§ 36].

[36] Und Husserl sah, dass die Verirrung des Anthropologismus mit Kant eingesetzt hatte, der in einen „schillernden Anthropologismus" verfallen war (Edmund Husserl, *Erste Philosophie, Erster Teil: Kritische Ideengeschichte*, hrsg. v. Rudolf Boehm, Husserliana Bd. VII, Haag: Nijhoff 1956, 228).

[37] Edmund Husserl, *Formale und transzendentale Logik. Versuch einer Kritik der logischen Vernunft* [1929] (Hamburg: Meiner 1992), 279 [§ 103].

[38] Der einzige Unterschied liegt darin, dass Husserl die Zentralität des Menschen nicht mehr psychologisch, sondern tiefer – transzendental – ansetzt.

[39] Martin Heidegger, *Kant und das Problem der Metaphysik* [1929] (Frankfurt/Main: Klostermann ^{3}1965), 191.

bestimmen,[40] sondern müsse ihn grundlegend aus dem Bezug zum Sein denken, in diesem Verhältnis aber habe nicht der Mensch, sondern das Sein die Führung. Diesem „Bezug des Seins zum Wesen des Menschen" nachzudenken,[41] war zeitlebens das große Thema Heideggers.

Was aber ändert sich wirklich, wenn man den Menschen nicht mehr von ihm selbst her, sondern aus seinem Seinsbezug bestimmt? Gewiss viel und doch möglicherweise noch immer zu wenig. Eine wesentliche Veränderung liegt darin, dass die gewohnte Anthropologie, die vom Menschen als einem Seienden ausging, jetzt durch eine tiefere, durch eine Onto-Anthropologie ersetzt und überboten wird. Aber andererseits wird dadurch der wesentlich anthropische Duktus nicht verlassen und das anthropische Privileg nicht verabschiedet, sondern sogar tiefer befestigt. Das klarste Indiz dafür ist, dass laut Heidegger der Mensch der exklusive Adressat und Partner des Seins ist – Felsen sind es nicht, und Tiere sind es ebenso wenig wie ein Kunstwerk oder eine Maschine, ein Engel oder ein Gott.[42] Der Mensch ist laut Heidegger der einzige „Nachbar des Seins",[43] der einzige vom Sein erkorene „Hirt des Seins".[44] Heidegger übersteigt also die anthropische Konstellation nicht, sondern gibt ihr nur eine tiefere Auslegung und Fundierung. Es bleibt in seinem Denken – bei aller Kritik an der herkömmlichen Anthropologie – letztlich bei einer modifizierten Anthropozentrik. Die herkömmliche Human-Anthropologie wird durch eine Onto-Anthropologie ersetzt und überboten. Das ist alles. Auch Heidegger ist ein moderner Denker geblieben.[45]

d. Foucault: „Der Mensch wird verschwinden wie am Meeresufer ein Gesicht im Sand"

Kommen wir zu Foucault, der 1966, in *Les mots et les choses*, eine eindrucksvolle Generalabrechnung mit der anthropischen Denkform der Moderne vorlegte. Foucault hatte erkannt, dass der Mensch als Zentralfigur der Epistemologie (der Mensch, von dem man ausgehen und auf den man alles zurückführen soll) eine Erfindung des 18. Jahrhunderts ist.[46]

Foucault hielt die anthropische Denkform für ruinös. Sie habe uns gelähmt und eingeschläfert: „plötzlich hat die Philosophie in dieser Wendung einen neuen Schlaf gefunden" – einen Schlaf, „der so tief ist", dass man „ihn paradoxerweise als Wachen

---

[40] „[...] denn so etwas wie einen Menschen, der einzig von sich aus nur Mensch ist, gibt es nicht" (Martin Heidegger, „Die Frage nach der Technik" [1954], in: ders.: *Vorträge und Aufsätze*, Pfullingen: Neske ^{3}1967, Teil I, 5–36, hier 32).

[41] Ebd., 53.

[42] Vgl. ebd., 76.

[43] Ebd., 90.

[44] Ebd., 75 u. 90.

[45] Vgl. dazu ausführlicher den nachfolgenden Essay „Inwiefern Heidegger – bei aller Kritik – der modernen Denkform verhaftet blieb".

[46] Michel Foucault, *Die Ordnung der Dinge. Eine Archäologie der Humanwissenschaften* [1966] (Frankfurt/Main: Suhrkamp 1971), 373.

empfindet".[47] Foucault plädierte für ein Erwachen aus diesem Tiefschlaf der Moderne. Erst wenn wir die epistemische Zentralität des Menschen überwinden,[48] werde es wieder möglich sein zu denken: „In unserer heutigen Zeit kann man nur noch in der Leere des verschwundenen Menschen denken."[49] Foucault war überzeugt, dass die Zeit bevorstehen würde, wo „der Mensch verschwindet wie am Meeresufer ein Gesicht im Sand".[50] – Kein anderer hat die anthropische Denkform der Moderne so wirkungsvoll exponiert wie Foucault. Seine Attacke fand größte Beachtung. Der „Tod des Menschen" war fortan in aller Munde.

Aber dauerhafter Erfolg war auch Foucaults Angriff nicht beschieden. Und am Ende hat Foucault sich selber wieder in die Bahnen des anthropischen Denkens zurückbegeben. Mit *Überwachen und Strafen* von 1975 wurde er zum Theoretiker der Humanwissenschaften und zum großen Inspirator der gegenwärtigen human- und kulturwissenschaftlichen Szenerie. Wenn die alt-moderne These, dass alles vom Menschen aus und auf diesen hin zu verstehen sei, heute in dieser Szene so verbreitet ist und so minutiös ausgearbeitet wird, so ist das zu wesentlichen Teilen dem Einfluss Foucaults geschuldet. Es mag wie Ironie klingen, ist aber die Wahrheit: Foucault, der als der entschiedenste Kritiker der anthropischen Denkform angetreten war, wurde zu deren Erneuerer.

In den achtziger Jahren schließlich, mit *Der Gebrauch der Lüste* (*L'usage des plaisirs*) und *Die Sorge um sich* (*Le souci de soi*) hat sich Foucault unter Stichworten wie „Selbsttechniken", „Existenzkünste" und „Ästhetik der Existenz" ganz auf den individuellen Menschen zurückgewandt. Wie, so lautete nun seine Frage, ist gelingendes Leben inmitten der zeitgenössischen Zwänge noch möglich? Mit dem früheren Pathos einer Überschreitung der modernen Konstellation war es jetzt ganz vorbei. Die moderne Welt ist zum *hortus conclusus* geworden – Foucaults Empfehlungen laufen auf ein „cultiver le jardin" hinaus.

Das Fazit dieses Blicks auf Versuche, über die anthropische Denkform der Moderne hinauszugelangen, fällt ernüchternd aus. [51] Etliche haben das Gelobte Land gesehen, aber keiner hat es erreicht. Die Kritiker beugten sich am Ende selbst wieder in die Axiomatik des modernen Denkens zurück. Husserls Wort, dass „die neuere und neueste Philosophie [...] dem Anthropologismus" in einem Maße zuneigt, „dass wir nur ausnahmsweise einem Denker begegnen, der sich von den Irrtümern dieser Lehre ganz rein zu erhalten wusste", hat nichts von seiner Gültigkeit eingebüßt.

---

[47] Ebd., 411.

[48] Wenn Foucault von einem Ende des Menschen spricht, hat er natürlich nicht den physischen Menschen im Auge, sondern den Menschen als die epistemische Zentralinstanz der Moderne.

[49] Ebd., 412.

[50] Ebd., 462. „Der Mensch wird verschwinden" (ebd., 460).

[51] Dass dies nicht nur im Blick auf die hier behandelten Positionen, sondern auch darüber hinaus, dass es insgesamt gilt, zeige ich in *Homo mundanus* (2012).

4. Gründe für eine Infragestellung der modernen Denkform

Das Pensum einer effizienten Kritik der anthropischen Denkform ist also noch immer uneingelöst. Und scheint doch dringender denn je.

a. Lähmung, Sattheit, Selbstzufriedenheit

Denn das Befangensein in dieser Denkform lähmt unser Denken. Man weiß immer schon die Antwort auf alle Fragen. Sie lautet: „Es ist der Mensch." Diese Trivialität aber erstickt unser Denken, statt ihm Atem zu verleihen.

In der Tat ist die zeitgenössische philosophische und intellektuelle Szenerie eigentümlich gelähmt. Gewiss ist die Betriebsamkeit immens und die Differenziertheit im Detail beeindruckend. Aber alles dreht sich in einem zum Überdruss bekannten Kreis. Bei allem, was wir im Einzelnen noch nicht wissen mögen und uns zu erforschen vornehmen, halten wir doch eines stets vorweg schon für sicher: dass all unser Erkennen, das gegenwärtige wie das zukünftige, menschlich gebunden ist und nichts anderes als menschlich bedingte und bloß menschlich gültige Einsichten hervorbringen wird. Noch das Alltagsbewusstsein ist davon heute bis zur Bewusstlosigkeit durchdrungen. Wenn wir in der Moderne noch eine Gemeinsamkeit haben, dann den Glauben, dass unser Weltzugang in allem menschgebunden (kontext-, sozial-, kulturgebunden) ist. Das ist die tiefste *communis opinio* des modernen Menschen. Wenn jemand diese Auffassung hingegen nicht teilt und kritische Fragen zu stellen beginnt, dann reibt man sich verwundert die Augen: Dieser Kerl scheint nicht von dieser Welt zu sein – anscheinend ist er verrückt.

Die anthropische Denkform hat sich wie Mehltau über uns gelegt. Sie lähmt (wie der Mehltau bei den Pflanzen) die innere Zirkulation und verhindert, dass unser Denken noch einmal in Fahrt gerät. Außen Mehltau, innen Erstarrung, und bei alledem ein Gefühl des Wohlseins. Wir haben uns in der Enge der anthropischen Denkform eingerichtet, trachten nicht mehr über sie hinaus.[52]

An zwei gängigen Begriffsverwendungen will ich die Borniertheit spürbar werden lassen, die mit dem heutigen Habitus verbunden ist. Was meint man, wenn man jemanden als ‚Kosmopoliten' bezeichnet? Und worauf zielt man, wenn man ‚universale Ansprüche' erhebt?

Wenn die Stoiker von einem ‚Kosmopoliten', einem ‚Weltmann' sprachen oder davon, dass man ein Leben entsprechend der Welt führen solle, dann hatten sie wirklich die ganze Welt – den Kosmos, das Universum – im Sinn. Ein ‚Weltmann' war einer, der für sein Leben am *Kosmos* Maß nahm. Wenn man heute von einem ‚Weltmann' spricht, so meint man nur noch einen kompetenten *Erden*bürger, einen Erdinternationalen. Der mag dann eine Zeitschrift wie *Cosmopolitan* lesen, wo er sicher sein kann, in seiner Schrumpfung des kosmischen Maßes auf das einer Lifestyle-Society nicht gestört zu werden.

[52] Der Kokon der anthropischen Denkform erscheint mir wie die epistemische Version des „stählernen Gehäuses" der Moderne (vgl. Max Weber, „Parlament und Regierung im neu geordneten Deutschland" [1918], in: ders., *Gesammelte politische Schriften*, hrsg. v. Johannes Winckelmann, Tübingen: Mohr 1988, 306–443, hier 331).

Und wer heute ‚universal' sagt, der nimmt automatisch eine ähnliche Einschränkung des Universums bloß auf die Erde und gar nur auf eine bestimmte Spezies auf der Erde, eben die menschliche, vor. ‚Universal' soll nicht mehr ‚universal-gültig' (für alle Wesen oder für alle Geister gültig), sondern nur noch ‚menschlich-allgemeingültig' bedeuten – aber das letztere soll für das erstere stehen. Welche Überheblichkeit, welche Unverschämtheit! Nur keine bodenlose – ich habe ihren Boden benannt.

b. Die Inkonsistenz der anthropischen Denkform

Wem die atmosphärische Diagnose – Enge, Lähmung, Ersticken – nichts sagt, wer vielmehr auf rationalen Argumenten besteht, der soll nicht leer ausgehen. Denn solche Argumente – und gar von durchschlagender Art – liegen geradezu auf der Hand. Dabei greife ich zunächst nicht zu externen Argumenten, sondern beschränke mich auf interne. Diese sind ja stets weniger abweisbar – man kann nicht einwenden, sie beruhten auf fremden Prämissen. Ich will auf zwei *innere Inkonsistenzen* der modernen Denkform hinweisen.

Erstens ist die moderne Denkform offenkundig *selbstwidersprüchlich*. Sie behauptet, dass all unser Erkennen durch unsere physische, kulturelle, soziale etc. Verfassung determiniert sei und nichts enthalte, was darüber hinauszureichen vermöge. Nun ließe sich eine solche Determiniertheit und Beschränktheit freilich allenfalls von einem Standpunkt außerhalb dieser Verfassung feststellen, aus dem Blickpunkt einer God's eye view. Andernfalls müsste die Behauptung ja ihrerseits der angeführten Restriktionsbedingung unterliegen, könnte also selber nur relativ gültig sein und somit nicht zu einem verbindlichen Prinzip taugen. Nun soll uns aber der modernen Position zufolge gerade ein solch überlegener Standpunkt verwehrt sein. Somit können wir, den eigenen Annahmen dieser Denkform zufolge, gar nicht *wissen*, dass unser Erkennen in der behaupteten Weise beschränkt ist. Gleichwohl wird eben dies unentwegt behauptet. Darin ist die moderne Position grundlegend selbstwidersprüchlich.[53]

Das eigentlich Erstaunliche aber ist, dass der Hinweis auf diese Selbstwidersprüchlichkeit keinerlei Wirkung zeitigt. Das Argument bleibt zwar unwidersprochen – aber ebenso folgenlos. Man nimmt das moderne Axiom als Selbstläufer, mit dem man noch jede Infragestellung seiner kontert, indem man weiterhin ungerührt das auf den Prüfstand gerufene Axiom, wie wenn es fraglos gültig wäre, zugrunde legt und nun sagt, die Infragestellung sei doch zweifellos auch menschlich formuliert und könne daher (wie, dem Axiom zufolge, alles) bloß eine „menschlich gültige" Argumentation darstellen, vermöge das Axiom also nicht zu erschüttern, sondern allenfalls zu bestätigen. – Zwar ist derlei Immunität gegen Infragestellung den eigenen Maßstäben der Moderne zufolge nicht ein Zeichen von Rationalität, sondern Signum eines ideologischen Charakters. Aber darum kümmert man sich in diesem Fall nicht. Wo

[53] Man kann das, komprimiert, auch so fassen: Das Axiom besagt, dass alles, was wir sagen können, weil mensch-gebunden, nicht objektiv ist. Dann betrifft das natürlich auch diese Aussage, also kann auch diese nicht schlechthin gültig sein. Ihre Gültigkeit hebt sich somit just unter ihrer Voraussetzung auf. Wenn das Axiom gilt, gilt es nicht. – Das ist die klassische Form der Selbstwiderlegung seit Platons Zeiten.

die eigene Denkform unter Druck gerät, ignoriert man die selbstproklamierten Standards und nimmt die Haltung selbstgefälliger Saturiertheit – statt die von Rationalität – ein.

Zweitens basiert das moderne Axiom auf einer ungerechtfertigten Gleichsetzung von *Zugangs*-Bedingungen mit *Geltungs*-Bedingungen. Selbstverständlich müssen gewisse Zugangsbedingungen erfüllt sein, damit etwas für uns überhaupt erkennbar wird. Farbwahrnehmung beispielsweise setzt Sehenkönnen voraus. Aber das bedeutet noch lange nicht, dass der erkannte Gehalt als solcher durch diese Zugangsweise *bedingt* sein müsste – dass er nicht auch jenseits derselben Bestand und Geltung haben könnte. Zugangsbedingungen haben zwar *eröffnende* Funktion für die *Entdeckung* von Gehalten – aber damit *nicht eo ipso konstitutive* Funktion für die *Eigenart dieser Gehalte als solcher*, sie *machen* diese nicht einfach. Die Gleichsetzung von Zugangsbedingungen mit Geltungsbedingungen ist, logisch gesehen, elementar falsch. Just dieser Fehler aber liegt dem anthropischen Axiom zugrunde. Es schließt aus der menschlichen *Erschlossenheit* von Gehalten unmittelbar auf deren menschliche *Konstituiertheit*. Nur so gelangt es zu der Behauptung, alle *Gehalte*, die wir erfahren, müssten eben deshalb menschlich determiniert sein – während sich doch korrekt nur sagen ließe, dass die *Erfahrung* dieser Gehalte im Vermögenskreis der *conditio humana* liegen muss, während die *Seinsart* dieser Gehalte davon sehr wohl unabhängig sein könnte. Auch in diesem Aspekt erweist sich das moderne Axiom als logisch inkonsistent.

Solche Inkonsistenzen und Fehler sollten den Vertretern der modernen Position zu denken geben. Aber genau, dass sie das nicht tun, ist der Punkt. Obwohl man der eigenen Position in puncto Rationalität so viel zugutehält, reagiert man auf den Nachweis von Inkonsistenzen allenfalls achselzuckend – und hält ungerührt an der einmal eingenommenen Position fest. Wohlfühligkeit rangiert vor Argument. – Wie lange noch?

5. Der evolutionär geprägte Mensch – eine Perspektive zur Überschreitung der modernen Denkform

Wie könnte eine Überwindung der modernen Denkform gelingen? Das tiefste Axiom, auf dem die anthropische Denkform beruht, ist die Annahme einer grundsätzlichen Disparität zwischen Mensch und Welt. Wir wissen alle, wie diese Auffassung im Gefolge des cartesischen Dualismus zur Grundlage des modernen Denkens wurde. Und es ist klar: Wenn diese Disparität gilt, wenn der Mensch also von Grund auf nicht ein Weltwesen, sondern ein Weltfremdling (ein ob seiner Geistnatur weltfremdes Sonderwesen) ist, dann wird der Brückenschlag des Menschen zur Welt grundsätzlich nur nach seiner eigenen Natur und deren Vorgaben erfolgen können, aber dann wird der Mensch (eben aufgrund der Disparität) auch nur zu einer durch seine eigenen Erkenntnisformen bestimmten Welt – also nicht zu *der* Welt, sondern nur zu einer Welt nach *Menschenmaß* – gelangen können. Und dann ist das anthropische Prinzip schlüssig: dann ist in der Tat alles vom Menschen aus zu begreifen. Das anthropische Prinzip folgt konsequent aus der Annahme einer prinzipiellen Disparität zwischen Mensch und Welt.

Wie könnte dieses Axiom ausgehebelt und damit auch das anthropische Prinzip hinfällig werden? Die evolutionäre Betrachtung des Menschen bietet einen Schlüssel dafür.[54] Denn sie zeigt, dass wir Menschen nicht nur unserer physiologischen und biologischen Konstitution nach welthafte Wesen sind, sondern dass wir dies bis in unsere Verhaltensweisen und sogar noch bis in unsere Kognition hinein sind. Die letztere setzt Errungenschaften fort, die schon lange vor den Säugetieren entstanden sind und dann bei den Primaten eine beträchtliche Steigerung erfahren haben. Indem unsere Kognition auf diesem prähumanen Erbe beruht, basiert sie auf jahrmillionenlangen Abstimmungen mit der Welt. Sie ist also erstens nicht einfachhin anthropisch, und zweitens und vor allem ist sie nicht idiosynkratisch, sondern von Anfang an mit wesentlichen Grundzügen der Welt vertraut (und mittlerweile, auf dem Weg der Wissenschaft, auch in der Lage, über ihre ursprünglich mesokosmisch beschränkten Passensbedingungen hinauszugehen). Geist hat nicht, wie man früher geglaubt hatte, eine welt-externe, sondern eine welt-interne Erklärung. ‚Geist' richtet sich nicht von nirgendwo her auf die Welt, sondern kommt aus der Welt. Unsere Reflexionsfähigkeit ist aus der Mitte evolutionärer Prozesse entstanden, und sie vermag gerade deshalb, weil sie welt-entsprungen ist, ein Welterkennen zu bewerkstelligen.[55]

Somit sind wir Menschen, vom Genom bis zum Geist, gerade nicht die Weltfremdlinge, zu denen die Moderne uns stilisiert hatte, sondern wir sind von Grund auf weltgeprägte Wesen. Und aufgrund dieser evolutionär begründeten Welthaftigkeit sind wir nicht zu idiosynkratischen Weltkonstruktionen verdammt, sondern zu einer reichlich verlässlichen Welterkenntnis befähigt. Das anthropische Prinzip hat in die falsche Richtung gewiesen. Bevor die Welt vom Menschen aus begriffen werden kann, gilt es den Menschen von der Welt her zu verstehen – und dies verändert das ganze Spiel: von Weltfremdheit zu Welthaftigkeit, von Anthropozentrik zu Weltstruktur, von Idiosynkrasie zu Objektivität und von anthropischer Enge zum Atem der Welt. Das anthropische Prinzip hat seine Schuldigkeit getan. Ein neues Denken kann kommen.

---

[54] Ausführlich stelle ich dies alles in einem Buch mit dem Titel *Homo mundanus* dar, das 2012 erscheinen wird.

[55] Goethe war von dem Gedanken durchdrungen, dass wir just als *weltgeprägte* Wesen (und nicht etwa als unbeschriebene Blätter) der Welterfahrung und Welterkenntnis fähig sind: „[...] hätte ich nicht die Welt durch Antizipation bereits in mir getragen, ich wäre mit sehenden Augen blind geblieben und alle Erforschung und Erfahrung wäre nichts gewesen als ein ganz totes vergebliches Bemühen. Das Licht ist da und die Farben umgeben uns; allein trügen wir kein Licht und keine Farben im eigenen Auge, so würden wir auch außer uns dergleichen nicht wahrnehmen" (Johann Wolfgang Goethe, *Sämtliche Werke. Briefe, Tagebücher und Gespräche*, hrsg. v. Hendrik Birus u. a., Bd. 12: *Johann Peter Eckermann, Gespräche mit Goethe in den letzten Jahren seines Lebens*, Frankfurt/Main: Deutscher Klassiker Verlag 1991, 98 [28. Februar 1824]).

VII Inwiefern Heidegger – bei aller Kritik – der modernen Denkform verhaftet blieb

Die folgenden Überlegungen gehen der Frage nach, ob Heidegger über die anthropische Denkform der Moderne, wie ich sie im vorangegangenen Text dargestellt habe, hinausgelangt ist (was viele meinen), oder ob er – bei aller Problematisierung und Kritik dieser Denkform – letztlich doch innerhalb ihrer verblieben ist. Ich werde in einem 1. Abschnitt Heideggers Kritik der anthropologischen Denkweise ihren Grundzügen nach darstellen, in einem 2. Abschnitt die Hauptpunkte von Heideggers Gegenkonzeption erläutern, und schließlich in einem 3. Abschnitt die Frage klären, ob Heidegger mit seiner Konzeption über die anthropische Konstellation tatsächlich hinausgelangt ist.

1. Heideggers Diagnose und Kritik der anthropologischen Grundstellung

Heidegger hat wie kaum ein anderer erfasst, dass das moderne Prinzip darin besteht, in allem vom Menschen auszugehen und alles auf den Menschen zurückzuführen. Gegen diese anthropische Konzeption wandte er ein, dass sie nicht einmal imstande sei, ein zureichendes Verständnis des Menschen zu liefern. Und für besonders verfehlt sah er den zu seiner Zeit dominierenden Versuch an, die philosophische Anthropologie zur Fundamentaldisziplin der Philosophie zu erheben.

Im Gegenzug suchte Heidegger ein adäquates Verständnis des Menschen zu entwickeln. Der Hauptpunkt sollte dabei sein, dass der Mensch nicht einfach von ihm selbst her, sondern aus dem Bezug zum Sein zu verstehen ist. So gesehen, scheint Heidegger alle Mittel in der Hand zu haben, um über die anthropische Konstellation der Moderne hinauszuführen.

a. Das Ungenügen der herkömmlichen Bestimmung des Menschen

Was genau ist es, was Heidegger an der überkommenen Anthropologie und an deren Leitfunktion für das philosophische Denken seiner Zeit beanstandet?

Heideggers Kritik umfasst drei Punkte: erstens wird der Mensch traditionell nicht ontologisch (aus dem Seinsbezug), sondern ontisch (als Seiendes unter anderem Seienden) bestimmt; zweitens wird er fremdbestimmt, nämlich von der *animalitas*, nicht von der *humanitas* her; drittens wird er als *bloßer* Mensch und nicht aus dem Bezug des *Seins* zum Wesen des Menschen bestimmt. Diese Fehl- oder Unterbestimmungen des Menschen will Heidegger überwinden.

Ontische Bestimmung des Menschen: als Seiendes unter anderem Seienden

Traditionell, so Heidegger, hat man den Menschen als Seiendes unter anderem Seienden genommen. Was den Menschen auszeichnen sollte, fasste man als Zusatzbestimmungen an einem Seienden, das grundsätzlich so vorhanden sein sollte wie das andere Seiende auch. Die Ontologie des Vorhandenen war auch für die Bestimmung des Menschen grundlegend. Damit aber, so Heidegger, hat man den Menschen verfehlt. Denn nicht, als ein Seiendes unter anderem Seienden *vorhanden* zu sein, sondern – anders als alles andere Seiende – durch *Seinsbezug* bestimmt zu sein, ist für den Menschen konstitutiv.[1] Darin liegt Heideggers Einspruch gegen die „metaphysische" Auslegung des Menschen.[2] Deren Schema folgen noch der Humanismus und die zeitgenössische Anthropologie. Auch sie versäumen die hinsichtlich des Menschen entscheidende Frage nach dem Seinsbezug.[3] Sie nehmen den Menschen einfach als ein Seiendes unter anderem Seienden.

---

[1] „Die für die traditionelle Anthropologie relevanten Ursprünge, die griechische Definition und der theologische Leitfaden, zeigen an, dass über einer Wesensbestimmung des Seienden ‚Mensch' die Frage nach dessen Sein vergessen bleibt, dieses Sein vielmehr als ‚selbstverständlich' im Sinne des *Vorhandenseins* der übrigen geschaffenen Dinge begriffen wird" (Heidegger, *Sein und Zeit* [1927], Tübingen: Niemeyer [12]1972, 49 [§ 10]).

[2] „Die Metaphysik fragt nicht nach der Wahrheit des Seins selbst. Sie fragt daher auch nie, in welcher Weise das Wesen des Menschen zur Wahrheit des Seins gehört" (Heidegger, „Über den ‚Humanismus'„ [1947], in: ders., *Platons Lehre von der Wahrheit. Mit einem Brief über den ‚Humanismus'*, Bern: Francke [2]1954, 53–119, hier 65). „Jede Bestimmung des Wesens des Menschen, die schon die Auslegung des Seienden ohne die Frage nach der Wahrheit des Seins voraussetzt, sei es mit Wissen, sei es ohne Wissen, ist metaphysisch" (ebd., 64).

[3] „So verschieden diese Arten des Humanismus [...] sein mögen, sie kommen doch darin überein, dass die humanitas des homo humanus aus dem Hinblick auf eine schon feststehende Auslegung der Natur, der Geschichte, der Welt, des Weltgrundes, das heißt des Seienden im Ganzen bestimmt wird" (ebd., 63). „Demgemäß bleibt jeder Humanismus metaphysisch. Der Humanismus fragt bei der Bestimmung der Menschlichkeit des Menschen nicht nur nicht nach dem Bezug des Seins zum Menschenwesen. Der Humanismus verhindert sogar diese Frage, da er sie auf Grund seiner Herkunft aus der Metaphysik weder kennt noch versteht" (ebd., 64).

Fremdbestimmung des Menschen von der *animalitas* her (als *animal rationale*)

Des Näheren wird die traditionelle Bestimmung des Menschen innerhalb des Seienden auf den Bereich des tierhaft Seienden gegründet. Der Mensch wird von solchem her bestimmt, was nicht der Mensch ist: von der Tierheit (*animalitas*) her. Animalität ist der Leithorizont der Bestimmung des Menschen: der Mensch wird als eine Subspezies innerhalb des Tierreiches aufgefasst.[4] Seine Besonderheit soll dann in der *Rationalität* liegen – der Mensch ist das *animal rationale*. Abgesehen davon, dass Heidegger die traditionelle Auffassung der Rationalität für ungenügend hielt, liegt der Grundfehler dieser Bestimmung für ihn darin, dass das Verständnis des Menschen erstens generell auf ein vorgängiges metaphysisches Konzept des Seienden und dann speziell auf das Konzept der Tierheit gegründet wird.

Das traditionelle Verständnis des Menschen ist somit grundlegend heteronom: „Die philosophische sowohl wie die wissenschaftliche Anthropologie geht in der Bestimmung des Menschen gerade *nicht* vom Wesen des Menschen aus."[5] Das ist Heideggers Vorwurf. Man macht nicht die genuine Eigenart des Menschen zum Ausgangspunkt. Das will Heidegger ändern.

Der Mensch als ‚bloßer' Mensch

Freilich: Einfach auf den Menschen blickend, bekommt man – so Heideggers These – die Eigenart des Menschen nicht in den Blick. Der Mensch kann nicht allein von ihm selbst her bestimmt werden – daran scheitert die Anthropologie. Man muss, auf den Menschen schauend, auf etwas über den Menschen Hinausgehendes blicken: auf das Sein. „Das Wesen des Menschen besteht [...] darin, dass er mehr ist als der bloße Mensch";[6] „so etwas wie einen Menschen, der einzig von sich aus nur Mensch ist, gibt es nicht".[7] Es ist der grundlegende Bezug zum Sein, der den Menschen über das ‚bloße' Menschsein hinaushebt. Der Mensch ist primär von seinem Seinsbezug her zu verstehen. Das haben die Metaphysik und die mit ihr verbundene Anthropologie verkannt, und das verkennt die zeitgenössische Anthropologie noch immer.[8]

---

[4] Das ist der Metaphysik, dem Humanismus und der gegenwärtigen Anthropologie gleichermaßen vorzuhalten: „Die Metaphysik denkt den Menschen von der animalitas her und denkt nicht zu seiner humanitas hin" (Heidegger, „Über den ‚Humanismus'", a.a.O., 66). „Alle Anthropologie bleibt von der Vorstellung des Menschen als Lebewesen geleitet" (Heidegger, *Was heißt Denken?* [1961], Pfullingen: Neske 1961, 95). Einzelne Verschiebungen ändern an diesem falschen Prinzip nichts: „Man denkt im Prinzip stets den homo animalis, selbst wenn anima als animus sive mens und diese später als Subjekt, als Person, als Geist gesetzt werden" (Heidegger, „Über den ‚Humanismus'", a.a.O., 66).

[5] Heidegger, *Was heißt Denken?*, a.a.O., 95.

[6] Ebd., 89.

[7] Heidegger, „Die Frage nach der Technik" [1954], in: ders.: *Vorträge und Aufsätze* (Pfullingen: Neske ^{3}1967), Teil I, 5–36, hier 32.

[8] „Alle Anthropologie, auch die philosophische, hat den Menschen schon als Menschen gesetzt" (Heidegger, *Kant und das Problem der Metaphysik* [1929], Frankfurt/Main: Klostermann ^{3}1965, 207).

b. Kritik des modernen Fundamentalanspruchs der Anthropologie

In der Moderne sieht Heidegger die Anthropologie zur „Grunddisziplin der Philosophie“ aufgestiegen.[9] Die Tendenz dazu hatte sich seit der Neuzeit angebahnt.[10] Inzwischen ist die Philosophie ganz „zur Anthropologie geworden“.[11] „Die Philosophie im Zeitalter der vollendeten Metaphysik ist die Anthropologie.“[12]

Die moderne Denkform verfügt, dass „alles Wirkliche zuerst und zuletzt auf den Menschen bezogen wird“,[13] dass man das Seiende im Ganzen „vom Menschen aus und auf den Menschen zu [...] erklärt und abschätzt“.[14] Das erstmals von Diderot proklamierte anthropische Prinzip bildet also auch in Heideggers Augen das Leitprinzip der Moderne.[15] Im Gefolge dieses Prinzips ist die philosophische Anthropologie zur Grunddisziplin der Philosophie aufgestiegen.[16]

Die Anthropologie beansprucht, dass sämtliche Fragen aus ihrem Horizont zu stellen und zu beantworten seien – nicht etwa nur die direkt den Menschen betreffenden Fragen, sondern noch die äußersten Fragen: sie „beansprucht die Entscheidung darüber, was Wirklichkeit, Sein und Wahrheit überhaupt bedeuten sollen“.[17]

---

[9] Heidegger, *Der Deutsche Idealismus (Fichte, Schelling, Hegel) und die philosophische Problemlage der Gegenwart* [Vorlesung Sommersemester 1929], *Gesamtausgabe*, Bd. 28 (Frankfurt/Main: Klostermann 1997), 18.

[10] Je „subjektiver, d. h. vordringlicher [...] sich das Subjectum“ erhebt, „umso unaufhaltsamer wandelt sich die Welt-Betrachtung und Welt-Lehre zu einer Lehre vom Menschen, zur Anthropologie“ (Heidegger, „Die Zeit des Weltbildes“ [Vortrag 1938], in: ders., *Holzwege*, Frankfurt/Main: Klostermann 1950, 69–104, hier 85 f.).

[11] Heidegger, „Überwindung der Metaphysik“ [1954], in: ders., *Vorträge und Aufsätze* (Pfullingen: Neske [3]1967), Teil I, 63–91, hier 78 f. [XVIII].

[12] Ebd., 78 [XVIII].

[13] Heidegger, *Der Deutsche Idealismus (Fichte, Schelling, Hegel) und die philosophische Problemlage der Gegenwart*, a.a.O., 18.

[14] Heidegger, „Die Zeit des Weltbildes“, a.a.O., 86. In dem 1938/39 entstandenen Manuskript *Besinnung* hatte Heidegger diese generelle „Vermenschlichung des Seienden“ (das Dogma, dass „doch alles Vorgestellte, Gesagte und Erfragte ‚menschlich‘ sei“) als Folge der „*Vermenschung* des Menschen“ – also eben der Auffassung, dass der Mensch bloßer Mensch, ja eigentlich nur „ein vorhandenes Tierwesen“ sei –, diagnostiziert: „die Vermenschlichung des Seienden im Ganzen“ ist „die Folge der unerkannt voraufgegangenen *Vermenschung* des Menschen“ (Heidegger, *Besinnung* [entst. 1938/39], *Gesamtausgabe*, Bd. 66, Frankfurt/Main: Klostermann 1997, 153 [§ 60], 159 [§ 61], 161 [§ 61]).

[15] Allerdings trägt Heidegger der Umkehrung wenig Rechnung, die darin liegt, dass metaphysisch der Mensch von anderem (insbes. vom Geist) her erklärt wurde, jetzt hingegen alles Seiende vom Menschen aus erklärt wird. Er deutet die Anthropologie einfach als Schwundstufe der Metaphysik: „Inzwischen ist die Philosophie zur Anthropologie geworden und auf diesem Wege zu einer Beute der Abkömmlinge der Metaphysik, d. h. der Physik im weitesten Sinne, der die Physik des Lebens und des Menschen, die Biologie und Psychologie einschließt. Zur Anthropologie geworden, geht die Philosophie selbst an der Metaphysik zugrunde“ (Heidegger, „Überwindung der Metaphysik“, a.a.O., 78 f. [XVIII]).

[16] Ob man dabei „eigens noch ‚philosophische Anthropologie‘ sagt oder nicht, gilt gleichviel“, denn de facto „ist die Philosophie zur Anthropologie geworden“ (ebd., 78 [XVIII]).

[17] Heidegger, *Der Deutsche Idealismus (Fichte, Schelling, Hegel) und die philosophische Problemlage der Gegenwart*, a.a.O., 21. „Die Tendenz zur Anthropologie ist letztlich die Absicht darauf,

Heidegger sieht diese anthropologische Tendenz als grundlegend verfehlt an. Ihr entscheidendes Manko ergibt sich just aus ihrer Blickweise auf den Menschen: auf den Menschen als bloßen Menschen statt als Mitspieler des Seins. Deshalb hält Heidegger auch jede Kritik an der Anthropologie für vergeblich, die nicht den Seinsbezug des Menschen erfasst und ins Zentrum rückt.[18] Wegen dieses Mankos vermag Heidegger den bisherigen Angriffen auf den „‚Anthropologismus' in der Philosophie" wenig abzugewinnen.[19]

2. Heideggers eigene Konzeption: der Wesensbezug zwischen Sein und Mensch

a. Der Seinsbezug ist für das Wesen des Menschen konstitutiv

Heideggers entscheidender Schritt über die konventionelle Anthropologie hinaus besteht darin, den Menschen aus seiner Beziehung zum Sein zu verstehen. „Dasein" (Heideggers philosophischer Ausdruck für den Menschen) ist wörtlich zu nehmen: als „Da des Seins": „der Mensch west so, dass er das ‚Da', das heißt die Lichtung des Seins, ist".[20] Mit dieser Ausrichtung auf das Sein ist Heidegger zufolge der Horizont der Anthropologie überschritten: „Wenn der Mensch nur Mensch ist *auf dem Grunde des Daseins in ihm*, dann kann die Frage nach dem, was ursprünglicher ist als der Mensch" (d. h. als der bloß als Mensch verstandene Mensch) „grundsätzlich keine anthropologische sein".[21] Der Mensch ist nicht im Horizont einer herkömmlichen Human-Anthropologie, sondern einer Onto-Anthropologie zu verstehen. Erst diese wird, indem sie den Seinsbezug ins Zentrum rückt, dem eigentlichen Wesen des Menschen gerecht werden können.

Was ist mit dem konstitutiven Seinsbezug des Menschen gemeint? In Hekatomben von Sekundärliteratur wurde und wird noch immer darüber spekuliert, was ‚Sein' bei Hei-

---

überhaupt zu entscheiden, was wirklich ist und was nicht, was Wirklichkeit und Sein heißt; damit aber auch zu entscheiden, was Wahrheit besagt" (ebd., 16). „Anthropologie ist heute denn auch längst nicht mehr nur der Titel für eine Disziplin, sondern das Wort bezeichnet eine Grundtendenz der heutigen Stellung des Menschen zu sich selbst und im Ganzen des Seienden. Gemäß dieser Grundstellung ist etwas nur erkannt und verstanden, wenn es eine anthropologische Erklärung gefunden hat. Anthropologie sucht nicht nur die Wahrheit über den Menschen, sondern beansprucht jetzt die Entscheidung darüber, was Wahrheit überhaupt bedeuten kann" (Heidegger, *Kant und das Problem der Metaphysik*, a.a.O., 191).

[18] „Immer wieder werden sich Versuche einer philosophischen Anthropologie in verständlichen Argumenten anbieten und die zentrale Stellung dieser Disziplin behaupten können, ohne sie aus dem Wesen der Philosophie zu begründen. Immer wieder werden die Gegner der Anthropologie sich darauf berufen können, dass der Mensch nicht ins Zentrum des Seins gehöre, sondern dass es ‚daneben' ein ‚Meer' von Seiendem gebe – eine Zurückweisung der zentralen Stellung der philosophischen Anthropologie, die um nichts philosophischer ist als deren Behauptung" (ebd., 192 f.).

[19] „So natürlich und selbstverständlich die Idee einer philosophischen Anthropologie trotz ihrer Mehrdeutigkeit sein mag, so unwiderstehlich sie sich immer wieder Geltung verschafft, so zwangsläufig wird immer wieder der ‚Anthropologismus' in der Philosophie bekämpft" (ebd., 191).

[20] Heidegger, „Über den ‚Humanismus'", a.a.O., 69.

[21] Heidegger, *Kant und das Problem der Metaphysik*, a.a.O., 207.

degger bedeutet. Das Entscheidende scheint mir relativ einfach angebbar: Wir finden uns – das ist Heideggers grundlegende Intuition – immer schon in einer Offenheit vor. Die Welt ist uns erschlossen, und wir selbst sind uns erschlossen. Nicht, dass uns alles klar wäre. Aber noch die Unklarheiten, noch unsere Ungewissheiten und selbst das Bedrängende treten innerhalb einer grundständigen Offenheit auf – und können nur innerhalb einer solchen „Lichtung" auftreten. Kurz gesagt: uns sind die Augen schon aufgeschlagen. Und wir sind uns bewusst, dass *wir* diese Offenheit *nicht gemacht haben*. Wir finden uns – wie durch ein Geschenk – inmitten ihrer vor. Dem Wunder – und Faktum – dieser Offenheit gilt Heideggers Augenmerk. Es ist im Blick auf diese ursprüngliche Offenheit, dass Heidegger vom ‚Sein' spricht.

Allerdings muss man sagen, dass ‚Sein' wohl nicht der glücklichste Terminus für dieses Grundphänomen ist. Denn ‚Sein' behält stets den Anklang an „das Insgesamt des Seienden". Von dieser metaphysischen Auffassung aber will Heidegger gerade loskommen.[22] Er zielt auf etwas Ursprünglicheres: auf eine grundsätzliche Offenheit, die sowohl Sein wie Vernehmen, mithin *das Sein und den Menschen* umspannt. Das aber bedeutet zugleich: der Ausdruck ‚Sein' hat in Heideggers faktischen Darlegungen eine unglückliche Schlagseite, er nennt eigentlich nur den einen der beiden Pole des Gemeinten und ist zur Benennung der gesamten Struktur ungeeignet. Mit dem Terminus ‚Sein' möchte Heidegger eigentlich auf das Grundphänomen – die Offenheit – hinweisen, aber der Terminus lenkt selber auf nur den einen ihrer Pole hin ab. Später hat Heidegger die grundsätzliche Offenheit denn auch mit anderen (und wohl adäquateren) Ausdrücken wie ‚Wahrheit', ‚Unverborgenheit' oder ‚Lichtung' zu benennen versucht.[23]

b. Bestimmungselemente der Sein-Mensch-Beziehung

Ich will mich jedoch im Folgenden, um die Dinge nicht unnötig zu komplizieren, an Heideggers Standard-Terminologie, an die des ‚Seins' halten (und dabei freilich die grundsätzliche Offenheit, um die es geht, im Auge behalten). Wie versteht Heidegger die Beziehung zwischen Sein und Mensch des Näheren? – Ich beziehe mich überwiegend auf Heideggers 1947 veröffentlichten Brief „Über den ‚Humanismus'", denn dieser Essay gibt am direktesten Auskunft über die Frage, um die es hier geht: Heideggers

[22] Dem dient seine Kritik an der metaphysischen „Seinsvergessenheit": die Metaphysik fragt nur nach dem Sein des Seienden, nicht aber nach dem Sein als solchen (vgl. Heidegger, *Einführung in die Metaphysik* [1953], Tübingen: Niemeyer ^{2}1966, 14 f.)

[23] Vgl. insbesondere die in der späten Schrift „Das Ende der Philosophie und die Aufgabe des Denkens" unternommene Auslegung der Unverborgenheit als des „Elements, in dem es Sein sowohl wie Denken und ihre Zusammengehörigkeit erst gibt" (Heidegger, „Das Ende der Philosophie und die Aufgabe des Denkens" [1969], in: ders., *Zur Sache des Denkens*, Tübingen: Niemeyer 1969, 61–80, hier 76). „Die Ἀλήθεια, die Unverborgenheit, müssen wir als die Lichtung denken, die Sein und Denken, deren Anwesen zu und für einander erst gewährt. Das ruhige Herz der Lichtung ist der Ort der Stille, aus dem her es dergleichen wie die Möglichkeit des Zusammengehörens von Sein und Denken, d. h. Anwesenheit und Vernehmen erst gibt" (ebd., 75). – In dieser Überlegung ist nicht mehr das Sein, sondern die sowohl das Sein (als Anwesenheit) als auch dessen Vernehmen umspannende Lichtung als das Grundphänomen kenntlich gemacht.

Auffassung des Menschen und um ihr Verhältnis zur anthropischen Denkform der Moderne.[24]

Primat des Seins

Grundsätzlich fasst Heidegger die Beziehung zwischen dem Sein und dem Menschen als die einer Wechselseitigkeit – wobei freilich dem Sein der Primat zukommt. Es kommt „bei der Bestimmung der Menschlichkeit des Menschen" darauf an, „dass nicht der Mensch das Wesentliche ist, sondern das Sein".[25] Das Sein hat sozusagen die Führung.[26] Das ist jedenfalls die Position des späteren Heidegger. Seit der ‚Kehre' hatte er die in *Sein und Zeit* noch merkliche Tendenz abgestreift, das Dasein als die Bedingung dafür anzusehen, dass es überhaupt Sein gibt.[27]

Der Führungscharakter des Seins betrifft gerade auch die Bestimmung des Denkens: dieses soll nicht primär von uns ausgehen, sondern durch das Sein „ermöglicht" sein.[28] „Das Denken vollbringt den Bezug des Seins zum Wesen des Menschen."[29] Wohlgemerkt: es „vollbringt" diesen Bezug nur, hingegen „macht und bewirkt" es ihn nicht.[30]

---

[24] Den Anlass des Briefes bildete Jean Beaufrets Frage, wie es möglich sei, dem Wort ‚Humanismus' einen Sinn zurückzugeben („Comment redonner un sens au mot ‚Humanisme'?", Heidegger, „Über den ‚Humanismus'", a.a.O., 93). Diese Frage war ihrerseits durch Sartres Bestimmung des Existentialismus als eines Humanismus veranlasst. Heidegger sieht in Sartres Ansatz (in dem von Sartre proklamierten Vorrang der Existenz vor der Essenz) einen typischen Fall des (wie er es später nennen wird) rechnenden oder machenden Denkens, wie es ihm zufolge für die Endphase des metaphysischen Denkens signifikant ist.

[25] Ebd., 79.

[26] Vgl. „Der Mensch ist [...] vom Sein selbst in die Wahrheit des Seins ‚geworfen'" (ebd., 75).

[27] In *Sein und Zeit* hatte Heidegger den Seinsbezug noch wesentlich von der Verfassung des Menschen aus gedacht: „nur solange Dasein *ist*, das heißt die ontische Möglichkeit von Seinsverständnis, ‚gibt es' Sein" (Heidegger, *Sein und Zeit*, a.a.O., 212 [§ 43]); „Sein – nicht Seiendes – ‚gibt es' nur, sofern Wahrheit ist. Und sie *ist* nur, sofern und solange Dasein ist" (ebd., 230 [§ 44]). Noch 1929, in *Kant und das Problem der Metaphysik*, schrieb Heidegger: „Das Problem der Grundlegung der Metaphysik findet seine Wurzel in der Frage nach dem Dasein des Menschen, d. h. nach dessen innerstem Grunde, nach dem Seinsverständnis als der wesenhaft existenten Endlichkeit" (Heidegger, *Kant und das Problem der Metaphysik*, a.a.O., 207). Heideggers Position war also: Man darf nicht einfachhin vom Menschen aus und auf den Menschen zu denken (nicht neuzeitlich-anthropologisch), sondern man muss vom *Wesen* des Menschen aus denken, und dieses Wesen besteht im Seinsbezug. Aber der Seinsbezug soll (wenngleich schon um der Seinsfrage willen, welcher laut dem ersten Kapitel von *Sein und Zeit* der „Vorrang" zukommt) zunächst noch im Ausgang vom Menschen gefasst werden. Das ändert sich mit der sogenannten ‚Kehre'. Jetzt soll der Seinsbezug wesentlich *vom Sein her* verstanden werden. Das Sein selbst gilt nun als dasjenige, welches diesen Bezug eröffnet und das Wesen des Menschen begründet: „Der Mensch ist [...] vom Sein selbst in die Wahrheit des Seins ‚geworfen', dass er, dergestalt ek-sistierend, die Wahrheit des Seins hüte" (Heidegger, „Über den ‚Humanismus'", a.a.O., 75).

[28] „Jenes [das Sein] ermöglicht dieses [das Denken]" (ebd., 57).

[29] Ebd., 53.

[30] Ebd.

„Das Denken bringt ihn nur als das, was ihm selbst vom Sein übergeben ist, dem Sein dar.“[31]

Das Sein braucht den Menschen

Trotz des Primats des Seins soll die Beziehung eine wechselseitige sein: auch das Sein braucht den Menschen.[32] Sein und Mensch sind letztlich gar nicht voneinander zu trennen: „der Bezug des Seins zum Menschenwesen“ gehört „zum Sein selbst“.[33] Eigentlich ist Heideggers Gedanke eben der, dass nicht das Sein als solches, sondern die *Beziehung* von Sein und Mensch das Grundphänomen ist.[34]

Die Sprache als „das Haus des Seins“

Für Heidegger ist die Sprache das privilegierte Medium, in dem sich der Bezug des Seins zum Menschen entfaltet.[35]

In diesen Zusammenhang gehört die berühmte und oft missdeutete Rede von der Sprache als dem „Haus des Seins“. Gemeint ist Folgendes: Erstens ist die Sprache nicht einfach die Sprache der Menschen, sondern vom Sein eingerichtet: die Sprache ist „das vom Sein ereignete [...] Haus des Seins“.[36] Zweitens verlangt dieser Seinsprimat, vom gewöhnlichen Verständnis der Sprache als einer Leistung des Menschen abzurücken.[37] Drittens stellt die vom Sein her zu denkende Sprache als solche die „Behausung des Menschenwesens“ dar.[38] All dies bedeutet: Es ist gerade nicht so (das ist nur das übliche

---

[31] Ebd. Vgl. auch: „Das Denken ist in seinem Wesen als Denken des Seins von diesem in den Anspruch genommen“ (ebd., 117).

[32] „Der Mensch ist aber in ein solches Da-sein genötigt, in die Not solchen Seins geworfen, weil das Überwältigende als ein solches, um waltend zu erscheinen, die Stätte der Offenheit für es *braucht*“ (Heidegger, *Einführung in die Metaphysik*, a.a.O., 124).

[33] Heidegger, „Einleitung zu: ‚Was ist Metaphysik?‘„ [1949], in: ders., *Wegmarken*, Frankfurt/Main: Klostermann 1967, 195–211, hier 201. Heidegger bezeichnet dies an jener Stelle als „die alles tragende Vermutung“ (ebd.). 1938/39 hatte Heidegger sogar davon gesprochen, dass „das Seyn [...] vom Menschen abhängig“, ja ihm „ausgeliefert“ sei (Heidegger, *Besinnung*, a.a.O., 139 [§ 55]). Allerdings nur deshalb, weil diese „Abhängigkeit des Seyns vom Menschen [...] vom Seyn geduldet“ werde: und zwar um der menschlichen Freiheit willen, die eine „erst durch den Seinsbezug gegründete Freiheit“ sei (ebd.).

[34] Entsprechend bestimmt Heidegger „das Sein selber“ auch als das „Verhältnis“ von Sein und Eksistenz: „Wie verhält sich jedoch, gesetzt, dass wir überhaupt geradehin so fragen dürfen, das Sein zur Ek-sistenz? Das Sein selber ist das Verhältnis, insofern Es die Ek-sistenz in ihrem existenzialen, das heißt ekstatischen Wesen an sich hält und zu sich versammelt als die Ortschaft der Wahrheit des Seins inmitten des Seienden“ (Heidegger, „Über den ‚Humanismus‘“, a.a.O., 77).

[35] „Sprache ist lichtend-verbergende Ankunft des Seins selbst“ (ebd., 70). Die Nähe des Seins „west als die Sprache selbst“ (ebd., 78).

[36] Ebd., 79. Vgl. zur Zugehörigkeit der Sprache zum Sein auch: „Die Sprache ist so die Sprache des Seins, wie die Wolken die Wolken des Himmels sind“ (ebd., 119).

[37] Vielmehr gilt, dass „das Wesen der Sprache aus der Entsprechung zum Sein und zwar als diese Entsprechung [...] zu denken“ ist (ebd., 79).

[38] Ebd.

Missverständnis), dass die menschliche Sprache das vom Menschen errichtete Haus wäre, in dem sich das Sein irgendwie einfände und bekundete (so dass wir des Seins kraft dieses Hauses habhaft würden),[39] sondern es steht gerade umgekehrt: das Sein errichtet die Sprache als ein Haus für die Menschen, als „Behausung des Menschenwesens“. Die Sprache ist das vom Sein für die Menschen eingerichtete Haus.[40] Somit ist also auch in der Rede vom „Haus des Seins“ der Primat des Seins für den Bezug Sein-Mensch festgehalten.

Der Mensch als Hüter des Seins – ausgezeichnete Rolle von Denken und Dichten

Das Sein, hieß es, „braucht“ den Menschen. Der Mensch soll die Wahrheit des Seins hüten.[41] Heidegger bedient sich dafür des Bildes des „Hirten“: „Der Mensch ist der Hirt des Seins.“[42] Die Formulierung richtet sich gegen die moderne Vorstellung vom Menschen als „Herrn des Seienden“: „Der Mensch ist nicht der Herr des Seienden. Der Mensch ist der Hirt des Seins.“[43]

Im Gefolge der Auszeichnung der Sprache für den Seinsbezug gelten dann Denken und Dichten als dessen vorrangige Vollzugsweisen.[44] Hinsichtlich des Denkens ist zu beachten, dass Heidegger wesentlich ein seins-entsprechendes Denken im Auge hat. Das philosophische Denken soll nicht ein beliebiges Ausdenken, ein Verfolgen von Denkmöglichkeiten als solchen sein, sondern es soll am Sein – auf dieses hörend – Maß nehmen. Und es ist nicht primär als Tätigkeit des Menschen, sondern als Geschick und Vermächtnis des Seins aufzufassen:[45] „Das Denken, schlicht gesagt, ist das Denken des Seins. Der Genitiv sagt ein Zweifaches. Das Denken ist des Seins, insofern das Den-

---

39 „Die Sprache ist nicht nur ein Werkzeug, das der Mensch neben vielen anderen auch besitzt, sondern die Sprache gewährt überhaupt erst die Möglichkeit, inmitten der Offenheit von Seiendem zu stehen“ (Heidegger, *Erläuterungen zu Hölderlins Dichtung* [1951], Frankfurt/Main: Klostermann 1951, 35).

40 Das kommt prägnant in der Formulierung „Die Sprache ist das Haus des Seins. In ihrer Behausung wohnt der Mensch“ zum Ausdruck (Heidegger, „Über den ‚Humanismus‘“, a.a.O., 53).

41 Die Sprache ist „das Haus des Seins, darin wohnend der Mensch ek-sistiert, indem er der Wahrheit des Seins, sie hütend, gehört“ (ebd., 79). Vgl. dazu auch: „eigentlich spricht die Sprache. Der Mensch spricht erst und nur, insofern er der Sprache entspricht, indem er auf ihren Zuspruch hört“ (Heidegger, „„... dichterisch wohnet der Mensch ...“ [1954], in: ders., *Vorträge und Aufsätze*, Pfullingen: Neske ³1967, Teil II, 61–78, hier 64).

42 Heidegger, „Über den ‚Humanismus‘“, a.a.O., 75. „Er [sc. der Mensch] „gewinnt die wesenhafte Armut des Hirten, dessen Würde darin beruht, vom Sein selbst in die Wahrnis seiner Wahrheit gerufen zu sein“ (ebd., 90).

43 Ebd., 90.

44 „Die Sprache ist das Haus des Seins. In ihrer Behausung wohnt der Mensch. Die Denkenden und Dichtenden sind die Wächter dieser Behausung. Ihr Wachen ist das Vollbringen der Offenbarkeit des Seins, insofern sie diese durch ihr Sagen zur Sprache bringen und in der Sprache aufbewahren“ (ebd., 53).

45 Vgl. auch: „Wir kommen nie zu Gedanken. Sie kommen zu uns“ (Heidegger, *Aus der Erfahrung des Denkens*, Pfullingen: Neske ²1965, 11).

ken, vom Sein ereignet, dem Sein gehört. Das Denken ist zugleich Denken des Seins, insofern das Denken, dem Sein gehörend, auf das Sein hört."[46]

Die wesentlichen Bestimmungspunkte des Zusammenhangs von Sein, Mensch, Sprache und Denken sind also die folgenden: Der Mensch ist seinem Wesen nach auf das Sein bezogen; dieser Bezug geht vom Sein aus; die Sprache ist das wesentliche Bezugsmedium; dem Seinsprimat gemäß soll das Denken ein Vernehmen des Seins vollbringen.

3. Ein tieferer Humanismus und Anthropozentrismus

Wenden wir uns nun abschließend der Frage zu, ob es Heidegger mit dieser Konzeption gelungen ist, die anthropische Denkform zu überschreiten.

a. Überschreitung des herkömmlichen Humanismus und der üblichen Anthropologie

Unzweifelhaft verändert Heidegger das Verständnis des Menschen. Der Mensch ist nicht einfach von ihm selbst her – als bloßer *ánthropōs* – zu begreifen, sondern zuallererst aus dem Seinsbezug. Man muss, um den Menschen zu verstehen, über den Menschen hinausdenken, das Sein in den Blick nehmen.[47] Erst wenn man den Menschen vom Sein (vom „Bezug des Seins zum Wesen des Menschen") her sieht, bekommt man ihn wirklich, bekommt man ihn ganz in den Blick. So Heideggers These.

Heidegger hat diese seine Revision der herkömmlichen Anthropologie sehr hoch eingeschätzt. Er beanspruchte, als erster „die eigentliche Würde des Menschen" erfasst und damit das Verständnis des Menschen über jeden bisherigen Humanismus hinausgeführt zu haben. Bislang hätten selbst „die höchsten humanistischen Bestimmungen des Wesens des Menschen die eigentliche Würde des Menschen noch nicht erfahren"[48] – eben die, dass der Mensch der Partner bzw. „Nachbar des Seins" ist.[49] Erst Heidegger habe diese eigentliche Würde des Menschen vor Augen gebracht.

b. Neuer Humanismus

Aber hat Heidegger damit nicht wieder einem Humanismus – nur einem von möglicherweise tieferer und wahrhafterer Art – das Wort geredet? Oder ist es unstatthaft,

[46] Heidegger, „Über den ‚Humanismus'", a.a.O., 56 f. – Vom Dichten heißt es: „Dichtung ist worthafte Stiftung des Seins" (Heidegger, *Erläuterungen zu Hölderlins Dichtung*, Frankfurt/Main: Klostermann 1951, 38).

[47] Es geht um „eine Besinnung [...], die nicht nur auf den Menschen, [...] sondern anfänglicher noch auf die Dimension denkt, in der das Wesen des Menschen, vom Sein selbst her bestimmt, heimisch ist" (Heidegger, „Über den ‚Humanismus'", a.a.O., 95).

[48] Ebd., 75.

[49] Ebd., 90.

Heideggers Neubestimmung des Menschen erneut als ‚Humanismus' zu bezeichnen? Ist das nicht gegen Heideggers Intention?

Man möchte das meinen, aber so ist es nicht. Heidegger hat seine Position selber als „Humanismus" bezeichnet. Auf die Frage, ob seine Konzeption „nicht ‚Humanismus' im äußersten Sinn" sei, antwortete er: „Gewiss. Es ist der Humanismus, der die Menschheit des Menschen aus der Nähe zum Sein denkt."[50] Der Unterschied liegt nur darin, dass es sich nicht mehr, wie gewohnt, um einen mensch-zentrierten, sondern um einen seins-akzentuierten Humanismus handelt. Erst einem solchen, meint Heidegger, gelinge es, der „humanitas des homo humanus" gerecht zu werden.[51] Er erst erfülle, was im bisherigen Humanismus angestrebt, aber nie erreicht worden sei.[52]

Die Veränderung gegenüber dem herkömmlichen Humanismus ist offensichtlich. In Heideggers Humanismus wird „die Menschheit des Menschen" nicht zuerst vom Menschen her, sondern „aus der Nähe zum Sein" gedacht.[53] Dieses hat, wie gesagt, die Führung. Insofern handelt es sich bei Heideggers ontologischem Humanismus, mit dem herkömmlichen Humanismus verglichen, in der Tat um einen „‚Humanismus' seltsamer Art".[54] Gleichwohl handelt es sich (der Sache wie dem Wort nach) noch immer um einen Humanismus – nur endlich um einen (so Heideggers Einschätzung) genügend tief und groß gedachten Humanismus.

c. Onto-Anthropozentrismus

Dass Heideggers Konzeption seiner eigenen Auffassung nach zu einem neuen, ontologischen Humanismus führt, ist signifikant. Heideggers Veränderung besteht einzig darin, das defizitäre Verständnis des Menschen durch ein volleres Verständnis zu ersetzen.

---

50 Ebd.

51 Ebd., 104.

52 Die Herausstellung der seinsbezogenen „humanitas des homo humanus" gebe „dem Wort Humanismus einen geschichtlichen Sinn zurück, der älter ist, als sein historisch gerechnet ältester" (ebd., 93 f.) – Einmal allerdings erwägt Heidegger doch, von der Bezeichnung „Humanismus" abzurücken, tut dies freilich nur rhetorisch: „Oder soll das Denken wagen, durch einen offenen Widerstand gegen den ‚Humanismus' einen Anstoß zu wagen, der veranlassen könnte, erst einmal über die Humanitas des homo humanus und ihre Begründung stutzig zu werden? So könnte doch, wenn nicht der weltgeschichtliche Augenblick schon selbst dahin drängt, eine Besinnung erwachen, die nicht nur auf den Menschen, sondern auf die ‚Natur' des Menschen, nicht nur auf die Natur, sondern anfänglicher noch auf die Dimension denkt, in der das Wesen des Menschen, vom Sein selbst her bestimmt, heimisch ist" (ebd., 95). Heidegger überlegt hier, ob der Terminus ‚Humanismus' nicht doch noch zu sehr an die alten, direkt mensch-zentrierten Versionen gebunden ist, um auf seine eigene, seins-akzentuierte Konzeption zu passen. Die Stoßrichtung aber ist, wie das Zitat zeigt, ganz die, ein seins-akzentuiertes Verständnis des Menschen zu entwickeln (auf die „Dimension" hinauszudenken, „in der das Wesen des Menschen, vom Sein selbst her bestimmt, heimisch ist"). Insofern geht es eben doch nur um eine volle Bestimmung des Menschen, und so überrascht es nicht, dass Heidegger seine – ontologische statt bloß anthropologische – Konzeption des Menschen schließlich selber als „Humanismus" bezeichnet.

53 Ebd., 90.

54 Ebd., 94. Dieser lehrt gerade, dass es „nicht auf den Menschen, lediglich als solchen, ankommt" (ebd.).

Aber die entscheidende Frage lautet nun: Wirkt sich diese Veränderung auch auf den *Rahmen* aus, innerhalb dessen das Verständnis des Menschen zum Tragen kommt? Entwindet sich Heidegger *der modernen Denkform als solcher*, die statuiert hatte, dass in allem vom Menschen auszugehen sei? Nein. Diesen Rahmen setzt Heidegger nicht außer Kraft, sondern ihm bleibt er verpflichtet. Seine Neuinterpretation des Menschen führt nicht zu einer Infragestellung oder Verabschiedung der anthropischen Denkfigur als solcher. Sondern sie modifiziert nur das Verständnis der *innerhalb dieses Rahmens ausschlaggebenden Instanz*, des Menschen.

Heidegger ist noch immer überzeugt, dass alles auf die Gewinnung eines adäquaten – und das heißt für ihn eben: eines ontologischen und nicht mehr einfachhin anthropologischen – Verständnisses des Menschen ankommt. Darin bleibt er der modernen, anthropischen Denkfigur treu. Er bewirkt wohl eine Erweiterung innerhalb ihrer, aber er überschreitet sie nicht. Er verändert das herkömmliche Verständnis des Menschen, aber er sprengt nicht die auf den Menschen gestützte Denkfigur der Moderne.

Wie wenig selbstverständlich aber eine Stützung auf ein wie immer voll verstandenes Wesen des Menschen ist, zeigt ein Vergleich mit der Tradition, etwa in puncto Denken. Wenn ältere Philosophen die menschliche Verfassung zum Ausgangspunkt nahmen, so immer nur *faute de mieux*. Wovon sonst sollte man ausgehen, wenn nicht von uns und unserer Art des Denkens? Sie bot den einzigen verfügbaren Ausgangspunkt – aber doch nur einen *Ausgangspunkt*. Worauf es – für Platon und Aristoteles so gut wie für Descartes oder Spinoza – ankam, war jedoch etwas anderes. Wenn wir uns erst einmal, im Ausgang von unserer faktischen Denkweise, zur Methode eines wahrhaft verlässlichen Denkens emporgearbeitet haben, dann wird das Denken, das wir praktizieren, so sein, dass alle denkenden Wesen (gerade auch die nicht-menschlichen, wenn es solche gibt) mit ihm übereinstimmen werden. Für die genannten Philosophen war das Denken letztlich von jeder speziesartigen Bindung frei – also auch von einem noch so tief oder komplex gedachten Wesen des Menschen. Für diese Philosophen wäre es völlig irrig gewesen, ein irgendwie besonderes Wesen des Menschen zur Grundlage des Denkens zu machen und für den Horizont anzusehen, innerhalb dessen alle Fragen zu stellen und zu beantworten seien. So zu verfahren, kennzeichnet eben erst die Moderne. – Der Vergleich zeigt schlagartig, wie sehr Heidegger der modernen Denkform zugehört.

Man kann das, in einer weiteren Zuspitzung, auch so formulieren: Indem Heidegger das durch Seinsbezug gekennzeichnete Wesen des Menschen als eine exklusive Bestimmung des Menschen versteht und allen weiteren Fragen und Klärungen zugrunde legt, entwickelt er eine besondere Art von Anthropozentrismus. Auch diesen Terminus erlege ich Heidegger nicht von außen und ungerechtfertigterweise auf, sondern Heidegger selbst hat ihn gebraucht. Er sich ausdrücklich dazu bekannt, einen „anthropozentrischen Standpunkt" eingenommen zu haben.

Als man ihm 1929 im Blick auf *Sein und Zeit* einen solch „anthropozentrischen Standpunkt" vorhielt, entgegnete Heidegger: „Welche Gefahren birgt denn ein ‚anthropozentrischer Standpunkt' in sich, der gerade *alle* Bemühung *einzig* darauf legt, zu zeigen, dass das *Wesen* des Daseins, das da ‚im Zentrum' steht, ekstatisch, d. h. ‚exzentrisch' ist?"[55] Heidegger räumt also durchaus ein, einen „anthropozentrischen Standpunkt" zu

[55] Heidegger, „Vom Wesen des Grundes" [1929], in: ders., *Wegmarken*, a.a.O., 21–71, hier 58, Anm.

vertreten. Nur legt er Wert darauf, dass er diesen nicht im herkömmlichen anthropologischen Sinne, sondern mit Blick auf das seinsbezogene („exzentrische") Wesen des Menschen konzipiert. In einem solcherart ontologisch akzentuierten Anthropozentrismus vermag Heidegger jedoch nichts Tadelnswertes mehr zu sehen.

Das ist genau die Figur, auf die ich hinweisen will: Heidegger denkt den Menschen im Unterschied zur Tradition seinsbezogen, aber dieses veränderte Verständnis des Menschen erlaubt dann doch wieder eine Form von Anthropozentrismus. Man kann sie am besten als „Onto-Anthropozentrismus" kennzeichnen. Für diesen gilt noch immer und erneut, dass *alles* im Horizont des Menschen – nur jetzt des seinsbezogenen Menschen – zu sehen und zu verstehen ist.[56] Die anthropische Denkform bleibt in Kraft.

Heidegger will eben gar nicht so sehr über den Menschen hinaus- als vielmehr möglichst tief in das Wesen des Menschen hineindenken. Dabei entdeckt er die für den Menschen konstitutive Seins-Relation. Damit überschreitet er zwar das simple anthropologische Verständnis des Menschen, aber über den Kreis des richtig und groß, nämlich seinsbezogen gedachten Menschlichen geht er nicht hinaus.

So bleibt es in Heideggers Denken – bei aller Kritik an der herkömmlichen Anthropologie – letztlich bei einer modifizierten Anthropozentrik. Die herkömmliche Human-Anthropologie wird durch eine seins-akzentuierte Anthropologie, durch eine Onto-Anthropologie ersetzt. Heidegger übersteigt die moderne Konstellation nicht, sondern gibt ihr eine tiefere Fundierung. Das ist alles.

d. Der Mensch als der exklusive Partner des Seins

Ein letzter Punkt zeigt Heideggers Anthropozentrismus – falls man bisher noch Zweifel gehabt haben sollte – sehr deutlich: Heidegger zufolge ist der Mensch der *einzige* Partner oder „Nachbar" des Seins.[57] Das Sein ist *exklusiv* auf den Menschen bezogen.

Der Mensch gilt Heidegger als der einzige Adressat des Seins. Tiere sind es nicht, Gott ist es nicht, und Himmel und Erde sind es ebenso wenig wie ein Kunstwerk oder eine Maschine, ein Fels oder ein Engel.[58] Die letzteren erscheinen vielmehr nur *innerhalb* und *aufgrund* der fundamentalen Beziehung zwischen Sein und Mensch, sind nur dank der durch diese Beziehung eröffneten „Lichtung" erschlossen.[59]

---

[56] Man beachte übrigens auch, dass noch das Sein bei Heidegger Konturen der menschlichen Endlichkeit annimmt: es wird nicht als Überzeitliches, sondern als Geschichtliches und Geschickliches gefasst.

[57] Heidegger, „Über den ‚Humanismus'", a.a.O., 90.

[58] „Das Sein ist weiter denn alles Seiende und ist gleichwohl dem Menschen näher als jedes Seiende, sei dies ein Fels, ein Tier, ein Kunstwerk, eine Maschine, sei es ein Engel oder Gott" (ebd., 76).

[59] Entsprechendes ergibt sich noch aus einer genauen Betrachtung dessen, was Heidegger „das Geviert" nennt. Ein Krug oder ein Kunstwerk sind nur dann imstande, das Geviert zu versammeln, wenn die Menschen daraufhin „wachsam" sind (Heidegger, „Das Ding" [1951], in: ders., *Vorträge und Aufsätze* (Pfullingen: Neske ^{3}1967), Teil II, 37–55, hier 54), und auch das Geviert hat seine grundlegende Eröffnung im „Zusammengehören von Sein und Denken" (Heidegger, „Das Ende der Philosophie und die Aufgabe des Denkens", a.a.O., 75), im Bezug von Sein und Mensch.

Insofern ist Heidegger bezüglich der Unverborgenheit stets ein *Human-Exklusivist* geblieben. Er hat das alte Privileg des *animal rationale* nur durch das neue des „Nachbarn“ bzw. „Hirten“ des Seins ersetzt. Der Inhalt hat sich geändert, die Struktur ist geblieben.

So bleibt Heideggers Denken trotz der ontologischen Erweiterung der anthropischen Konfiguration der Moderne zugehörig. Er hat deren Denkweise nur mit einem tieferen Verständnis des Menschen versehen. Aber über sie hinausgeführt hat er nicht. Hier liegt Heideggers Grenze.

VIII Pazifische Reflexionen

„We must uncenter our minds from ourselves;
We must unhumanize our views a little, and become confident
As the rock and ocean that we were made from.“[1]

Die folgenden Reflexionen verdanken sich einer besonderen Situation: einem Aufenthalt am Pazifischen Ozean. Ein Jahr lang war der kalifornische Pazifik mein Lehrmeister. Er hat mir die Augen für eine andere Stellung des Menschen in der Welt geöffnet. Davon will ich berichten. Ich versuche, diese andere Stellung im Ausgang von einer Phänomenologie des Pazifiks deutlich zu machen.

1. Phänomenologie des Pazifiks

a. Unermessliche Weite – Erfahrung eines Unbegrenzten

Der Pazifische Ozean vermag uns, wie vielleicht nichts anderes auf dieser Erde, ein Gefühl der Unbegrenztheit, ja Unendlichkeit zu geben. Wenn man an der Küste entlangfährt und plötzlich durch die Hügel hindurch einen Blick auf den Pazifik erhascht, erscheint dieser absolut majestätisch: er wirkt wie eine immense Wand, wie eine stahlblaue Staumauer. Verweilt man dann einige Zeit, so wandelt sich der Eindruck zum Gefühl unermesslicher Weite. Dabei handelt es sich um eine konkrete, um eine vor Augen stehende (nicht eine abstrakte oder gedachte) Unendlichkeit. Die Erstreckung der Wassermasse reicht unabsehbar weit.

Das ist mehr als eine subjektive Empfindung. Der Pazifik ist objektiv immens groß. Er umfasst mehr als die Hälfte der wasserbedeckten Oberfläche unseres Planeten. Und die Meeresfläche ist ja als solche von beträchtlichem Ausmaß: mehr als 70% unserer Erde sind von Wasser bedeckt.[2] Der Pazifik ist sogar größer als alle Landflächen (und somit

[1] Robinson Jeffers, „Carmel Point“, in: *The Collected Poetry of Robinson Jeffers*, hrsg. v. Tim Hunt, Bd. 3 (1938–1962) (Stanford: Stanford University Press 1991), Teil III: „Hungerfield“ (1948–53), 313–408, hier 399.

[2] Eigentlich ist es seltsam, dass wir unseren Planeten „Erde“ nennen; „Ozean-Planet“ wäre eine treffendere Bezeichnung.

alle potentiellen Siedlungsflächen des Menschen) zusammengenommen: diese machen nur etwa vier Fünftel der Fläche des Pazifiks aus. Aber ausschlaggebend ist nicht diese immense geographische Extension, sondern die *Erfahrung* der Unermesslichkeit. Der Pazifik gibt uns den stärksten Eindruck von Weite, ja Unendlichkeit. Daran hat auch seine Ruhe, seine scheinbar unbewegte Erstreckung bis hin zum weit entfernten Horizont ihren Anteil – dieser Ruhecharakter, von dem sein Name herrührt: „der friedvolle Ozean“.[3] Es ist die Kombination von unermesslicher Weite und friedvoller Ruhe, die den Eindruck souveräner Unendlichkeit begründet und den Pazifik so einzigartig macht.

Umgekehrt macht uns der Pazifik die Kleinheit und Belanglosigkeit der menschlichen Dimensionen deutlich. Man kann sich das an einer Eigentümlichkeit der Horizontlinie klarmachen. Sie nimmt sich wie eine Begrenzungslinie aus – und trägt doch zum Eindruck unermesslicher Weite entscheidend bei. Denn zwar scheint die Erstreckung des Ozeans durch die Horizontlinie begrenzt zu sein: ein feiner Strich, der oft gestochen scharf ist. Aber wir vermögen gar nicht abzuschätzen, wie weit die Horizontlinie entfernt ist, wie weit wir also den Ozean sich erstrecken sehen. Zudem ist die Horizontlinie eigentlich die Grenzlinie zwischen zwei Unendlichkeiten: der des Ozeans und der des Himmels. Vor allem jedoch zeigt die Horizontlinie nur an, wo *unsere Sicht*, nicht aber, wo *der Ozean* endet. Dieser erstreckt sich souverän über diese für uns äußerste Grenze hinaus. Die Horizontlinie zeigt uns nur *unsere* Begrenztheit, verweist aber gerade so auf die Unbegrenztheit des Ozeans über die menschliche Reichweite hinaus. Sie zeigt, wie kurzsichtig wir sind.

b. Überlegene Macht – kein Raum des Aufenthalts für den Menschen

Der Pazifik, dessen Unendlichkeit uns faszinieren kann, ist kein Raum möglichen Aufenthalts für uns Menschen. Auch Schiffe sind dort auf prekärem Kurs. Und unbewehrt können wir uns schon gar nicht auf die Weite des Ozeans hinauswagen.

Blicken wir vom Strand aus auf das Meer, so sehen wir, wie Woge auf Woge anrollt, sich bricht, mit ihren Ausläufern den Strand überspült, dann kommt die nächste Woge – Tag und Nacht, unaufhörlich. Wenn wir ein paar Schritte ins Wasser hineingehen, mögen wir ein Wohlgefühl empfinden. Aber bald schlägt es um. Die Gewalt der Wellen (die von oben gesehen so friedvoll scheinen) ist zu groß. Man kann sich nicht mehr auf den Füßen halten, sie reißen einen um.

Natürlich scheint Schwimmen die Lösung. Und es gibt ein Glücksgefühl, in jede der anrollenden Wogen hineinzutauchen. Aber weit kann man sich auch dabei nicht hinauswagen. Durchschnittlich jeden Monat kam dort, wo ich mich aufhielt, jemand um – hinausgezogen ins offene Meer. Die Wellen scheinen gleichmäßig, von gleichem Rhyth-

[3] Magellan, der Weltumsegler, der den Seeweg vom Atlantik zum Pazifik entdeckte (die „Magellanstraße“, die das gefährliche Kap Hoorn zu vermeiden erlaubte) und der so als erster Europäer den Pazifik besegelt hat, gab ihm diesen Namen, weil er von der friedvollen Ruhe dieses Meeres überrascht war und in ihr das Besondere dieses Ozeans erkannte. Gewiss: auch der Pazifik hat seine Taifune. Aber insgesamt ist er erstaunlich ruhig – weitaus weniger aufgewühlt als beispielsweise der Atlantik. Der Unterschied zwischen Ebbe und Flut ist außerordentlich gering: auf Tahiti beträgt er nur einen Fuß, und in Yokohama selten mehr als fünf Fuß.

mus und von etwa gleicher Stärke. Aber ab und an kommt doch eine Woge, die ungleich höher und mächtiger ist. Sogar wenn man in scheinbar sicherer Distanz am Strand liegt, kann einen eine solche Woge treffen und unwiederbringlich hinausziehen. Ich entkam nur mit Glück.

Selbst wenn man sich bei guten Bedingungen einen halben Kilometer hinauswagen kann: mehr geht nicht, man ist auf die Küste zurückverwiesen. Unser Zugangsbereich ist extrem beschränkt, ihm gegenüber ist die Arkanzone des Pazifiks schier grenzenlos. Von Verschmelzungssehnsüchten ist strikt abzuraten. – Wie sehr uns der Ozean auch anziehen mag, wir sind auf Land und Küste verwiesen und beschränkt. Mit jener Macht können wir es nicht aufnehmen.

c. Animalischer Charakter

Die unermessliche Weite war das erste, der Eindruck einer überlegenen Macht das zweite. Achtet man nun darauf, dass diese immense Wassermasse allenthalben in Bewegung und tätig ist, so tritt ein dritter Zug hervor: der Pazifik erscheint wie ein immenses Lebewesen.

Er pulsiert allenthalben, scheint zu atmen, schickt in unentwegter Aktivität Wellen gegen das Festland. Darin hat er animalischen Charakter. Allerdings den eines Übertieres. Der Ozean schläft nie. Unaufhörlich branden neue Wellen an. Und die Wellenkämme erheben sich (unerkennbar, wie und warum) plötzlich wie von selbst, aus der Mitte dieses immensen Reservoirs.

Dauernde sichtbare Bewegung ist nicht das einzige. Sondern da ist auch ein ständiges Rauschen. Unentwegt hört man den Ozean, wenn man sich an der Küste aufhält. Aber man vernimmt nicht eine nett säuselnde Melodie, sondern sein Rauschen klingt nach einer Urkraft, einer gleichsam kosmischen Kraft – die irdisch wie Gewalt erscheint.

Dennoch: Kann man den Ozean wirklich ein ‚Tier' nennen? Selbstverständlich ist er nach unseren gewohnten Kategorien kein Tier. Er ist nicht einmal ein Lebewesen. Auch nicht der niedrigsten Art. Er ist nichts Organisches, sondern bloß etwas Anorganisches. Dennoch erscheint er phänomenaliter wie ein Tier, wie eine Art übermächtiges Lebewesen, eben weil er ständig in Bewegung ist und diese Bewegung selbst hervorbringt. Angesichts dieses permanenten Tätigseins drängt es sich auf, ihm Lebendigkeit zuzusprechen.

Unsere gewohnte Unterscheidung zwischen dem Reich des Organischen (das durch Selbstbewegung gekennzeichnet ist) und des Anorganischen (dem diese Fähigkeit fehlt) wird hier problematisch. Sie erweist sich als brüchig. Der Pazifik, obwohl üblicherweise als Anorganisches rubriziert, weist Lebendigkeit im Sinn von Selbsttätigkeit auf. Unsere Standarddefinition des Lebewesens gerät ins Wanken. Sie scheint zu klein gedacht – zu sehr nur im Blick auf die Nahverhältnisse unserer Land- und Lebenswelt entwickelt. Demgegenüber nimmt sich der Pazifik wie ein riesenhaftes Lebewesen von größeren als den gewohnt-irdischen Dimensionen aus – wie ein kosmisches Lebewesen. Die Kategorie des *animal* scheint revisionsbedürftig.

Aber auch wenn die Selbsttätigkeit den Pazifik als *animal* zu qualifizieren scheint: Stehen dem nicht andere Aspekte entgegen? Fehlen dem Ozean nicht sonstige für *animalitas* konstitutive Momente? Ermangelt er nicht beispielsweise der Wahrnehmungsfähigkeit und des Vermögens der Ernährung oder der Fortpflanzung? Auf den ersten Blick trifft dies gewiss zu. Bei näherer Betrachtung aber zeigt sich auch in diesen Aspekten, dass der Pazifik das Tiersein eher über- als untererfüllt. Sein Mangel an diesem oder jenem ist Ausdruck seiner Überlegenheit.

Denn wozu brauchen die Tiere Wahrnehmungsfähigkeit? Weil sie umweltabhängig sind und auf etliche Umweltgegebenheiten reagieren können müssen. Der Ozean aber ist nicht ein derart kleines, abhängiges Wesen. Seiner ganzen Umwelt gegenüber ist er *die* Macht. Er braucht sich nicht um anderes zu bekümmern. Daher *bedarf* er keiner Wahrnehmung. – Und wie steht es mit dem Kriterium der Ernährung? Ozeane, sagt man, ‚nähren' sich aus Flüssen. Aber damit nähren sie sich nicht aus anderem, sondern aus solchem, was sich ihnen selbst verdankt: Ozeanwasserdampf, Wolkenbildung, Niederschlag, Flüsse – das ist der Kreislauf, in dem der Ozean sich selbst gleichsam verströmt und wieder füllt; er nährt sich aus dem, was von ihm ausgegangen ist, er ist auch darin nicht auf anderes angewiesen. – Schließlich der Aspekt der Fortpflanzung: das Meer steht in der Tat nicht in einer Fortzeugungskette; es ist nicht Individuum in der Sukzession von Individuen einer Art. Seine Individualität ist von anderem und höherem Typ. Art und Individuum fallen hier zusammen. Unbestreitbar ist der Pazifik ein Individuum – aber eben von jenem überlegenen Typ, wo Individualität nicht ein Vorkommnis in einer Reproduktionsreihe, nicht auf Fortpflanzung gegründet ist. Sondern der Pazifik ist dieses *eine* Wesen durch die Zeiten hindurch, er ist über die Zeiten hinweg dieses *eine* Wesen. – Kurzum: die scheinbaren Defizite gegenüber der Standardverfassung des *animal* zeigen eher eine Überbietung dieser Merkmale als einen Mangel an. Der Pazifik besitzt animalischen Charakter – aber gewissermaßen als Übertier.

d. Veränderung unserer Maßstäbe

So legt die Betrachtung des Pazifiks es nahe, unsere Maßstäbe infrage zu stellen, sie zu verändern. Das betrifft sowohl unsere Größenmaßstäbe wie unsere begrifflichen Maßstäbe – und entsprechend auch die Einschätzung unserer selbst bzw. dessen, was in der Welt zählt und wie wir in der Welt stehen.[4]

[4] Die Herausforderung durch den Pazifik geht über die andere, kulturell etabliertere Herausforderung – die durch den Anblick des Sternenhimmels – weit hinaus. Der Sternenhimmel steht (bei aller Unendlichkeitsanmutung) unserem Begreifen ungleich näher. Wir nehmen ihn als gegliedert und eingeteilt wahr; durch die Festlegung von Sternbildern haben wir dazu ein Weiteres beigetragen; wir haben den Himmel strukturiert und so ein Stück weit begreiflich gemacht; wir haben gar Erzählungen über den Ursprung der Sternbilder entwickelt, und vieles am Himmel deuten wir als Zeichen – vom früheren Umgang mit Sonnen- oder Mondfinsternissen oder -Konjunktionen bis hin zum heutigen Wunschverhalten bei Sternschnuppen. Die Unendlichkeit des Himmels ist domestizierte Unendlichkeit. Ganz anders beim Ozean. Seine Extension gibt uns keine Haltepunkte oder Strukturen an die Hand. Seine Unendlichkeit ist fremder und begriffsresistenter. Sie setzt uns weit stärker einem Unfasslichen aus. Bezeichnenderweise findet der Seefahrer die Orientierung, die er braucht, nicht am Ozean, sondern am Sternenhimmel.

Oder kann man sich dem Eindruck des Pazifiks einfach entziehen? Das ist erstens schon ob des merkwürdigen Phänomens schwierig, dass der Ozean uns anzugehen scheint. Unablässig kommen seine Wellen auf uns zu. Der Ozean scheint in unsere Richtung aktiv zu sein, uns anzugehen. Zweitens ist aber auch evident, dass er nichts von uns will. Was er von uns erhält, schleudert er zurück, spült es vor unsere Füße: unseren Kulturschrott wie unsere Leichen. Annahme verweigert – zurück an den Absender. Der Ozean lässt sich nicht verschmutzen. Er verkörpert eine größere Ordnung als die menschlich-zivilisatorische – eine Ordnung, die sich um uns nicht kümmert.

Dennoch spricht uns gerade diese Überlegenheit an. Zunächst ist sie fremd. Aber gerade weil sie von größerem als menschlichem Zuschnitt ist, berührt sie uns. Wir fühlen uns von ihr angezogen und in der Tiefe unseres Selbstverständnisses betroffen. Wie wenn uns diese Dimension doch nicht gänzlich fremd und unzugehörig wäre; wie wenn sie nur für gewöhnlich (zivilisatorisch) niedergehalten wäre. Bei einem längeren Aufenthalt am Pazifik hingegen wird eine verborgene Seite unserer Existenz angeschlagen, geweckt, aufgerufen. Es ist, wie wenn das Maß des Ozeans nun in uns selbst aufkeimen und zum Klingen kommen würde. – Gehört mehr zu uns, als wir gemeinhin meinen? Greifen wir weiter aus als üblicherweise gedacht? Gehört uns nicht nur das spezifisch Menschliche zu, sondern wohnen uns auch Dimensionen nicht-menschlicher Art inne? Gilt es, den Menschen weiter als bloß ‚menschlich' zu verstehen? Dem Druck dieser Möglichkeit kann man sich schwerlich entziehen. Wir fühlen uns veranlasst, über unsere gewohnten Begriffe und Maßstäbe hinauszudenken, unsere gewohnte Weltstrukturierung infrage zu stellen, unsere Stellung in der Welt neu zu überdenken.

2. An der Küste: Wandern zwischen zwei Welten

Warum gehen viele Menschen gerne an der Küste entlang? Weil es schön oder gesund ist? Oder weil es Abwechslung bietet und erholsam ist? Das gewiss auch. Aber zusätzlich scheint eine tiefere Faszination im Spiel zu sein. Selbst jemand, der nur entspannungshalber dort entlanggeht, wird etwas davon mitbekommen.

Was ist das Besondere an Küstenwanderungen? An der Küste bewegen wir uns zwischen zwei unterschiedlichen Welten. Wir gehen an der Grenze entlang, wo diese beiden Welten aufeinandertreffen und sich austauschen. Da ist auf der einen Seite die fremde Welt des Meeres, in der wir nicht zu leben vermögen und die uns dennoch fasziniert; und auf der anderen Seite die gewohnte Welt, in der wir zu Hause sind und die uns trägt. Man kann den Kontrast der beiden auf viele Arten formulieren, die jedoch alle aufs Gleiche hinauslaufen: Auf der einen, der Landseite, ist die bewohnbare Welt, unsere Heimwelt; und auf der anderen, der Ozeanseite, eine unbewohnbare und vielleicht unheimliche Welt. Einerseits eine begrenzte und endliche Welt, und andererseits eine unbegrenzte und schier unendliche Welt. Eine Welt menschlicher Geschäftigkeit auf der einen, und eine Welt von größerem Atem und vielleicht auch größerer Wahrhaftigkeit auf der anderen Seite. Vertraut ist uns die eine, die Heimwelt – aber wir fühlen uns auch von der anderen seltsam angezogen. Und so bewegen wir uns, an der Küste entlanggehend, zwischen zwei unterschiedlichen Welten und spüren, dass wir an beiden Anteil haben.[5] Der Gang an Küsten ist ein Grenzgang zwischen zwei Welten. Und vielleicht gehen wir dabei nicht nur äußerlich an der Grenze dieser beiden physischen Welten entlang, sondern zugleich an einer inneren Grenzlinie unserer Existenz – sind wir nicht „Bürger zweier Welten“?

Aber spätestens am Abend gehen wir doch wieder in die eine, in unsere gewohnte Welt zurück, in die Landwelt, die Heimwelt, die bürgerliche und gesellschaftliche Welt, die Stadtwelt, in unser Zuhause. Und dann nimmt diese Heimwelt uns ein: mit ihren Freuden, ihren Aufgaben und ihrer Betriebsamkeit. Und wir neigen dazu, die andere Welt darüber zu vergessen – die Heimwelt als unsere eigentliche und ganze Welt zu nehmen.

Wir waren in zwei Welten, aber nun bewegen wir uns nur noch in einer, beschränken uns auf diese. Wir waren ausgegangen, waren größer geworden – offen für eine unbegrenzte Welt. Aber nun sind wir zurückgekehrt und haben uns auf die Perspektive der Stadtwelt verengt und beschränkt. Haben wir, so zurückkehrend, uns vielleicht vertan – oder sogar verloren?

Draußen, an der Küste, hatte der Ozean unsere Unendlichkeits-Seite wachgerufen. War dies nicht auch ein Versprechen – ein uns gegebenes und von uns zu haltendes Versprechen? Oder eine Mahnung, die wir im Sinn behalten sollten? War es nicht eine Aufforderung, unsere Weltbegriffe zu modifizieren? Was würde sich ergeben, wenn man dieser Aufforderung Folge leisten, wenn man ihre Mahnung dauerhaft in sich nachklingen lassen würde? Wie würde sich die Sicht des Menschen und der Welt verändern, wenn wir diesem Versprechen und dieser Mahnung treu zu bleiben suchten?[6]

---

[5] Freilich scheint unsere Position nicht genau zwischen diesen beiden Welten zu liegen, sondern einseitig zugunsten der Landseite verschoben zu sein (wir sind eben Geher, nicht Schwimmer). Gleichwohl: das Landstück, auf dem wir gehen, ist in besonderer Weise durch den Ozean geprägt. Bei seiner Gestaltung hatte der Ozean den aktiven, die Erde den passiven Part. Man geht gewissermaßen an der temporären Kompromisslinie beider entlang. Oder auf dem Streifen, den der Ozean dem Land abgerungen hat. Der Sand, auf dem wir gehen, ist in gewissem Sinn schon Ozeanland: der Ozean hat die Steine zu diesem Sand zerrieben, und er überspült den Sand mit jeder ankommenden Woge, um ihn dann kurz freizugeben und anschließend erneut zu überspülen. Die Küstenlinie ist also doch genau die Grenzzone und nicht einfach ein Stück Land. Sie ist der Landstrich, der schon zu gleichen Teilen Ozeanland ist. So bewegen wir uns, dort entlanggehend, tatsächlich an der Grenze dieser beiden Welten.

[6] Meine Bezugnahme auf den Pazifik könnte an Kants Thematisierung des Erhabenen erinnern. Nicht von ungefähr tauchten die beiden Versionen des Erhabenen, die Kant erwägt, das Mathematisch- und das Dynamisch-Erhabene, in meiner Phänomenologie des Pazifiks (unter den Gesichtspunkten der unermesslichen Weite bzw. der überlegenen Macht) auf. Dennoch ist meine Perspektive von der kantischen stark verschieden. Kants Theorie des Erhabenen arbeitet mit zwei unterschiedlichen Aspekten: einerseits fühlen wir uns der Natur *physisch* hoffnungslos unterlegen, andererseits jedoch *intellektuell* komplett überlegen; wir realisieren, dass wir grundsätzlich höhergestellt sind als sie. Und der Effekt des Erhabenen ist Kant zufolge die Elevation in die intellektuelle Welt als unsere eigentliche Heimat und Bestimmung. In meiner Beschreibung hingegen ist schon die Struktur der Erfahrung eine andere, und vollends ist das ihr Terminus. Weder fühlen wir uns physisch von der Natur vernichtet noch intellektuell ihr absolut überlegen. Und das Ergebnis der Erfahrung ist nicht eine Weltdistanzierung, sondern die Ahnung einer tieferen Verbundenheit mit der Welt. Kant zufolge führt uns die Erfahrung des Erhabenen über die physische

Die beiden Erörterungen zur phänomenalen Eigenart des Pazifiks und zur Logik von Küstenwanderungen sollten das Umfeld kennzeichnen, das für die anschließend darzustellenden Erfahrungen und Reflexionen mitprägend war, gleichsam das Tor für sie geöffnet hat. Der Pazifik ruft in uns das Bewusstsein einer größeren Dimension wach. Und der Gang an Küsten setzt uns dem Kontrast zwischen unserer zivilisatorisch-gewohnten und einer weiter ausgreifenden Welterfahrung aus. Wir spüren, dass jene größere Dimension uns nicht einfachhin fremd ist, sondern uns auf seltsame Weise angeht, ja zugehört.

3. Verwandtschaft mit nicht-menschlichem Seienden

a. Erfahrung der Gemeinsamkeit

Während er stundenlang an der Küste entlanggeht, verändert sich sein Verhältnis zu Wasser und Strand, zu Felsen, Tieren und Wolken. Ihm ist, als wären dies alles nicht Dinge von wirklich anderer Art als er selbst, sondern als wären diese Dinge und er weithin gleichartig. Schließlich wird es ihm zur Evidenz: Wir Menschen sind Gefährten, Verwandte und Partner, Zeit- und Schicksalsgenossen all dieses anderen Seienden, wir und es sind von der gleichen Art, aus dem gleichen Stoff. Was sich hier, in der Situation am Meer, zufällig zusammenfindet – die anrollenden Wogen, der am Strand entlanglaufende Vogel, die vorüberziehenden Wolken, der an- und abflauende Wind und er selbst –, steht in einer tiefen Gemeinsamkeit. Alle Dinge sind untereinander verwandt, sind symbiotisch. Nicht, dass die Unterschiede aufgehoben wären: der feinkörnige Sand, die Felsen im Meer, die Büsche auf den Klippen, sein durchwärmter Körper sind immer noch klar unterschieden. Aber sie erscheinen nicht mehr wie selbständige Gebilde, wie Substanzen von jeweils eigenständiger Art, sondern sie erweisen sich als eigentümlich verwandt, wie Gebilde und Manifestationen einer einzigen und gemeinsamen Welt. Eine wundersame – eine heiter-beglückende – Gemeinsamkeit hat sich aufgetan. Er empfindet, dass er ein Wesen von der gleichen (oder ganz ähnlichen) Art ist wie der Seehund, der ihn anschaut, oder der Felsen, auf dem er ruht. Er steht als Subjekt der Welt nicht mehr gegenüber, sondern ist Teil ihrer geworden. Fortan wird er alle Dinge anders anschauen als zuvor, er wird sein Denken umbauen müssen, um am Ende zu verstehen, wie es möglich ist, dass seine Sicht der Welt eine Sicht der Welt auf sich selbst ist.

b. Zum Status reflexiver Gefühle

Ein naheliegender Einwand würde lauten: Hier wird einem subjektiven Gefühl allzu viel an Bedeutung beigemessen. Denn um was anderes als um ein subjektives Gefühl kann es sich bei einer solchen Erfahrung handeln?

Aber es handelt sich nicht einfachhin um ein subjektives Gefühl, sondern um etwas anderes: um ein Reflexionsgefühl. Die Empfindung der Gemeinsamkeit trat nicht anläss-

---

Welt hinaus. In meiner Sicht führt uns die Erfahrung des Pazifik (wie sich bald deutlicher zeigen wird) gerade zum Bewusstsein einer Verbundenheit mit der Welt.

lich dieser oder jener momentanen Gelegenheit auf, sondern entsprang stundenlanger Beobachtung und mit ihr einhergehender Reflexion. Nicht diese oder jene Affektion, sondern der Fortgang und die wechselseitige Verstärkung von Wahrnehmung und Reflexion haben zur Erfahrung der tiefen Gemeinsamkeit geführt.

Reflexions-Gefühle sollte man nicht mit Standardgefühlen gleichsetzen. Die letzteren, beispielsweise ein Schmerz- oder ein Müdigkeitsgefühl, sind gewiss bloß subjektiv.[7] Reflexionsgefühle hingegen erheben zu Recht Ansprüche höherer Art. In ihnen geht es um Wahrheit. Man denke etwa an das Gefühl, dass in einer Argumentation etwas nicht stimmt – und wenn man diesem Gefühl folgt und die Argumentation prüft, wird man den Fehler vielleicht entdecken. Reflexive Gefühle zielen gerade auf eine zunächst verdeckte oder kaum sichtbare und erst durch tiefere Betrachtung sich klar erschließende Wahrheit.[8]

Standardgefühle und reflexive Gefühle sind also unterschiedlich in Struktur wie Anspruch. Bedauerlicherweise sind wir es zu wenig gewohnt, in dem, was man „Gefühl" nennt, derlei Differenzierungen vorzunehmen. Wir tendieren dazu, die Gefühle insgesamt nach dem Modell der subjektiven Körpergefühle aufzufassen. Es ist aber fatal, ein Körpergefühl wie den Schmerz und ein Reflexionsgefühl wie das einer Unstimmigkeit unisono als „Gefühle" zu rubrizieren und auf die gleiche Weise zu behandeln – und so aus der Subjektivität des ersteren (des Körpergefühls) auf einen notwendigerweise ebenso bloß subjektiven Charakter des letzteren (des Reflexionsgefühls) zu schließen. Auf diese Weise wird das Potential reflexiver Gefühle verschenkt. Solche Gefühle wären nicht ob ihres Gefühlsstatus zu diskreditieren, sondern in ihrem Wahrheitsanspruch zu verfolgen. Wohl verbürgen sie noch nicht eo ipso Wahrheit. Man muss, ihnen nachgehend, erst prüfen, ob sie tatsächlich in eine verlässliche Richtung weisen.

c. Gemeinsamkeit qua Evolution

Prüfen wir also, inwiefern dem Gefühl, dass es sich beim nicht-menschlichen Seienden nicht um schlechthin andersartiges Seiendes, sondern um dergleichen wie Partner und Verwandte handelt, eine Wahrheit innewohnt.

Zuerst einmal sind diese anderen Seienden in einem trivialen Sinn unsere Weg- und Zeitgenossen. Denn wir sehen diesen Küstenstreifen, diese Felsen, diese Wogen, diese Vögel und Wolken jetzt, während wir uns in derselben Umgebung aufhalten, die auch die ihre ist. All das tritt in der gleichen Zeit- und Raumsituation auf. – Aber diese erste Gemeinsamkeit (bloß des Hier und Jetzt) besagt noch wenig.

---

[7] Sie sind aber selbst das mit gutem Grund. Sie zeigen einen Zustand des Organismus an. Sie haben Vitalbedeutung – das ist ihr Sinn, und darin haben sie ihre Richtigkeit. Falsch wäre es nur, ihnen darüber hinaus transsubjektive Bedeutung (objektive oder Erkenntnisbedeutung) zuschreiben zu wollen.

[8] In diesem Sinn hat beispielsweise Kant das Gefühl des Erhabenen ein „*Geistesgefühl*" genannt (Kant, *Kritik der Urteilskraft* [1790], Erste Einleitung, Originalhandschrift H 67). Und schon bezüglich des Gefühls des Schönen hatte er auf dessen reflexiven Status und die damit verbundene Legitimität seines Allgemeinheitsanspruchs hingewiesen.

Zudem wären, wenn man die eigene Raum- und Zeitdimension dieser anderen Entitäten ins Auge fasste, große Unterschiede zu bedenken. Ihre Raum- und Zeitdimensionen sind von beträchtlich anderem Zuschnitt als die unseren. Die räumliche Extension des Ozeans ist unvergleichlich größer als unser begrenzter Aufenthaltsraum; und die Lebenszeit eines Menschen bedeutet im Maßstab des Ozeans gar nichts. Ebenso ist die Zeitskala der Steine eine ganz andere als die unserer Lebenszeit; sie sind viel älter als wir und haben, wenn überhaupt ein Leben, ein unendlich langsamer dahinfließendes. Die Wolken hingegen haben ein weitaus rapideres als wir; kaum entstanden, können sie sich auch schon wieder aufgelöst haben. In alledem besteht kaum eine Vergleichbarkeit und gewiss keine Gleichheit mit uns.

Was aber ergibt sich, wenn man nicht solcherart alles noch einmal mit dem menschlichen Raum- und Zeitmaßstab vergleicht, sondern in größeren Raum- und Zeitspannen zu denken beginnt (wozu gerade die Erfahrung des Pazifiks einen Anstoß gegeben haben könnte)? In erdhistorischer Betrachtung befinden wir uns durchaus alle im selben Boot. All diese Naturphänomene inklusive unserer selbst verdanken sich der Entwicklung auf der Erde. Das gilt für den Pazifik und die Steine, die Vögel und die Menschen, die Wolken und den soeben aufkommenden Wind gleichermaßen. Das Alter des Ozeans, der Steine, der Tiergattungen und der menschlichen Art differieren nur *innerhalb* dieses gemeinsamen Rahmens, der durch die Erde und deren Alter und Entwicklung abgesteckt ist.

Freilich scheint das nur eine vergleichsweise abstrakte Gemeinsamkeit zu begründen. Oder ist sie doch eine konkrete? Blicken wir auf die Phänomene. Offenbar bestehen Abhängigkeiten: keine Küste ohne Ozean, keine Wolken und kein Wind ohne den Gegensatz von Meer und Land, keine Lebewesen ohne andere Lebewesen. Die Dinge gehören *realiter* zusammen, stellen sich nicht bloß gefühlsmäßig als zusammengehörig dar. An manchen Phänomenen ist die gegenseitige Bedingtheit auf direkteste Weise offenkundig: Ozean und Küstenstrich, Felsen und Sand, Wind und Baumwuchs. Sobald man solchen Abhängigkeiten länger nachsinnt und nachdenkt, rücken die Dinge enger zusammen, zeigen sich in ihrer Verwandtschaft und Zusammengehörigkeit.

Schließlich: Woher stammt diese Zusammengehörigkeit, wie ist sie zu erklären? Aus dem Gang der Evolution auf der Erde. In ihm sind all diese Gebilde erwachsen – und zwar als interdependente und zusammengehörige Phänomene. Es ist ihre evolutionäre Herkunft und Prägung, die ihre Gemeinsamkeit begründet.

Und wir selbst? Gewiss, jetzt gehen wir hier am Strand entlang und haben das Wasser vor uns – als einen Bereich, der für uns kein Bereich ständigen Lebens ist. Aber wir waren einmal Fisch. Relikte aus jener Zeit wohnen uns noch inne, und manchmal kann gar ein Gefühl dieses früheren Zustandes in uns aufkommen.[9] Auch wir kommen aus der Evolution und haben uns in Interaktion mit anderen Produkten derselben gebildet.

---

[9] „[...] somewhere within us lives a dormant fish" (Joseph Brodsky, „Lullaby of Cape Cod" [1975], in: ders., *A Part of Speech*, New York: Farrar – Straus – Giroux 1980, 107–118, hier 110).

d. Kontrast zur städtischen Perspektive

Dennoch: Wie steht es diesseits solch rationaler Erklärung um die *Erfahrung* der Gemeinsamkeit? Ist sie wirklich mehr als Phantasiewerk und Einbildung? Ist nicht der ganze Spuk verschwunden, wenn man abends wieder zu Hause sitzt, beim Essen oder über seinen Büchern? War nicht das Hinausgehen aus der städtischen Welt (der eigentlichen Welt des Menschen als *zōon politikón* und *zōon lógon échon*) in eine sprachlose Natur, wo man sich Kommunikation und Gemeinsamkeit wünschen und imaginieren mochte, die Hintergrundsbedingung jener scheinbaren Erfahrung von Gemeinsamkeit?

Ohne Frage sind die Vorgaben der städtischen Welt und Existenz anders gelagert. Die letzteren haben keine Gemeinsamkeit mit Natur zur Basis. Und an der städtischen oder kulturellen Existenz hat unser Selbstverständnis seit langem Maß genommen. Gewiss bewegt man sich an der Küste (möglicherweise zur eigenen Überraschung) in eine demgegenüber andere Welt hinein. Diese Natur ist offenbar nicht nach dem Modell der Stadt und Kultur gemacht. Daher mögen sich dort andere Erfahrungen auftun. Aber warum sollten diese relevant sein?

Warum, andererseits, nicht? Warum sollte das Maß der städtischen Existenz das einzige und das ganze Maß des Menschen sein? Natürlich erscheint die Gemeinsamkeitserfahrung von der gewohnten Sichtweise aus, wie wir sie als Stadtmenschen (Geschäftsleute, Akademiker etc.) befolgen, als outriert oder ‚romantisch' oder dergleichen. Aber haben wir eine Ahnung davon, wie sehr wir uns, so urteilend, in einer bestimmten Weltsicht festgezurrt haben und alles ihr gemäß bewerten? Wir können eine Ahnung davon gewinnen, wenn wir tatsächlich hinausgehen, und dies beharrlich und lange tun. Wenn wir also nicht gleich, wie Sokrates in jener berühmten Szene, wo Phaidros ihn vor die Tore der Stadt in die Gefilde des Ilissos führt und Sokrates Naturdinge sieht und verwundert beschreibt, die er kaum zu kennen scheint, auf Abwehr schalten und erklären, all das vermöge uns nicht wirklich zu interessieren, denn es lehre uns nichts über den Menschen, und erst wenn wir das Wesen des Menschen genügend erforscht hätten, vermöchten wir überhaupt zu beurteilen, was all das Andere eigentlich ist und für uns bedeuten mag.[10] Diese Geschichte von Sokrates ist eine Urszene der Stadtphilosophie. Sie zeigt deren Prinzip. Die Stadphilosophie nimmt die Tore der Stadt noch ins Freie mit hinaus. Sie verlässt die Stadt gar nicht, sondern zieht alles in deren Rahmen hinein.

Gewiss, man kann so verfahren, und wo dies der Brauch ist, hilft kein Einspruch. Aber man kann auch anders verfahren. Man kann – mit nur leichtem Gepäck oder gar unbefrachtet – ins Freie gehen. Schon ein paar Stunden, in denen man der gewohnten Sicht gegenüber Epochē übt, mögen genügen, um uns in eine andere Erfahrungslage mit anderen Erfahrungsgehalten hinübergleiten zu lassen, von denen wir uns zuvor kaum etwas träumen ließen. – Ich will die Stadtphilosophie nicht herunterreden. Ich will nur auf ihre Grenze hinweisen und ihren Ausschließlichkeitsanspruch problematisieren.

---

[10] Platon, *Phaidros*, 229 e – 230 a. Diderots anthropisches Prinzip – „der Mensch ist der einzigartige Begriff, von dem man ausgehen und auf den man alles zurückführen muss" (Denis Diderot, Artikel „Enzyklopädie", in: ders., *Philosophische Schriften*, Berlin: Aufbau-Verlag 1961, Bd. 1, 149-234, hier 187) – stellt eine Steigerungsform dieser Haltung dar.

Wie gesagt: man kann als modernes, selbstbewusstes Subjekt am Strand entlanggehen und die Schönheit oder Fremdheit der Natur betrachten und genießen oder scheel beäugen; aber man kann auch, zunächst vielleicht kaum bewusst, aber nach längerer Zeit mit immer mehr Klarheit, in jene andere Erfahrungslage hinübergleiten, wo man der Gemeinsamkeit aller Erscheinungen gewahr wird. Dann spaziert nicht mehr ein selbstherrliches Subjekt am Strand entlang, sondern ein Partner, Gefährte und Mitspieler der Erscheinungen.[11] Dieser kann sich dann freilich auch wieder in die städtische Sicht zurückbewegen. Und dabei das eine oder andere der vorher gemachten Erfahrung bewahren – oder ihrer vergessen.[12]

Aber nun überlege man einmal: Wie würden sich die Verhältnisse wohl darstellen, wenn man sich in beiden Erfahrungsformen in etwa gleich lang aufhielte? Wenn also der Küstenspaziergang nicht bloß ein Erholungsausläufer der Stadtexistenz wäre, sondern ein Exerzitium, das man nicht weniger schätzt und dem man sich nicht weniger hingibt als dem Besuch von Bibliotheken und Cafés? Würde man dann den Erfahrungen, die man dabei macht, nicht ebenso viel Gewicht und Wahrheit beimessen wie dem jüngsten Kulturereignis oder einem Börsentag an der Wall Street? – Sagen wir für den Moment: *zwei* Welten als Minimum.

4. Jenseits des modernen Dualismus

Schließlich: gibt es nicht auch für unser Denken, wie für unsere Existenz insgesamt, zwei verschiedene Auslegungsmöglichkeiten? Die eine, die gängige, besagt, dass unser Denken schlicht unser Denken ist – menschliches Denken, nach menschlichem Maß mit menschbestimmten Gegenständen befasst. Die andere erwägt, dass in unserem Denken mehr als nur menschliche Vorstellungen zum Ausdruck kommen könnten – dass unser Denken sich letztlich von der Welt herschreibt und dass in ihm die Reflexivität der Welt zu sich kommt. In der Stadtwelt konzipieren wir, wie alles, auch das Denken human. Ein Aufenthalt in der größeren Welt des Pazifik kann uns die Augen für die mundane Situiertheit des Denkens aufschlagen.

Die ganze Stellung zur Welt verändert sich in dieser Erfahrung. Das moderne Grunddogma der Weltfremdheit des Menschen löst sich auf. Es hat das Denken – trotz aller Kritik an Descartes – seit dem 17. Jahrhundert behext. Der Mensch galt – aufgrund seines Geistes – als Weltfremdling.[13] Und sollte paradoxerweise dann just durch diesen Weltfremdmacher ‚Geist' sich erkennend mit der Welt verbinden. Das konnte natürlich

---

[11] In solchen Momenten löst sich der von Adorno beschriebene Panzer des Selbstverständnisses, wie er zur gewohnten stadtbürgerlichen Existenz gehört. Stattdessen bricht ein „Selbstbewusstsein des Menschen von seiner Naturhaftigkeit" auf (Theodor W. Adorno, *Ästhetische Theorie* [1970], in: ders., *Gesammelte Schriften*, Bd. 7, Frankfurt/Main: Suhrkamp [4]1984, 295). Vgl. dazu auch Maurice Merleau-Pontys Selbstvergleich mit „einer Welle, mit einem Wellenkamm in einem Meer, das, aufschäumend, aus einem einzigen Gischtrand bestünde" (Jean-Paul Sartre, *Freundschaft und Ereignis: Begegnung mit Merleau-Ponty* [1961], Frankfurt/Main: Insel 1962, 11).

[12] Man braucht, was diesen Unterschied angeht, nur Thoreau und Jeffers – oder Sartre und Enzensberger – zu lesen.

[13] Vgl. den Essay „Anthropologie im Umbruch – Das Paradigma der Emergenz" in diesem Band.

nur so gehen, dass er nicht *die* Welt, sondern nur eine menschlich konstituierte Welt erkennt. Daher das anthropische Prinzip der Moderne.

Die pazifischen Erfahrungen und Reflexionen fegen die Annahme einer primären Weltfremdheit des Menschen hinweg. Wir sind von Grund auf nicht Weltfremdlinge, sondern weltverbundene und weltimprägnierte Wesen. Diese Lehre des Pazifik suchten meine Reflexionen dankbar widerzuspiegeln.

IX Die Kunst und das Nicht-Menschliche

„Man is no measure of anything.“[1]

1. Problemexposition: der im 20. Jahrhundert in der Kunst auftretende Ruf nach Nicht-Menschlichem

a. Beispiele von Künstlern und Ästhetikern des 20. Jahrhunderts

In der Kunst des 20. Jahrhunderts finden sich verschiedentlich Aufrufe, die Kunst solle inhuman sein oder werden. So erklärte Apollinaire 1913: „Die Maler sind vor allem Menschen, die inhuman werden wollen. Sie suchen mit aller Kraft nach Spuren des Inhumanen.“[2] Ortega y Gasset diagnostizierte 1925 als Kennzeichen der neueren Kunst eine Tendenz zur „Entmenschlichung“.[3] Merleau-Ponty hat 1948 Ähnliches schon im Blick auf Cézanne vermerkt: dessen Malerei enthülle „den Grund inhumaner Natur, auf dem der Mensch sich einrichtet“.[4] Und Adorno plädierte in der nachgelassenen *Ästhetischen Theorie* von 1970 für Inhumanität als Leitlinie heutiger Kunst: „Treue hält Kunst den Menschen allein durch Inhumanität gegen sie.“[5] – Ich nenne, bevor ich mich der Analyse einzelner Kunstwerke zuwende, noch Robinson Jeffers, den großen Dichter des

---

[1] Robinson Jeffers, „The Double Axe“ [1942–47], in: *The Collected Poetry of Robinson Jeffers*, hrsg. v. Tim Hunt, Bd. 3 (1938–1962) (Stanford: Stanford University Press 1991), Teil II: „The Inhumanist“, 256–312, hier 264 [XV].

[2] „Avant tout, les artistes sont des hommes qui veulent devenir inhumains. Ils cherchent péniblement les traces de l'inhumanité“ (Guillaume Apollinaire, „Méditations esthétiques. Les Peintres cubistes“ [1913], in: ders., *Œuvres en prose complètes*, II, Paris: Gallimard 1991, 3–52, hier 8 [„Sur la peinture“]).

[3] José Ortega y Gasset, „Die Vertreibung des Menschen aus der Kunst“ [„La deshumanización del arte“, 1925], in: ders., *Gesammelte Werke*, Bd. 2 (Stuttgart: Deutsche Verlagsanstalt 1978), 229–264, hier 257.

[4] „La peinture de Cézanne [...] révèle le fond de nature inhumaine sur lequel l'homme s'installe“ (Maurice Merleau-Ponty, „Le Doute de Cézanne“, in: ders., *Sens et non-sens* [1948], Paris: Nagel [5]1966, 15–44, hier 28).

[5] „Kunst wird human in dem Augenblick, da sie den Dienst kündigt. Unvereinbar ist ihre Humanität mit jeglicher Ideologie des Dienstes am Menschen. Treue hält sie den Menschen allein durch In-

Kalifornischen Pazifiks, der meinte, dass es für uns Menschen auf einen „clear shift of meaning and emphasis, from man to what is not man“ ankomme;[6] „we must uncenter our minds from ourselves; we must unhumanize our views a little, and become confident as the rock and ocean that we were made from.“[7]

Warum ist eine Zuwendung zum Nicht-Menschlichen eine Forderung prominenter Künstler und Ästhetiker des 20. Jahrhunderts geworden? Warum strebt man nach einer Kunst, die nicht mehr das Menschliche zum Ausgangspunkt und Ziel hat, sondern die Sphäre des Menschlichen hinter sich lassen möchte? Wogegen wendet man sich dabei eigentlich und worauf zielt man stattdessen? Und wie könnte derlei Versuchen Erfolg beschieden sein – und wie nicht?

b. Der Anthropozentrismus früherer Kunst – das Beispiel der Renaissance

Als erstes will ich fragen: War die Kunst der Moderne zuvor denn tatsächlich dezidiert human ausgerichtet, hatte sie den Menschen zum Ausgangspunkt und Zentrum?

Klarerweise kann man dies von der Kunst der Renaissance – nicht von ungefähr die Epoche der Erfindung des modernen Humanismus – sagen. Exemplarisch ist das am neuen Prinzip der Malerei, an der Zentralperspektive, zu erkennen. Machen wir uns die Logik zentralperspektivischer Darstellung in drei Punkten klar.

Erstens: Was auf der Bildfläche erscheint, wird als lineare Projektion der dahinter befindlichen realen Gegenstände verstanden, wie sie sich aus einem bestimmten Augenpunkt darstellen. Dürer hat diese Auffassung am *Zeichner des sitzenden Mannes* von 1525 exemplifiziert.[8] Jeder Bildpunkt ist die Notation eines Gegenstandspunktes, wie er, vom apparativ fixierten Auge des Künstlers aus gesehen, auf die Bildfläche fällt.

Zweitens: Die Bildfläche wird als transparent aufgefasst. Auch das ist Dürers schematischer Darstellung zu entnehmen, und Dürer selbst hat das Verfahren der Perspektive – der „pro-spettiva“ – als eines der „Durchsehung“ charakterisiert.[9] Auf das Bild blickend, soll man direkt auf die im Bild dargestellte Realität zu sehen glauben. Daher

---

humanität gegen sie“ (Theodor W. Adorno, *Ästhetische Theorie*, Frankfurt/Main: Suhrkamp 1970, 293).

[6] Robinson Jeffers, „Preface to *The Double Axe and Other Poems*“ [1947], in: *The Collected Poetry of Robinson Jeffers*, hrsg. v. Tim Hunt, Bd. 4 (Stanford: Stanford University Press 2000), 418–421, hier 421.

[7] Robinson Jeffers, „Carmel Point“ [1948–1953], in: *The Collected Poetry of Robinson Jeffers*, a.a.O., Teil III: „Hungerfield“ (1948–53), 313–408, hier 399.

[8] Albrecht Dürer, „Der Zeichner des sitzenden Mannes“, in: ders., *Underweysung der Messung* (Nürnberg 1525).

[9] Albrecht Dürer, *Schriftlicher Nachlass*, hrsg. v. Hans Rupprich, 2 Bde. (Berlin: Deutscher Verein für Kunstwissenschaft, 1956–57) Bd. II, 373.

Abb. 1: Dürer, Zeichner des sitzenden Mannes

der zeitgenössische Topos vom Bild als „Fenster".[10] Die perspektivische Methode der „Durchsehung" begründet den spezifischen „Realismus" der Renaissance-Kunst.

Drittens: Der Augenpunkt ist der eigentliche Regent der Bilderscheinung. Primär bildet er ihr Konstruktionszentrum, aber er spiegelt sich auch im Bild selber wieder: als der Fluchtpunkt, auf den hin die Tiefenlinien der Darstellung zusammenlaufen. Der Fluchtpunkt ist das geometrisch exakte Pendant des Augenpunktes. Der letztere liegt der Darstellung also nicht nur zugrunde, sondern ist ihr zugleich eingeschrieben. Alles erscheint so, wie es sich aus dem Augenpunkt des Künstlers bzw. Betrachters (der Künstler ist der ursprüngliche Betrachter) darstellt. Das Betrachterauge ist das Organisationszentrum des Bildes.[11]

In diesen Aspekten ist die Perspektivkonstruktion klarerweise anthropozentrisch: die Gegenstände erscheinen nicht von ihnen selbst her, sondern so, wie sie *von uns aus*

[10] Der Topos vom Bild als Fenster geht auf Albertis Bezeichnung der Bildfläche als „fenestra aperta" zurück (Leone Battista Alberti, *Drei Bücher über die Malerei*, in: *Leone Battista Alberti's Kleinere Kunsttheoretische Schriften*, Wien: Braumüller 1877, 45–163, hier 79). Vgl. auch Vasaris berühmte Aussage, Masaccio habe in seinem Wandbild *Die Heilige Dreifaltigkeit zwischen Maria und dem Evangelisten Johannes und Stiftern* (Florenz, Santa Maria Novella, um 1425) die Wand durchbrochen („pare che sia bũcato quẽl mũro", zit. nach Julius von Schlosser, *Die Kunstliteratur*, Wien: Schroll 1924, 286).

[11] Daraus erklärt sich übrigens auch der auffällige Effekt, dass zentralperspektivisch konstruierte Bilder auf den Betrachter zuzukommen, ihn anzublicken scheinen. Das folgt eben daraus, dass die ganze Darstellung grundlegend aus dessen Augenpunkt entworfen und so auf den Betrachter bezogen ist.

Abb. 2: Leonardo da Vinci, Abendmahl

gesehen sind – als Korrelate *unseres* Blicks auf die Welt. *Wir* sind das konstruktive Zentrum, auf welches alle Einzelheiten des Bildes bezogen sind.

Unterstrichen wird diese Sachlage oftmals dadurch, dass Konstruktionszentrum und Bedeutungszentrum zusammenfallen. Dann befindet sich der Betrachter in direkter Konvergenz mit der semantisch prominentesten Stelle des Bildes.

Leonardo da Vincis *Abendmahl* von 1497/98 (Mailand, S. Maria delle Grazie) ist ein berühmtes Beispiel dafür. Der Augen- bzw. Fluchtpunkt befindet sich in der Bildmitte, knapp neben Jesu bildlich linkem (körperlich rechtem) Auge. Dadurch erfolgt in der Wahrnehmung des Bildes eine Identifikation des Betrachters mit Jesus.

Ein anderes, raffinierter angelegtes Beispiel ist Raffaels *Sposalizio* von 1504 (Mailand, Brera). Wir blicken aus erhöhter Stellung auf die Vermählungsszene im Vordergrund. Der Augen- bzw. Fluchtpunkt befindet sich an der mystischsten Stelle des Bildes: in Höhe der mittleren Pforte des Tempels, die den Durchblick auf den Horizont freigibt. Diese lichtdurchflutete Stelle wirkt hier – durch die nach vorne, zur Hauptszene hin, sich ergießenden Treppenstufen – wie die Präsenz Gottes oder des Heiligen Geistes, dessen Strahlen und Segen sich auf die Vermählungsszene ergießen.

Diese wenigen Hinweise mögen genügen, um zu verdeutlichen, dass die Perspektivkonstruktion intrinsisch anthropozentrisch ist. Sie verfügt eine zentrale Stellung des Betrachters – für die Anlage des Bildes und für das Erscheinen der Welt. Der Blick des Menschen ist das Herz der sich zeigenden Welt.

c. Anthropozentrismus über die Renaissance hinaus?

Ich habe die Perspektivkunst der Renaissance thematisiert, um *eine* Antwort auf die Frage zu finden, warum Künstler und Ästhetiker des 20. Jahrhunderts, die für eine Abkehr

Abb. 3: Raffael, Sposalizio

der Kunst vom Humanen und für eine Hinwendung zu Nicht-Menschlichem plädieren, der Auffassung sein konnten, dass die bisherige Kunst dezidiert human orientiert, ja geradezu anthropozentrisch gewesen sei. Die Kunst der Renaissance war das gewiss. Sie hatte den Menschen zum Herrn der Erscheinungen gemacht.

Aber war die vorangegangene Kunst der Moderne denn auch dort, wo sie die Perspektive zwar noch beachtete, aber nicht mehr zum primären Darstellungsprinzip hatte, mensch-zentriert geblieben? Hatte auch sie eine prinzipiell vom Menschen aus erfolgende und auf den Menschen hin gerichtete Sicht der Welt vertreten – was das Alternativ-Plädoyer für eine Zukehr zum *Nicht-Menschlichen*, für eine nicht mehr vom Menschen ausgehende und alles immer nur auf den Menschen beziehende Sichtweise verständlich machen könnte?[12]

[12] Leonardo da Vinci ist auch in dieser Hinsicht eine Ausnahme-Erscheinung. Vielfach hat er auf Mängel der Zentralperspektive hingewiesen und deren Korrektur und Ergänzung gefordert. Und Leonardos Landschaften sind einzigartig darin, dass sie die Natur als etwas zeigen, was nicht auf den menschlichen Blick zurückgeführt werden kann. Rilke hat Leonardo diesbezüglich als den Künstler gewürdigt, der die Landschaft erstmals als etwas „Fernes und Fremdes“ vor Augen brachte – als etwas, „was vor dem Menschen liegt und über ihn hinaus“. Über die Landschaft der *Mona Lisa* schrieb er: „Diese Landschaft ist nicht eines Eindrucks Bild, nicht eines Menschen Meinung über die ruhenden Dinge; sie ist Natur die entstand, Welt die wurde und dem Menschen so fremd wie der niebetretene Wald einer unentdeckten Insel“ (Rainer Maria Rilke, „Von der Landschaft“ [1902], in: ders., *Sämtliche Werke in 12 Bänden*, Bd. 10, Frankfurt/Main: Insel 1976, 516–522, hier 520).

Ich kann hier nicht sämtliche Richtungen der Kunst seit der Renaissance durchgehen, sondern möchte mich stattdessen auf eine prinzipielle Bemerkung zur Denkform der Moderne beschränken (die ich in der Tat als in einem tiefen Sinne anthropozentrisch ansehe), um anschließend an einem speziellen Fall, an der Malerei der Romantik, von der man denken mag, dass sie diesem modernen Anthropozentrismus gerade opponiert hat und stattdessen für das Nicht-Menschliche offen war, zu überprüfen, inwieweit sie dem anthropozentrischen Druck tatsächlich zu entgehen vermochte oder ob, allgemein gesagt, der letztere auch dort noch bestehen kann, wo man ihn längst überwunden glaubt.

d. Die anthropische Denkform der Moderne

Die moderne Denkform sehe ich im Prinzip durch ein Wort Diderots umrissen.[13] „Der Mensch", schrieb Diderot 1755, „ist der einzigartige Begriff, von dem man ausgehen und auf den man alles zurückführen muss".[14] „Das Dasein des Menschen", erklärte er weiter, „macht die Existenz der Dinge doch erst interessant."[15] Und: Der Mensch ist der „Mittelpunkt" von allem.[16]

Diderot selbst gab eine pragmatische Begründung dieses neuen, post-kopernikanischen Anthropozentrismus; andere Autoren wählten eine eher epistemische Begründung. So sagte Locke, dass wir Vorstellungen von etwas immer nur entsprechend dem gewinnen können, „was wir in uns selbst vorfinden und bei uns beobachten"; „unser Denken reicht nicht über dasjenige hinaus, was wir selbst besitzen";[17] daher bleiben wir in aller Erfahrung und Erkenntnis anthropisch beschränkt.

Diese Auffassung erhielt 1781 durch Kants *Kritik der reinen Vernunft* ihre perfekte epistemologische Legitimation. Wir können – durch den Apriorismus der „formalen Bedingungen einer Erfahrung überhaupt"[18] bedingt – Erfahrung und Erkenntnis prinzipiell nur von Gegenständen nach unserer Art haben; auch darüber hinaus können wir Vorstellungen von transzendenten Gegenständen nur bilden, indem wir diese „anthropomorphosieren".[19] – Kants Konzeption, die für die kommenden Jahrhunderte so überaus prägend war, hat epistemisch eine grundlegende anthropische Restriktion unseres Erfahrens und Erkennens verfügt.

Seitdem ist das anthropische Prinzip zum leitenden Prinzip der Moderne geworden. Unsere Welt gilt als eine von Grund auf menschlich geformte und bestimmte Welt. Spä-

[13] Dieser Abschnitt benennt (um der selbständigen Lesbarkeit dieses Essays willen) in Kurzform noch einmal, was zuvor in „Epistemischer Anthropozentrismus – Zur Denkform der Moderne und ihrer Kritik" ausführlich dargestellt wurde.

[14] Denis Diderot, Artikel „Enzyklopädie" [1755], in: *Enzyklopädie. Philosophische und politische Texte aus der ‚Encyclopédie' sowie Prospekt und Ankündigung der letzten Bände* (München: Deutscher Taschenbuch Verlag 1969), 79–175, hier 121.

[15] Ebd., 120.

[16] Ebd.

[17] John Locke, *Versuch über den menschlichen Verstand* [1690] (Hamburg: Meiner 1981), 378 [II.XXIII.13].

[18] Immanuel Kant, *Kritik der reinen Vernunft* [1781], A 220.

[19] Immanuel Kant, *Anthropologie in pragmatischer Absicht* [1798], B 76, Anm. [§ 27, recte § 30].

tere Einsichten haben daran nichts geändert. Die historistische Lehre etwa, dass die menschlichen Erfahrungs- und Erkenntnisbedingungen nicht invariant, sondern historisch und kulturell spezifisch sind – eine Sichtweise, die bis zum Relativismus und Kontextualismus unserer Tage reicht – hat die grundlegende Auffassung, dass wir Gegenstände und Welt nur im Duktus menschlicher Muster erfahren und erkennen, nicht etwa außer Kraft gesetzt, sondern fortgeführt und schier unbegrenzt ausagiert. Das anthropische Prinzip bildet bis heute das leitende (und konjunkturförderliche) Axiom der Human-, Sozial- und Kulturwissenschaften.

Aber ist meine – hier nur ganz abbreviatorisch gegebene – Kennzeichnung der modernen Denkweise nicht zu pauschal? Vielleicht. Oder ist sie gar falsch? Hat es im Verlauf der Moderne nicht auch immer wieder energische Kritiken der anthropischen Denkform gegeben – von Frege und Husserl über Heidegger bis zu Adorno und Foucault? Gewiss. Aber ich fürchte, man kann zeigen, dass sie am Ende allesamt wieder in den Rahmen des anthropischen Prinzips zurückgekehrt sind.[20]

e. Gegenoptionen – auf den zweiten Blick doch anthropozentrisch bleibend: das Beispiel der Romantik

Die Romantik – dem Anthropozentrismus entkommen?

Ich will dergleichen hier jedoch nicht an philosophischen Positionen, sondern an einem künstlerischen Fall demonstrieren, am Beispiel der Romantik.

Gewiss war es die Intention der Romantik, uns eine Welt erfahren zu lassen, die über die gewohnte menschliche Welt hinausführt und nicht, wie im Fall der Perspektivkunst, durch Verfahren menschlicher Berechnung gebildet oder einzufangen ist. Aber die Weltsicht der Romantik blieb doch grundsätzlich menschgeneigt und menschbezogen – nur dass die Welt sich nicht auf dem Weg der Berechnung, sondern des Sinnens und Fühlens erschließen sollte.[21] So aber war auch diese Welt eine menschengemachte: sie sollte sich wesentlich unserer Tätigkeit des „Poetisierens" verdanken.

---

[20] Vgl. in diesem Band „Epistemischer Anthropozentrismus – Zur Denkform der Moderne und ihrer Kritik".

[21] So belegt das Beispiel der Romantik, dass die von mir gegebene Bestimmung der Moderne tiefer reicht als die übliche. Diese sieht als Charakteristikum der Moderne die Ausrichtung auf mathematische Rationalität an, die in der modernen Weltbeherrschung durch Technik kulminiere. Dem aber ist die Romantik – die oft in anderen Hinsichten als exemplarisch modern gilt – klar entgegengesetzt. Bezeichnenderweise leitet Novalis seinen Ausblick auf eine Zeit, wo „sich die Welt in's freie Leben und in die Welt wird zurückbegeben", durch die Zeilen „Wenn nicht mehr Zahlen und Figuren sind Schlüssel aller Kreaturen" ein (Novalis, „Wenn nicht mehr Zahlen und Figuren" [1800], in: ders., *Schriften*, hrsg. v. Paul Kluckhohn u. Richard Samuel, Bd. 1: *Das dichterische Werk*, Stuttgart: Kohlhammer ²1960, 360). Hingegen bleibt die Romantik, wie wir sehen werden, der anthropozentrischen Sichtweise der Moderne verhaftet.

Einige Bilder Caspar David Friedrichs

Ich möchte das an Werken von Caspar David Friedrich deutlich machen und beginne mit dem *Mönch am Meer* von 1809 (Berlin, Alte Nationalgalerie).

Abb. 4: Friedrich, Mönch am Meer

Das Verblüffende des Bildes ist einfach zu benennen. Zwar stehen wir als Betrachter vor dem Bild, das den Mönch und die ihn umgebende Seelandschaft zeigt. Aber wir finden uns in kürzester Zeit in das Bild hineingezogen und in die Position des Mönches versetzt. Das aber hat zur Folge, dass das, was wir sehen, nicht eine Landschaft ist, in der ein Mönch steht, sondern dass wir die Landschaft aus dem Blickpunkt dieses Mönches sehen: als die Landschaft, wie sie im Gemüt dieses Mönches ersteht. Es ist die Landschaftsempfindung des Mönches, die im Bild zur Darstellung kommt. Wir sehen, was er sieht.

Man kann das eine doppelte Absorption des gewohnten ästhetischen Betrachtungsverhältnisses nennen. Erstens findet sich der Bildbetrachter in das Bild selbst hineingezogen, an die Stelle einer Person im Bild versetzt – die ästhetische Distanz hält nicht stand. Zweitens zeigt das Bild auch im Verhältnis von Mönch und Seelandschaft nur scheinbar ein Betrachtungsverhältnis: in Wahrheit ist diese Seelandschaft das, was sich in der Imagination des Mönches bildet.

Das erste, die Aufhebung der ästhetischen Distanz, hat Heinrich von Kleist in einer berühmten Formulierung beschrieben. Angesichts dieses Bildes sei einem, „als ob einem die Augenlider weggeschnitten wären“.[22] Auch das zweite, die eigentümliche Inklusion zwischen dem sinnenden Mönch und der in seinem Sinnen aufgehenden Landschaft, hat Kleist zumindest angedeutet. Der Maler habe „zweifelsohne eine ganz neue Bahn im Felde seiner Kunst gebrochen“;[23] es sei, wie wenn er „diese Landschaft mit ihrer eignen Kreide und [...] ihrem eigenen Wasser malte“[24] – aber diese Direktheit verdankt sich eben dem Umstand, dass das Fleisch der Landschaft aus der Imagination des Betrachters gebildet ist. Die Landschaft ist das Produkt seines sinnenden Schauens, ist Erzeugnis des Subjekts.

Dieses Verhältnis von Betrachter und Dargestelltem bildet bei Friedrich eine Konstante. Er malt Landschaften, wie kein Fotoapparat sie registrieren könnte. Friedrichs Landschaften sind Produkte eines tätigen Schauens, Sinnens und Fühlens des Subjekts, Produkte eines Poetisierens.[25]

Abb. 5: Friedrich, Abendlandschaft mit zwei Männern

[22] Heinrich von Kleist, „Empfindungen vor Friedrichs Seelandschaft“ [*Berliner Abendblätter*, 13. Oktober 1810], in: ders., *Sämtliche Werke und Briefe*, Bd. 2 (München: Hanser ^{9}1993), 327 f., hier 327.

[23] Ebd.

[24] Ebd., 328.

[25] So hat es auch Ludwig Tieck gesehen. Er schreibt, „der vortreffliche Landschaftsmaler Friedrich in Dresden“ habe Novalis' Auffassung „aus eignem reichen poetischen Gemüth [...] großentheils wirklich gemacht“ (Ludwig Tieck, „Vorrede zur dritten Auflage von Novalis Schriften“ [1815] in: *Novalis. Schriften*, hrsg. v. Richard Samuel, Bd. 4, Stuttgart: Kohlhammer 1975, 551–560, hier 559).

Das zeigt auch die ca. 1830–35 gemalte *Abendlandschaft mit zwei Männern* (St. Petersburg, Eremitage): Wieder bewirkt die Rückenansicht, dass wir selbst zu diesen schauenden Figuren werden. Und das Bild zeigt deren inneres Gesicht, den Gehalt ihres Gemüts. Mit ihm, nicht mit einer realen Landschaft, sind sie eins. Die Landschaft ist der Gehalt ihrer unendlich gewordenen Empfindung.

Abb. 6: Friedrich, Zwei Männer in Betrachtung des Mondes

Schließlich, zur weiteren Bestätigung, zwei rätselhafte Bilder. Zunächst *Zwei Männer in Betrachtung des Mondes* (1819; Dresden, Gemäldegalerie). Irritierend ist in diesem Bild die zweite, mondähnliche Lichtform rechts. Die linke stellt eindeutig den Mond dar. Die rechte aber scheint mysteriös. Die kunsthistorische Literatur erwähnt sie meistenteils gar nicht, und wo doch, hat man keine befriedigende Erklärung gefunden.

Aber vielleicht sehen zwei Betrachter schier zwangsläufig (in einem nicht naturalistischen Sinn) zwei Monde – jedenfalls dann, wenn das, was sie sehen, als Gehalt ihres Bewusstseins und Schauens aufgefasst ist. Oder genauer: Das sinnende Bewusstsein ist

Abb. 7: Friedrich, Mann und Frau in Betrachtung des Mondes

das eigentliche Licht der poetisierten Welt. Daher vielleicht die bei zwei Betrachtern im romantischen Bildsinn konsequente (naturalistisch freilich nur zögerlich mögliche) Einführung einer zweiten Lichtquelle, einer zweiten mondartigen Erscheinung in diese Nachtwelt.

Das ist auch in einer Reprise des Motivs so, in dem fünf Jahre später (1824) entstandenen Bild *Mann und Frau in Betrachtung des Mondes* (Berlin, Alte Nationalgalerie). Wieder sieht man links den gleichen sichelförmigen Mond, imaginativ zur vollen Rundgestalt ergänzt, und rechts eine punktförmige Lichtquelle, die sich durch ihren Halo, wenn auch insgesamt schwächer, der Mondgröße annähert.

Wie immer eine abschließende Deutung dieser beiden letzten Bilder lauten mag, ich halte es für offenkundig, dass Friedrich tendenziell Landschaften in Gemüt und Kopf (nicht einfach solche vorhandener Natur) gemalt hat.[26] Er ist ein Bewusstseinsmaler – der Maler eines romantisch-poetisierenden Bewusstseins.

Subtile Anthropozentrik

Und nun zur Gretchenfrage: Fällt die romantische Kunst, die zweifellos jedem simplen Anthropozentrismus opponiert, in jederlei Sinn aus der modernen Anthropozentrik heraus?

Eher scheint sie mir eine Aufgipfelung des Prinzips der Subjektivität darzustellen und darin dem anthropischen Muster verhaftet zu bleiben. Als die wahre Welt gilt ihr der Gehalt unserer groß gewordenen Empfindung. Zumindest das *höhere* Sein der Natur ist für die Romantik nicht etwas Reales, sondern das, was in der menschlichen Empfindung ersteht. Daher die Aufgabe des Sich-Einfühlens und die Konnotationen des Sich-Einsfühlens. Die Welt ist das, was in unserem Gemüt aufgeht – nur nicht primär via Denken, sondern via Gefühl und Empfindung, Sinnen und Kontemplation. So aber ist auch diese Weltsicht prinzipiell menschbezogen. Die Romantiker – beispielsweise Novalis – erklären denn auch geradezu in einer neuen Art von Anthropo-Teleologie, dass „die ganze Natur“ den Zustand der „höheren, wunderbaren Wesen“ namens ‚Mensch‘ ausdrücke,[27] dass die Natur im Grunde nur ein „Gegenbild der Menschheit“ sei,[28] dass in ihr letztlich allenthalben „menschlicher Sinn“ liege.[29] – Von dem Inhumanen, auf welches das 20. Jahrhundert zielt, ist die romantische Sicht meilenweit entfernt.

---

[26] Friedrichs Auffassung geht über die konventionelle Sichtweise hinaus, wonach zu einem Sockelbestand realistischer Wahrnehmung künstlerisch imaginative Komponenten hinzutreten. Friedrichs Naturbeobachtung hat ihre Spitze darin, dass sie die Tiefe des subjektiven Anteils, die grundsätzliche Einschreibung der Subjektivität in die Naturphänomene entdeckt und betont. Eine solche, wenn man so will, ‚idealistische‘ Komponente ist der Romantik inhärent. Vgl. Friedrichs Ratschlag an den Maler: „Schließe dein leibliches Auge, damit du mit dem geistigen Auge zuerst siehest dein Bild. Dann fördere zutage, was du im Dunkeln gesehen, dass es zurückwirke auf andere von außen nach innen“ (*Caspar David Friedrich in Briefen und Bekenntnissen*, hrsg. v. Sigrid Hinz, Berlin: Henschel 1968, 92). Vgl. ebenso Friedrichs Selbstverteidigung und seine Kritik der bloßen Nachahmer: „Ihr tadelt und sprecht, der Gegenstand ist in der Natur anders, und XXX hat viel hineingesehen, was gar nicht in der Wirklichkeit ist. Ich ehre, was ihr tadelt, denn was XXX hineingesehen, [...] bleibt dem Charakter des Gegenstandes und der Natur getreu, ja unterstützt und erhält denselben. Ihr aber habt nicht einmal aus dem Gegenstand herausgesehen, was offenbar darinliegt, denn ihr seid geistig blind und ahmt bloß gefühllos nach“ (ebd., 95).

[27] Novalis, „Die Lehrlinge zu Sais“ [entst. 1798–99, Erstdruck 1802], in: ders., *Schriften*, Bd. 1, a.a.O., 69–112, hier 100.

[28] Ebd., 99.

[29] Novalis, „Hymnen an die Nacht“, in: *Werke, Tagebücher und Briefe Friedrich von Hardenbergs*, hrsg. v. Hans-Joachim Mähl u. Richard Samuel (München: Hanser 1978), Bd. 1, 147–177, hier 163.

Kurzum: Bei aller Abkehr von der Standard-Anthropozentrik der epistemisch-rationalen Weltsicht bleibt eine subtilere Anthropozentrik in Geltung. Letztlich geht doch wieder alles imaginativ vom Menschen aus und ist auf diesen zurückbezogen.[30]

2. Plädoyer für das Nicht-Menschliche – in welchem Sinn und mit welchem Erfolg?

a. Darstellung von Dingen, die in keiner Weise mehr den Menschen meinen oder auf den Menschen bezogen werden können

Die bisherigen Ausführungen dienten dazu, den möglichen Sinn und die Radikalität der im 20. Jahrhundert auftretenden Forderung nach einer Umpolung der Kunst auf das Nicht-Menschliche erkennen zu lassen. Man sucht jetzt über die anthropozentrische Konfiguration der Moderne hinauszugelangen – über all jene Formen, die direkt oder indirekt alles vom Menschen aus sehen und auf diesen zurückbeziehen. Also über die direkt menschzentrierte Kunst des Renaissance-Typs sowieso, aber auch über jene, wie man es jetzt sieht, halbherzigen Versuche einer Überschreitung, die vom Barock bis zur Romantik doch nur Varianten oder Erweiterungen der Grundfigur zustande brachten und sich letztlich doch wieder ins anthropische Schema zurückbeugten. Man ist all dieser primären, sekundären und tertiären Anthropozentrismen müde – dieser fortgesetzten Ipsismen und Humanismen, wie die Denkweise der Moderne sie verfügt.[31] Diesen anthropischen Kokon will man sprengen. Die neue Intention gilt der Darstellung von Dingen, die *in keiner Weise mehr den Menschen meinen oder auf diesen bezogen werden können.*

b. Künstlerische Beispiele

Kasimir Malewitsch

Wie dergleichen künstlerisch realisiert werden kann, möchte ich zunächst an Malewitsch verdeutlichen.

Betrachten wir eines seiner *Schwarzen Quadrate* aus den zwanziger Jahren (ca. 1923–1930; Paris, Centre Pompidou). Am Original kann man eine sehr eigenartige Erfahrung machen. Bekanntlich sieht man reines Schwarz (wo nicht etwa Umgebungsreflexe es verunklaren) nicht als Farbfläche, sondern als reine Tiefe. So hier. In dem Moment, wo

---

[30] Blumenberg könnte Recht gehabt haben: „Die letzten und subtilsten Formen der Anthropozentrik bleiben ihren Kritikern immer verborgen" (Hans Blumenberg, *Die Genesis der kopernikanischen Welt*, Bd. 1 [1975], Frankfurt/Main: Suhrkamp 1981, 201).

[31] Schon Herder hatte einmal erklärt: „Der Menschlichkeiten bin ich [...] satt u. müde" (Johann Gottfried Herder, Brief an Johann Isaak Gerning, Anfang März 1801, in: ders., *Briefe*, Bd. 8: Januar 1799 November 1803, Weimar: Hermann Böhlaus Nachfolger 1984, 204–211, hier 205 [19]).

Abb. 8: Malewitsch, Schwarzes Quadrat

der Blick des Betrachters sich auf das schwarze Quadrat konzentriert und des Schwarz wirklich als *Schwarz* gewahr wird,[32] verliert der Blick jeden Anhalt an der Oberfläche und schießt in die Tiefe, wird wie durch einen quadratischen Schacht im Nu ins Unendliche hinausgesogen. Das ist die Erfahrung, auf die es Malewitsch ankam. Ästhetisch wollte er uns zum Erleben einer kosmischen Dimension führen. So der Sinn seines „Suprematismus".[33] Die Werke sollten uns in eine Dimension versetzen, die weder von menschlichem Maß ist noch anthropo-teleologisch auf den Menschen zurückbezogen werden kann.[34]

---

[32] Hilfreich dafür ist, dass das Schwarz bei diesem Werk nicht, wie sonst meist, in Kontrast zu einem weißen Umfeld, sondern zu einem grauen Gipsgrund steht.

[33] „Ich habe nichts erfunden, nur die Nacht habe ich empfunden und in ihr habe ich das Neue erblickt, das Neue, das ich Suprematismus nannte. Durch die schwarze Fläche hat es sich ausgedrückt, die ein Quadrat gebildet hat und dann einen Kreis" (Kasimir Malewitsch, „Suprematismus", in: *Europa-Almanach*, Potsdam 1925; zit. nach Walter Hess, *Dokumente zum Verständnis der modernen Malerei*, Reinbek: Rowohlt 1956, 98). Vgl. auch die folgende Äußerung: „Die Kunst der Malerei ist nicht das Vermögen, eine Konstruktion zu schaffen, die auf den ästhetischen Geschmack an der anmutigen Schönheit im Verhältnis von Formen und Farben gegründet ist, sondern die vielmehr auf dem Grunde des Gewichtes, der Geschwindigkeit und der Richtung der Bewegung ruht" (ebd., 99).

[34] Für Malewitsch ist es ganz entscheidend, dass das Werk – zweifellos etwas vom Menschen Gemachtes – nicht das Letzte und Eigentliche seiner selbst ist. Es ist vielmehr nur der Anlass zur

Malewitschs Suprematismus ist *ein* Beispiel und *eine* Weise, wie die Kunst im 20. Jahrhundert zu einer Instanz des Nicht-Menschlichen werden konnte.

Jean Dubuffet

Ein ganz anderes Beispiel sind Jean Dubuffets Arbeiten der späten fünfziger und frühen sechziger Jahre.[35] Während Malewitsch uns über die gewohnte humane Welt hinauszuführen suchte, indem er uns in *kosmische* Dimensionen versetzte, zielte Dubuffet darauf, inhumane Strukturen des *Irdischen*, der Erde zur Geltung zu bringen.[36]

Ich will das durch zwei Bilder verdeutlichen. Zuerst *Fruits de terre* von 1960: ein schier beliebiges Stück krustiger Erde, Steinbrocken in eine lehmartige Masse eingebunden. Ein Bild anorganischer, festgeronnener Präsenz – unseren Blick weder anziehend noch suchend. Die Erde, wie sie authentisch und autonom für sich ist, ohne unserer zu bedürfen oder zu achten. Ähnlich zeigt *Gala de terre* von 1959 ein Stück Erdoberfläche, das weder ästhetisch arrangiert ist noch sonst irgendwie den Menschen meint oder braucht.

Erfahrung von etwas, was die Dimension des Werkes übersteigt. Malewitsch hat sich 1927 ausdrücklich gegen die Identifikation des Werkgehalts („Ikone") mit dem Werkbestand („Bild") erklärt – der erstere geht über den letzteren hinaus: „Ein Quadrat ist kein Bild, so wie der Schalter oder Stecker nicht der Strom sind. Wer [...] in der Ikone [...] ein Bild sah, hat sich geirrt. Denn er hat den Schalter, den Stecker für ein Bild des Stroms gehalten" (zit. nach: Hans Belting, *Das unsichtbare Meisterwerk: die modernen Mythen der Kunst*, München: Beck 1998, 342). Malewitsch will das Werk nicht als selbstgenügsames Bild, sondern nur als Auslöser des Stroms verstanden wissen. Vgl. auch die folgenden Äußerungen: „Ich habe endgültig das Ziel – das Bild – zerschlagen und die Weltempfindung herausgestellt" (Malewitsch 1927; zit. nach: Belting, a.a.O., 342). Die Kunst hat „nicht die geringste Absicht, die Interessen des Daseins der Gesellschaft zu bedienen" (Malewitsch, „Suprematismus als reines Wissen" [1922], in: *Licht und Farbe in der Russischen Avantgarde*, Köln: DuMont 2004, 162). Malewitsch hat die moderne, menschzentrierte Einstellung, gegen die er anzugehen gedachte, gar extrem formuliert: „Die Gesellschaft hat festgelegt, dass die gesamte Natur, auch die Sonne und der Mond, aus dem Interesse der Gesellschaft selbst heraus geschaffen wurden" (ebd.). Gegen die Erwartung, die Kunst möge einen derartigen „Wunsch der Gesellschaft [...] befriedigen oder [...] vervollkommnen", hat er die Kunst als „Wirbelsturm" charakterisiert (ebd.).

35 Ausführlich habe ich Dubuffets Werk aus philosophischer Perspektive diskutiert in „An den Grenzen des Sinns – Ästhetische Aspekte der Malerei des Informel (Dubuffet)", in: *Philosophisches Jahrbuch* 86/1 (1979), 84–112.

36 Die einschlägigen Serien sind *Topographies* und *Texturologies* (1957–59) (sie wurden bezeichnenderweise unter dem Titel *Célébration du sol* zusammengefasst) sowie *Phénomènes* (1958–63) und *Matériologies* (1959–61). Vgl. die folgende Aussage Dubuffets: „Peintre, je suis explorateur du monde physique et fervent chercheur de cette clef" (Jean Dubuffet, „Empreintes" [1957], in: ders., *L'homme du commun à l'ouvrage*, Paris: Gallimard 1973, 229–253, hier 233). – Schon Rimbaud hatte erklärt: „Wenn ich Verlangen habe, so nur nach der Erde und den Steinen" (Arthur Rimbaud, „Fêtes de la faim" [1872], in: *Œuvres*, hrsg. v. Suzanne Bernard, Paris: Garnier Frères [2]1960, 169).

Abb. 9: Dubuffet, Fruits de terrre

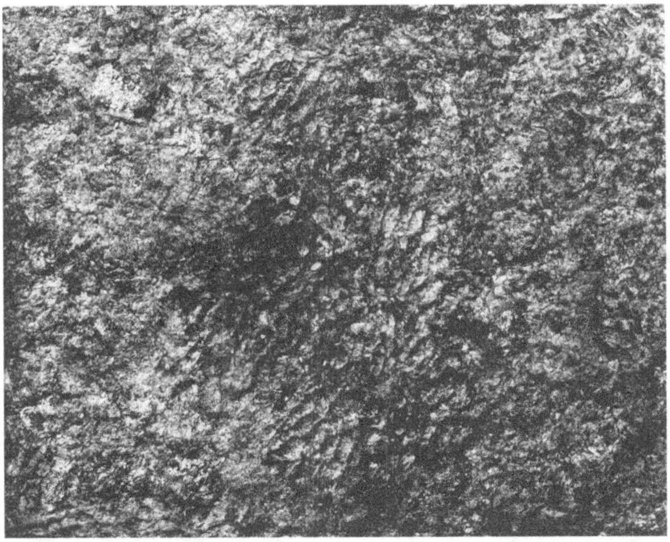

Abb. 10: Dubuffet, Gala de terre

Dubuffet war in jenen Jahren von der inhumanen Souveränität der Erde fasziniert und suchte diese – damals eine Provokation – in Bildern zum Ausdruck zu bringen. Es ging ihm, wie er sagte, um eine „Enthumanisierung [...] des Menschen und seines Blicks“[37] – gegen die kulturell etablierte mensch-zentrierte Auffassung, von der er meinte, dass sie uns zwar noch beherrsche, aber nicht mehr zu uns passe.[38]

Ich belasse es vorerst bei dem Hinweis auf diese beiden Versuche, in der Kunst Nicht-Menschliches in den Vordergrund zu rücken und dadurch dem modernen Anthropozentrismus – der Haltung, in allem vom Menschen auszugehen und alles auf den Menschen zurückzubeziehen – zu entrinnen.

Gewiss hat dieses untergründige Motiv des 20. Jahrhunderts auch ganz andere Formen angenommen – minimalistische etwa oder technologische. Aber statt diese zu diskutieren, will ich nun fragen, ob die Versuche einer Zuwendung zum Nicht-Menschlichen ihr Ziel erreicht haben. Und wenn nicht, warum nicht. Und wie es etwa anders zu erreichen wäre.

c. Das Inhumane: bloß ein Gegen- und Komplementärbegriff zum Humanen

Meine Vermutung lautet: Das Nicht-Menschliche, auf das man hier setzt, ist letztlich nur eine Gegen- und Komplementärinstanz zum Humanen. Und weil das so ist, ist diesen Versuchen wenig Erfolg beschieden. Sie bleiben an die anthropische Konstellation gebunden – und kehren oft explizit zu ihr zurück.

Malewitsch war von Anfang an ambivalent gewesen. Zwar gelang es ihm durch manche seiner Werke, ästhetisch eine Erfahrung kosmischer Unendlichkeit hervorzurufen; aber Malewitsch selbst hat dieses Erfahrungsverhältnis dann theoretisch wie praktisch zu einem bloßen Ausdrucksverhältnis herabgestuft: die schwarze Fläche, sagte er, sei *Ausdruck* der kosmischen Unendlichkeit[39] – damit konnte dann die ermüdende Serie seiner zunehmend selbstreferentiellen Quadrat-, Kreis- und Kreuzbilder beginnen.[40] Zudem sollte die suprematistische Kunst am Ende doch wieder architektonisch wie sozial der Gestaltung eines neuen Menschen und einer neuen Welt dienen. Das Inhumane wurde zu einem Regenerationsmittel des Humanen.

---

[37] „[...] beaucoup de mes [...] peintures reposent [...] sur la déshumanisation des sujets, voire de l'homme et de son regard, sur une espèce de désindividuation tant du peintre lui-même que de ses sujets“ (Jean Dubuffet, *Prospectus et tous écrits suivants*, 2 Bde., Paris: Gallimard 1967, Bd. II, 131).

[38] „Notre culture est un vêtement qui ne nous va pas – qui en tout cas ne nous va plus“ (Jean Dubuffet, „Positions anticulturelles“ [1951], in: *L' homme du commun à l'ouvrage*, a.a.O., 67–77, hier 68).

[39] Vgl. Malewitsch, „Suprematismus“, a.a.O., 98. Damit weicht Malewitsch von seiner radikaleren Auffassung ab, wonach die Ikone gerade nicht als Bild aufzufassen ist. Was als nur der Anlass kosmischer Erfahrung konzipiert war, wird durch den Ausdrucksgedanken in deren Darstellung und damit in ein gewöhnliches Bild verkehrt.

[40] Vgl. dazu auch sein Diktum von 1922: „die Kunst kann nur sich selbst zum Inhalt haben“ (zit. nach: Belting, *Das unsichtbare Meisterwerk*, a.a.O., 341).

Auch Dubuffet entging der anthropischen Matrix nicht auf Dauer. Zunehmend suchte er seinen Lobpreis der Erde dadurch zu realisieren, dass er sie im Himmelsgewand zeigte.

Abb. 11: Dubuffet, Le mécanisme de l'effacement des traces

Zwei Beispiele: *Le mécanisme de l'effacement des traces* von 1957 und *Sol céleste* von 1958. Die inhumane Erde wird dadurch nobilitiert, dass sie das uns vom Sternenhimmel her geläufige Bild zeigt. Das terrestrisch Inhumane wird seines genuinen Fremdheits-Charakter entkleidet und mit einem celestischen Schönheitsmuster überzogen.

Und bald darauf hat sich Dubuffet vollends dem Zirkus der menschlichen Welt zugewandt.[41] Ich führe nur zwei Beispiele an: *Le cadeau d'anniversaire* von 1964 und eine Personengruppe von 1971/72 (darunter, in der Mitte, *Massif à l'homme*). – Jeder Kommentar dürfte sich erübrigen.

Die Intention aufs Nicht-Menschliche scheint mir zwar verständlich und „irgendwie richtig" zu sein. Man will die anthropischen Spiegelspiele überschreiten, den anthropischen Kokon sprengen. Und das verspricht man sich, scheinbar ganz schlüssig, von einer Zuwendung zum Inhumanen als demjenigen, was in keiner Weise den Menschen meint oder auf diesen zurückrechenbar ist.

Aber das so gedachte Inhumane ist nichts anderes als das Negativ des Humanen. Es soll dessen Gegenpol und Alternative sein – ist so aber ganz und gar durch den Kontrast zum Humanen und damit von diesem her bestimmt. Die Konturen des Inhumanen ergeben sich aus denen des Humanen. Insofern agieren die bislang betrachteten Versuche in Wahrheit das anthropische Prinzip nur aus, anstatt, wie sie glauben, es zu überschreiten.

[41] „Zirkus" war Dubuffets eigener Ausdruck.

Abb. 12: Dubuffet, Sol céleste

Abb. 13: Dubuffet, Le cadeau d'anniversaire

Ich teile das Bemühen um eine Überschreitung der anthropischen Spiegelspiele. Aber durch eine Zuwendung zum Inhumanen ist es nicht zu erreichen. Auf diese Weise bleibt man wider Willen noch immer im anthropischen Rahmen. Und über kurz oder lang schlägt dieser, wie sich an Malewitsch und Dubuffet zeigte, mit Nachdruck hervor.

Abb. 14: Dubuffet, Personengruppe von 1971/72

3. Ein anderer Ansatz

a. Vom homo humanus zum homo mundanus

Damit komme ich zum entscheidenden Punkt. Eine Übersteigung der anthropischen Konfiguration müsste meines Erachtens auf einer anderen Grundoperation als der Zukehr zum Inhumanen beruhen.

Diese Operation müsste so sein, dass sie einen grundsätzlichen Gegensatz von Humanem und Inhumanem gar nicht erst verstattet (und daher auch nicht zum bekannten Widerspiel von Humanismus und Antihumanismus führt). Erfordert wäre dafür ein Verständnis des Menschen, das diesen nicht basal durch Absetzung gegen anderes – die Welt oder die Natur – definiert. Und das ihn ebenso wenig durch Zuschreibung einer exklusiven Eigentümlichkeit – Geist, Sprache oder dergleichen – auszeichnen und bestimmen würde. Sondern das ihn grundlegend in einer Gemeinsamkeit mit Anderem sehen würde (auch mit dem, was aus anthropischer Perspektive als sein Gegenteil, als Inhumanes, erscheint), wobei die Besonderheit des Menschen dann *aus dieser Gemeinsamkeit und innerhalb seiner* zu erläutern wäre. – Auf diese Weise, das ist meine Vermutung, ließe sich vielleicht erreichen, was in der Zuwendung zum Inhumanen zwar angezielt, aber systematisch verfehlt wurde.

Wie aber könnte man es anstellen, den Menschen primär nicht anthropisch, sondern aus seiner Verbundenheit mit anderem, mit der Welt zu denken – und dies nicht als nachträgliche Verbindung oder Zusammenstückung, sondern so, dass der Mensch grundlegend im Kontext der Welt zu verstehen ist? Wie ließe sich diese Verfassung eines *homo mundanus* statt eines *homo humanus* vor Augen und zu Gehör bringen?

b. Künstlerische Beispiele

Ich will das an zwei Werkbeispielen demonstrieren, die aus dem letzten Viertel des 20. Jahrhunderts stammen. Übrigens haben sich deren Autoren bezeichnenderweise nicht mehr der Kategorie des „Inhumanen“ bedient.

Zunächst zum letzten Stück von John Cage: *Thirteen* von 1992.[42] Die hier vorliegende Klangentwicklung ist für Cages späte Stücke insgesamt typisch. Sie ist durch Offenheit und Zufälligkeit gekennzeichnet. Diese laufen jedoch nicht auf Beliebigkeit hinaus, sondern ergeben einen Klangverlauf, der seine eigene Art von Kohärenz hat. Nur dass weder mehr die kompositionslogische Entwicklung eines ‚Themas‘ zugrunde liegt noch die Töne sich der Konstruktion durch ein komponierendes Subjekt verdanken. Eher scheinen sie von nirgendwo zu kommen – oder sich wie von selbst zu entwickeln.

Und je mehr wir der Folge dieser Klänge zuhören, umso mehr werden wir uns selbst in ihre Welt eingeführt fühlen. Uns ist, wie wenn wir zunehmend zu einem Teil der hier erklingenden Welt würden, hineingenommen in den Fluss der Klänge und in ihm uns mitbewegend – eher wie teilhabende Elemente denn als konstatierende Beobachter dessen, was wir hören. Wir gleiten in ein nicht mehr oppositionelles, sondern partizipatorisches Weltverhältnis hinüber.

Das zweite Beispiel – Morton Feldmans Stück *Piano and Orchestra* von 1975 – ist ähnlich. Wieder eine Sequenz einzelner Klangentwicklungen, mit Einschnitten dazwischen. Man weiß nicht, was als nächstes kommt. Ein Zug des Überraschenden hält sich durch. Auch wo sich echoartige Antworten oder Reprisen finden, sind diese doch in Rhythmus und Klangcharakter subtil verändert. Einige der Klänge wirken wie Atemvorgänge, insgesamt hat der Fortgang etwas Trance-artiges.

Auch bei Feldman finden wir uns in eine Welt versetzt, die sich auf ihre eigene Art entfaltet und nicht mehr durch menschliche Planung und Kompositionstechnik bestimmt erscheint. Und wieder fühlen wir uns in diese Welt zunehmend hineingezogen und in ihr willkommen geheißen.

Cage und Feldman haben den Wechsel im kompositorischen wie rezeptorischen Verhalten, auf den ich hinzuweisen suche, verschiedentlich selber formuliert. Statt des herkömmlichen Verfahrens, etwas vom Menschen aus zu komponieren und zu bestimmen, wollten sie Dinge zu Gehör bringen, die wie sich selbst entwickelnd erscheinen. Cage sprach diesbezüglich vom Kontrast zwischen zivilisatorischem Fortschritt und Kunst: der Fortschritt ziele darauf, die Natur zu *beherrschen*, in der Kunst hingegen gehe es darum, auf die Natur zu *hören*.[43] Feldman schrieb, er wolle nicht ‚komponieren‘, sondern frei

[42] Cage hat dieses Stück für Manfred Reichert und dessen „Ensemble 13“ geschrieben – daher der Titel.

[43] „Perhaps progress means *mastering* nature. Art seems to be about *listening* to nature“ (zit. nach: Richard Kostelanetz, *John Cage im Gespräch. Zu Musik, Kunst und geistigen Fragen unserer Zeit*, Köln: DuMont 1989, 158).

von kompositorischer Rhetorik Klänge in die Zeit projizieren[44] – Stücke schreiben, die wie sich entwickelnde Dinge sind.[45]

c. Ostasiatische Parallelen – Ausblick

Cage wie Feldman fanden für ihre Versuche Anregungen im asiatischen Denken und in asiatischer Kunsterfahrung und -praxis.[46] Das scheint kein Zufall zu sein.

Denn asiatische, insbesondere ostasiatische Kunst ist weithin dadurch charakterisiert, dass sie ein partizipatorisches – nicht oppositionelles – Weltverhältnis artikuliert.[47] Das hat weitreichende Konsequenzen. Sie betreffen schon den ganzen Ansatz und etliche Kategorien der Ästhetik, vom Werkbegriff angefangen bis hin zu einer pragmatisch, nicht theoretisch akzentuierten Weise der Rezeption. Und sie betreffen das menschliche Selbstverständnis und Verhältnis zur Welt. Hier wird – mit einer zuvor schon gebrauchten Formulierung gesagt – der *homo mundanus* als Maß des *homo humanus* angesehen.

Cages und Feldmans Versuche, über den anthropozentrischen Kokon hinauszugelangen, sind dieser asiatischen Sichtweise offenbar verwandt. Sie wollen den menschlichen Gesichtspunkt nicht mehr durch die Wende zu einem Inhumanen ergänzen oder überschreiten, sondern artikulieren eine Sichtweise, die mit dem autonomistischen Verständnis des Menschen zugleich diesen Gegensatz hinter sich gelassen hat und in diesem Sinn vielleicht eher als ‚transhuman' denn als ‚inhuman' bezeichnet werden könnte.[48]

Es schiene mir lohnend, diese Perspektive im Blick auf spätere und zeitgenössische Kunstformen weiter zu verfolgen. Gerade auch im Blick auf sogenannt ‚westliche' Kunst

---

44 „My desire here was not to 'compose', but to project sounds into time, free from a compositional rhetoric that had no place here" (Morton Feldman, „Liner Notes", in: *Give My Regards to Eighth Street: Collected Writings of Morton Feldman*, hrsg. v. B. H. Friedman, Cambridge: Exact Change 2000, 3–7, hier 5 f.).

45 „Before, my pieces were like objects; now, they're like evolving things" (zit. nach: *Morton Feldman: List of Works – Werkverzeichnis*, London: Universal Edition 1998, 3).

46 Cage hat sich des chinesischen *I Ching* als aleatorischer Matrix bedient (zum Beispiel in seiner *Music of Changes* von 1951); ab 1947 studierte er Zen-Buddhismus bei Daisetz T. Suzuki; auch finden sich in seinem Werk direkte Bezüge zu ostasiatischer Kunst, vgl. sein Stück *Ryoanji – for voice and percussion* (1985). Feldman hat seine langen Stücke gerne mit Teppichen aus dem Nahen und Mittleren Osten verglichen (vgl. Morton Feldman, „Crippled Symmetry", in: *Give My Regards to Eighth Street*, a.a.O., 134–149).

47 Die vorliegenden Überlegungen knüpfen an meinen beim XV. Internationalen Kongress für Ästhetik in Tokyo-Makuhari im August 2001 gehaltenen Vortrag „Art Transcending the Human Pale – Towards a Transhuman Stance" an. Er ist in englischer Sprache im *International Yearbook of Aesthetics* erschienen (Bd. 5, 2001, 3–23) und wird 2012 auf deutsch („Wie die Kunst über die Enge der menschlichen Welt hinausführt – Auf dem Weg zu einer transhumanen Sichtweise") in *Blickwechsel. Neue Wege der Ästhetik* (Stuttgart: Reclam 2012) abgedruckt.

48 Freilich mag auch ‚transhuman' missverständlich sein, sofern es die Assoziation ‚jenseits des Menschlichen' weckt, während es eigentlich um die Überschreitung nicht des Menschen, sondern der alles auf den Menschen beziehenden bzw. verengenden *Denkform* geht. Es kommt darauf an, über die Matrix hinauszugelangen, die das Menschliche – positiv oder negativ – zum hauptsächlichen Bezugspunkt macht. Es gilt, den Menschen als integralen Teil einer über ihn zugleich hinausreichenden Welt zu verstehen.

– was immer das in einer globalisierten Welt heißt. Denn zwar sehe ich in jenen ostasiatischen Denk- und Kunstformen ein großes Inspirationspotential, aber ich denke nicht, dass wir sie einfach 1 : 1 übernehmen könnten oder sollten. Wir müssen, wenn wir zu der skizzierten Revision gelangen wollen, schon auch durch eigene Anstrengung dorthin gelangen.

Die Wende zum Inhumanen, das wollte ich zeigen, ist allenfalls ein Indiz, bietet aber noch nicht den Ausweg aus der anthropischen Klammer. Dafür wird es mehr, wird es eine tieferreichende Veränderung brauchen. Cage und Feldman waren auf dem Weg. Vielleicht können wir diesen weitergehen.

III. Ausblicke

X Anthropologie im Umbruch – Das Paradigma der Emergenz

Das herkömmliche Bild vom Menschen ist aufgrund von Erkenntnissen unhaltbar geworden, die in den letzten Jahrzehnten seitens verschiedener Wissenschaften gewonnen wurden. Es gilt, ein neues Bild zu entwickeln. Insbesondere die Lebenswissenschaften haben zu Befunden geführt, die Grundpunkte des herkömmlichen Selbstverständnisses umstürzen oder zumindest neu zu buchstabieren verlangen. So hat die Evolutionsbiologie gezeigt, dass vermeintlich mensch-exklusive Eigenschaften – Rationalität, Altruismus etc. – sich schon bei unseren entfernten und nahen Verwandten finden. Die Evolutionäre Anthropologie hat uns verstehen lassen, wie wir Menschen nicht durch göttliche Begabung, sondern infolge evolutionärer Veränderungen den Weg zur Kultur gefunden haben. Die Hirnforschung hat auf eine immense evolutionäre Kontinuität der Organisation des Gehirns bis zum Menschen hingewiesen. Die Kognitiven Neurowissenschaften und die Kognitionspsychologie haben uns zu verstehen gelehrt, auf welchem Weg die Abstraktionsleistungen, die beim Menschen gewiss immens sind, aus Verfahren hervorgegangen sind, die sich schon bei anderen Tieren finden. Und die Philosophie – im Allgemeinen eine eher konservative Disziplin – hat sich darangemacht, solchen Befunden Rechnung zu tragen und eine Anthropologie zu entwerfen, die auf dem Stand des zeitgenössischen Wissens ist.

Im Folgenden will ich zunächst das Grundschema der traditionellen Anthropologie umreißen, um dann auf das Problem hinzuweisen, in das man sich dabei verrannt hat, ohne es lösen zu können. Anschließend werde ich den Lösungsversuch diskutieren, den Johann Gottfried Herder in der 2. Hälfte des 18. Jahrhunderts vorlegte. Herder hatte das Problem erkannt und machte einige Schritte in Richtung der Lösung – ohne diese allerdings letztlich zu erreichen. Zum Schluss werde ich dann angeben, wie das Grundproblem der Anthropologie heute im Licht des Paradigmas der Emergenz eine Lösung erfahren kann.

1. Die Grundfigur und das Grundproblem der konventionellen (dualistischen) Anthropologie

a. Die animalisch-vernünftige Doppelnatur des Menschen

Das Grundbild der konventionellen Anthropologie ist durch zwei Bestimmungen gekennzeichnet. Erstens ist der Mensch offenbar ein Lebewesen unter anderen Lebewesen. Er ist ein Tier – lateinisch ein *animal*. Entsprechend drückt die Standarddefinition des Menschen – als *animal rationale* – zunächst einmal aus, dass der Mensch grundlegend ein Tier ist. Aber zweitens ist der Mensch zugleich jenes besondere Tier, das sich von allen anderen Tieren dadurch unterscheidet, dass es über Rationalität verfügt. Der Mensch ist nicht ein schlichtes animal, sondern ein animal *rationale* – und gar das *einzige* animal rationale. – Rationalität soll ausschließlich uns Menschen, keinem anderen Lebewesen zukommen. Die Rationalität soll der besondere Faktor sein, der das Menschentier zu einem Menschen macht.

Wir Menschen sind also durch zwei Komponenten bestimmt: durch *animalitas* und *rationalitas*, durch Tierheit und Vernünftigkeit. Wobei für uns freilich die letztere Komponente, die Vernünftigkeit, die ausschlaggebende ist. Von ihr leitet sich all das her, was uns auszeichnet: unsere Lernfähigkeit, unser Wissen, unsere Kultur, unsere Kunst, unsere Technik. Und natürlich auch der Umstand, dass wir über Sprache verfügen. Das *animal rationale* – griechisch das *zōon lógon échon* – hat Sprache zum eigentlichen Medium der Rationalität. Die Sprache erlaubt uns die reflexive Verständigung über Sachverhalte, über uns selbst, über die Welt und unsere Stellung in ihr – und in der Sprache bewegen natürlich auch wir uns, wenn wir hier über Grundfragen der Anthropologie und die Bedeutung der Rationalität nachdenken, die uns über die Animalität hinaushebt und uns den Himmel betrachten oder über den Kosmos oder die Götter nachdenken lässt.

Die Götter erwähne ich nicht von ungefähr, denn bei den altgriechischen Philosophen bildeten, neben den Tieren, die Götter den zweiten Bezugspol für die Bestimmung des Menschen. Der Mensch galt als ein Mittelwesen zwischen Göttern und Tieren. In der therio-komparativen, der tier-vergleichenden Perspektive ergab sich das soeben Ausgeführte: dass wir Tiere sind, aber doch allen anderen Tieren durch unsere Rationalität überlegen. In der theo-komparativen, der gott-vergleichenden Perspektive hingegen ergab sich, dass wir, an der vollkommenen Seinsweise der Götter gemessen, noch immer höchst unvollkommene Wesen sind – trotz unserer Rationalität, denn die Götter besitzen vollkommenes Wissen, während unser Wissen bloß Stückwerk ist.

Diese Doppelstellung – Unterlegenheit gegenüber den Göttern, aber Überlegenheit gegenüber den Tieren – kommt in einem Diktum Heraklits treffend zum Ausdruck. Demzufolge nimmt sich selbst „der weiseste Mensch, gegen Gott gehalten, wie ein Affe" aus, während umgekehrt der vollkommenste Affe, „mit dem Menschengeschlechte verglichen", ein kümmerliches Geschöpf ist.[1]

Unsere Doppelnatur ist mit einer eindeutigen Bewertung und Zielstellung verbunden. Für uns kommt alles darauf an, uns nicht an unserer niedrigen, tierischen Natur (der

---

[1] *Die Fragmente der Vorsokratiker*, hrsg. v. Hermann Diels u. Walter Kranz, 3 Bde., Bd. 1 (Zürich: Weidmann [6]1951), 169 [B 83 bzw. B 82].

animalitas), sondern an unserer höheren, geistigen Natur (der *rationalitas*) auszurichten. Zu unserer Doppelnatur gehört ein elevatorischer Imperativ. Der Mensch soll sich vom Irdischen lösen und dem Überirdischen zuwenden.

Dieser Imperativ soll uns sogar schon physisch eingeschrieben sein. Man hat den menschentypischen aufrechten Gang als Indiz unserer primär nicht irdischen, sondern überirdischen Ausrichtung interpretiert. Als Aufrechtgeher haben wir habituell nicht die Erde, sondern den Horizont, die Grenzlinie zwischen Erde und Himmel, im Blick, und vermögen unseren Blick von daher eigens auf den Himmel zu richten. Der griechische Terminus für ‚Mensch' – *ánthrōpos* – ist (zumindest *einer* Etymologie zufolge) von *ánō athrōn* abgeleitet und bedeutet somit „der Hinaufschauende".

b. Himmlischer, nicht irdischer Ursprung der Rationalität

Die nächste Frage lautet nun: Woher haben wir Menschen das uns Auszeichnende, die Rationalität? Für die traditionelle Anthropologie gibt es darauf nur eine Antwort: Die Rationalität kann nicht aus der Tierheit erwachsen, sondern muss uns von außen, von oben, aus der Sphäre des Göttlichen zugekommen sein. Aus der Tierheit kann sie schon deshalb nicht entstanden sein, weil dann gar nicht zu verstehen wäre, warum sie sich nicht auch bei anderen Tieren entwickelt hätte, sondern sich ausschließlich beim Menschen findet. Sie muss also einen nicht-animalischen, einen überirdischen Ursprung haben.[2]

Wie aber kann man sich die Begabung des *irdischen* Wesens Mensch mit einer *überirdischen* Rationalität vorstellen? Die einfachste Erklärung war die des Pythagoras, der meinte, dass wir Menschen gar nicht auf der Erde, sondern im Himmel – im Umkreis der Götter – entstanden und erst von dort aus ins irdische Leben gelangt sind.[3] Wenn es so ist, dann ist natürlich klar, dass wir einen überirdischen Anteil in uns tragen können – allerdings ist es dann umgekehrt schwierig zu verstehen, wie wir auch einen irdischen haben können.

Am bekanntesten ist das Modell eines überirdischen Ursprungs unserer Rationalität von der platonischen Seelenlehre her. Demnach lebte unsere Seele einst im Himmel in direkter Anschauung der Ideen.[4] Dann aber widerfuhr ihr der Sturz ins Irdische und die Einkerkerung in einen Körper.[5] Dadurch sind wir die Zwei-Komponenten-Wesen geworden, die wir sind. Unsere Lebensaufgabe freilich liegt in einer Wiederzukehr zu unserer eigentlichen Seinsweise, in einer „Rückwendung unserer ganzen Seele"[6] auf ihre

---

[2] Woraus dann zusätzlich verständlich wird, warum die Rationalität uns eine Ausrichtung aufs Überirdische, Göttliche, Ewige verleiht.

[3] Vgl. Marcus Tullius Cicero, *Gespräche in Tusculum* [entst. 45 v.Chr.] (Zürich: Artemis & Winkler 1992), 323 [V 9].

[4] Vgl. Platon, *Phaidros*, 248 a–c.

[5] Wo er dies nahelegen will, spielt Platon mit dem lautlichen Anklang von *sōma* und *sēma*, von Körper und Grab: der Körper sei wie das Grab der Seele (vgl. Kratylos, 400 c 1 f.).

[6] *periagōgē hóles tēs psychēs*: Platon, *Politeia*, 518 c 8, 518 d 4, 521 c 6.

ursprünglich himmlische Verfassung hin[7] – entsprechend dem platonischen Grundsatz, dass wir „ein Gewächs sind, das nicht in der Erde, sondern im Himmel wurzelt“.[8]

Und so lautete die schier einhellige Auskunft der Anthropologie seit über zweitausend Jahren: unsere körperliche Natur ist zwar irdischen, unsere geistige Natur aber ist überirdischen Ursprungs.

c. Das Grundproblem: Wie soll grundsätzlich Heterogenes in uns verbunden sein können? – Die begriffliche Inkonsistenz dieses „Dualismus“

Gehen wir nun von der Rekonstruktion des Ansatzes der traditionellen Anthropologie zur Diskussion ihres Problems über. Dieses scheint mir geradezu auf der Hand zu liegen.

Unsere Rationalität, so haben wir gesehen, soll nicht animalischen, sondern höheren Ursprungs sein. Sie soll aus einer ganz anderen als der irdischen Ordnung in uns hineingekommen sein. Unsere animalische und unsere rationale Natur sollen also gänzlich unterschiedlichen Ordnungen entstammen. Sie sollen grundsätzlich heterogen sein. Die Animalität soll als solche keine rationalen, die Rationalität als solche keine animalischen Züge in sich tragen.

Dann liegt die Frage nahe, wie diese beiden heterogenen Komponenten verbindbar sein sollen. Und verbindbar müssen sie sein, wenn wir Menschen, deren Verfassung durch diese beiden Komponenten bestimmt ist, nicht hoffnungslos schizophrene, sondern gut mögliche, kohärente Wesen sein sollen.

Freilich: so wie diese beiden Komponenten bestimmt sind, gehen sie unmöglich zusammen. Sie sollen ja gänzlich unterschiedlicher Natur, ganz heterogen sein. Also viel weiter voneinander entfernt als etwa Feuer und Wasser, die uns gemeinhin schon als unverträglich gelten. Unsere Animalität und unsere Rationalität sollen so weit voneinander entfernt sein wie Materielles und Immaterielles. Und sollen dann gleichwohl in uns eine schlüssige Verbindung eingehen. Das aber ist unmöglich. Ein Klebstoff, der Komponenten dieser Art – Materielles und Immaterielles, das Animalische und das diesem gegenüber ganz andere Rationale – verbinden könnte, ist nicht nur noch nicht erfunden worden, er ist undenkbar.

[7] Und prototypisch wird diese Aufgabe durch die Philosophie eingelöst.

[8] Platon, *Timaios*, 90 a 2–7. – Selbst Aristoteles, der den platonischen Dualismus von Seele und Körper überwinden wollte, konnte nicht umhin, zumindest dem Geist (als der höchsten Form der Rationalität) eine exempte Stellung zuzuschreiben. Der Geist sollte von außen in uns gelangt sein. So hat Aristoteles in *De anima* II 1 – just nachdem er dort sein neuartiges Seelenverständnis entwickelt und in die Aussage resümiert hatte, dass die Seele offenbar vom Körper nicht abtrennbar ist (II 1, 413 b 13–15) – doch die Möglichkeit offengelassen, dass einige Seelenteile abtrennbar sein könnten, sofern sie nicht Erfüllungen eines Körpers darstellen (II 1, 413 b 16 f.), wobei er natürlich den vernünftigen Seelenteil im Auge hatte. Des Weiteren erklärt er in *De anima* III 4 (wiederum in offenkundiger Spannung zu seinem Generalkonzept), dass der *nous* sehr wohl abtrennbar sei (III 4, 429 b 3–5), und er bekräftigt dies noch einmal speziell hinsichtlich des *nous poiētikós* (III 5, 430 a 15–17). Und in *De generatione animalium* hat Aristoteles expressis verbis erklärt, dass der Geist von außen in uns eindringt (*thýrathen epeisiénai*; II 3, 736 b 27 f.).

Das ist das Grundproblem: Animalität und Rationalität sind als heterogen bestimmt, sollen aber andererseits zur Einheit des Wesens Mensch zusammentreten. Aber das eine schließt das andere aus. Und innerhalb der Prämissen der traditionellen Anthropologie ist dieses Problem nicht zu lösen.

Insofern bietet die traditionelle Anthropologie eine grundlegend inkonsistente Lehre. Sie verlangt, etwas Undenkbares – die Verbindung zweier strikt heterogener Elemente – als Bestimmung der *conditio humana* zu akzeptieren. Aber nicht *wir* sind konstitutiv schizophren, sondern das von dieser Anthropologie vertretene *Denkmuster* ist unhaltbar. So wie sie uns konstruiert, so *kann* es einfach nicht sein.

Gleichwohl hat dieses Denkmuster sich über zweitausend Jahre lang gehalten. Man hat etwas Undenkbares hingenommen und perpetuiert. Die Lehre von den zwei Naturen wurde zum Gemeingut der abendländischen Philosophie. Ich verzichte auf die lange Liste der Vertreter des Theorems – sie reicht von Platon über Descartes bis zu Kant und darüber hinaus.[9] Die Bezeichnung, die sich für dieses Theorem einer zweifachen Natur (eigentlich einer konstitutiven Schizophrenie) des Menschen eingebürgert hat, lautet ‚Dualismus'. Der Terminus sucht die Denkunmöglichkeit zu scheinbarer Akzeptabilität abzuschwächen.

Nun kann ich mir gar nicht vorstellen, dass das Problem den großen Philosophen wirklich verborgen blieb. Aber sie sahen keinen Ausweg, und die widersprüchliche Lehre hatte zunehmend das Ansehen jahrhundertealter Tradition erworben – so hat man sie weiter verkündet. Im übrigen bot die begriffliche Inkonsistenz die schöne Möglichkeit, das Sein des Menschen zu einem großen „Mysterium" zu stilisieren, das allenfalls für Gott durchschaubar sein könnte.

Ein Beispiel dafür ist Pascal. Er rekapituliert zunächst den Topos, „dass wir aus zwei wesensverschiedenen und gegensätzlichen Naturen zusammengesetzt sind",[10] um dann auf die Unverständlichkeit dieser Auffassung hinzuweisen: „Der Mensch ist sich selbst das rätselhafteste Ding der Natur, denn er kann nicht begreifen, was Körper und noch weniger, was Geist ist und am wenigsten von allem, wie ein Körper mit einem Geist vereint sein könne."[11] Wohlgeredet, möchte man da sagen. Aber dann geht Pascal nicht etwa zur fälligen Kritik an der begrifflichen Inkonsistenz dieser Auffassung über, sondern nobilitiert sie als Mysterium: „Das ist der Gipfel aller Schwierigkeiten, und indessen ist es unser eigenes Wesen."[12] Die höchstgradige Schwierigkeit weise uns eben auf eine Grenze unserer Vernunft hin[13] – darauf folgt dann bald die Empfehlung zur „Unterwerfung

---

[9] Augustinus: „Das einzige, was mich über das Tier stellt, ist die Tatsache, dass ich ein vernünftiges Wesen bin" (Aurelius Augustinus, *De Ordine* [entst. 386], in: ders., *Opera*, Bd. 2, 2, Turnhout: Brepols 1970, 87–137, hier 134 [II,XIX,49]). Kant hat den Menschen als zu zwei Welten, zur „Sinnenwelt" und zur „intelligibelen Welt" gehörig bestimmt. Der Mensch ist zunächst einmal „ein Teil der Sinnenwelt", aber als autonomes (sich selbst das Gesetz gebendes) Wesen gehört er der „intelligibelen Welt" an (Kant, *Kritik der praktischen Vernunft* [1788], A 154 f.). Er ist (nach einer populären Formel) ein „Bürger zweier Welten".

[10] Pascal, *Über die Religion und über einige andere Gegenstände (Pensées)* [1669], 49 [ed. Brunschvicg Nr. 72, ed. Lafuma Nr. 199].

[11] Ebd., 50 [ed. Brunschvicg Nr. 72, ed. Lafuma Nr. 199].

[12] Ebd.

[13] Ebd., 50 [ed. Brunschvicg Nr. 73, ed. Lafuma Nr. 76].

der Vernunft“ unter Gott, der „die Schwierigkeit unseres Wesens für uns selbst unlösbar haben wollte“.[14]

Der Akt der Philosophie, denke ich, bestünde in anderem: in der Aufklärung der Gründe des begrifflichen Dilemmas und in dessen Beseitigung. Deshalb will ich noch einmal fragen, warum man in das Dilemma geriet und weshalb (aufgrund welchen Mankos) man sich mit der offenkundigen Ungereimtheit abfand.[15] Die Antwort scheint mir einfach.

Jedermann war klar, dass Rationalität für uns Menschen essentiell ist (erste Prämisse). (Und ich sehe keinen Grund, an *dieser* Prämisse zu zweifeln.) Für ebenso klar galt (zweite Prämisse), dass die Rationalität nicht aus der Animalität ableitbar ist. Also musste sie aus einer anderen Ordnung stammen. Die beiden Komponenten des Menschen – Animalität und Rationalität – mussten folglich heterogen sein. Das war die Grundkonstellation. Sie zog zwar das gravierende Problem nach sich, wie diese heterogenen Komponenten dann im Menschen verbunden sein können. Aber da die beiden Prämissen unumstößlich schienen, nahm man diese unliebsame Konsequenz hin und hat sie allenfalls kaschiert oder verklärt.

Eine Alternative hätte nur darin bestanden, auf einen möglichen *Übergang* von Animalität zu Rationalität hinauszudenken. Aber das war erstens, wie schon erwähnt, unplausibel: warum sollte sich Rationalität dann ausschließlich beim Menschen entwickelt haben? Und es war zweitens und vor allem inakzeptabel, denn es wäre – jedenfalls dem Anschein nach – auf eine Degradierung des Menschen zu bloß einem Tier unter Tieren hinausgelaufen.

Kurzum: Solange man keine Möglichkeit hatte, einen *Hervorgang* von Rationalität aus Dimensionen der Animalität zu konzipieren, fand man sich gezwungen, einen strikten Dualismus zu vertreten – auch wenn dieser jedem wirklich Denkenden Kopfschmerzen bereiten musste.

---

[14] Ebd., 203 f. [ed. Brunschvicg Nr. 434, ed. Lafuma Nr. 131].

[15] Schließlich war sie unübersehbar. Schon Scotus Eriugena hatte stärkste Zweifel an der Haltbarkeit der Rede von einer „doppelten Verfassung des Menschen“ („duplex hominis conditio“) vorgebracht. Die Auskunft, dass in der menschlichen Verfassung Widersprechendes (Tierheit und Vernünftigkeit) deshalb seinen Ort haben könne, weil der Mensch nach dem Bilde Gottes geschaffen und weil für Gott gerade die Gleichzeitigkeit widersprechender Prädikate charakteristisch sei, mochte er nicht gelten lassen (Johannes Scotus Eriugena, *Über die Einteilung der Natur* [*De divisione naturae*, ca. 862–866], Hamburg: Meiner 1983, 25–27 [IV, 5]). Kant hat das Problem wohl gesehen, aber nur in gleichsam verschobener Form zu beantworten versucht. Statt der Grundfrage, wie die beiden Naturen im Menschen zusammenbestehen können, hat er nur die Frage diskutiert, wie in der Welt Naturnotwendigkeit und Freiheit zusammengehen können. Um die Möglichkeit moralischer Handlungen in einer naturgesetzlich bestimmten Sinnenwelt verstehen zu können, wollte er aufklären, wie ein „Übergang [...] vom Gebiete der Naturbegriffe zum Gebiete des Freiheitsbegriffs“ möglich sei (Kant, *Kritik der Urteilskraft* [1790], A XXIII [Einleitung, III.]). Zu diesem Zweck konzipierte er die *Kritik der Urteilskraft* als ein „Verbindungsmittel der zwei Teile der Philosophie zu einem Ganzen“ (ebd., A XX). Aber wie die zwei Teile *im Menschen* ein Ganzes bilden können, hat Kant nicht aufgeklärt.

2. Herders Lösungsversuch

a. Herder: Die Anthropologie muss „zoologisch und geographisch“ ansetzen

Ich komme nun zu Herders Lösungsversuch. Herder hat die zweite Prämisse der traditionellen Anthropologie nicht mitgemacht. Er widersprach der Annahme, dass die Besonderheit des Menschen eine natur-*externe* Erklärung haben müsse. Darin sah er nur die „willkürliche“ Einführung einer „Qualitas occulta“.[16]

Herder hatte das Grundproblem der dualistischen Anthropologie erkannt und suchte es zu beheben. Er zielte auf eine rein internalistische, eine evolutionäre Erklärung der Besonderheit des Menschen. Er wollte, kurz gesagt, verstehen, wie aus einem Tier ein Mensch geworden ist.

Herder setzt in seiner Anthropologie und Geschichtsphilosophie generell extrem irdisch an. So hat er 1784 im 1. Band seiner *Ideen zur Philosophie der Geschichte der Menschheit* erklärt, dass die Philosophie der Geschichte von einer Betrachtung der terrestrischen Bedingungen des menschlichen Tuns ihren Ausgang nehmen müsse. Wir Menschen sind Herder zufolge von unseren Sinnesvermögen über unsere Handlungsformen bis hin zu unserer Rationalität durch die Verhältnisse auf der Erde geprägt.[17] All unsere Fähigkeiten haben sich in Anpassung an terrestrische Bedingungen gebildet. Noch für unseren Verstand gilt, dass er „ein Verstand der Erde“ ist, „aus Sinnlichkeiten, die uns hier umgeben, allmählich gebildet“.[18]

Zudem nimmt Herder die Animalität sehr ernst. Eine frühe Notiz von ihm lautet: „Ich bin ein Thier gewesen“.[19] Später schreibt er einmal: „Der Menschen ältere Brüder sind die Tiere.“[20] Daher galt ihm „jede Geschichte des Menschen“, welche diesen außerhalb seines Verhältnisses zu den Tieren betrachtet, als „mangelhaft“.[21] Anthropologie und Kulturphilosophie müssen ihm zufolge im Ansatz „*zoologisch* und *geographisch*“ (terrestrisch) sein.[22]

---

[16] Johann Gottfried Herder, „Abhandlung über den Ursprung der Sprache“ [1772], in: *Werke*, hrsg. v. Ulrich Gaier, Bd. 1 (Frankfurt/Main: Deutscher Klassiker Verlag 1985), 695–810, hier 715.

[17] „Mein Auge ist für den Sonnenstrahl in dieser und keiner andern Sonnenentfernung, mein Ohr für diese Luft, mein Körper für diese Erdmasse, alle meine Sinnen aus dieser und für diese Erdorganisation gebildet; dem gemäß wirken auch meine Seelenkräfte; der ganze Raum und Wirkungskreis meines Geschlechts ist also so festbestimmt und umschrieben, als die Maße und Bahn der Erde, auf der ich mich ausleben soll“ (Johann Gottfried Herder, *Ideen zur Philosophie der Geschichte der Menschheit* [1784–1791], hrsg. v. Martin Bollacher, Frankfurt/Main: Deutscher Klassiker Verlag 1989, 23 [I,1,I]).

[18] Ebd., 28 [I,1,II].

[19] So Herder in einem frühen Entwurf (Königsberg-Rigaer Zeit), den Suphan als die „Urzelle“ der herderschen Geschichtsphilosophie ansieht (*Herders Sämmtliche Werke*, Bd. 14, Berlin: Weidmann 1909, 665 [Nachwort des Herausgebers]).

[20] Herder, *Ideen zur Philosophie der Geschichte der Menschheit* [1784–1791], a.a.O., 67 [I,2,III: „Das Reich der Tiere in Beziehung auf die Menschengeschichte“].

[21] Ebd.

[22] Ebd., 69.

Wie also – das ist Herders Frage – ist der Mensch von seinen terrestrischen und animalischen Vorbedingungen aus zu einem sprachbegabten und vernünftigen Wesen geworden?

b. Historische Gründe für das neue Desiderat einer evolutionistischen Betrachtung

In einer Zwischenbetrachtung möchte ich auf einige Rahmenbedingungen von Herders neuartiger Fragestellung hinweisen. Wissenschaftliche Entdeckungen verlangten damals, über den vermeintlich fundamentalen Unterschied zwischen Mensch und Tier neu nachzudenken.

Im 17. Jahrhundert hatte die europäische Kultur erstmals Kenntnis von Menschenaffen erhalten. Deren Ähnlichkeit mit den Menschen war nicht bloß irritierend, sondern wurde als verstörend empfunden. Bis dahin hatte das Abendland nur Makaken gekannt,[23] deren Ähnlichkeit nicht beunruhigend ist, sondern noch immer genügend Distanz lässt.[24] Erst Menschenaffen besitzen eine wirklich irritierende Nähe zum Menschen. Selbst die christlichen Forschungsreisenden konnten damals nicht umhin, in ihnen halbe Menschen zu sehen.[25,26]

Zur gleichen Zeit wurde die Mensch-Tier-Schranke von der anderen, der menschlichen Seite her fraglich: Die damals in Südafrika entdeckten Hottentotten (die noch viel

---

[23] Die „antiken Äußerungen beziehen sich meist auf eine Makakenart, die heute als Berberaffe bekannt ist und in Nordafrika und Gibraltar vorkommt" (Hans Werner Ingensiep, „Mensch und Menschenaffe", in: *Tiere und Menschen. Geschichte und Aktualität eines prekären Verhältnisses*, hrsg. v. Paul Münch in Verbindung mit Rainer Walz, Paderborn: Schöningh 1998, 429–446, hier 436).

[24] So konnte beispielsweise Aristoteles die Übereinstimmungen und Unterschiede zwischen „Affen, Meerkatzen und Pavianen" einerseits und dem Menschen andererseits in aller Seelenruhe und Ausführlichkeit beschreiben (der Vergleich nimmt das ganze 8. Kapitel des II. Buches seiner *Historia animalium* ein). Er hat diese Affenarten als „zwischen Mensch und Vierfüßler" mitteninnestehend klassifiziert (Aristoteles, *Hist. anim.* II 8, 502 a 16 f.). Die Einzigartigkeit des Menschen war durch diese Befunde nicht gefährdet. Vgl. schon Heraklits Gewissheit: „Der schönste Affe ist hässlich mit dem Menschengeschlechte verglichen" (*Die Fragmente der Vorsokratiker*, Bd. 1, a.a.O., 169 [B 82]).

[25] Mitte des 17. Jahrhunderts wurde der erste Menschenaffe nach Europa gebracht: der *Homo Sylvestris-Orang outang* (in Wahrheit ein Schimpanse) des Nicolaas Tulp in Amsterdam (der Letztere ist aus Rembrandts Bild *Die Anatomie des Dr. Tulp* allgemein bekannt). Ein zweiter, noch nicht erwachsener Schimpanse wurde dann von Edward Tyson in England untersucht, und Tyson hat seine Befunde 1699 in einem Werk mit dem Titel *Orang-Outang, sive Homo Sylvestris. OR, THE ANATOMY OF A PYGMIE* ... publiziert. Auf diese Weise wurde das gebildete Europa mit den Menschenaffen bekannt (vgl. H. W. Janson, *Apes and Ape Lore in the Middle Ages and the Renaissance* [1952], London: The Warburg Institute 1952, Reprint: 1976, 335 f.).

[26] In jenen Regionen der Erde hingegen, wo die Menschen von Anfang an mit Menschenaffen vertraut waren, war es längst Standard, diese als eine andere Art von Menschen anzusehen. Die Ureinwohner Borneos beispielsweise betrachteten die Orang-Utans als Menschen, die nur darin von uns unterschieden seien, dass sie auf den Trick verfallen waren, nicht zu sprechen – um nicht arbeiten zu müssen.

primitiver schienen als alle bis dahin bekannten Wilden) kamen den Europäern eher wie Tiere vor denn wie Menschen. Man sah sich außerstande, zwischen ihnen und den Menschenaffen eine Grenze zu ziehen.[27]

Die Abgrenzung wurde also von beiden Seiten her fraglich: von der Tierseite her durch die Menschenaffen, und von der Menschenseite her durch die Hottentotten: Es gab Affen, die Menschen glichen, und Menschen, die Affen glichen.

Im 18. Jahrhundert schlug sich dies schließlich auch in der biologischen Klassifikation nieder. Der große Klassifikator Linné hat ab der zehnten Auflage seines *Systema Naturae* von 1758 den Orang-Utan als eine Menschenart bestimmt, und zwar als „Homo nocturnus", neben dem Homo sapiens nun als „Homo diurnus" stand.[28]

Ferner wurde damals das alte Theorem von der Unveränderlichkeit und Selbständigkeit der Arten immer brüchiger,[29] und ab 1766 (ab der zwölften Ausgabe seines *Systema naturae*) sah Linné sich gezwungen anzuerkennen, dass die Arten in zeitlicher Sukzession auseinander entstanden sind – der Weg zu einer evolutionistischen Sicht war frei.

Vor diesem Hintergrund wird Herders Projekt besser verständlich, das darauf abzielt, einen möglichen Hervorgang der sprachlichen und kulturellen Fähigkeiten des Menschen im Ausgang von seiner ursprünglich animalischen Natur zu konzipieren. Wobei es Herder, wohlgemerkt, ganz und gar fernlag, die Besonderheiten des Menschen zu minimieren oder die Eigenart des Menschlichen auf Tierisches zu *reduzieren*, etwa nach Art eines materialistischen Naturalismus. Sondern Herder wollte die menschlichen Besonderheiten als im Ausgang von unserer tierischen Natur *entstanden* verstehen.

c. Herders Lösungsversuch

Wie lautet Herders Lösung? Sie findet sich in seiner „Abhandlung über den Ursprung der Sprache" von 1772. Herder geht dort von einem ersten Sprachtyp aus, der Menschen und Tieren gemeinsam ist: der „Sprache der Empfindung".[30] Tiere artikulieren Freude oder Schmerz durch Ausrufe, und ebenso tun das die Menschen. Und wenngleich die Artikulationspalette dieser Sprache beschränkt ist (weil die „Hauptarten der Empfindung"

[27] Vgl. Janson, *Apes and Ape Lore in the Middle Ages and the Renaissance*, a.a.O., 336.

[28] Heute weiß man, dass es sich bei den von Linné als Orang-Utans bestimmten Exemplaren de facto um Schimpansen handelte.

[29] Vgl. in diesem Zusammenhang Rousseaus Aussage, dass er die Hypothese einer immerwährenden Natur des Menschen nur deswegen vertrete, weil die naturwissenschaftlichen Erkenntnisse zur Entwicklung des Menschen noch zu ungesichert seien: „Ich werde mich nicht dabei aufhalten, in dem tierischen System zu untersuchen, was er [sc. der Mensch] bei Beginn sein konnte, um schließlich zu werden, was er ist. [...] Die vergleichende Anatomie hat noch zu wenig Fortschritte gemacht, die Beobachtungen der Naturforscher sind noch zu unsicher, als dass man auf ähnliche Grundlagen das Fundament einer soliden Überlegung errichten könnte." Faute de mieux werde er deshalb annehmen, dass der Mensch „zu allen Zeiten so war, wie ich ihn heute sehe: so wie er auf zwei Füßen geht, sich seiner Hände bedient, wie wir der unsern, seine Blicke über die ganze Natur schweifen lässt und mit den Augen die weite Ausdehnung des Himmels misst" (Rousseau, *Über den Ursprung und die Grundlagen der Ungleichheit unter den Menschen* [1755], in: ders., *Schriften zur Kulturkritik*, Hamburg: Meiner ^{2}1971, 61–269, hier 83).

[30] Herder, „Abhandlung über den Ursprung der Sprache", a.a.O., 698.

es ebenso sind),[31] so handelt es sich doch schon um Sprache im kommunikativen Sinn: „*Ton der Empfindung soll das sympathetische Geschöpf in denselben Ton versetzen!*“[32]

Diese „Sprache der Empfindung“ sieht Herder als unmittelbar natürlich an.[33] Sie ist, wie er sich ausdrückt, „nicht bloß nicht übermenschlich: sondern offenbar tierisch: *das Naturgesetz einer empfindsamen Maschine*“.[34] Auf diese „Sprache der Empfindung“ gesehen, gilt also Herders Satz „*Schon als Tier, hat der Mensch Sprache*“.[35]

Aber wie steht es mit der spezifisch menschlichen Sprache, mit der uns eigenen syntaktischen und propositionalen Sprache? Ist diese nicht von ganz anderer Art (wenngleich die ursprüngliche Sprache der Empfindung in ihr noch nachklingen mag)?[36] Ja, sie ist auch für Herder von wesentlich anderer Art. Herder ist überzeugt, dass es unmöglich ist, die menschliche Sprache aus der Natursprache der Empfindung abzuleiten. „Alle Tiere, bis auf den stummen Fisch, tönen ihre Empfindung; deswegen aber hat doch kein Tier, selbst nicht das vollkommenste, den geringsten, eigentlichen Anfang zu einer menschlichen Sprache.“[37] Die menschliche Sprache nimmt also zwar von der Sprache der Empfindungen ihren Ausgang, stellt aber nicht einfach eine kontinuierliche Fortsetzung derselben dar.[38]

Damit lautet Herders Frage: Wie konnte es geschehen, dass der Mensch von der allgemeinen Natursprache der Empfindung zur spezifisch menschlichen Sprache gelangte? Und warum ist keines der anderen Tiere dorthin vorgestoßen? Beim Menschen (und nur beim Menschen) muss offenbar eine grundlegende Veränderung eingetreten sein. Allein so lässt sich der Übergang zur spezifisch menschlichen Sprache erklären.

Die gängige Annahme lautet an dieser Stelle, dass beim Menschen zur tierischen Natur eben die Vernunft hinzugetreten sei. Eine Erklärung dieser Art weist Herder jedoch schroff zurück: „Man hat sich die Vernunft des Menschen als eine neue, ganz abgetrennte Kraft in die Seele hinein gedacht, die dem Menschen als eine Zugabe vor allen Tieren zu eigen geworden“ ist.[39] Aber das ist, „es mögen es so große Philosophen sagen, als da wollen, philosophischer Unsinn“.[40] – Herder lehnt die konventionelle Strategie kategorisch ab, die dort, wo man nicht weiter weiß, einfach eine „willkürliche Qualitas occulta“ einführt[41] – wie den Deus ex machina im Theater.

---

[31] Ebd., 700.

[32] Ebd., 707.

[33] Vgl. ebd., 708.

[34] Ebd.

[35] Ebd., 697. Er hat die Sprache „*ursprünglich mit den Tieren gemein*“ (ebd., 689).

[36] „*In allen Sprachen des Ursprungs tönen noch Reste dieser Naturtöne*; nur freilich sind sie nicht die Hauptfäden der menschlichen Sprache. Sie sind nicht die eigentlichen Wurzeln, aber die Säfte, die die Wurzeln der Sprache beleben“ (ebd., 701).

[37] Ebd., 708.

[38] „[...] ich kann nicht meine Verwunderung bergen, dass Philosophen [...] je haben auf den Gedanken kommen können, aus diesem Geschrei der Empfindungen den Ursprung menschlicher Sprache zu erklären: denn ist diese nicht offenbar ganz etwas anders?“ (ebd.).

[39] Ebd., 717.

[40] Ebd., 718.

[41] Ebd., 715.

Im Gegensatz zu einer solch externalistischen und mysteriösen Erklärung will Herder eine ganz und gar internalistische und evolutionistische Erklärung der Eigenart des Menschen, seines Schrittes von der Tierheit zur Menschheit, von der Empfindungssprache zur propositionalen Sprache und insgesamt seines Übergangs von Natur zu Kultur geben. Er will den Menschen, wie er sich ausdrückt, aus dessen „tierischer Ökonomie" entwickeln.[42]

Herders Lösungsvorschlag lautet: Beim Menschen sind nicht neue und mysteriöse „Kräfte" von außen hinzugetreten, sondern in der menschlichen Entwicklung ist es dazu gekommen, dass die tierische Ausstattung des Menschen auf einmal eine ganz neuartige „Richtung" angenommen hat. Die Besonderheit des Menschen soll also nicht einem Zusatz (Rationalität von außen) verdankt, sondern durch eine Reorganisation und Neuausrichtung des tierisch schon vorhandenen Vermögensreservoirs entstanden sein. Der Mensch ist, kurz gesagt, ein in eine neue Richtung gewendetes Tier. Nichts ist hinzugekommen – außer dieser Neukonfiguration. Die neuen Fähigkeiten wurden nicht supranatural induziert, sondern sind evolutiv entstanden.

Nicht ein Sonderfaktor namens „Vernunft" begründet also laut Herder den *„eignen Charakter der Menschheit"*,[43] sondern eine im Übergang von der Tierheit zur Menschheit eingetretene neuartige *„Richtung [...] aller Kräfte"* ist dafür verantwortlich.[44] Diese Umorganisation hat alle Humanspezifika hervorgetrieben: angefangen von der neuartigen Körperhaltung und dem aufrechten Gang über die Besonderheiten des menschlichen Empfindens und Handelns bis hin zur Vernunfttätigkeit. Die Umorganisation seiner tierischen Natur ist es, was den Menschen vom Tier unterscheidet.[45]

Notabene verdankt sich dieser Neuorganisation also auch unsere Vernunft, die man traditionell fälschlicherweise als supranaturale Gabe interpretiert und als den ursächlichen Faktor des Menschseins aufgefasst hatte. Für Herder hingegen ist die Vernunft etwas, was die Menschen im Verlauf ihrer Entwicklung langsam „erlangt" haben.[46] Und ausschlaggebend dafür war – wie für die Genese aller anderen Humancharakteristika auch – die grundlegende Umorganisation unserer tierischen Natur. Durch sie – so Herders Grundthese – ist aus dem Menschentier ein Mensch geworden.

d. Kritische Betrachtung

Ist damit das Ziel erreicht? Ist Herder sein Vorhaben, eine ganz und gar evolutionistische Erklärung der Eigenart des Menschen zu geben, geglückt? Wohl nicht ganz. Denn im Grunde hat Herder das Rätsel nur zurückverschoben. Ihm zufolge soll der entscheidende Faktor für die Menschwerdung in einer in der Entwicklungsgeschichte des Menschen erfolgten internen Umorganisation liegen. Aber wie soll diese zustande gekommen sein? Und warum nur beim Menschen? Und vor allem: Was soll die Menschen denn zu diesem alles entscheidenden Akt einer Umorientierung befähigt haben?

---

[42] Ebd., 716.
[43] Ebd., 717.
[44] Ebd.
[45] Ebd.
[46] Herder, *Ideen zur Philosophie der Geschichte der Menschheit* [1784–1791], a.a.O., 144 [I,4,IV].

Auf diese Fragen bleibt Herder die Antwort schuldig. Er kann die für die Menschwerdung ausschlaggebende Umorientierung seinerseits nicht mehr erklären, sondern nur postulieren. Wie es zu dieser neuen Gesamtausrichtung kommen konnte, bleibt im Dunkeln – also erneut okkult.[47]

Wie könnte man die bei Herder offengebliebene Lücke füllen? Eine naheliegende Möglichkeit bestünde darin, anzunehmen, dass der Mensch eben schon anfänglich eine besondere Fähigkeit besaß, die es ihm dann, anders als den anderen Tieren, ermöglichte, eine Umwendung seiner tierischen Organisation zu bewerkstelligen. Aber abgesehen davon, dass man nicht weiß, welcher Art diese Sonderfähigkeit sollte, wäre eine solche Erklärung insgesamt sehr unbefriedigend: sie würde ja darauf hinauslaufen, dass der Mensch bereits im tierischen Zustand eine exklusiv menschliche Fähigkeit besaß – nur dass diese zunächst noch latent war und sich erst später manifestiert hätte. Aber dann wäre der Mensch eben doch nicht, wie Herder wollte, vom Tier zum Menschen geworden, sondern er wäre schon als ‚Tier' das Sonderwesen Mensch gewesen, mit einer einzigartigen Fähigkeit zur Umorganisation begabt – die nur erst später wirklich zum Tragen gekommen wäre.[48]

Tatsächlich hat Herder am Ende mit der Vorstellung einer „*Naturgabe*“ und eines „*Keims*“ operiert.[49] Das Keim-Modell war zu seiner Zeit ohnehin weit verbreitet, ja es fand sich in der Konzeption des anthropologischen Dualismus bereits seit der Antike überall dort, wo man die supranaturalen Konnotationen der Rationalität vermeiden wollte, andererseits aber die Rationalität doch nicht als aus anderem hervorgehend zu denken vermochte – da blieb eben (von Aristoteles bis Kant) nur die Annahme, dass die Rationalität uns als ursprüngliche Potenz schon innewohnt, die dann zunehmend zur Entfaltung kommt.

Was Herder offenbar noch fehlte, war ein Modell, das wirklich zu denken erlaubt, was er denken wollte: den Hervorgang einer Konstellation B aus einer Konstellation A, wobei einerseits gilt, dass die Eigentümlichkeiten von B nicht aus denen von A ableitbar sind (in seinem Beispiel: die Eigenart menschlicher Sprache nicht aus der ursprünglichen Sprache der Empfindung), wobei andererseits aber ebenso gilt, dass B ohne den Hinzutritt irgendwelcher neuer Kräfte oder externer Faktoren aus A *hervorgegangen* ist. – Dies aber ist genau die Struktur, die man heute durch den Terminus „Emergenz“ bezeichnet.

---

[47] Herders große Leistung bestand nur darin, überhaupt eine für alles ausschlaggebende Rekonfiguration als Denkmöglichkeit auf die Tagesordnung gesetzt zu haben. Aber wie diese zustande gekommen sein soll, das vermochte er, wie gesagt, nicht mehr zu erklären.

[48] Hierin liegt übrigens das generelle Problem der geläufigen Mängelwesen-Theorien. Sie wollen die Besonderheit des Menschen aus dessen im natürlichen Zustand bestehender stiefmütterlicher Ausstattung (seiner Benachteiligung gegenüber allen Tieren) ableiten, übersehen dabei aber, dass sie, eben um den Ausgang aus dieser Mängelverfassung zu erklären, dann eben doch eine allen Tieren gegenüber exquisite Zusatzfähigkeit des Menschen – im Allgemeinen die Lernfähigkeit – annehmen müssen. Eigentlich sind sie also Überausstattungs-Theorien.

[49] Herder, „Abhandlung über den Ursprung der Sprache“, a.a.O., 716.

3. Lösung durch das Paradigma der Emergenz

'Emergenz' ist im Englischen vertrauter als im Deutschen. 'To emerge' oder 'the emergence of something' bedeutet dort schon alltagssprachlich das Auftauchen oder Hervortreten von Neuem. Aber auch im Deutschen findet sich der Terminus 'emergieren' in der Gelehrtensprache seit dem 18. Jahrhundert – Goethe beispielsweise und Hegel haben ihn verwendet.[50]

In der Wissenschaft wurde 'Emergenz' in den zwanziger Jahren des letzten Jahrhunderts zu einem wichtigen Konzept. Es ging darum, die Besonderheit des Biologischen (und dann auch des Psychologischen und Mentalen) gegenüber dem bloß Physischen oder Chemischen klarzustellen. Ich kann hier auf die weitverzweigte Diskussion nicht eingehen, sondern nur den Grundriss des Konzepts wiedergeben.

Das Konzept besagt, dass es in der Natur etliche Fälle gibt, wo eine Organisationsform B aus einer Organisationsform A hervorgeht und ohne die bleibende Inhärenz von A in B gar nicht existieren könnte, dass B aber gleichwohl Eigenschaften aufweist, die sich weder in A finden noch aus A abgeleitet werden können. Als Paradebeispiel gelten die Stufen physischen, lebendigen und mentalen Seins. Die Eigenschaften des Lebendigen sind aus der vollständigen Kenntnis seiner physikalischen und chemischen Bestandteile und der für diese geltenden Gesetze nicht ableitbar, sie sind diesen gegenüber emergent. Das Gleiche gilt für mentale Eigenschaften gegenüber ihrer biologischen Basis.

Allerdings gilt zugleich, dass das Lebendige vollständig aus physikalischen und chemischen Komponenten *besteht* – es kommt da nicht jeweils noch eine magische Entität hinzu, etwa eine „vis vitalis" („Entelechie").[51] Das Lebendige ist komponentiell vollständig in physikalischen und chemischen Termini buchstabierbar – und dennoch vermag man auf diesem Weg allein (das ist sozusagen das „Wunder") die genuinen Eigenschaften des Lebendigen nicht zu erfassen.

Die Morphogenese eines Lebewesens beispielsweise lässt sich nicht einfach aus Gesetzen der Molekülbewegung verstehen, sondern verlangt den spezifischen Blick auf DNA und RNA und deren Wirkungszusammenhänge im Organismus und letztlich auch auf ihre evolutionäre Herkunft. Gewiss sind DNA und RNA chemische bzw. physikalische Entitäten, aber ihre organismische Funktion kann nur im Kontext des Organischen ermittelt und verstanden werden.

Inwiefern bietet das Konzept der Emergenz eine Lösung des von Herder verfolgten Problems? Herder suchte den Hervorgang von etwas Neuem (der menschlichen Sprache, der menschlichen Kultur, der menschlichen Seinsweise) aus Vorherigem (aus der ursprünglich tierhaften Verfassung des Menschen) zu verstehen. Er war sich sicher, dass dies ohne Einführung einer externen „Qualitas occulta" geschehen müsse. Genau das

---

[50] Vgl. Johann Wolfgang von Goethe, „Ältestes biographisches Schema" [ca. 1810], in: *Goethes Werke*, Bd. 26 (Weimar: Böhlau 1889), 349–364, hier 356 sowie ders., *Dichtung und Wahrheit. Dritter Teil* [1814], in: *Goethes Werke*, Bd. 28 (Weimar: Böhlau 1890), 46. Ferner Georg Wilhelm Friedrich Hegel, *Phänomenologie des Geistes* [1807], Werke 3 (Frankfurt/Main: Suhrkamp 1986), 53 [Vorrede]).

[51] Vgl. Broads Kritik an Driesch: C. D. Broad: „Mechanism and Emergentism" [1925] (aus *Mind and its Place in Nature*, London: Routledge 1925), in: *Metaphysics. An Anthology*, eds. Jaegwon Kim and E. Sosa (Malden/Oxford: Blackwell 2000), 487–498, hier 492.

ist, wie wir soeben sahen, der eine wesentliche Faktor im Konzept der Emergenz: es gibt keine magischen Zusätze. Diesen Punkt hatte Herder erfasst.

Aber da ihm noch die Möglichkeit fehlte, das spontane Entstehen neuer Eigenschaften zu denken, verlegte er die Eigentümlichkeiten des Neuen doch noch einmal als Keim in das Alte. Er vermochte sich nur Entwicklung (die Ausfaltung eines schon vorhandenen Keims), nicht jedoch spontane Neubildung vorzustellen. Das trennte ihn noch vom Konzept der Emergenz. Oder umgekehrt: Erst das letztere erlaubt, Herders Fehlzug (die keimartige Rückimplementierung des Späteren ins Frühere) zu vermeiden und sein eigentliches Projekt, den unprogrammierten Hervorgang von B aus A, die Emergenz von B aus A einzulösen.[52]

[52] Weiter verfolgt wird diese Linie in dem Essay „Das Rätsel der menschlichen Besonderheit“. Dort versuche ich Herders Frage, wie aus dem Menschentier das Kulturwesen Mensch hervorging, zu beantworten.

XI Absoluter Idealismus und Evolutionsdenken

Ich möchte im Folgenden Hegels Paradigma des absoluten Idealismus zu einem zeitgenössischen Paradigma in Beziehung setzen: zum Evolutionsdenken.[1] Ein solches Unterfangen mag überraschen, ja auf den ersten Blick aussichtslos erscheinen. Hegel hat sich bekanntlich entschieden gegen das Evolutionsdenken erklärt. Er hat es für ganz verfehlt und leer angesehen.[2] Wie soll man da eine fruchtbare Beziehung herstellen können?

Ich glaube jedoch, dass Hegels Konzeption eine intrinsische Nähe zum Evolutionsdenken aufweist – und zwar gerade von der Logik und damit vom Herzstück des hegelschen Philosophierens her. Deshalb will ich zwei Fragen behandeln. Erstens: Inwiefern weist Hegels Konzeption des Logischen evolutionistische Züge auf – so jedoch, dass Hegel dadurch zugleich zur Ablehnung evolutionistischer Vorstellungen in der Realphilosophie geführt wird? Und zweitens: Wie ließe sich Hegels idealistische Konzeption dennoch mit dem Evolutionsdenken zusammenführen? Welche Modifikationen wären an Hegels Gedanke vorzunehmen, um diesen sowohl ganz schlüssig als auch mit evolutionistischen Einsichten vereinbar zu machen? Und umgekehrt: Wie wäre das geläufige Evolutionsdenken im Licht hegelscher Einsichten zu verändern? Vielleicht vermag man, wenn man Defizite beider Ansätze behebt, zu einer Konzeption zu gelangen, die ein adäquateres

[1] Hegels Schriften werden (wenn nicht ausdrücklich anders angegeben) nach der Suhrkamp-Ausgabe (Frankfurt/Main 1986) zitiert.

[2] Vgl. beispielsweise: „Es ist völlig leer, die Gattungen vorzustellen als sich nach und nach in der Zeit evolvierend" (*Enzyklopädie II*, 32 [§ 249, Zusatz]). „Solcher nebuloser, im Grunde sinnlicher Vorstellungen, wie insbesondere das sogenannte *Hervorgehen* z. B. der Pflanzen und Tiere aus dem Wasser und dann das *Hervorgehen* der entwickelteren Tierorganisationen aus den niedrigeren usw. ist, muss sich die denkende Betrachtung entschlagen" (ebd., 31 f. [§ 249]). – Die Gründe von Hegels Ablehnung des Evolutionsdenkens werden nachher detailliert darzustellen sein.

Bild der Welt verstattet. – So viel als Vorblick. Wie immer hängt alles an der Durchführung.[3]

1. Hegels absoluter Idealismus: Logische Evolution und Realentwicklung

Zum ersten Problemkomplex: Warum ist die Logik für Hegels Idealismus zentral? Und warum nimmt sie bei Hegel der Sache nach eine evolutionistische Form an?

a. Einige Hauptpunkte von Hegels Konzeption des absoluten Idealismus

Für die erste Frage dürfte es genügen, an drei geläufige Punkte zu erinnern. Erstens: Hegel denkt das Absolute wesentlich *prozessual*. Das Absolute macht sich erst zu dem, was es eigentlich ist. Erst am Ende seines Prozesses erreicht es seine eigentliche Form.[4]

Zweitens versteht Hegel diesen Prozess des „Sichselbstwerdens" nach der Form der *Selbsterkenntnis*.[5] Man kann lange darüber diskutieren, warum er das tut. Die plausibelste Erklärung scheint mir die von Rolf-Peter Horstmann zu sein, wonach Hegel in seinen Jenaer Jahren zu der Überzeugung gelangte, dass das Absolute als Einheit von Subjekt und Objekt und somit gemäß der Struktur des Selbstbewusstseins zu denken sei[6] – weshalb dann der Prozess des Absoluten als Weg des Geistes aufzufassen ist, der in einer abschließenden Selbsterkenntnis terminiert.[7]

---

[3] Herzlich danke ich Christian Spahn, Ralf Beuthan, Hanno Birken-Bertsch und Ulrich Schlösser, die verschiedene Fassungen meiner Darstellung kritisch gegengelesen und Verbesserungsvorschläge gemacht haben.

[4] „Es ist von dem Absoluten zu sagen, dass es wesentlich *Resultat*, dass es erst am *Ende* das ist, was es in Wahrheit ist" (*Phänomenologie des Geistes*, 24). „Nur in seiner Vollendung ist es das Absolute" (*Logik II*, 556).

[5] *Phänomenologie des Geistes*, 24.

[6] Hegel scheint das Absolute ab 1805/06 definitiv gemäß der Struktur der Subjektivität gedacht zu haben. Fortan galt ihm die subjektlogische Fassung als der Schlüssel, der es erlauben sollte, das Absolute – *das* damalige Pensum philosophischer Überlegungen – adäquat zu denken. Vgl. dazu die Hinweise von Rolf-Peter Horstmann in: Georg Wilhelm Friedrich Hegel, *Jenaer Systementwürfe II: Logik, Metaphysik, Naturphilosophie* [Mskr. 1804/05], hrsg. v. Rolf-Peter Horstmann (Meiner: Hamburg 1982), X–XII sowie in: Georg Wilhelm Friedrich Hegel, *Jenaer Systementwürfe III: Naturphilosophie und Philosophie des Geistes* [Mskr. 1805/06], hrsg. v. Rolf-Peter Horstmann (Meiner: Hamburg 1987), XVI f. Vgl. bereits Rolf-Peter Horstmann, *Ontologie und Relationen* (Königstein/Ts.: Athenäum-Hain 1984), 86–97.

[7] Für Hegels emphatische These, dass das Absolute im Grunde Geist ist („*Das Absolute ist der Geist*; dies ist die höchste Definition des Absoluten", *Enzyklopädie III*, 29 [§ 384]), könnte man auf seine Auffassung verweisen, wonach die philosophische Tradition stets den Geist als Grund der Welt angesehen hat (wobei für Hegel zusätzlich die christliche Logos-Theologie eine Rolle spielt), oder auf seine sachliche Überzeugung, dass das Seiende im Grunde begriffsbestimmt – so etwas wie ein wandelnder Begriff – ist, in komprimiertester Formulierung: „dass das Sein Denken ist" (*Phänomenologie des Geistes*, 53).

Drittens muss der Prozess des Absoluten – als einer des Geistes – grundlegend ein *logischer* Prozess sein: eben der Prozess der Entfaltung und des Zusichkommens des *lógos*. Dessen Grundbeschreibung hat daher in einer Logik zu erfolgen, welche die Schritte der Selbstexplikation und Selbstgewinnung des Logos expliziert. Das ist bekanntlich der Sinn und Anspruch der hegelschen *Logik*. Die dort exponierte Bewegung ist die *Grundform* der Selbstbewegung des Absoluten. Deshalb bildet die *Logik* nicht nur den ersten Teil, sondern die absolute Grundform des Systems.

b. Die logische Bewegung: Evolution oder Entwicklung?

Damit komme ich zur zweiten Frage: Von welchem *Typus* ist die logische Bewegung? Ist sie vom Typus der Entwicklung?

Der selbstgenerative Charakter des logischen Prozesses

Wenn das Absolute ganz und gar prozesshaft ist, dann muss seine Bewegung strikt selbstgenerativ sein. Sie kann nicht durch Anderes angestoßen oder vorprogrammiert sein. Sie muss vielmehr den Charakter der Selbsthervorbringung haben.

So denkt Hegel die logische Bewegung in der Tat. Er hat erstmals und in einzigartiger Weise eine strikt genetische Konzeption des Logischen entwickelt. Er selber hat diesen genetischen (selbstgenerativen) Charakter auch immer wieder betont. Die logische Bewegung stellt ihm zufolge einen „sich selbst konstruierenden Weg“,[8] einen „sich selbst erzeugenden“ und „fortleitenden“ Gang,[9] eine „in sich selbst gegründete Bewegung“ dar.[10] Jeder einzelne Begriff wird in deren Verlauf „erzeugt“,[11] und das gesamte „System der Begriffe“ hat sich in einem „von außen nichts hereinnehmenden Gange“ zu bilden und „zu vollenden“.[12] Die Logik soll sich allein durch „die Selbstbewegung des Begriffs“,[13] durch die „innere Selbstbewegung ihres Inhalts“ organisieren.[14] Hegels Konzeption von Dialektik dient bekanntlich dazu, den Modus dieser Bewegung zu erklären.

---

[8] *Logik I*, 17.

[9] *Phänomenologie des Geistes*, 61.

[10] Ebd., 589.

[11] *Logik I*, 35.

[12] Ebd., 49. Vgl. dazu schon in der *Differenzschrift*: „Die freie Vernunft und ihre Tat ist eins, und ihre Tätigkeit ein reines Darstellen ihrer selbst. In dieser Selbstproduktion der Vernunft gestaltet sich das Absolute in eine objektive Totalität, die ein Ganzes in sich selbst getragen und vollendet ist, keinen Grund außer sich hat, sondern durch sich selbst in ihrem Anfang, Mittel und Ende begründet ist“ (*Differenz des Fichteschen und Schellingschen Systems der Philosophie*, 46).

[13] *Phänomenologie des Geistes*, 65; durch die „immanente Entwicklung des Begriffs“ (*Logik I*, 17); „durch das eigene Leben des Begriffs“ (*Phänomenologie des Geistes*, 51).

[14] *Logik I*, 49. Vgl. auch die Charakterisierung der Logik als „Selbstbewegung“ der „reinen Wesenheiten“ bzw. „reinen Gedanken“ (ebd., 17) bzw. der Bewegung des Begriffs als der „sich selbst bestimmenden und selbst realisierenden Bewegung“ (*Logik II*, 551).

Evolution – nicht Entwicklung

Meine Frage lautet nun, ob diese selbstgenerative Konzeption des Logischen zutreffend charakterisiert ist, wenn man sie als „Entwicklung" auffasst. Offenbar nicht. „Entwicklung" bezeichnet einen Vorgang, wo etwas, das an sich schon vorhanden ist, zur Entfaltung gelangt. „Entwicklung" bedeutet soviel wie „Ausfaltung" oder „Entfaltung". Das ist auch Hegels Begriff von Entwicklung: „eine innere Bestimmung, eine an sich vorhandene Voraussetzung" liegt zugrunde und bringt sich dann „zur Existenz".[15]

Diese Vorstellung einer Entwicklung trifft auf die logische Bewegung offensichtlich nicht zu. Bei dieser liegt nicht „eine an sich vorhandene Voraussetzung" zugrunde, die anschließend entfaltet würde; die logische Bewegung ist nicht die Ausfaltung eines anfänglichen Keims, in dem das Programm des Folgenden schon bereitläge. Sondern die logische Bewegung *erzeugt* genuin all das, was in ihrem Verlauf auftritt und nur durch diesen Prozess entstehen kann. Der logische Prozess spult nicht ein zuvor schon bestehendes Programm ab, sondern ist strikt selbstgenerativ.[16]

Einen solch selbstgenerativen Prozesstyp bezeichnet man – in Abgrenzung von ‚Entwicklung' – besser als ‚Evolution'. Das Ausschlaggebende eines evolutiven Prozesstyps liegt darin, dass bei ihm *alles*, was entsteht, aus dem Prozess selbst hervorgeht. Dabei lege ich den neueren Begriff der Evolution zugrunde, der sich von seiner alten Bedeutung (wo er, dem Wortsinn von ‚evolvere' gemäß, zunächst tatsächlich nichts anderes als ‚Entwicklung' bzw. ‚Auswickelung' meinte) dramatisch gelöst hat. Darwin tat den ersten Schritt dazu, sofern ‚Evolution' bei ihm einen Prozess meint, der nicht auf einem vorgegebenen Programm beruht, sondern all seine Gestalten über Zufall und Selektion eigentätig generiert. Der weitere Schritt bestand dann darin, einen Prozess ins Auge zu fassen, der nicht nur nicht programmgesteuert ist (so die Evolution des Lebens), son-

---

[15] *Vorlesungen über die Philosophie der Geschichte*, 75. Hegel folgt dabei dem aristotelischen Modell von „Vermögen" und „Wirklichkeit": „Um zu fassen, was Entwickeln ist, müssen zweierlei – sozusagen – Zustände unterschieden werden. Der eine ist das, was als Anlage, Vermögen, das Ansichsein, wie ich es nenne (*potentia*, δύναμις) bekannt ist. Die zweite Bestimmung ist das Fürsichsein, die Wirklichkeit (*actus*, ἐνέργεια)" (*Vorlesungen über die Geschichte der Philosophie I*, 39).

[16] Man könnte einzuwenden versuchen, dass die Logik ihrerseits auf Voraussetzungen beruhe: zunächst auf dem „Entschluss, *rein denken zu wollen*" (*Enzyklopädie I*, 168 [§ 78]) und damit des Weiteren auf dem Resultat der *Phänomenologie des Geistes* (vgl. *Logik I*, 67). Aber dadurch sind nur Voraussetzungen für *unsere Durchführung* der Logik benannt, nicht hingegen Voraussetzungen der in der Logik explizierten Sache als solcher. Die *Phänomenologie des Geistes* ist wohl die Leiter, die uns zum Standpunkt des absoluten Wissens hochhilft (vgl. *Phänomenologie des Geistes*, 29), aber auf diesem ist dann mit dem reinen Denken der originäre Modus der logischen Bewegung selbst erreicht, und diese ist als solche voraussetzungslos (in Hegels Terminologie: ihr ist ihr Anfang „immanent", *Logik I*, 68). – Auch hat man einwenden wollen, dass die Logik, wie Hegel sie durchgeführt hat, de facto eine (von Hegel allerdings nicht gesehene) Protologik zur Voraussetzung habe, welche die Grundformen enthalte, die für alle Schritte der Logik leitend seien, beispielsweise die Definition der Wahrheit als Entsprechung von Begriff und Gegenstand oder die Schrittfolge von Ansichsein, Fürsichsein und Anundfürsichsein. Ich vermag jedoch nicht zu sehen, dass Hegel derartige Formen in Anspruch nehmen würde, ohne sie genuin in der *Logik* zu entwickeln.

dern der darüber hinaus (anders als die Evolution des Lebens) auch nicht mehr auf irgendwelchen externen Vorbedingungen bzw. Randbedingungen beruht, sondern völlig voraussetzungslos ist und sowohl seine Entitäten wie seine Gesetzlichkeiten ganz aus sich hervortreibt – wie dies nach heutiger Auffassung bei der kosmischen Evolution der Fall ist. Von daher ist es geboten, zwischen einem spezifischen und einem generellen Begriff von Evolution zu unterscheiden. Für eine Evolution im speziellen Sinn ist nur erfordert, dass der Prozess (wie immer er sonst auf externen Bedingungen basieren mag) die für ihn charakteristischen Gebilde eigentätig generiert, während eine Evolution des generellen Typs *sämtliche* Bestimmungen ohne jegliche Vorgabe von außen erzeugen muss.[17]

Im Sinn dieses generellen Begriffs von ‚Evolution' ist Hegels Konzeption der logischen Bewegung mit Fug und Recht als „evolutionistisch" zu bezeichnen. Sie gehört zum Typus ‚Evolution', nicht zum Typus ‚Entwicklung'.[18] Mit der „Selbstbewegung des

---

[17] Die biotische und die kulturelle Evolution sind Evolutionen im speziellen Sinn. Die biotische Evolution, welche die Formen des Lebens hervorbringt, setzt die kosmische Evolution voraus; und die kulturelle Evolution, die Sinngebilde schafft, setzt die kosmische wie die biotische Evolution voraus. Einzig die kosmische Evolution stellt eine Evolution im generellen Sinn dar.

[18] Ein Hinweis zur Terminologie bei Hegel: Hegel selbst hat die logische Bewegung (in scheinbarem Gegensatz zum hier Dargelegten) verschiedentlich als „Entwicklung" charakterisiert. Beispielsweise bezeichnet er die Logik als „das reine Wissen in dem ganzen Umfange seiner Entwicklung" (*Logik I*, 67; vgl. auch ebd., 70). Ebenso spricht er von der „Bewegung des *Begriffs*" als „*Entwicklung*" (*Enzyklopädie I*, 308 [§ 161, Zusatz]). Das erstere ist problematisch, das letztere hingegen gut verständlich. Hegel gebraucht „Entwicklung" an der letztgenannten Stelle als Gegenbegriff zu „Genesis" und will dadurch den Unterschied der Begriffslogik (der subjektiven Logik) gegenüber der Seins- und Wesenslogik (der objektiven Logik) deutlich machen. Während die Seins- und Wesenslogik „die *genetische Exposition des Begriffes*" (*Logik II*, 245), „die Darstellung seiner konkreten Genesis" geboten haben (ebd., 246), entfaltet die Begriffslogik das auf diesen Vorbereitungen basierende Zusichkommen des Begriffs, das, eben sofern es auf dieser vorangegangenen Konstellation seiner Elemente basiert, nun nicht mehr den Status einer Genesis, sondern den einer „Entwicklung" hat. In der Begriffslogik wird nur „dasjenige gesetzt" (herausgesetzt, entfaltet), „was an sich schon vorhanden ist" (*Enzyklopädie I*, 308 f. [§ 161, Zusatz]). Diese Rede Hegels von einer „Entwicklung" hinsichtlich der Begriffslogik ist also mit dem oben Gesagten konkordant: durch die in der objektiven Logik erfolgte „Genesis" ist gewissermaßen das Genom des Begriffs hervorgegangen, das nun in der subjektiven Logik seine Auswicklung bzw. Entwicklung erfährt. Nur: Auch wenn „Entwicklung" somit zur Kennzeichnung der in der Begriffslogik erfolgenden Entfaltung dienen kann, ist es doch irreführend, ebenso die Seinslogik (und damit die Logik im Ganzen) unter die Rubrik ‚Entwicklung' zu bringen, denn der Seinslogik liegt gerade keine „Genesis" voraus, die Grundlagen für diese bereitstellen und ihr somit den Charakter einer „Entwicklung" verleihen würde. So sehr eine *binnenlogische* Gegenüberstellung von „Genesis" (Seins- und Wesenslogik) und „Entwicklung" (Begriffslogik) Sinn macht, so wenig ist die Festlegung *der Logik insgesamt* auf das Entwicklungs-Modell berechtigt, eben weil die Logik nicht von einem bereits akkumulierten ‚Genom' aus startet, sondern voraussetzungslos beginnt. Der Logik insgesamt ist also, statt des Charakters einer Entwicklung, der höhere einer Evolution, einer selbstgenerativen Bewegung zuzuerkennen. – Warum konnte es dann gleichwohl geschehen, dass Hegel die logische Bewegung insgesamt als „Entwicklung" bezeichnet hat? Eine erste Antwort fällt leicht. Hegels Proprium liegt darin, dass er die herkömmliche statische Auffassung der Begriffe durch eine dynamische ersetzt hat. Um diesen Unterschied klarzumachen, reichte bereits irgendein Bewegungsbegriff aus. Bereits ‚Entwicklung' leistete diesen Dienst der Absetzung ge-

Begriffs" hat Hegel eine umfassende *Evolution* des Begriffs konzipiert. Die Logik – so meine These – ist Hegels Version von Evolution.

c. Logik und Realphilosophie

Die nächste Frage gilt nun den Folgen, welche diese Konzeption des Logischen für die Realphilosophie hat.

Bloßer Entwicklungscharakter des Realen als Kehrseite des evolutiven Charakters des Logischen

Meine These lautet: *Weil Hegel das Logische strikt evolutionistisch denkt, kann er den Realprozessen dann nicht mehr einen evolutionistischen, sondern nur noch einen entwicklungshaften Status zuerkennen.* Sie vermögen ihm zufolge nur noch etwas an sich schon Vorhandenes zu entfalten. Die Realentwicklung soll die logischen Formen (die ihr, absolut betrachtet, zugrunde liegen müssen und *die ihrerseits schon eine rein logische Genese haben*) nur noch austragen und konkretisieren können. Dem Realgeschehen kommt somit keine eigentlich generative, sondern nur eine entwicklungshafte Rolle zu.

Ich weiß, dass diese meine Sicht den Argwohn mancher Hegelianer erwecken wird. Aber sie scheint mir unausweichlich, und ich will zeigen, wie die genannte Figur tatsächlich für Hegels Systemkonzeption bestimmend ist.

Grundlegendheit des Logischen – Dependenz des Realen

Rückblickend erklärt Hegel einmal, dass die in der *Phänomenologie des Geistes* dargestellte „Fortbewegung" der Gestalten des Bewusstseins bzw. des Geistes auf einer tieferen Sukzession beruht, nämlich „auf der Natur der *reinen Wesenheiten*, die den Inhalt der Logik ausmachen". So sagt er es in der Vorrede zur Seinslogik von 1812.[19]

---

gen statische Begriffskonzeptionen; es brauchte dafür nicht die anspruchsvollere Kennzeichnung im Sinn eines genuin genetischen Prozesses (einer ‚Evolution'). Im Übrigen stand der moderne Evolutionsbegriff Hegel eben noch gar nicht zur Verfügung, ‚Evolution' war damals, wie gesagt, von ‚Entwicklung' noch nicht geschieden. Es gibt aber noch einen zweiten Grund für Hegels Kennzeichnung der logischen Bewegung als „Entwicklung", und dieser Grund ist problematisch. Hegel hat den Gesamtprozess des Absoluten letztlich als den Weg des Geistes von Ansichsein zu Fürsichsein und Anundfürsichsein ausgelegt (vgl. *Phänomenologie des Geistes*, 28 bzw. *Enzyklopädie III*, 38 [§ 387]). Dann trifft die Kennzeichnung als ‚Entwicklung' natürlich zu. Aber eine solche Supponierung des Geistes (der Geist ist „das absolut Erste", *Enzyklopädie III*, 24 [§ 381, Zusatz]) ist nach Maßgabe von Hegels eigenem Prozessgedanken allenfalls vordergründig haltbar. Es ist jedoch gerade diese Supponierung, die Hegel dazu bringt, den logischen Prozess als „Entwicklung" zu charakterisieren – während er doch der Sache nach dahin gelangt war, einen nicht entwicklungshaften Prozess, sondern einen reinen Prozess ohne vorherige Programmvorgabe, einen genuin evolutiven Prozess zu denken.

19 „Das Bewusstsein ist der Geist als konkretes, und zwar in der Äußerlichkeit befangenes Wissen; aber die Fortbewegung dieses Gegenstandes beruht allein [...] auf der Natur der *reinen Wesenheiten*, die den Inhalt der Logik ausmachen" (*Logik I*, 17 [Vorrede 1812]).

Die *phänomenologische* Sequenz gilt ihm also nur als die Oberflächenerscheinung der tieferen *logischen* Sequenz. Die letztere, sagt Hegel, habe er bei der Abfassung der *Phänomenologie des Geistes* vor Augen gehabt und als Folie benutzt.[20]

Nun gilt eine solche Leitfunktion des Logischen aber nicht nur für das Verhältnis von Logik und *Phänomenologie*, sondern, wie Hegel an der genannten Stelle ebenfalls klarmacht, für das Verhältnis von Logik und *Realphilosophie insgesamt*: „Die Entwicklung *alles* [Hervorhebung W. W.] natürlichen und geistigen Lebens" beruht allein „auf der Natur der *reinen Wesenheiten*, die den Inhalt der Logik ausmachen".[21] Das ist deutlich gesprochen: Das Realgeschehen ist von der logischen Bewegung abhängig, es hat diese zum Grund. „Die logischen Gedanken sind [...] der an und für sich seiende Grund von allem."[22] Grundlegendheit des Logischen und Dependenz des Realgeschehens bilden das systematische Grundmuster.

Die Grundlegendheit des Logischen hat Hegel auch sonst immer wieder betont. So mahnt er, dass die Formen der Logik als „von unendlich größerer Wirksamkeit auf das Konkrete gedacht werden" müssen, „als es gewöhnlich genommen wird".[23] Hegel will sie eben als den Grund des Realgeschehens verstanden wissen.[24] Entsprechend bezeichnet er die logische Bewegung als den „Vorbildner" bzw. den „inneren Bildner" des Realen[25] (oder auch als dessen „Seele"[26] bzw. „Lebenspuls"[27]), so wie er umgekehrt das Reale immer wieder als „Manifestation" und „Darstellung", als „Anwendung", „Verwirklichung", „Abbild" oder „Ausdruck" der in der *Logik* entfalteten Strukturen charakterisiert.[28]

---

[20] „In dieser Weise habe ich das *Bewusstsein* in der *Phänomenologie des Geistes* darzustellen versucht" (ebd.). Ganz entsprechend hatte Hegel schon in der „Vorrede" der *Phänomenologie des Geistes* (also dem ganz zuletzt, im Januar 1807 abgeschlossenen Stück dieses Werkes) davon gesprochen, dass die Darstellung der Bewusstseinsgestalten „die Bewegung der reinen Wesenheiten" zur eigentlichen Grundlage habe (*Phänomenologie des Geistes*, 37). Vgl. auch die Aussage am Ende der *Phänomenologie des Geistes*, dass „jedem abstrakten Momente der Wissenschaft eine Gestalt des erscheinenden Geistes überhaupt" entspricht (ebd., 589).

[21] *Logik I*, 17 [Vorrede 1812]. – Damit liegt 1812 die Grundkonzeption des Systems klar vor. Hegel hatte diese allerdings, wie die Zitate der vorherigen Fußnote zeigen, bereits 1806/1807 vor Augen. Auch die Titeländerung von *Wissenschaft der Erfahrung des Bewusstseins* zu *Phänomenologie des Geistes* war genau dadurch veranlasst, dass Hegel sich über diese neue Konzeption klar wurde.

[22] *Enzyklopädie I*, 85 [§ 24, Zusatz 2].

[23] *Logik II*, 267 f.

[24] Vgl. auch Hegels Kennzeichnung der logischen Idee als „Schöpferin der Natur" (ebd., 265).

[25] Ebd.

[26] *Phänomenologie des Geistes*, 51; *Logik II*, 556 f. u. 563.

[27] *Logik I*, 27.

[28] Zu „Manifestation" und „Darstellung": Die Natur ist „eine der Weisen der Idee [...], sich zu manifestieren" (*Enzyklopädie II*, 25 [§ 247, Zusatz]). „Auch die äußere Natur, wie der Geist, ist [...] eine Darstellung der Idee" (*Enzyklopädie III*, 18 [§ 318, Zusatz]). Der Inhalt der Idee „ist kein anderer als der Begriff in seinen Bestimmungen; ihr reeller Inhalt ist nur seine Darstellung, die er sich in der Form äußerlichen Daseins gibt und [der,] diese Gestalt in seine Idealität eingeschlossen, in seiner Macht, so sich in ihr erhält" (*Enzyklopädie I*, 367 [§ 213]). Zu „Anwendung", „Verwirklichung", „Abbild" und „Ausdruck": „Betrachten wir dem Bisherigen zufolge die Logik als das System der *reinen* Denkbestimmungen, so erscheinen dagegen die anderen philosophischen Wissenschaften, die Naturphilosophie und die Philosophie des Geistes, gleichsam als eine ange-

Das Grundbild ist also dies, dass die logische Bewegung den Status einer originären Evolution besitzt, das Realgeschehen hingegen, weil ihm die logischen Formen zugrunde liegen, nur noch den Status einer Entwicklung haben kann. Das Realgeschehen kann nur noch entfalten, was dem Grundriss nach logisch schon vorgezeichnet ist.

Es ist keineswegs mein Interesse, die Bedeutung des Realen für Hegels Konzeption herunterzuspielen. Die Zuwendung zum Realen ist für Hegels Philosophie wichtig und signifikant. Darin, dass seine Auslegung des Absoluten „als *Subjekt*",[29] das „sich selbst zu seiner Manifestation bewegt",[30] es ihm gestattete, das Reale in die Philosophie des Absoluten zu integrieren, hat Hegel zu Recht einen entscheidenden Vorteil seiner Konzeption gesehen.[31] Insofern gehört die Realphilosophie konstitutiv zum System. Aber man darf andererseits deren logische Grundierung nicht übersehen. Der logische Prozess der Idee gibt generell das Maß dafür ab, was überhaupt als ‚wirklich' gelten kann,[32] und die Grundlegendheit des Logischen ist die Bedingung der Integrierbarkeit von Logik und Realphilosophie.

Im Folgenden will ich nun noch etwas näher betrachten, wie sich die Fundamentalität des Logischen in der Bestimmung der Natur- wie der Geistentwicklung niederschlägt.

Die logische Bestimmtheit der Natur

Gewiss ist es so, dass der Natur auch eine gewisse Eigenständigkeit gegenüber der Idee zukommt. Die Natur ist nicht die Idee in ihrem Beisichsein, sondern „das Negative der Idee",[33] „die Idee in ihrem Anderssein".[34] Im Blick darauf und auf den für die Natur

wandte Logik, denn diese ist die belebende Seite derselben" (ebd., 84 [§ 24, Zusatz 2]). „Auch der endliche oder subjektive Geist – nicht bloß der absolute – muss als eine Verwirklichung der Idee gefasst werden. Die Betrachtung des Geistes ist nur dann in Wahrheit philosophisch, wenn sie den Begriff desselben in seiner lebendigen Entwicklung und Verwirklichung erkennt, d.h. eben, wenn sie den Geist als ein Abbild der ewigen Idee begreift" (*Enzyklopädie III*, 9 [§ 377, Zusatz]). „[...] dass alles Wirkliche nur insofern *ist*, als es die Idee in sich hat und sie ausdrückt" (*Logik II*, 464). – Für das Begreifen des Realen kann Hegel dann gar von einer Ableitungsbeziehung sprechen: das spekulative Denken hat „jeden seiner Gegenstände und die Entwicklung derselben in ihrer absoluten Notwendigkeit aufzuzeigen. Dies geschieht, indem jeder besondere Begriff aus dem sich selbst hervorbringenden und verwirklichenden allgemeinen Begriff oder der logischen Idee abgeleitet wird" (*Enzyklopädie III*, 14 [§ 379, Zusatz]).

29 *Phänomenologie des Geistes*, 23.

30 *Vorlesungen über die Philosophie der Religion II*, 494.

31 „Die lebendige Substanz ist [...] das Sein, welches in Wahrheit *Subjekt* oder, was dasselbe heißt, welches in Wahrheit wirklich ist, nur insofern sie die Bewegung des Sichselbstsetzens oder die Vermittlung des Sichanderswerdens mit sich selbst ist" (*Phänomenologie des Geistes*, 23).

32 Vgl. die Aussage, „dass alles Wirkliche nur insofern *ist*, als es die Idee in sich hat und sie ausdrückt" (*Logik II*, 464). „[...] *alles* Wirkliche, insofern es ein Wahres ist, ist die Idee und hat seine Wahrheit allein durch und kraft der Idee" (*Enzyklopädie I*, 368 [§ 213]). Vgl. auch ebd., 47 [§ 6].

33 *Enzyklopädie II*, 30 [§ 248, Zusatz].

34 Ebd., 25 u. 26 [§ 247, Zusatz], vgl. auch 24 [§ 247].

charakteristischen Modus des „Außersichseins“[35] registriert Hegel die „Schwäche des Begriffs in der Natur“ und legt dar, wie die Kontingenz in der Natur ihren Auftritt hat.[36]

Auf der anderen Seite ist die Natur aber nicht etwa „ein Anderes als die Idee“,[37] sondern *die Idee selbst* in ihrem Anderssein.[38] Die Natur ist jene „reellere Form der Idee“, zu welcher die logische Idee (die inner-logisch nur erst eine „in den reinen Gedanken“ eingeschlossene und somit noch unvollständige „Realisation“ erreicht hatte[39]) von sich aus heraustritt, um sich „weiterzubestimmen und zu entfalten“.[40] Der Übergang am Ende der *Logik* bedeutet nicht, dass die Idee sich in einem Anderen verlöre. Im Gegenteil: die Idee kann sich, wie Hegel sagt, „ihrer absolut sicher und in sich ruhend“,[41] zur Natur entlassen, weil diese „wesentlich ein Ideelles“[42] ist und der Idee „vollkommen durchsichtig“ bleibt.[43]

Dem ist deshalb so, weil der Realisierung der Idee in der Natur die rein-logische Entfaltung der Idee zugrunde liegt. Der Anfang der Natur ist mitnichten wie der der Logik voraussetzungslos, sondern durch den rein-logischen Gang der Idee vermittelt.[44] Und die Idee hat im Übergang zur Natur ihre zuvor gewonnenen Bestimmtheiten nicht etwa ‚vergessen‘, sondern bringt sie zur Geltung.

---

[35] *Enzyklopädie III*, 18 [§ 381, Zusatz].

[36] *Enzyklopädie II*, 502 [§ 368]. Mit „Schwäche des Begriffs“ meint Hegel die „Ohnmacht der Natur, den Begriff in seiner Ausführung festzuhalten“ (ebd., 35 [§ 250]). Die Natur vermag die Begriffsbestimmungen eben „nur abstrakt zu erhalten“, „die Ausführung des Besonderen“ ist in ihr „äußerer Bestimmbarkeit“ ausgesetzt (ebd., 34 [§ 250]). Weil somit die „Bestimmbarkeit von außen“ eingreift und „ihr Recht“ hat (ebd., 34 [§ 250]), weist „das Spiel der Formen“ in der Natur „ungebundene, zügellose Zufälligkeit“ auf (ebd., 28 [§ 248]). Vgl. zur Bedeutung von Hegels Anerkennung der Kontingenz: Dieter Henrich, „Hegels Theorie über den Zufall“ [1958/59], in: ders., *Hegel im Kontext* (Frankfurt/Main: Suhrkamp ^{4}1971), 157–186.

[37] *Enzyklopädie I*, 64 [§ 18].

[38] Die Natur ist „*an sich* die Idee“ (*Enzyklopädie III*, 394 [§ 575]).

[39] *Logik II*, 572.

[40] *Enzyklopädie I*, 120 [§ 43, Zusatz]. – Hegel hat diese Nötigung in der *Phänomenologie des Geistes* sehr deutlich formuliert: „Der Geist, der im Elemente des reinen Denkens ausgesprochen ist, ist wesentlich selbst dieses, nicht in ihm nur, sondern *wirklicher* zu sein, denn in seinem Begriffe liegt selbst das *Anderssein*, d.h. das Aufheben des reinen, nur gedachten Begriffes“ (*Phänomenologie des Geistes*, 561). Die logische Bewegung hatte sich nur im Medium des reinen Denkens vollzogen. Diese Innerlichkeit ist aber mit ihrem Gegensatz – der Äußerlichkeit – behaftet und muss daher darauf dringen, diesen Gegensatz (also zuvörderst das Eingeschlossensein in die nur eine „Sphäre“, in die des „reinen Gedankens“ bzw. der „Subjektivität“) aufzuheben: „Weil die reine Idee des Erkennens insofern in die Subjektivität eingeschlossen ist, ist sie *Trieb,* diese aufzuheben, und die reine Wahrheit wird als letztes Resultat auch der *Anfang einer anderen Sphäre und Wissenschaft*“ (*Logik II*, 572 f.). Der Übergang in die Natur ist also durch die Defizienz des Rein-Logischen ernötigt.

[41] *Logik II*, 573.

[42] *Enzyklopädie II*, 25 [§ 247, Zusatz].

[43] *Logik II*, 573.

[44] Vgl. Hegels Hinweis, dass die „Bestimmung“ der Natur zu Beginn der Naturphilosophie (anders als die des „logischen Seins“ am Anfang der Logik) nicht „das abstrakt-Erste und Unmittelbare“, sondern eben aufgrund der ihr vorausgegangenen logischen Bewegung „schon das in sich *Vermittelte*“ ist (*Enzyklopädie II*, 42 [§ 254]).

Deshalb gilt dann eben auch, dass die logische Idee den „Grund der Natur“ darstellt,[45] und dass die Dynamik des Begriffs das movens von deren Gestalten ausmacht („die Gestalten der Natur sind nur Gestalten des Begriffs“[46]). Die Natur wiederholt und konkretisiert logische Kategorien.[47]

Der logische Subtext der Entwicklung des Geistes

Ähnlich steht es beim Geist. Auch dessen Entwicklung (bei der man vielleicht am ehesten eine eigenständige Rolle der Realentwicklung anzunehmen geneigt sein könnte) folgt logischen Vorgaben. So erklärt Hegel in der „Einleitung“ zu den *Vorlesungen über die Philosophie der Geschichte* mit aller Deutlichkeit, dass der geschichtliche Gang grundsätzlich, nämlich seiner „allgemeinen Natur“ nach, „logisch“, und nur seiner Konkretion nach historisch anzugeben ist.[48] Die Gestalten des Geistes sind als der „Ausdruck einer notwendigen Reihe bestimmter Begriffe zu erkennen“.[49] Die Geschichte der Philosophie wird von Hegel sogar als eine schier 1:1-getreue Realisation der Stufen der logischen Idee bestimmt.[50]

Somit verfügt die logische Grundierung auch in der Sphäre des Geistes, dass das Realgeschehen nur den Status einer Entwicklung, nicht den einer genuinen Hervorbringung haben kann.[51]

Das ist Hegels systematische Position, seitdem er sich über seine Konzeption des Logischen klargeworden ist.[52] Geist wie Natur liegen am Leitseil der logischen

---

[45] Ebd., 31 [§ 249].

[46] Ebd., 539 [§ 376, Zusatz]. Der Begriff ist „der Natur als solcher immanent“ (ebd., 13 [§ 245]). Die Natur ist „der in seiner Bestimmung bei sich selbst bleibende Begriff“ (*Logik II*, 573).

[47] Entsprechend parallelisiert Hegel beispielsweise Raum, Zeit, Bewegung und Materie mit den logischen Kategorien Sein, Nichts und Werden (Details dazu bei Vittorio Hösle, *Hegels System*, 2 Bde., Hamburg: Meiner 1988, Bd. 1, 106 f.), die Stufe des Organischen generell mit der des Begriffs (vgl. *Enzyklopädie I*, 309 [§ 161, Zusatz]) und des Näheren die Sensibilität, Irritabilität und Reproduktion des Lebendigen mit den logischen Bestimmungen der Allgemeinheit, Besonderheit und Einzelheit (vgl. *Enzyklopädie II*, 437 [§ 353]).

[48] *Vorlesungen über die Philosophie der Geschichte*, 77.

[49] *Enzyklopädie III*, 39 f. [§ 387, Zusatz].

[50] „Die verschiedenen Stufen der logischen Idee finden wir in der Geschichte der Philosophie in der Gestalt nacheinander hervorgetretener philosophischer Systeme [...]. Das Verhältnis [...] der früheren zu den späteren philosophischen Systemen ist im allgemeinen dasselbe wie das Verhältnis der früheren zu den späteren Stufen der logischen Idee“ (*Enzyklopädie I*, 184 [§ 86, Zusatz 2]).

[51] „Das Fortschreiten des Geistes ist *Entwicklung*“ (*Enzyklopädie III*, 234 [§ 442]). – Auf nähere Unterschiede zwischen Geist und Natur hinsichtlich der Anwendungsmöglichkeit der Kategorie ‚Entwicklung‘ werde ich bald eingehen.

[52] Beim frühen Hegel fand sich noch durchaus anderes. Er konnte sich in Sachen Natur geradezu auf die Seite der Kontingenz schlagen und diese mit den höchsten Prädikaten versehen: „[...] die lebendige Natur ist ewig ein anderes als der Begriff derselben, und damit wird dasjenige, was für den Begriff bloße Modifikation, reine Zufälligkeit, ein Überflüssiges war, zum Notwendigen, zum Lebendigen, vielleicht zum einzig Natürlichen und Schönen“ („Die Positivität der christlichen Religion“ – „Neufassung des Anfangs“ [1800], Werke 1, 217–229, hier 219).

Bewegung. Noch einmal: „Die logischen Gedanken sind [...] der an und für sich seiende Grund von allem.“[53] Die realphilosophischen Teile gelten nur als „Beispiele“ der logischen Methode.[54]

d. Zwischenresümee

Somit ergibt sich folgendes Zwischenresümee: Weil das Absolute selbstgenerativ gedacht werden muss und weil bei einem als *lógos* verstandenen Absoluten die Logik die Form dieser Selbstgenerativität darstellt; weil ferner das Reale, wenn es eine Gestalt des Absoluten sein soll (wie der Gedanke des Absoluten es erfordert), den in der *Logik* (als der „Wissenschaft der *absoluten Form*“[55]) entfalteten Kategorien entsprechen muss, deshalb *kann* dem Realgeschehen dann nicht mehr eine der logischen Bewegung vergleichbare Eigenkreativität zukommen. Selbstgenerativität gilt nur für die logische Ebene, während es auf der Realebene bloß noch Entwicklung geben kann – die Entfaltung von etwas, was „an sich“, nämlich logisch, schon vorgezeichnet ist.[56]

Die idealistische Systemkonstruktion verfügt also den primären und evolutiven Charakter allein des Logischen und den bloß sekundären und entwicklungshaften Charakter des Realen. Das scheint der Preis zu sein, den eine Konzeption, welche das Reale um

53 *Enzyklopädie I*, 85 [§ 24, Zusatz 2]. Entsprechend besteht die Aufgabe der Natur- wie der Geistphilosophie darin, „die logischen Formen in den Gestalten der Natur und des Geistes zu erkennen“ (ebd., 84 [§ 24, Zusatz 2]).

54 Schon in der „Einleitung“ zur *Logik* von 1812 hatte Hegel erklärt: „Ich habe in der *Phänomenologie des Geistes* ein Beispiel von dieser Methode an einem konkreteren Gegenstande, an dem *Bewusstsein*, aufgestellt.“ In der Berliner Überarbeitung erweitert er das Bekenntnis zu diesem Verfahren: „Später an den anderen konkreten Gegenständen und resp. Teilen der Philosophie“ (*Logik I*, 49 [Einleitung 1832]).

55 *Logik II*, 265.

56 Daher kehren logische Grundstrukturen immer wieder als Organisationsschemata der Realphilosophie wieder. Beispielsweise bestimmt die triplizitäre Struktur der Idee (die Idee bezieht sich auf sich selbst; sie bezieht sich auf anderes; sie bezieht sich auf anderes als gleichartig mit sich) sowohl die Einteilung des gesamten Systems in Logik, Naturphilosophie und Geistphilosophie als auch die drei Bestimmungen der Tieranalyse (Gestalt, Assimilation, Gattungsprozess) (vgl. *Enzyklopädie II*, 435 [352]). Wie die Entsprechung des Realgeschehens zur logischen Entwicklung im Einzelnen zu rekonstruieren ist, stellt zwar ein vieldiskutiertes Problem dar (vgl. Hösle, *Hegels System*, a.a.O., Bd. 1, 101–127), aber *dass* die logischen Strukturen für Hegel die Matrix allen Realgeschehens darstellen, ist unbestreitbar. – Wohl sind die realphilosophischen Kategorien jeweils ‚reicher‘ als ihre logischen Parallelkategorien, stellen nicht einfach direkte Wiederholungen derselben dar. Aber woraus ergibt sich ihre größere Komplexität? Einzig daraus, dass sie auch durch die ihnen vorangegangenen realphilosophischen Kategorien vermittelt sind. Das aber bedeutet nur, dass die realphilosophischen Kategorien in sich jeweils eine größere Zahl von logischen Kategorien enthalten als ihre rein-logischen Pendants – aber eben doch nur eine größere Zahl *logischer Kategorien*. Die realphilosophischen Kategorien generieren nichts über diese hinaus, sondern stellen nur komplexere logische Verbindungen dar (vgl. ebd., 107–109). Was hingegen im Realgeschehen genuin neu ist, ist die Einführung von Zufälligkeit, aus der Umwege und Unschärfen des Logischen im Realen resultieren.

der Konstruktion des Absoluten willen als logisch konstituiert ansehen möchte, entrichten muss.

e. Entwicklung nicht schon in der Natur, sondern erst beim Geist

Innerhalb des Realen besteht dann gar noch eine weitere Herabstufung. Selbst Entwicklung gibt es Hegel zufolge nicht überall im Realen, sondern ausschließlich in der Sphäre des Geistes, nicht auch schon in der Sphäre der Natur. Man muss nämlich zwei Anwendungsbedingungen des Terminus ‚Entwicklung' unterscheiden. Der Grundsinn von ‚Entwicklung' besagt, wie bisher ausgeführt: etwas an sich Vorhandenes wird entfaltet. Nur wenn dieser Grundsinn erfüllt ist, wird es überhaupt möglich sein, von Entwicklung zu sprechen. Zusätzlich muss jedoch eine zweite Bedingung erfüllt sein. Sie betrifft den *Modus* des Prozesses: die Entfaltungsschritte müssen so sein, dass sie aufeinander aufbauen, der nächste Schritt muss den vorigen voraussetzen. Nur dann handelt es sich um Entwicklung.

Nun verhält es sich aber laut Hegel allein in der Sphäre des Geistes so, dass spätere Errungenschaften frühere voraussetzen und auf diesen aufbauen,[57] weshalb nur hier korrekterweise von ‚Entwicklung' zu sprechen sei.[58] In der Natur hingegen setzen komplexere Formen keineswegs einfachere voraus, ja in der Natur soll nicht einmal eine zeitliche Aufeinanderfolge der Formen bestehen. Hinsichtlich der Natur vertritt Hegel ein Nil-novi-Prinzip: „Die Veränderungen in der Natur [...] zeigen nur einen Kreislauf, der sich immer wiederholt; in der Natur geschieht nichts Neues unter der Sonne [...]. Nur in den Veränderungen, die auf dem geistigen Boden vorgehen, kommt Neues hervor."[59]

Da es also in der Natur nicht einmal eine Realsukzession gibt, kann es dort a fortiori auch keinen *Hervorgang* der natürlichen Formen *auseinander* geben, und von daher

---

[57] Vgl. *Phänomenologie des Geistes*, 32.

[58] In der „Vorrede" zur *Phänomenologie des Geistes* finden sich sogar Formulierungen, die über das Standardmodell von Entwicklung hinaus in Richtung einer genuinen Kreation zu deuten scheinen, etwa an der berühmten Stelle, wo Hegel von dem „Aufgang" spricht, der „in einem Male das Gebilde der neuen Welt hinstellt" (ebd., 19). Da könnte man meinen, Hegel denke über einen bloß sekundären Status des Realgeschehens hinaus und wolle diesem eine originäre Kraft zuerkennen, neue logische Formen zu generieren. Freilich: In derselben Vorrede hat Hegel auch schon das logische Programm artikuliert, wonach die Reihe der Bewusstseinsgestalten „die Bewegung der reinen Wesenheiten" zur Grundlage hat (ebd., 37); und das Geistkapitel der *Phänomenologie* zeigt deutlich, dass Hegel die Entwicklung des Geistes von der Notwendigkeit logischer Verhältnisse her verstand; das Schlusskapitel schließlich artikuliert erneut die logische Sichtweise, wonach „jedem abstrakten Momente der Wissenschaft" (also der *Logik*) „eine Gestalt des erscheinenden Geistes" (also der *Phänomenologie*) entspricht (ebd., 589). Insofern bewegt sich auch die *Phänomenologie* insgesamt in dem Denkrahmen, der das System kennzeichnet.

[59] *Vorlesungen über die Philosophie der Geschichte*, 74. Gelegentlich äußert sich Hegel allerdings vorsichtiger. Da schließt er eine zeitliche Sukzession der Naturformen nicht aus, beharrt jedoch darauf, dass diese philosophisch völlig irrelevant sei: „der Zeitunterschied hat ganz und gar kein Interesse für den Gedanken" (*Enzyklopädie II*, 32 [§ 249, Zusatz]). „Es ist eine gleichgültige Neugierde, das auch in Form der Sukzession sehen zu wollen, was im Nebeneinander ist. [...] dieser Gesichtspunkt der bloßen Aufeinanderfolge geht die philosophische Betrachtung gar nichts an" (ebd., 348 [§ 339, Zusatz]).

lehnt Hegel die sich zu seiner Zeit ausbreitende evolutionistische Auffassung, wonach die Gestalten der Natur das Produkt eines zeitlichen Hervorgangs auseinander seien, kategorisch ab und erklärt stattdessen, dass die Gestalten des Lebendigen sich gar nicht langsam entwickelt hätten, sondern mit einem Schlag vollendet aufgetreten seien, so „wie Minerva aus Jupiters Haupte bewaffnet entspringt“: „Der Mensch hat sich nicht aus dem Tiere herausgebildet, noch das Tier aus der Pflanze; jedes ist auf einmal ganz, was es ist.“[60]

In der Natur gibt es also für Hegel keine Entwicklung und folglich umso weniger dergleichen wie Evolution. Die damals einsetzenden evolutionistischen Erklärungen sind Hegel zufolge völlig verfehlt.[61] Neben der Negation einer zeitlichen Aufeinanderfolge ist dafür letztlich und systematisch ausschlaggebend, dass Hegel die Natur als konstitutiv durch „Außersichsein“ bzw. „Äußerlichkeit“ gekennzeichnet ansieht („der Natur ist gerade die Äußerlichkeit eigentümlich, die Unterschiede auseinanderfallen und sie als gleichgültige Existenzen auftreten zu lassen“[62]). Von daher ist es ausgeschlossen, dass die Formen der Natur eine innere Beziehung aufweisen, wie sie doch gegeben sein müsste, wenn nachfolgende aus vorherigen Formen evolutionär hervorgehen würden.

Wenn gleichwohl auch Hegel selber die Natur als „ein *System von Stufen*“ betrachtet, wobei die „eine aus der andern notwendig hervorgeht und die nächste Wahrheit derjenigen ist, aus welcher sie resultiert“,[63] so ist dies ausschließlich in einem logischen und gerade nicht in einem realen Sinne zu verstehen. In der Natur ist nicht eine Stufe „aus der andern *natürlich* erzeugt“ worden,[64] also beispielsweise das Organische aus dem Anorganischen hervorgegangen.[65] Sondern von einem Folgeverhältnis kann *allein* im Sinn einer *begrifflichen* Sukzession gesprochen werden – gemäß der „Notwendig-

---

[60] Ebd., 349 [§ 339, Zusatz].

[61] „Es ist eine ungeschickte Vorstellung [...], die Fortbildung und den Übergang einer Naturform und Sphäre in eine höhere für eine äußerlich-wirkliche Produktion anzusehen [...]. Solcher nebuloser, im Grunde sinnlicher Vorstellungen, wie insbesondere das sogenannte *Hervorgehen* z. B. der Pflanzen und Tiere aus dem Wasser und dann das *Hervorgehen* der entwickelteren Tierorganisationen aus den niedrigeren usw. ist, muss sich die denkende Betrachtung entschlagen“ (ebd., 31 f. [§ 249]). „Aus dem Wassertier ist [...] nicht natürlich ein Landtier hervorgegangen, dieses nicht in die Luft geflogen, noch der Vogel dann etwa wieder zur Erde zurückgefallen“ (ebd., 32 [§ 249, Zusatz]). „Es ist völlig leer, die Gattungen vorzustellen als sich nach und nach in der Zeit evolvierend“ (ebd.). – Man beachte, dass Hegel sich damit (hier eben auf einem Holzweg) gegen das grosso modo noch heute gültige Bild der Evolution wendet, das er zutreffend so beschreibt: „Der Gang der Evolution, die vom Unvollkommenen, Formlosen anfängt, ist, dass zuerst Feuchtes und Wassergebilde waren, aus dem Wasser Pflanzen, Polypen, Molusken, dann Fische hervorgegangen seien, dann Landtiere; aus dem Tiere sei endlich der Mensch entsprungen“ (ebd., 32 f. [§ 249, Zusatz]).

[62] Ebd., 31 [§ 249].

[63] Ebd., 31 [§ 249].

[64] Ebd.

[65] Christian Spahn weist zu Recht darauf hin, dass Hegel über kein systematisches Argument dafür verfügt, dass die Naturformen bloß nebeneinander stehen können und nicht zeitlich-evolutionär auseinander hervorgegangen sein könnten (vgl. Christian Spahn, *Lebendiger Begriff – Begriffenes Leben. Zur Grundlegung der Philosophie des Organischen bei G. W. F. Hegel*, Würzburg: Königshausen & Neumann 2007, 268). Auch Spahn plädiert für eine Integration evolutiver und hegelscher Einsichten (ebd., 269). Vgl. dazu schon Hösle: „Eine kritische Weiterführung von Hegels Realphi-

keit der Idee".[66] Daher gibt es Entwicklung nicht schon in der Natur, sondern erst beim Geist. Logisch kommt Entwicklung eben „nur dem Begriff als solchem zu".[67] Und der logischen Entwicklung des Begriffs entspricht im Realen eben voll erst die Stufe des Geistes.[68]

f. Resümee

Hegel bietet also in Sachen Evolution insgesamt ein zwiespältiges Bild. Einerseits denkt er erstmals eine konsequente Evolution der logischen Formen. Das ist seine große Neuerung. Andererseits kann er dann aber dem Realen nicht mehr den Status einer Evolution, sondern bloß noch den einer Entwicklung zuerkennen – und das auch nur hinsichtlich des Geistes, nicht auch der Natur. – Hegels Eröffnung des evolutionistischen Gedankens in Sachen Logik schlägt zugleich dem Gedanken einer Realevolution die Tür zu.

Man könnte für all das auch sagen: Hegel konnte sich eine *Real*-Genese logischer Strukturen nicht vorstellen. Dergleichen war für ihn systematisch ausgeschlossen. Alles Reale sollte vorgängige logische Strukturen entfalten, nicht von sich aus neue generieren können. Meine anschließende Frage wird sein, ob diese Sichtweise verbindlich ist – oder ob sich ein *gemeinsamer Hervorgang realer und logischer Strukturen* denken ließe.

g. Nachbetrachtung

Die vorstehende Charakterisierung der hegelschen Position könnte insofern unbefriedigend erscheinen, als es bei Hegel doch auch Motive gibt, die insgesamt in eine konsequent genetische Richtung deuten, wobei dann dem Realgeschehen mehr als nur die Ausführung bzw. Konkretisierung logischer Strukturen zukommen müsste. Fragen wir uns, was in den entsprechenden Gedankenzügen Hegels Hauptmotiv ist – und warum am Ende doch die geschilderte Konzeption herauskommt, die nur das Logische, nicht aber auch das Reale evolutiv denkt.

Hegel war überzeugt, dass das Ganze als selbstgenerativer Prozess zu verstehen ist. ‚Causa sui' galt ihm als Schlüsselvorstellung – wobei für ihn freilich alles darauf ankam,

losophie wird [...] dem Evolutionsgedanken einen weitaus größeren Raum gewähren müssen, als dies Hegel selbst getan hat" (Hösle, *Hegels System*, Bd. 1, a.a.O., 96). Auch Wandschneider ist überzeugt, dass Hegels Naturbegriff dessen eigenen Formulierungen zum Trotz „einen überzeugenden naturontologischen Erklärungsrahmen für jenen zeitlichen Aufstufungsprozess der Natur ‚bildet', den wir als ‚Evolution' bezeichnen" (Dieter Wandschneider, *Naturphilosophie*, Bamberg: Buchner 2008, 203).

[66] Ebd., 32 [§ 249, Zusatz].

[67] „Allein" die Veränderung des Begriffs ist „Entwicklung" (ebd., 31 [§ 249]). Vgl. auch *Enzyklopädie I*, 308 [§ 161].

[68] Zwar ist das Organische bereits ein Versuch, die Struktur des Begriffs zu realisieren, aber es erreicht doch noch nicht die dafür letztlich erforderliche Überwindung der Äußerlichkeit und Endlichkeit – dies gelingt erst dem Geist (vgl. *Enzyklopädie III*, 21 [§ 381, Zusatz]). „Das Leben oder die organische Natur ist diese Stufe der Natur, auf welcher der Begriff hervortritt; aber als blinder, sich selbst nicht fassender, d. h. nicht denkender Begriff; als solcher kommt er nur dem Geiste zu" (*Wissenschaft der Logik II*, 257 [Die Lehre vom Begriff]).

die causa nicht statisch, sondern dynamisch zu fassen, eben als Prozess.[69] Das verlangt dann konsequenterweise auch, dass spätestens am Ende des Prozesses jeder Anschein einer Voraussetzung aufgehoben sein muss.[70,71] Die berühmten hegelschen Figuren des Vorwärtsgehens, das zugleich ein Rückwärtsgehen in den Grund ist, sowie der Systembewegung als Kreis bzw. Kreis von Kreisen bringen das zum Ausdruck.[72] Das Absolute muss sich allein aus sich selbst hervortreiben und sich ganz aus sich begründen.[73]

---

69 Vgl. Hegels Kritik an Spinozas Fassung des Konzepts: „*Causa sui* ist ein wichtiger Ausdruck. [...] Es ist dies ein ganz spekulativer Begriff. [...] Hier [...] ist das Herausgehen der Ursache unmittelbar aufgehoben, die Ursache seiner selbst produziert nur sich selbst; es ist dies ein Grundbegriff in allem Spekulativen. [...] Hätte Spinoza näher entwickelt, was in der *causa sui* liegt, so wäre seine Substanz nicht das Starre" (*Vorlesungen über die Geschichte der Philosophie III*, 168; vgl. auch *Vorlesungen über die Philosophie der Religion II*, 494 ff.).

70 Denn der eigentliche Impetus des philosophischen Konzepts der causa sui – des höchsten, das die Philosophie in Sachen Welterklärung ersinnen kann – geht dahin, einen Prozess zu denken, der nicht auf vorausliegenden, sondern ausschließlich auf eigengenerierten Voraussetzungen beruht und von daher wirklich komplett bzw. absolut zu sein vermag. Alle anderen (religiösen, kulturellen, philosophischen) Erklärungsweisen rekurrieren letztlich auf Voraussetzungen (Gott bzw. bestimmter Anfang bzw. Ewigkeit der Welt), die sie als solche nur noch machen oder hinnehmen, aber ihrerseits nicht mehr erklären können. Solcherart auf halbem Wege stehenzubleiben, kann aber den philosophischen Gedanken nicht befriedigen – man muss philosophisch auf das Konzept der causa sui hinausdenken.

71 Vgl. Hegels Kritik an allen Formen des Anfangs mit einem ersten Prinzip, wo der Fortgang nur die Form der Deduktion hat, dann aber keine Rechtfertigung des anfänglichen Prinzips mehr eintreten kann, dieses also eine Setzung bleibt. Eine Rechtfertigung ist freilich nur nachträglich möglich und nur dadurch, dass der Anfang sich aus dem Fortgang als gerechtfertigt erweist. Dies ist der Fall, sobald die anfängliche Bestimmtheit im Fortgang als aus diesem entwickelte Bestimmtheit hervortritt. Dann ist die anfänglich bloß gesetzte Bestimmtheit eingeholt, ist als nun nicht mehr unmittelbare, sondern vermittelte Bestimmtheit gerechtfertigt – der „*unmittelbare Anfang*" ist zu etwas „*Vermitteltem*" geworden (*Logik II*, 568). Umgekehrt ist auf diese Weise der Fortgang mit seinem Anfang nicht mehr nur konsequentiell, sondern zugleich rekursiv schlüssig verbunden; vgl. dazu die nächste Fußnote.

72 „Auf diese Weise ist es, dass jeder Schritt des *Fortgangs* im Weiterbestimmen, indem er von dem unbestimmten Anfang sich entfernt, auch eine *Rückannäherung* zu demselben ist, dass somit das, was zunächst als verschieden erscheinen mag, das *rückwärtsgehende Begründen* des Anfangs und das *vorwärtsgehende Weiterbestimmen* desselben, ineinanderfällt und dasselbe ist" (*Logik II*, 570). „Man muss zugeben, dass es eine wesentliche Betrachtung ist [...], dass das Vorwärtsgehen ein *Rückgang* in den *Grund*, zu dem *Ursprünglichen* und *Wahrhaften* ist, von dem das, womit der Anfang gemacht wurde, abhängt und in der Tat hervorgebracht wird." (*Logik I*, 70). – „Vermöge der aufgezeigten Natur der Methode stellt sich die Wissenschaft als ein in sich geschlungener *Kreis* dar, in dessen Anfang, den einfachen Grund, die Vermittlung das Ende zurückschlingt; dabei ist dieser Kreis ein *Kreis von Kreisen*; denn jedes einzelne Glied, als Beseeltes der Methode, ist die Reflexion-in-sich, die, indem sie in den Anfang zurückkehrt, zugleich der Anfang eines neuen Gliedes ist" (*Logik II*, 571 f.).

73 Daher betont Hegel in der „Vorrede" der *Phänomenologie des Geistes*, dass das Wahre „als *Subjekt* aufzufassen" ist (*Phänomenologie des Geistes*, 23). Entsprechend weist er in der *Logik* auf die Leerheit der konventionellen Aussage hin, dass das Absolute am Anfang stehe: „Man kann daher wohl sagen, dass mit dem *Absoluten* aller Anfang gemacht werden müsse, so wie aller Fortgang nur die Darstellung desselben ist, insofern das *Ansichseiende* der Begriff ist. Aber darum, weil es nur erst *an sich* ist, ist es ebenso sehr *nicht* das Absolute, noch der gesetzte Begriff, auch nicht

Nun schien es Hegel auch evident, warum das Ganze in der Prozessform der causa sui gedacht werden muss und gedacht werden kann: weil das Ganze im Grunde Geist ist und weil zum Wesen des Geistes vollkommene Selbsterfassung gehört. Daher hat der Prozess Hegel zufolge von Anfang an die Form der Selbsterkenntnis des Geistes und terminiert in einer vollendeten Selbsterkenntnis, wo jeder Anschein von Andersheit (und damit auch von Externalität und Voraussetzungshaftigkeit) aufgehoben ist. Am Ende wird begriffen, dass die Selbsterkenntnis des Geistes von Anfang an den Grund und das Telos des Prozesses gebildet hatte.[74] ‚Causa sui' steht sowohl für die Prozessform wie für die am Ende erreichte Einsicht.[75]

Was ist nun die zwingende Folge aus diesem hegelschen Ansatz? Als Prozess der Selbsterkenntnis des Geistes muss der Gesamtprozess einer von völliger Transparenz sein. Es kann sich keine externe Andersheit eindrängen, und jede vorübergehend auftretende Andersheit muss sich letztlich als Moment der Selbstvermittlung des Geistes entpuppen. Von daher muss der Prozess insgesamt die Form der Notwendigkeit – der Entfaltung der inneren Logik des Geistes – besitzen. Solche Notwendigkeit ist aller bloßen Kontingenz entgegengesetzt.

Daraus ergibt sich hinsichtlich des Realen eine Wasserscheide. Zum Realen gehört Kontingenz. Insofern kann das Reale für den logischen Prozess nicht ausschlaggebend sein. Andererseits ist das Reale aber auch begriffsbestimmt. Und in diesem Aspekt gehört es zur Realisation der Idee bzw. des Geistes. Dieser Unterschied hat eine Teilung hinsichtlich der Bedeutung des Realen zur Folge. Soweit das Reale, in etlichen seiner Einzelbestimmungen und Einzelverläufe, kontingent ist, kommt ihm keine Bedeutung für den Prozess des Ganzen zu. Sofern es jedoch, in seiner logischen Bestimmtheit, eine Realisation der Idee darstellt, ist es für den Prozess des Absoluten bedeutsam.

Es ist also tatsächlich so, dass sich die Generativität des Ganzen auch im Realen vorantreibt. Aber dies hat seinen Grund allein in der logischen Dynamik des dem Gesamtprozess zugrunde liegenden Geistes und nicht in kontingenten Bewegungen des Realen.[76] So ergibt sich insgesamt, was zuvor ausgeführt wurde: dass dem Realen keine

die Idee; denn diese sind eben dies, dass das *Ansichsein* nur ein abstraktes, einseitiges Moment ist. Der Fortgang ist daher nicht eine Art von *Überfluss*; er wäre dies, wenn das Anfangende in Wahrheit schon das Absolute wäre" (*Logik II*, 555). Vgl. entsprechend in der *Phänomenologie des Geistes*: „nur diese sich *wiederherstellende* Gleichheit oder die Reflexion im Anderssein in sich selbst – nicht eine *ursprüngliche* Einheit als solche oder *unmittelbare* als solche – ist das Wahre. Es ist das Werden seiner selbst, der Kreis, der sein Ende als seinen Zweck voraussetzt und zum Anfange hat und nur durch die Ausführung und sein Ende wirklich ist" (*Phänomenologie des Geistes*, 23).

[74] Der Geist ist „das absolut Erste" (*Enzyklopädie III*, 24 [§ 381, Zusatz]). Der gleiche Gedanke mit Bezug auf die Idee: „das absolute Prius ist die Idee; dieses absolute Prius ist das Letzte, der wahre Anfang, das A ist das Ω" (*Enzyklopädie II*, 30 [§ 248, Zusatz]).

[75] Wobei hinzuzufügen ist, dass Geist für Hegel offenbar das einzige Modell war, dem gemäß er dergleichen wie ‚causa sui' denken zu können glaubte. Das ist aber nicht verbindlich. Evolution oder Selbstorganisation wären andere mögliche Modelle.

[76] In Hegels System reflektiert sich dies u. a. darin, dass es ihm nicht um Naturgeschichte oder Geistesgeschichte, sondern um Natur- und Geist-*Philosophie* geht. Die letzteren sind von den ersteren dadurch unterschieden, dass sie dem Gang der Notwendigkeit folgen und insofern *Wissenschaft* sind. Das enzyklopädische System ist keine Erzählung von Weltereignissen, sondern die Darstel-

genuin produktive Bedeutung zukommt, die sich nicht aus seiner logischen Bestimmtheit (daraus, dass es eine Instanz der logischen Entwicklung ist) speisen würde.

Das ist im Kontext der tragenden Überzeugung, dass das Ganze der Prozess des Zusichkommens des Geistes ist, durchaus schlüssig. Dann muss, wie gesagt, die logische Bewegung allenthalben das Entscheidende sein. Gleichwohl könnte man selbst unter dieser Prämisse an der Art, wie Hegel die Fundamentalität des Logischen darstellt, *einen* Zug problematisch finden: die Vorschaltung der Logik, ihre Fassung als ersten Systemteil. Hegel ist diesbezüglich freilich ambivalent. Klar ist, dass die Logik die Gesamtbewegung des Ganzen angibt.[77] Diese Sichtweise *müsste* aber nicht dazu führen, dass die Logik der Natur- und Geistphilosophie vorzuschalten ist. Man könnte sie ebenso gut als die Darstellung dessen verstehen, was sich allein im Prozess insgesamt, also einschließlich der Wegstrecke der Natur- und der Geistphilosophie, ergibt. Letztlich ist auch genau dies Hegels Gedanke. Aber dann ist andererseits das von Hegel zugleich suggerierte Bild, wonach die Logik eine dem Natur- und Geistgeschehen *vorhergehende* autonome Entfaltung hat, problematisch – das Bild also, das die Logik zu einer Voraussetzung und Grundlage des Realgeschehens (statt zu einer darin erst ihre eigentliche Gestalt findenden Struktur) macht, wobei dann auf die zunächst bloß innerlogische Entfaltung aufgrund von deren Realdefizienz der Übergang zur Natur erfolgen muss. Diese (vergleichsweise äußerliche) Priorisierung des Logischen könnte aufgegeben werden, ohne darob etwas von der für Hegels Konzeption essentiellen Fundamentalität des Logischen preiszugeben. Das Logische könnte schlicht als die Grundstruktur des Natur- und Geistprozesses verstanden werden, die in ihrer Gänze und Reinform erst am Ende zutage tritt.[78]

Nur zu einer Art Gleichgewichtigkeit des Realgeschehens mit dem logischen Gang käme es auch so noch nicht. Das Realgeschehen hätte auch dann noch eigentliche Dignität nur als Instanz des logischen Prozesses, und dieser wäre allein aus seiner eigenen Notwendigkeit, nicht durch irgendwelche Realprozesse bestimmt. Es bleibt Hegelisch beim Leitcharakter des Logischen und einem bloßen Folgecharakter des Realen – der sich dann in der Distanz zwischen dem evolutiven Charakter des Logischen und dem bloß entwicklungshaften des Realen widerspiegelt.

h. Nietzsche: „ohne Hegel kein Darwin“

Bevor ich zum 2. Teil übergehe, möchte ich in einer Art Intermezzo auf einen anderen Autor und einen überraschenden Punkt zu sprechen kommen. Friedrich Nietzsche war durchaus nicht der Auffassung, dass Hegels Konzept einer logischen Evolution dem Gedanken einer natürlichen Evolution entgegenstehen müsse. Im Gegenteil: Er meinte, Hegels Revision der Logik habe der darwinschen Evolutionstheorie den Weg bereitet. Nietzsches Formel dafür lautete: „ohne Hegel kein Darwin“.

---

lung der „philosophischen Wissenschaften“, und dies eben auf den „Grundriss“, auf die logische Entfaltung des Begriffs bezogen.

77 Vgl. den dritten Schluss der *Enzyklopädie*.

78 Ich meine, wie gesagt, dass *dies* Hegels eigentlicher Gedanke ist – der allerdings in der faktischen Ausführung durch die Erhebung der Logik zum ersten Systemteil verunklart wird.

Das Neuartige der hegelschen Logik sah Nietzsche ganz zutreffend darin, dass Hegel gegen die bisherigen „logischen Gewohnheiten und Verwöhnungen" gezeigt hatte, „dass die Artbegriffe sich aus einander entwickeln". Dies habe dem Darwinismus die Bahn gebrochen. Durch den hegelschen Gedanken einer Evolution des Logischen seien „die Geister in Europa zur letzten grossen wissenschaftlichen Bewegung präformirt" worden, „zum Darwinismus".[79] Darwin – so fasst Nietzsche das zusammen – sei eigentlich „nur eine Nachwirkung" Hegels gewesen.[80]

Nietzsche will natürlich nicht sagen, dass Hegel selber dergleichen wie eine Evolution der Natur gedacht habe. Hegel hat in der Tat nur eine logische Evolution gedacht. Aber die dabei erfolgte Veränderung der Auffassung der Begriffe war so grundstürzend, dass sie den Weg für eine analoge Veränderung in der Konzeption der Natur freimachte. Indem Hegel die Begriffe aus einer statischen Konfiguration, wo sie *neben- und untereinander* standen, in eine dynamische Bewegung überführte, in der sie *auseinander hervorgehen*, hatte er die grundlegende Leistung vollbracht, den Durchbruch zu einem genetischen Denken bewirkt. Darwin konnte das Entsprechende dann im Blick auf die natürlichen Arten tun, indem er das jahrtausendealte Theorem der Konstanz der Arten verabschiedete und die neue Sicht begründete, dass die Arten sich *auseinander* entwickelt haben. Von daher sieht Nietzsche Darwins Theorie der Evolution als einen Sprössling von Hegels Revision des Logischen an.[81]

Überlegen wir für einen Moment, wie man Hegels Konzeption verändern müsste, damit sie nicht nur, wie Nietzsche es sieht, eine Inspirationsquelle des Evolutionismus sein könnte, sondern mit dem Evolutionsdenken tatsächlich verträglich würde. Man müsste sie gewiss einschneidend umbauen. Beispielsweise müsste man die Annahme tilgen, dass es nicht schon im Bereich der Natur eine wirkliche Realentwicklung, den Hervorgang neuer Seinsformen aus vorherigen gebe. Und vor allem ließe sich die *Grundlegungsfunktion* der Logik für das Realgeschehen – und damit ein Kernelement der hegelschen Konzeption – so nicht aufrechterhalten. Die logischen Formen müssten nicht

---

[79] „Nehmen wir drittens den erstaunlichen Griff *Hegel's*, der damit durch alle logischen Gewohnheiten und Verwöhnungen durchgriff, als er zu lehren wagte, dass die Artbegriffe sich *aus einander* entwickeln: mit welchem Satze die Geister in Europa zur letzten grossen wissenschaftlichen Bewegung präformirt wurden, zum Darwinismus – denn ohne Hegel kein Darwin" (Friedrich Nietzsche, *Die fröhliche Wissenschaft* [^{2}1887], KSA 3, 598 [357]).

[80] Friedrich Nietzsche, *Nachgelassene Fragmente. Juli 1882 bis Herbst 1885*, KSA 11, 442 [April – Juni 1885, 34/73].

[81] Gewiss bildete Hegels *Logik* nicht den einzigen Anstoß. Materialistische Ansätze in der Kosmologie hatten (von Descartes' 1644 in den *Prinzipien der Philosophie* entwickelter Wirbeltheorie bis zu Kants *Allgemeiner Naturgeschichte und Theorie des Himmels* von 1755) gute Vorarbeit geleistet; ebenso dann Diderot mit seinem sensualistischen Monismus (vgl. „Gespräch zwischen d'Alembert und Diderot" und „D'Alemberts Traum" von 1769 [beide erst 1830 publiziert]). Auch sind gravierende Unterschiede zwischen Hegels logischer und Darwins natürlicher Evolution nicht zu übersehen – die erstere folgt einem Gang der Notwendigkeit, die letztere spricht dem Zufall eine entscheidende Rolle zu. Aber dass Hegel gerade in der grundlegenden Sphäre des Begriffs die Statik überwand, mag doch, wie Nietzsche mutmaßt, in der Tat allem Folgenden zugearbeitet haben. – Vgl. zu Nietzsches auf Darwin vorblickender Lesart Verf., „Logik und Metaphorik – Zu Hegel und Nietzsche", in: *Hegel und Nietzsche. Eine literarisch-philosophische Begegnung*, hrsg. v. Klaus Vieweg u. Richard T. Gray (Weimar: Verlag der Bauhaus-Universität 2007), 146–163.

vorgängig sein, sondern sich zugleich mit den realen bilden. Diese beiden Modifikationen würden den Weg zu einem anderen Gedanken freimachen: dass die Seinsformen und die logischen Formen im Prozess der Wirklichkeit *ineins* entstehen. Einen solchen Vorschlag will ich nunmehr unterbreiten.[82]

2. Evolutionistisch: gemeinsamer Hervorgang von Seinsformen und logischen Formen

Meine Vorstellung besagt in aller Kürze: Die logischen Formen sind dem Prozess der Wirklichkeit gegenüber nicht vorgängig und nicht grundlegend für diesen, sondern sie bilden sich ebenso wie die ontischen Gebilde *im Prozess der Wirklichkeit*. In diesem gehen ontische und logische Formen mit- und aneinander hervor.

a. Grundsätzlich: Zwillingscharakter ontischer und logischer Evolution

Ausgangspunkt ist eine Evolution im starken Sinn, eine vorgabenlose Evolution. Davon kennen wir nur einen Fall: die Evolution des Kosmos. Alles, was ist, ist in deren Zug entstanden. Dieser Prozess ist umfassend zu verstehen, er schließt auch die biologische und die kulturelle Evolution ein. Dieser Prozess hat kein Außerhalb, kein Jenseits, kein Zuvor. In diesem Sinn ist er absolut.

Die Grundidee ist nun die, dass sich in diesem Prozess nicht nur jeweils neue ontische Typen bilden, sondern dass ineins damit auch jeweils neue logische (begriffliche) Typen entstehen. Im evolutiven Prozess entstehen die Seinstypen und die logischen Formen zugleich. Sie sind Zwillinge.[83]

Dabei besteht ein Verhältnis wechselseitiger Implikation: Ein neuer Seinstyp ist nicht nur ontisch, sondern auch logisch neuartig. Er kann nur entstehen, indem sich die neue logische Typik bildet, die er verkörpert. Und eine neuartige logische Typik kann sich nur als Bestimmungsstruktur eines Seinstyps herausbilden. Dabei handelt es sich aber nicht um zwei parallele und unabhängige Entwicklungsreihen, sondern ontische und logische Typen entstehen, wie gesagt, mit- und aneinander.[84]

Wenn Hegel mit Entsprechungen zwischen den Stufen der Natur und den Stadien des logischen Prozesses operierte,[85] so scheint mir das im Grundsatz richtig – mit dem einen Zusatz, dass es sich dabei um strikte Gleichursprünglichkeit handelt: der Hervorgang der Naturgebilde ist gleichbedeutend mit dem Hervorgang der entsprechenden logischen Strukturen und umgekehrt. Wenn sich beispielsweise Raum bildet, so bildet sich nicht nur die ontische, sondern ineins damit die logische Struktur des gleichgültigen Außereinander – diese ist ebenso sehr evolutiv generiert wie das räumlich Seiende.

[82] Ich kann das hier freilich nur in Form einer Skizze tun, die sich in manchem auf dünnem Eis bewegt.

[83] Eine gewisse Parallele dazu: Platon, *Theaitetos* 156 a–b.

[84] Vielleicht müsste man gar noch über die (unterscheidende) Rede von ontischen und logischen Typen hinausgehen. Sie enthält dualistische Anklänge, die zu eliminieren wären.

[85] Vgl. Anm. 47.

Oder Subjektivität (Hegel zufolge das Spezifikum des Lebendigen ab der Stufe der Empfindung[86]) ist nicht eine externe Strukturvorgabe für das Organische, sondern bildet sich mit der evolutiven ‚Erfindung' empfindender Lebewesen.

b. Die logischen Formen gehen den ontischen nicht voraus

Ich will diese genetische Zusammengehörigkeit an einigen Fällen verdeutlichen.

Zunächst ein physikalisches Beispiel: Bis zu einem Alter von etwa 370.000 Jahren bestand das Universum lediglich aus einem Plasma aus Wasserstoff- und Heliumkernen. Erst danach kam es zur Bildung von Atomen und Molekülen und schließlich zur Entstehung von Massenballungen – von Galaxienhaufen, Galaxien und Sternen. So weit scheint das nur ein Bericht über Entitäten zu sein. Aber es gilt zu erkennen, dass der Hervorgang dieser Entitäten zugleich den Hervorgang neuer logischer Formen implizierte, die es in der Welt zuvor nicht gegeben hatte. Das Plasma kannte noch keine Differenzierung und folglich auch keine Abhängigkeit zwischen Zentrum und Peripherie. Diese logische Form hat sich erst gebildet, als Atome und Galaxien entstanden.[87]

Oder ein biotisches Beispiel: Mit der Entstehung immunologischer Steuerung kam erstmals die Logik der Eigen-Fremd-Unterscheidung auf. Das Immunsystem war nicht nur eine für den Organismus nützliche Erfindung, sondern bedeutete zugleich die Entstehung eines grundlegend neuen Typs von Organismus-Umwelt-Verhältnis. Damals bildete sich zuerst eine Logik der Fremdbeziehung nach Eigenvorgaben heraus. Sie fungierte dann als Basis aller weiteren und komplexeren Modi dieser Relation, die wir inzwischen als ‚Empfindung', ‚Bewusstsein' und ‚Selbstbewusstsein' kennen (und im Extrem durch die Formel des „Bei-sich-Seins-im Anderssein" charakterisieren).

Bei all diesen evolutiven Neuerungen wird nicht eine Logik ‚realisiert', die zuvor schon bestanden hätte, sondern eine neuartige logische Typik – die der Differenzierung von Zentrum und Peripherie oder die der Eigen-Fremd-Unterscheidung und nachfolgend die einer aktiven und selbstbewussten Beziehung auf Anderes – generiert. Die logischen Formen liegen den Seinstypen nicht voraus und zugrunde, sondern erwachsen zugleich und ineins mit ihnen.

---

[86] Vgl. *Enzyklopädie II*, 432 [§ 351, Zusatz] u. *Enzyklopädie III*, 19 f. [§ 381, Zusatz]. Vgl. zur Entwicklung dieser Auffassung bei Hegel: Ulrich Schlösser, „Natur und Geist oder Leib und Seele? Eine Perspektive auf Hegels Systemansatz in den ‚Jenaer Systementwürfen I'", in: *Die Eigenbedeutung der Jenaer Systemkonzeptionen Hegels*, hrsg. v. Heinz Kimmerle (Berlin: Akademie 2004), 117–133.

[87] Ich will sagen: Sie wird nicht dort erst *realisiert* – als ob sie als logische Form *präexistiert* hätte, sondern sie *entsteht* als logische Konfiguration genau, indem Entitäten hervorgehen, die durch sie gekennzeichnet sind.

c. Evolutiver Status der logischen Strukturen

Abstraktion erst post festum

Das heißt auch: Die logischen Typen entstehen in den Evolutionsschritten als Realmomente. Es gibt hier kein Anwendungs- oder Verwirklichungsproblem vermeintlich apriorischer Strukturen. Sondern die logischen Typen bilden sich im gleichen Zug wie die sie verkörpernden ontischen Gebilde. Alle logischen Strukturen sind *primär* nicht ‚reine' Formen, sondern Bestimmungsstrukturen ontischer Typen.

Erst lange nachdem sie solcherart im evolutiven Prozess zustande gekommen sind, können sie (wenn die Stufe reflexiven Denkens erreicht ist) als ‚bloße' Formen abstrahiert und als reine Formen betrachtet werden. Aber diese spätere Möglichkeit sollte nicht zur Hypostasierung dieser Formen als überzeitlicher, dem Realgeschehen voraus- und zugrunde liegender Strukturen verleiten. Das Design wie die Einschlägigkeit dieser Strukturen basieren auf ihrem evolutiven Hervorgegangensein.

Naturgesetze

Ich will dies im Blick auf die Auffassung der Naturgesetze näher erläutern. Die gängige Auffassung geht dahin, dass die Naturgesetze schlechthin gelten. Man schreibt ihnen eine Art platonischen Status zu. Zwar räumt man ein, dass sie eine *Anwendung* nur dort haben, wo entsprechendes Seiendes existiert (die Gravitationsgesetze z. B. treffen nur in einer Welt von Massen zu), aber *gelten* sollen sie unabhängig davon.

Das ist falsch. „Naturgesetze" sind nicht vor dem Bestehen der Natur bestehende Gesetze. Es macht keinen Sinn, von ihnen zu sprechen, bevor nicht die Typen von Naturgebilden entstanden sind, für die sie gelten.[88] Die Gravitationsgesetze hatten in der Phase des kosmischen Plasmas nicht nur noch keine Anwendung, sondern noch keine Definition. Ihre ganze Typik ist an die Existenz von Massen gebunden – *weil sie sich mit der Entstehung von Massen als deren Gesetze herausgebildet haben.* Sie sind ein Produkt derselben evolutiven Prozesse, durch welche die Massen entstanden sind, für die sie gelten.

Generell reicht, um diesen Status der Naturgesetze zu erkennen, weder der Aspekt der Anwendung noch der der Zuschneidung schon aus. Man gibt gemeinhin zwar zu, dass Naturgesetze (etwa Gravitationsgesetze im Unterschied zu Maxwellschen Gleichungen oder zu Vererbungsgesetzen) konstitutiv auf bestimmte Phänomentypen zugeschnitten sind, dass ein jeweiliger Typus von Referenzgegenständen (Massen, Elektrizität, Organismen mit sexueller Reproduktion etc.) zu einem jeweiligen Naturgesetz gehört und dass dieses deshalb eine Anwendung nur auf derlei Referenzgegenstände hat und auf andere nicht.

Aber so richtig das ist, so ist doch darin der eigentliche Grund, warum das so ist, noch nicht erfasst. Er liegt darin, dass die Naturgesetze jeweils ineins mit der Entstehung der betreffenden Entitäten *hervorgehen.* Ihre Struktur bildet sich, indem die Entitäten

---

[88] Das betrifft physikalische Gesetze ebenso wie chemische oder biotische.

entstehen, für die sie gelten. Wenn der Weg des Universums nicht zu Entitäten dieser Art geführt hätte, wären auch nicht die entsprechenden Gesetze zustande gekommen.[89] Der evolutive Prozess ist nicht nur einer der Bildung physischer Entitäten, sondern ebenso der Gesetzlichkeiten dieser Entitäten.[90,91]

Das hergebrachte Verständnis der Naturgesetze hingegen mutet so an, wie wenn man sagen wollte, die Mendelschen Gesetze würden in jedem Falle gelten, auch wenn es in der Evolution nicht zu geschlechtlicher Fortpflanzung gekommen, sondern bei der Fortpflanzung durch Zellteilung geblieben wäre. Das ist offensichtlich verfehlt. Geschlechtliche Fortpflanzung hat sich *so organisiert*, dass die Mendelschen Gesetze für sie gelten. Dies ist aber nicht dadurch geschehen, dass die neue Fortpflanzungsform zuvor schon bestehenden Mendelschen Gesetzen *gefolgt* wäre, sondern die neue Fortpflanzungsform hat sich so herausgebildet, dass dabei der Mechanismus *zustande kam*, den die Mendelschen Gesetze beschreiben. Diese geben eine Gesetzlichkeit wieder, die *entstanden ist*, die sich gleichsam ihrerseits „herausgemendelt", sich nach einiger Zeit, nach einigen Wegschleifen als stabile Lösung herausgebildet hat. Die Gesetze sind ebenso sehr genetisch zu verstehen wie die Seinsformen, deren Verhalten sie beschreiben.

d. Noch einmal die These

Mein Vorschlag lautet also in Kurzform: Der evolutive Prozess ist in gleichem Maße (in ein und demselben Zug) ontisch wie logisch kreativ. Er führt zu neuen Typen von ontischen Gebilden (Galaxien, Sternen, einfachen Lebewesen, empfindenden Lebewesen, reflexivem Bewusstsein usw.) und ineins damit zu neuen logischen Typen (Gravitation, Selbstorganisation, Reduplikation, Subjektivität, Bei-sich-Sein-im-Anderssein usw.). Der evolutive Prozess hat im wörtlichsten Sinne *onto-logischen* Charakter.

---

[89] Die Naturgesetze gelten also nicht ‚schlechthin', nicht für jede mögliche Welt, sondern für *diese* Welt (und genauer: für den *jetzigen Zustand* dieser Welt) – weil diese sich realiter so entwickelt hat, dass diese Art von Entitäten mit Verhaltensgesetzlichkeiten dieser Art zustande gekommen ist. Vgl. zur möglichen Varianz der Naturgesetze: Bernulf Kanitscheider, *Kosmologie. Geschichte und Systematik in philosophischer Perspektive* (Stuttgart: Reclam ^{3}2002), 355–358 u. 366.

[90] Eine ähnliche Auffassung hat schon Peirce vertreten: „law ought more than anything else to be supposed a result of evolution" (Charles Sanders Peirce, „The Architecture of Theories", in: *The Monist* 1, 1891, 161–176, zit. nach: *Collected Papers of Charles Sanders Peirce*, Bd. 6: *Scientific Metaphysics*, hrsg. v. Charles Hartshorne u. Paul Weiss, Cambridge: Harvard University Press 1935, 11–27, hier 15 [6.14]). Vgl. auch ders., „Design and Chance" [1883–84], in: *Writings of Charles S. Peirce*, Bd. 4 (*1879–1884*), hrsg. v. Christian J. W. Kloesel (Bloomington: Indiana University Press 1989), 552–554.

[91] Diese Einsicht befreit von einer bekannten Paradoxie der herkömmlichen Auffassung der Naturgesetze. Ihrem vermeintlich ‚platonischen' Status entsprechend, sollen sie zeitindifferent gelten. Sie sind begrifflich so designt, dass sie gegen den Unterschied vorwärts- und rückwärtslaufender Zeit indifferent sind, also gleichermaßen in beide Richtungen gelten. Das aber steht in fundamentalem Widerspruch zu der für Naturprozesse typischen Vorwärtsgerichtetheit der Zeit („Zeitpfeil"). Dieses Dilemma ist im Rahmen der herkömmlichen Auffassung der Naturgesetze unlösbar. Der hier entwickelten Auffassung zufolge hingegen gehört zu den Naturgesetzen (als nicht apriorischen, sondern evolutiv gewordenen Gesetzen) konstitutiv eine zeitliche Komponente. Der Zeitpfeil ist ihnen eingeschrieben. Dadurch verschwindet das Dilemma.

Freilich handelt es sich dabei um eine gegenüber der gewohnten Sicht der Evolution philosophisch erweiterte Perspektive. Die gängige Evolutionstheorie konzentriert sich allein auf den Hervorgang neuer Typen von Seiendem. Demgegenüber sehe ich das Proprium einer *philosophischen* Theorie der Evolution darin, zugleich die *Generierung neuer logischer Typen* ins Auge zu fassen. Und die These besagt eben, dass das eine vom anderen nicht zu trennen ist.

e. Verhältnis zu Hegels Konzeption

Revisionen – und ein grundlegender Anschlusspunkt

Der Hauptunterschied dieser Konzeption gegenüber der Hegels liegt darin, dass die logischen Strukturen nicht als gegenüber dem Realen vorgängig und grundlegend, sondern in gleichem Maße wie die Seinstypen als in der Evolution erwachsen angesehen werden. Der Natur geht keine logische Entwicklung voraus, und ebenso wenig bildet eine (vermeintlich eigenständige) logische Notwendigkeit den treibenden Kern der Realentwicklung. Es gibt keine rein-logische Evolution – keine Evolution logischer Formen aus logischen Prozessen allein. Laut Hegel sollte eine neue logische Konstellation einfach aus den Widersprüchen der vorherigen logischen Konstellation hervorgehen, die logische Bewegung also rein logik-intern erfolgen. So verhält es sich der evolutionistischen Konzeption zufolge nicht. Keine einzige logische Figur geht rein-logisch hervor. Sondern eine jede ist an die Genese eines bestimmten Typs von Entitäten gebunden. Das Logische ist kein Prius, sondern ein Zwilling des Realen.[92]

Auf diese Weise vermag die evolutionistische Konzeption freilich zugleich ein Kernstück des hegelschen Ansatzes wie selbstverständlich einzulösen: die von Hegel unter

[92] Manchmal scheint Hegel dieser Sichtweise nahezukommen. So hat er betont, dass zur Materie das Begriffsverhältnis von Attraktion und Repulsion gehört, wobei er gegen Kant darauf hinwies, dass man von „Materie" auf der einen und „Attraktion und Repulsion" auf der anderen Seite gar nicht unabhängig voneinander sprechen könne (wie Kant das in den *Metaphysischen Anfangsgründen der Naturwissenschaft* getan hatte, wo er die Materie im Ersten Hauptstück ganz ohne Bezugnahme auf Repulsiv- und Attraktivkraft behandelt hatte). Da könnte man meinen, Hegel habe so etwas wie eine Koevolution der Materie und des logischen Verhältnisses von Attraktion und Repulsion im Sinn. Aber dem ist nicht so. Hegel fasst den Zusammenhang doch nicht als einen genetischen auf. Wenn er sagt, dass Attraktion und Repulsion erst bei der schweren Materie auftreten, so soll das nur heißen, dass erst die Materie imstande ist, Attraktion und Repulsion zu *realisieren*, dass Attraktion und Repulsion erst bei der Materie „stattfinden" können (vgl. *Enzyklopädie II*, 61 [§ 262]). Hingegen hat Hegel die Formation der *Begriffe* ‚Repulsion' und ‚Attraktion' (die er in der Seinslogik unter dem Titel „Das Fürsichsein" abhandelte) als eine rein-logische angesehen, welcher ihrer materiellen *Realisation* voraus- und zugrunde liegt: „der Attraktiv- und Repulsivkraft, sofern sie als Kräfte der sinnlichen Materie angesehen werden, liegen die hier [sc. in der *Logik*] betrachteten reinen Bestimmungen vom Eins und Vielen und deren Beziehungen aufeinander, die ich Repulsion und Attraktion [...] genannt habe, zugrunde" (*Logik I*, 201). Attraktion und Repulsion haben also eine logische Primärdefinition, ihr Konnex mit Materie ist nur einer der nachfolgenden Realisation, nicht der Konstitution.

dem Titel ‚Idee' angezielte Einheit von Begriff und Realität. Evolutionistisch sind begriffliche und ontische Strukturen ja von vornherein in der denkbar engsten Weise verbunden: sie gehen an- und miteinander hervor. Es gibt hier also (wie zuvor gesagt) kein Anwendungs- oder Verwirklichungsproblem vermeintlich apriorischer logischer Strukturen, sondern Begriffstyp und Seinstyp gehören genetisch innerlich zusammen. Insofern gilt auch und gerade in evolutionistischer Perspektive der für Hegel entscheidende Satz, dass die „Natur dessen, was ist“, darin besteht, „in seinem Sein sein Begriff zu sein“.[93] Nur dass diese Beziehung noch weitaus enger zu verstehen ist, als Hegel sie gefasst hat. Im Allgemeinen verhält es sich zwar so, dass ein Seiendes seinen Typ nur befolgt oder realisiert, nicht hingegen erzeugt. Aber die betreffende *Typik* ist ihrerseits evolutiv zustande gekommen, und für diesen *Ersthervorgang* einer Seinstypik gilt die strikte Zusammengehörigkeit von ontischer und logischer Form.[94] In diesem Punkt löst die evolutionistische Perspektive also eine Kernforderung von Hegels Ansatz ein.

In anderen Punkten jedoch sind weitere Revisionen unvermeidlich. Indem dem Realgeschehen keine autonome logische Entwicklung zugrunde liegt, besteht beispielsweise nicht mehr die Möglichkeit einer Supponierung des Geistes bzw. der Erklärung des Gesamtprozesses nach dem Muster eines Zusichkommens des Geistes. Der kosmischen Evolution liegt so wenig wie eine Logik ein Geist zugrunde. Ihr liegt – das gehört zu ihrem Begriff – überhaupt nichts zugrunde.

Ebenso fällt die Möglichkeit weg, den Weg der Evolution nachträglich zu einem der Notwendigkeit zu stilisieren. Dafür ist die Bedeutung des Zufalls zu groß.[95] Zwar hat auch Hegel die Rolle des Zufalls im Realen gesehen, aber er hat der Zufälligkeit gegenüber den logischen Strukturen doch nur eine verunklarende, nicht eine *generative* Bedeutung zuerkannt.[96] Evolutionistisch hingegen gilt es, die generative Bedeutung des Zufalls einzusehen. Ein anderer Gang der Evolution wäre möglich gewesen. Dann hätten sich andere Seinstypen und damit auch andere begriffliche Strukturen ergeben können

[93] *Phänomenologie des Geistes*, 54 f.

[94] Dieser Umstand verfügt dann auch, dass noch jede spätere Realisation des betreffenden Seinstyps die entsprechende logische Typik verkörpert.

[95] Dessen große Rolle ist von der biologischen Evolution her bekannt, gilt aber ebenso für die kosmische und die kulturelle Evolution. Beispielsweise ist, dass unser Universum eines aus Materie und nicht aus Antimaterie ist, kontingent: in der Initialphase war bei der gegenseitigen Vernichtung von Quarks und Antiquarks ein minimaler Überschuss (ungefähr ein Milliardstel) an Quarks gegenüber Antiquarks übriggeblieben, aus denen sich dann Protonen bildeten, woraus letztlich die gesamte Materie unseres Universums hervorging; wegen dieser Zufälligkeit ist unser Universum eines aus Materie und nicht aus Antimaterie. Generell macht der quantentheoretische Indeterminismus verständlich, dass unser Universum von Anfang an und in vielen seiner Schritte durch Kontingenz gekennzeichnet war. Die Evolution des Kosmos hat nicht notwendigerweise zur Bildung von Sonnensystemen führen müssen – so wenig wie die biologische Evolution zur Bildung von Menschen (vgl. Stephen Jay Gould, *Zufall Mensch: Das Wunder des Lebens als Spiel der Natur* [1989], München: Hanser 1991) oder die kulturelle Evolution zur Entstehung einer Filmindustrie.

[96] Nur vor der Ausbildung seiner logischen Konzeption hatte es bei Hegel noch anders gestanden. Da war er (vgl. Anm. 52) der Auffassung gewesen, dass die Naturkontingenz, die aus der Perspektive des Begriffs eine „bloße Modifikation, reine Zufälligkeit, ein Überflüssiges“ darstellt, in Wahrheit für die Natur und das Lebendige essentiell sein könne. Mit dieser Position hätten die Türen zu einem Evolutionsdenken offengestanden.

als die, die wir kennen.[97] Daher sind sowohl die Herleitung aus einer in sich schlüssigen Logik wie die Konstruktion einer Teleologie oder die Behauptung einer Vollendung des Prozesses – alles typische Momente von Hegels Konzeption – ausgeschlossen.

Hegels Vorbildlichkeit für eine onto-logische Sichtweise der Evolution

Manches in meinen Ausführungen könnte wie ein Abgesang auf Hegel klingen. Wäre dies der Fall, hätte ich mich allzu missverständlich ausgedrückt. Ich sympathisiere aufs stärkste mit Hegels Auffassung, wonach es die Natur des Seienden ist, „in seinem Sein sein Begriff zu sein".[98] Und ebenso mit Hegels Einsicht, dass diese Begriffsbestimmtheit des Seienden nicht (wie der subjektive Idealismus annahm) eine von uns an das Seiende herangetragene Angelegenheit, sondern eine intrinsische Eigenart des Seienden ist: das Seiende ist an ihm selbst dergleichen wie ein wandelnder Begriff.

Nur meine ich, dass wir diese Begriffsförmigkeit des Seienden heute besser als durch die idealistische Annahme eines sich qua Weltproduktion realisierenden Geistes durch ein konsequentes Evolutionsdenken erklären können, das uns den onto-logischen Charakter des Realen von Grund auf zu erkennen gibt.

Insgesamt plädiere ich für eine sozusagen gleichgewichtigere, eine nicht logik-lastige Version der Onto-Logik. Im 1. Teil suchte ich zu zeigen, warum wir Hegels Konzeption nicht unverändert übernehmen können. Hegels großartige Entdeckung des evolutiven Charakters des Logischen führte ihn zusammen mit der These von der Grundlegendheit des Logischen zur Ablehnung einer Evolution im Realen, ja selbst schon eines bloßen Entwicklungscharakters in der Natur.[99] Das ist unhaltbar. Da es sich dabei aber nicht um eine kontingente Marotte Hegels, sondern (wie ich gezeigt zu haben hoffe) um eine systematische Konsequenz seiner Konzeption handelt, muss man zumindest den Punkt, der dafür verantwortlich ist – die Fundamentalisierung des Logischen – beseitigen.

Daher mein (an der Idee einer Onto-Logik durchaus festhaltender) Versuch, logische und ontische Evolution zusammenzudenken. Dabei wird freilich nicht nur die hegelsche Konzeption, sondern ebenso sehr das geläufige Evolutionsdenken modifiziert. Mein Vorschlag führt just die logische Perspektive – der Hegels ganzes Augenmerk gegolten hatte

---

[97] Wohl kann man auch evolutionistisch von ‚Notwendigkeit' sprechen – aber nur strikt sekundär. Wenn es erst einmal zur Bildung von Massenballungen gekommen ist, dann ist von da aus, auch unter Berücksichtigung des Zufalls, nicht Beliebiges, sondern nur Bestimmtes möglich. Der Kreis der Möglichkeiten ist durch das erreichte Entwicklungstableau begrenzt. Aber welche Möglichkeiten zur Realisation gelangen, hängt wiederum von kontingenten Faktoren ab. Die Notwendigkeit nimmt nie eine ganz lineare Form an. Sie besagt im Grunde nur, dass mit den erreichten Beständen gearbeitet werden muss. Dazu gehört auch, dass weithin etablierte Niveaus im Allgemeinen nicht mehr verloren gehen, sondern sowohl die Basis der nächsten Schritte bilden als auch in diesen erhalten bleiben (z. B. das Physikalische im Chemischen und beides im Organischen). Solche Kontinuität gehört zur Evolution ebenso wie der Zufall. Auch Komplexifizierungs-Regelmäßigkeiten zählen dazu. Aber insgesamt sind der Weg und die Zukunft so wenig determiniert, wie der Anfang es war.

[98] *Phänomenologie des Geistes*, 54 f.

[99] Dadurch ergab sich der merkwürdige Befund, dass Hegel dort, wo wir heute ganz und gar Evolution sehen, gar keine Evolution sieht.

– in die Analyse der Evolution ein. In ihrer bestehenden Form kapriziert sich die Evolutionstheorie, wie erwähnt, einzig und allein auf den Hervorgang ontischer Gebilde, während sie für die damit einhergehende Genese logisch-begrifflicher Formen blind ist. Die Theorie der Evolution um den letzteren Aspekt zu erweitern, ist mein Versuch.

Und für diese Erweiterung ist Hegel von unschätzbarem Wert. Denn Hegel verfügte über eine stupende Fähigkeit, begriffliche Strukturen des Empirischen zu erkennen und herauszuarbeiten. Hegels Augenmerk galt dem Begriff. Er war ein Begriffs-Eidetiker.[100] Diese Betrachtungsart bleibt vorbildlich, von ihr kann man gar nicht genug lernen – gerade für das Vorhaben, der gemeinsamen Bildung ontischer und logischer Strukturen auf die Spur zu kommen und so das volle Bild der Evolution als eines onto-logischen Geschehens zu entfalten.

[100] Man könnte die folgende Passage geradezu als Selbstcharakterisierung Hegels lesen: „Bei der Erfahrung kommt es darauf an, mit welchem Sinn man an die Wirklichkeit geht. Ein großer Sinn macht große Erfahrungen und erblickt in dem bunten Spiel der Erscheinung das, worauf es ankommt. Die Idee ist vorhanden und wirklich, nicht etwas da drüben und hinten. Der große Sinn, wie z. B. der eines Goethe, der in die Natur oder in die Geschichte blickt, macht große Erfahrungen, erblickt das Vernünftige und spricht es aus" (*Enzyklopädie I*, 87 [§ 24, Zusatz 3]).

XII Das Rätsel der menschlichen Besonderheit

1. Fragestellung und Vorhaben

Die Anthropologie ist in neuerer Zeit in große Schwierigkeiten geraten. Früher waren wir Menschen von den Tieren klar unterschieden, und wir wussten genau, wodurch: durch Rationalität, den Besitz von Geist, Vernunft, Sprache, schlussfolgerndem Denken etc. Rationalität war das Auszeichnende, war das Alleinstellungsmerkmal des Menschen. Eben das meinte die alte Definition des Menschen als *animal rationale*: dass einzig die Menschen Rationalität besitzen, dass dies sie von allen anderen Lebewesen unterscheidet.

Aber Forschungen der letzten Jahrzehnte haben diese Auffassung fundamental in Frage gestellt. Bezüglich jeder der Dimensionen der Rationalität (Begrifflichkeit, Rechnen, Überlegen, usw.) hat sich ergeben, dass dergleichen nicht erst beim Menschen auftritt, sondern sich zumindest in Vorformen schon bei unseren näheren und ferneren Verwandten im Tierreich findet. Kein einziges Element der Rationalität ist humanexklusiv.

Um nur einige Beispiele zu nennen: Alle Wirbeltiere sind zu elementaren Kategorisierungen fähig. Viele Tiere verfügen über Repräsentationen von Gegenständen und über eine räumliche Repräsentation ihrer Umwelt („innere Landkarte"). Auch vokale und gestische Kommunikation sind im Tierreich weit verbreitet. Tauben sind Weltmeister der Abstraktion und Generalisierung (sie können treffsicher symmetrische von asymmetrischen Mustern unterscheiden). Schimpansen und Bonobos verstehen Kausalitätsbeziehungen in der physischen Welt, und sie verstehen sogar, was ihre Artgenossen denken, sie betreiben mind-reading. Schimpansen und Orang-Utans schließlich sind sogar eines auf Überlegung beruhenden Handelns fähig.[1]

---

[1] Das ist seit Wolfgang Köhlers eindrucksvollen Experimenten auf Teneriffa (1917 unter dem Titel *Intelligenzprüfungen an Anthropoiden* publiziert) belegt. Vgl. auch Konrad Lorenz, *Die Rückseite des Spiegels. Versuch einer Naturgeschichte menschlichen Erkennens* [1973] (München: Deutscher Taschenbuch Verlag 1977), 165–167.

Gewiss sind viele dieser Fähigkeiten bei uns Menschen perfekter ausgebildet, sind weitergetrieben worden als bei unseren Verwandten, aber sie sind eben – das ist die neue Einsicht – keineswegs humanexklusiv, sondern unsere Rationalität stellt eine Fortentwicklung tierischer Rationalität dar.

Natürlich hat man, durch diesen Befund aufgeschreckt und um gleichwohl an einer Exklusivität des Menschen festhalten zu können, andere vermeintliche Humanspezifika aufzubieten versucht. Aber auch alle Ersatzkandidaten haben sich im Licht neuerer Forschungen als nicht humanexklusiv herausgestellt. So sind Werkzeuggebrauch und Werkzeugherstellung im Tierreich verbreitet. Auch die ästhetische Einstellung findet sich nicht erst beim Menschen, sondern schon bei Tieren.[2] Das gleiche gilt für Altruismus. Auch aufrechter Gang, Greifhand, verfrühte Geburt und Neotenie – ja selbst negative Charakteristika wie Mordlust – finden sich vereinzelt schon bei unseren näheren Verwandten. Kurzum: Nichts von dem, was wir beim Menschen finden, ist eine *absolute* Novität, die mit der Ankunft des Menschen plötzlich vom Himmel gefallen wäre, sondern es handelt sich bei alledem um *Weiterentwicklungen* von *prähuman schon Vorgebildetem.*

Das könnte den Schluss nahelegen, dass wir Menschen nichts anderes sind als die anderen Tiere und Primaten auch – dass wir vielleicht minimal anders, aber nicht wirklich anders sind. Dieser Schluss scheint mir voreilig und verfehlt. Denn es ist andererseits doch offenkundig so, dass wir Menschen besondere Wesen sind, dass wir Dinge tun, zu denen es im Tierreich nichts Vergleichbares gibt. Kein anderes Lebewesen ist so sehr über die ganze Erde verbreitet, errichtet Dome, surft im Internet oder betreibt Weltraumfahrt; allein die Menschen haben dergleichen wie Dichtung, Philosophie, Wissenschaft und Technik entwickelt. Insofern sind wir in unseren *Hervorbringungen* deutlich anders als die anderen Lebewesen. Der Generalnenner dieser den Menschen unterscheidenden Leistungen lautet Kultur'. Der Mensch ist das Kulturwesen par excellence – und eben dadurch von den anderen Lebewesen unterschieden.

Freilich: auch dies ist zunächst nur ein relativer, kein absoluter Unterschied. Kultur findet sich auch schon im Tierreich, von Staatenbildung über ausgeklügelte Kommunikationsformen bis hin zu Werkzeuggebrauch und -erfindung. Bei Schimpansen gibt es sogar kulturelle Diversität zwischen unterschiedlichen Populationen: in der einen Region verwenden Schimpansen diese, in einer anderen Region eine andere Kulturtechnik für die gleichen Zwecke.[3] Aber was im Tierreich (und eben auch bei den Schimpansen) dann doch fehlt, ist die kumulative kulturelle Entwicklung, der kulturelle Turmbau, wo eine Erfindung, kaum gemacht, zum Ausgangspunkt einer nächsten wird, die auf ihr aufbaut.[4] Dies ist vielmehr für den Menschen typisch und hat zu der gigantischen kulturellen Evolution geführt, die den Menschen so offensichtlich von seinen Mitwesen unterscheidet.

---

[2] Das war das große Thema von Darwins zweitem Buch *The Descent of Man, and Selection in Relation to Sex* [1871].

[3] Vgl. Andrew Whiten u. Christophe Boesch, „The cultures of chimpanzees", *Scientific American* 284 (2001), 60–67.

[4] Vgl. Robert Boyd u. Peter J. Richerson, „Why Culture is Common, but Cultural Evolution is Rare", *Proceedings of the British Academy*, 88 (1996), 77–93.

Es ist also offensichtlich und unbestreitbar, dass wir Menschen reichlich besondere Wesen sind. Nur hat sich die alte Erklärungsart dafür – die auf einen humanexklusiven Sonderfaktor, paradigmatisch die Rationalität setzte – als unzutreffend herausgestellt. Aber das sollte nicht zu dem Kurzschluss verleiten, dass wir Menschen, weil sich ein solcher Sonderfaktor nicht finden lässt, eben doch nicht besondere Wesen sein könnten, sondern Tiere wie die anderen auch sein müssten, von der Milbe bis zu den Rhesusaffen. Vielmehr entsteht angesichts der neueren Kontinuitätsbefunde gerade die Aufgabe, eine *neuartige Erklärung der menschlichen Besonderheit* zu finden, die nicht auf einen Sonderfaktor setzt, der beim Menschen irgendwoher hinzugekommen wäre, sondern die strikt davon ausgeht, dass unseren Vorfahren auf dem Weg zur Menschwerdung gar kein anderes Startkapital zur Verfügung stand als das unseren nächsten Verwandten ebenfalls zur Verfügung stehende Kapital. Die spannende Frage ist dann, wie dieses prähumane Startkapital im Verlauf der Hominisation eine Ausrichtung annehmen konnte, die uns Menschen schließlich zu den eindrucksvollen Leistungen der kulturellen Evolution befähigte. Unsere Vorfahren müssen mit ihren prähumanen Pfunden auf eine eigentümliche Weise gewuchert haben – auf deutlich andere Weise als ihre Weggefährten. Dadurch muss dieses Startkapital eine andere Ausrichtung gewonnen haben, die uns jetzt erlaubt, Dinge zu tun, die sich im sonstigen Tierreich nicht finden. – Ich möchte im Folgenden aufklären, wie es dazu kam, wie aus dem Menschentier das Kulturwesen Mensch hervorgegangen ist.[5] Anschließend wird zu skizzieren sein, welche Korrekturen sich daraus an gängigen Auffassungen der Kultur- und Humanwissenschaften ergeben.

2. Die Entstehung der menschlichen Besonderheit in der protokulturellen Periode

In der Entwicklung zum heutigen Menschen sind drei Phasen zu unterscheiden. Die erste begann vor ca. 7 Mio. Jahren mit der Abzweigung der Hominidenlinie von der Schimpansenlinie und reichte bis vor ca. 2,5 Mio. Jahren, als die ersten Mitglieder der Gattung Homo auftraten. Dabei handelt es sich, wie wir sehen werden, um eine reichlich träge Phase. Die zweite Phase erstreckte sich dann von vor ca. 2,5 Mio. Jahren bis vor ca. 40.000 Jahren. Diese Phase bezeichne ich als die protokulturelle Periode. Sie war für die Menschwerdung von überragender Bedeutung. Die dritte Phase schließlich – die der kulturellen Evolution – setzte vor ca. 40.000 Jahren ein und erstreckt sich bis in unsere Gegenwart.

---

[5] Ich versuche hier also die Antwort auf die Frage zu geben, die Herder umtrieb (vgl. den Essay „Anthropologie im Umbruch – Das Paradigma der Emergenz" in diesem Band). Ich stütze mich unter anderem auf Ergebnisse des von mir in den Jahren 2006–2009 geleiteten Forschungsverbunds „Fortwirken der Evolution im Menschen – Humanspezifik – Objektivitätschancen menschlicher Kognition" (EHO), der Vertreter der Disziplinen Evolutionsbiologie, Evolutionäre Anthropologie, Hirnforschung, Kognitive Neurowissenschaften, Kognitionspsychologie und Philosophie zusammenführte. Die Resultate sind publiziert in: *Interdisciplinary Anthropology: Continuing Evolution of Man*, hrsg. v. Wolfgang Welsch, Wolf Singer u. André Wunder (Heidelberg: Springer 2011).

In der ersten Phase, die vergleichsweise am längsten dauerte (viereinhalb Millionen Jahre lang), tat sich erstaunlich wenig. Die Australopithecinen – die verschiedenen Vorläuferformen des Menschen, die sich in jenem Zeitraum finden – unterschieden sich von ihren nächsten Verwandten, den Schimpansen, nur wenig.[6] Die Körpergröße war ähnlich, ihr Gehirnvolumen war kaum größer,[7] und etliche dieser Vorfahren brachten anscheinend noch immer einen Teil ihres Lebens auf Bäumen zu.

Die zweite Phase – die protokulturelle Periode – begann vor ca. 2,5 Mio. Jahren und reichte bis vor ca. 40.000 Jahren. Sie war für die Menschwerdung von überragender Bedeutung. Man muss sich klarmachen, dass am Beginn dieser Phase unsere Vorfahren noch kaum anders waren als die allerersten Australopithecinen vor ca. 7 Mio. Jahren. Aber am Ende der protokulturellen Periode (vor 40.000 Jahren) wird *Homo sapiens* nicht nur ein Gehirn der dreifachen Größe aufweisen, sondern auch hochraffinierte Waffen (Speere und Harpunen) produzieren, Statuetten (Mensch- und Tierfiguren) und Musikinstrumente (Knochenflöten) hervorbringen und bald Höhlenmalerei betreiben. In diesem Zeitraum – zwischen 2,5 Mio. Jahren und 40.000 Jahren – muss also die entscheidende Entwicklung erfolgt sein, durch die aus dem Menschentier ein Mensch wurde.

Die dritte Phase schließlich – die der kulturellen Evolution – setzte vor ca. 40.000 Jahren ein und erstreckt sich bis in unsere Gegenwart. Zuvor, in der protokulturellen Periode, bestand (wie wir uns im Einzelnen noch klarmachen werden) eine Wechselwirkung zwischen kultureller Innovation und biologischer Evolution. Die Menschen haben sich im Zuge ihrer zunehmenden kulturellen Entwicklung auch biologisch-genetisch deutlich verändert. Das ist in der Phase der kulturellen Evolution nicht mehr so. Die Fortentwicklung ist jetzt vorwiegend eine kulturelle und kaum noch eine biologische (genetische).[8] – Betrachten wir nun also die protokulturelle Periode näher. Wie sind in ihr welche Veränderungen zustande gekommen?

3. Körper- und Gehirnmodifikationen

Blicken wir zunächst auf die körperlichen Veränderungen. Die protokulturelle Periode ist der Zeitraum, in dem sich die Natur des Menschen, wie wir sie heute noch kennen und alle in uns tragen, definitiv herausgebildet hat. Damals wurde der aufrechte Gang perfektioniert, die Hand verfeinert, die Körpergröße nahm beträchtlich zu, und durch die Ausbildung weitgehender Haarlosigkeit (bei gleichzeitiger Verstärkung des Kopfhaares) haben sich die Menschen von ihren nächsten Verwandten, den Menschenaffen, immer deutlicher abgesetzt. Hinzukamen humanspezifische Veränderungen im Bereich der Sexualität (knochenloser Penis, weibliche Brust als Sexualattraktor, a-fronte-Praktiken) mit weitreichenden Folgen für unsere Sinnespräferenzen.

---

[6] Bonobos gab es damals noch nicht. Die Linien von Schimpansen (*Pan troglodytes*) und Bonobos (*Pan paniscus*) haben sich erst vor ca. 2. Mio. Jahren, also kurz nach der Entstehung von *Homo* getrennt.

[7] Bei den Australopithecinen betrug es 400–500 cm^3, bei den Schimpansen 400 cm^3.

[8] Deshalb kann man die vorangegangene Phase gut als „*proto*-kulturelle Periode“ kennzeichnen: kulturelle Erfindungen werden zwar schon gemacht, aber der genuine Modus der kulturellen Evolution ist noch nicht erreicht.

Auch das menschliche Gehirn hat sich in der protokulturellen Periode beträchtlich verändert. Erstens ist eine rasante Volumenzunahme festzustellen: von gut 400 cm^3 bei den frühen Australopithecinen über mehr als 600 cm^3 bei *Homo rudolfensis*, dem ersten Vertreter der Gattung *Homo* (vor ca. 2,5 Mio. Jahren), und dann vor allem über *Homo erectus* (vor ca. 1,8 Mio. Jahren) mit nahezu 1.000 cm^3 hin zu *Homo sapiens* (vor 200 – 150.000 Jahren) mit reichlich 1.200 cm^3 – das bedeutet eine Größenzunahme um den Faktor 3 innerhalb von 2,5 Mio. Jahren.

Aber die Größenzunahme – die sich vor allem aus einem Anwachsen des Neocortex erklärt[9] – ist nur das eine, mindestens ebenso wichtig sind Strukturveränderungen, die damit einhergingen. Zu jener Zeit ist die grundlegende Gehirnkonfiguration entstanden, die für unsere Gehirne noch immer charakteristisch ist. Im Verlauf der protokulturellen Periode ist das menschliche Gehirn immer mehr zu einem Apparat der Selbstbezugnahme geworden. Das Verhältnis zwischen außenbezogenen und innenbezogenen Funktionen des Gehirns hat sich immer mehr zugunsten der letzteren verschoben. Am Ende dienten nur noch 10% des Cortexvolumens dem Außenbezug (Wahrnehmung und Motorik), 90% hingegen dem Innenbezug (interne Abstimmungsprozesse).[10]

Vollends deutlich wird das Ausmaß dieses Ungleichgewichts, wenn man statt der Volumenverhältnisse die Anzahl der neuronalen Verbindungen ins Auge fasst: Von den schätzungsweise 10^{14} Verbindungen in unserem Gehirn stellt höchstens jede zehnmillionste eine Außenverbindung dar, während alle anderen Prozessen interner Kommunikation dienen.[11] Die Bahnen innerer Kommunikation überwiegen somit gegenüber denen äußerer Kommunikation im gigantischen Verhältnis von 10^7:1. Auf eine einzige Außenverbindung kommen 10^7 (10 Millionen) Innenverbindungen! Unser Gehirn ist ganz überwiegend ein Apparat zur Selbstbezugnahme. Wir Menschen sind Innenkommunikations-Experten, sind Reflexions-Weltmeister. Darin liegt die große Besonderheit des menschlichen Gehirns.[12]

---

[9] Beim Menschen gehen etwa Dreiviertel des Gehirngewichts auf das Konto des Neocortex.

[10] Vgl. Volker Storch, Ulrich Welsch u. Michael Wink, *Evolutionsbiologie* (Berlin: Springer 2001), 375. Ein Vergleich mit den Ratten (mit denen wir immerhin 90% unseres Genoms teilen) macht das Ausmaß der Veränderung deutlich. Bei den Ratten beträgt das Verhältnis von externer zu interner Kommunikation, umgekehrt wie bei uns, 90:10 (vgl. ebd.). Die quantitative Verhältnisumkehr auf dem Weg zum Menschen kommt einem qualitativen Sprung gleich. – In der Humanevolution dürfte sich, mit den anderen Primaten verglichen, im Verhältnis zu den primären sensomotorischen Strukturen insbesondere der Präfrontallappen sowie der hintere Assoziationscortex überproportional vergrößert haben (vgl. Todd M. Preuss, „The discovery of cerebral diversity: an unwelcome scientific revolution“, in: *Evolutionary Anatomy of the Primate Cerebral Cortex*, hrsg. v. Dean Falk u. Kathleen R. Gibson, Cambridge: Cambridge University Press 2001, 138–164, hier 154 f.; Todd M. Preuss, „What's Human about the Human Brain?“, in: *The New Cognitive Sciences*, hrsg. v. Michael S. Gazzaniga, Cambridge, Mass.: The MIT Press ²2000, 1219–1234, hier 1223–25).

[11] Vgl. Manfred Spitzer, *Lernen. Gehirnforschung und die Schule des Lebens* (Heidelberg: Spektrum Akademischer Verlag 2002), 52.

[12] Es liegt auf der Hand, dass auch die Typik unseres Bewusstseins – sein hochgradig reflexiver Charakter – mit dieser neuartigen Architektur des menschlichen Gehirns zusammenhängt. Wir können uns reflexiv auf einzelne Bewusstseinsgehalte beziehen; wir können mehrere solcher Gehalte zueinander in Beziehung setzen; wir können dieses Tun selbst wieder reflektieren, indem wir es auf die jeweils leitenden Gesichtspunkte hin befragen und diese einer kritischen Abwägung

4. Werkzeugentwicklung und neue soziale Anforderungen als treibende Faktoren

Wie ist diese Gehirnkonfiguration zustande gekommen? Grundsätzlich durch Rückkopplungsprozesse zwischen der Gehirnentwicklung und den durch das Gehirn ermöglichten Tätigkeiten. Das Gehirn ist nicht einfach wie ein Tumor angewachsen. Weder seine Größenzunahme noch seine Selbstbezüglichkeitsintensivierung waren die Folge eines autonomen Prozesses, gleichsam eines Vorgangs im Glashaus des Schädels, wodurch die Menschen dann eines Tages ein großes Hirn mit neuen Fähigkeiten besessen hätten. Sondern das menschliche Gehirn hat sich in Rückkopplung mit den durch es ermöglichten Tätigkeiten weiterentwickelt. Die gestiegene Leistungsfähigkeit des vergrößerten Gehirns ermöglichte neuartige Tätigkeiten; diese zu beherrschen, bedeutete einen selektiven Vorteil; dadurch wurde rückwirkend wiederum die Vergrößerungstendenz bestärkt. So haben sich Gehirnoptimierung und Tätigkeitsinnovation gegenseitig hochgeschaukelt.[13]

Dabei waren insbesondere zwei Weisen kultureller Tätigkeit entscheidend: die Entwicklung von Werkzeugen und die Anforderungen des Soziallebens. Ein deutlicher Beleg für den Zusammenhang zwischen Gehirnentwicklung und Werkzeugentwicklung ist der auffallende Gleichtakt zwischen beiden. Die ältesten bekannten Werkzeuge sind ca. 2,6 Mio. Jahre alt,[14] und just damals nahm auch die Gehirnvergrößerung ihren Anfang. Auch die weiteren Schritte der Gehirnentwicklung waren jeweils mit deutlichen Fortschritten in der Werkzeugtechnologie verbunden, sowohl bei *Homo habilis*, der es erstmals verstand, von Steinen scharfkantige Stücke abzuschlagen (und eben deshalb den Beinamen „der Geschickte" erhielt), als auch bei *Homo erectus*, der eine intensivierte Werkzeugkultur entwickelte.

Es ist ja auch gut verständlich, dass Werkzeugtechniken gerade reflexive Fähigkeiten erfordern. Schon die Ingebrauchnahme eines vorgefundenen Gegenstandes als eines Werkzeugs verlangt die Uminterpretation des Gegebenen im Licht einer internen Zweckperspektive. Umso mehr verlangt die Umgestaltung zu einem besseren Werkzeug (etwa bei der Herstellung von Faustkeilen) vorausschauende Imagination und eine Bewertung der Arbeitsschritte sowie des Ergebnisses im Licht der inneren Vorstellung. Und die Herstellung ganz neuartiger Werkzeuge (etwa von Speeren oder von Pfeil und Bogen)

---

unterziehen; wir können eine einzelne solche Abwägung zu anderen, auf anderen Bewertungsmustern beruhenden Abwägungen ins Verhältnis setzen; ja wir können uns diese ganze Maschinerie von Bezugnahmen und reflexiven Iterationen zu Bewusstsein bringen und zu ihr noch einmal Stellung nehmen. Kurzum: wir können schier unbegrenzte Kaskaden der Reflexion aufbauen. Dazu scheinen wir just durch die extrem binnenkommunikative Organisation unseres Gehirns befähigt zu sein.

[13] „His [man's] large and efficient brain is a consequence of culture as much as its cause. He does not have a culture because he has a large brain; he has a large brain because several million years ago his little-brained ancestors tried the cultural way to survival. Of course, the correct way to view this is a feedback process. [...] the cultural things themselves propelled him into getting a larger brain" (Robin Fox, *Encounter with Anthropology*, New Brunswick/London: Transaction 1975, ^{2}1991, 283 f.).

[14] Es handelt sich um die in Äthiopien gefundenen „Oldowan-Werkzeuge".

erfordert noch einmal ein hohes Maß an interner Reflexion: zuerst den mentalen Entwurf einer neuen Möglichkeit, und dann die gleichermaßen interne Kalkulation der Mittel zur Erreichung dieses Zieles. All diese Operationen beruhen wesentlich auf internen bzw. reflexiven Prozessen.

Zusätzlich zu den neuen Werkzeugtechnologien haben auch neue soziale Anforderungen die Ausbildung von Reflexivität befördert. Schon im Tierreich ist ein Zusammenhang zwischen Gehirngröße und Sozialität festzustellen: Sozial lebende Tiere verfügen im Allgemeinen über mehr Gehirnmasse als solche, die nur selten mit Artgenossen interagieren.[15] Beim Menschen traten nun im Verlauf der protokulturellen Entwicklung infolge der steigenden Komplexität des sozialen Zusammenlebens neue Anforderungen auf, die Reflexionsvermögen verlangten. Herkömmlicherweise hatten die Menschen bereits das Verstehen von Intentionen und Bewusstseinszuständen von Artgenossen beherrscht. Nun aber kamen neue soziale Regeln (Arbeitsteilung, Gruppenvorrechte, Initiationsriten etc.) sowie neue Praktiken (Hüttenbau, Jagdstrategien, Gerben von Tierfellen etc.) hinzu, für die die Menschen nicht schon genetische Programme besaßen, sondern ein lernfähiges Gehirn brauchten. So entstand zunehmend ein sozialer und lebensweltlicher Selektionsdruck zugunsten von Lern- und Reflexionsfähigkeit.[16] Auf diese Weise hat auch das Sozialleben an der Optimierung des Gehirns mitgewirkt.

Zusammengefasst: Die protokulturellen Fortschritte sowohl der Werkzeugtechnik als auch der sozialen Komplexität verlangten hochgradige interne Leistungen des Gehirns. So hat sich in der protokulturellen Periode in einem fortlaufenden Rückkopplungsprozess zwischen Tätigkeitsinnovation und Gehirnoptimierung das für den Menschen typische extrem leistungsfähige und reflexionsfähige Gehirn herausgebildet. Die Besonderheit des menschlichen Gehirns – die überwältigende Dominanz interner, reflexiver Funktionen gegenüber externen, stimulativen Funktionen – ist ein Ergebnis der protokulturellen Entwicklung. Es handelte sich dabei, wie wir gleich sehen werden, um ein extrem folgenreiches Ergebnis. [17]

---

[15] Gelegentlich wird sogar auf eine direkt proportionale Entsprechung zwischen der Größe der Gruppe und der Größe der Großhirnrinde (also demjenigen Teil des Gehirns, der für die intelligente Verarbeitung von Informationen zuständig ist) hingewiesen. Während die typische Gruppengröße bei Schimpansen 50 Mitglieder beträgt, umfasst sie bei Jäger- und Sammlervölkern 150 Mitglieder – das trifft sich gut damit, dass das menschliche Gehirn etwa die dreifache Größe eines Schimpansengehirns aufweist.

[16] In diesem Zusammenhang ist auch an die Entstehung der menschlichen Sprache oder Protosprache zu denken (über die wir allerdings derzeit noch wenig wissen). Sie hat gewiss ihrerseits noch einmal weitere Fähigkeiten der Binnenkommunikation erfordert und befördert.

[17] Übrigens kann man sich leicht klarmachen, dass eine weitere Steigerung der Reflexionsdominanz nicht mehr vorteilhaft gewesen wäre. Hätten die Menschen sich im weiteren Verlauf einer Relation von nahezu 100% innenbezogener gegenüber 0% außenbezogener Funktionen genähert, so wären sie so geworden, wie radikale Konstruktivisten uns beschreiben: die Menschen hätten sich die Welt dann nur noch ausdenken, aber ihre Konstruktionen nicht mehr extern eichen können – sie hätten sich nur noch in Hirngespinsten bewegt. Vermutlich wurden Schritte in diese Richtung erprobt, aber sie haben sich aus begreiflichen Gründen nicht bewährt, und so blieb es beim erreichten Stand, mit dem ein anscheinend optimales Verhältnis zwischen erwünschter gesteigerter Reflexionsfähigkeit einerseits und unverzichtbarer sensomotorischer Weltanbindung andererseits erreicht war.

5. Die Dynamik der protokulturellen Entwicklung – bis hin zum Take-off der kulturellen Evolution

Betrachten wir nun die Dynamik der protokulturellen Entwicklung. Am Anfang (vor 2,5 Mio. Jahren) waren Anzahl und Bedeutung der protokulturellen Erfindungen und Leistungen noch gering. Aber langsam nahmen sie zu und wurden für das Überleben in der Natur sowie gegen Konkurrenten immer wichtiger. Dadurch entstand ein Selektionsdruck, derartige Leistungen zu beherrschen und weitere auszubilden.

Auf diese Weise hat sich die Bilanz zwischen natürlichen und kulturellen Vorzügen im Lauf der Zeit zunehmend in Richtung der letzteren verschoben. Zuvor waren für den Erfolg der Individuen wie der Gruppen einfach körperliche Vorzüge ausschlaggebend gewesen. Bei der Jagd beispielsweise war der Schnellere erfolgreicher. Aber nun konnte, wer langsamer war, dies durch ein raffinierteres Vorgehen ausgleichen. Den körperlichen Vorzügen traten kulturelle und intellektuelle gegenüber. Sie begründeten eine neue Art von Stärke und eröffneten Überlegenheits-Chancen der körperlich Unterlegenen.

Im Verlauf dieser Entwicklung verlagerten sich die Anstrengungen der frühen Menschen immer mehr auf ihre protokulturellen Leistungen. Diese wurden zur eigentlichen Erfolgssphäre einer Gruppe gegenüber anderen Gruppen, und innerhalb der Gruppe wurden sie zum neuen Distinktions- und Auszeichnungsmedium zwischen den Mitgliedern. Prämien standen nun vor allem auf protokulturelles Avanciertsein, und das Investment in protokulturelle Leistungen (Erfindungen, Lernprozesse) wurde entscheidend – sowohl für die Gruppe als auch für die Individuen. Auf diese Weise kam die Zunahme an protokulturellen Beständen immer mehr in Fahrt und geriet in eine Beschleunigungsphase.

Dabei ist absehbar, dass schließlich ein Punkt erreicht werden kann, von dem ab *nur noch* kulturelle Innovation weiterzuführen vermag (und nicht mehr biologische Optimierung, die ja lange braucht und von nun an schlicht zu langsam wäre). Dieser Punkt wurde – vor rund 40.000 Jahren – tatsächlich erreicht.[18] Damals ging die protokulturelle Beschleunigung in den Take-off einer neuen Evolution, der kulturellen Evolution über. Der Pfeil der Kultur löste sich von der Sehne der Protokultur.[19]

Die Menschheit trat in einen neuen Evolutionsmodus ein. Ganz zu Anfang hatte alles sich in den Bahnen der natürlichen Evolution bewegt; dann waren die Menschen protokulturell in ein Wechselspiel von biologischer und kultureller Weiterentwicklung

---

[18] Homo sapiens hatte sich schon vor diesem Zeitpunkt über Afrika hinaus ausgebreitet, vor ca. 100.000 Jahren nach Israel, vor über 60.000 Jahren nach Ostasien und vor etwa 45 – 40.000 Jahren nach Europa (Cro-Magnon-Mensch – bis dorthin hatte in Europa der *Homo neanderthalensis* vorgeherrscht, der dann vor 30.000 Jahren ausstarb; vgl. Steven Mithen, *The Prehistory of the Mind*, London: Thames and Hudson 1996, 172 f.). Aber in jeder dieser Linien kam es dann, unabhängig voneinander, zum Übergang zur kulturellen Evolution. Die Achsenzeit dafür liegt weltweit grosso modo bei 40.000.

[19] Es ist ähnlich wie beim Uran: Wenn man Uran 233 anhäuft, tut sich bis zu etwa 12 Kilogramm nicht viel, aber wenn es 15 Kilogramm werden, bricht eine unaufhaltsame Kettenreaktion los. So ähnlich mag man sich das Durchstarten von der protokulturellen Entwicklung zur kulturellen Evolution vorstellen. Die anfänglich langsame Zunahme an protokulturellen Beständen und Aktivitäten brachte eine Dynamik in Gang, die sich immer mehr beschleunigte und schließlich eine kritische Maße erreichte, wo es zum Take-off der kulturellen Evolution kam.

geraten; jetzt aber überschritt die Menschheit den Rubikon zu einer rein kulturellen Evolution. Dies war ein point of no return. Von nun an stand allein der kulturelle Weg noch offen.[20]

Um kurz dessen Hauptstadien anzugeben: Im europäischen Raum führte der Take-off der kulturellen Evolution zur „Jungpaläolithischen Revolution" (vor zwischen 45.000 und 30.000 Jahren): es kam zu einer plötzlichen Explosion der Kreativität, wo die ersten Musikinstrumente[21] und die frühesten Statuetten (Mensch- und Tierfiguren) entstanden[22], aber auch neuartige Werkzeuge (Schmalklingentechnik) und hochraffinierte Waffen (ausbalancierte Speere und Harpunen) entwickelt wurden[23] und wo es dann bald zu den ersten Höhlenmalereien kam (Chauvet, Lascaux).[24] Der nächste große Schritt wurde vor gut 10.000 Jahren im Nahen Osten mit der Neolithischen Revolution getan: es kam zu Ackerbau und Städtegründungen, die Lebensform der Jäger und Sammler wurde durch die der Sesshaftigkeit abgelöst.[25] Schließlich begann vor etwa 6.000 Jahren die Phase der Hochkulturen, die bis in unsere Zeit reicht.

6. Noch einmal zur großen Bedeutung der protokulturellen Entwicklung

Ich will noch einmal die eminente Bedeutung der protokulturellen Entwicklung unterstreichen. Sie hat unsere Natur – unsere körperliche wie unsere intellektuelle Natur – hervorgebracht, wie sie noch heute jeder von uns in sich trägt. Sie hat uns zu den besonderen Wesen gemacht, die wir sind – von körperlichen Merkmalen wie Haarlosigkeit und aufrechtem Gang über Verhaltenseigentümlichkeiten im Sexual- und Sozialleben bis hin zu jener einmaligen Gehirnkonfiguration, die für unser Leben als Lern- und Kulturwesen entscheidend geworden ist. Und die protokulturelle Entwicklung hat dann auch noch den Startschuss für die kulturelle Evolution gegeben.[26] Man kann sich von ihrer Bedeutung

---

[20] In Analogie zu Kants „Der *kritische* Weg ist allein noch offen" formuliert (Kant, *Kritik der reinen Vernunft* [1781], A 856).

[21] Es handelt sich um Knochenflöten – das bislang älteste Exemplar wurde 1995 in Slowenien gefunden.

[22] Der derzeit älteste Fund ist eine aus einem Mammutstoßzahn gefertigte menschliche Figur (Russland, in der Gegend von Kostenski, am Don, ca. 400 km südlich von Moskau).

[23] Sie finden sich vor 37.000 Jahren.

[24] Die Malereien in Chauvet könnten 30.000 Jahre alt sein, die in Lascaux dürften vor 17.000 Jahren entstanden sein.

[25] Wobei auch hier gilt: Die neolithische Revolution vollzog sich unabhängig voneinander im Nahen Osten, in Afrika, in China, in Amerika und in Europa (dort erst relativ spät, in Mitteleuropa gar erst im 6. vorchristlichen Jahrhundert).

[26] Man kann sich den konstitutiven Zusammenhang zwischen dem Hauptergebnis der protokulturellen Periode – der Entwicklung eines extrem reflexionsfähigen Gehirns – und der fortan wesentlich kulturellen Existenzform des Menschen wie in einem Brennspiegel an folgendem Detail klarmachen: Die auffallende Unfertigkeit des Menschen bei der Geburt, die zur Folge hat, dass wir schon als Babys nur überleben können, indem wir Fürsorge erfahren und in eine sozio-kulturelle Welt hineinwachsen, ist just eine Folge der protokulturellen Gehirnentwicklung. Denn es ist das überproportionale Wachstum des Gehirns beim menschlichen Fötus, das ob der konstitutionellen Enge

kaum eine übertriebene Vorstellung machen. Sie hat den Übergang vom Menschentier zum Kulturwesen Mensch vollbracht.

a. Der grundlegende Unterschied zwischen natürlicher und kultureller Evolution

Machen wir uns den strukturellen Unterschied zwischen protokultureller Entwicklung und kultureller Evolution genauer klar. Die protokulturelle Entwicklung folgt noch immer dem Prozessmodus der natürlichen Evolution. Dabei gilt, dass es zu Weiterentwicklungen nur dann kommt, wenn sich das Genom verändert. Die protokulturelle Neuerung besteht nur darin, dass nun auch *kulturelle* Faktoren einen Selektionsdruck begründen können, der dann entsprechende Genomveränderungen favorisiert. Man könnte es so ausdrücken: Bei der natürlichen Evolution geht der Selektionsdruck von einer natürlichen Umwelt aus, während er bei der protokulturellen Entwicklung zusätzlich von kulturellen Faktoren ausgeht. In beiden Fällen aber führt der Selektionsdruck zu biologischen und genetischen Veränderungen. So kam es in der Phase der Protokultur eben nicht nur zu kulturellen Neuerungen, sondern zugleich zu biologisch-genetischen Veränderungen (zur Herausbildung der jetzigen menschlichen Natur), und beides erfolgte in einem ständigen Feedback. Die Menschen haben sich damals nicht nur kulturell, sondern auch biologisch und genetisch verändert.

Das ist bei der kulturellen Evolution anders. Denn diese hat sich – erstens – vom tragenden Progressmechanismus der natürlichen Evolution, vom Mechanismus aufeinanderfolgender genetischer Veränderungen, abgekoppelt und stattdessen einen eigenen, spezifisch kulturellen Tradierungs- und Fortschrittsmodus entwickelt. Kulturelle Weiterentwicklung beruht nicht mehr auf genetischer Veränderung, sondern auf genuin kultureller Weitergabe und Innovation.[27] Und zweitens ist die kulturelle Evolution nicht

---

des mütterlichen Geburtskanals die verfrühte Geburt erzwingt. So hat uns die protokulturelle Entwicklung in ein und demselben Zug zu kulturbedürftigen wie zu kulturfähigen Wesen gemacht. Sie hat uns auf den Weg der Kultur geschickt, aber auch alles dafür Nötige bereitgestellt. – Der doppelte Fehler des Mängelwesen-Theorems liegt also darin, dass man die Bedürftigkeits-Verfassung des Menschen für dessen ursprüngliche Verfassung hält, statt zu sehen, dass die Menschen selbst im Verlauf ihrer protokulturellen Entwicklung diese Verfassung hervorgetrieben haben; und dass man den Zusammenhang zwischen verfrühter Geburt und der tatsächlichen Hyperbegabung durch ein extrem reflexionsfähiges Gehirn nicht erfasst und so nicht erkennt, dass die scheinbare Mängelwesen-Verfassung der Trick ist, durch den der protokulturell zum Kulturwesen gewordene Mensch auch alle künftigen Generationen auf diesen Weg verpflichtet.

[27] Das ermöglicht auch erst die atemberaubende Rapidität der menschlichen Kulturentwicklung. Man bedenke nur, dass der Mensch während der protokulturellen Phase bis zur Beherrschung des Feuers 1,7 Mio. Jahre und dann bis zur Fähigkeit, Feuer zu entzünden, beinahe 2,5 Millionen Jahre gebraucht hat. Im Gegensatz dazu hat der am Ende der protokulturellen Entwicklung auf den Weg der Kultur geschickte Homo sapiens schon 30.000 Jahre später Ackerbau und Städtebau, nach 10.000 weiteren Jahren die Glühbirne und nicht einmal hundert Jahre darauf den Computer erfunden. An der extremen Schnelligkeit dieser Entwicklung – die mit dem Schneckentempo-Mechanismus genetischer Veränderungen niemals zu erreichen wäre – kann man die Besonderheit der kulturellen Evolution erkennen.

in einem mit der natürlichen Evolution vergleichbaren Ausmaß mit Veränderungen des Genoms verbunden. Die kulturelle Evolution verschafft uns nicht neue, unsere Natur verändernde Gene, sondern beeinflusst im wesentlichen nur noch den Expressionsmodus vorhandener Gene. Zwar finden auch heute noch genetische Veränderungen statt, aber diese betreffen nicht Kernmerkmale des Menschen, sondern nur vergleichsweise periphere Bereiche.[28]

b. Die „menschliche Natur" ist die protokulturell gebildete Natur – diese trägt auch noch die kulturelle Evolution

In der Tat haben sich die Menschen, was ihre Grundausstattung angeht, seit 40.000 Jahren – seit dem Übergang zur kulturellen Evolution – nicht mehr nennenswert verändert. Was wir die „menschliche Natur" nennen, ist heute noch so wie damals. Unsere Natur ist damals fixiert worden. Das ist einer der Gründe dafür, dass die Menschen heute weltweit genetisch so frappierend einheitlich sind. Die genetischen Unterschiede in der gesamten Weltbevölkerung sind weitaus kleiner als die Unterschiede innerhalb einer beliebigen frei lebenden Schimpansenpopulation in Afrika, deren Verbreitung auf einige Quadratkilometer beschränkt ist. Das rührt u. a. daher, dass seit ca. 40.000 Jahren keine wesentlichen Veränderungen mehr eingetreten sind, weil die damals einsetzende kulturelle Evolution sich vom Mechanismus genetischer Innovation abgekoppelt hat.[29] Das zuvor für die protokulturelle Phase typische Feedback zwischen kultureller und genetischer Innovation kam zu einem Ende. Die kulturelle Evolution hat das genetische Setup des Menschen im Wesentlichen so belassen, wie es protokulturell geworden war.[30]

Umgekehrt bedeutet dies, dass die gesamte kulturelle Evolution der Menschheit auf der biologisch-genetischen Verfassung des Menschen beruht, wie sie am Ende der protokulturellen Entwicklung erreicht war.[31] Und das zeigt nun auch in aller Deutlichkeit, wie großartig und eminent leistungsfähig dieses protokulturell akkumulierte Kapital war: Es war gut genug, die gesamte künftige kulturelle Evolution tragen zu können. Von den

[28] In der Vergangenheit betrafen genetische Veränderungen, die während der kulturellen Periode stattfanden, insbesondere die Haut- und die Augenfarbe, gegenwärtig finden vor allem immunologische Anpassungen statt.

[29] Ein zusätzlicher Grund liegt darin, dass es bei der Ausbreitung von Homo sapiens außerhalb Afrikas zu einem genetischen Flaschenhals kam. Bis vor nahezu 50.000 Jahren war die außerafrikanische Population von Homo sapiens auf ein enges Gebiet im heutigen Israel beschränkt. Die nachfolgende weltweite Expansion ging also von einer genetisch hochgradig einheitlichen Gruppe aus.

[30] Adaptationen erfolgen in der Periode der kulturellen Evolution primär auf kulturell-technischem Weg. Das Genom trägt und unterstützt diese Anpassungen noch, aber es ist nicht mehr, wie bei der natürlichen Evolution, das eigentliche Medium der Anpassung. Die kulturelle Evolution hat uns einen zweiten (und wesentlich schnelleren) Anpassungsmodus beschert.

[31] Aus dieser gemeinsamen Grundlage erklärt sich auch die Existenz von Universalien. Es handelt sich dabei um emotive, mimische und ästhetische Verhaltens- und Präferenzmustern, die allen Menschen quer durch die unterschiedlichen Kulturen gemeinsam sind. Sie sind beredte Zeugen des am Ende der protokulturellen Periode erreichten Entwicklungsstandes der Menschheit. Vgl. dazu ausführlicher den nachfolgenden Essay „Transkulturalität – neue und alte Gemeinsamkeiten".

ersten Kunstwerken bis zu Picasso, von der Erfindung der Schrift bis zum Internet, von den Pyramiden bis zur Mondlandung haben die Menschen all ihre kulturellen Leistungen mit Hilfe ihres protokulturellen Setups hervorzubringen vermocht. Einstein hat die Relativitätstheorie mit einem Steinzeit-Hirn ersonnen.[32]

Es war insbesondere die am Ende der protokulturellen Entwicklung erreichte Gehirnkonfiguration, die dem Menschen nicht nur den Sprung in die kulturelle Evolution, sondern all die auf diesem Wege auftretenden exorbitanten Leistungen ermöglicht hat. Die kulturelle Evolution konnte von diesem protokulturellen Setup zehren und dessen Potentiale ausagieren, ohne die menschliche Natur noch wesentlich verändern zu müssen. Die Protokultur hatte unsere Natur hervorgebracht. Die Kultur agiert diese aus.[33]

Auch ist zu bedenken, dass unser extrem reflexionsfähiges Gehirn den Vorteil hatte, eine Problemlösungsmaschine für Aufgaben schier *aller* Art darzustellen. Auch deshalb waren nun Lernen und kulturelle Innovation und nicht mehr genetische Anpassung die Methode der Wahl. Das hatte sich schon in der Periode der Protokultur vorbereitet. Wenn unsere Vorfahren lernten, das Feuer zu beherrschen, Hütten zu bauen, mit Speeren zu jagen und soziale Regeln der Keuschheit oder der Respektierung der Alten zu befolgen, so haben sie dafür nicht jeweils ein Feuer-Gen, ein Hüttenbau-Gen, ein Speerwurf-Gen, ein Keuschheits-Gen oder ein Altenrespektier-Gen eingebaut bekommen, sondern allein ihr Gehirn, ihre *allgemeine* Reflexionsfähigkeit wurde verbessert. Diese war für die genannten wie dann auch für viele weitere, erst in der Zukunft auftretende Zwecke verwendbar. Die protokulturelle Gehirnoptimierung hat die Menschen für all die Leistungen fit gemacht, derer sie auf dem anschließenden Weg der Kultur bedurften. Sie hat eine neue, nunmehr kulturelle bzw. technische Anpassungsfähigkeit begründet. Die Menschen sind, mit anderen Spezies verglichen, überaus plastisch und flexibel, sie sind Anpassungskünstler. Sie vermögen über natürliche Anpassungsformen hinauszugehen und kulturell Lösungen für Aufgaben schier aller Art zu erfinden. Der gehirnoptimierte

[32] Gewiss spielt die Umwelt – gerade auch die kulturelle Umwelt – in der epigenetischen Entwicklung eine wichtige Rolle. Ein Steinzeithirn konnte nicht in der Steinzeit (nicht gleichsam von sich aus) die Relativitätstheorie ersinnen, sondern es konnte dies nur im sozialen Kognitop einer hochentwickelten theoretischen Physik. Das Gehirn ist nicht nur eine biologische, sondern zugleich eine soziale Entität. Aber die Grundkonfiguration des Apparates, der zu all den späteren kulturellen Leistungen imstande ist, wurde in der Steinzeit entwickelt und ist heute keine andere als damals. – Wolf Singer hat dieses Verhältnis von artgeschichtlicher Hardware und kultureller Software so ausgedrückt: Würde ein Steinzeitbaby in unserer Zivilisation aufwachsen, so würde es ebenso aussehen und ebenso gute Lernerfolge erzielen wie unsere Kinder; und umgekehrt wäre ein Baby des 21. Jahrhunderts, wenn es in einer Steinzeitkultur aufwüchse, von den genuinen Steinzeitkindern nicht zu unterscheiden (vgl. Wolf Singer, *Der Beobachter im Gehirn. Essays zur Hirnforschung*, Frankfurt/Main: Suhrkamp 2002, 44).

[33] Gegenwärtig könnte jedoch mit der Gentechnologie eine neue Phase anheben. Die kulturelle Evolution wird nun fähig, in ihre genetische Basis einzugreifen, diese gezielt zu verändern. Nachdem sich die kulturelle Evolution bislang vom für die natürliche Evolution charakteristischen und noch in der protokulturellen Periode wirksamen Mechanismus genetischer Veränderung abgehoben hatte, wird dieser nun – aber nicht evolutionistisch, sondern technologisch – zu ihrem Gegenstand. Das ist völlig neu und könnte den Beginn einer unabsehbaren Entwicklung bedeuten.

Mensch ist ein Generalist geworden. Das könnte geradezu als Definition gelten: Menschen sind Primaten, die sich zu Generalisten entwickelt haben.[34]

7. Kränkung?

Ich habe in dieser Skizze die Entstehung der menschlichen Besonderheit verfolgt. Ich habe zu zeigen versucht, wie unsere Vorfahren zunächst gar kein anderes Startkapital hatten als unsere nächsten Verwandten auch. Wie dann aber, in der protokulturellen Periode, sukzessiv die Agenda Mensch in Fahrt kam, und wie diese protokulturelle Dynamik dann schließlich zum Take-off der kulturellen Evolution geführt hat. Nichts war von außen hinzu gekommen. Die Menschen wurden nicht mit Sondergaben bedacht. Sondern alles hat sich aus bescheidenen Anfängen sukzessiv entwickelt. Es kam eine Dynamik in Gang, welche die besondere Natur des Menschen hervorgetrieben hat.

Eine solch evolutionäre Erklärung der menschlichen Besonderheit ist gewiss im Sinne Darwins. Dies gilt auch gegen Freuds Einschätzung. Freud hatte bekanntlich gemeint, dass Darwins Nachweis der Abstammung des Menschen aus dem Tierreich für die Menschheit eine große Kränkung bedeutete.[35] Es scheint mir gerade umgekehrt zu stehen. Denn die evolutionäre Betrachtung zeigt: Wir Menschen sind sehr besondere Wesen, weil nur bei uns aus dem gemeinsamen prähumanen Erbe etwas so Besonderes hervorgegangen ist; und die Menschen haben in gewissem Sinne diese ihre Menschwerdung selber betrieben. Ein Wesen aber, das aus so bescheidenen Anfängen und durch eigenes Tun so besonders geworden ist, muss man doch wohl mehr bewundern, als eines, das nur aufgrund einer fremden Gabe und ohne eigenes Zutun eine Besonderheit aufweisen würde.[36] Die evolutionäre Betrachtung fügt uns und unserem Selbstbewusstsein gerade keine Kränkung zu, sondern bietet, im Gegenteil, Anlass zu Bewunderung.

8. Die Kurzsichtigkeit des Kulturalismus

Wie stellt sich von den vorangegangen Klärungen her die Standardsicht der Kultur- und Humanwissenschaften dar? Diese glauben, die Besonderheit des Menschen sei allein aus kulturellen Vorgängen zu erklären. Der Mensch habe sich in *geschichtlicher* Zeit, insbesondere in der Phase der Hoch- und Schriftkulturen, also seit etwa 6.000 Jahren zu dem besonderen Wesen gemacht, das er ist. Dabei verwechselt man Ursache und Wirkung, nimmt die letztere für die erstere. Denn die Besonderheit des Menschen ist durchaus *vorgeschichtlich* (eben in der protokulturellen Periode) entstanden, und dies

---

[34] „Animal competencies are mainly adaptations restricted to a single goal. Human competencies are domain-general and serve numerous goals" (David Premack, „Human and animal cognition: Continuity and discontinuity", *PNAS*, 28. August 2007, vol. 104, no. 35, 13861–13867, hier 13866).

[35] Vgl. Sigmund Freud, „Vorlesungen zur Einführung in die Psychoanalyse" [1916/17], in: ders.: *Studienausgabe*, Bd. 1 (Frankfurt/Main: S. Fischer 1971), 33–445, hier 283 f. [III 18].

[36] Entsprechend erklärte Darwin selbst, gegen alle Kränkungsdiagnose, am Ende des *Origin*: „There is grandeur in this view of life" (Charles Darwin, *The Origin of Species* [1859], New York: Modern Library 1998, 648 f.).

war die entscheidende *Voraussetzung* für den späteren geschichtlich-kulturellen Weg des Menschen.

Dilthey wollte den Menschen ganz aus der Geschichte verstehen: „Was der Mensch sei, sagt ihm nur seine Geschichte".[37] Und wie die Historisten, so wollen die Hermeneutiker noch immer die Anthropologie in Geschichtsphilosophie aufgehen lassen. Vattimo beispielsweise nimmt Diltheys Diktum schier unverändert auf, wenn er erklärt, es gebe „nichts außer der Geschichte" und „die einzige Wahrheit" komme „aus der Geschichte".[38]

Aber so wichtig die kulturelle Geschichte auch ist (und es liegt mir als Kulturbegeistertem völlig fern, ihre Bedeutung zu minimieren), so lehrt uns die Kulturgeschichte doch keineswegs *alles* über den Menschen. Sie lehrt uns gerade das *Grundlegende* nicht. Die fundamentalen Errungenschaften der Menschheit – die Ausbildung unserer Rationalität und das Einschlagen des kulturellen Weges – erfolgten lange vor der Geschichte, in vorgeschichtlicher Zeit, durch die protokulturelle Entwicklung. Was damals errungen wurde, stellt die Basis noch jedes nachfolgenden Schrittes in der kulturellen und geschichtlichen Entwicklung dar. Weil die Geschichts-Absolutisten diese vorgeschichtliche Genese ignorieren, stoßen sie bei der Frage, woher die Menschen denn ihre entscheidende, sie von den anderen Lebewesen unterscheidende Fähigkeit zu Kultur und Geschichte haben, jeweils an eine Mauer und erklären dann verwegen, die Menschen hätten diese Fähigkeit immer schon besessen oder sie speise sich aus einem unnennbaren und mysteriösen Ursprung.[39] Aber unnennbar oder mysteriös ist dieser Ursprung keineswegs, er ist genau angebbar, er ist anhand der protokulturellen Entwicklung rekonstruierbar.

Ich rate daher, die Aufmerksamkeit auf die Geschichte durch eine konsequente Würdigung der Vorgeschichte zu ergänzen. Dann erst versteht man auch die Grundlagen der geschichtlichen Tätigkeit. Der Mensch ist nicht direkt aus dem Himmel ins Medium der Geschichte gefallen. Sondern er hat sich über eine jahrmillionenlange Vorgeschichte selber in eine kulturelle Evolution katapultiert.

Ich kann mein Bedenken auch so formulieren: Historismus und Hermeneutik schwören zwar auf die Herkunft, ignorieren jedoch den weitaus größten Teil unserer Herkunft: eben die Vorgeschichte, ja die gesamte evolutionäre Herkunft des Menschen. Und selbst der Zeitraum der Geschichte ist bei den Hermeneutikern drastisch verkürzt, denn sie fassen nur eine als „Summe von Büchern"[40] aufgefasste Geschichte, also eine maximal seit 5.000 Jahren zu datierende Geschichte ins Auge – die ganze Frühphase schon der

---

[37] Wilhelm Dilthey, „Traum" [Entwurf zu der Rede Diltheys an seinem 70. Geburtstag, 1903], in: ders., *Gesammelte Schriften*, Bd. 8 (Göttingen: Vandenhoeck & Ruprecht [6]1991), 220–226, hier 226. – Übrigens hatte schon Karl Marx ganz ähnlich erklärt: „Wir kennen nur eine einzige Wissenschaft, die Wissenschaft der Geschichte" (Karl Marx, „Die Deutsche Ideologie" [1845/46], in: ders., *Die Frühschriften*, hrsg. v. Siegfried Landshut, Stuttgart: Kröner 1964), 339–485, hier 346).

[38] Gianni Vattimo, „Die Stärken des schwachen Denkens. Ein Gespräch mit Gianni Vattimo", in: Martin G. Weiß, *Gianni Vattimo. Eine Einführung* (Wien: Passagen 2003), 171–182, hier 173 bzw. 174.

[39] Beide Auskünfte sind Beispiele objektiver Ironie: auf einmal setzt der Geschichtsabsolutist auf eine ewige Natur und während soeben noch die Wahrheit durch und durch geschichtlich sein sollte, wird sie jetzt in einen ungeschichtlichen Abgrund versenkt.

[40] Ebd., 178.

kulturellen Evolution (seit vor 40.000 Jahren) bleibt außer Betracht. Stattdessen mahne ich, den ganzen Umfang der „Wirkungsgeschichte“ ins Auge zu fassen – nicht nur die Wirkungsgeschichte von Texten oder der oralen Überlieferung (die in der Hermeneutik auch schon unberücksichtigt bleibt), sondern ebenso die ganze vorausgegangene evolutionäre und protokulturelle Wirkungsgeschichte. Sie ist die Grundlage, ohne die wir nicht wären.

Eine besondere Ironie liegt schließlich darin, dass die Hermeneutik, indem sie die evolutionäre Dimension ignoriert, auf ein Verstehen just dessen verzichtet, was für ihr eigenes Geschäft tragend ist. Denn warum ist der Mensch ein *animal interpretans*? Wie ist er dazu geworden? Genau infolge des Übergangs zur kulturellen Evolution. Die letztere verlangte, wie zuvor ausgeführt, einen wesentlich anderen Fortzeugungsmodus als den genetischer Weitergabe zu entwickeln. Die kulturelle Evolution basiert auf dem neuartigen Tradierungsmodus des Erzählens, der Sinnverständigung, der Interpretation. Im Übergang von der protokulturellen Entwicklung zur kulturellen Evolution sind die Menschen zu Geschichtenerzählern, zu *animalia interpretantia* geworden – und sind es seither geblieben. Von diesem evolutionär entstandenen Imperativ und Erbe lebt unser interpretierendes Tun und damit die Hermeneutik – nur dass diese bedauerlicherweise zwar alles Mögliche verstehen, aber von ihrer eigenen Grundlage nichts wissen will.[41]

9. Antwort auf Standardeinwände

Zwei abschließende Bemerkungen: Gegen evolutionistische Betrachtungen wendet man oft ein, sie seien reduktionistisch, sie würden das menschliche Sein verkürzen. Offenbar ist das Gegenteil richtig. Meine Analyse der Protokultur hat unsere grundlegende Seinsweise – unsere Reflexivität und Kulturalität – verständlich gemacht. Sie hat diese nicht etwa preisgegeben oder reduziert, sondern erstmals erklärt. Wo die Philosophen, die nur Geschichte und Kultur gelten lassen wollen, an eine harte Grenze stoßen, vermag die evolutionistische Betrachtung Aufklärung zu bieten.

Ein anderer Einwand könnte lauten: Na gut, es mag sein, dass sich die menschliche Natur protokulturell gebildet und seitdem nicht mehr verändert hat. Aber das Interessante ist doch, was wir seitdem mittels dieser Natur alles hervorgebracht haben. Unserer Natur mögen alte soziale, politische oder ästhetische Muster eingeschrieben sein – sie mag Machtpräferenz oder Altruismus und auch ästhetischen Sinn beinhalten –, aber entscheidend ist doch, wie die Menschen seitdem Machtstrukturen organisiert oder abgebaut haben, wie sie Religionen der Unterwerfung oder des Altruismus entwickelt haben, oder wie in der Kunst plötzlich die perspektivische Darstellung zum Zug kam oder die Concept-art entstand. Das ist es doch, was uns auf den Nägeln brennt – und je näher wir der Gegenwart kommen, umso mehr.

Ich stimme völlig zu. Um in der Aktualität zu leben, müssen wir uns mit den gegenwärtigen kulturellen Erscheinungen – von den Medien über die Kulturindustrie bis zur

[41] Vgl. ausführlicher Verf., „The Human – Over and Over Again“, in: *Weakening Philosophy. Essays in Honour of Gianni Vattimo*, hrsg. v. Santiago Zabala (Montreal: McGill-Queen’s University Press 2007), 87–109.

Überalterung der Gesellschaft – auseinandersetzen. Diese Phänomene einigermaßen zu verstehen ist eine der Bedingungen, um mit ihnen zurechtzukommen.

Nur warne ich davor, all diese Phänomene rein kulturalistisch sehen zu wollen. In ihnen ist immer auch unsere alte Natur im Spiel. Um ein Beispiel zu geben: Im 20. Jahrhundert wurden viele hochraffinierte Logiksysteme entwickelt. Aber sie basieren alle auf der elementaren Logik, die unseren neuronalen Prozessen evolutionär implementiert ist.[42] Man konnte keinen einzigen Formalisierungsschritt entwickeln, ohne auf diese gleichsam natürliche Logik zurückzugreifen – die im übrigen auch all unsere anderen Aktivitäten durchwirkt: ob Gefühle, ästhetische Urteile oder sprachliche Leistungen, sie alle sind durch das elementare Arsenal von Bejahung und Verneinung, Gleichheit oder Verschiedenheit oder von Ausschluss- und Folgebeziehungen geprägt. Oder ein anderes Beispiel: Durch die Einführung der perspektivischen Darstellungsweise in der Renaissance wurde nicht etwa das perspektivische Sehen erfunden – dieses hatten die Menschen vielmehr schon seit grauer Vorzeit erfolgreich praktiziert –, sondern man hat im 15. Jahrhundert das Darstellungsprinzip gewechselt: man stellte von dem bis dorthin vorherrschenden kulturellen Muster eines Selbstseins der Dinge auf das phylogenetisch viel ältere perspektivische Sehen der Dinge im Raum um – und konnte so wundervolle Bilder hervorbringen, von denen wir den Eindruck haben, dass sie uns näher stehen als die früheren ikonischen Darstellungen.[43] Eine uralte, protokulturelle Erfindung ist hier kulturell zur Geltung gebracht worden; es war der Rückgriff auf Ältestes, der der Kultur eine neue Richtung gab.[44] Oder die modernen Massenmedien basieren weithin auf der Nutzung elementarer, schon protokulturell ausgebildeter Fähigkeiten, etwa solchen zur Dechiffrierung von Gesichtsausdrücken. Daher die vielen Großaufnahmen von Gesichtern in Film und Fernsehen – sie vermitteln wichtige Informationen, und sie tun dies völlig unabhängig von der jeweiligen Sprache und Kultur, sie greifen auf universal geteilte Verstehensweisen zurück.[45] Die Soziobiologie schließlich zeigt uns, dass noch in etlichen im Gefolge der sexuellen Revolution freigesetzten Praktiken älteste Muster unbewusst zum Tragen kommen.[46] – Das sind nur

---

[42] Die Muster logischer Operationen sind in neuronalen Prozessmodi des Gehirns verankert. Logische Partikeln wie ‚und' und ‚oder', logische Beziehungen wie ‚gleich', ‚identisch' und ‚anders', Junktoren wie ‚entweder-oder', ‚sowohl-als-auch' und ‚wenn-dann', auch die quantitativen Kategorien ‚eins', ‚vieles', ‚alles' sowie die qualitativen Kategorien der Bejahung und Verneinung entsprechen tiefsitzenden Operationsweisen des neuronalen Systems. Sie sind in dem generellen Algorithmus verankert, der allen einzelnen Funktionen des Gehirns zugrunde liegt und der im übrigen auch mathematische Operationen wie Addition und Subtraktion oder Multiplikation und Division beinhaltet (vgl. Christof Koch u. Idan Segev, „The role of single neurons in information processing", in: *Nature Neuroscience*, Supplement 3, Nov. 2000, 1171–1177).

[43] Auch neue mathematische bzw. geometrische Ideale spielten dabei eine Rolle.

[44] Ähnliches ließe sich für andere Neuerungen in der Kunst, etwa für den Impressionismus oder die Op-art, zeigen: Sie greifen alle auf uralte Verfahrensweisen der alltäglichen Wahrnehmung zurück, machen diese ausdrücklich.

[45] Vgl. Noël Carroll, „Art and Human Nature", *The Journal of Aesthetics and Art Criticism*, 62/2 (2004), 95–107, hier 102–105.

[46] So praktizieren Frauen außereheliche Affären (bei denen sie nicht, wie bei der ehelichen Partnerwahl, einen Gefährten bevorzugen, der eine *Kombination* von Fitness und Häuslichkeit bietet, sondern wo sie nach dem sexuell Attraktivsten streben, also allein nach dem fortpflanzungsrele-

einige Beispiele dafür, dass wir unsere kulturellen Tätigkeiten besser begreifen werden, wenn wir auch auf die vorkulturellen Prägungen blicken, die in ihnen zur Geltung kommen. Auch der Kulturalist ist noch ein Protokulturalist.

---

vanten Kriterium maximaler Fitness wählen) vorzugsweise dann, wenn sie ihren Eisprung haben. Sie verhalten sich also, obwohl sie in dieser Situation gewiss keinen Nachwuchs anstreben, noch immer genau nach dem evolutionär verankerten Muster der optimalen Empfängnisbereitschaft.

XIII Transkulturalität – neue und alte Gemeinsamkeiten

1. Vorbemerkung

Ich liebe kulturelle Diversität. Aber ich liege mit ihrem gängigen begrifflichen Verständnis im Streit. Und das in zwei Hinsichten. Erstens versteht man die kulturelle Diversität gemeinhin als die Diversität zwischen ethnisch und geographisch definierten Kulturen. Aber dieses Kulturverständnis ist, gelinde gesagt, überholt. Zweitens meint man, dass kulturelle Diversität grundlegend sei, dass kulturelle Differenzen das Primäre und dass Gemeinsamkeiten nur sekundär von ihnen aus und gegen sie zu entwickeln seien. Auch das ist falsch. Den kulturellen Unterschieden gehen Gemeinsamkeiten voraus, die quer durch die Kulturen bestehen.

Ich werde im Folgenden zweierlei tun: Ich werde das herkömmliche Kulturverständnis in Frage stellen und stattdessen ein anderes – das der Transkulturalität – vorschlagen. Und ich werde der üblichen Auffassung hinsichtlich Differenz und Gemeinsamkeit widersprechen. Man überschätzt die Differenz und unterschätzt die Gemeinsamkeit. Da will ich für Ausgleich sorgen. Erstens bilden sich seit längerem neuartige transkulturelle Gemeinsamkeiten heraus, und zweitens existieren auch steinalte Gemeinsamkeiten. Beides führt – anders als die Kulturwissenschaften und die Humanwissenschaften, die einem Primat oder gar einer Ausschließlichkeit der Differenz huldigen, es sehen wollen – zu einer Ermäßigung der Differenz. Im Übrigen verhält es sich auch so, dass die Ausbildung neuer, transkultureller Gemeinsamkeiten, wie sie heute geschieht, den Besitz alter, differenz-vorgängiger Gemeinsamkeiten voraussetzt. Im Ausgang von Differenz *allein* vermöchten wir niemals zu Gemeinsamkeiten zu gelangen. – Ich werde zunächst die zeitgenössische Tendenz zu Transkulturalität und die Hauptpunkte dieses Konzepts darstellen (2.), um anschließend auf kulturelle Universalien einzugehen, die das gemeinsame Unterfutter der Menschheit quer durch die Kulturen bilden (3.).

2. Vom herkömmlichen Konzept der Einzelkulturen zum zeitgenössischen der Transkulturalität

Als ich vor über zwanzig Jahren begann, das Konzept der Transkulturalität zu entwickeln, leitete mich der Eindruck, dass unser herkömmlicher Kulturbegriff auf seinen Gegenstand, die zeitgenössischen Kulturen, nicht mehr passt. Die heutigen Kulturen schienen mir eine andere Form angenommen zu haben, als die althergebrachte Vorstellung von Kultur noch immer behauptete oder suggerierte. Insofern galt es, eine neue Konzeptualisierung von ‚Kultur' zu erarbeiten. ‚Transkulturalität' will den heutigen kulturellen Verhältnissen gerecht werden.[1]

a. Entstehung und Sinn des modernen Kulturbegriffs

Was kennzeichnet den herkömmlichen und noch immer weithin üblichen Kulturbegriff? Er hat sich erst vergleichsweise spät, erst gegen Ende des 17. Jahrhunderts herausgebildet. Vorher, seit der Antike, hatte sich der Ausdruck ‚Kultur' stets nur auf *spezifische* Tätigkeiten oder Bereiche bezogen. So sprach Cicero von der „cultura animi", die Patristik propagierte die „cultura Christianae religionis", und in der Renaissance traten Erasmus oder Thomas Morus für eine „cultura ingenii" (eine Kultur des erfinderischen Geistes) ein. Der Ausdruck ‚Kultur' kam jahrhundertelang nur in solchen Zusammensetzungen vor.

Erst in der zweiten Hälfte des 17. Jahrhunderts, bei dem Naturrechtslehrer Samuel von Pufendorf, wurde ‚Kultur' zu einem Kollektivsingular, der nun auf einmal *sämtliche* Tätigkeiten eines Volkes oder einer Gesellschaft – von alltäglichen Praktiken bis hin zu den Höhen von Wissenschaft und Kunst – umfassen sollte.[2] Das ist für den *modernen* Kulturbegriff charakteristisch. Laut Pufendorf ist ‚Kultur' die Gesamtheit derjenigen Tätigkeiten, durch welche die Menschen ihr Leben als spezifisch menschliches gestalten –

---

[1] Erstmals habe ich das Konzept vorgestellt in: „Transkulturalität – Lebensformen nach der Auflösung der Kulturen", in: *Information Philosophie* (1992), Heft 2, 5–20. Viele erweiterte Fassungen folgten, vgl. zuletzt: „Transkulturelle Gesellschaften", in: *Kultur in Zeiten der Globalisierung. Neue Aspekte einer soziologischen Kategorie*, hrsg. v. Peter-Ulrich Merz-Benz u. Gerhard Wagner (Frankfurt/Main: Humanities Online 2005), 39–67 sowie „Über Besitz und Erwerb von Gemeinsamkeiten", in: *Tradition und Traditionsbruch zwischen Skepsis und Dogmatik – Interkulturelle philosophische Perspektiven*, hrsg. v. Claudia Bickmann, Hermann-Josef Scheidgen, Tobias Voßhenrich, Markus Wirtz (Amsterdam/New York: Rodopi 2006), 113–147. Eine komprimierte Fassung bietet mein Lexikonartikel „Transkulturalität", in: *Enzyklopädie Philosophie*, hrsg. v. Jörg Sandkühler (Hamburg: Meiner 2010), Bd. 3, Sp. 2771–2777.

[2] Pufendorf hat in der zweiten Auflage seiner Schrift *De iure naturae et gentium libri octo* (Frankfurt/Main [2]1684) an mehreren Stellen den Übergang vom alten zum neuen Kulturbegriff vollzogen und nicht mehr von einer speziellen ‚cultura animi', sondern von ‚cultura' schlechthin gesprochen (II. Buch, Kap. 4, §1). Zuvor schon hatte er in einem Brief an Christian Thomasius vom 19. Januar 1663 (abgedruckt in: Christian Thomasius, *Historia juris naturalis*, Halle 1719, Appendix II, Epistola I, 156–166, hier 162) von „vera cultura" gesprochen, den Ausdruck ‚cultura' also, streng genommen, zum allerersten Mal absolut verwendet.

im Unterschied zu bloß tierischer Daseinsfristung.[3] Und da diese Unterscheidung schon auf elementarer Ebene beginnt (bereits bei der Fortpflanzung, der Ernährung, dem Wahrnehmen etc.), ist verständlich, dass ein so ansetzender Kulturbegriff sich auf *alles* wird erstrecken können.

Es dauerte dann freilich noch einmal circa hundert Jahre, bis diese terminologische Neuerung auch zu einer veränderten Konzeption von Kultur insgesamt führte.[4] Dies geschah durch Herder, und zwar in dessen 1784–91 erschienenen *Ideen zur Philosophie der Geschichte der Menschheit*.[5] Im Gefolge Herders erlangte das moderne Kulturverständnis breite Wirksamkeit – bis in unsere Tage.

b. Der problematische Zug: das Kugelmodell der Kultur

Was an diesem modernen, herderschen Kulturkonzept ist überholt?[6] Herder konzipierte die Kulturen nach dem Modell von Kugeln. Paradigmatisch erklärt er, „jede Nation" habe „ihren *Mittelpunkt* der Glückseligkeit *in sich* wie jede Kugel ihren Schwerpunkt".[7] Dieses Kugelmodell ist intern mit einem Homogenitätsgebot und extern mit einem Abgrenzungsgebot verbunden. Im Innenbezug soll die Kultur das Leben eines Volkes im Ganzen wie im Einzelnen prägen und jede Handlung und jedes Objekt zu einem unverwechselbaren Bestandteil gerade *dieser* Kultur machen.[8] Abweichungen, Differenzen,

---

[3] Vgl. Pufendorf, *De iure naturae et gentium libri octo*, a.a.O., II, 4.

[4] Vgl. zur Begriffsgeschichte von ‚Kultur': Joseph Niedermann, *Kultur. Werden und Wandlungen des Begriffs und seiner Ersatzbegriffe von Cicero bis Herder* (Florenz: Bibliopolis 1941); Wilhelm Perpeet, „Zur Wortbedeutung von ‚Kultur'", in: *Naturplan und Verfallskritik. Zu Begriff und Geschichte der Kultur*, hrsg. v. Helmut Brackert u. Fritz Wefelmeyer (Frankfurt/Main: Suhrkamp 1984), 21–28; Jörg Fisch, „Zivilisation, Kultur", in: *Geschichtliche Grundbegriffe* (Stuttgart: Klett-Cotta 1992), Bd. 7, 679–774; Gyorgy Markus, „Culture: the making and the make-up of a concept (an essay in historical semantics)", in: *Dialectical Anthropology* 18 (1993), 3–29.

[5] Johann Gottfried Herder, *Ideen zur Philosophie der Geschichte der Menschheit*, hrsg. v. Martin Bollacher (Frankfurt/Main: Deutscher Klassiker Verlag 1989). Das Werk erschien in vier separaten Teilen zu jeweils fünf Büchern in den Jahren 1784, 1785, 1787 und 1791 bei Hartknoch in Riga und Leipzig.

[6] Ich erachte keineswegs *alle* Züge des herderschen Kulturbegriffs als obsolet. Beispielsweise ist die Orientierung primär an *Lebensformen* (wie man sie von Herder lernen konnte und durch Wittgenstein erneut empfohlen bekam) statt einer Ausrichtung auf akademische Bildungsgüter oder museumsdienliche Kulturleistungen noch immer beherzigenswert. Damit hängt ein zweiter Vorteil von Herders Kulturbegriffs zusammen: er schließt Alltagskultur und Technik ganz selbstverständlich ein und ist von daher gegen die muffige Gegenüberstellung von ‚hoher Kultur' und ‚niedriger Zivilisation', wie sie im deutschsprachigen Raum im 19. Jahrhundert aufkam, immun. Im übrigen war Herders Konzept zu seiner Zeit auch insofern emanzipatorisch, als es sich gegen das aufklärerische Kultur- und Geschichtsverständnis richtete, das die Entwicklung der ganzen Menschheit auf einen einzigen Nenner zu bringen suchte – mit Europa als Maß (vgl. Herders polemisch-brillante Schrift von 1774 *Auch eine Philosophie der Geschichte zur Bildung der Menschheit*).

[7] Johann Gottfried Herder, *Auch eine Philosophie der Geschichte zur Bildung der Menschheit* [1774], 44 f.

[8] In diesem Sinn hat T. S. Eliot neo-herderisch noch 1948 erklärt, dass Kultur „die Gesamtform" sei, „in der ein Volk lebt – von der Geburt bis zum Grabe, vom Morgen bis in die Nacht und

Fremdes sind in dieser Konzeption minimiert. Und im Außenbezug soll strikte Abgrenzung gelten: Jede Kultur soll, als Kultur *eines* Volkes, von den Kulturen *anderer* Völker spezifisch unterschieden und distanziert sein. Eine von Herders Formulierungen, die an Deutlichkeit nichts zu wünschen übrig lässt, lautet: „Alles was mit meiner Natur noch *gleichartig* ist, was in sie *assimiliert* werden kann, beneide ich, strebs an, mache mirs zu eigen; *darüber hinaus* hat mich die gütige Natur mit *Fühllosigkeit*, *Kälte* und *Blindheit* bewaffnet; sie kann gar *Verachtung* und *Ekel* werden".[9] Das Kugelideal verfügt also im gleichen Zug inneren Homogenisierungsdruck und äußere Abgrenzung (bis hin zu expliziten Formen der Feindseligkeit).

Nun muss man sehen, dass diese beiden Züge vom Kugelmodell logisch nicht zu trennen, sondern notwendig mit ihm verbunden sind. Kulturen, die wie Kugeln aufgefasst sind, müssen im Inneren auf Homogenität dringen, um nicht brüchig zu werden und zu zerfallen; und sie können nicht wirklich miteinander kommunizieren (etwa in Austausch treten oder einander durchdringen), sondern sie können, wie Herder das ganz zutreffend formuliert hat, einander nur „stoßen".[10] (Diese Stelle ist übrigens die Geburtsstätte des Theorems vom „clash of civilizations".) Das also ist das mit dem Kugelkonzept verbundene Problem: Kulturen, die im Stil von Kugeln verfasst oder verstanden sind, *müssen* intern Homogenität verfügen und extern auf Abstoßung drängen und einander gegebenenfalls bekämpfen.

Aber die zeitgenössischen Kulturen sind – das ist mein Punkt – de facto längst nicht mehr so verfasst, wie dieses traditionelle Kulturbild unterstellt. Denn erstens sind moderne Gesellschaften *in sich* so hochgradig differenziert, dass Homogenität für sie weder mehr grundlegend noch wünschenswert ist. So einheitlich, wie Herder es wünschte und Eliot noch immer glaubte, lebt man in der Moderne nicht mehr. Moderne Gesellschaften umfassen in sich unterschiedliche Lebensformen. Sie sind zum einen vertikal differenziert: die Lebensformen in einer Arbeitersiedlung, einem Villenviertel und in der Alternativszene weisen kaum noch einen gemeinsamen kulturellen Nenner auf. Hinzu kommen horizontale Differenzierungen: Unterschiede von weiblicher und männlicher, heterosexueller, lesbischer oder schwuler Orientierung können drastische Abweichungen in den kulturellen Mustern und Lebensweisen nach sich ziehen. Und diese interne Pluralisierung ist ein kultureller Gewinn. – So zeigt sich hier schon die Inadäquanz des überlieferten Kulturkonzepts: Es vermag der inneren Komplexität moderner Gesellschaften nicht gerecht zu werden, sondern hat darauf nur eine falsche Antwort: die eines Homogenisierungsgebots.[11]

---

selbst im Schlaf" (T. S. Eliot, „Beiträge zum Begriff der Kultur", in: ders., *Essays I*, Werke 2, Frankfurt/Main: Suhrkamp 1967, 9–113, hier 29). Anscheinend war Eliot der Auffassung, dass die Menschen jeweils nationalspezifisch auf die gleiche Weise atmen, schwitzen, schlafen etc.

9 Herder, *Auch eine Philosophie der Geschichte zur Bildung der Menschheit*, a.a.O., 45.

10 Ebd., 46.

11 Auch in der Anthropologie und Ethnologie des 20. Jahrhunderts hat sich die Homogenitätsfiktion inzwischen als konzeptionelle Irreführung erwiesen. Zunächst hatte man zur Annahme geneigt, dass Kulturen wenigstens in den von der westlichen Entwicklung verschont gebliebenen Fällen ein organisches Ganzes seien – und hat dieser Erwartung zuliebe auch schon mal abweichende Befunde unterschlagen oder ‚integrativ' verdreht. Stellvertrend dafür sei Ruth Benedicts Buch *The Patterns of Culture* (Boston/New York: Houghton Miffin Company 1934) genannt. Seit den 60er

Zweitens stehen die zeitgenössischen Kulturen auch *extern* längst nicht mehr wie geschlossene Kugeln nebeneinander, sondern sie durchdringen einander und sind weithin durch Mischungen und Austausch gekennzeichnet. Diese neue Struktur suche ich durch das Konzept der ‚Transkulturalität' zu fassen. ‚Transkulturalität' soll, dem Doppelsinn des lateinischen *trans-* entsprechend, darauf hinweisen, dass die heutige Verfassung der Kulturen *jenseits* der alten (der vermeintlich kugelhaften) Verfassung liegt und dass dies eben insofern der Fall ist, als die kulturellen Determinanten heute quer durch die Kulturen *hindurchgehen*, so dass diese nicht mehr durch eindeutige Abgrenzung, sondern durch Verflechtungen und Gemeinsamkeiten gekennzeichnet sind. Es geht mir um ein Kulturkonzept, das auf die Verhältnisse des 21. Jahrhunderts zugeschnitten ist. Das neue Leitbild sollte nicht das von Kugeln, sondern das von Geflechten sein.

3. Grundzüge des Konzepts der Transkulturalität

Ich will nun einige Hauptaspekte der neuartigen, transkulturellen Verfassung darstellen. Ich beginne mit der gesellschaftlichen Makroebene. Was diesbezüglich festzustellen ist, forderte vor 20 Jahren noch massiven Widerspruch heraus, heute ist es (infolge der fortgeschrittenen Globalisierung) nahezu selbstverständlich geworden.

a. Makroebene

Externe Vernetzung und interner Hybridcharakter der Kulturen

Zeitgenössische Kulturen sind extern denkbar stark miteinander verbunden und verflochten. Die Lebensformen enden nicht mehr an den Grenzen der Einzelkulturen von einst (der vorgeblichen Nationalkulturen), sondern überschreiten diese, finden sich ebenso in anderen Kulturen. Die Lebensform eines Ökonomen, eines Wissenschaftlers oder eines Journalisten ist nicht mehr einfach deutsch oder spanisch, sondern – wenn schon – europäisch oder global geprägt.

und 70er Jahren aber wurden zunehmend Zweifel an solchen Homogenitätspostulaten laut (vgl. Clifford Geertz, *The Interpretation of Cultures*, New York: Basic Books 1973). Margaret Archer hat den „Mythos von der kulturellen Integration" schließlich als das dubiose „Erbe der Ethnologie" bezeichnet (Margaret Archer, *Culture and Agency*, Cambridge: Cambridge University Press 1988, 2 ff.).

Und intern sind zeitgenössische Kulturen weithin durch *Hybridisierung* gekennzeichnet. Für jedes Land sind die kulturellen Gehalte anderer Länder tendenziell zu Binnengehalten geworden. Das gilt auf der Ebene der Bevölkerung, der Waren und der Information: Weltweit leben in der Mehrzahl der Länder auch Angehörige aller anderen Länder dieser Erde; immer mehr werden die gleichen Artikel (wie exotisch sie einst auch gewesen sein mögen) allerorten verfügbar; zudem machen die elektronischen Kommunikationstechniken quasi alle Informationen von jedem Punkt aus identisch verfügbar.

Derlei Veränderungen sind eine Folge von weltweiten Verkehrs- und Kommunikationssystemen sowie des globalen Kapitalismus.[12] Die Neuerungen sind von den Menschen nicht aus freien Stücken erfunden, sondern sind ihnen in etlichen Fällen durch Macht, ökonomische Abhängigkeit, Ungleichverteilung, Unterdrückung, Migrationsprozesse usw. aufgezwungen worden. Deskriptiv aber muss man die Folgen dieser Verhältnisse, auch wenn man ihre Ursachen für anstößig hält, zur Kenntnis nehmen. Im Übrigen werden wir sehen, dass die Veränderungen auch einige positive normative Implikationen aufweisen.

Vieldimensionalität des Wandels

Wichtig ist zu sehen, dass die neuartigen Durchdringungen und Verflechtungen der Kulturen nicht bloß – wie fälschlicherweise oft behauptet wird – die Konsumkultur (McDonald's, Coke, etc.), sondern *sämtliche* kulturellen Dimensionen betreffen, dass sie von den täglichen Routinen bis hin zur Hochkultur reichen.

Beispielsweise wird die Medizin zunehmend transkulturell: in den asiatischen Ländern dringt die westliche Medizin vor, und im Westen greift man zunehmend zu Akupunktur, Quigong und Ayurveda. Oder in der Popkultur ist eine nationale Zuordnung der Stars längst anachronistisch geworden. Die Spice Girls wurden in Deutschland nicht weniger frenetisch gefeiert als in Großbritannien, und nachdem David Bowie oder Michael Jackson berühmt geworden waren, konnte man ihren Kopien überall auf der Welt begegnen.[13] (Damit verglichen, ist der „Eurovision Song Contest“ mit seiner Anstachelung nationaler Emotionen hoffnungslos atavistisch.) Oder man denke an die großen Fußballklubs: vor dreißig Jahren wäre es undenkbar gewesen, dass die Spieler überwiegend aus anderen Ländern, ja von anderen Kontinenten kommen, heute ist das an der

[12] Marx hat diese Zukunft schon 1848 vorausgesehen: „An die Stelle der alten lokalen und nationalen Selbstgenügsamkeit und Abgeschlossenheit tritt ein allseitiger Verkehr, eine allseitige Abhängigkeit der Nationen voneinander. Und wie in der materiellen, so auch in der geistigen Produktion. Die geistigen Erzeugnisse der einzelnen Nationen werden Gemeingut. Die nationale Einseitigkeit und Beschränktheit wird mehr und mehr unmöglich“ (Karl Marx u. Friedrich Engels, *Das Kommunistische Manifest* [1848], in: Karl Marx, *Frühschriften*, hrsg. v. S. Landshut, Stuttgart: Kröner 1964, 525–560, hier 529).

[13] Michael Jackson hat in seinem berühmten Video „Black or White“ von 1991 selbst transkulturelle Verwandlungen inszeniert: er wandert dort durch verschiedene Kulturen (afrikanische, südostasiatische, indianische, indische, russische Kultur), und Individuen verwandeln sich mittels Morphingtechnik ineinander (von Mann zu Frau, von Weiß zu Schwarz, von asiatisch zu afrikanisch usw.).

Tagesordnung – und die Fans haben damit keine Schwierigkeiten mehr, sondern geraten in Euphorie, wenn es ihrem Heimatklub gelingt, den Welt-Topspieler aus Südamerika zu verpflichten. Selbst bei Nationalmannschaften ist die transkulturelle Mischung inzwischen unverkennbar. Wenn ein Nicht-Experte vor dem Aufeinandertreffen der deutschen und der italienischen U-21-Auswahl im Jahre 2009 Spielernamen wie Dejagah, Castro, Boateng, Aogo, Khedira und Özil hörte, dann hat er vermutlich getippt, dass es sich dabei um Spieler nicht der deutschen, sondern der gegnerischen Mannschaft handelt; auch bei einem Namen wie Marco Marin mochte er sich darin bestätigt fühlen; aber als dann diese in der Tat deutsche Auswahl den Favoriten Italien mit 1 : 0 besiegte, da hat er sich mit all diesen Jungs gefreut und war ausgesprochen stolz auf sie.

Viele Formen des Alltags sind heute international geprägt: deutsche Studierende duzen einander, während früher das förmliche ‚Sie' angezeigt war; nicht nur die Restaurantszene, auch die häuslichen Speisezettel sind inzwischen international geworden; und bei technischen Innovationen sind nationale Unterschiede schon seit langem irrelevant. Ebenso ist in der ‚hohen' Kultur die Mischung evident: Theaterpraktiken verbinden heute klassisch-europäisches Sprechtheater mit Kabuki oder Ritualen der First Nation People. Die Entwicklung des Modern Dance war seit Langem durch eine Kombination europäischer, amerikanischer und asiatischer Elemente gekennzeichnet. Und wer häufig Konzerte besucht, empfindet so unterschiedliche Musiken wie die von Mozart und Mahler, Ives und Bernstein oder Debussy und Takemitsu als Teil seiner Identität – und vielleicht, da auch die Durchdringung von High und Low zur Transkulturalität gehört, ebenso die Musik der Rolling Stones und der Einstürzenden Neubauten oder die von Miles Davis und Coldplay und (warum nicht?) auch die von Tokyo Hotel.[14]

Schließlich wirkt sich die zeitgenössische kulturelle Durchdringung – die Transkulturalisierung – auch auf Grundfragen des individuellen und gesellschaftlichen Selbstverständnisses aus. Identische Problem- und Bewusstseinslagen treten heute in den angeblich so verschiedenen Kulturen auf – man denke etwa an Menschenrechts–Diskussionen, an die feministische Bewegung oder das ökologische Bewusstsein. Sie stellen mächtige Wirkfaktoren quer durch die verschiedenen Kulturen dar.[15] Dem alten Kulturmodell und seiner Differenz-Fiktion zufolge hätte dergleichen unmöglich eintreten können – was umgekehrt die Obsoletheit dieses Modells zeigt.

---

[14] Vgl. Verf., „Standbeine dürfen nicht zum Klumpfuß werden", in: *Musikforum* 1/2010, 8–12.

[15] Dabei handelt es sich nicht einfachhin um einen Export westlicher Vorstellungen, sondern es kommt ebenso rückwirkend zu Modifikationen: Die Bejahung des Eigentums beispielsweise, von der indische Frauenrechtlerinnen gesagt haben, dass sie eine unabdingbare Voraussetzung ihrer Emanzipation darstellt, hat manche westliche Kritiker des Privateigentums umzudenken veranlasst. – Ich verdanke diesen Hinweis Martha C. Nussbaum.

Zusammenfassend gesagt: Die Trennschärfe zwischen Eigenkultur und Fremdkultur schwindet zunehmend.[16] In den Innenverhältnissen einer Kultur existieren heute ähnlich viele Fremdheiten wie im Außenverhältnis zu anderen Kulturen.[17,18]

---

16 Das spiegelt sich übrigens auch in einem berühmten Theorem der analytischen Philosophie wider. Laut Quine und Davidson ist das Problem der Übersetzung *zwischen unterschiedlichen* Gesellschaften und Sprachen strukturell gar nicht anders und keineswegs größer oder dramatischer als *innerhalb ein und derselben* Gesellschaft und Sprache. Dazu Rorty: „Der Angriff Quines und Davidsons auf den Unterschied zwischen dem Begrifflichen und dem Empirischen wirkt zum Teil deshalb so überzeugend, weil die Unterscheidung zwischen verschiedenen Kulturen der Art nach nicht von der Unterscheidung differiert, die man zwischen den von den Angehörigen einer einzigen Kultur vertretenen Theorien macht. Den Ureinwohnern Tasmaniens und den britischen Siedlern dort fiel die Verständigung schwer, doch diese Schwierigkeit war nur graduell verschieden von den Verständigungsproblemen, denen Gladstone und Disraeli gegenüberstanden. [...] Die gleichen Quineschen Argumente, die die positivistische Unterscheidung zwischen analytischer und synthetischer Wahrheit unschädlich machen, lassen sich auch verwenden, um der anthropologischen Unterscheidung zwischen dem Interkulturellen und dem Intrakulturellen den Garaus zu machen" (Richard Rorty, „Solidarität oder Objektivität?", in: ders., *Solidarität oder Objektivität? Drei philosophische Essays*, Stuttgart: Reclam 1988, 11–37, hier 21).

17 „Interkulturelle Variationen sind intrakulturellen Variationen vergleichbar und nicht selten nicht größer als diese" (Elmar Holenstein, *Menschliches Selbstverständnis*, Frankfurt/Main: Suhrkamp 1985, 149). Soziologisch ist dies ein vertrauter Umstand: „[...] die Angehörigen eines Volkes gehören zu vielen unterschiedlichen Kulturen, und die kulturellen Unterschiede treten ebenso *innerhalb* der Staaten (nämlich zwischen Regionen, Klassen, ethnischen Gruppen, Stadt und Land) wie *zwischen* den Staaten auf" (Anthony King, „Architecture, Capital and the Globalization of Culture", in: *Global Culture: Nationalism, Globalization and Modernity*, A Theory, Culture & Society special issue, hrsg. v. Mike Featherstone, London: Sage 1990, 397–411, hier 409). „Die kulturelle Unterschiedlichkeit tendiert jetzt dazu, innerhalb von Nationen ebenso groß zu sein wie zwischen ihnen" (Hannerz, *Cultural Complexity*, a.a.O., 231). „Ganz natürlich sind in der heutigen Welt viele lokale Bestände immer mehr durch kulturelle Diversität charakterisiert, [...] und man könnte am Ende fragen, ob es jetzt sogar möglich ist, ein Kosmopolit zu werden, ohne sich vom Ort zu bewegen" (ders., „Cosmopolitans and Locals in World Culture", in: *Global Culture: Nationalism, Globalization and Modernity*, a.a.O., 237–251, hier 249).

18 Dies gibt Gelegenheit, das Transkulturalitätskonzept von den Konzepten der Multikulturalität und der Interkulturalität abzugrenzen. Diese beiden Konzepte halten noch immer am Kugelmodell fest. Der Unterschied zwischen beiden ist nur, dass die Multikulturalisten dies im Blick auf Verhältnisse *innerhalb* von Gesellschaften, die Interkulturalisten hingegen im Blick auf die Verhältnisse *zwischen* Gesellschaften tun. Das Kugelmodell ist dann aber auch für die Defizite beider Konzepte verantwortlich. Der *Multikulturalismus* sieht die Partialkulturen innerhalb einer Gesellschaft noch immer als homogen und wohlabgegrenzt an. Auf der Basis eines solchen Verständnisses aber lässt sich in Fragen der Toleranz, der Akzeptanz und der Konfliktvermeidung allenfalls ein Stillhalten auf Zeit, nicht aber eine wirkliche Verständigung oder eine Überschreitung der separierenden Schranken denken oder erreichen. Das Multikulturalitätskonzept hat vielmehr geradezu die Hinnahme solcher Schranken zur Basis. Daher kann es sogar zur Rechtfertigung und verstärkten Berufung auf Abgrenzungen herhalten. Das Konzept droht, regressiven Tendenzen Vorschub zu leisten. Es befördert Ghettoisierung. Das Konzept der *Interkulturalität* geht ebenfalls weiterhin von der Kugelvorstellung aus und ist dann bemüht, einen interkulturellen Dialog in Gang zu bringen, der zu einem gegenseitigen Verstehen zwischen den im Ansatz als hochgradig verschieden, ja inkommensurabel angesehenen Kulturen führen soll. Was dem Transkulturalitätskonzept zufolge durch die reale Entwicklung befördert wird, soll dem Interkulturalitätskonzept zufolge durch hermeneu-

b. Mikroebene

Transkulturelle Prägung der Individuen

Transkulturalität dringt aber nicht nur auf der Makroebene der Gesellschaft, sondern ebenso auf der Mikroebene der Individuen vor. Dies ist im allgemeinen Bewusstsein unterbelichtet, mir jedoch besonders wichtig. Die meisten unter uns sind in ihrer kulturellen Formation durch *mehrere* kulturelle Herkünfte und Verbindungen bestimmt. Wir sind kulturelle Mischlinge. Die kulturelle Identität der heutigen Individuen ist eine Patchwork-Identität. Das gilt nicht nur, wie man oft meint, für Migranten, sondern zunehmend für alle heutigen Menschen.

Da heutige Heranwachsende schon alltäglich mit einer weitaus größeren Anzahl kultureller Muster bekannt werden als dies in der Elterngeneration der Fall war – man trifft schlicht auf der Straße, im Beruf, in den Medien mehr Menschen mit unterschiedlichem kulturellem und ethnischem Hintergrund als zuvor –, können sie bei ihrer kulturellen Identitätsbildung eine Vielzahl von Elementen unterschiedlicher Herkunft aufgreifen und verbinden. Die Alternativen zum Standard von einst liegen heute nicht mehr außer Reichweite, sondern sind Bestandteil des Alltags geworden. Daher werden heutige Men-

---

tische Bemühungen geleistet werden. In Wahrheit aber ist die heutige Hermeneutik dafür denkbar ungeeignet, denn ihr zufolge sind Verstehensmöglichkeiten prinzipiell auf die eigene Herkunft beschränkt, während jenseits derselben nur noch ein Missverstehen (ein Ummodeln des Anderen ins Eigene) möglich sein soll: ein Deutscher könne, da er dem Kontext des Abendlandes entstammt, zwar vielleicht noch einen Altgriechen verstehen, niemals aber einen Japaner oder einen Inder, weil diese aus prinzipiell anderen Kulturtraditionen kommen (und entsprechend umgekehrt einen Abendländer allenfalls apart missverstehen können). Angesichts der langen Misserfolgsgeschichte interkulturellen Dialogs könnte man zwar den Eindruck gewinnen, dass die Hermeneutik im Recht ist, es könnte aber auch die genau umgekehrte Erklärung zutreffen: Weil die Interkulturalisten die Kulturen von Grund auf wie Kugeln konzeptualisieren, kaprizieren sie sich auf das Verstehen eines ‚Anderen', von dem sie zugleich annehmen, dass es ob seiner Inkommensurabilität eigentlich nicht verstanden werden könne – so dass die Erfolglosigkeit des Unternehmens schlicht aus der Ausgangsvorstellung resultiert. Das Interkulturalitätskonzept verfügt durch seinen ersten Zug – die Unterstellung einer ganz anderen, eigenartigen und homogenen Verfasstheit der anderen Kulturen – die Erfolgsunmöglichkeit all seiner weiteren, auf interkulturellen Dialog zielenden Schritte. Die antiquierte Fiktion inkommensurabler Kulturen ruft den Wunsch nach interkulturellem Dialog hervor und verurteilt ihn zugleich zum Scheitern. Auch pragmatisch wirkt sich das Nachleben des alten Kugelmodells oft fatal aus. Man denkt Kultur noch immer als Kokon und fordert die Individuen dann dazu auf, sich ihrer ethnischen Herkunft entsprechend zu verhalten. Ein aus Afrika kommender, aber schon lange in Europa lebender Künstler soll – so die Forderung des Kunstmarkts – „afrikanische Kunst" machen, das erhöhe seine Erfolgschancen. Die nationalen Stereotypen sind noch lange nicht überwunden und werden z. T. gerade vom Interkulturalitätsdiskurs gepflegt. – Neuerdings wird sich der Interkulturalitätsdiskurs – insbesondere dort, wo er sich den Gemengelagen innerhalb einer Gesellschaft zuwendet (und sich nicht mehr auf die Großdifferenzen zwischen weit entfernten Zivilisationen kapriziert) – der faktischen Transkulturalität bewusst und will durch die Bezeichnung ‚interkulturell' nunmehr gerade die Verbindungen und Mischungen ausgedrückt sehen. Damit geht das Konzept der Interkulturalität aber in das der Transkulturalität über – und würde sich um der Klarheit willen besser gleich so nennen.

schen – indem sie solch unterschiedliche kulturelle Elemente zu ihrer Identität verbinden – zunehmend *in sich* transkulturell.[19]

Innere Pluralität hat bei exquisiten Subjekten gewiss früher schon bestanden. Novalis erklärte, dass eine Person „mehrere Personen zugleich ist", weil „*Pluralism* [...] unser innerstes Wesen" ist,[20] Walt Whitman verkündete „I am large ... I contain multitudes",[21] und Ibsens Peer Gynt (Uraufführung 1876) entdeckt, als er seine Identität erforscht, eine ganze Reihe von Personen in sich: einen Passagier, einen Goldgräber, einen Archäologen, einen Propheten, einen Bonvivant usw. – so wie er auch äußerlich ein Wanderer zwischen unterschiedlichen Ländern und Kulturen ist: zwischen seiner norwegischen Heimat und Marokko, der Sahara und Ägypten, dem Atlantik und dem Mittelmeer und zahlreichen mythischen Orten. Peer Gynt ist eine geradezu paradigmatische Figur der Transkulturalität. Er repräsentiert den Übergang vom alten Ideal der Person als Monade (kugelartig, monolithisch wie das alte Konzept der Kulturen) zur neuen Seinsweise des Nomaden, des Wanderers zwischen verschiedenen Welten und Kulturen – ein kleiner Buchstabentausch, und alles ist anders. Was einst nur für exquisite Subjekte gegolten haben mag, scheint heute zunehmend zur Wirklichkeit vieler Individuen zu werden.[22]

Die interne Transkulturalität der Individuen scheint mir der entscheidende Punkt zu sein. Man sollte nicht nur davon sprechen, dass heutige *Gesellschaften* unterschiedliche kulturelle Modelle in sich befassen („cultural diversity"), sondern das Augenmerk

---

19 So betont auch die US-amerikanische Politologin Amy Gutmann, dass heute „die Identität der meisten Menschen – und nicht bloß die von westlichen Intellektuellen oder von Eliten – [...] durch mehr als eine einzige Kultur geformt" ist. „Nicht nur Gesellschaften, auch Menschen sind multikulturell" (Amy Gutmann, „Das Problem des Multikulturalismus in der politischen Ethik", in: *Deutsche Zeitschrift für Philosophie*, 43, 1995, 273–305, hier 284).

20 Novalis, *Schriften. Das philosophische Werk II* (Stuttgart: Kohlhammer 1983), 250 [63] bzw. 571 [107].

21 Walt Whitman, *Leaves of Grass* [„Song of Myself", 1855] (New York: Penguin Books 1985), 84 [1314–1316].

22 In historischer Perspektive ist auch noch an Montaigne und Nietzsche zu erinnern. Montaigne erklärte: „Es gibt nichts rundum Zutreffendes, Eindeutiges und Stichhaltiges, das ich über mich sagen, gar ohne Wenn und Aber in einem einzigen Wort ausdrücken könnte. [...] Wir bestehen alle nur aus buntscheckigen Fetzen, die so locker und lose aneinanderhängen, dass jeder von ihnen jeden Augenblick flattert, wie er will; daher gibt es ebenso viele Unterschiede zwischen uns und uns selbst wie zwischen uns und den andern" (Michel de Montaigne, *Essais* [1580], Frankfurt/Main: Eichborn 1998, 167 [II 1]). Und Nietzsche sagte von sich selbst, dass er „glücklich darüber" sei, „nicht ‚Eine unsterbliche Seele', sondern *viele sterbliche Seelen* in sich zu beherbergen" (Friedrich Nietzsche, *Menschliches, Allzumenschliches. Ein Buch für freie Geister. Zweiter Band* [1879], in: ders., *Sämtliche Werke. Kritische Studienausgabe in 15 Bänden*, hrsg. v. Giorgio Colli u. Mazzino Montinari, München: Deutscher Taschenbuch Verlag 1980, Bd. 2, 386 [II 17]), und generell hat Nietzsche die Formel vom „Subjekt als Vielheit" geprägt (Nietzsche, *Nachgelassene Fragmente. Juli 1882 bis Herbst 1885*, in: ders., *Sämtliche Werke*, a.a.O., Bd. 11, 650 [August–September 1885]). – Vgl. zum Thema des pluralen Subjekts Verf., „Subjektsein heute – Überlegungen zur Transformation des Subjekts", *Deutsche Zeitschrift für Philosophie*, 39. Jg. (1991), Heft 4, 347–365; ferner: *Vernunft. Die zeitgenössische Vernunftkritik und das Konzept der transversalen Vernunft* [1995] (Frankfurt/Main: Suhrkamp [4] 2007), Zweiter Teil, Kap. XIV: „Transversalität und Subjektivität", 829–852.

darauf richten, dass die *Individuen* heute durch mehrere kulturelle Muster geprägt sind, unterschiedliche kulturelle Elemente in sich tragen und verbinden.

Interne Transkulturalität erleichtert den Umgang mit externer Transkulturalität

Die innere Transkulturalität der Individuen befähigt diese zugleich, mit der äußeren Transkulturalität gut zurechtzukommen. Denn ein Individuum, in dessen Identität eine ganze Reihe kultureller Muster Eingang gefunden hat, besitzt bezüglich der Vielzahl kultureller Praktiken und Manifestationen, die sich in seiner gesellschaftlichen Umwelt finden, größere Anschlusschancen, als wenn die eigene Identität nur durch ein einziges Muster bestimmt wäre. Man kann an mehr Phänomenen Interesse finden, mit einer größeren Anzahl sich verbinden – die plug-in-Rate ist höher. Das betrifft natürlich auch die direkte Kommunikation von Individuum zu Individuum. Denn aus je mehr Elementen die kulturelle Identität eines Individuums zusammengesetzt ist, umso wahrscheinlicher ist es, dass eine Schnittmenge mit der Identität anderer Individuen besteht, und von daher können solche Individuen bei aller sonstigen Unterschiedlichkeit in weit höherem Maß als früher in Austausch und Kommunikation eintreten, sie können bestehende Gemeinsamkeiten entdecken und neue entwickeln, sie werden in der Begegnung mit „Fremdem" eher in der Lage sein, statt einer Haltung der Abwehr Praktiken der Kommunikation entwickeln. Darin liegt einer der großen Vorteile des Übergangs zu Transkulturalität.[23]

Um ein Beispiel zu geben: Diane Ravitch, eine amerikanische Kritikerin des Multikulturalismus, berichtet von einer schwarzen Läuferin, die in einem Interview sagte,

[23] Die psychoanalytische Theorie hat vielfach aufgezeigt, dass Hass gegenüber Fremden oftmals projizierter Selbsthass ist. Am Fremden lehnt man stellvertretend etwas ab, was man in sich selber trägt, aber nicht zulassen mag, das intern Verdrängte wird extern bekämpft. Schon Freud hatte eine Analogie zwischen der inneren Topologie der Verdrängung und der äußeren Topologie des Verhältnisses zu Fremdem hergestellt: „[...] das Verdrängte ist [...] für das Ich Ausland, inneres Ausland, so wie die Realität – gestatten Sie den ungewohnten Ausdruck – äußeres Ausland ist" (Sigmund Freud, *Vorlesungen zur Einführung in die Psychoanalyse*, 31. Vorlesung [„Die Zerlegung der psychischen Persönlichkeit"], Studienausgabe, Frankfurt/Main: Fischer 1969, Bd. 1, 496). Auch Musil hat diesen Projektions-Mechanismus beschrieben: „Nun sind völkische Abneigungen gewöhnlich nichts anderes als Abneigung gegen sich selbst, tief aus der Dämmerung eigener Widersprüche geholt und an ein geeignetes Opfer geheftet, ein seit den Urzeiten bewährtes Verfahren" (Robert Musil, *Der Mann ohne Eigenschaften*, Hamburg: Rowohlt 1952, 424). „[...] so verlegt der gute Christ seine Fehler in den guten Juden und behauptet, dass er durch ihn zu Reklame, Zinsen, Zeitungen und ähnlichem verleitet worden sei" (ebd., 513). Und Julia Kristeva schreibt: „Der Fremde ‹ist› in uns selbst: Er ist die verborgene Seite unserer Identität [...] Wenn wir ihn in uns erkennen, verhindern wir, dass wir ihn [...] verabscheuen" (Julia Kristeva, *Fremde sind wir uns selbst*, Frankfurt/Main: Suhrkamp 1990, 11). Kristeva nennt freilich auch eine Voraussetzung für dieses Erkennen des Fremden in einem selbst: „Die, die ihre Wurzeln niemals verloren haben, scheinen [...] keinem Wort zugänglich, das ihren Standpunkt relativieren könnte. [...] Das Ohr öffnet sich Einwänden nur, wenn der Körper den Boden unter den Füßen verliert. Um einen Missklang zu hören, muss man leicht ins Straucheln gekommen, schwankend über einen Abgrund gegangen sein" (ebd., 26 f.). – Personen mit transkultureller Identität kennen diese Verunsicherung in sich und werden von daher dem Fremden gegenüber offener sein können.

ihr Vorbild sei Michail Baryschnikov; sie bewundere ihn, weil er ein großartiger Athlet sei. Diane Ravitch kommentiert dies folgendermaßen: Michail Baryschnikov „ist nicht schwarz; er ist keine Frau; er ist kein gebürtiger Amerikaner; er ist nicht einmal ein Läufer. Aber er inspiriert sie durch die Art, wie er seinen Körper trainiert und eingesetzt hat.“[24] – In der Tat: dem alten Kasten- und Gruppendenken zufolge wäre die Vorbildwahl dieser Läuferin gleich mehrfach unmöglich, denn sie hält sich nicht an die Vorgaben des Geschlechts, der Hautfarbe, der Nationalität und des Berufs. Aber wenn man die Scheuklappen dieses Abgrenzungsdenkens einmal hinter sich gelassen hat, dann wird eine solche Wahl ganz selbstverständlich möglich. Transkulturalität befreit zu eigenen Wahlen jenseits gesellschaftlich vorgegebener Schemata.

Im übrigen kommt es für kulturelle Interaktion nicht so sehr auf ein akribisch genaues Verstehen anderer Menschen oder Kulturen, sondern auf Schnittmengen im Fundus der Selbstverständlichkeiten – der Handlungsweisen, Verkehrsformen, Gesellschaftsauffassungen, Leitbilder der Menschen – an. Es geht schlicht darum, miteinander zurechtzukommen.[25] Grußverhalten und andere Kommunikationsformen sind dafür wichtiger als Gedichte oder Symphonien.[26] Gemeinsames Tun ist entscheidend, nicht exotisch-museales Verstehen. Zu empfehlen ist eine entsprechende Verschiebung des Aufmerksamkeitsmusters: weg von Verstehensfragen hin zu pragmatischen Gemeinsamkeiten. Wittgensteins pragmatisch angesetzter Kulturbegriff kann dafür hilfreich sein.

c. Entkoppelung von kultureller und nationaler Identität

Eine kulturelle Identität vielfältiger, gemischter Art, wie sie sich unter Transkulturalitäts-Bedingungen herausbildet,[27] kann nicht mehr mit regionaler oder nationaler Identität

---

[24] Diane Ravitch, „Multiculturalism. E Pluribus Plures“, in: *American Scholar* (1990), 337–354, hier 354.

[25] Verstehensleistungen sind, für sich genommen, nie ausreichend. Sie zehren ihrerseits schon – was bald das Thema sein wird – von Gemeinsamkeiten, während sie solche schlicht zu erzeugen vorgeben.

[26] Das war übrigens sogar ein Gedanke Adornos, der eines Anti-Elitismus nun gewiss unverdächtig ist. Nach seiner Rückkehr aus den USA führte er in einem „Kultur und Culture“ betitelten Vortrag von 1959 aus, dass es angesichts der Tatsache, dass Nazischergen tagsüber ihre Opfer quälten und sich abends bei Bruckner-Symphonien erholten, geboten sei, Hölderlins Wort, dass die Deutschen „tatenarm, doch gedankenvoll“ seien, als Diagnose eines Defizits zu erkennen und fortan daran zu arbeiten, dass die in der „Geisteskultur“ immer schon mitgemeinte „Anweisung auf Verwirklichung“ endlich ernst genommen und realisiert werde. In diesem Sinn könne man von der „Humanität im Alltag“, wie sie für die amerikanische „Culture“ kennzeichnend sei, durchaus lernen (Theodor W. Adorno, „Kultur und Culture“, in: *Hessische Hochschulschriften für Staatswissenschaftliche Fortbildung*, 23, 1959, 246–259, hier 247–249 u. 253).

[27] Die gegenteilige Befürchtung, dass Transkulturalität auf Uniformierung hinauslaufe, halte ich für falsch. Eher ist Transkulturalität mit einem neuen Typus von Unterschiedlichkeit verbunden. Denn schon auf der Makroebene verhält es sich nicht so, dass die Gehalte anderer Kulturkreise oder des Haupttrends der Globalisierung immer 1 : 1 übernommen würden. Im Gegenteil: Sie werden vielfach in regionale Kulturprofile eingebunden und können dabei eine beträchtliche Veränderung erfahren, die manchmal sogar zur verwandelten Wiederbelebung lokaler Traditionen führt. ‚Globale Uniformierung‘ ist also allenfalls eine oberflächliche Diagnose. Warum die

gleichgesetzt werden. Die Unterscheidung von kultureller Identität einerseits und regionaler bzw. nationaler Identität andererseits wird elementar wichtig. Es ist zu einer muffigen Annahme geworden, dass die kulturelle Formation eines Individuums schlicht durch dessen Heimat oder Nationalität bzw. Staatszugehörigkeit bestimmt sein müsse. Die Unterstellung, dass jemand, der einen iranischen oder deutschen Pass besitzt, auch kulturell eindeutig ein Iraner oder Deutscher zu sein habe und dass er, wenn er das nicht ist, ein vaterlandsloser Geselle oder Vaterlandsverräter sei, ist so töricht wie gefährlich. Dagegen ist auf der Entklammerung von staatsbürgerlicher Identität und persönlich-kultureller Identität zu bestehen – zumal in Staaten, die, wie die unseren, die Freigabe der kulturellen Formation zu den Grundrechten zählen.

Noch immer ist es zu sehr unser Habitus, bei ‚Kultur' gleichsam automatisch an ‚Nationalkultur' zu denken. Sagt man ‚Kultur', so geht wie bei einem Bewegungsmelder gleich das Licht ‚Nation' an, und man blickt dann in diesem Licht auf ‚Kultur'. Wir haben, wenn wir von deutscher, französischer, japanischer, indischer etc. Kultur sprechen, üblicherweise in Wahrheit Staatsgeographien, also gar nicht eigentlich *kulturelle*, sondern *politische* Gebilde im Sinn. Eine Pointe der neueren Entwicklungen aber liegt gerade darin, dass sich politische und kulturelle Geographien nicht mehr decken. Es wäre an der Zeit, den genannten Bewegungsmelder abzuklemmen.[28]

Uniformierungsbefürchtung zudem auf der Mikroebene unzutreffend ist, kann man sich auf einfache Weise klarmachen: Wenn zwei Individuen bei ihrer Identitätsbildung jeweils auf eine Reihe von kulturellen Mustern zurückgreifen, so werden sie oftmals zwar das eine oder andere Muster gemeinsam haben, aber in anderen Hinsichten immer noch reichlich verschieden sein. Und selbst wenn zwei Individuen auf genau die gleichen kulturellen Muster zurückgreifen, werden sie diese Muster in den meisten Fällen in einer unterschiedlichen Anordnung verbinden oder ihnen eine unterschiedliche Gewichtung geben (was für den einen an erster Stelle steht, mag für den anderen erst an dritter Stelle kommen) – so werden selbst diese Individuen deutlich verschieden sein. Unterschiede gibt es also weiterhin, nur haben sie jetzt eine andere Form als zuvor. Es handelt sich nicht mehr um Unterschiede zwischen nebeneinander stehenden Monokulturen, sondern um Unterschiede von Individuum zu Individuum oder von Gruppe zu Gruppe bei insgesamt anwachsender Gemeinsamkeit. Und dieser neue Typus von Unterschieden ist – das ist ein großer Vorteil – von den alten Problemen der separatistischen Differenz frei. Der nostalgische Lobpreis der alten kulturellen Diversität ist ja heuchlerisch: er unterschlägt, dass das Insistieren auf ihr regelmäßig zu Ausschlüssen, Verfolgungen und Kriegen geführt hat. Dagegen arbeitet Transkulturalität der Bildung einer Weltinnengesellschaft und einer friedlicheren Weltgesellschaft zu. Dafür, so meine ich, sollte man auch einige Verluste an kultureller Vielfalt in Kauf nehmen können.

28 Man sollte sich darüber im klaren sein, dass Kulturbegriffe nie einfachhin neutrale oder unschuldige Begriffe sind, sondern dass sie (ebenso wie andere Selbstverständigungsbegriffe, etwa ‚Identität' oder ‚Person' auch) Einfluss auf ihren Gegenstand haben, diesen verändern. Unser Kulturverständnis ist auch ein *Wirkfaktor* in unserem Kulturleben. Sagt man uns – wie der alte Kulturbegriff es tat –, dass Kultur eine Homogenitätsveranstaltung zu sein habe, so werden wir uns entsprechend verhalten und die gebotenen Zwänge und Ausschlüsse praktizieren. Wir suchen der gestellten Aufgabe Genüge zu tun – und haben Erfolg damit. Sagt man uns (oder den Heranwachsenden) hingegen, dass Kultur gerade auch Fremdes einbeziehen und transkulturellen Komponenten gerecht werden müsse, dann werden wir oder sie diese Aufgabe in Angriff nehmen; und dann werden entsprechende Integrationsleistungen künftig zur realen Struktur der Kultur gehören. Die ‚Realität' von Kultur ist immer *auch* eine Folge unserer Konzepte von Kultur. Daher sollte man Kulturbegriffe nicht leichtfertig, sondern verantwortungsvoll verwenden.

Und man sollte verstärkt das tun, was immer schon sinnvoll war: sich den *Individuen* zuzuwenden, ohne sie vorab national oder geographisch zu klassifizieren. Dann wird man bemerken, wie viel ein chinesischer mit einem brasilianischen Intellektueller gemeinsam hat oder wie sehr ein chinesischer Bauer einem in der Uckermark ähnelt.[29]

Zusammengefasst: Die genuin kulturellen Determinanten sind heute – von der Makroebene der Gesellschaft bis zur Mikroebene der Individuen – zunehmend transkulturell geworden.[30] Und da ‚Transkulturalität' nicht einen Zustand, sondern einen Prozess be-

[29] Im übrigen: Transkulturalität ist historisch nicht völlig neu, sondern scheint geschichtlich eher die Regel gewesen zu sein. Viele Kulturen waren weitaus weniger rein, waren beträchtlich transkultureller, als die romantische und historistische Fiktion der Kulturkugeln das sehen mochte.‚Griechenland' beispielsweise, einst zur ganz aus sich selbst sprudelnden Quelle des Abendlands stilisiert, war keinesfalls ‚rein': ohne Ägypten und Asien, Babylonien und Phönizien ist die Entstehung der griechischen Kultur gar nicht zu verstehen – nahezu 40% der griechischen Wörter sind semitischen Ursprungs. Auch das spätere Europa war jahrhundertelang durch transkulturellen Austausch bestimmt. Man denke nur an den Warenverkehr oder an die Kunstgeschichte. Die Stile waren länder- und nationenübergreifend, und viele Künstler haben ihre besten Werke fernab der Heimat geschaffen. Albrecht Dürer, der lange als der exemplarisch deutsche Künstler galt, ist erst in Italien er selbst geworden, und er musste Venedig ein zweites Mal aufsuchen, um ganz er selber zu werden. Carl Zuckmayer hat in *Des Teufels General* die faktische geschichtliche Transkulturalität wundervoll beschrieben: General Harras sagt zum Fliegerleutnant Hartmann: „[...] stellen Sie sich doch mal Ihre Ahnenreihe vor – seit Christi Geburt. Da war ein römischer Feldhauptmann, ein schwarzer Kerl, braun wie ne reife Olive, der hat einem blonden Mädchen Latein beigebracht. Und dann kam ein jüdischer Gewürzhändler in die Familie, das war ein ernster Mensch, der ist noch vor der Heirat Christ geworden und hat die katholische Haustradition begründet. – Und dann kam ein griechischer Arzt dazu, oder ein keltischer Legionär, ein Graubündner Landsknecht, ein schwedischer Reiter, ein Soldat Napoleons, ein desertierter Kosak, ein Schwarzwälder Flözer, ein wandernder Müllerbursch vom Elsass, ein dicker Schiffer aus Holland, ein Magyar, ein Pandur, ein Offizier aus Wien, ein französischer Schauspieler, ein böhmischer Musikant – das hat alles am Rhein gelebt, gerauft, gesoffen und gesungen und Kinder gezeugt – und – und der Goethe, der kam aus demselben Topf und der Beethoven, und der Gutenberg, und der Matthias Grünewald, und – ach was, schau im Lexikon nach. Es waren die Besten, mein Lieber! Die Besten der Welt! Und warum? Weil sich die Völker dort vermischt haben. Vermischt – wie die Wasser aus Quellen und Bächen und Flüssen, damit sie zu einem großen, lebendigen Strom zusammenrinnen" (Carl Zuckmayer, *Des Teufels General*, in: ders., *Werkausgabe in zehn Bänden*, Bd. 8, Frankfurt/Main: Fischer Taschenbuch Verlag 1978, 93–231, hier 149). Dies ist eine realistische Beschreibung der historischen Genese von Mitgliedern eines „Volkes". Sie löst die Homogenitätsfiktion auf. Ähnliches gilt für andere Kulturen. Beispielsweise wäre es unmöglich, die japanische Kultur ohne Berücksichtigung ihrer Verflechtungen mit der chinesischen, koreanischen, indischen, hellenistischen und der modernen europäischen Kultur zu rekonstruieren. Edward Said sagte zu Recht: „Alle Kulturen sind hybrid; keine ist rein; keine ist identisch mit einem ‚reinen' Volk; keine besteht aus einem homogenen Gewebe" (Edward W. Said: „Kultur und Identität – Europas Selbstfindung aus der Einverleibung der Welt", *Lettre International* 34 , 996, 21–25, hier 24).

[30] Man mag sich fragen, warum sich gleichwohl immer wieder ein Bedürfnis nach Nation, nach Einheit, nach vorgeblicher Reinheit unter Ausschluss des Fremden regt. Da muss wohl eine phylogenetisch alte Prägung im Spiel sein. Es muss in der Geschichte von *Homo sapiens* eine Phase gegeben haben, wo die Identifikation mit der Gruppe (Horde) überlebensnotwendig war. Von daher ist uns noch immer ein Druck zur Gruppenidentifikation genetisch inhärent (ähnlich wie andere inzwischen dysfunktional gewordene genetische Prägungen, z. B. die Neigung zu fettreicher Ernährung). Der evolutionäre Nutzen bestand in der Sicherung des Individuums innerhalb der Gruppe

zeichnet, ist davon auszugehen, dass das Design der Kulturen wie der Individuen in Zukunft noch stärker transkulturell geprägt sein wird.[31,32]

Jede Erörterung kultureller Fragen, die auf dem Niveau der Zeit sein will, muss sich dieser Transkulturalität stellen.[33]

---

sowie der Gruppen gegeneinander. ‚Kultur' hatte ursprünglich vermutlich genau diese Bedeutung: die Einheit der Gruppe zu festigen – Kultur war Gruppenkitt. Davon Abstand zu nehmen, wäre längst an der Zeit. Aber Kultur wird immer aufs Neue (oft ganz undurchschaut) auf diese Aufgabe hin bestimmt – so beispielsweise in der neueren Rede von ‚Kulturnation'. Ursprünglich waren die Gruppen Blutsgemeinschaften – andere Gruppen hatten anderes Blut. Nun lebt die Konnotation des Blutes im Begriff der Nation als einer Abstammungsgemeinschaft (von lat. ‚nasci') nach. Die Rede von einer ‚Kulturnation' substituiert den Gemeinschaftsnenner Blut durch Kultur. So wie einst durch Blut, so soll die Nation jetzt durch Kultur zusammengeschweißt werden. ‚Kulturnation' ist Blutsgemeinschaft soft.

31 Soziologen haben schon seit den siebziger Jahren des letzten Jahrhunderts darauf hingewiesen, dass die heutigen Lebensläufe „als eine Wanderung durch verschiedene soziale Welten und als stufenweise Verwirklichung einer Reihe von möglichen Identitäten" zu begreifen sind (Peter L. Berger, Brigitte Berger, Hansfried Kellner, *Das Unbehagen in der Moderne*, Frankfurt/Main: Campus 1975, 70 bzw. 159); wir besitzen alle „mehrfache Anhänglichkeiten und Identitäten" – „cross-cutting identities", wie dies Daniel Bell, der Theoretiker der postindustriellen Gesellschaft, ausdrückte (Daniel Bell, *The Winding Passage. Essays and Sociological Journeys 1960–1980*, Cambridge, Mass.: Abt Books 1980, 243). Dabei schließen transkulturelle Identitäten lokale (regionale, nationale) Präferenzen keineswegs aus. Erstens können diese natürlich zum kulturellen Mix gehören. Und zweitens können sie sogar einen Hauptakzent darstellen. Es wird bei den transkulturellen Identitäten in der Regel so sein, dass manche Elemente mehr, andere weniger Gewicht haben. Ein Hauptakzent kann von Zusatzakzenten begleitet oder umspielt sein. Man kann sich das nach dem Modell von Standbein und Spielbein vorstellen. Und der Hauptakzent (das Standbein) kann durchaus lokal oder regional oder national geprägt sein. Das ist sogar innerhalb der Transkulturalität weit verbreitet. Insofern kann die alte Kulturform auch unter den neuen Bedingungen abgeschwächt nachleben. Wünschenswert ist nur, dass der Hauptakzent ein Standbein darstellt, das auch etliche Bewegungen des Spielbeins ermöglicht und zulässt, oder anders gesagt: dass dieser Haltepunkt nicht von einem Standbein zu einem Klumpfuß wird, der alle weiterreichenden Bewegungen verhindert.

32 An dieser Stelle sei auf die 1940 von Fernando Ortiz vorgenommene Prägung des Begriff der „Transkulturation" (transculturación) hingewiesen. Ortiz beschrieb im Blick auf die kubanische Wirtschaft mit ihrem herkömmlichen Anbau von Tabak und dem neueren Anbau der Importpflanze Zuckerrohr, wie es im Zusammenhang mit den verschiedenen Bevölkerungsanteilen (afrikanische Sklaven, spanische Eroberer, asiatische Vertragsarbeiter) zur Bildung neuer sozialer und kultureller Formen kam, wobei nicht einfach ‚Akkulturation' eintrat (so das damals dominierende Paradigma der US-amerikanischen Ethnologie: alte Kulturen sind gezwungen, in eine neue, dominierende hineinzuwachsen bzw. werden von dieser aufgesogen), sondern ein wechselseitiges Geben und Nehmen stattfand, aus dem *alle* Seiten verändert hervorgingen. ‚Transculturación' bezeichnet bei Ortiz also einen Veränderungsprozess, in dem sich kulturelle Muster herausbilden, die nicht bloß eine Agglomeration oder ein Mosaik von Elementen der Ausgangskulturen darstellen, sondern genuin neue Züge aufweisen. Vgl. Fernando Ortiz, *Tabak und Zucker. Ein kubanischer Disput* [1940] (Frankfurt/Main: Insel 1987).

33 Eine begriffliche Klarstellung mag noch angebracht sein. Die Transkulturalitätsdiagnose bezieht sich auf einen Übergang beziehungsweise eine Phase in einem Übergang. Sie ist eine temporäre Diagnose. Sie nimmt die alte Vorstellung von Einzelkulturen zum Ausgangspunkt, und sie behauptet, dass diese Vorstellung – auch wenn sie vielen immer noch als selbstverständlich erscheint

4. Alte Gemeinsamkeiten: auf die protokulturelle Periode zurückgehende Gemeinsamkeiten („Universalien“)

Ich wende mich nun einem zweiten Typ von Gemeinsamkeiten zu: alten, ja sehr alten Gemeinsamkeiten. Dass die Transkulturalisierungsprozesse neue Gemeinsamkeiten hervorbringen, haben wir soeben gesehen: die Makroprozesse führen eine Vielzahl neuer objektiver Gemeinsamkeiten herauf, vom Warenangebot über Information und Technologie bis hin zu den Lebensformen. Und auf der Mikroebene bilden sich neue „Familienähnlichkeiten“ zwischen den individuellen Identitäten heraus, die Anschlussmöglichkeiten bieten und als Ausgangspunkte für die Herausbildung weiterer Gemeinsamkeiten in der Interaktion dienen können. Aber ich sagte eingangs, dass es nicht nur Gemeinsamkeiten gibt, die durch kulturelle Interaktionen *hervorgebracht* werden, sondern auch solche, die den kulturellen Unterschieden bereits *vorausgehen* und *zugrunde liegen*. Und dass wir ohne solch tiefere Gemeinsamkeiten – dass wir aus dem Status reiner Differenz – niemals zu Interaktion und Verständnis gelangen könnten. Diesen tieferliegenden Gemeinsamkeiten möchte ich mich nun zuwenden. Der Name für sie lautet: ‚Universalien‘, genauer gesagt: ‚kulturelle Universalien‘.[34]

Der Hinweis auf kulturelle Universalien muss mit Widerständen rechnen. Gerade im Bereich der Kulturwissenschaften dominiert heute ein extremes Denken der Differenz. In seinem Zeichen florieren die Kulturwissenschaften. Da scheint der Verweis auf Universalien fast einem Sakrileg gleichzukommen. Aber erstens will ich die Differenzen keineswegs minimieren. Ich möchte nur zur *Zwei*äugigkeit anhalten – also dazu, *auch* elementare Gemeinsamkeiten ins Auge zu fassen. Und zweitens kann unsere Klärungsarbeit nicht einfach liebgewordene Vorurteile zum Maßstab nehmen. Es gilt schlicht zuzusehen, ob es tatsächlich tiefere Gemeinsamkeiten gibt und welche Bedeutung ihnen für das Verständnis kultureller Differenzen sowie für die Ausbildung weiterer Gemeinsamkeiten zukommt.

– auf die meisten der heutigen Kulturen nicht mehr zutrifft. Im Unterschied dazu fasst sie eine gegenwärtige und künftige Verfassung der Kulturen und Individuen ins Auge, die nicht mehr monokulturell, sondern transkulturell ist. – Ein Punkt könnte dabei verwirrend erscheinen. Ist es nicht widersprüchlich, dass das Transkulturalitätskonzept, während es einerseits auf das Verschwinden der traditionellen Einzelkulturen hinweist, andererseits gleichwohl fortfährt, von ‚Kulturen‘ zu sprechen, ja in gewissem Sinn sogar das Fortdauern solcher Kulturen vorauszusetzen – denn wo sollten die transkulturellen Kombinierer, wenn es solche Kulturen nicht weiterhin gäbe, die Komponenten ihrer Mischungen hernehmen? Die Klarstellung fällt leicht. Der Übergangsprozess impliziert *beide* Momente: die fortdauernde Existenz von Einzelkulturen *und* den Übergang zu einer neuen, transkulturellen Form der Kulturen. Angesichts dieses Doppelcharakters des Übergangs ist es begrifflich notwendig, sich *sowohl* auf Einzelkulturen alter Art zu beziehen *als auch* von Transkulturalität zu sprechen. Zudem kommt es innerhalb der Verfassung der Transkulturalität erneut zu einer Produktion von Differenzen; die transkulturellen Identitätsnetze sind ja keineswegs alle gleich, sondern können beträchtlich differieren.

[34] Im Unterschied zu den philosophischen Universalien, bei denen es sich um Allgemeinbegriffe handelt, bezüglich derer dann umstritten ist, ob ihnen bloß logische oder auch (und vielleicht zuallererst) ontologische Bedeutung zukommt.

a. Die Faszination durch Kunstwerke fremder Kulturen

Ich möchte von einem Rätsel ausgehen. Wie ist es möglich, dass große, ja atemberaubende Kunstwerke, die anderen Kulturkreisen entstammen, auch auf uns, die wir diesen Kulturkreisen nicht zugehören, die stärkste Faszination ausüben? Warum verfallen wir ihrem Zauber? Warum führen jedes Jahr 10.000 Sänger in Osaka Beethovens *Neunte Symphonie* auf? Warum nimmt das Taj Mahal uns und eben Besucher aus *aller* Welt gefangen? Oder warum konnte das Bauhaus global reüssieren?[35]

Die Faszination ist nicht kulturgebunden, sondern kulturenübergreifend

Ein Beispiel: Vielen, die zum ersten Mal nach Japan kommen und den Ginkakuji-Tempel in Kyoto besuchen, ergeht es so, dass dieser Ort sie in seinen Bann zieht. Die Besucher wissen nichts über die japanische Kultur des 15. Jahrhunderts, geschweige denn von den besonderen Bedingungen, unter denen der Shogun Yoshimasa diese Anlage schuf. Die Faszination stellt sich also völlig unabhängig von einer Vertrautheit mit der Herkunftskultur ein. Zudem spielt es auch keine Rolle, aus welcher Kultur man kommt, Besucher *jeder* kulturellen Herkunft verspüren den Magnetismus des Ginkakuji-Tempels. Was geht da vor?

Wir haben das Gefühl eines *mea res agitur*. Obwohl diese Werke nicht für uns gemacht wurden, gehen sie uns doch an. Bei aller räumlichen und zeitlichen Distanz haben wir das Gefühl, dass es hier *auch um uns geht*. Wie wenn diese Werke ein Versprechen oder eine Herausforderung – und ein Potential – enthielten, unsere Sensibilität, unser Verstehen und vielleicht auch unser Leben besser und weiter zu machen. Es ist, wie wenn eine bislang unbekannte Seite unserer Existenz angeschlagen würde. Eine Seite, von der wir nichts wussten und die nun auf einmal zum Klingen kommt. In unserer Kultur war sie nie zum Tragen gekommen. Jetzt blüht sie auf. Als ob wir bislang nur einen Teil unserer humanen Möglichkeiten realisiert hätten. Wie wenn diese reicher wären als bisher ausgebildet. So die Werke erfahrend, sperren wir sie nicht in ihren Herkunftskontext ein, sondern nehmen sie als auch für *unsere* Orientierung relevant, als kulturenübergreifend wirksam. Als Phänomen, denke ich, ist das evident.

Eine Grenze des modernen Dogmas vollständiger Kontextgebundenheit

Aber in der theoretischen Reflexion neigt man dazu, diese kulturenübergreifende Kraft zu übersehen. In der Moderne haben wir uns angewöhnt zu meinen, dass alles strikt an seinen kulturellen Kontext gebunden ist. Wir glauben, dass alle Erfahrung, Hervorbringung und Erkenntnis durch den jeweiligen kulturellen Rahmen bestimmt und daher auch

[35] Die folgenden Überlegungen habe ich erstmals in „Rethinking identity in the age of globalization – a transcultural perspective“ (in: *Symposion of Beauty and Art. Festschrift für Tsunemichi Kambayashi*, hrsg. v. Hiroshi Okabayashi u. a., Tokyo: Keiso 2002, 333–346) präsentiert. Eine überarbeitete Fassung erschien in: *International Yearbook of Aesthetics*, Volume 8: „Aesthetics and/as Globalization“ (2004), 167–176.

auf diesen beschränkt sei. Das ist das moderne Axiom par excellence.[36] Es steht hinter all den Relativismen, Kontextualismen und Kulturalismen, welche die zeitgenössische Szenerie beherrschen.

Nun *gibt es* gewiss kontext-abhängige Aspekte. Aber eben *nicht nur*. Durch das genannte Axiom machen wir uns jedoch blind für das nicht kulturgebundene, sondern kulturenübergreifende Potential herausragender semantischer Gebilde, etwa von Kunstwerken. Anstatt dieses Potential durch Befolgung des modernen Dekrets wegzuzaubern und zu verschütten, sollten wir eher versuchen, ihm eine adäquate begriffliche Fassung zu verleihen. Wir benötigen eine Theorie, welche der kulturenübergreifenden Kraft semantischer Gebilde gerecht zu werden vermag. Eine solche Theorie existiert bis dato nicht.

Das Ungenügen der hermeneutischen Erklärung

Die Standarderklärung, die hermeneutische, geht fehl. Sie behauptet, dass alles Verstehen letztlich durch den eigenen kulturellen Kontext bestimmt sei. Das aber ist hochgradig unplausibel. Weder die anfängliche Faszination noch ein späteres elaboriertes Verstehen ist solcherart kulturabhängig. Wenn jemand in Paris aufwuchs und in Paris-VIII-St-Denis studiert hat, so hat er dadurch nicht eo ipso ein tieferes Verstehen der Kathedrale von St-Denis gewonnen. Dazu muss er – wie jeder andere auch – erst eine Menge an zusätzlichem Wissen erwerben (z. B. auch über Missverständnisse, vermittels derer die Philosophie dort weltgeschichtlich wirksam wurde). Und für diesen Wissenserwerb ist er erneut nicht *per se* durch eine Pariser Kindheit besser gerüstet als durch eine in Boston oder Nagoya verbrachte. Keine dieser Kindheiten erleichtert oder verunmöglicht eingehendes Verstehen.

Weder Zeitgenossenschaft also noch die Zugehörigkeit zur „Wirkungsgeschichte" spielt hier wirklich eine Rolle. Es muss vielmehr etwas in der menschlichen Verfassung als solcher sein, das uns für die Anziehungskraft des Ortes empfänglich macht. Etwas, das unterhalb unserer kultur-spezifischen Formung liegt, etwas Vorkulturelles, das mit den menschlichen Potentialen als solchen zu tun hat.

Subkulturelle Tiefendimension

Selbst wenn es zutreffen würde, dass wir Unbekanntes unweigerlich durch den Filter unserer kulturellen Sichtweise aufnehmen (wie die Hermeneutik meint), würde noch immer gelten, dass wir die kulturenübergreifende Kraft von Werken wie dem Ginkakuji-Tempel nur deshalb erfahren können, weil unserer kulturellen Formation eine kulturrahmenüberschreitende Dimension innewohnt. Inmitten unserer kulturellen Prägung tun sich Wege zu noch so ‚exotischen' Werken auf. Unsere kulturelle Formation enthält offenbar etwas, was derlei Wege zu anderen Kulturen eröffnet – und keineswegs nur Sackgassen

[36] Vgl. in diesem Band insbesondere „Epistemischer Anthropozentrismus – Zur Denkform der Moderne und ihrer Kritik".

des Bei-sich-Bleibens im selbstgemodelten Anderssein, sondern wirklich zum Anderen hin führende Wege.[37]

Anders gesagt: Die Kultur scheint zwei Schichten zu enthalten: eine kulturelle und eine vorkulturelle. Die Kultur, mit der wir vertraut sind, ist selbst eine besondere Ausformung einer allgemeineren Struktur. Und weil die letztere der spezifischen Kulturgestalt noch immer inhäriert, vermögen wir auch als kulturell geprägte Wesen Zugang zu finden zu semantischen Gebilden, die keinerlei direkte Beziehung zu unserer Kulturgestalt haben. Es ist in etwa so, wie Chomskys Theorie zufolge jede Sprache, die man erlernt, eine spezifische Ausformung der Universalgrammatik darstellt, und man dann weitere Sprachen noch immer unter Zugriff auf jene universelle Struktur erlernen kann.

b. Universalien

Was lässt sich über diese generelle Schicht des Näheren sagen? Worin besteht sie genau? Auf welche Weise wohnt sie uns inne? Und ist sie wirklich universal?

Ich wende mich nun explizit der Diskussion von „Universalien" in der älteren anthropologischen und der neueren wissenschaftlichen Literatur zu. Vielleicht kann sie uns dazu verhelfen, die kulturenübergreifende Tiefendimension unserer Erfahrung besser zu verstehen.

Ein kontroverses Thema in der anthropologischen Diskussion

„Universalien" waren von Anfang an ein ambivalentes Thema. Aufgebracht wurde es 1873 durch Adolf Bastian, den „Vater der deutschen Anthropologie", der die Existenz universaler „Elementargedanken" postulierte,[38] die sich kulturell zu diversen „Völkergedanken" entwickeln sollten.[39] Bastian meinte allerdings auch, dass diese „Elementargedanken" (die er auch als *„logoi spermatikoi"* bezeichnete[40]) nie direkt feststellbar, sondern nur aus der Fülle der manifesten „Völkergedanken" zu erschließen seien. – Das legte umgekehrt den Verdacht nahe, dass es sich bei den „Elementargedanken" um bloße Fiktionen handeln könnte.

---

[37] Die Hermeneutik hingegen überantwortet das Verstehen einem Selbstfesselungszirkel. Sie behauptet, man könne Anderes immer nur vom Eigenen aus verstehen, wenn auch von einem sukzessiv erweiterten Eigenen aus. Das hat aber zur Konsequenz, dass man letztlich nirgendwo über die Figur eines Bei-sich-Bleibens in selbstgemodelten Anderen hinauskommt. Genuines Verstehen im strengen Sinn gilt also, welche Pirouetten auch immer gedreht werden mögen, für unmöglich. An dieser Konsequenz kann man umgekehrt erkennen, dass die hermeneutische Auffassung falsch sein muss – es *gibt* genuines Verstehen von Anderem. Vgl. dazu Tugendhat: „Dass unsere Verständnismöglichkeiten primär an die westliche Tradition gebunden seien, halte ich für ein Vorurteil" (Ernst Tugendhat, *Egozentrismus und Mystik. Eine anthropologische Studie*, München: Beck 2003, 135).

[38] Vgl. Adolf Bastian, *Die Völkerkunde und der Völkerverkehr unter seiner Rückwirkung auf die Volksgeschichte* (Berlin: Weidmann 1900), 12 f.

[39] Vgl. Adolf Bastian, *Controversen in der Ethnologie*, Bd. IV: *Fragestellungen der Finalursachen* (Berlin: Weidmannsche Buchhandlung 1894), 308.

[40] Adolf Bastian, *Controversen in der Ethnologie*, Bd. I: *Die Geographischen Provinzen in ihren culturgeschichtlichen Berührungspuncten* (Berlin: Weidmannsche Buchhandlung 1893), 21.

Franz Boas, ein Schüler Bastians, der zur Leitfigur der nordamerikanischen Anthropologie wurde, hat Bastians Konzeption zunächst übernommen. Aber angesichts der konstitutiven Verborgenheit der „Elementargedanken" war es kein Wunder, dass sich die Boas-Schule im pragmatischeren Gedankenklima der Vereinigten Staaten schließlich ganz der vor Augen liegenden kulturellen Diversität zuwandte und (man denke an Ruth Benedict, Margaret Mead, Edward Sapir und Alfred L. Kroeber) die anthropologische Doktrin kultureller Relativität und Inkommensurabilität begründete, die dann die erste Hälfte des 20. Jahrhunderts beherrschte. Für Universalien war da kein Raum.

Universalistische Einsprüche regten sich relativ spät und fielen zunächst wenig überzeugend aus. 1941 präsentierte Bronislaw Malinowski eine Liste angeblicher Universalien, konnte dabei aber nur elementare Bedürfnisse wie Stoffwechsel, Fortpflanzung, körperliche Bequemlichkeit, Sicherheit, Bewegung, Wachstum und Gesundheit anführen.[41] Das war offensichtlich zu trivial. George P. Murdock legte dann 1945 eine auf 72 Posten erweiterte Liste vor, die Merkmale wie Werkzeugherstellung, Geschenkpraktiken, Bestattungsriten, Grußverhalten, Haarstile, Gastfreundschaft, Heirat, Behausung, Erbschaftsregeln, Statusdifferenzierung und dergleichen einschloss.[42]

Einwände lagen noch immer auf der Hand. Besaßen diese Universalien denn irgendeine Erklärungskraft hinsichtlich der Gestalt einer real existierenden Kultur? Waren sie mehr als bloß „leere Rahmen" („empty frames") oder „Pauschal-Kategorien" („blanket categories")? Kroeber sprach gar von „fake universals".

1966 hat Clifford Geertz die Kritik auf den Punkt gebracht: Um die kulturellen Formen unter solch universale Kategorien zu bringen, muss man sie ihres gesamten spezifischen Gehalts berauben.[43] Was hilft es schon, Konfuzianismus, Calvinismus und Buddhismus gemeinsam als „Religion" zu rubrizieren, wenn die eine Form Verdienst durch Regelbefolgung lehrt, während die andere dies gerade ausschließt, und wenn es sich mal um eine Religion mit Gott und mal ohne Gott handelt? Und wie mit der Religion, so verhält es sich Geertz zufolge auch mit Heirat, Handel und allem anderen.[44] Er kam zu dem Ergebnis: „rather than moving toward the essentials of the human situation", looking for human universals „moves away from them".[45] – Eine einleuchtende Kritik.

Die Entdeckung harter Tiefen-Universalien – die Widerlegung des radikalen kulturellen Relativismus

Die Situation änderte sich jedoch, als ehedem für durchschlagend angesehene „Beweise" radikaler kultureller Differenz durch neuere Forschungen falsifiziert wurden: Derek

[41] Vgl. Bronislaw Malinowski, „Eine wissenschaftliche Theorie der Kultur" [1941], in: ders., *Eine wissenschaftliche Kultur und andere Aufsätze* (Frankfurt/Main: Suhrkamp 1975), 45–172, hier 123.

[42] Vgl. George P. Murdock, „The common denominator of cultures" [1945], in: ders., *Culture and society. Twenty-four essays* (Pittsburg: University of Pittsburgh Press 1965), 87–110, hier 89.

[43] Vgl. Clifford Geertz, „The Impact of the Concept of Culture on the Concept of Man" [1966], in: ders., *The interpretation of cultures* (New York: Basic Books 1973), 33–54, hier 39 f.

[44] Vgl. ebd., 40.

[45] Ebd., 39.

Freeman widerlegte 1983 Margaret Meads Samoa-Mythos,[46] und im gleichen Jahr demontierte Ekkehart Malotki die einst so einflussreichen Behauptungen von Benjamin Lee Whorf über die Sprache der Hopi-Indianer.[47] Das Dogma des radikalen kulturellen Relativismus brach in der Anthropologie zusammen (es hat nur in den amerikanischen und europäischen Kulturwissenschaften überlebt).

Jetzt wurde man endlich auch bereit, Forschungen zur Kenntnis zu nehmen, die schon Jahre zuvor Universalien eines weitaus härteren Typs aufgedeckt hatten, als er in den Listen von Malinowski und Murdock zu finden gewesen war. So hatte Roman Jakobson schon 1953 nachgewiesen, dass die Laute der menschlichen Sprachen kein arbiträres Gemisch darstellen, sondern weltweit auf einer begrenzten Anzahl binärer Oppositionen beruhen.[48] Den eigentlichen Durchbruch aber brachte die 1969 publizierte Studie *Basic Color Terms* von Brent Berlin und Paul Kay.[49] Die Autoren zeigten erstens, dass die Angehörigen einer Kultur, obwohl sie das Farbenspektrum entsprechend der unterschiedlichen Anzahl von Farbworten, über die ihre Kultur verfügt (die Spanne reicht von zwei bis elf), unterschiedlich aufteilen (mal entsprechend grob, mal differenziert), dennoch auf die Frage, welche Farbprobe (aus einer Anzahl von über 300) einen Farbtypus, für den sie ein Wort haben, am besten repräsentiert, erstaunlich übereinstimmende Antworten geben. Diese Kongruenz in puncto Idealtyp einer Farbe belegt, dass die *phänomenale* Erfahrung der Farben nicht kulturell determiniert, sondern universal gleich ist. Zweitens fanden Berlin und Kay heraus, dass die Reihenfolge, in der Farbworte in den verschiedenen Sprachen auftreten, keineswegs beliebig ist. Wenn eine Sprache nur über zwei Farbworte verfügt, sind es immer weiß und schwarz; kommt ein drittes hinzu, ist es stets rot; das vierte ist entweder grün oder gelb; das fünfte dann entsprechend gelb oder grün; darauf folgen blau und braun; und regelmäßig dann erst violett, rosa, orange und grau. – Es *gibt* also harte Universalien: phonologische und linguistische Konstitutionssequenzen sowie phänomenale Festlegungen, die quer durch alle Kulturen gelten.[50]

Oberflächen-Universalien

Ferner wurden auch Oberflächen-Universalien nachgewiesen. Sie betreffen beispielsweise den mimischen Ausdruck von Gefühlen. Studien an taub und blind geborenen Kindern zeigen, dass die Gesichtsausdrücke von Freude oder Traurigkeit nicht erlernt bzw. imitiert werden (diese Kinder sind dazu nicht imstande), sondern einem angeborenen

---

[46] Derek Freeman, *Margaret Mead and Samoa: The making and Unmaking of an Anthropological Myth* (Cambridge/London: Harvard University Press 1983).

[47] Ekkehart Malotki, *Hopi Time* (Berlin: Mouton 1983).

[48] Vgl. Elmar Holenstein, *Menschliches Selbstverständnis* (Frankfurt/Main: Suhrkamp 1985), 125. Ich bin Elmar Holenstein äußerst dankbar, dass er mich vor vielen Jahren auf die Bedeutung von Universalien hingewiesen hat – auch wenn es lange gedauert hat, bis ich seinem Hinweis nun endlich gefolgt bin.

[49] Brent Berlin & Paul Kay, *Basic Color Terms: Their Universality and Evolution* (Berkeley: University of California Press 1969).

[50] Inzwischen hat man ähnliche Sequenzen auch für die Klassifikation von Pflanzen und Tieren nachweisen können (vgl. Donald E. Brown, „Rethinking Universality: Six Cases", in: *Human Universals*, New York: McGraw-Hill 1991, 9–38, hier 14).

Repertoire zugehören, das quer durch die Kulturen gleich ist.[51] Auch der Ausdruck von Ärger und Abscheu ist universal gleich.[52] Ein weiteres bekanntes Beispiel – diesmal für universale Gesten – ist das Heben der Augenbrauen zum Zweck der Kommunikationseröffnung; in allen Kulturen heben Menschen „als Ausdruck freundlicher Zuwendung, etwa beim Gruß über Distanz, [...] für das Sechstel einer Sekunde die Augenbrauen, gleichzeitig heben sie den Kopf an, anschließend nicken sie, und ein Lächeln breitet sich aus".[53]

Der Leser mag zweifeln. Gibt es in diesen Dingen denn nicht auch kulturelle Unterschiede? Gewiss. Aber sie treten nur *sekundär* hinzu. Sie betreffen nicht die Ausdrucksformen als solche, sondern nur die Bereitwilligkeit, sie öffentlich zu zeigen. Paul Ekman hat dies durch Vergleichsstudien amerikanischer und japanischer Probanden belegt. Japaner gelten gemeinhin als Leute, die sich ihre Gefühlszustände nicht direkt anmerken lassen – von Amerikanern nimmt man eher das Gegenteil an. Ekman filmte nun seine Probanden mit versteckter Kamera, während sie sich betont stressauslösende oder betont wohltuende Filme ansahen, und zwar mal allein, mal in Gegenwart einer wissenschaftlichen Kontrollperson. Das Ergebnis war eindeutig: Waren die Probanden unterschiedlicher Herkunft allein, so zeigten sie genau die gleichen Reaktionen; war hingegen die Kontrollperson zugegen, so kaschierten oder substituierten die Japaner ihre Empfindungen, während die Amerikaner sie weiterhin offen darboten. Das bedeutet: Die Emotionen und ihr mimischer Ausdruck sind universal gleich, kulturelle Unterschiede betreffen allein die Darbietungsregeln („display rules").[54]

Ästhetische Universalien

Als letztes Beispiel nenne ich ästhetische Präferenzmuster. Studien an Kleinkindern von 3–4 Monaten zeigen, dass schon sie die gleichen Typen von Erwachsenengesichtern bevorzugen, die auch wir bevorzugen. Sie haben größeres Interesse an Gesichtern, die auch uns interessanter erscheinen, und auch das gilt kulturenübergreifend.[55] Die Präferenzmuster sind also nicht kulturell erlernt, sondern angeboren.

---

[51] Vgl. Irenäus Eibl-Eibesfeldt, „Universalien im menschlichen Sozialverhalten", in: *Der ganze Mensch. Aspekte einer pragmatischen Anthropologie*, hrsg. v. Hans Rössner (München: Deutscher Taschenbuch-Verlag 1986), 80–91, hier 82 f.

[52] Vgl. Paul Ekman, „Afterword", in: Charles Darwin, *The Expression of the Emotions in Man and Animals* [1872] (Oxford: Oxford University Press 1998), 363–393, hier 390. Hingegen scheint der Gesichtsausdruck von Furcht und Überraschung nur in Schriftkulturen gleich zu sein (ebd.). Vgl. zur Universalität bei Freude, Traurigkeit, Ärger und Abscheu auch Vicki Bruce, *In the Eye of the Beholder: The Science of Face Perception* (Oxford: Oxford University Press 1998), 190.

[53] Ebd., 89.

[54] Vgl. Paul Ekman, „Cross-Cultural Studies of Facial Expressions", in: ders. (Hrsg.), *Darwin and Facial Expression: A Century of Research in Review* (New York: Academic Press 1973), 169–222, hier 215–218; sowie ders., „Afterword", in: Charles Darwin, *The Expression of the Emotions in Man and Animals* [1872] (Oxford: Oxford University Press 1998), 363–393, hier 383–385.

[55] Vgl. Judith H. Langlois u. a., „Infant preferences for attractive faces: Rudiments of a stereotype?", *Developmental Psychology* 23 (1987), 363–369.

Des weiteren sind in der Erwachsenenwelt die Präferenzmuster weltweit sehr ähnlich. Als Schönheitsmerkmale von Gesicht und Körper gelten universell: makellose Haut, kräftiges, glänzendes Kopfhaar und betont symmetrischer Körperbau und Gesichtsschnitt.[56] Berühmt wurde eine Studie Devendra Singhs von 1993, die zeigte, dass weltweit eine Hüften-Taille-Proportion der Frauen von 7:10 seitens der Männer als ideal angesehen wird.[57] – Auch diese körperbezogenen ästhetischen Präferenzmuster also sind universal. Sie bestimmen unsere Wahlen gewiss nicht allein, sondern an ihnen setzen auch kulturelle Überformungen an. Aber sie stellen doch einen harten Kern dar, der unsere *primären* Wahlen bestimmt.

Ich habe zunächst, mit den phonologischen und linguistischen Universalien, auf Tiefen-Universalien hingewiesen, dann mit den emotiven und mimischen Universalien auf Oberflächen-Universalien und zuletzt mit den ästhetischen Universalien auf eine dritte Gruppe. Bei alledem handelt es sich um Faktoren, die alle Menschen quer durch die Kulturen gemeinsam haben.

Rousseau klagte, dass „die Philosophie nicht reist".[58] Würde sie es tun, dann könnte das „philosophische Pack" nicht die „abgedroschene" Lehre verbreiten, dass „die Menschen überall gleich" sind.[59] – Nun ja, wenn man zu reisen anfängt, ist man gewiss zunächst von der Unterschiedlichkeit fasziniert. Aber wenn man viel und lange reist (und wenn man sich auch sonst, etwa in der Wissenschaft, genügend umtut), dann mag man doch zunehmend darauf kommen, wie viel wir Menschen gemeinsam haben.[60]

---

[56] Vgl. Nancy Etcoff, *Survival of the Prettiest: The Science of Beauty* (New York: Doubleday 1999), 91, 161–163, 185–187.

[57] Vgl. Devendra Singh, „Adaptive significance of female physical attractiveness: Role of waist-to-hip ratio, *Journal of Personality and Social Psychology*, 65 (1993), 293–307. Die Behauptung könnte unglaubhaft erscheinen. Wir wissen doch, dass in manchen Kulturen üppigere und in anderen schlankere Körperformen bevorzugt werden – also kann es doch kein universales Idealmaß geben. Dieser Hinweis ist richtig, steht aber nicht in Widerspruch zu der Behauptung, dass universell ein Taille-Hüfte-Verhältnis von 7 : 10 bevorzugt werde. Denn dieses Verhältnis kann natürlich in unterschiedlichen absoluten Zahlen realisiert sein – beispielsweise sowohl mittels der in Europa geläufigen 60 : 90 cm-Proportion als auch durch eine in anderen Kulturen bevorzugte Proportion von 80 : 115 cm. So beruht, was an der kulturellen Oberfläche als unterschiedlich erscheint, eben doch auf einem interkulturell gemeinsamen Tiefenmaß, eben der Proportion 7 : 10. Dem ist generell die Warnung zu entnehmen, kulturelle Unterschiede nicht partout für das letzte ihrer selbst anzusehen und von da aus einem fröhlichen Kultur-Relativismus und Anti-Universalismus das Wort zu reden, sondern in jedem Fall erst einmal zu prüfen, ob kulturelle Differenzen nicht, genauer betrachtet, ein universales Muster nur auf unterschiedliche Weise realisieren.

[58] Jean-Jacques Rousseau, *Über den Ursprung und die Grundlagen der Ungleichheit unter den Menschen* (*Discours sur l'origine et les fondements de l'inégalité parmi les hommes*) [1755], in: ders., *Schriften zur Kulturkritik* (Hamburg: Meiner 1971), 61–269, hier 131 [Anmerkung j].

[59] Ebd., 133 [Anmerkung j].

[60] Schon Darwin hielt die „similarity, or rather identity" der Menschen hinsichtlich elementarer Fähigkeiten und Verhaltensweisen für außerordentlich aufschlussreich. Man könne „hardly fail to be deeply impressed with the close similarity between the men of all races in tastes, dispositions and habits. This is shown by the pleasure which they all take in dancing, rude music, acting, painting, tattooing, and otherwise decorating themselves, – in their mutual comprehension of gesture-language – and, as I shall be able to show in a future essay, by the same expression in their features,

Universalien als Vermächtnis der protokulturellen Entwicklung der Menschheit

Nunmehr will ich dem Thema der Universalien eine bestimmte Wendung geben. Warum haben wir diese Dinge alle gemeinsam? *Woher* stammen sie?

Die Antwort darauf ist dem vorangegangenen Essay „Das Rätsel der menschlichen Besonderheit" zu entnehmen. Bei den Universalien handelt es sich um Bestände der menschlichen Natur. Diese ist während der protokulturellen Phase der Menschheit ausgebildet worden und danach, als vor ca. 40.000 Jahren diese Phase zu Ende ging und die neue Phase der kulturellen Evolution anhob, praktisch nicht mehr verändert worden, sondern erhalten geblieben, wohnt also uns allen noch inne. Daher sind auch die geschilderten ästhetischen, linguistischen und emotionalen Muster, die eben in jener protokulturellen Phase ausgebildet wurden, uns allen gemeinsam – sie stellen echte Universalien dar.[61] Sie gehören zur menschlichen Natur, die noch die kulturelle Evolution ermöglicht und trägt und sich und sich durch sie hindurch erhält.

c. Die Relevanz der Universalien

Man könnte freilich Zweifel hegen, ob die fortbestehende Wirksamkeit dieses universalistischen Setups tatsächlich von nennenswertem Belang ist. Auch wenn der Leser an meinen Ausführungen zum Katalog und zur menschheitsgeschichtlichen Erklärung der Universalien dieses oder jenes interessant gefunden haben mag, könnte er sich fragen, was diese Universalien denn für unser Selbstverständnis und gar für die heutige Aufgabe, transkulturelle Gemeinsamkeiten zu erzeugen, auszutragen vermögen. Die genannten Universalien scheinen ja allenfalls niedrige, nicht die eigentlichen Dimensionen menschlicher Existenz zu betreffen. – Auf diesen Eindruck und dieses Bedenken will ich mit drei Hinweisen antworten.

Die Bedeutung vorsprachlicher und vorkultureller Momente

Erstens denke ich nicht, dass die eigentlichen Grundlagen des Menschen sprachlich-kultureller Art sind. Gewiss ist der Mensch ein *zōon lógon échon* – ein sprechendes und denkendes Wesen. Aber diese Aktivitäten nähren sich, so scheint mir, in ihren besten Momenten von Ahnungen und Überzeugungen, die eher prälinguistischer und präkultureller Art sind. Thomas Nagel hat das einmal so formuliert: „philosophy is not like a particular language. Its sources are preverbal and often precultural".[62] Und die große

and by the same inarticulate cries, when they are excited by various emotions. This similarity, or rather identity, is striking, when contrasted with the different expressions which may be observed in distinct species of monkeys" (Charles Darwin, *The Descent of Man, and Selection in Relation to Sex* [1871], Princeton: Princeton University Press 1981, I 232). Heute ist die außerordentliche Einheitlichkeit der Menschen auch gen-analytisch bestätigt. Sämtliche heute lebenden Menschen weisen untereinander geringere genetische Unterschiede auf als eine beliebige wild lebende Schimpansenpopulation.

61 Sie sind genetisch verankert.

62 Thomas Nagel, *The View from Nowhere* (New York: Oxford University Press 1986), 11.

Schwierigkeit für die Philosophie sieht Nagel dann darin, „to express unformed but intuitively felt problems in language without losing them".[63]

Künstler äußern sich oft ähnlich. Sie fühlen sich von Kräften bewegt, die unterhalb des kulturell Etablierten liegen – man denke etwa an Mahlers Äußerung, er sei „selbst nur ein Instrument, auf dem das Universum spielt",[64] oder an Paul Klees Bestreben, „etwas näher dem Herzen der Schöpfung" zu wohnen.[65] Manche Schriftsteller haben ihre Aufgabe gar darin gesehen, wortlosen Dingen Worte zu verleihen.[66]

Ich nehme diese vorsprachliche und vorkulturelle Dimension sehr ernst. Sie ist der Raum unseres Verbundenseins mit der Welt. Durch sprachliche Operationen *allein* vermöchten wir nie zur Welt zu gelangen. Und der Umstand, dass die Universalien, die ich benannt habe, vorkultureller Art sind, bedeutet nicht, dass sie a-kulturell wären. Sie sind es weder ihrer protokulturellen Entstehung noch ihrer kulturell fortwährenden Wirksamkeit nach.

Ich habe einmal einen Test unternommen: Können wir unsere mimischen Ausdrucksformen – diese alteingesessenen Routinen, die unsere Freiheit geradezu zu beleidigen scheinen – willkürlich verändern? Können wir beispielsweise immer dann, wenn wir Freude empfinden, die Ausdrucksform Traurigkeit an den Tag legen, und umgekehrt? Und was passiert, wenn wir das versuchen? – Ja, mit großer Anstrengung können wir das eingefahrene Programm überlisten und die Substitution vornehmen. Aber nicht lange. Nach einigen Minuten spürt man eine tiefinnerliche Verwirrung und Bedrohung in sich aufkeimen und bricht das Experiment besser ab, bevor man in einer Anstalt landet. – An diese alten Muster rührt man besser nicht, sondern vertraut ihnen. Sonst bricht auch unsere kulturelle Aktivität zusammen.

Die Elementarität des Logischen

Meine zweite Antwort mag überraschen. Sie lautet: Unsere Grundlagen sind zwar nicht sprachlicher, aber sie sind *logischer* Natur. Neueren Erkenntnissen zufolge sind die lo-

---

[63] Ebd.

[64] Brief Gustav Mahlers an Anna von Mildenburg, Juni oder Juli 1896, in: *Gustav Mahler – Briefe* (Wien: Zsolnay 1982), 164 f., hier 165. Vgl. auch: „Ich sehe immer mehr: man komponiert nicht, man wird komponiert" (Herbert Killian, Hrsg., *Gustav Mahler in den Erinnerungen von Natalie Bauer-Lechner*, Verlag der Musikalienhandlung Karl Dieter Wagner: Hamburg 1984, 161). Ferner: „Wahrscheinlich empfangen wir die Urrhythmen und -themen alle aus der Natur, die sich schon in jedem Tierlaut in großer Prägnanz uns bietet" (ebd., 95).

[65] „Diesseitig bin ich gar nicht fassbar. Denn ich wohne grade so gut bei den Toten wie bei den Ungeborenen. Etwas näher dem Herzen der Schöpfung als üblich. Und noch lange nicht nahe genug" (Paul Klee, *Gedichte*, hrsg. v. Felix Klee, Zürich: Arche ²1980), 7 [1920]).

[66] Hofmannsthal: „die Sprache, in welcher nicht nur zu schreiben, sondern auch zu denken mir vielleicht gegeben wäre", ist „weder die lateinische noch die englische noch die italienische und spanische [...], sondern eine Sprache, von deren Worten mir auch nicht eines bekannt ist, eine Sprache, in welcher die stummen Dinge zu mir sprechen" (Hugo von Hofmannsthal, „Ein Brief" [1902], in: ders., *Gesammelte Werke. Erzählungen, Erfundene Gespräche und Briefe*, Frankfurt/Main: Fischer 1979, 461–472, hier 472).

gischen Grundelemente in neuronalen Prozessmodi des Gehirns verankert.[67] Logik und Mathematik stellen dann die kulturellen *Artikulationsformen* dieser neuronalen *Elementarlogik* dar. Sie führen diese gewiss auch in ungeahnte und mit vielen Freiheitsgraden verbundene Höhen, aber ihr Grundbestand ist neuronal verankert, und ihre Fortentwicklung bleibt daran zurückgebunden. Diese Verwurzelung vermag übrigens auch die universelle Anwendbarkeit von Logik und Mathematik zu erklären; und ebenso auf das alte Theorem Licht zu werfen, dass die Struktur der Welt im Grunde logisch und mathematisch sei; sowie der modernen Auffassung eine Stütze zu bieten, wonach gerade die mathematik-basierten Wissenschaften der eigentlichen Struktur der Welt am ehesten nahekommen.

Auch in unseren logischen Operationen also greifen wir auf sehr alten Besitz zurück. Er durchwirkt all unsere Aktivitäten. Ob Gefühle und ihre Ausdrucksformen, ob ästhetische Entscheidungen oder sprachliche Leistungen, sie alle sind durch das elementare Arsenal von dergleichen wie Bejahung und Verneinung, Gleichheit oder Verschiedenheit und von Ausschluss- oder Folgebeziehungen geprägt.[68] Man kann sich kaum eine übertriebene Vorstellung davon machen, wie sehr logische Elemente für unsere simpelsten Vollzüge formbildend sind. Man versuche sich nur einmal vorzustellen, wie irgendeine Empfindung oder Wahrnehmung oder Handlung oder Kommunikation ohne diese Muster möglich sein oder aussehen sollte. Man kann es gar nicht – jegliche Bestimmtheit würde sich sofort auflösen.

Dass wir gemeinhin diese logische Imprägnierung von allem nicht bemerken, ist schlicht die Kehrseite der Elementarität dieser logischen Strukturen. „Die eigentlichen Grundlagen seiner Forschung“, schrieb Wittgenstein einmal, „fallen dem Menschen gar nicht auf“.[69] Wir Menschen bewegen uns in diesen logischen Elementarstrukturen auf die allerselbstverständlichste Weise – wie die Fische im Wasser.

Wenn es nun so ist, dass uns die logischen Strukturen als neuronaler Besitz inhärent sind, und wenn noch all unsere hochkulturellen Kommunikationen und rationalen Verfahrensweisen auf ihnen beruhen, dann kann man daran erkennen, dass die Zurückweisung evolutionsbiologischer und neurobiologischer Forschungsergebnisse (wie wir sie gegenwärtig von seiten der Philosophie und der Kulturwissenschaften vielfach erleben) töricht ist. Wohl ist die *Formulierung* der Logik ein *Kulturprodukt*; aber *die Struktur und Geltung des Logischen* sind ein *Evolutionseffekt*. Gerade wenn man die elementare Bedeutung logischer Operationen für all unser Empfinden und Verstehen an-

---

67 Vgl. den Hinweis auf Christof Koch u. Idan Segev, „The role of single neurons in information processing“ im vorangegangenen Aufsatz „Das Rätsel der menschlichen Besonderheit“.

68 Allerdings ist zwischen der neuronalen Verankerung der logischen Parameter und dem bewussten Gebrauch, den wir von den logischen Formen machen, zu unterscheiden. Die neuronale Vorgabe garantiert keineswegs die Korrektheit unseres bewussten Vorgehens und Räsonnierens. Selbstverständlich können wir in unserem Gebrauch der logischen Strukturen Fehler machen – und auch bewusst Täuschungen inszenieren. Jedoch gilt, dass korrekter wie inkorrekter Gebrauch allein im Rahmen des grundsätzlichen Besitzes dieser logischen Formen möglich (sowie bemerkbar und bewertbar) sind.

69 Ludwig Wittgenstein, *Philosophische Untersuchungen* [1953], in: ders., *Werkausgabe* (Frankfurt/Main: Suhrkamp 1984), Bd. 1, 225–580, hier 304 [129].

erkennt – und wer könnte sich dem entziehen? –, wird klar, wie sehr ein zureichendes Verständnis des Menschen auch seine vorkulturellen Dimensionen einbeziehen muss.

Universalien als elementare Bedingungen von Kommunikation

Damit komme ich zum dritten Gesichtspunkt: Die vorkulturellen Potentiale unserer Existenz sind noch für alle gegenwärtigen Versuche, mehr Gemeinsamkeiten zwischen unterschiedlichen kulturellen Prägungen zu erreichen, wichtig, ja unerlässlich.

Erstens: Die *Inhalte* der kulturellen oder transkulturellen Verständigung mögen so divers sein wie immer – ohne Stützung auf die elementar-logischen *Formen* vermöchten wir keinen einzigen von ihnen zu haben oder mitzuteilen und ebenso wenig in einen wechselseitigen Abgleich zum Zweck der näheren Bestimmung des Gemeinsamen und Trennenden einzutreten.[70]

Zweitens sind Emotionen und ihre Expressionen wesentlich am Gelingen von Kommunikation beteiligt. Ein Gespräch ist nicht nur durch Auffassungen und Argumentationen bestimmt, sondern wird auch durch emotionale Annäherung oder Distanzierung gesteuert; oft macht erst ein sich aufbauendes emotionales Vertrauen die Teilnehmer fähig, sich auf Inhalte wirklich einzulassen und sich fortan tatsächlich *verstehend* aufeinander zuzubewegen.

Gewiss: Die genannten elementaren Gemeinsamkeiten *allein* führen nicht zum Erfolg. Aber *ohne sie* wäre das ganze Bemühen vergeblich – es vermöchte nicht einmal in Gang zu kommen. Und drittens: Wenn Malinowski und Murdock auf Universalien hinwiesen, die sich auf elementare Bedürfnisse und Lebenserfordernisse der Menschen beziehen, so mögen diese zwar trivial erscheinen, sie eröffnen aber doch eine weitere und interessante Möglichkeit des Verstehens, und diesmal eine, die sich schon innerhalb der kulturellen Diversität bewegt und sich auf die kulturell unterschiedlichen Lösungswege für die gleichen Probleme bezieht. Weil diese Probleme zwar mit der uns allen gemeinsamen *protokulturellen Natur* des Menschen gegeben sind, ihre Lösung aber dann jeweils auf *kulturellem Weg* erfolgt, sind die Lösungswege – etwa die Strategien der Vorratshaltung oder der Behausung – in unterschiedlichen Kulturen oft verschieden. Geertz hatte wohl recht, dass der Blick auf solch universale Bedürfnisse nicht von der Analyse der kulturell unterschiedlichen Lösungsstrategien dispensieren kann, aber es wäre umgekehrt ebenso verfehlt, die letzteren nicht als unterschiedliche Lösungen für gleichartige Probleme zu erkennen. Es ist nun just diese Doppelstruktur von gleichem Bedürfnis und unterschiedlicher Problemlösung, die ein Verstehen anderer kultureller Leistungen ermöglicht. Man gewinnt Verständnis für einen exotischen Behausungstyp, weil einem das Problem der Behausung bekannt ist und weil man sich angesichts der anderen klimatischen und sonstigen Umstände klarmachen kann, inwiefern die dort gewählte Form eine für die dortigen Verhältnisse passende Lösung des Problems ist, das man zu Hause anders hat und löst, aber dort lebend genau so hätte und lösen würde. So können Universalien für interkulturelles Verstehen eine tragende Rolle spielen.

[70] Der Hinweis auf eine in manchen Kulturen gegenüber dem klaren Entweder-Oder bevorzugte Ambiguität verschlägt dagegen nichts. Auch das ‚Sowohl-als-auch' gehört zum logischen Grundrepertoire, und auch Ambiguität schließt zwar jeweils etliches ein, lässt aber nicht Beliebiges zu.

Ein weiteres Beispiel wurde bereits im vorangegangenen Aufsatz dargestellt: Die transkulturelle Verständlichkeit von Produkten der modernen Massenmedien (TV, Film) beruht weithin auf der Nutzung schon vorkulturell ausgebildeter Fähigkeiten, etwa der zur Dechiffrierung von Gesichtsausdrücken.[71]

d. Alte und neue Gemeinsamkeiten – Transkulturalität im Gesamtgang der Menschheitsgeschichte

Also besaßen wir Menschen längst vor der Ausbildung kulturspezifischer Unterschiede, die man für gewöhnlich in den Blick nimmt, bereits universale Gemeinsamkeiten, die sich unser aller gemeinsamen Herkunft verdanken. Durch diese Gemeinsamkeiten waren die Menschen schon verbunden, bevor sie sich kulturell zu differenzieren begannen. Wenn man schon auf eine „Wirkungsgeschichte" zurückgreifen möchte, dann bitte zuallererst auf diese – sie ist uns *allen* gemeinsam. Und diese alten Gemeinsamkeiten wirken fort. Ihnen verdanken wir zuerst, dass möglich ist, was von kultureller Differenz allein aus nicht möglich und verständlich wäre: dass wir uns mit Gehalten anderer Kulturen verbinden können – von alltäglichen Phänomenen bis hin zur Faszination durch atemberaubende Kunstwerke.

Werfen wir abschließend einen Blick auf die gesamte Zeitspanne, die wir thematisiert haben – von den gegenwärtigen Transkulturalisierungsprozessen bis zurück zur Ausbildung der gemeinsamen menschlichen Natur in der protokulturellen Periode. An deren Ende, so sahen wir, waren die Menschen hochgradig einheitlich. Sie verfügten alle über die gleiche, in den protokulturellen Prozessen hervorgebildete Natur. Und diese Natur ist noch in uns lebendig. Aber inzwischen ist etwas ganz anderes hinzugekommen. Denn die ab der Zeit vor 40.000 Jahren in Gang gekommene kulturelle Evolution war eine Epoche gigantischer Differenzbildung. Kulturelle Distinktion innerhalb der Gruppen und zwischen den Gruppen war der Motor der Entwicklung. Deshalb hat sich die Menschheit in ihrer kulturellen Periode in immer größere kulturelle Differenzen hineinbegeben (bis hin zu den Nationalismen des 19. und 20. Jahrhunderts).

In der Gegenwart aber scheinen wir in eine dritte Phase einzutreten, die durch eine Ermäßigung der kulturellen Differenzen gekennzeichnet ist. Die bisher auf dem kulturellen Weg entwickelten Unterschiede beginnen Verbindungen und Durchdringungen einzugehen. Infolge der Mischung der kulturellen Muster entwickeln die Menschen nun auch kulturell wieder mehr Gemeinsamkeit als in den differenzbetonenden Jahrtausenden davor. Transkulturalität scheint zu einer neuartigen kulturellen – nicht mehr nur, wie zuvor, am Ende der protokulturellen Periode, genetischen – Gemeinschaftlichkeit der Menschen zu führen. Prognostiziert hatten eine solche Entwicklung für die nähere Zukunft schon Scheler mit seiner Konzeption eines „Ausgleichs" zwischen den Kulturen (1927) und Jaspers mit seinem Gedanken einer „zweiten Achsenzeit" (1949).[72]

---

[71] Vgl. dazu Anmerkung 52.

[72] Vgl. Max Scheler, „Der Mensch im Weltalter des Ausgleichs" [1927], in: Max Scheler, *Späte Schriften* (Gesammelte Werke, Bd. 9, Bonn: Bouvier ^{2} 1995), 145–170; Karl Jaspers, *Vom Ursprung und Ziel der Geschichte* (München: Piper 1949).

Das Gesamtbild wäre also dieses: Ursprünglich war Homo sapiens hochgradig einheitlich, er besaß ein gemeinsames physisches, emotionales und mentales Make-up. Dann aber trat die Menschheit in eine immer stärkere Vielzahl von kulturellen Differenzen auseinander. Heute aber wird diese Hyperdifferenz ermäßigt. Wir Menschen, die wir protokulturell längst einig waren, bevor wir kulturell different wurden, rücken transkulturell wieder enger zusammen. Vielleicht kommen wir im Zeitalter der Transkulturalität tatsächlich dem Traum von einer „Family of Man“ ein Stück näher.

XIV Physeotektur – Betrachtungen zum Verhältnis von Architektur und Natur

1. „Physeotektur“

Das Titelwort meiner Ausführungen – „Physeotektur“ – ist ein Wort, das es so nicht gibt. Ich habe es gebildet, indem ich zwei Termini griechischer Herkunft zusammengezogen habe: „Architektur“ (die Kunst des Bauens) und „Physis“ (Natur). Warum diese Neubildung? Oder vielmehr: Warum ist eine solche Kombination ungewohnt? Für die westliche Kultur ist sie das jedenfalls. Im Blick auf die japanische Baukunst hingegen könnte einem weit eher das Wort „Physeotektur“ in den Sinn kommen.[1]

Der Wortbestandteil *archē* – den ich im hergebrachten Wort „Architektur“ durch *phýsis* ersetze – bedeutet „Führung“, „Leitung“, „Herrschaft“. Der Architekt ist derjenige, der die Vertreter verschiedener Handwerke und Künste (*téktōn* bedeutet „Handwerker“, „Meister“, „Künstler“) anleitet, der ihnen vorsteht, der sie auf ein einheitliches Ziel hin dirigiert. Der Architekt ist der Führer der am Bau beteiligten Statiker, Maurer, Elektriker, Dekorateure, usw.

2. Westliche Auffassung: Architektur als Gegenentwurf zur Natur

Nach westlicher Auffassung gehört es zu guter Architektur, dass sie sich von der Natur absetzt. Sie soll nicht nur de facto ein Werk des Menschen sein, sondern sie soll den

[1] Dieser Essay geht auf einen Vortrag zurück, den ich 2006 bei einem japanisch-deutschen Symposium aus Anlass des sechzigsten Todestages des japanischen Philosophen Kitarō Nishida im *Nishida Kitaro Museum of Philosophy* (Kahoku, Japan) gehalten habe. Der Architekt dieses weltweit einzigen der Philosophie gewidmeten Museums ist Tadao Ando. Deshalb bezieht sich der Essay an vielen Stellen untergründig auf dessen Werk. Andos Bauten sind Beispiele dafür, wie geometrisch bestimmte Baukörper sich zur Natur hin öffnen und mit Natur kommunizieren können. Ando hat es auf besondere Weise verstanden, die westliche, rational-geometrische Moderne, deren emblematische Figur Le Corbusier war, mit der östlichen Offenheit für die Natur, mit dem physeotechnischen Charakter der japanischen Architektur zu verbinden.

Unterschied des menschlichen Wesens gegenüber der Natur dokumentieren. Architektur soll die Rationalität und Geistigkeit des Menschen und die damit verbundene Überlegenheit gegenüber der Natur ausdrücken. Ein griechischer Tempel oder eine barocke Kirche sind ein Gegenwurf zur Natur. Sie demonstrieren die menschliche Größe und Herrschaft (*archē*). Der *Parthenon* beherrscht den Akropolis-Hügel, die *Superga* die Landschaft um Turin.

Es ist vor allem die *Form* der Architektur, welche die Entgegensetzung zur Natur bewirkt. Die Grundformen der Architektur – die Gerade, das Quadrat, der rechte Winkel, der Kreis und das Kreuz – sind der Geometrie entnommen. Sie finden sich so in der Natur nicht. Dort treten sie allenfalls andeutungsweise auf – „unscharf", wie Hegel das nannte.[2] Ihre Reinform haben sie in der Geometrie. Diese Reinform stellt die Architektur vor Augen. Dadurch soll sie Ausdruck des menschlichen Geistes und der menschlichen Kultur sein – im Unterschied zur Ungenauigkeit und Wildwüchsigkeit der Natur.

Am kompromisslosesten war darin die französische Revolutionsarchitektur. Sie hat das physisch unwahrscheinlichste Gebilde – eine Kugel von enormen Dimensionen – zur Hauptform der Architektur gemacht. Ähnlich radikal war dann die moderne Architektur in der ersten Hälfte des zwanzigsten Jahrhunderts. Sie setzte entschieden auf die Reinheit und Klarheit der geometrischen Formen. Sie wollte dadurch exemplarisch alle irrationalen Elemente der älteren Kultur eliminieren.[3]

3. Das Beispiel Le Corbusiers

Ich möchte diesen Ansatz an Le Corbusier, dem wohl bedeutendsten Architekten der europäischen Moderne in der ersten Hälfte des zwanzigsten Jahrhunderts, näher belegen. In seiner grundlegenden Schrift *Vers une architecture* von 1922 betont Le Corbusier mehrfach, dass die Architektur eine „reine Schöpfung des Geistes" zu sein habe.[4] Als solche zeige sie uns „den höchsten Gipfel des schöpferischen Wirkens [...], den der Mensch zu erobern fähig ist".[5] Insbesondere die mathematisch-geometrische Ausrichtung der Architektur versetze uns in einen „Zustand reiner Geistigkeit".[6] Sie befriedige „unsere Augen durch die Geometrie und unseren Geist durch die Mathematik".[7]

Deshalb habe sich die Architektur an den „primären Formen" zu orientieren: an Kugel, Würfel, Kegel, Zylinder und Pyramide, an der Waagrechten und Senkrechten.[8] Diese

---

2 Vgl. Hegels generelle Rede von der „Schwäche des Begriffs in der Natur" (Georg Wilhelm Friedrich Hegel, *Enzyklopädie der philosophischen Wissenschaften im Grundrisse II* [1830], Werke 9, Frankfurt/Main: Suhrkamp 1986, 502 [§ 368]).

3 Eine Parallele dazu lag im Bestreben der frühen analytischen Philosophie, dem alten Irrationalismus der „Metaphysik" den Garaus zu machen.

4 Le Corbusier, *Ausblick auf eine Architektur* [*Vers une architecture*, Paris 1922] (Braunschweig: Vieweg [4]1982), 24 u.ö.

5 Ebd., 164.

6 Ebd., 31.

7 Ebd., 21. Der Parthenontempel gewährt „erhabene Empfindungen mathematischer Ordnung" (ebd., 164).

8 Vgl. ebd., 32 u. 38.

Formen seien ob ihrer Klarheit „die schönen Formen".[9] Weil sie ihnen folgte, war „die ägyptische, griechische oder römische Architektur" große Architektur, während die Gotik, die von diesen Archetypen abwich, „die letzte Schönheit" nicht erreichte.[10]

Architektur ist für Le Corbusier eine Sache des Geistes, nicht der Natur. Er definiert beispielsweise die Stadt als „die Beschlagnahme der Natur durch den Menschen", als „eine Tat des Menschen wider die Natur".[11] Und er erklärt es für gänzlich verfehlt, Architekturformen aus Naturformen ableiten zu wollen.[12]

Natur soll allenfalls sekundär zur Geltung kommen können: als Kulisse und Staffage. Wenn die Natur in der Umgebung eines Baues besonders reizvoll ist, dann ist es gut, den Bau so anzulegen, dass beim Blick nach draußen die Szenerie der Natur genützt wird, indem sie zu „Staffagewänden" des Baues wird („wie die Wände eines großen Saales").[13] Ein Eigenwert hingegen wird der Natur nicht zuerkannt. Architektur soll „ein rein menschliches Programm" sein.[14] Alles soll nach „menschlichem Maßstab" eingerichtet werden.[15]

So weit die westliche Standardauffassung. Architektur soll Logotektur und Anthropotektur sein. Sie soll den Geist zum Ausdruck bringen und ein menschliches Programm sein.[16] Hingegen kommt der Natur keine Vorbildrolle zu. Architektur soll nicht Physeotektur sein.

---

[9] Ebd., 21, ebenso 29.

[10] Ebd., 38.

[11] Le Corbusier, „Leitsätze des Städtebaus" [1925], in: *Programme und Manifeste zur Architektur des 20. Jahrhunderts*, hrsg. v. Ulrich Conrads (Braunschweig/Wiesbaden: Vieweg ^{2}1981), 84–89, hier 84.

[12] „Poetisch veranlagte Kommentatoren haben erklärt, dass die dorische Säule von einem Baum inspiriert sei, der aus dem Erdboden ohne Basis und so fort aufschießt, als Beweis dafür, dass jede schöne Form der Kunst aus der Natur abgeleitet sei. Das ist grundfalsch, denn ein Baum mit geradem Stamm ist in Griechenland unbekannt; dort wachsen nur verkümmerte Pinien und krumme Olivenbäume" (Le Corbusier, *Ausblick auf eine Architektur*, a.a.O., 154).

[13] Ebd., 144 f. Le Corbusiers diesbezügliches Lob der Architektur der Akropolis lautet: „Das Meer wird durch die Architrave mit ins Bild genommen" (ebd., 145).

[14] „1920, als wir die Zeitschrift ‚L'Esprit Nouveau' herausbrachten, hatte ich dem ‚Haus' seine grundlegende Bedeutung zuerkannt und es als ‚Wohnmaschine' bezeichnet, somit von ihr die einwandfreie Erfüllung einer festumrissenen Aufgabe verlangend. Ein rein menschliches Programm, das den Menschen wieder zum Mittelpunkt der baulichen Aufgabe macht" (Le Corbusier, „An die Studenten der Bauhochschulen" [1957], in: ders., *An die Studenten – Die ‚Charte d'Athènes'* [1957], Reinbek: Rowohlt 1962, 7–52, hier 19).

[15] „Die Dimensionierung aller Gegenstände in den räumlichen Anordnungen der Stadt kann nur vom menschlichen Maß bestimmt werden" (*Le Corbusiers „Charta von Athen" [1933]. Kritische Neuausgabe*, hrsg. v. Thilo Hilpert, Braunschweig/Wiesbaden: Vieweg 1984, 157 [§ 76]). „Für den Architekten, der sich auf diese Weise mit städtebaulichen Aufgaben beschäftigt, wird der menschliche Maßstab das Messinstrument sein" (ebd., 162 [§ 87]).

[16] Vgl. dazu kritisch: Verf., „Orte des Menschen?", in: *Baukultur in Deutschland*, hrsg. v. Bundesministerium für Verkehr, Bau- und Wohnungswesen (Berlin 2002), 23–37; wieder abgedruckt in: Verf., *Blickwechsel. Neue Wege der Ästhetik* (Stuttgart: Reclam 2012).

4. Ein anderer Le Corbusier: „glücklich in Fühlung mit der Natur"

Aber Le Corbusier war auch für Überraschungen gut. Als ihn nach dem Zweiten Weltkrieg Reporter des Magazins *Science et Vie* in seinem Ferienhaus an der Côte d'Azur aufsuchten, um Maßgebliches über die Zukunft der Großstadt zu erfahren, trat Le Corbusier ihnen nicht, wie sonst üblich, im schwarzen Anzug mit Fliege gegenüber, sondern in Badehose und Hawaiihemd. Und als Architekturmodelle der Zukunft präsentierte er nicht scharfkantige Gipsmodelle aus seiner eigenen Produktion, sondern Schneckenhäuser und Muscheln, die er am Strand aufgelesen hatte.[17]

In einem entsprechenden Text empfiehlt Le Corbusier den angehenden Architekten, die „Spielarten des organischen Lebens" zu studieren: vom Meer abgeschliffene Kieselsteine, Skelette und Fossilien, Baumwurzeln oder Algen, Muscheln mit ihren Mäandern, schließlich auch Wolken – kurzum: „die unendliche Vielfalt der Objekte, in denen die Natur zu uns spricht".[18]

Das ist erstaunlich. Der klassische Rationalist schlägt auf einmal emotionale Töne an: „Wir liebkosen diese beschwörenden Begleiter mit den Händen, streicheln sie mit den

---

[17] Vgl. Niklas Maak, „Die Natur der Dinge", *Frankfurter Allgemeine Zeitung*, 1. August 2001, Nr. 170, 45.

[18] Der Text, der dieses (zeitweise) neue Denken Le Corbusiers widerspiegelt, ist 1957 unter dem Titel „An die Studenten der Bauhochschulen" erschienen. Hier die wichtigsten Aussagen im Zusammenhang: „Unser geistiger Horizont hat sich erweitert, und infolgedessen wird sich auch die Wahl unserer Begleiter ändern. [...] Die Natur kann [...] den künstlichen, von Menschenhänden geschaffenen Beispielen eine Reihe greifbarer Wunder hinzufügen, die als Objekte mit poetischer Wirkung erscheinen; durch ihre Form, ihre Dimensionen, ihr Material, ihre Konservierungsmöglichkeit sind sie wohl geeignet, einen Platz in unseren Räumen einzunehmen: Ein vom Meer abgeschliffener Kieselstein, ein Klinkerbruchstück, das der See oder der Fluss abgerundet hat, Skelette oder Fossilien, Baumwurzeln oder Algen, gleichsam versteinert, ganze Muscheln, porzellanglatt, mit Mäandern oder mit Wellenlinien, oder Bruchstücke enthüllen uns ihre erstaunliche Schraubenform, Samenkörner, Kieselsteine, Kristalle, Steine, Hölzer, kurz die unendliche Vielfalt der Objekte, in denen die Natur zu uns spricht. Wir liebkosen sie mit den Händen, streicheln sie mit den Augen, diese beschwörenden Begleiter... Durch sie wird die freundschaftliche Bindung zwischen der Natur und uns immer wieder neu geknüpft. Ich habe sie zur Vorlage meiner Bilder, meiner Wandmalerei gewählt. Sie drücken aus das Männliche und Weibliche, Pflanzliche und Mineralische, Knospe und Frucht (Morgenröte und Mittag), alle Nuancen (das Prisma und sein Leuchten in den sieben Farben des Spektrums oder die dumpfen Farben der Erde, des Steines, des Holzes), alle Formen (Kugel, Kegel und Zylinder oder ihre verschiedenen Schnitte). Und wir, Männer und Frauen, die wir ins Leben gestellt sind und mit unseren abgehärteten, geschärften und gerüsteten Gefühlen reagieren, schöpfen aus unserem Geist die Gegenstände unseres Geistes, sind tätig, keineswegs passiv oder abwesend: tätig und folglich teilnehmend. Teilnehmend, abwägend, bewertend. Glücklich in Fühlung mit der Natur, die uns von Kraft, Reinheit, Einheit und Verschiedenartigkeit spricht. Und ich möchte Sie diese plastischen Erlebnisse zeichnen lassen, die Spielarten des organischen Lebens, diese Offenbarungen, die in ihrem winzigen, von den Gesetzen der Natur und des Weltalls eingeschränkten Volumen so ungeheuer beredt sind: Kieselsteine, Kristalle, Pflanzen oder ihre Rudimente. Ich möchte, dass Sie ihre Aussage bis zu den Wolken ausdehnen mit ihrem Regen, bis zur Erosion, in den Schoß der geologischen Kräfte und bis zu den Schauspielen, die das Flugzeug enthüllt (das Flugzeug eines der Werkzeuge unseres Berufes), wo die Natur – unser Asyl – nichts ist als das ewige Schlachtfeld der im Streit liegenden Elemente" (Le Corbusier, „An die Studenten der Bauhochschulen", a.a.O., 42–44).

Augen. Durch sie wird die freundschaftliche Bindung zwischen der Natur und uns immer wieder neu geknüpft.“ Diese Dinge berührend, sind wir „glücklich in Fühlung mit der Natur, die uns von Kraft, Reinheit, Einheit und Verschiedenartigkeit spricht“.

Gewiss bleibt Le Corbusiers Perspektive auch dabei noch in gewissem Sinn funktionalistisch. Er bewundert die Naturgebilde, sofern das organische Leben hier erstaunliche architekturale Formen hervorgebracht hat, und er meint, dass man von diesen natürlichen Formen lernen, sich durch sie inspirieren lassen solle. Aber immerhin: Während er früher jede Ableitung von Architektur- aus Naturformen abgelehnt hatte, sollen nun doch Naturformen für die Architektur vorbildlich werden können.[19] Le Corbusier schlägt sogar romantische Töne an: Er spricht von „greifbaren Wundern“, von „Objekten mit poetischer Wirkung“. Zuletzt fasst er gar den Gedanken, dass die menschliche Kunstproduktion nur eine Fortsetzung der ursprünglichen Formproduktion der Natur sei, und dass der Architekt sich deshalb „in den Schoß der geologischen Kräfte“ versenken und die Natur als ewige Bewegung der „im Streit liegenden Elemente“ begreifen solle, in deren Mitte uns Menschen ein „Asyl“ gewährt ist.

In solchen Äußerungen ist der hergebrachte Gegensatz von Natur und Geist, Natur und Mensch, Natur und Architektur überschritten. Le Corbusier scheint auf eine Physeotektur hinauszudenken. – Vielleicht haben die großen Architekten der westlichen Kultur in ihren besten Momenten eine Physeotektur erträumt.

5. „Physeotektur“

Was meine ich genau mit „Physeotektur“? Kurz gesagt: eine Architektur, die nicht im *Gegensatz* zur Natur steht, sondern mit der Natur *verbunden* ist. Genauer formuliert: eine Architektur, die ihr *Verhältnis* zur Natur nicht nach der Logik eines *Gegensatzes*, sondern nach der Logik eines *Übergangs*, einer *Verwandtschaft*, einer *Kontinuität* gestaltet.

Das soll nicht etwa heißen, dass ein Bauwerk in jederlei Hinsicht wie ein Stück Natur sein solle. Offensichtlich ist das ohnehin nicht möglich. Nicht die Natur, sondern Tadao Ando hat das *Nishida Kitaro Museum of Philosophy* gebaut. Es geht auch nicht darum, dass ein Bauwerk möglichst aus natürlichen Materialien, etwa Stein und Holz, statt aus technischen Materialien wie Beton und Glas errichtet sei. Das sind zu vordergründige Aspekte. Worauf es ankommt, ist, dass eine Architektur ein leiblich erfahrbares Verhältnis der Übergängigkeit zur Natur einrichtet.

---

[19] Tatsächlich hatte Le Corbusier schon 1924, in *Urbanisme* eine natürliche Spiralform (Nautilus) abgebildet und dazu erklärt: „telle pourrait être l'une des images de la parfaite harmonie“ (Le Corbusier, *Urbanisme*, Paris: Éditions Crès 1924, 189). Von seiner Kirche in Ronchamp hat er als von einem „Krabbenpanzer“ auf Mauern gesprochen (Danièle Pauly, *Le Corbusier: Die Kapelle von Ronchamp*, Basel: Birkhäuser 1997, 74 f.) Insgesamt waren in der modernen Architektur schon seit den 1930er Jahren Tendenzen zu einer organischen Architektur festzustellen. Das große Vorbild war Frank Lloyd Wright. Die biomorphen Tendenzen in der Architektur des 21. Jahrhunderts knüpfen an solche Vorbereitungen an.

6. Mensch und Natur: ein evolutives Verhältnis

Meine Grundidee ist dabei die folgende: Das Verhältnis der Architektur zur Natur sollte dem Verhältnis des Menschen zur Natur analog sein. Die Architektur sollte diesem Verhältnis Ausdruck verleihen.

Und wie ist das Verhältnis des Menschen zur Natur zu bestimmen? Falsch scheinen mir die Extrempositionen. Die eine behauptet, der Mensch sei ein *gänzlich anderes Wesen* gegenüber der Natur. Die andere erklärt, der Mensch sei letztlich *auch nur ein Naturwesen* wie ein Mineral, eine Pflanze oder ein Tier. Es ist wohl richtig, dass der Mensch auch Mineral, Pflanze und Tier ist, aber zusätzlich gehört zum Menschen etwas, was sich nur bei ihm zu finden scheint. Alles hängt jedoch daran, den Status dieses spezifisch Humanen richtig zu bestimmen.

Die westliche Denktradition hat das Besondere des Menschen vielfach als aus einer anderen Ordnung als der Natur stammend angesehen. Sie hat den Menschen als Wesen zweier heterogener Ursprünge – eines natürlichen, vor allem aber eines übernatürlichen Ursprungs – bestimmt, als „Bürger zweier Welten“. Seiner eigentlichen Bestimmung nach sollte der Mensch ein *geistiges* Wesen und als solches durch einen „unendlichen Unterschied“ von der Natur getrennt sein.[20]

Das ist verfehlt. Die Dimension des Geistigen, die den Menschen charakterisiert, stammt nicht aus einer höheren, einer überirdischen Ordnung, sondern hat sich in und aus der Evolution des Lebendigen entwickelt. Sie ist ein emergentes Phänomen der natürlichen Evolution. Daher ist sie zwar einerseits nicht auf ihre natürlichen Vorformen reduzierbar, sondern stellt ein Phänomen mit eigener Gesetzlichkeit dar, aber sie steht zu ihren natürlichen Vorbereitungen doch andererseits nicht in einem Verhältnis des Gegensatzes, sondern der Weiterführung. Die Geistigkeit des Menschen ist aus der natürlichen Evolution selbst erwachsen – diese hat sich in unserer Rationalität und Reflexivität auf ein höheres Niveau gehoben.

Deshalb wird die Besonderheit des Geistigen missdeutet, wenn man sie in einen kategorischen Gegensatz zur Natur bringt. Und die Architektur sollte, wo sie sich dem Geistigen widmen möchte, nicht diesem Missverständnis verfallen – wie es leider in der westlichen Architektur allzu oft der Fall war. Richtig wird das Verhältnis des Geistigen zur Natur als eines der Fortsetzung und Emergenz bestimmt. Und *dieses* Verhältnis sollte die Architektur – als Physeotektur – zur Erscheinung bringen.

Weil unsere Geistigkeit der Natur entsprungen ist, ist sie auch stets auf Natürliches zurückbezogen und angewiesen. Es ist kein Zufall, dass unser Denken eines Gehirns und eines Leibes bedarf. Diese Angewiesenheit spiegelt die Genese und Seinsweise unseres Geistes wider: sein Hervorgegangensein aus der natürlichen Evolution.

---

[20] So erklärte Kant in seiner Menschenkunde-Vorlesung von 1781/82, dass „der Schritt von dem Thiere zum Menschen [...] unendlich“ sei und dass „hier gar keine Annäherung“ stattfinde – „die Kluft zwischen beiden“ sei „unendlich“ (Immanuel Kant, „Menschenkunde“ [Vorlesung Winter 1781/82], in: *Kant's gesammelte Schriften* [Akademie-Ausgabe], Bd. 25, Berlin: de Gruyter 1997, 849–1203, hier 1033). Auch Hegel hielt dafür, dass ein „unendlicher Unterschied [...] den Menschen überhaupt vom Tiere trennt“ (Georg Wilhelm Friedrich Hegel, *Vorlesungen über die Ästhetik I* [1818–1829], Werke 13, Frankfurt/Main: Suhrkamp 1986, 116).

Der Mensch ist ein vieldimensionales Wesen. Wir tragen schier alle Dimensionen der Evolution in uns. Unser Körper besteht aus Elementen, die zu 92% in Sternen erzeugt wurden (alle schweren Elemente, Stickstoff etwa oder Kohlenstoff, sind solch kosmischer Herkunft).[21] Ebenso tragen wir Pflanzliches und Tierisches in uns: man denke nur an unsere vegetativen und sexuellen Funktionen und an viele unserer Gefühle.[22] Und noch in unserem kognitiven Vermögen zehren wir von Leistungen, die sich bereits lange vor uns bei den höheren Tieren entwickelt haben. Das reicht von Abstraktionsleistungen über das Verständnis von Kausalität und Intentionalität bis hin zur Lösungsfindung durch Überlegung. Unser Verständnis der physischen Welt beruht auf der Grundlage der Primatenkognition.[23]

All dieses, was wir so in uns tragen, finden wir auch außen, in unserem Bezug auf Natürliches, wieder. Deshalb sind wir mit Natürlichem resonant. Wir sind nicht autonome und abgeschottete Eigenwesen, sondern Weltwesen. Im Außenverhältnis kommt unser eigenes Inneres, unsere evolutionäre Konstitution zum Klingen. Und wir bedürfen dieser Resonanz. Nur kraft ihrer können wir, was wir innerlich sind, auch tatsächlich und im vollen Umfange sein.

7. Physeotektur: Natur- und Weltverbundenheit des ganzen Menschen

Daraus ergibt sich mein Plädoyer für eine Physeotektur. Ich meine damit eine Architektur, welche dieses unser innerliches Verhältnis zu den Stufen und Phänomenen der Natur zum Ausdruck bringt – ihm Raum gibt, Gestalt und Lebendigkeit verleiht.

Eine der Grundbedingungen dafür ist, dass ein Gebäude sich nicht wie ein Panzer gegen seine Umgebung abschottet, sondern sich zu ihr hin öffnet. Die Aufgaben der Architektur enden nicht an der Grenze des Baukörpers, sondern das Bauwerk soll eine Kommunikation mit dem Außen ermöglichen und einrichten. Eine ideale Architektur – eine *Physeotektur* – wäre in meinen Augen eine, die uns nicht auf eine einzige Dimension unseres Seins (etwa die geistige) einschränkte, sondern die uns *all* unsere Dimensionen erfahren ließe – von der Kommunikation mit Stein und Licht, Luft und Wasser angefangen über die Begegnung mit Organischem (Pflanze und Tier, Leben und Tod) bis hin zu unserer eigentümlichen Geistigkeit.[24]

---

[21] Franziskus hatte also so unrecht nicht, wenn er von den Gestirnen als unseren Brüdern und Schwestern sprach.

[22] Darwin hat ein wundervolles Buch über die Kontinuität der menschlichen Gefühlsausdrücke mit denen von Tieren geschrieben: Charles Darwin, *The Expression of the Emotions in Man and Animals* [1872] (Oxford: Oxford University Press 1998).

[23] Vgl. Michael Tomasello, *Die kulturelle Entwicklung des menschlichen Denkens. Zur Evolution der Kognition* [1999] (Frankfurt/Main: Suhrkamp 2002), 220.

[24] „Physeotektur" ist nicht eine verkürzende Bestimmung, die etwa nur die Natur und nicht auch den Geist betonen würde. So erscheint es allenfalls von der alten Denkweise aus. Die neue hat den Gegensatz zwischen Natur und Geist hinter sich gelassen. Vgl. dazu: *Natur und Geist. Über ihre*

Abb. 1: Tadao Ando, Yu-un Haus, Naoshima (Japan) (2010)

In der westlichen Architekturtheorie hat man meist die Auffassung vertreten, dass von innen nach außen zu bauen sei; fernöstliche Architekten haben vielfach das Umgekehrte bevorzugt: von außen nach innen zu bauen. Ich denke, beides sollte verwirklicht sein – nur nicht einseitig, sondern geradezu ununterscheidbar. Wenn man ein Gebäude konzipiert, sollte man gleichermaßen an die Umgebung wie an das Gebäude denken; also an die Landschaft, den Fluss der Energien, das Klima, den Wind, die Elemente und Farben der Natur – und die Zeit; und natürlich ebenso an das kulturelle Umfeld. Das Gebäude sollte all dem Rechnung tragen. Es sollte mit dem, was nicht das Gebäude ist, kommunizieren.

Dass die Architektur mit Unterteilungen und Begrenzungen arbeitet (mit Gliederungen im Inneren, mit Mauern, Hecken, Zäunen nach außen), steht dem nicht entgegen. Gliederungen und Unterschiede sind nötig und richtig. Wir tragen selbst solche Unterschiede in uns; auch die Natur operiert mit Unterscheidungen; und die Evolution war nicht eine gerade Linie, sondern ein Weg von Verzweigungen und Stufen. Mein Wunsch ist nur, dass die Gliederungen und Grenzen, welche die Architektur einrichtet, durchlässig seien. Dann können wir uns, mittels solcher Architektur, in allen Dimensionen unserer selbst und der Natur bewegen.

Manchmal hört man, ein Gebäude solle wie ein Organismus sein. Ich halte das für eine Unterbestimmung. Organismen sind durch Autoregulativität gekennzeichnet – sie

---

evolutionäre Verhältnisbestimmung, hrsg. v. Christian Tewes und Klaus Vieweg (Berlin: Akademie Verlag 2011).

verfügen beispielsweise über Blutkreislauf, Nervensystem, Temperatursteuerung. Organismen sind halbgeschlossene Systeme, die ihren Umweltbezug nach ihren eigenen Vorgaben regulieren. Das architektonische Analogon dazu wäre das geschlossene Haus, der binnengeregelte Kristall. Ein solcher Bau schafft innen seine eigene Ordnung, und er verfügt über Systeme, die das Außenverhältnis bestimmen (Heizung, Kühlung, Lüftung usw.). Er verhält sich zu seiner Umwelt in der Tat wie ein Organismus: nur nach den eigenen Vorgaben, nach eigenem Kommando. Diesen klassischen Typus hatte Le Corbusier im Sinn, als er – bloß nicht einer organizistischen, sondern einer mechanistischen Terminologie sich bedienend – vom Haus als „Wohnmaschine" sprach.[25]

Abb. 2: Tadao Ando, Wassertempel, Hompuki (Japan) (1989–91)

Aber Wesen, die wie wir Menschen über Geist verfügen, beziehen sich auf ihre Umwelt anders als bloße Organismen. Sie haben ein freieres Verhältnis zur Welt. Eines, wo das Andere nicht bloß unter Gesichtspunkten der Nützlichkeit oder Schädlichkeit registriert wird, sondern an ihm selbst zur Erscheinung zu kommen vermag. Diese großartige Potenz des Geistes geht über alles Organische hinaus. Der Geist ist für *alles* (nicht bloß für das ‚Relevante') offen, und er lässt das Andere in seinem eigenen Wesen erscheinen. Deshalb wird nicht eine „organische" Architektur der Selbstregulation, sondern nur eine Architektur freier Natur- und Weltbezogenheit – eine Physeotektur – der Eigenart unseres Geistes und dem menschlichen Wesen gerecht. Und sie wird Natur nicht nur ‚außen' anerkennen, sondern auch innerhalb des Bauwerks zur Geltung bringen. Ein charakteristisches Beispiel dafür sind die japanischen „Topfgärten": Räume im Inneren der Architektur, die zum Himmel hin offen sind und einen Garten mit Steinen und Vegetation aufweisen.

[25] Vgl. in diesem Zusammenhang auch Le Corbusiers Bezeichnung der Stadt als „Organismus des Menschen zum Schutze und zur Arbeit" (Le Corbusier, „Leitsätze des Städtebaus", a.a.O., 84) sowie seine Rede vom Architekten als „Schöpfer von Organismen" (Le Corbusier, *Ausblick auf eine Architektur*, a.a.O., 86).

Ein letzter Gedanke: Ich habe großes Verständnis dafür, wenn ein Architekt ein Gebäude dem Grunde nach in geometrischen Formen anlegt. Sie waren immer und bleiben das Signum des Geistes. Zu unserer vollen Existenz gehören gerade auch diese Formen. Die Polemik gegen den rechten Winkel ist verfehlt (spätestens ihre äußerste Konsequenz, ein Haus à la Hundertwasser vermag das jedem deutlich zu machen). Unsere Leibdynamik will auch die geometrischen Formen der Geraden, des Kreises und des Quadrats – wie man seit Vitruv und Leonardo da Vinci wusste und wie im zwanzigsten Jahrhundert Rudolf von Laban erneut betont hat.[26] Wir wollen auch mit diesen Archetypen leben. Sie haben in der Architektur ihren legitimen Ort.

Nur ist *allein* mit ihnen noch nicht alles getan. Hierin griff Le Corbusier zu kurz. Wo nur diese Archetypen inszeniert werden, da geht, während dadurch der Geist zu seinem Recht kommen soll, paradoxerweise gerade das entscheidende Moment des Geistigen verloren: die Offenheit für das Andere – das uns doch auch verwandt und vertraut ist. Daher mag es wohl richtig sein, einem Gebäude geometrische Akzente zu verleihen.[27] Aber die Dynamik des Geistes wird erst dort realisiert, wo diese Formen sich zur Natur öffnen, wo die geometrisch bestimmte Architektur zugleich Physeotektur ist.

---

[26] Vgl. Rudolf von Laban, *Choreutik: Grundlagen der Raumharmonielehre des Tanzes* [1966] (Wilhelmshaven: Noetzel 1991).

[27] Freilich sollte man sich dabei nicht bloß auf die zuvor genannten geometrischen Formen beschränken, sondern auch komplexere in Erwägung ziehen, beispielsweise die (Borromini so teure) Spirale. Zum einen artikulieren diese komplexeren Formen nicht nur das Basisprogramm, sondern den besonderen esprit des Geistes, seine Intellektualität. Zum anderen stehen gerade sie Naturformen nahe. Beispielsweise ist die hochkomplexe Fibonacci-Reihe in der Natur vielfach als Wachstumsprinzip wirksam. Darauf haben in jüngerer Zeit Vertreter einer von der Chaostheorie inspirierten Ästhetik hingewiesen, vgl. beispielsweise Friedrich Cramer, *Chaos und Ordnung. Die komplexe Struktur des Lebendigen* (Stuttgart: Deutsche Verlags-Anstalt 1988), 194 ff.

Nachweise

„Das Zeichen des Spiegels – Platons philosophische Kritik der Kunst und Leonardo da Vincis künstlerische Überbietung der Philosophie“. Habilitationsvortrag am 09.12.1982 an der Universität Würzburg. Erschienen in: Philosophisches Jahrbuch 90/2 (1983), 230–245.

„Zur Rolle von Skepsis und Relativität bei Sextus, Hegel und Dōgen“. Vortrag am 20.05.2004 bei der Tagung „ ‚Die freie Seite der Philosophie‘ – Hegel und die Skepsis um 1800“ an der Friedrich-Schiller-Universität Jena. Erschienen in: Kritisches Jahrbuch der Philosophie 10 (2005), 71–101.

„Hegel und die analytische Philosophie – Über einige Kongruenzen in Grundfragen der Philosophie“. Antrittsvorlesung an der Friedrich-Schiller-Universität Jena am 08.06.1999. Erschienen in: Kritisches Jahrbuch der Philosophie 8 (2003), 11–73.

„Philosophische Evidenzerlebnisse“. Vortrag am 14.10.2005 bei der Tagung „Knowledge and Belief“ – 25th Anniversary Conference des Stanford Humanities Center. Erstveröffentlichung.

„Weisheit“. Erschienen in: Neues Handbuch Philosophischer Grundbegriffe (Freiburg: Alber 2011), Sp. 2447-75.

„Epistemischer Anthropozentrismus – Zur Denkform der Moderne und ihrer Kritik“. Vortrag am 03.11.2004 im Círculo de Bellas Artes, Madrid. Eine gekürzte Fassung erschien unter dem Titel „Zur geistigen Situation der Zeit – ein Weckruf“ in Information Philosophie, 2/2011, 8–19. Erstveröffentlichung der vollständigen Fassung.

„Inwiefern Heidegger – bei aller Kritik – der modernen Denkform verhaftet blieb“. Vortrag am 26.05.2006 bei der Tagung „Pensamiento, Arte, Poesia: Heidegger – 30 Años Después“, Madrid, Goethe-Institut. In spanischer Sprache erschienen als: „Heidegger:

Antropocentrismo ontológico“, in: Heidegger, Sendas que vienen, hrsg. v. Félix Duque, 2 Bde. (Madrid: Consorcio del Círculo de Bellas Artes 2008), Bd. I, 83–113. Deutsche Erstveröffentlichung.

„Pazifische Reflexionen“. Vortrag am 01.09. 2001 an der Waseda-Universität, Tokyo („Reflecting the Pacific Ocean“). Erschienen in: Contemporary Aesthetics, Heft 1 (2003): www.contempaesthetics.org/pages/journal1.php. Deutsche Erstveröffentlichung.

„Die Kunst und das Nicht-Menschliche“. Vortrag am 27.09.2002 beim XIX. Deutschen Kongress für Philosophie „Grenzen und Grenzüberschreitungen“ an der Universität Bonn. Erschienen in: Grenzen und Grenzüberschreitungen, XIX. Deutscher Kongress für Philosophie 2002 (Berlin: Akademie Verlag 2004), 730–751.

„Anthropologie im Umbruch – Das Paradigma der Emergenz“. Eröffnungsvortrag der Ringvorlesung „Das neue Bild vom Menschen“ am 08.11.2006 an der Friedrich-Schiller-Universität Jena. In gekürzter Form erschienen in: Information Philosophie, 2/2007, 7–15. Erstveröffentlichung der vollständigen Fassung.

„Absoluter Idealismus und Evolutionsdenken“. Vortrag am 28.03.2006 bei der Tagung „Nach dem Absoluten? – Eine Frage im Zeitalter des Absolutheitsanspruchs der Technologie“ an der Universität Osaka (Japan). Erschienen in: Hegels Phänomenologie des Geistes. Ein kooperativer Kommentar zu einem Schlüsselwerk der Moderne, hrsg. v. Klaus Vieweg u. Wolfgang Welsch (Frankfurt/Main: Suhrkamp 2008, 2. Aufl. 2010), 655–688.

„Das Rätsel der menschlichen Besonderheit“. Vortrag am 06.11.2009 an der Leopoldina, Halle. Kurzfassung in: Jahrbuch 2009 der Deutschen Akademie der Naturforscher Leopoldina, Reihe 3, Jahrgang 55 (Halle/Saale 2010), 531–535. Erstveröffentlichung in vollständiger Form.

„Transkulturalität – neue und alte Gemeinsamkeiten“. Vortrag am 22.10.2009 bei der Internationalen Tagung „Universalismus und die Vielfalt der Kulturen“ an der Friedrich-Schiller-Universität Jena. Erschienen in: Universalismus, hrsg. v. Klaus Vieweg (Weimar: Bauhaus-Universität 2011), 14–33. Neufassung.

„Physeotektur – Betrachtungen zum Verhältnis von Architektur und Natur“. Vortrag am 21.03.2006 beim Japanisch-Deutschen Symposium aus Anlass des sechzigsten Todestages von Kitaro Nishida im Nishida Kitaro Museum of Philosophy in Kahoku (Japan). In japanischer Sprache erschienen in: Ishikawa – Nishida Kitaro Museum of Philosophy, Vol. 53 (2008), 8–18. Deutsche Erstveröffentlichung.

Personenregister

Adorno, Theodor W. 210, 212f., 218, 305
Aenesidemus von Knossos 39
Alberti, Leon Battista 28, 214
Anaxagoras 141
Ando Tadao 323, 327
Anscombe, Gertrude Elizabeth M. 100
Anzengruber, Ludwig 129
Aogo, Dennis 300
Apollinaire, Guillaume 212
Archer, Margaret 298
Aristoteles 22, 25, 35, 38, 41f., 49, 85, 132, 134, 140, 145, 149–151, 154, 165f., 197, 240, 244, 248
Aristoxenos 142
Augustinus, Aurelius 152, 241
Austin, John 87
Averroes (Ibn Ruschd) 152
Avicenna (Ibn Sina) 152
Ayer, Alfred Jules 87

Baillet, Adrien 128
Baryschnikov, Michail 305
Bastian, Adolf 312f.
Beaufret, Jean 192
Beethoven, Ludwig van 307, 310
Bell, Daniel 308
Benedict, Ruth 176, 313
Bentham, Jeremy 92
Berger, Brigitte 308
Berger, Peter L. 308
Berkeley, George 117
Berlin, Brent 314
Bernstein, Leonard 300
Bett, Richard 56
Beuthan, Ralf 38, 252
Bias von Priene 143
Bien, Günther 147
Blackburn, Simon 110, 118
Blumenberg, Hans 224
Boas, Franz 313
Boateng, Jerôme 300
Bodhidharma 48
Boehm, Gottfried 35
Böhme, Hartmut 176
Böhme, Jakob 153
Böhmer, Otto A. 129
Boesch, Christophe 278
Bolk, Lodewijk 162
Borromini, Francesco 332
Bowie, David 299
Boyd, Robert 278
Bradley, Francis Herbert 71f.
Brandom, Robert B. 74–77, 98
Broad, C. D. 249
Brodsky, Joseph 208
Brown, Donald E. 314
Bruce, Vicki 315
Bruckner, Anton 305
Burkert, Walter 142, 144

Cage, John 232–234
Caird, Edward 70

Carnap, Rudolf 74–76, 91–94, 118, 129f.
Carroll, Noël 292
Castro Randon, Gonzalo 300
Cézanne, Paul 31, 212
Chilon von Sparta 143
Chomsky, Noam 312
Chrysipp von Soli 151
Cicero, Marcus Tullius 145, 295
Cioran, Émile 159–161
Coldplay 300
Collingwood, Robin George 79
Cramer, Friedrich 332
Croce, Benedetto 34

Dahms, Hans-Joachim 74
Daishō Kokushi 62
Darwin, Charles 254, 267f., 289
Davidson, Donald 98, 106, 108, 112, 117, 177, 301
Davis, Miles 300
Debussy, Claude 300
Dejagah, Ashkan 300
Demokrit 142, 146, 151
Descartes, René 53, 128, 130, 136, 154f., 197, 210, 241, 268
Dewey, John 74f., 78
Diderot, Denis 157, 164, 171–173, 189, 209, 217, 268
Dikaiarch 149
Dilthey, Wilhelm 290
Diogenes Laertius 56, 145, 149, 151
Disraeli, Benjamin 301
Dōgen (Eihei Dōgen Kigen Zenji) 38f., 47–67
Dreben, Burton 74
Driesch, Hans 249
Drury, Maurice O'Connor 100
Du Marsais, César Chesneau 157
Dubuffet, Jean 226f., 229f.
Dürer, Albrecht 213
Dummett, Michael 82
Dumoulin, Heinrich 48

Eckermann, Johann Peter 185
Eibl-Eibesfeldt, Irenäus 315
Einstein, Albert 93f., 288
Einstürzende Neubauten 300
Ejō (Koun Ejō) 48
Ekman, Paul 315
Eliot, Thomas Stearns 296f.
Empedokles von Akragas 141
Engels, Friedrich 299
Enzensberger, Magnus 210
Epikur 151
Erasmus von Rotterdam 154, 295
Eriugena, Johannes Scotus 242
Etcoff, Nancy 316
Evans, Gareth 122

Feldman, Morton 232–234
Feuerbach, Ludwig 173f.
Fichte, Johann Gottlieb 77, 82, 118, 135, 155
Findlay, John N. 77, 100
Fisch, Jörg 296
Forster, Michael 78
Foucault, Michel 180f., 218
Fox, Robin 282
Franziskus von Assisi 329
Freeman, Derek 314
Frege, Gottlob 82, 88, 92, 178f., 218
Freud, Sigmund 289
Friedländer, Paul 24
Friedrich, Caspar David 219–222

Gadamer, Hans-Georg 24
Gast, Peter 131
Geertz, Clifford 298, 313, 320
Gladstone, William Ewart 301
Goethe, Johann Wolfgang von 23, 34, 185, 249, 276, 307
Goodman, Nelson 117f.
Gould, Stephen Jay 274
Green, Thomas Hill 70
Grünewald, Matthias 307
Gutenberg, Johannes 307
Gutmann, Amy 303

Hacker, Peter M. S. 74
Hacking, Ian 110
Hadot, Pierre 149
Hannerz, Ulf 301
Hardimon, Michael 78
Harris, H. S. 77f.
Harrison, Robert P. 163
Hartlaub, Gustav Friedrich 28
Hegel, Georg Wilhelm Friedrich 24, 38, 42–47, 49f., 56, 66f., 70–83, 85f., 89f., 94f., 98, 101–109, 114–122, 135, 150, 155, 178, 249, 251–270, 273–276, 324, 328
Heidegger, Martin 25, 133–135, 166, 179f., 186–199, 218

Hempel, Carl Gustav 81
Henrich, Dieter 130, 259
Herakleides Pontikos 144f.
Heraklit 134, 141f., 148, 163, 166, 238, 244
Herder, Johann Gottfried 237, 243–250, 296f.
Herskovits, Melville Jean 176
Hilbert, David 129
Hölderlin, Friedrich 305
Hösle, Vittorio 260, 263
Hofmannsthal, Hugo von 318
Holenstein, Elmar 301, 314
Homer 21, 23f., 26, 146
Horstmann, Rolf-Peter 72, 252
Hundertwasser, Friedensreich 332
Husserl, Edmund 136, 178f., 181, 218
Hylton, Peter 72

Iamblichos 142, 145
Ibsen, Henrik 303
Ingensiep, Hans Werner 244
Ion von Chios 142
Isidor von Sevilla 152
Ives, Charles 300

Jackson, Michael 299
Jakobson, Roman 314
Janson, Horst W. 244f.
Jaspers, Karl 34, 321
Jeffers, Robinson 210, 212
Joachim, Harold 72
Ju-ching (jap. Tendō Nyojō) 48
Jürgens, Curd 162

Kanitschneider, Bernulf 272
Kant, Immanuel 72f., 76f., 116, 154–156, 162, 164, 166, 171–179, 205, 207, 217, 241f., 248, 268, 273, 285, 328
Kay, Paul 314
Kellner, Hansfried 308
Kepler, Johannes 138
Khedira, Sami 300
Kimmerle, Heinz 270
King, Anthony 301
Kleanthes 151
Klee, Paul 129, 318
Kleist, Heinrich von 220
Kleobulos von Lindos 143
Koch, Christof 292, 319
Köhler, Wolfgang 277
Konfuzius (Kung-tse) 156
Kopernikus, Nikolaus 173
Koppelberg, Dirk 98
Kristeva, Julia 304
Kroeber, Alfred L. 313
Kroisos, König der Lyder 143

Laban, Rudolf von 332
Langlois, Judith H. 315
Le Corbusier (Charles Jeanneret) 323–327, 331f.
Leibniz, Gottfried Wilhelm 155
Leisegang, Hans 153
Leon von Phleius 144
Leonardo da Vinci 21, 28–36, 215f., 332
Lewis, Clarence I. 74f.
Lichtenberg, Georg Christoph 134f.
Linné, Carl von 245
Locke, John 217
Long, Anthony A. 56
Lorenz, Konrad 277
Lücke, Theodor 36
Luther, Martin 152
Lyotard, Jean-François 164
Lysipp 26

Maak, Niklas 326
Magellan, Ferdinand 201
Mahler, Gustav 300, 318
Malewitsch, Kasimir 224–226, 228, 230
Malinowski, Bronislaw 313f., 320
Malotki, Ekkehart 314
Marin, Marco 300
Markus, Gyorgy 296
Marx, Karl 290, 299
Masaccio 36, 214
Matussek, Peter 176
McDowell, John 75f., 106, 112, 122
McTaggart, John M. E. 71–73, 79f.
Mead, Margaret 313f.
Merleau-Ponty, Maurice 210, 212
Mithen, Steven 284
Montaigne, Michel de 154, 303
Moore, George Edward 70–73, 76, 78–80, 85, 87, 95, 99, 117
Morris, Charles W. 74
Morus, Thomas 295
Mozart, Wolfgang Amadeus 300
Müller, Lothar 176
Murdock, George P. 313f., 320
Musil, Robert 304

Nagasawa Kunihiko 48
Nagel, Ernest 71
Nagel, Thomas 119, 317
Neurath, Otto 85, 92–95, 97f., 177
Niedermann, Joseph 296
Nietzsche, Friedrich 26, 98, 130, 134–136, 139, 146, 158–161, 173, 175, 267f., 303
Nikolaus von Cues 153
Nishida Kitarō 323
Novalis (Friedrich von Hardenberg) 218, 220, 223, 303
Nussbaum, Martha C. 300

Özil, Mesut 300
Ohashi, Ryōsuke 38
Ortega y Gasset, José 212
Ortiz, Fernando 308

Parmenides 46, 49, 141f., 148
Pascal, Blaise 241
Paulus 151
Peirce, Charles S. 75, 78, 272
Periandros von Korinth 143
Perikles 147
Perpeet, Wilhelm 296
Phidias 25, 149
Picasso, Pablo 288
Pico della Mirandola 31
Pinkard, Terry 78
Pippin, Robert 78
Pittakos von Mitylene 143
Platon 21–29, 32–36, 38, 41, 46f., 59, 140, 144–150, 153, 166, 183, 197, 209, 239, 241, 269
Polyklet 149
Popper, Karl 76f., 94
Portmann, Adolf 163
Premack, David 289
Preuss, Todd M. 281
Pufendorf, Samuel von 295
Putnam, Hilary 98, 117–122, 164, 177
Pyrrho von Elis 38f., 56, 167
Pythagoras 142, 144f., 167, 239

Quine, Willard Van Orman 73–75, 77, 80, 92, 94–101, 105f., 119, 177, 301

Raffael 35, 215
Ravitch, Diane 304f.
Reichenbach, Hans 76f.
Reichert, Manfred 232
Rembrandt van Rijn 244
Richerson, Peter J. 278
Rilke, Rainer Maria 31, 129, 131, 216
Rimbaud, Arthur 226
Rockmore, Tom 78, 108
Rolling Stones 300
Rombach, Heinrich 33
Rorty, Richard 75, 77f., 112, 118, 177, 301
Rousseau, Jean-Jacques 156, 245, 316
Russell, Bertrand 70–74, 76, 78–80, 82, 85–89, 91, 95f., 99, 173

Said, Edward 307
Sapir, Edward 176, 313
Sartre, Jean-Paul 192, 210
Scheler, Max 321
Schelling, Friedrich Wilhelm Joseph 77, 82, 159
Schlick, Moritz 74, 94
Schlösser, Ulrich 38, 252, 270
Schopenhauer, Arthur 159
Schuldenfrei, Richard 74
Schulze, Gottlob Ernst 46
Schweitzer, Bernhard 23
Segev, Idan 292, 319
Sellars, Wilfrid 74, 90
Sextus Empiricus 38–42, 44–47, 50, 56, 66
Singer, Wolf 279, 288
Singh, Devendra 316
Sokrates 28, 141, 155f., 209
Solmi, Edmondo 29f., 34–36
Solomon, Robert C. 78, 83, 86, 89, 108
Solon von Athen 143
Sōzan (Sōzan Honjaku) 65
Spahn, Christian 252, 263
Spinoza, Baruch de 197, 265
Spitzer, Manfred 281
Staten, Henry 123
Stirling, James Hutchinson 70
Storch, Volker 281
Strawson, Peter 76, 89
Suphan, Bernhard L. 243
Suzuki, Daisetz T. 233

Takemitsu Toru 300
Tarski, Alfred 129
Taylor, Charles 78, 100
Tewes, Christian 330
Thales von Milet 143, 145

Themistokleia 142
Theophrast 149
Thomas von Aquin 152
Thomasius, Christian 295
Thoreau, Henry David 210
Tieck, Ludwig 220
Tokyo Hotel 300
Tomasello, Michael 329
Toulmin, Stephen 165
Tugendhat, Ernst 312
Tulp, Nicolaas 244
Tyson, Edward 244

Valéry, Paul 34
Vasari, Giorgio 36, 214
Vattimo, Gianni 290
Vieweg, Klaus 38, 121, 268, 330
Vitruv (Marcus Vitruvius Pollio) 332
Voltaire (François Marie Arouet) 156

Wandschneider, Dieter 264
Weber, Max 67, 182
Welsch, Ulrich 281
Welsch, Wolfgang 121, 136, 268, 279, 291, 300, 303, 325
Wheeler III, Samuel C. 123
Whitehead, Alfred North 78f.
Whiten, Andrew 278
Whitman, Walt 75, 303
Whorf, Benjamin Lee 176, 314
Wink, Michael 281
Wittgenstein, Ludwig 77, 81, 94, 96, 98–101, 105f., 112, 128f., 159, 161, 164, 177f., 296, 305, 319
Wright, Frank Lloyd 327
Wright, Georg Henrik von 71, 82, 100

Xenophanes 145

Zamboni, Giuseppe 36
Zenon von Elea 141
Zenon von Kition 151
Zosimos 153
Zuckmayer, Carl 307

www.ingramcontent.com/pod-product-compliance
Lightning Source LLC
LaVergne TN
LVHW081329011026
849161LV00013BB/2878